高等院校基础教育“十三五”规划教材

2018年全国冶金类优秀教材三等奖

2020年安徽省一流教材

基于普通高等教育“十一五”国家级规划教材《机械制图》修订而成

机械制图

（第2版 微课版）

仝基斌 ◆ 主编

裴善报 王秀珍 卢旭珍 ◆ 副主编

人 民 邮 电 出 版 社

北 京

图书在版编目（CIP）数据

机械制图 : 微课版 / 仝基斌主编. -- 2版. -- 北京 : 人民邮电出版社, 2021.8
高等院校基础教育“十三五”规划教材
ISBN 978-7-115-56515-0

Ⅰ. ①机… Ⅱ. ①仝… Ⅲ. ①机械制图－高等学校－教材 Ⅳ. ①TH126

中国版本图书馆CIP数据核字(2021)第084524号

内 容 提 要

本书理论体系严谨，核心知识突出，融合了思考练习，以帮助读者学思结合并准确理解基本概念。本书特点是结合工程实际，采用大量的三维实物模型与动画视频，把计算机三维造型技术融入传统的机械制图中，从而增强读者的空间思维能力。全书内容包括：制图基本要求及相关标准，多面正投影，基本形体，立体表面交线，组合体，轴测投影，机械图样表示法，常用标准件及齿轮、弹簧表示法，零件图，装配图，其他工程图样。此外，本书配套有《机械制图习题集（第2版）》。

本书可作为普通高等院校机械类、非机械类专业的基础课教材，也可供电视、函授等类型学校的有关专业的师生学习使用，还可作为其他专业的师生和相关领域工程技术人员的参考书。

◆ 主　　编　仝基斌
　副 主 编　裴善报　王秀珍　卢旭珍
　责任编辑　王　宣
　责任印制　王　郁　马振武
◆ 人民邮电出版社出版发行　　北京市丰台区成寿寺路11号
　邮编　100164　　电子邮件　315@ptpress.com.cn
　网址　https://www.ptpress.com.cn
　三河市君旺印务有限公司印刷
◆ 开本：787×1092　1/16
　印张：20.25　　2021年8月第2版
　字数：495千字　　2024年8月河北第8次印刷

定价：69.80元

读者服务热线：(010)81055256　印装质量热线：(010)81055316
反盗版热线：(010)81055315
广告经营许可证：京东市监广登字20170147号

前　言

本书基于普通高等教育“十一五”国家级规划教材《机械制图》修订而成，第一版获2018年全国冶金类优秀教材三等奖和2020年安徽省一流教材。

本书采用先介绍基本知识、后进行扩展延伸的模式组织内容，文字叙述简练通俗，且配套有PPT、微课等教学资源。为了适应不同专业、不同学时的教学需要，本书在一些偏难的例题和拓展内容的标题前加了“*”以示选学。本书具体特色如下。

1. 采用最新国家标准

本书根据教育部高等学校工程图学教学指导委员会最新通过的“普通高等院校工程图学课程教学基本要求”，结合近年来编者的教学经验及国内外教学改革经验，贯彻最新的技术制图和机械制图国家标准中的有关规定（书中涉及的国家标准已更新至“最新版本”）编写而成。

2. 支持线上线下混合式教学

编者在制作本书配套的PPT等教学资源的基础上，根据多年的一线教学经验，录制了本书核心内容对应的“微课视频”，支持读者随时随地开展学习，为线上线下混合式教学助力。

3. 灵活应用三维显示技术，扎实提升读者工程能力

本书结合工程实际情况，采用了大量三维模型与动画视频，把计算机三维造型技术灵活地融入了传统的机械制图中，以提升读者的工程能力。

4. 满足新工科人才培养需求

本书充分体现了应用型高等院校教学的特点，更新知识体系，精选教材内容，加强了对组合体的构形设计和三维造型的介绍，可以有效培养学生的创新思维能力和空间想象及思维能力，重视读者的读图、测绘和徒手画图等能力的综合训练。

本书由仝基斌担任主编，裴善报、王秀珍、卢旭珍担任副主编，参加编写的还有张巧珍、俞金众、贾黎明、余国森、李碧研、汪丽芳等教师。本书配套的PPT由仝基斌制作，慕课视频由仝基斌、王秀珍、裴善报、贾黎明、卢旭珍共同录制，动画视频由王秀珍制作。在本书编写的过程中，合肥工业大学、安徽工业大学等高校的老师提出了许多宝贵的意见和建议，在此表示衷心感谢。

限于编者水平，书中难免存在不妥之处，敬请广大读者批评指正。

编　者

2021年春于安徽

目　录

第0章 绪论

了解工程图学发展的历史及成就，了解机械制图课程的研究对象和研究目的，掌握机械制图课程的学习方法，对于培养机械领域的新工科人才至关重要。

0.1 工程图学发展的历史与成就

从劳动开创人类文明史以来，图形一直是人们认识自然、表达思想的重要形式，如原始人通过描绘图形来记忆或传达信息。我国古代的先人们在农业、手工业、建筑业中已经大量地应用了很朴素的工程图样。图 0.1 所示是南朝宋炳（367—443 年）所著《画山水序》中的投影原理图，图 0.2 所示是元代薛景石（1280—1368 年）所著《梓人遗作》中的纺织机械图样，图 0.3 所示是北宋李诫编著《营造法式》中的建筑图样。这些工程图样对于推动人类文明进步、促进生产和技术发展起到了重要作用。

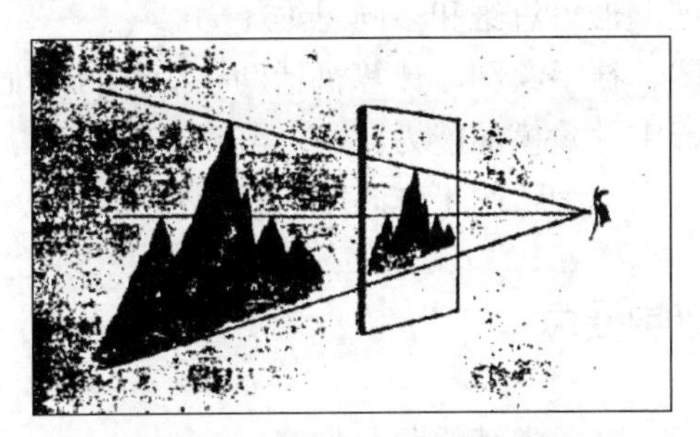

图 0.1 《画山水序》中的投影原理图

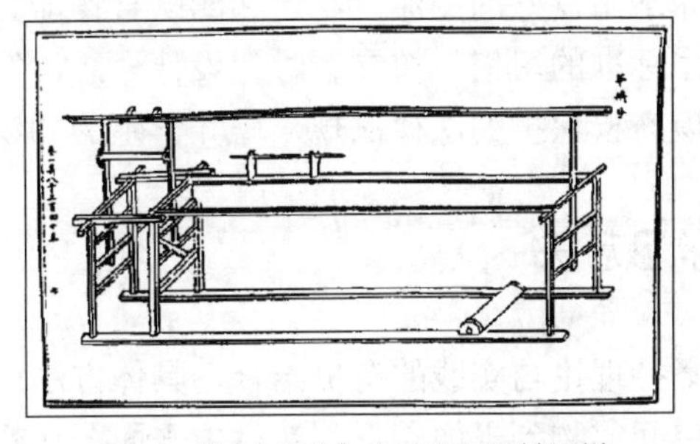

图 0.2 《梓人遗作》中的纺织机械图样

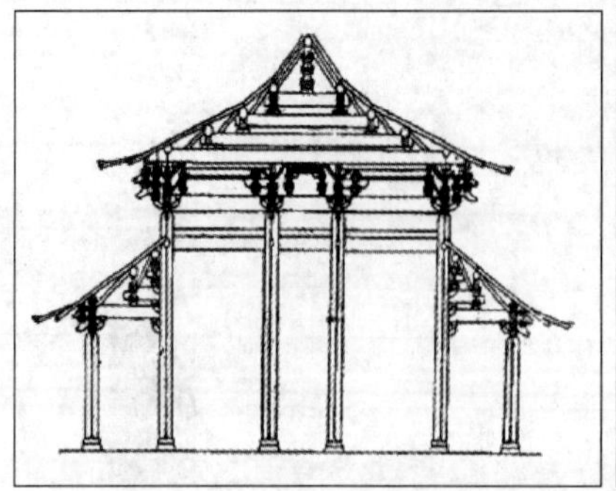

图 0.3 《营造法式》中的建筑图样

0.2 机械制图课程的研究对象与研究目的

按一定的投影方法，准确地表达物体形状、大小及技术要求的图样，称为工程图样。工程图样是表达设计者设计思想、体现制造要求以及交流经验的技术文件，常被称为工程界的语言。本课程研究绘制和阅读工程图样的原理和方法，培养学生的空间思维能力，是一门既有系统理论、又有较强实践性的技术基础课。

本课程的研究对象包括：画法几何和机械制图。画法几何以初等几何和正投影法为基础，把空间几何形体用平面图样表达，从而在平面图样上解决空间几何问题。机械制图培养学生以国家标准为基础来绘制和阅读工程图样的能力。

本课程的研究目的。

（1）掌握投影法基本理论和国家有关机械制图标准的基本知识及相关要求。

（2）培养读者绘制和阅读机械图样的能力。

（3）培养读者空间思维、形象思维和多向思维能力。

（4）培养读者尺规绘图、徒手绘图、计算机辅助绘图能力，尤其是应用 AutoCAD 软件绘制零件图、装配图和进行零件建模的能力。

（5）培养读者严谨、认真、细致的工作态度和行事作风。

0.3 机械制图课程的教学要点

（1）培养学生一丝不苟、精益求精的职业素养。

（2）通过学科竞赛培养学生良好的交流、沟通和团队合作能力。

（3）培养学生遵守国家标准的习惯，树立新时代设计思想，发扬爱岗敬业工匠精神。

（4）实时引入中外知识产权保护的法律法规，培养学生的知识产权意识。

0.4 机械制图课程的学习方法

学习机械制图课程应坚持理论与实践的有机结合，具体方法如下。

（1）考虑问题首先从空间实物到平面图形，然后由平面图形想象空间形体。这种“实物→投影图→实物”的思维过程如图 0.4 所示。

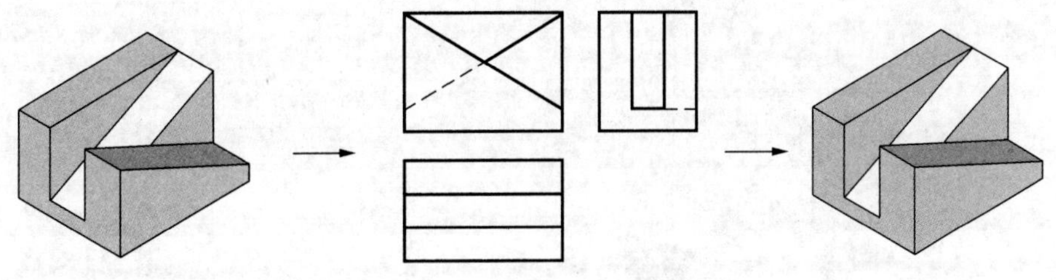

图 0.4 “实物→投影图→实物”的思维过程

（2）机械制图课程实践性强，学习时要结合实物模型、三维动画来掌握基本知识，并通过一定数量的作业来检验学习效果，绘图时要严格遵守国家标准的相关规定。

第 1 章 制图基本要求及相关标准

通过学习本章内容，读者可以熟悉技术制图、机械制图国家标准中的基本规定和相关知识；了解各种绘图方法，重点掌握平面图形的线段分析与尺寸注法，以及平面图形的画图步骤。

工程图样由图形、符号、文字和数字等组成，其画法必须做统一规定。国际标准化组织（International Organization for Standardization，ISO）制定了有关制图标准。我国也制定了《中华人民共和国国家标准》，简称国标，缩写为 GB。国家标准分为强制标准（冠以“GB”）和推荐标准（冠以“GB/T”）。标准是服务社会秩序化管理，促进产品规格化设计、制造、使用与回收等的重要保证，因此，标准必须被严格贯彻执行。

制图基本知识及国标规定

1.1 制图国家标准基本规定

本节参照技术制图、机械制图国家标准中的有关规定，对图纸幅面、图框格式、比例、字体、线型及其应用、尺寸注法等做了介绍，在绘图时应严格遵守相关规定。

1.1.1 图纸幅面和图框格式

一、图纸幅面（GB/T 14689—2008）

绘制工程图时，应该优先采用表 1.1 中规定的基本幅面。必要时，可选用加长幅面，见表 1.1 中第二选择和第三选择。

表 1.1 图幅尺寸 （单位：mm）

基本幅面（第一选择）		加长幅面（第二选择）		加长幅面（第三选择）	
幅面代号	尺寸 $B \times L$	幅面代号	尺寸 $B \times L$	幅面代号	尺寸 $B \times L$
A0	841 × 1 189			A0 × 2	1 189 × 1 682
				A0 × 3	1 189 × 2 523
A1	594 × 841			A1 × 3	841 × 1 783
				A1 × 4	841 × 2 378

续表

基本幅面（第一选择）		加长幅面（第二选择）		加长幅面（第三选择）	
幅面代号	尺寸 $B \times L$	幅面代号	尺寸 $B \times L$	幅面代号	尺寸 $B \times L$
A2	420 × 594			A2 × 3	594 × 1 261
				A2 × 4	594 × 1 682
				A2 × 5	594 × 2 102
A3	297 × 420	A3 × 3	420 × 891	A3 × 5	420 × 1 486
		A3 × 4	420 × 1 189	A3 × 6	420 × 1 783
				A3 × 7	420 × 2 080
A4	210 × 297	A4 × 3	297 × 630	A4 × 6	297 × 1 261
		A4 × 4	297 × 841	A4 × 7	297 × 1 471
		A4 × 5	297 × 1 051	A4 × 8	297 × 1 682
				A4 × 9	297 × 1 892

二、图框格式

在图纸上用粗实线绘制出图框，其格式分为有装订边和无装订边两种，如图 1.1 和图 1.2 所示，尺寸如表 1.2 所示。同一种产品的图样只能采用一种格式。

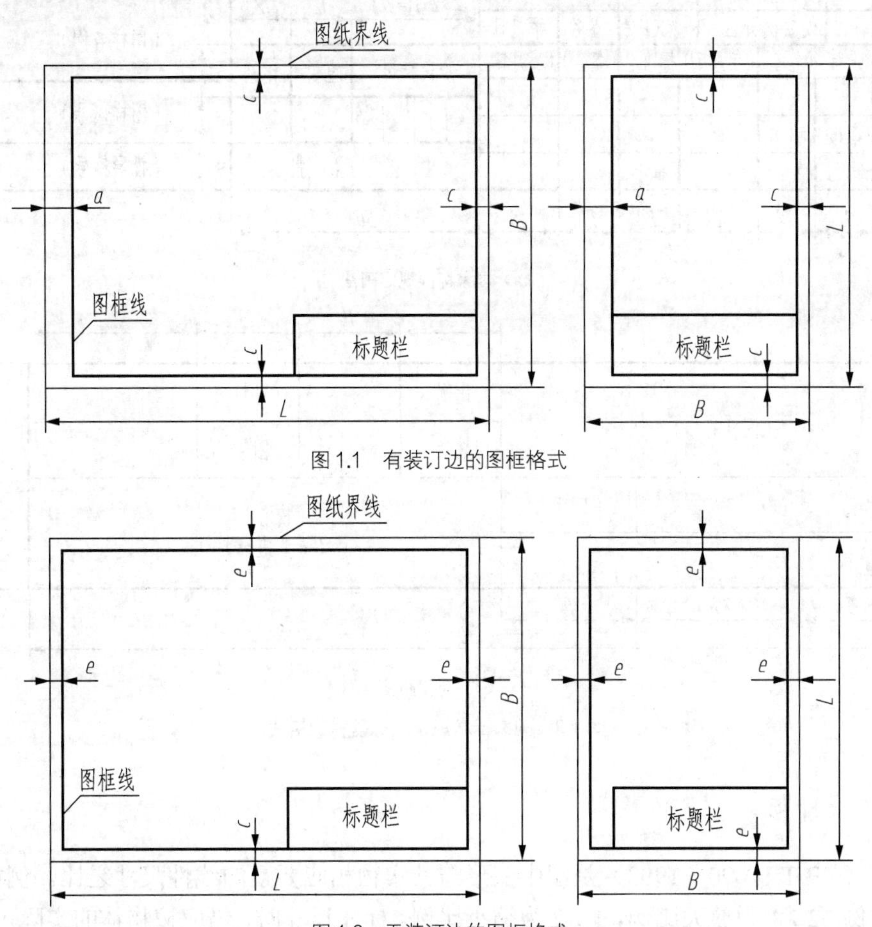

图 1.1 有装订边的图框格式

图 1.2 无装订边的图框格式

表 1.2　　基本幅面及周边尺寸　　（单位：mm）

幅面代号	A0	A1	A2	A3	A4
$B \times L$	841 × 1 189	594 × 841	420 × 594	297 × 420	210 × 297
e	20		10		
c	10			5	
a	25				

三、标题栏（GB/ T 10609.1—2008）

每张图纸上都要画出标题栏，标题栏必须放置在图纸的右下角。标题栏中的文字与看图方向一致。国家标准规定的标题栏如图 1.3（a）所示。

学生在做作业时可使用简化的标题栏，如图 1.3（b）所示。

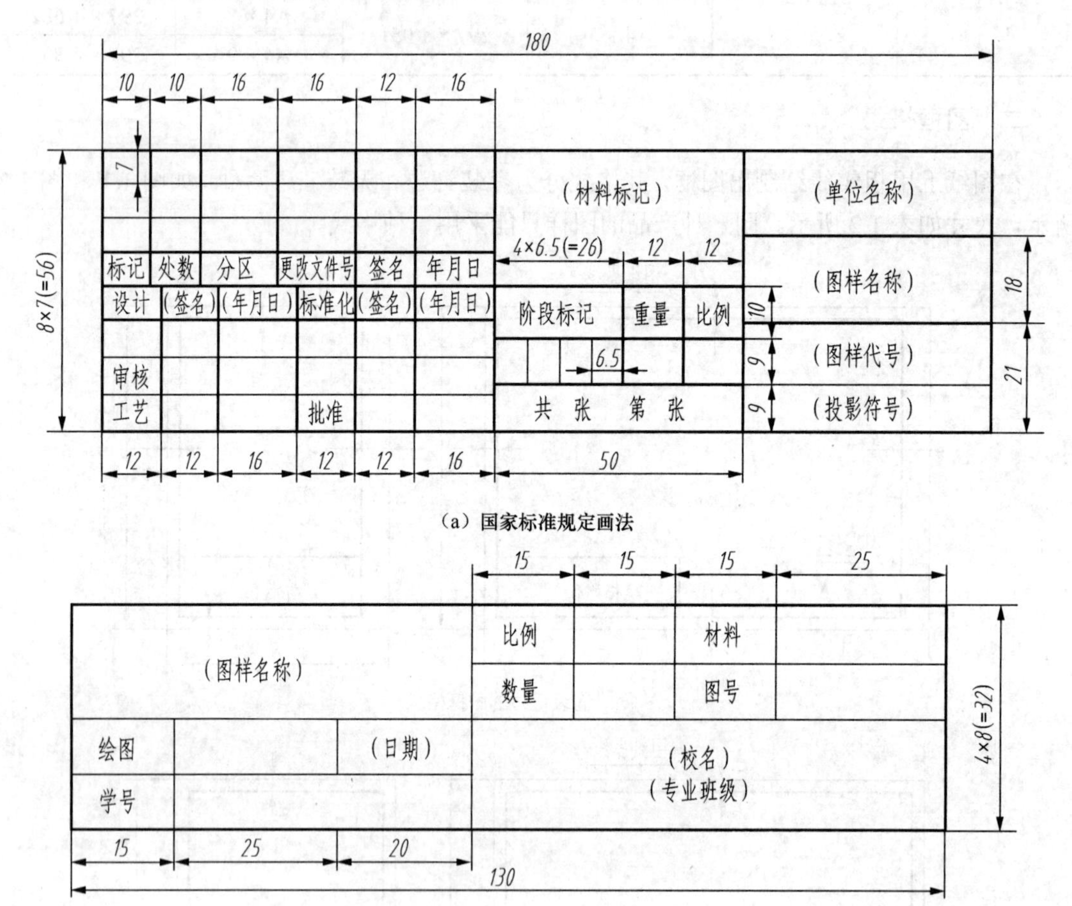

（a）国家标准规定画法

（b）简化画法

图 1.3　国家标准规定的标题栏的格式

1.1.2　比例

比例（GB/T 14690—1993）是图中图形与其实物相应要素的线性尺寸之比。例如，1∶1 为原值比例，2∶1 为放大比例，1∶2 为缩小比例。标注尺寸时，仍应按物体的实际尺寸标注，与绘图比例无关。

在绘图时，一张图纸应尽可能采用相同的比例，并将比例填写在标题栏的比例栏中。当某个视图必须采用不同比例时，可在该视图名称的下方（或右侧）标注比例。

在绘图时，应从表 1.3 规定的比例系列中选择适当的比例。

表 1.3　　国家标准中规定的比例示例

比例项	比例示例				
原值比例	1：1				
放大比例	2：1	5：1			
	2×10^n：1	5×10^n：1	1×10^n：1		
	（4：1）	（2.5：1）			
	（4×10^n：1）	（2.5×10^n：1）			
缩小比例	1：2	1：5	1：10		
	1：2×10^n	1：5×10^n	1：1×10^n		
	（1：1.5）	（1：2.5）	（1：3）	（1：4）	（1：6）
	（1：1.5×10^n）	（1：2.5×10^n）	（1：3×10^n）	（1：4×10^n）	（1：6×10^n）

注：*n* 为正整数，优先选用没有括号的比例，必要时选用括号内的比例。

1.1.3　字体

图中汉字、数字、字母等应书写工整、笔画清楚、间隔均匀、排列整齐。

字体的高度（用 *h* 表示）系列为：1.8 mm、2.5 mm、3.5 mm、5 mm、7 mm、10 mm、14 mm、20 mm。

一、汉字

图中的汉字应写成长仿宋体，汉字高度一般不小于 3.5 mm，字宽一般为 $h/\sqrt{2}$ 。

汉字书写要领：横平竖直，注意起落，结构均匀，填满方格。

长仿宋体汉字书写示例如图 1.4 所示。

10 号字：

横平竖直　注意起落　结构均匀　填满方格

7 号字：

字体工整　笔画清楚　间隔均匀　排列整齐

5 号字：

工程图学　国家标准　技术制图　建筑制图　汽车电子　港口纺织

3.5 号字：

基本形体　截交相贯　组合叠加　剖视断面　螺纹连接　键销连接　齿轮传动　零件装配

图 1.4　长仿宋体汉字书写示例

二、字母和数字

字母和数字可书写成直体和斜体：斜体字头向右倾斜，与水平线成 75°。字母和数字分为 A 型和 B 型（参考标准说明）。字母和数字书写示例如图 1.5 所示。

ABCDEFGHIJKLMNOPQRSTUVWXYZ

abcdefghijklmnopqrstuvwxyz

0123456789　R3　4 × ϕ10　ϕ25H7　M16 × 1-7H

图 1.5　字母和数字书写示例

1.1.4　线型及其应用

工程图样由不同的图线组成，不同的图线代表不同的含义，可以通过图线识别图样的结构特征。

一、线型（GB/T 4457.4—2002）

图样中，国家标准 GB/T 17450—1998《技术制图图线》中规定了绘制图样基本线型的代码，国家标准 GB/T 4457.4—2002《机械制图图样画法图线》给出了线型及其应用。

机械制图中常用的线型及其应用如表 1.4 所示，其他线型请查阅 GB/T 4457.4—2002。

表 1.4　机械制图中常用的线型及其应用

代码 No.	线　型	一 般 应 用
01.1	细实线	尺寸线；尺寸界限；螺纹牙底线；剖面线；重合断面的轮廓线；过渡线；表示平面的对角线；短中心线；指引线和基准线；不连续同一表面连线等
	波浪线	断裂处的边界线；视图与剖视图的分界线
	双折线	断裂处的边界线；视图与剖视图的分界线
01.2	粗实线	可见轮廓线；可见棱边线；螺纹牙顶线；螺纹终止线；相贯线等
02.1	细虚线	不可见轮廓线；不可见棱边线
04.1	细点画线	轴线；对称中心线；齿轮的分度圆（线）；孔系分布的中心线等
05.1	细双点画线	相邻辅助零件的轮廓线；可动零件处于极限位置时的轮廓线等

注：在一张图样上一般采用一种线型，即采用波浪线或双折线。

二、图线宽度和图线组别

图线宽度和图线组别如表 1.5 所示。机械图样中只采用粗细两种线宽，它们的比例为 2∶1。

表 1.5 **图线宽度和图线组别** （单位：mm）

线型组别	粗线型宽度对应的线型代码		细线型宽度对应的线型代码	
0.25	0.25	01.2 02.2 04.2	0.13	01.1 02.1 04.1 05.1
0.35	0.35		0.18	
0.5*	0.5		0.25	
0.7*	0.7		0.35	
1	1		0.5	
1.4	1.4		0.7	
2	2		1	

注：*优先采用图线组别。

三、常用图线的应用示例

常用图线的应用示例如表 1.6 所示，其他线型应用示例请查阅 GB/T 4457.4—2002。

表 1.6 **常用图线的应用示例**

01.1	细实线	01.2	粗实线
01.1.1	过渡线 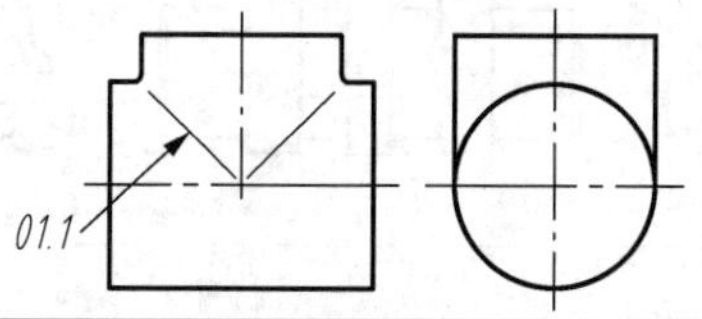	01.2.1	可见棱边线 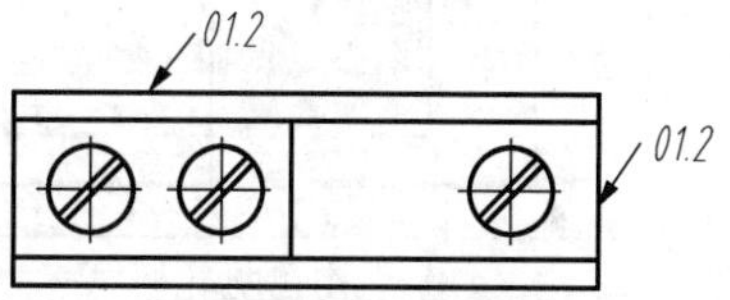
01.1.2	尺寸线、尺寸界线 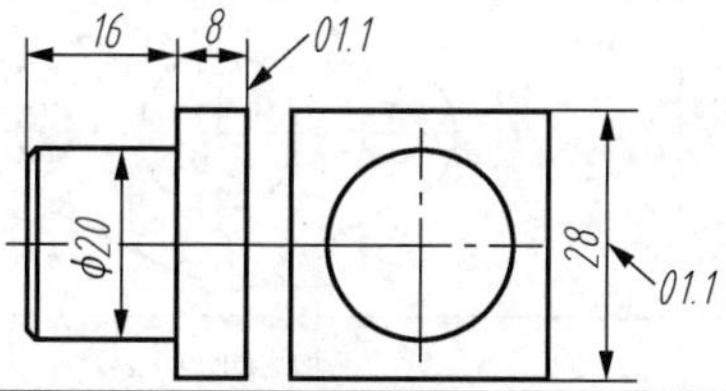	01.2.2	可见轮廓线 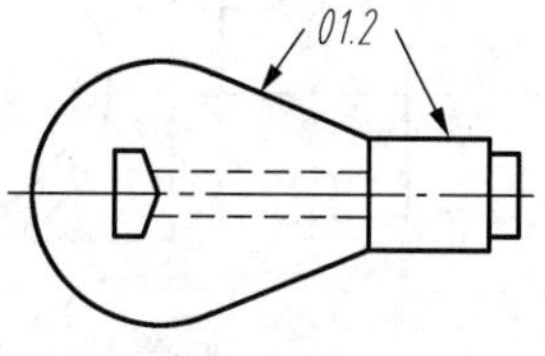
01.1.3	剖面线 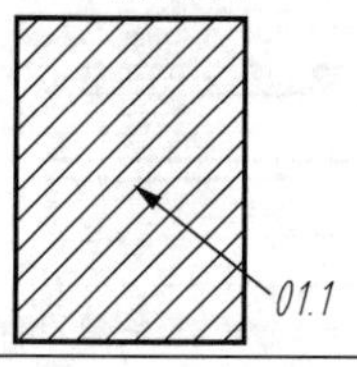	01.2.3	相贯线 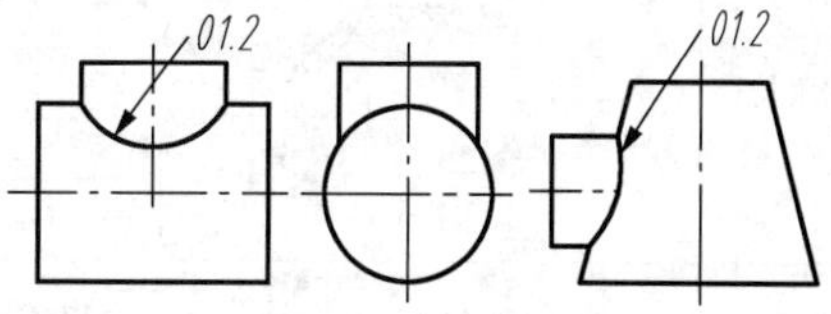
01.1.4	螺纹牙底线 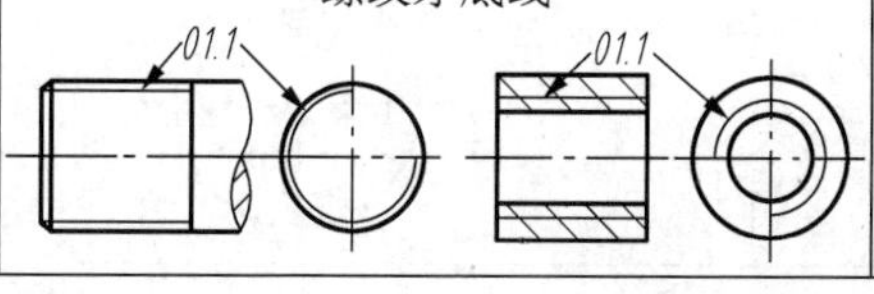	01.2.4	螺纹牙顶线 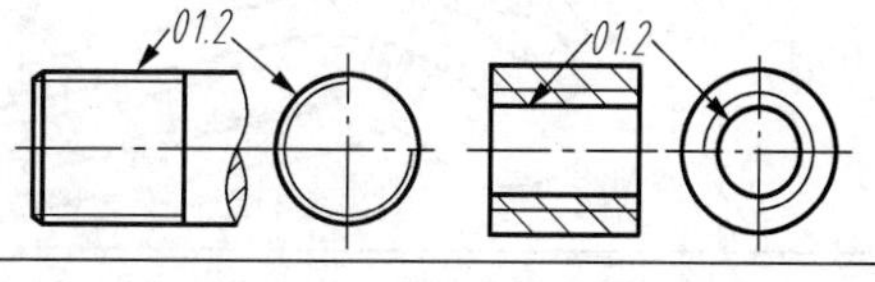

续表

01.1	细实线	01.2	粗实线
01.1.5	表示平面的对角线	01.2.5	螺纹长度终止线
01.1.6	断裂处的边界线；视图与剖视图的分界线	01.2.6	重复要素表示线（例如：齿轮的齿顶线）
01.1.7	断裂处的边界线；视图与剖视图的分界线	01.2.7	剖切符号用线
02.1	细虚线	04.1	细点画线
02.1.1	不可见棱边线	04.1.1	轴线
02.1.2	不可见轮廓线	04.1.2	对称中心线
05.1	细双点画线	04.1.3	分度圆（线）
05.1.1	相邻辅助零件的轮廓线		
05.1.2	可动零件处于极限位置时的轮廓线	04.1.4	孔系分布的中心线

续表

05.1	细双点画线	04.1	细点画线
05.1.3	成形前轮廓线 05.1	04.1.5	剖切线 04.1

四、图线画法

（1）在同一图样中，同类图线的宽度应一致，各线素的长度应大致相等并符合国家标准规定。尺规作图时，通常虚线段长 4～6 mm，间隔约 1 mm；点画线长线段 12～20 mm，两长线段间隔（含短画线）约 3 mm；双点画线长线段 12～20 mm，两长线段间隔（含短画线）约 5 mm。

（2）对称中心线或轴线应超出轮廓线外 2～5 mm；图线相交应为线段与线段相交，不应为点或间隔；图线的始末端应是线段，如图 1.6（a）所示。

（3）虚线与虚线、虚线与实线相交应为线段相交，当细虚线在实线的延长线上相接时，在连接处虚线应留出空隙。细虚线圆弧与实线相切时，虚线圆弧应留出空隙，如图 1.6（b）所示。

（4）绘制直径小于 12 mm 的圆的中心线时，用细实线代替点画线，如图 1.6（c）所示。

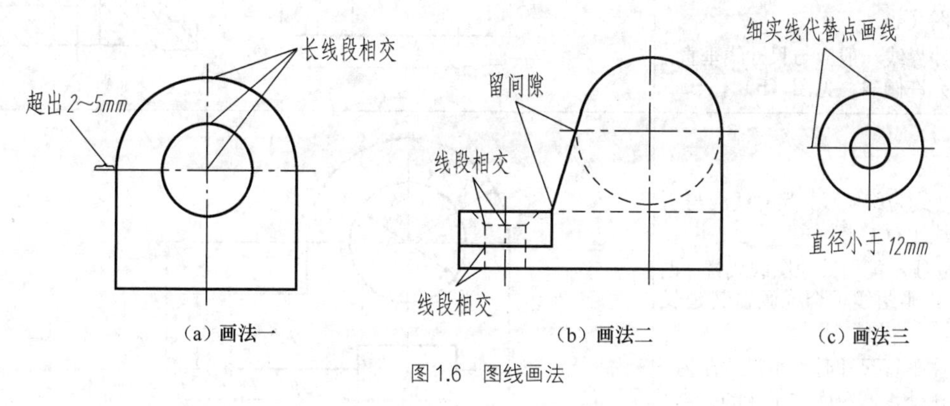

（a）画法一　（b）画法二　（c）画法三

图 1.6　图线画法

1.1.5　尺寸注法

一、尺寸注法的基本规则（GB/T 4458.4—2003，GB/T 16675.2—2012）

（1）尺寸数值为物体的真实大小，与绘图比例无关。

（2）工程图中的尺寸以毫米为单位时，不注单位名称（或符号），如采用其他单位，则应注明相应的单位名称（或符号）。

（3）工程图中所注的尺寸，为物体加工成形后的尺寸，否则应另加说明。

尺寸标注

（4）同一物体每一尺寸一般只标注一次，标注在最能清晰反映该结构特征的视图上。

正确的尺寸标注

二、尺寸注法

尺寸注法如表1.7所示。

表1.7 **尺寸注法**

尺寸组成与不同注法的说明	尺寸注法示例
1．尺寸组成 （1）尺寸界线 （2）尺寸线 （3）尺寸数字 （4）尺寸线终端（箭头或斜线）	尺寸界线 R5 尺寸数字 4 尺寸界线 2 3 3 3 2 8 29 尺寸线 尺寸线终端
2．尺寸界线 （1）尺寸界线用细实线绘制，超出尺寸线2～3 mm （2）尺寸界线从轮廓线、轴线或对称中心线引出，也可利用这些线代替它，见图（a） （3）尺寸界线一般应与尺寸线垂直，必要时允许倾斜，见图（b）	轮廓线作尺寸界线 R8 ϕ10 从轮廓线引出尺寸界线 5 2～3mm 24 （a） ϕ56 ϕ60 （b）
3．尺寸线 （1）尺寸线为细实线，尺寸线应与所标注线段平行 （2）尺寸线不能用其他图线代替，也不能与其他图线重合或画在其延长线上 （3）标注平行尺寸时，小尺寸在内、大尺寸在外，间距应大于7 mm	R5 ϕ6 7 4 5 8 16 间距应大于7mm
4．尺寸数字 （1）尺寸数字一般注写在尺寸线上方的中间位置。尺寸数字水平方向字头向上，铅垂方向字头向左，倾斜方向字头保持向上趋势，见图（a），图示30°范围内不注尺寸。当无法避免时，采用图（b）所示标注方法 （2）尺寸数字不能与任何图线相交，否则须把图线断开，见图（c）	30° 20 30° （a） 16 16 （b） 剖面线应断开 20 中心线应断开 ϕ35 （c）

续表

尺寸组成与不同注法的说明	尺寸注法示例
5．尺寸线终端 尺寸线的终端（箭头或斜线）一般用箭头，也可用45°斜线，斜线用细实线绘制，其高度应与尺寸数字的高度一致	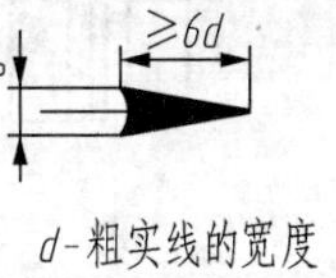 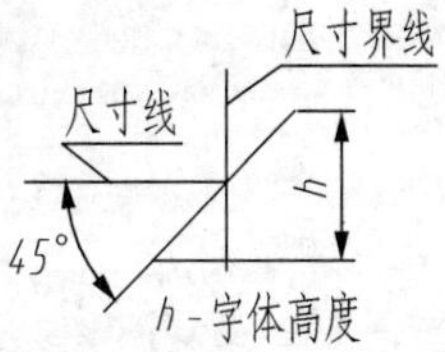 ≥6d d d-粗实线的宽度 (a) 尺寸界线 尺寸线 45° h h-字体高度 (b)
6．直径的注法 通常在标注大于 180°的圆弧和圆的直径时，圆的直径尺寸线应通过圆心，尺寸终端画成箭头，在尺寸数字前加注符号“ϕ”	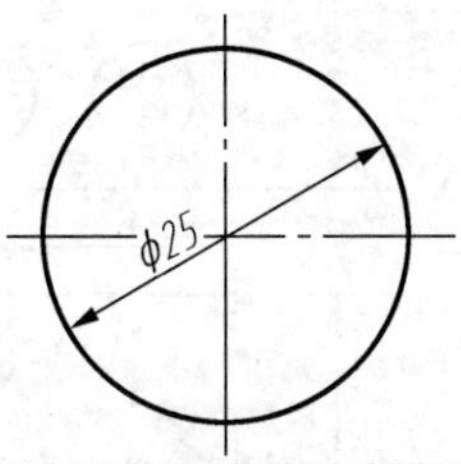 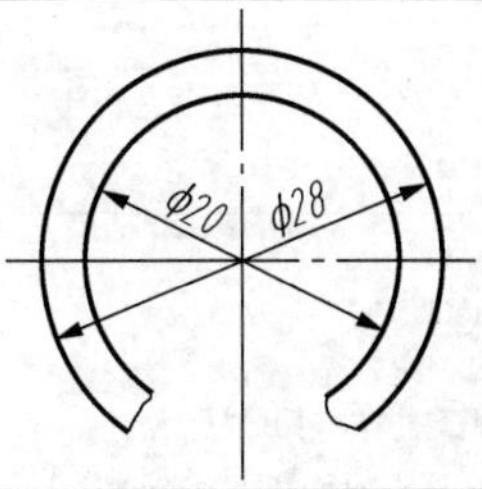 ϕ25 ϕ20 ϕ28
7．半径的注法 （1）小于或等于 180°的圆弧标注半径。尺寸线一端应画到圆心，另一端画成箭头，并在尺寸数字前加注符号“*R*”，见图（a） （2）圆弧的半径过大，或在图纸范围内无法标圆心位置时，可将尺寸线折断，见图（b）	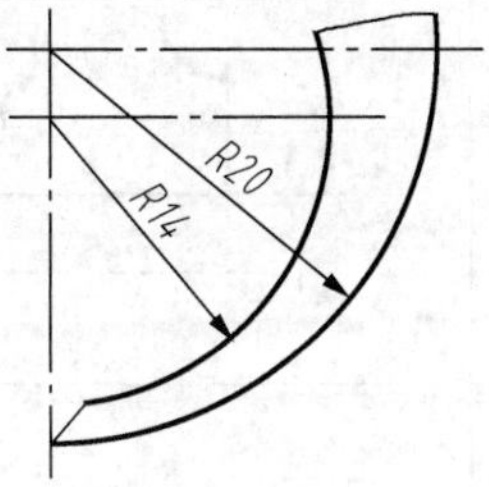 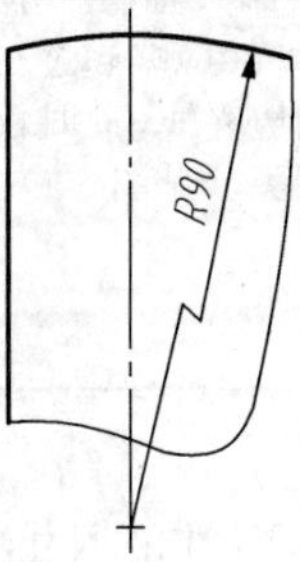 R20 R14 (a) R90 (b)
8．球面的注法 标注球面的直径和半径时，在符号“ϕ”和“*R*”前加符号“*S*”	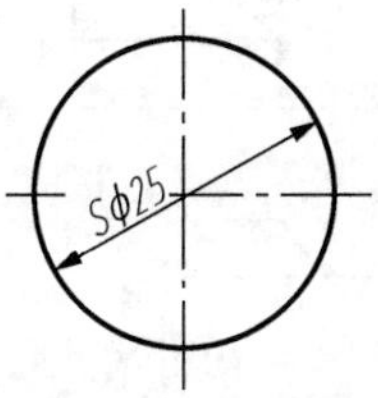 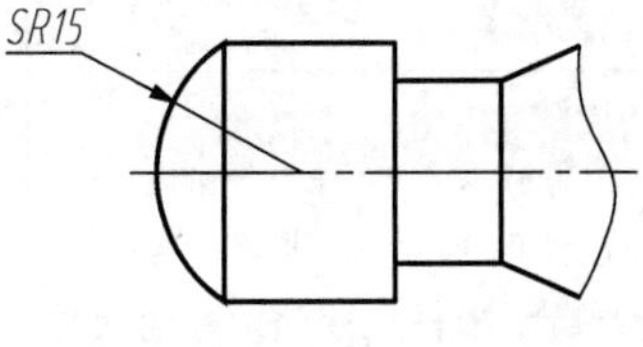 Sϕ25 SR15
9．角度的注法 （1）标注角度时，尺寸线画成圆弧，圆心是角的顶点，尺寸界线沿径向引出，角度数字一律写成水平方向，一般写在尺寸线的中断处，见图（a） （2）必要时也可将角度数字注写在尺寸线的上方和外面，也可引出标注，如图（b）所示	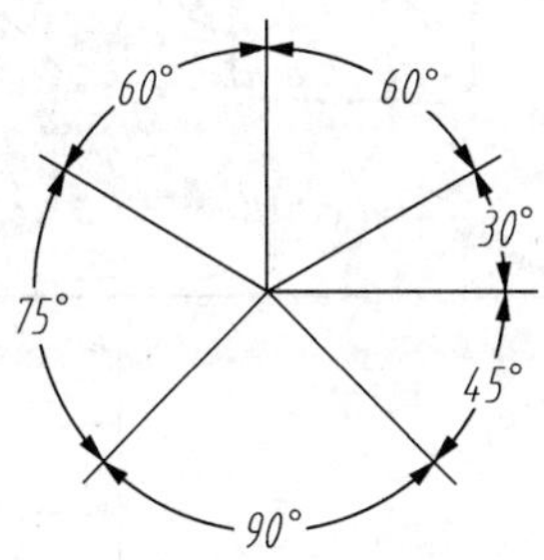 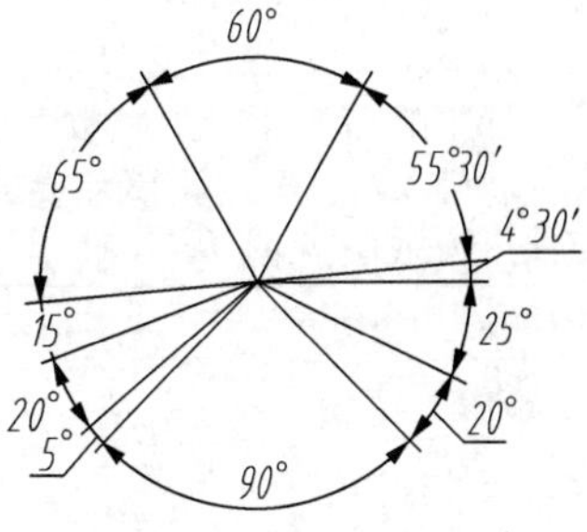 60° 60° 30° 75° 45° 90° (a) 60° 65° 55°30′ 4°30′ 15° 25° 20° 5° 20° 90° (b)

续表

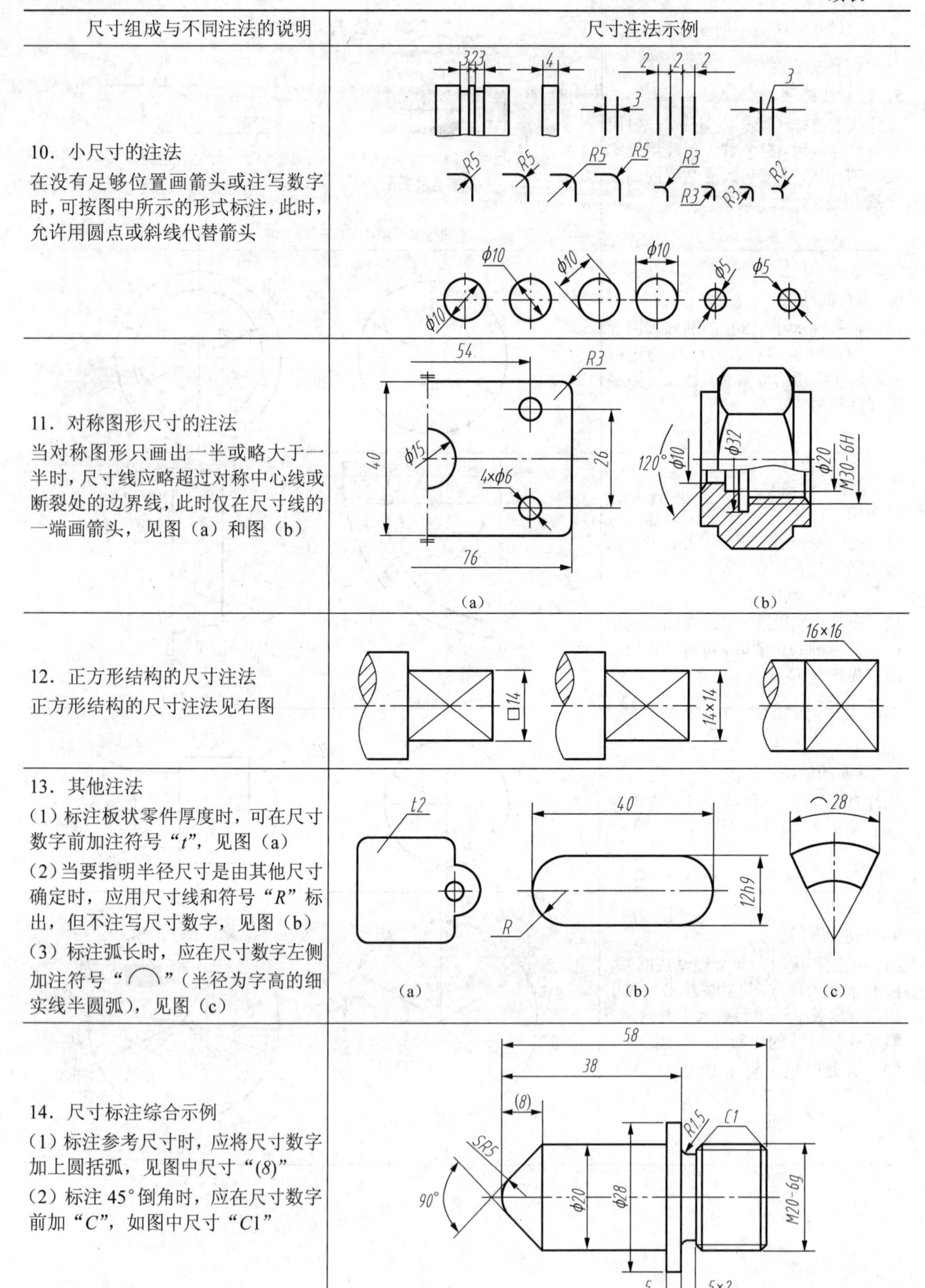

尺寸组成与不同注法的说明	尺寸注法示例
10．小尺寸的注法 在没有足够位置画箭头或注写数字时，可按图中所示的形式标注，此时，允许用圆点或斜线代替箭头	
11．对称图形尺寸的注法 当对称图形只画出一半或略大于一半时，尺寸线应略超过对称中心线或断裂处的边界线，此时仅在尺寸线的一端画箭头，见图（a）和图（b）	（a） （b）
12．正方形结构的尺寸注法 正方形结构的尺寸注法见右图	
13．其他注法 （1）标注板状零件厚度时，可在尺寸数字前加注符号“*t*”，见图（a） （2）当要指明半径尺寸是由其他尺寸确定时，应用尺寸线和符号“*R*”标出，但不注写尺寸数字，见图（b） （3）标注弧长时，应在尺寸数字左侧加注符号“⌒”（半径为字高的细实线半圆弧），见图（c）	（a） （b） （c）
14．尺寸标注综合示例 （1）标注参考尺寸时，应将尺寸数字加上圆括弧，见图中尺寸“(8)” （2）标注45°倒角时，应在尺寸数字前加“*C*”，如图中尺寸“*C*1”	

1.2 绘图方法

绘制工程图样的方法包括：尺规绘图、徒手绘图和计算机辅助绘图。

1.2.1 尺规绘图工具及其使用

尺规绘图的关键是要掌握常用绘图工具的使用方法。正确使用绘图工具，既能提高绘图速度，也能保持图面的质量。

常用的尺规绘图工具包括：图板、丁字尺、铅笔、三角板、圆规、分规、曲线板等。

一、图板和丁字尺

图板用来摆放图纸，图纸一般用透明胶带固定在图板上。丁字尺用来画水平线，如图 1.7（a）所示，或与三角尺配合使用画垂直线，如图 1.7（b）所示。丁字尺由尺头和尺身两部分组成，尺头内侧边与尺身工作边垂直。

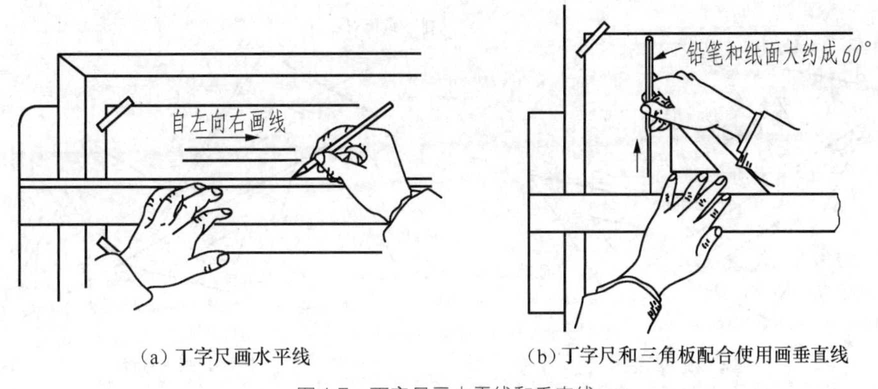

（a）丁字尺画水平线　（b）丁字尺和三角板配合使用画垂直线

图 1.7　丁字尺画水平线和垂直线

二、铅笔

铅笔根据铅芯的软硬程度分为 B、2B、HB、H、2H 等型号。绘图时，B 或 2B 用于加深粗实线；HB 用于写字、加深尺寸线等；H 或 2H 用于打底稿。

削铅笔时，加深粗实线用的铅芯磨成矩形，其余磨成圆锥形，如图 1.8 所示。

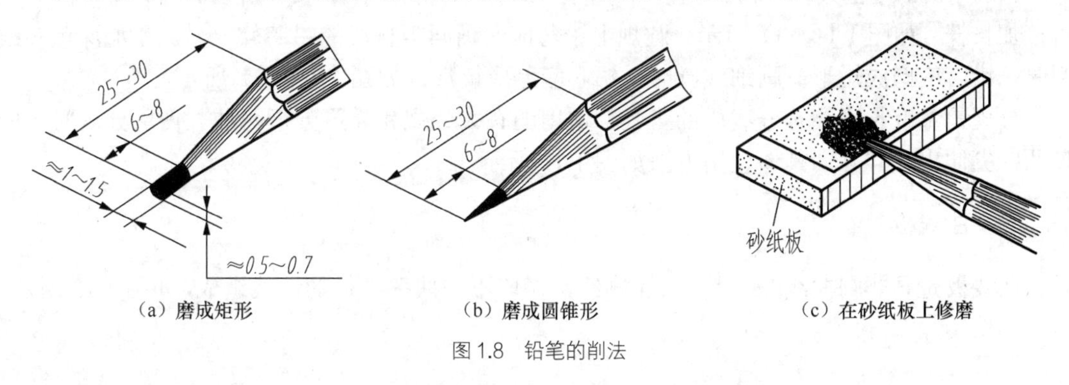

（a）磨成矩形　（b）磨成圆锥形　（c）在砂纸板上修磨

图 1.8　铅笔的削法

三、三角板

三角板有 45° 三角板和 60°（30°）三角板两种，它与丁字尺配合使用，可画出 15° 倍数角的斜线，如图 1.9 所示。两块三角板配合使用，可画已知直线的平行线和垂直线，如图 1.10 所示。

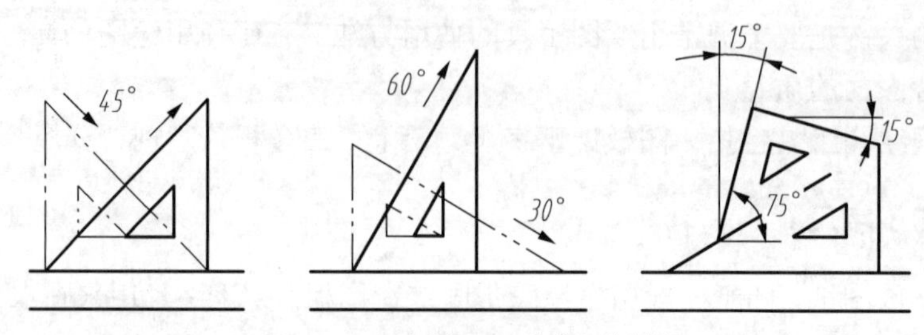

图 1.9　用三角板画 15°倍数角的斜线

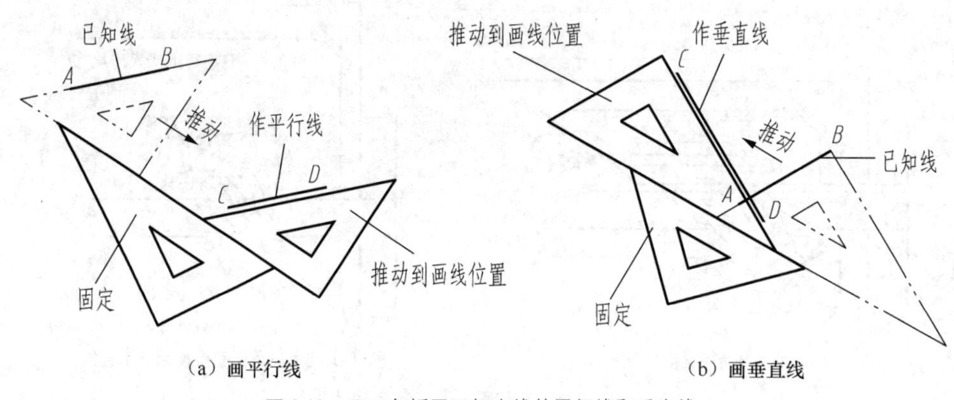

（a）画平行线　（b）画垂直线

图 1.10　用三角板画已知直线的平行线和垂直线

四、圆规与分规

圆规可画圆和圆弧。画圆时，应用力均匀，匀速旋转，并应使圆规稍向前进的方向倾斜，如图 1.11（a）所示。画大圆时，大圆规的针脚和铅芯均应保持与纸面垂直，如图 1.11（b）所示。画小圆时，圆规两角应向里弯曲或用弹簧圆规，如图 1.11（c）所示。画大直径圆时还可接加长杆，如图 1.11（d）所示。圆规上铅芯应比画同类直线的铅芯软一号。在加深粗实线圆时，铅芯应磨成矩形；画细线圆时，铅芯应磨成铲形，如图 1.11（e）所示。

分规是量取长度和等分线段的工具，常用的有大分规和弹簧分规两种。使用分规时，应使两针尖伸出一样齐，具体使用方法如图 1.12 所示。

五、曲线板

曲线板是画非圆曲线的工具，其轮廓线由多段不同曲率半径的曲线组成，如图 1.13 所示。

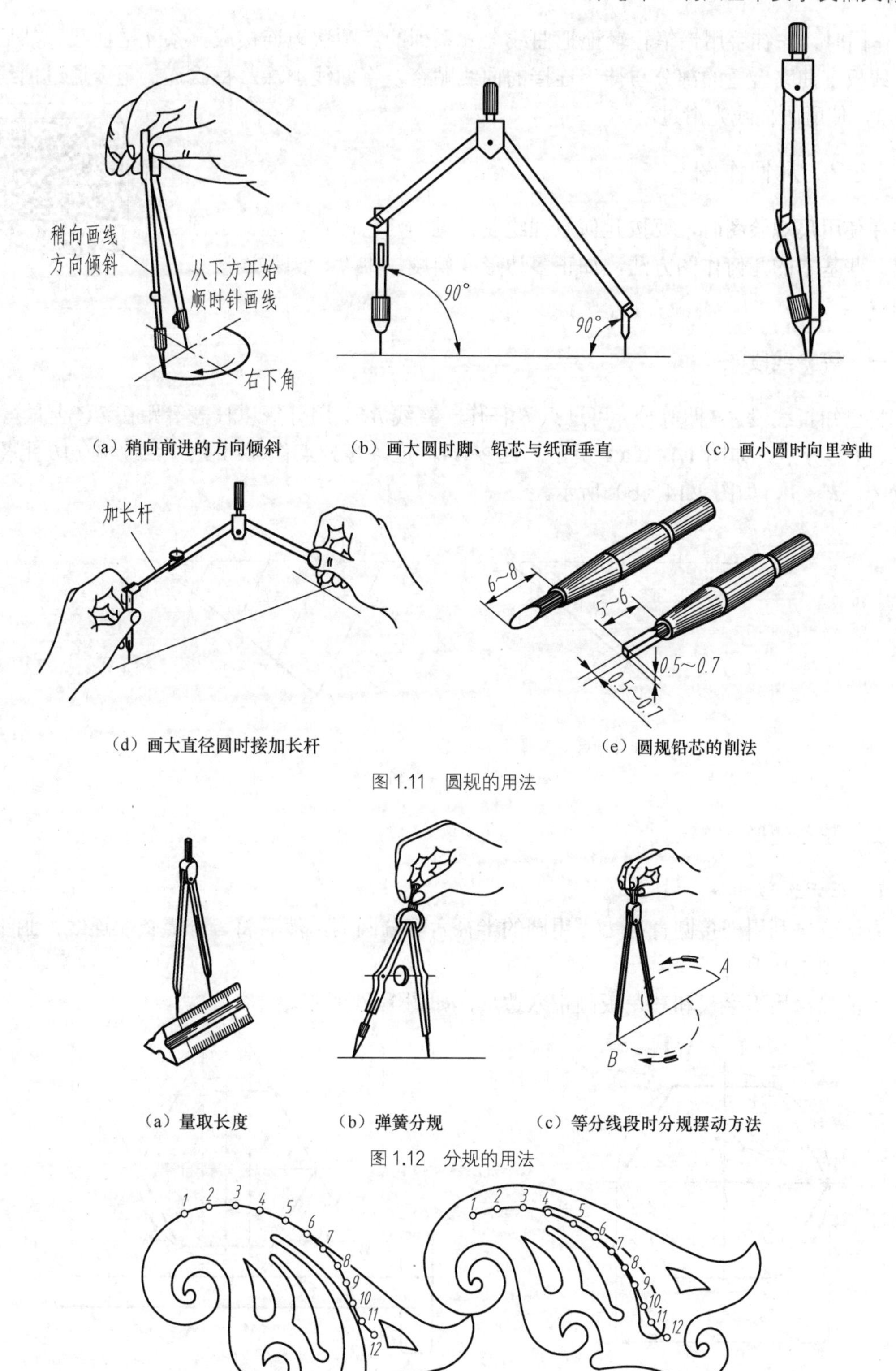

（a）稍向前进的方向倾斜　（b）画大圆时脚、铅芯与纸面垂直　（c）画小圆时向里弯曲

（d）画大直径圆时接加长杆　（e）圆规铅芯的削法

图 1.11　圆规的用法

（a）量取长度　（b）弹簧分规　（c）等分线段时分规摆动方法

图 1.12　分规的用法

图 1.13　曲线板

作图时，先徒手用铅笔轻轻地把曲线上一系列的点顺次地连接成一条光滑曲线，然后选择曲线板上曲率合适的部分与徒手连接的曲线贴合，将曲线加深。每次连接至少通过曲线上3个点，使所画曲线光滑过渡。

1.2.2 几何作图

在使用尺规绘图时，要按几何原理绘制常见的几何图形，因此必须掌握一些基本的几何作图方法，如正多边形、斜度、锥度、圆弧连接和椭圆等。

几何作图

一、等分线段

将已知直线段 AB 四等分，可过点 B 任作一直线 BC，用分规以任意等距在 BC 上量得 *1*、*2*、*3*、*4* 等分点，如图1.14（a）所示。连接4A，过各等分点作4A的平行线，在 AB 上得等分点 *1′*、*2′*、*3′*，如图1.14（b）所示。

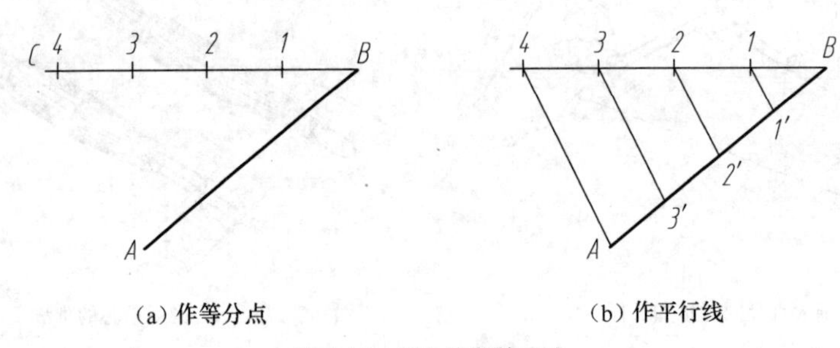

(a) 作等分点　　(b) 作平行线

图1.14　等分线段的画法

二、正多边形

1. 正六边形

方法一：利用外接圆直径 D，用圆的半径六等分圆周，然后将等分点依次连线，画正六边形，如图1.15所示。

方法二：用丁字尺和三角板画正六边形，如图1.16所示。

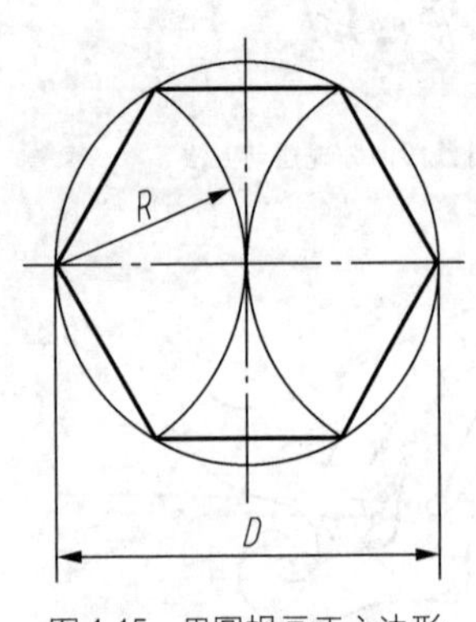

图1.15　用圆规画正六边形

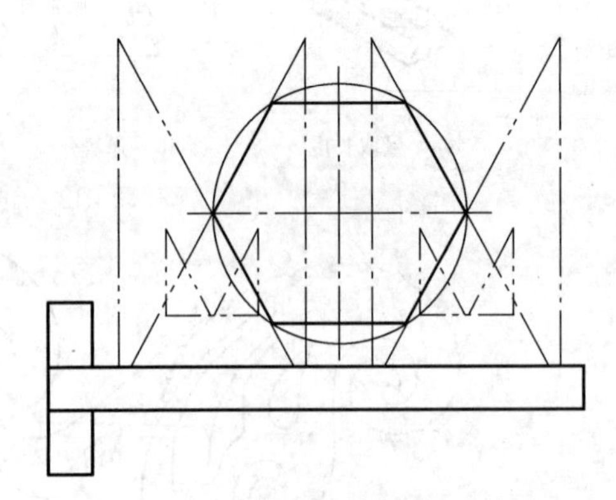

图1.16　用丁字尺和三角板画正六边形

2. 近似作正 n 边形

以画正七边形为例，正七边形的近似作法如图1.17所示，具体步骤为：

（1）由已知条件作正七边形的外接圆，并把直径 AH 七等分；

（2）以 A 为圆心、AH 为半经画弧，弧与水平直径延长线交于点 M；

（3）延长 $M2$、$M4$、$M6$ 与外接圆分别交于点 B、C、D（选间隔点）；

（4）分别过点 B、C、D 作水平线与外接圆分别交于点 G、F、E；

（5）顺次连接各点 A、B、C、D、E、F、G，完成正七边形。

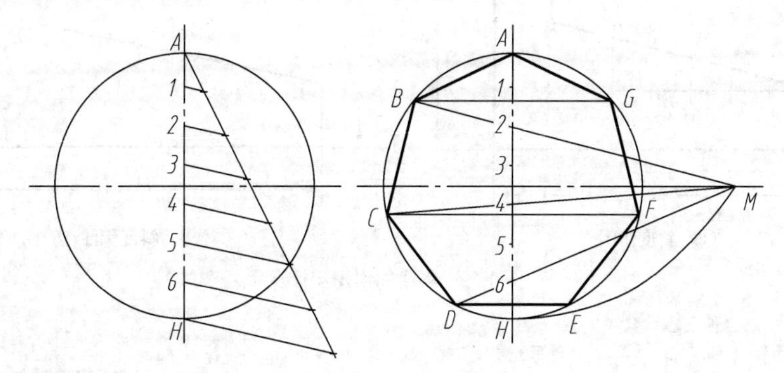

图 1.17　正七边形的近似作法

1.2.3　斜度和锥度

一、斜度

斜度是直线（或平面）相对于另一直线（或平面）的倾斜程度。其大小用两直线（或两面）之间夹角的正切来表示，并把比值化为 1∶n 的形式，如图 1.18（a）、图 1.18（b）所示。斜度符号的画法如图 1.18（c）所示。斜度 $=\tan\alpha = H:L = 1:\dfrac{L}{H} = 1:n$。

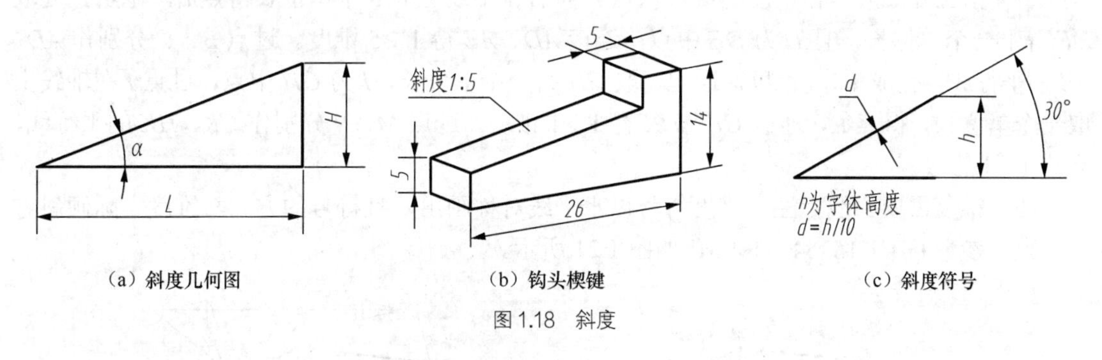

（a）斜度几何图　　（b）钩头楔键　　（c）斜度符号

图 1.18　斜度

下面以钩头楔键为例，说明斜度的作图步骤。

（1）由已知尺寸作斜度轮廓。对 AC 进行五等分得点 B，作 $DC \perp AC$，且 $DC = AB$，连接 AD，其即 1∶5 的斜度线，如图 1.19（a）所示。

（2）斜度需要引线标注，且符号的方向与斜度实际方向一致，如图 1.19（b）所示。

二、锥度

锥度是正圆锥底面圆直径与锥体高度之比。若是锥台，则锥度为上下两底面圆直径之差与锥台高度之比。比值也化为 1∶n 的形式，如图 1.20（a）、图 1.20（b）所示。锥度符号的画法如图 1.20（c）所示。锥度 $=\dfrac{D}{L}=\dfrac{D-d}{l}=2\tan\alpha$。

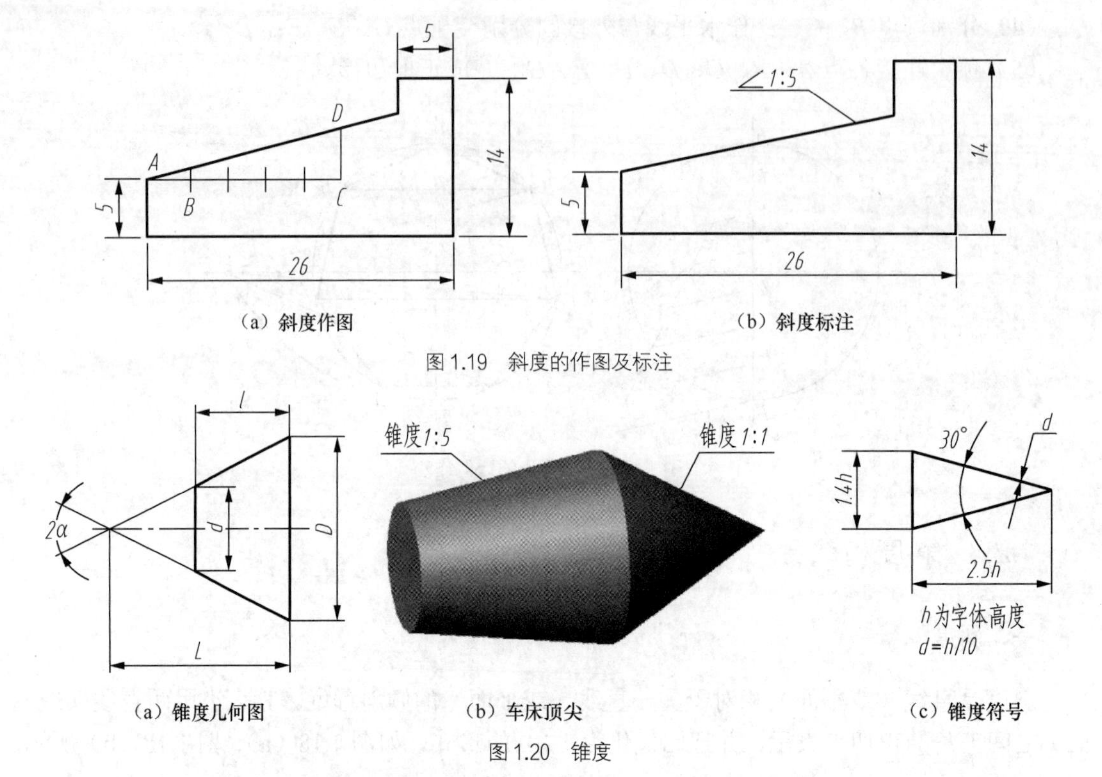

（a）斜度作图　（b）斜度标注

图 1.19　斜度的作图及标注

（a）锥度几何图　（b）车床顶尖　（c）锥度符号

图 1.20　锥度

下面以车床顶尖为例，说明锥度的作图步骤。

（1）由已知尺寸，作锥度轮廓。从点 A 向右在轴线上取 5 个单位长得点 F，在点 F 处取 DE 等于一个单位长，且 F 为 DE 中点，连接 AD、AE 得 1∶5 锥度。过点 B、C 分别作 AD、AE 的平行线，完成 1∶5 锥度。同理，取 GH 为一个单位长，I 为 GH 中点，过点 I 在轴线上取一个单位长，得点 K，连接 GK、HK 得 1∶1 锥度。过点 M、N 分别作 GK、HK 的平行线，完成 1∶1 锥度。

（2）锥度需要引线标注，锥度符号以水平线对称画出，且符号的方向与锥度实际倾斜方向一致，参考 GB/T 15754—1996，如图 1.21 所示。

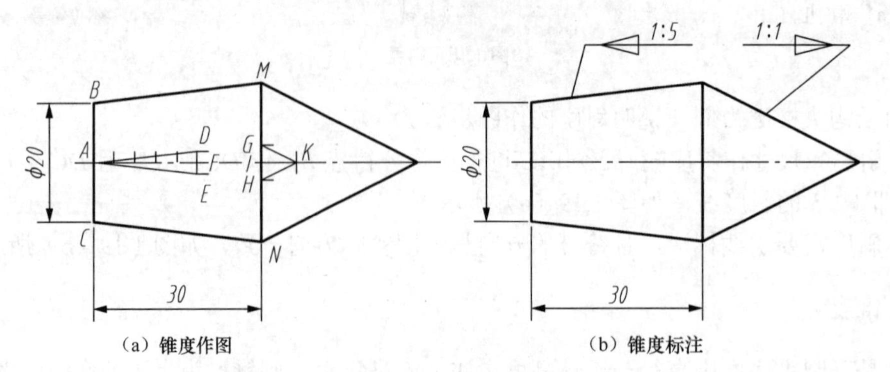

（a）锥度作图　（b）锥度标注

图 1.21　锥度画法及标注

1.2.4 圆弧连接

绘图过程中，经常会遇到圆弧连接。圆弧连接实际上就是用已知半径的圆弧光滑地连接两已知线段（直线或圆弧）。其中起连接作用的圆弧称为连接圆弧。这种光滑连接几何图的方式即为相切，切点就是连接点。作图时，应找到连接圆弧的圆心及切点。下面分 3 种情况进行介绍。

一、用已知半径的圆弧连接两已知直线

用已知半径的圆弧连接两已知直线的作图步骤如下。

（1）求连接圆弧的圆心。作两条辅助直线分别与 AC 及 BC 平行，并使两组平行线之间的距离都等于 R，两辅助直线的交点 O 就是所求连接圆弧的圆心。

（2）求连接圆弧的切点。从点 O 分别向两已知直线作垂线得点 M、N，即为切点。

（3）作连接圆弧。以点 O 为圆心，OM 或 ON 为半径作弧，与 AC 及 BC 切于两点 M、N，如图 1.22 所示。

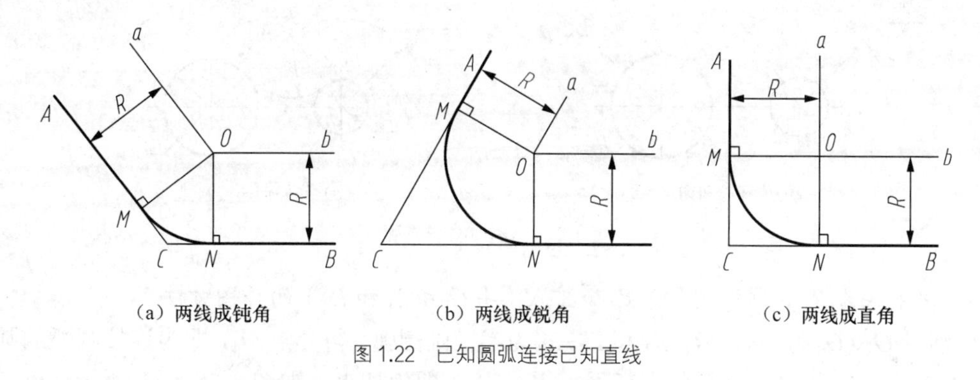

（a）两线成钝角　（b）两线成锐角　（c）两线成直角

图 1.22　已知圆弧连接已知直线

二、用已知半径的圆弧连接已知圆弧和已知直线

用已知半径的圆弧连接已知圆弧和已知直线的作图步骤如下。

（1）求连接圆弧的圆心。作辅助直线平行于已知直线，距离等于 R；以 O_1 为圆心、R_1+R 为半径作圆弧，交辅助直线于点 O，该点即为连接圆弧的圆心，如图 1.23（a）所示。

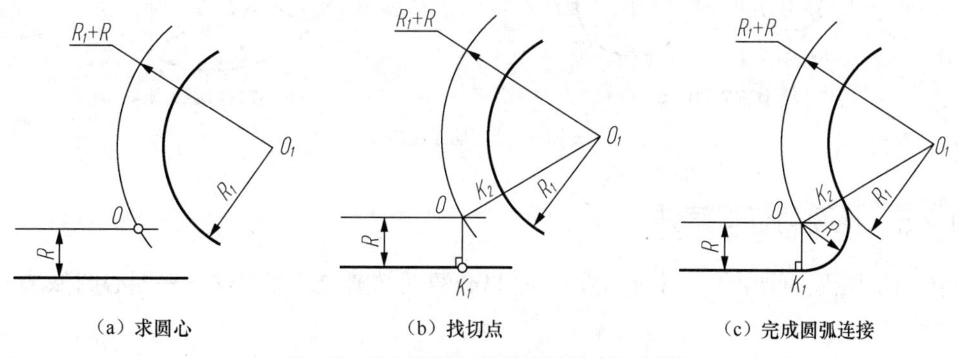

（a）求圆心　（b）找切点　（c）完成圆弧连接

图 1.23　已知圆弧连接已知圆弧和已知直线

（2）求连接圆弧的切点。从点 O 向已知直线作垂线，得点 K_1，连接 OO_1 与已知圆弧交于点 K_2。K_1、K_2 即所求切点，如图 1.23（b）所示。

（3）作连接圆弧。以点 O 为圆心、OK_1 或 OK_2 为半径作弧，相切于点 K_1、K_2，如图 1.23（c）所示。

三、用圆弧连接两已知圆弧

用圆弧连接两已知圆弧分为外切和内切两种情况，外切时圆弧的半径为（$R+R_{外}$），内切时圆弧的半径为（$R_{内}-R$）。

1. 用半径为 R_3 的圆弧外切两已知圆弧（半径为 R_1 和 R_2）的作图方法

分别以 O_1、O_2 为圆心，R_1+R_3 和 R_2+R_3 为半径画圆弧，得交点 O_3，即为连接圆弧的圆心；连接 O_1O_3、O_2O_3 与已知圆弧分别交于点 K_1、K_2，即为切点，如图 1.24（a）所示。以 O_3 为圆心，R_3 为半径在两切点 K_1、K_2 之间作圆弧，即为所求外切连接圆弧，如图 1.24（b）所示。

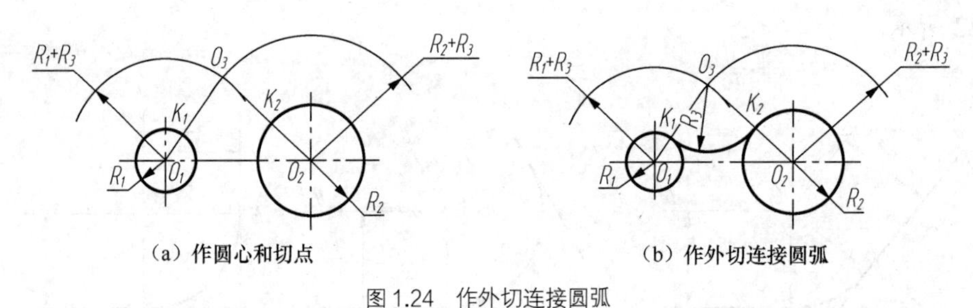

（a）作圆心和切点　（b）作外切连接圆弧

图 1.24　作外切连接圆弧

2. 用半径为 R_4 的圆弧内切两已知圆弧（半径为 R_1 和 R_2）的作图方法

分别以 O_1、O_2 为圆心，R_4-R_1 和 R_4-R_2 为半径画圆弧，得交点 O_4，即为连接圆弧的圆心。连接 O_1O_4、O_2O_4 与已知圆弧分别交于点 K_1、K_2，即为切点，如图 1.25（a）所示。以 O_4 为圆心，R_4 为半径在两切点 K_1、K_2 之间作圆弧，即为所求内切连接圆弧，如图 1.25（b）所示。

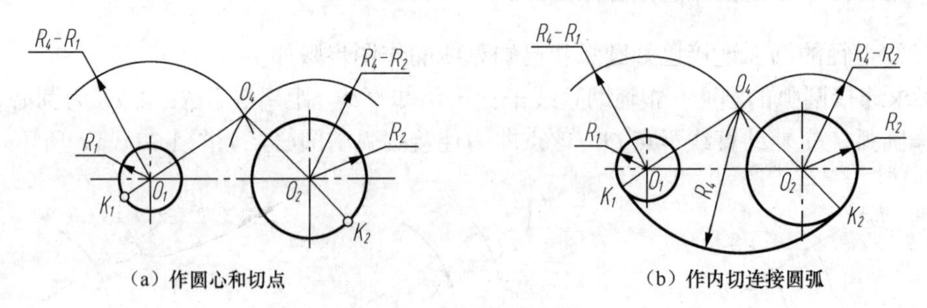

（a）作圆心和切点　（b）作内切连接圆弧

图 1.25　作内切连接圆弧

1.2.5　椭圆的近似画法

精确绘制椭圆可通过计算机来完成，这里介绍画椭圆的近似方法——四心圆弧法。作图步骤如下。

（1）画出两条垂直相交的细点画线，确定椭圆的中心 O，长轴上的端点 A、B 和短轴上端点 C、D，然后连接 AC。以点 O 为圆心、OA 为半径画圆弧交 OC 的延长线于 E。以点 C

为圆心、*CE* 为半径画圆弧交 *AC* 于 *F*，如图 1.26（a）所示。

（2）作 *AF* 的垂直平分线交 *AB* 于 *1*、*CD* 于 *2*，然后求 *1*、*2* 对于长轴 *AB*、短轴 *CD* 的对称点 *3* 和 *4*，则 *1*、*2*、*3*、*4* 为组成椭圆四段圆弧的圆心。连接 *12*、*14*、*32*、*34* 并延长，即得四段圆弧的分界线，如图 1.26（b）所示。

（3）分别以 *1*、*2*、*3*、*4* 为圆心，以 *1A* 和 *2C* 为半径分别画两段小圆弧和两段大圆弧至分界线，如图 1.26（c）所示。

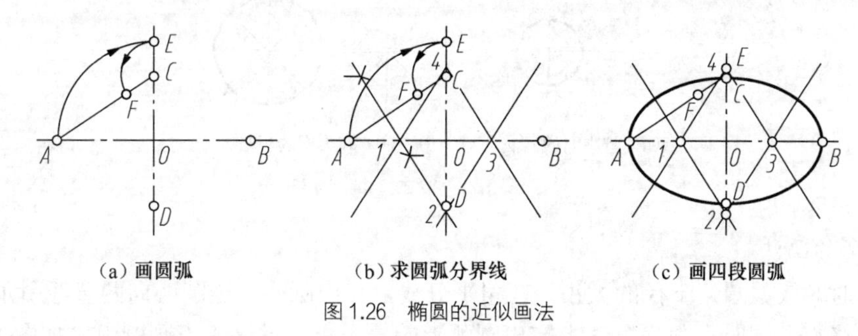

图 1.26 椭圆的近似画法

思考：椭圆还有没有其他的近似画法？

1.2.6 徒手绘图

徒手画的图亦称草图，即根据物体的形状和大小，徒手绘制图样。通常在现场测绘零件时采用该方式。

下面简要介绍直线、角度、圆、圆角等简单图元的徒手画图方法。

一、直线的画法

徒手画直线时，手指一般握在离笔尖约 35 mm 处，小手指轻贴纸面，根据所画线段的长短定出两点，用手腕带动笔尖沿直线的方向运动。画斜线时，用眼睛目测斜线的斜度，定线段的两端点，画法同上，如图 1.27 所示。

二、角度的画法

在绘制一些常用角度（如 30°、45°、60°）时，根据它们的斜率近似比值画出即可，如图 1.28 所示。

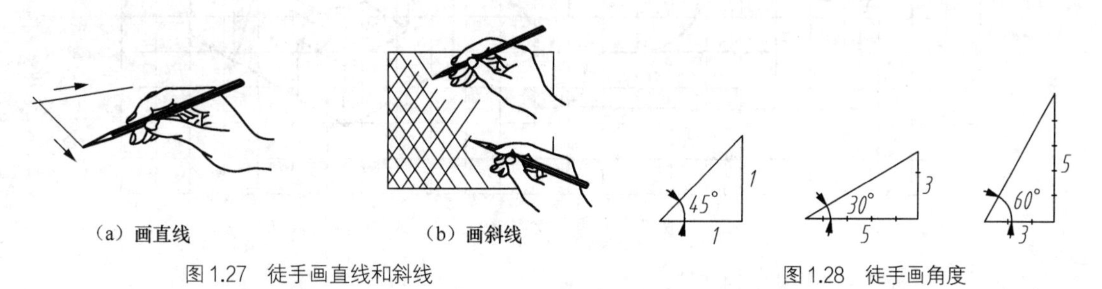

图 1.27 徒手画直线和斜线

图 1.28 徒手画角度

三、圆和圆角的画法

1. 圆的画法

画较小圆时，先定圆心及中心线，依据半径在中心线上目测定四个点，过这四个点画圆。画较大圆时，可以过圆心补画两条与水平线成 45° 的斜线，在补画的线上再定出四个点，然后过这八个点画圆，如图 1.29 所示。

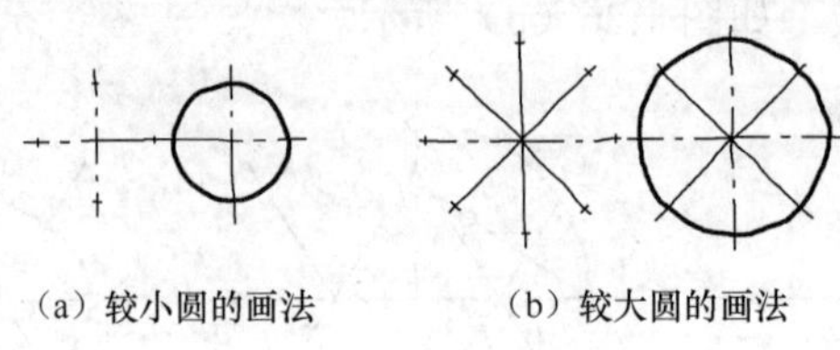

图 1.29　徒手画圆

2. 圆角的画法

画圆角时，依据圆角半径的大小，在角平分线上找出圆心，过圆心向两直线引垂线定出圆弧的起点和终点，同时在角平分线上定出圆弧上的一个点，过这三点画圆弧，如图 1.30 所示。

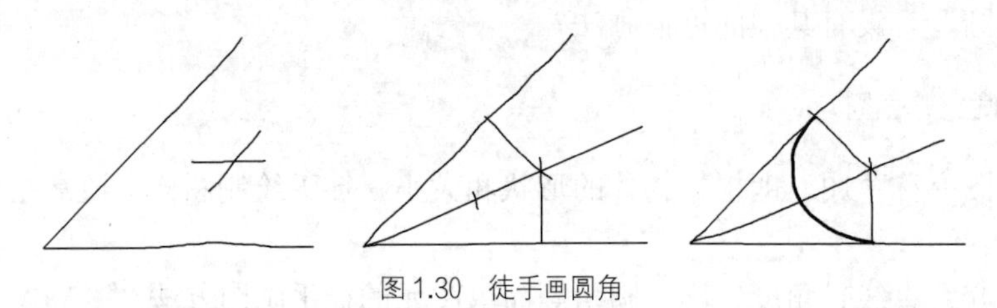

图 1.30　徒手画圆角

四、徒手绘制草图实例

徒手绘制平面图形和轴测图，如图 1.31 所示。

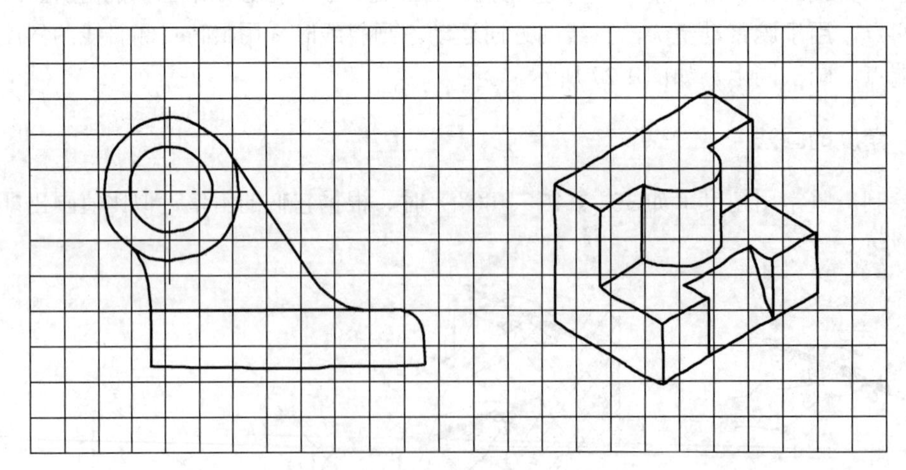

图 1.31　徒手绘制草图实例

1.2.7　计算机辅助绘图

随着计算机的普及，计算机辅助绘图迅速发展起来，帮助工程技术人员摆脱了传统的尺规绘图方式。使用计算机辅助绘图是工科学生必须掌握的一种方法。

计算机辅助绘图的过程为：首先应用输入设备进行图形输入，然后由计算机主机进行图形处理，最后由输出设备进行图形显示和图形输出。计算机辅助绘图基本操作参见相关教材及后续各章节中 AutoCAD 相关的内容。

1.3 平面图形的尺寸分析及画图步骤

物体的轮廓形状一般都是由直线、圆或其他的曲线组成的。在绘制图样时，需要根据标注的尺寸画出各个部分。因此，要对平面图形尺寸和线段进行分析，以确定画图的顺序并正确地标注尺寸。

一、平面图形的尺寸分析

尺寸是用来确定平面图形的形状和位置，依据其作用，可分为定形尺寸和定位尺寸。

（1）定形尺寸：确定图形中各几何元素形状大小的尺寸。如图 1.32 所示，ϕ22、ϕ28、28、12、*R*11、*R*60、*R*104 等是定形尺寸。

（2）定位尺寸：确定图形中各几何元素相对位置的尺寸。如图 1.32 所示，98 和 149 用以确定 *R*104、*R*11 两圆弧圆心的位置尺寸为定位尺寸。

（3）尺寸基准：确定图形中尺寸位置的几何元素。可作为基准的几何元素有：对称图形的中心线、圆的中心线、水平或垂直线段等。如图 1.32 所示，垂直线段和水平对称中心线分别是长度方向和高度方向的主要基准。

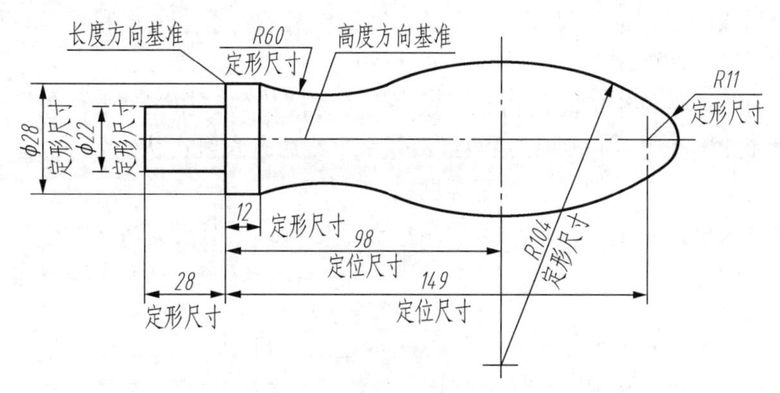

图 1.32 平面图形的尺寸分析

二、平面图形的线段分析

根据平面图形的尺寸标注和线段间的连接关系，可将平面图形中的线段分为 3 类。

（1）已知线段：由尺寸可以直接画出的线段，它们有足够的定形尺寸和定位尺寸，如图 1.33 所示的ϕ22、ϕ28、12、28、*R*11、98 和 149 等。

（2）中间线段：除已知尺寸外，还需要一个连接关系才能画出的线段，即缺少一个定位尺寸。如图 1.33 所示，*R*104 为中间线段。

（3）连接线段：需要两个连接关系才能画出的线段。如图 1.33 所示，*R*60 为连接线段。

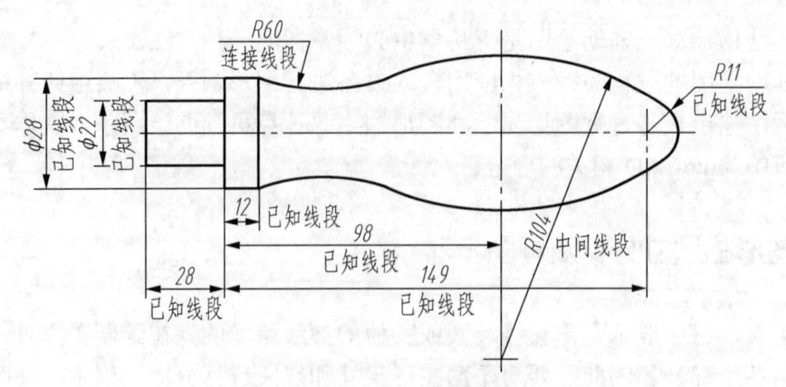

图1.33 平面图形的线段分析

绘制平面图形时，首先画已知线段，再画中间线段，最后画连接线段。

三、平面图形的画图步骤

（1）准备工作。首先对平面图形进行线段分析。作图前，准备好绘图工具，选择作图比例及图纸幅面。

（2）固定图纸。将图纸用透明胶带固定，并用丁字尺校好图纸边框的水平线和垂直线，画图框和标题栏。

（3）图形布局与打底稿。根据图形的长、宽、高尺寸布置各个图形在图纸上的位置，使得图形离图纸上、下、左、右边界的距离及图形之间的距离大致相等。然后画图形的基准线，用H型铅笔打底稿。打底稿时，要先画主要轮廓线，后画细节。

（4）检查加深图形、标注尺寸完成全图。底稿完成后，检查图形和尺寸。将作图过程中的辅助线擦除，清洁图面。

加深图形时，要保持铅笔端的粗细一致，用力标注均匀。加深步骤：先粗线后细线（如虚线、点画线和细实线等）；先曲线后直线；先水平线后垂直线；从上到下，从左到右，最后画倾斜线。书写其他文字、符号和填写标题栏。

下面以手柄为例，按上述平面图形画图步骤进行画图，如图1.34所示。

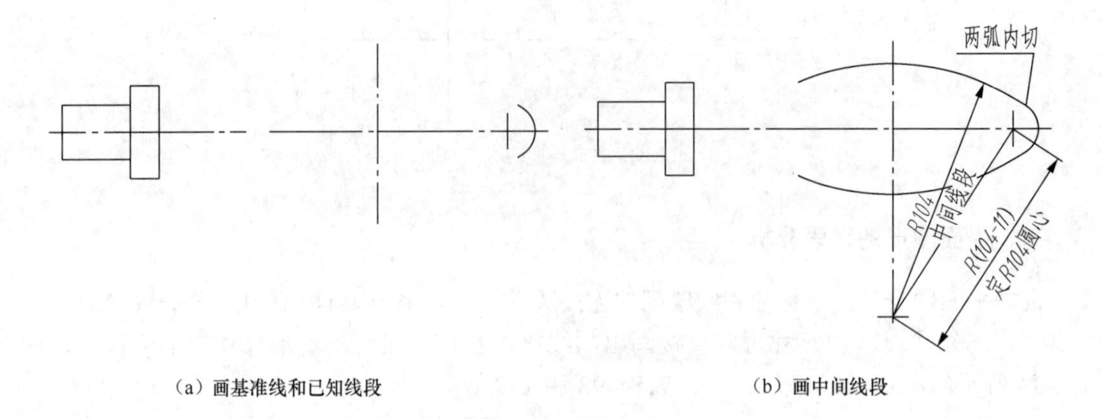

（a）画基准线和已知线段　　（b）画中间线段

图1.34 手柄图样的画图步骤

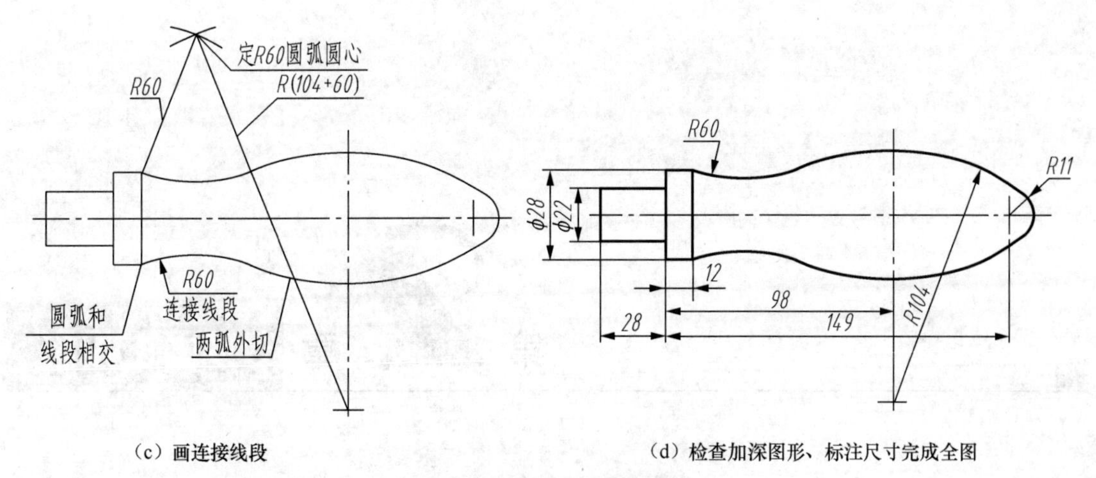

图 1.34　手柄图样的画图步骤（续）

第2章 多面正投影

通过本章学习了解投影法的基本概念和物体三视图的形成，重点掌握组成物体的几何元素点、线、面的投影特性及其相对位置关系；了解换面法的4个基本问题，能综合运用所学的投影基础知识灵活解题，为培养空间想象和空间思维能力打下基础。

投影法概述

2.1 投影法概述

2.1.1 投影法

物体在光源的照射下会出现影子，这种现象称为投影。投影的方法就是从这一自然现象中抽象出来的。投射线通过物体向选定的面投射，在该面上得到图形的方法，称为投影法，投射线的汇交点称为投射中心，形成投影图的面称为投影面，投射中心与物体上点之间的连线称为投射线，如图2.1所示。

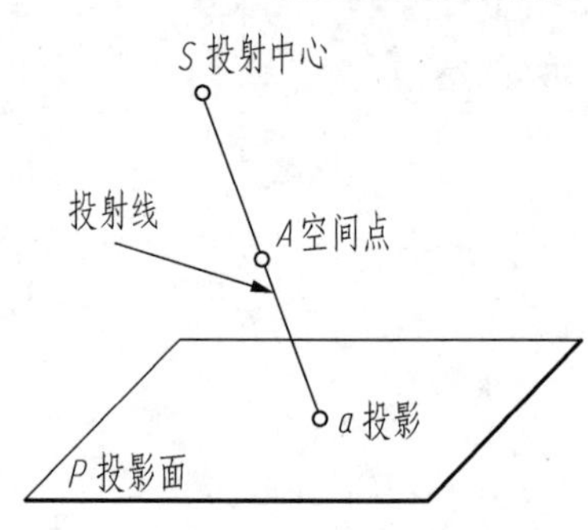

图2.1 投影法

2.1.2 投影法分类

工程中常用的投影法可分为：中心投影法和平行投影法（GB/T 14692—2008）。

一、中心投影法

所有投射线交汇于一点的投影法称为中心投影法，如图2.2所示。采用中心投影法得到的物体投影的大小随着投射中心、物体和投影面之间的距离的变化而改变，投影不能反映物体的真实大小，度量性差，但是得到的图形富有立体感。因此中心投影法常用于绘制建筑图中的透视图。

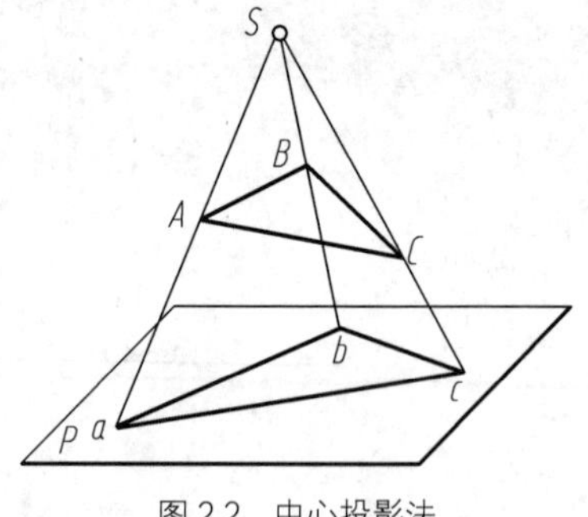

图2.2 中心投影法

二、平行投影法

投射线相互平行的投影法称为平行投影法。平行投影法可分为正投影法和斜投影法两种，如图2.3所示。

（1）正投影法：投射线相互平行且与投影面垂直。投影准确、真实，作图简单，但立体感不强，常用于机械、电子等工程图样的绘制，如图2.3（a）所示。

（2）斜投影法：投射线相互平行且与投影面倾斜，如图2.3（b）所示。投影立体感强，一般常用来绘制轴测图。

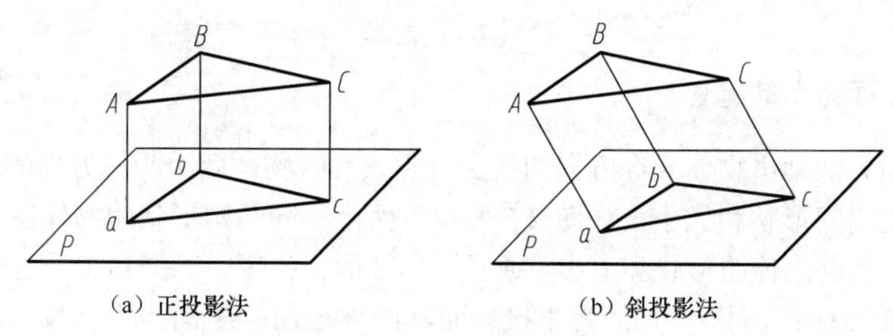

（a）正投影法　　（b）斜投影法

图2.3　平行投影法

在本书的后续章节中，如无特殊说明，所用投影法均为正投影法。

2.1.3　正投影法的投影特性

一、实形性

当物体上的平面（或直线）与投影面平行时，投影反映实形（或实长），这种投影特性称为实形性。如图2.4（a）所示，物体上的平面 P 平行于投影面，它在该投影面上的投影 p' 反映实形，线段 AB 的投影 $a'b'$ 反映实长。

二、积聚性

当物体上的平面（或柱面、或直线）与投影面垂直时，在投影面上的投影积聚为直线（或曲线、或点），这种投影特性称为积聚性。如图2.4（b）所示，物体上的平面 Q 垂直于投影面，它在该投影面上的投影 q' 积聚为线段，线段 CD 的投影 $c'(d')$ 积聚为一点。

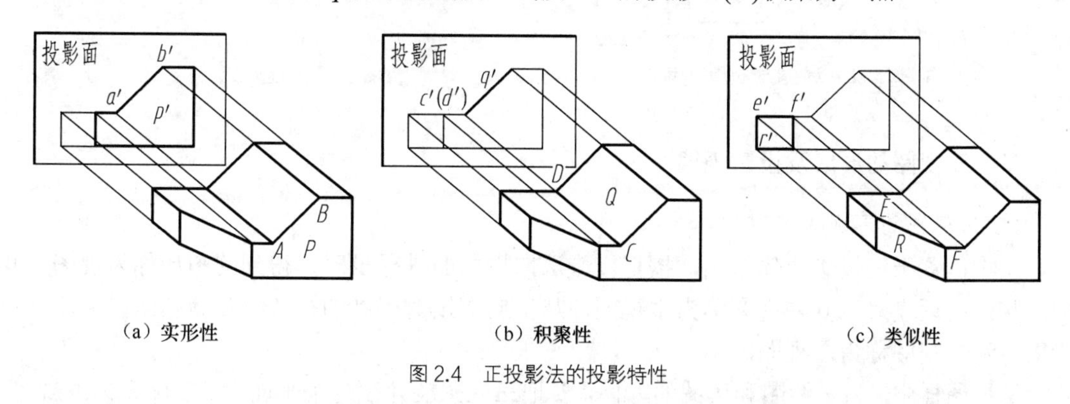

（a）实形性　　（b）积聚性　　（c）类似性

图2.4　正投影法的投影特性

三、类似性

当物体上的平面与投影面倾斜时，投影的形状仍与原来的形状类似，这种投影特性称为类似性，投影图称为类似形。其投影特性为：同一直线上成比例的线段投影后比例不变，平面图形的边数、平行关系、平面上的直线与曲线投影后不变。如图 2.4（c）所示，物体上的平面 *R* 倾斜于投影面，它在该投影面上的投影 *r′*是一个面积缩小且边数不变的类似形，线段 *EF* 的投影 *e′f′*是缩短的线段。

2.1.4 物体的三视图

一、三投影面体系的建立

单一投影面只能画出物体一个方向的投影，它只反映物体两个坐标方向的形状和大小，不能表达物体的空间形状和大小，如图 2.5 所示，两个不同结构形状的物体在 *V* 面上的投影相同。为了唯一确定物体的形状和大小，通常采用多面正投影。三个互相垂直的面 *V*、*H*、*W* 组成一个三投影面体系，其中 *V* 面为正投影面，简称正面；*H* 面为水平投影面，简称水平面；*W* 面为侧投影面，简称侧面。物体在这些面上的投影分别称为：正面投影、水平投影和侧面投影。两个投影面之间的交线 *OX*、*OY*、*OZ* 称为投影轴。三投影面把空间分成四个分角，分别称为 *Ⅰ*、*Ⅱ*、*Ⅲ*、*Ⅳ* 分角，如图 2.6 所示。将物体置于第一分角内，使其处于观察者与投影面之间得到正投影的方法称为第一角画法。我国国家标准规定工程图样优先采用第一角画法。

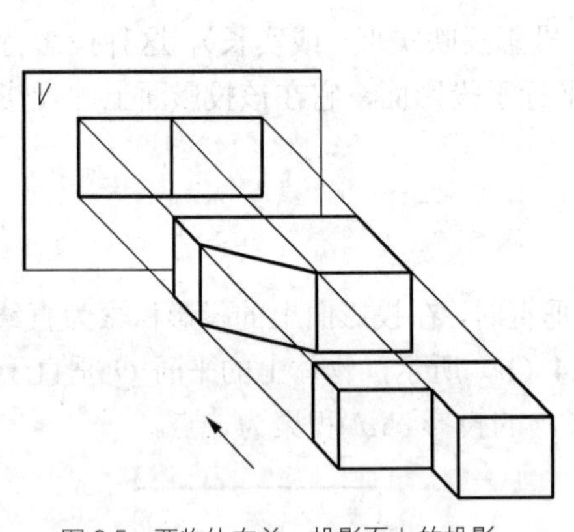

图 2.5　两物体在单一投影面上的投影

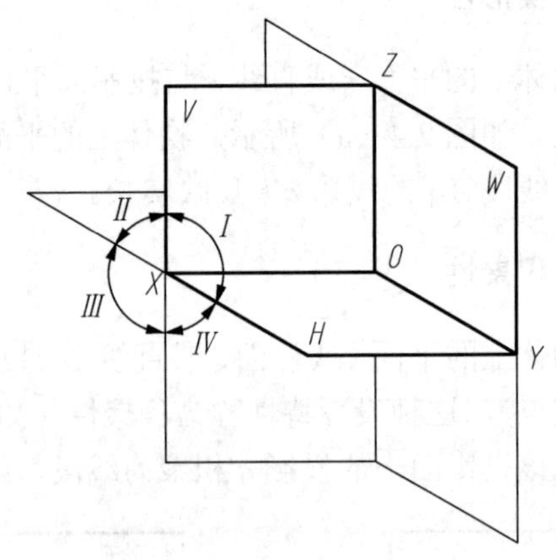

图 2.6　三投影面体系

二、三视图的形成及投影规律

1. 三视图的形成

将物体置于三投影面体系中，按正投影法向投影面进行投射，得到的图形称为视图。其中：从前向后投射得到的视图称为主视图；从上向下投射得到的视图称为俯视图；从左向右投射得到的视图称为左视图。

工程图样中，为了绘图和读图的方便，要把三视图展开在一个平面上。按国家标准规定，

展开时 V 面不动，H 面绕 OX 轴向下旋转 90°，W 面绕 OZ 轴向后旋转 90°，分别展开到与 V 面在同一平面上，此时 OY 轴一分为二，在 H 面上称 OY_H，W 面上称 OY_W，如图 2.7（a）、图 2.7（b）、图 2.7（c）所示，投影面的边框和坐标均可以省略，如图 2.7（d）所示。

2. 三视图的投影规律

（1）度量关系。

在三视图中以主视图为主，俯视图在主视图的正下方，左视图在主视图的正右方。通常，把左右方向的尺寸称为长，前后方向的尺寸称为宽，上下方向的尺寸称为高。如图 2.7（d）所示，三视图之间遵循下述度量关系（简称三等关系）：

① 长对正——主视图、俯视图长相等且对正；

② 高平齐——主视图、左视图高相等且平齐；

③ 宽相等——俯视图、左视图宽相等且对应。

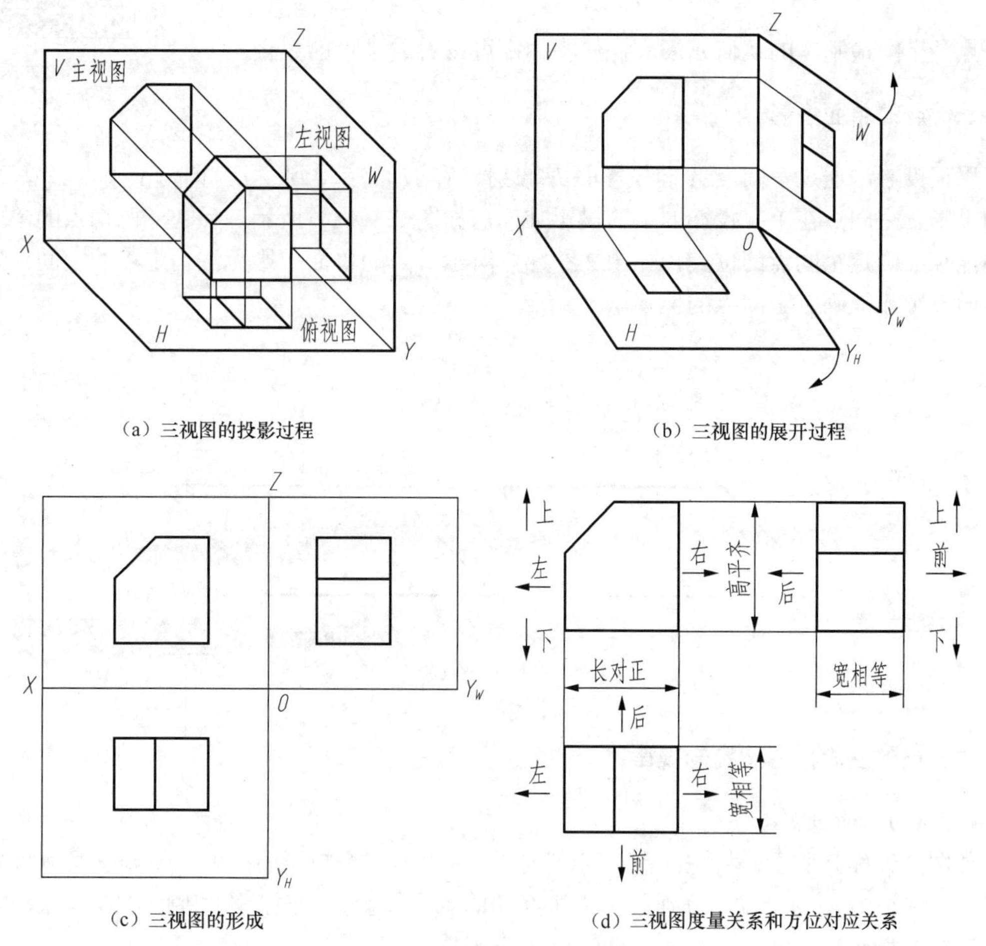

（a）三视图的投影过程　　（b）三视图的展开过程

（c）三视图的形成　　（d）三视图度量关系和方位对应关系

图 2.7　三视图的形成及投影规律

（2）方位对应关系。

物体在空间有上、下、左、右、前、后六个方位，物体的三视图之间也反映物体的这六个方位关系，如图 2.7（d）所示。

① 主视图反映了物体的上下和左右四个方位；

② 俯视图反映了物体的前后和左右四个方位；

③ 左视图反映了物体的上下和前后四个方位。

注意：物体的三视图中，上下和左右方位关系与空间方位关系一致，但前后方位关系容易产生混淆，读图时，以主视图为中心，其他视图远离主视图的一侧是物体的前方。

2.2 空间几何元素的投影

物体是由点、线、面组成的，因此，点、线、面是形成物体的基本几何元素。下面讨论它们的投影特性。

空间几何元素的投影

2.2.1 点的投影

点是空间最基本的几何元素。任何物体都可以看成是点的集合。

一、点的单面投影

用正投影法通过空间点 A 向投影面 H 投射，在 H 面上得到点 a，即为空间点 A 在 H 面上的投影，空间点在单一投影面上的投影唯一，如图 2.8（a）所示。反之，已知点的单面投影不能唯一确定空间点的位置，如图 2.8（b）所示。点的单面投影无法确定点的空间位置，须多面投影才能确定空间点的位置。

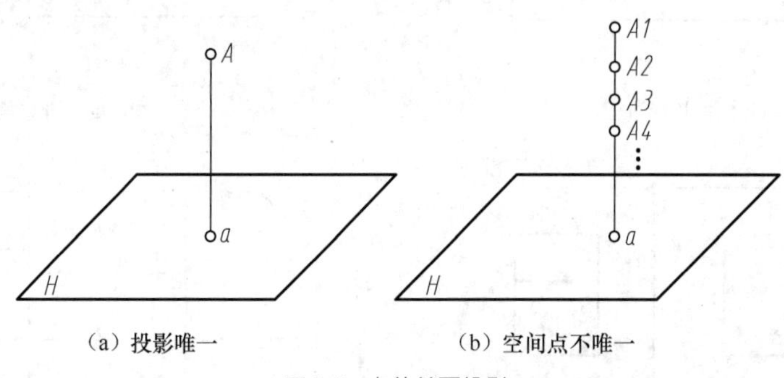

（a）投影唯一　（b）空间点不唯一

图 2.8　点的单面投影

二、点的三面投影及投影规律

1. 点的三面投影

如图 2.9（a）所示，将空间点 A 分别向 H、V、W 三个投影面投射，得到空间点 A 的三面投影，标记为 a、a'、a''，分别称为空间点 A 的水平投影、正面投影和侧面投影。展开后如图 2.9（b）所示。

2. 点的三面投影规律

点的三面投影展开后，$aa' \perp OX$，$a'a'' \perp OZ$。$aa_{y_H} \perp OY_H$，$a''a_{y_W} \perp OY_W$，$Oa_{y_H} = Oa_{y_W}$，为了作图方便，可过点 O 作 45° 辅助线（或圆弧），aa_{y_H}、$a''a_{y_W}$ 的延长线与辅助线交于一点，如图 2.9（b）所示。

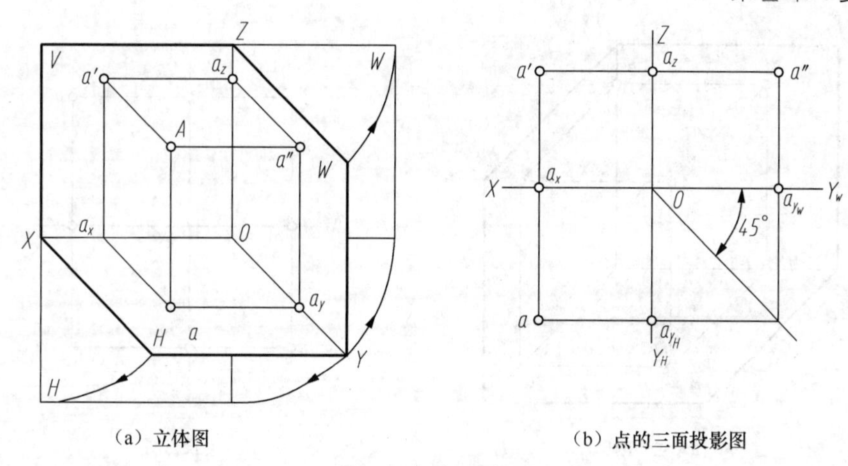

（a）立体图　　（b）点的三面投影图

图 2.9　点的三面投影

综上所述，点的投影规律如下。

（1）点的正面投影与水平投影的连线垂直于 OX 轴，点的正面投影与侧面投影的连线垂直于 OZ 轴，即 $a'a \perp OX$，$a'a'' \perp OZ$。

（2）点的水平投影到 OX 轴的距离等于点的侧面投影到 OZ 轴的距离，即 $aa_x = a''a_z$。

【例 2.1】 如图 2.10（a）所示，已知点 M 的两面投影 m'和 m''，求其水平投影 m。

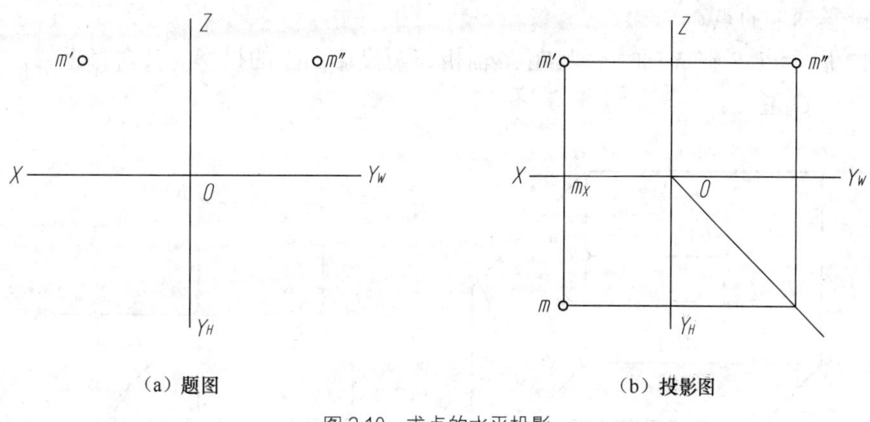

（a）题图　　（b）投影图

图 2.10　求点的水平投影

解：根据点的投影规律，过点 O 作 45° 辅助线；过 m'作 OX 轴的垂线，过 m''作 OY_W 的垂线交 45° 辅助线于一点，过该点作 OX 轴的平行线交于 m，m 即为点 M 的水平投影，如图 2.10（b）所示。

3. 点的投影与直角坐标的关系

如图 2.11 所示，相互垂直的三个投影轴构成一个空间直角坐标系，空间点的位置可以用三个坐标（x，y，z）表示。

点的坐标反映空间点到投影面的距离，即点的投影到投影轴的距离。在图 2.11 中，$x = a'a_z = aa_{y_H} = Aa''$，反映空间点 A 到 W 面的距离；$y = aa_x = a''a_z = Aa'$，反映空间点 A 到 V 面的距离；$z = a'a_x = a''a_{y_W} = Aa$，反映空间点 A 到 H 面的距离。

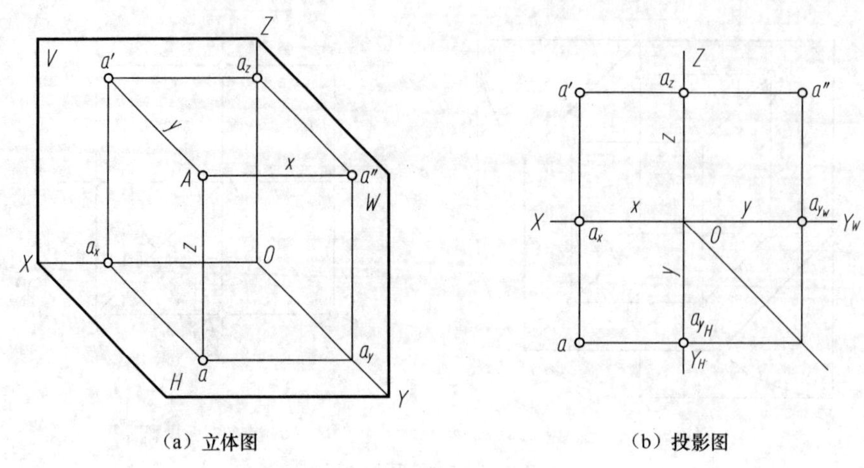

（a）立体图　　（b）投影图

图 2.11　点的投影与直角坐标的关系

4. 特殊位置点的投影

位于投影面或投影轴上的点称为特殊位置点。

（1）投影面上的点

图 2.12 所示点 A、C 分别在 H 面、V 面上，这两个点与它们所在投影面上的投影重合，点的另两面投影分别位于不同的投影轴上。

（2）投影轴上的点。

图 2.12 所示点 B 在 X 轴上，其在 X 轴相邻两投影面上的投影与其自身重合，其另一投影与坐标原点 O 重合。

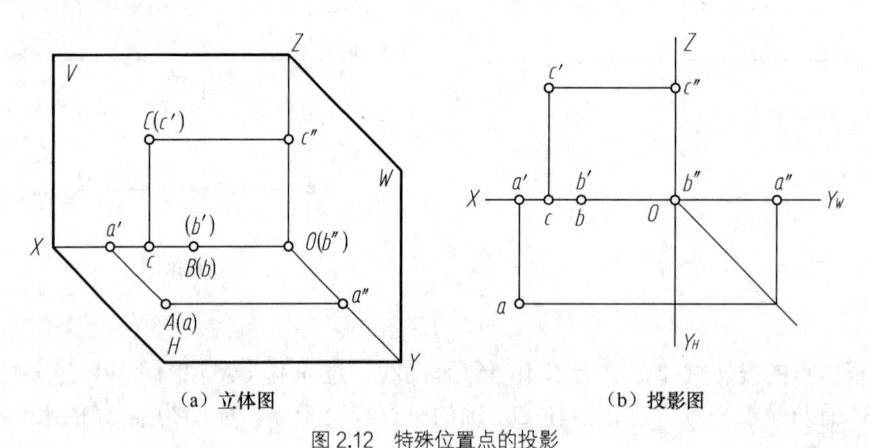

（a）立体图　　（b）投影图

图 2.12　特殊位置点的投影

三、两点的相对位置

两点的相对位置可以根据它们的坐标来确定。X 轴坐标判断左右方位：X 大为左，X 小为右。Y 轴坐标判断前后方位：Y 大为前，Y 小为后。Z 轴坐标判断上下方位：Z 大为上，Z 小为下。如图 2.13 所示，点 A 在点 B 的左、前、上方。

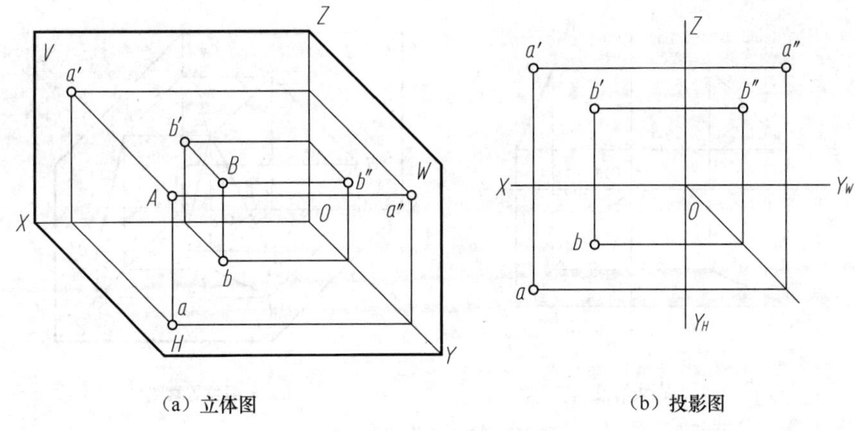

（a）立体图　　（b）投影图

图 2.13　两点的相对位置

四、重影点

当空间两个点位于某一投影面的同一条投射线上（即两点的两个坐标相等）时，两点在该投影面上的投影重合，称它们为重影点。其中一个点可见，另一个点被挡住了（不可见），作图时不可见点的投影加括号表示。图 2.14（b）所示点 *A*、*C* 在 *H* 面重影，点 *A*、*D* 在 *W* 面重影。

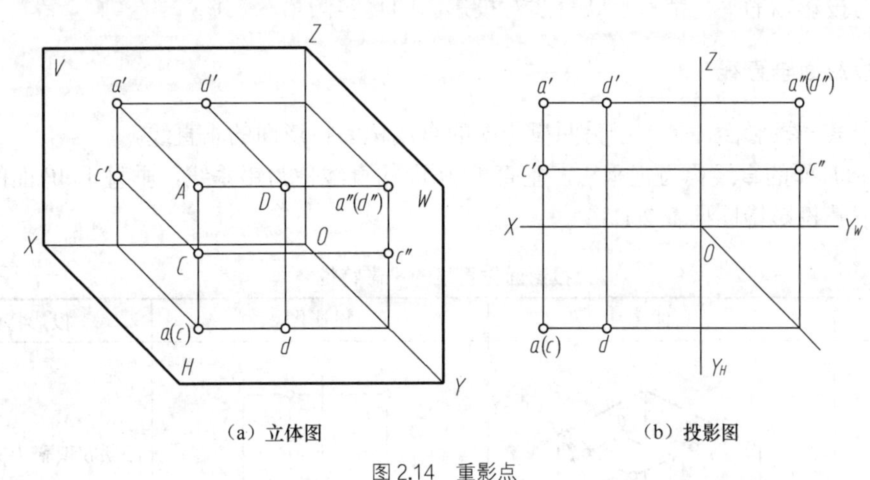

（a）立体图　　（b）投影图

图 2.14　重影点

2.2.2　直线的投影

直线的投影可由直线上两点的同面投影来确定，先作出直线上两点的投影，用粗实线连接两点的同面投影即可得直线的投影，如图 2.15（a）所示。

直线的投影

在三投影面体系中，依据直线对投影面的相对位置，可将直线分为：一般位置直线、投影面垂直线和投影面平行线。投影面垂直线和投影面平行线又称为特殊位置直线。

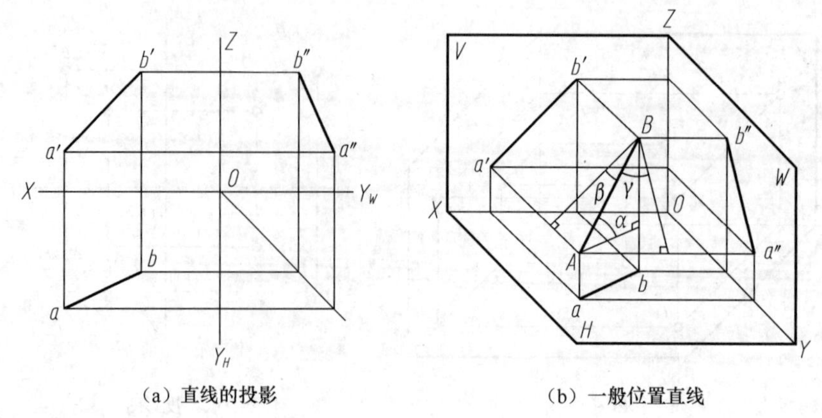

（a）直线的投影

（b）一般位置直线

图 2.15 直线的投影

一、一般位置直线

与三个投影面都倾斜的直线称为一般位置直线。它与水平投影面、正投影面、侧投影面的夹角，称为直线对投影面的倾角，分别用 α、β、γ 表示，如图 2.15（b）所示。

一般位置直线的投影特性为：

（1）三面投影均与投影轴倾斜，长度均小于实长；

（2）与投影轴的夹角都不反映直线对投影面的真实倾角。

二、投影面垂直线

垂直于某一投影面，平行于另两投影面的直线称为投影面的垂直线。

垂直于 V 面的直线称为正垂线，垂直于 H 面的直线称为铅垂线，垂直于 W 面的直线称为侧垂线，其投影特性见表 2.1。

表 2.1 投影面垂直线的投影特性

名称	立体图	投影图	投影特性
正垂线（$AB \perp V$ 面）			1．$a'b'$积聚为一点 2．$ab \perp OX$，$a''b'' \perp OZ$，ab、$a''b''$均反映实长
铅垂线（$AB \perp H$ 面）			1．ab 积聚为一点 2．$a'b' \perp OX$，$a''b'' \perp OY_W$，$a'b'$、$a''b''$均反映实长

续表

名称	立体图	投影图	投影特性
侧垂线 （$AB \perp W$ 面）	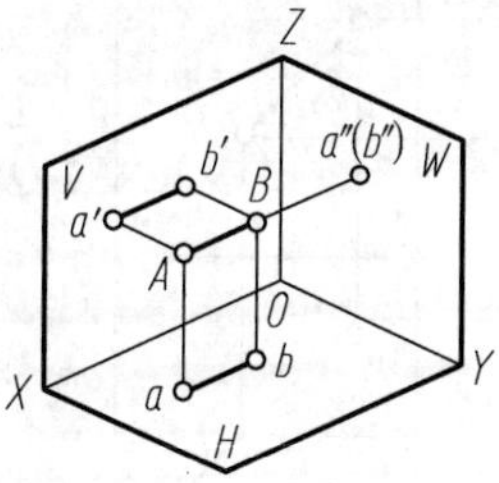	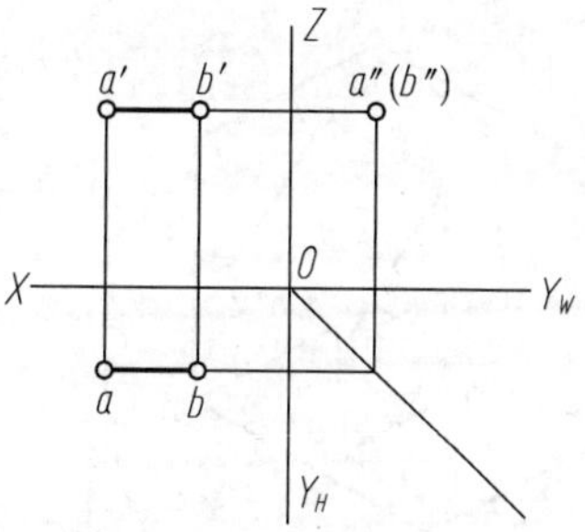	1．$a''b''$积聚为一点 2．$a'b' \perp OZ$，$ab \perp OY_H$，ab、$a'b'$均反映实长

投影面垂直线的投影特性为：

（1）在其垂直投影面上的投影积聚为一点；

（2）另外两个投影面上的投影，分别垂直于不同的投影轴，且反映实长。

三、投影面平行线

平行于某一投影面，与另外两个投影面倾斜的直线称为投影面的平行线。

平行于 V 面的直线称为正平线，平行于 H 面的直线称为水平线，平行于 W 面的直线称为侧平线，其投影特性见表 2.2。

表 2.2　　投影面平行线的投影特性

名称	立体图	投影图	投影特性
正平线 （$AB /\!/ V$ 面）	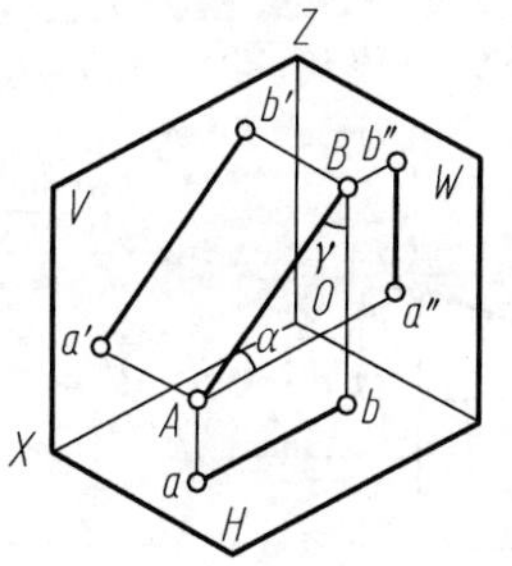	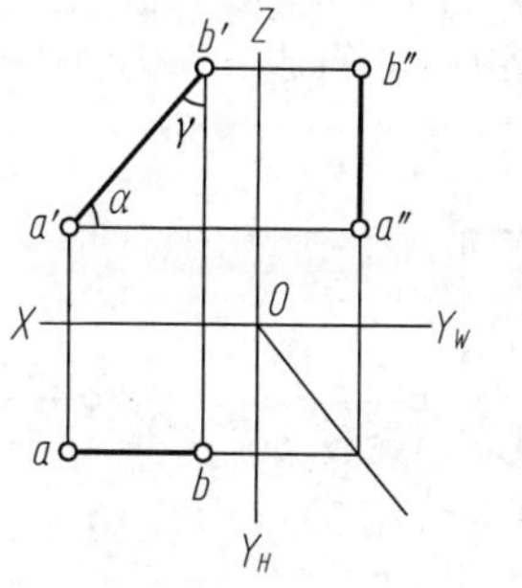	1．$a'b'$反映实长，$a'b'$与 OX、OZ 轴的夹角分别反映倾角 α、γ 2．$ab /\!/ OX$，$a''b'' /\!/ OZ$，ab、$a''b''$均小于实长
水平线 （$AB /\!/ H$ 面）	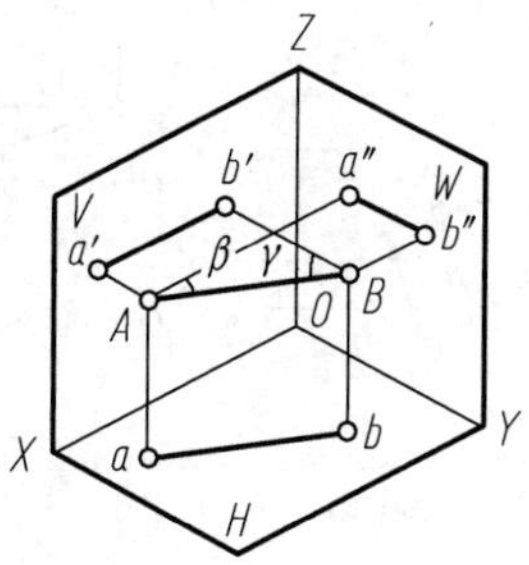	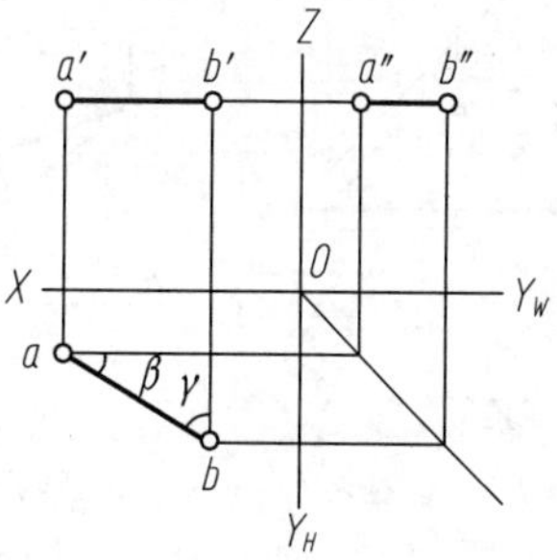	1．ab 反映实长，ab 与 OX 轴、OY_H 轴的夹角分别反映倾角 β、γ 2．$a'b' /\!/ OX$，$a''b'' /\!/ OY_W$，$a'b'$、$a''b''$均小于实长

续表

名称	立体图	投影图	投影特性
侧平线 （$AB /\!/ W$ 面）	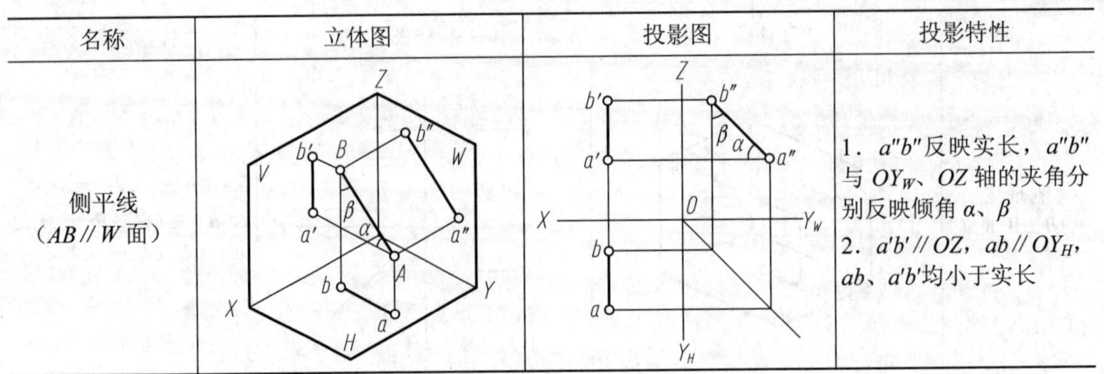		1．$a''b''$ 反映实长，$a''b''$ 与 OY_W、OZ 轴的夹角分别反映倾角 α、β 2．$a'b' /\!/ OZ$，$ab /\!/ OY_H$，ab、$a'b'$均小于实长

投影面平行线的投影特性为：

（1）在平行的投影面上的投影反映实长，与投影轴的夹角分别反映直线对另两投影面的真实倾角；

（2）另外两个投影面上的投影，分别平行于不同的投影轴，长度缩短。

*四、一般位置线段的实长及其对投影面的倾角

一般位置线段的三面投影，既不反映线段的实长，也不反映其对投影面的真实倾角。通常用直角三角形法依据一般位置直线的投影图求其实长及对投影面的倾角。

如图 2.16（a）所示，线段 AB 为一般位置直线，过点 B 作 $BA_1 /\!/ ba$，构建直角$\triangle ABA_1$。线段 AB 为实长；$BA_1 = ba$，$AA_1 = Z_A-Z_B$（点 A 和点 B 的 Z 坐标差），$\angle ABA_1$ 为线段 AB 对 H 面的倾角 α。如图 2.16（b）所示，以 ab 为一直角边，$aa_1 = Z_A-Z_B$ 为另一直角边，作直角$\triangle aba_1$，则$\triangle ABA_1 \cong \triangle aba_1$，斜边 a_1b 为 AB 的实长，$\angle aba_1 = \alpha$。

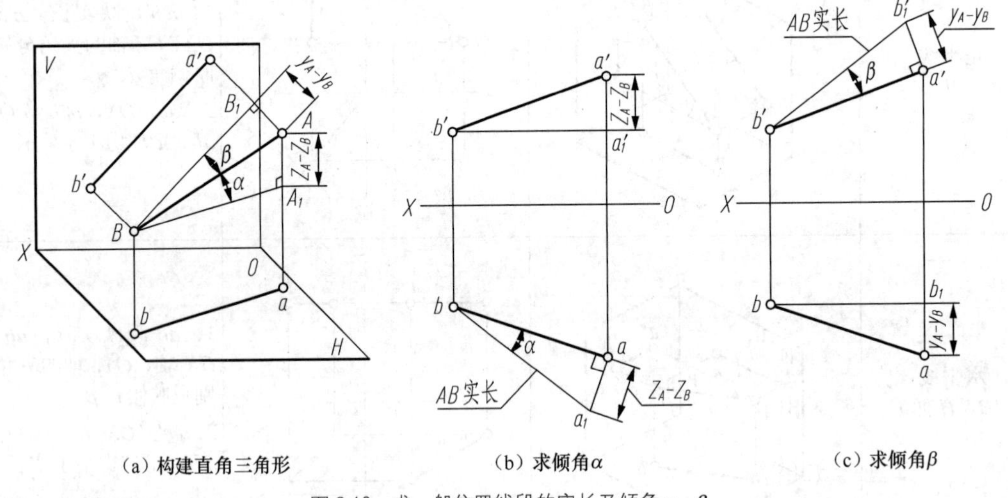

（a）构建直角三角形　　（b）求倾角α　　（c）求倾角β

图 2.16　求一般位置线段的实长及倾角α、β

同理，过点 B 作 $BB_1 /\!/ a'b'$，构建直角$\triangle ABB_1$。直角边 $BB_1= b'a'$，$AB_1 = Y_A-Y_B$（点 A 和点 B 的 Y 坐标差），$\angle ABB_1$ 为线段 AB 对 V 面的倾角 β。如图 2.16（c）所示，以 $a'b'$为一直角边，$a'b'_1=ab_1=Y_A-Y_B$ 为另一直角边，作直角$\triangle a'b'b'_1$，则$\triangle ABB_1 \cong \triangle a'b'b'_1$，斜边 $b'b'_1$ 为线

段 AB 的实长，$\angle a'b'b'_1$ 为 β。两种方法所求实长相等，只是反映的倾角不同。

思考：若用侧面投影 $a''b''$、点 A 和点 B 的 X 坐标差，构建直角三角形，则求出的是线段 AB 对哪一个投影面的倾角。

【例 2.2】如图 2.17（a）所示，已知线段 AB 的水平投影 ab 和点 B 的正面投影 b'，且 AB 的实长为 L，求 AB 的正面投影 $a'b'$。

解：以 ab 为直角边，$bc = L$ 为斜边，作一直角△abc，ac 即为点 A、B 的 Z 坐标差，从而求得 a'，连接 a'、b'即得线段 AB 的正面投影，如图 2.17（b）所示，本题有两解。

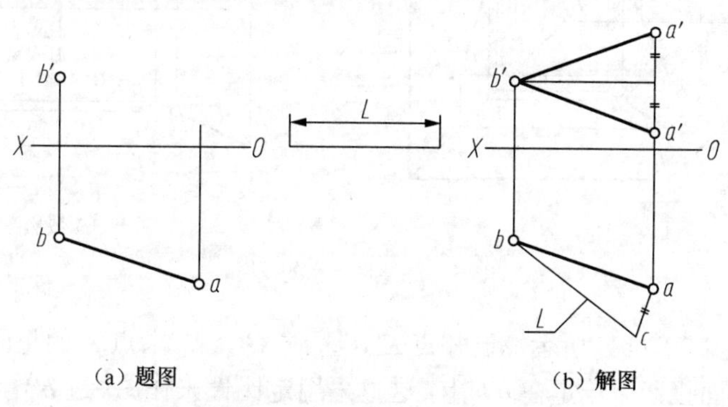

图 2.17　求 AB 的正面投影 $a'b'$

思考：上例改为已知线段 AB 的水平投影 ab、点 B 的正面投影 b'及 $\alpha = 30°$，求线段 AB 的正面投影 $a'b'$，如图 2.18（a）所示。

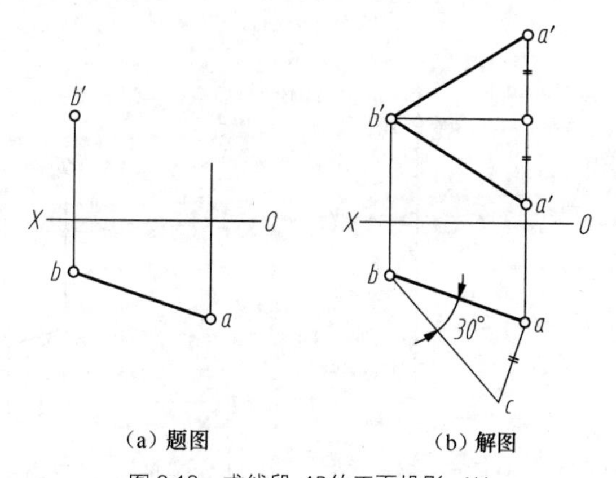

图 2.18　求线段 AB 的正面投影 $a'b'$

解：以 ab 为直角边作一直角△abc，使$\angle abc = 30°$，另一直角边 ac 为 A、B 两点的 Z 坐标差，用 Z 坐标差求出 a'，如图 2.18（b）所示，本题有两解。

2.2.3　直线上的点

一、直线上的点的投影特性

（1）从属性：点在直线上，则点的各面投影在该直线的同面投影上；反之，点的各面投影在该直线的同面投影上，则该点一定在直线上。

（2）定比性：点 C 在直线 AB 上，则点 C 的三面投影 c、c'、c'' 分别在直线 AB 的同面投影 ab、$a'b'$、$a''b''$ 上，且有 $AC：CB = ac：cb = a'c'：c'b' = a''c''：c''b''$，如图 2.19 所示。

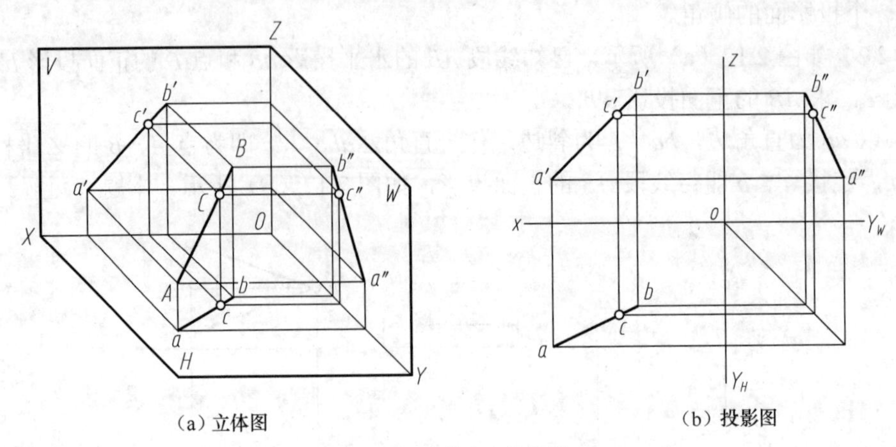

（a）立体图　　（b）投影图

图 2.19　直线上点的投影

【例 2.3】 如图 2.20（a）所示，已知点 K 在直线 AB 上，求点 K 的正面投影 k'。

解： 点 K 的正面投影 k' 一定在 $a'b'$ 上，这里采用定比性来作图。过 b' 作线段长 ab' 等于 ab，由定比性在 ab' 上定出 k，连接 aa'，过 k 作 aa' 的平行线求得 k'，如图 2.20（b）所示。

思考： 该题有无其他解法。

【例 2.4】 已知线段 AB 的投影，试将 AB 分成长度比为 2：3 的两段，求分点 C 的投影，如图 2.21 所示。

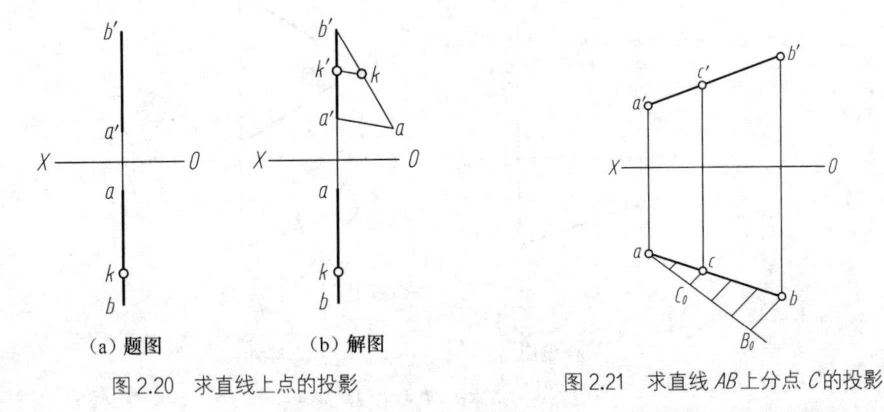

（a）题图　　（b）解图

图 2.20　求直线上点的投影

图 2.21　求直线 AB 上分点 C 的投影

解： 根据直线上点的投影特性，可先将线段 AB 的任一投影分为 2：3，从而得到分点 C 的一面投影，然后作点 C 的另一投影。过点 a 作辅助线，量取 5 个单位长度，得 B_0。在 aB_0 上取 C_0，使 $aC_0：C_0B_0 = 2：3$，连接 B_0b，过 C_0 作 $C_0c \mathbin{/\!/} B_0b$ 且与 ab 交于 c。过 c 作 OX 轴的垂线且与 $a'b'$ 交于 c'。

二、判断点是否在直线上

对于一般位置直线，判别点是否在直线上，只须判断两个投影面上的投影即可。若直线为投影面平行线，则一般须观察第三面投影才能确定。如图 2.22（a）所示，AB 是侧平线，

点 M 的水平投影 m 和正面投影 m'都在 AB 的同面投影上。要判断点 M 是否在直线 AB 上，作其侧面投影 m''，不在 $a''b''$上，所以，点 M 不是线段 AB 上的点，如图 2.22（b）所示。

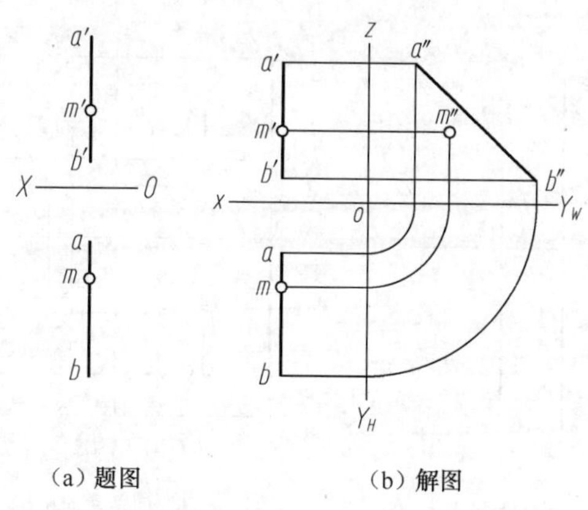

（a）题图　　（b）解图

图 2.22　判断点是否在直线上

思考：不求侧面投影，如何用定比性来判断点 M 是否在直线 AB 上？

2.2.4　两直线的相对位置

空间两直线的相对位置有平行、相交、交叉三种情况。

一、两直线平行

空间两直线平行，则它们的同面投影互相平行，即 $ab//cd$，$a'b'//c'd'$，$a''b''//c''d''$，如图 2.23 所示。反之，如果两直线的同面投影都互相平行，则两直线在空间互相平行。

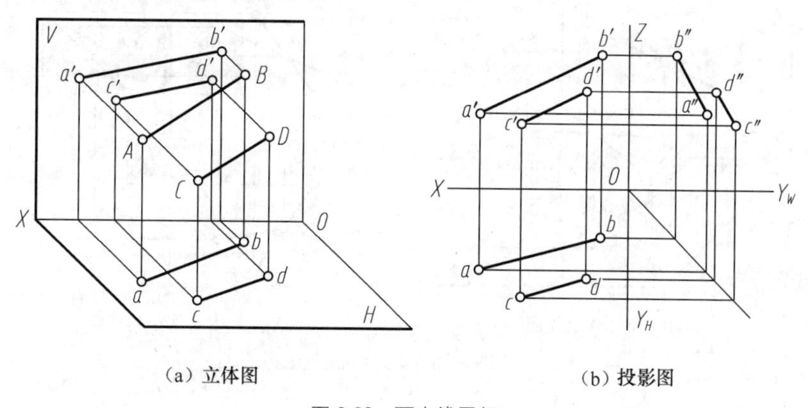

（a）立体图　　（b）投影图

图 2.23　两直线平行

若两平行直线都是一般位置直线，任意两组同面投影相互平行，就能判定这两条直线在空间相互平行，如图 2.23（b）所示。

若两直线的两个同面投影相互平行，且两直线是投影面的平行线，则不能仅通过两面投影平行就判定这两条直线在空间一定平行，通常应作出第三面投影，才能确定这两条直线是否平行。如图 2.24（a）所示，线段 EF、GH 是侧平线，尽管 $e'f'//g'h'$，$ef//gh$，但不能判定线段 EF、GH 相互平行。求出两线段的侧面投影，e″f″不平行于 g″h″，如图 2.24（b）所示，故 EF 与 GH 在空间不平行。

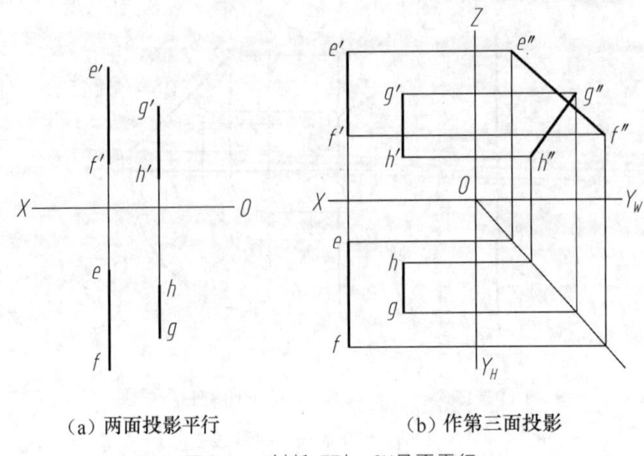

图 2.24 判断 EF 与 GH 是否平行

思考：不求侧面投影，能否判断 EF 与 GH 是否平行？

二、两直线相交

空间两直线若相交，则它们的同面投影均相交，且交点的投影符合点的投影规律。如图 2.25（a）所示，AB 与 CD 相交，交点为 K，则 ab 与 cd、a′b′与 c′d′、a″b″与 c″d″分别交于 k、k′、k″，交点 K 符合点的投影规律。若两直线在各投影面上的同面投影均相交，且交点符合点的投影规律，则两直线在空间相交。

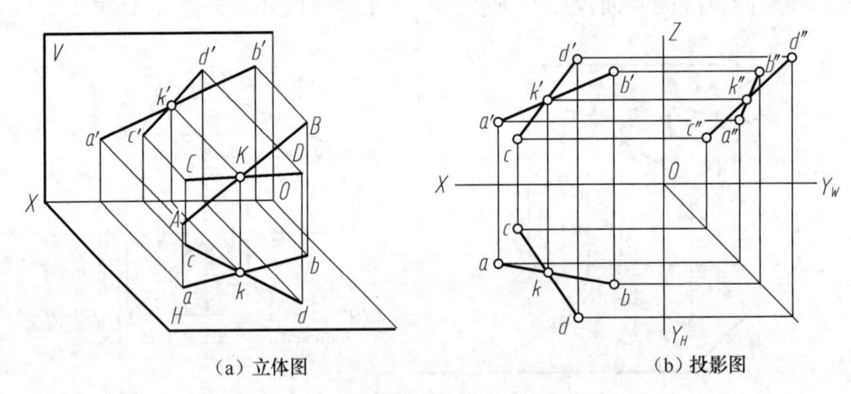

图 2.25 两直线相交

若两直线都是一般位置直线，可依据两组同面投影，判定两直线在空间是否相交，如图 2.25（b）所示。若两直线中有一条是投影面平行线时，通常检查两直线在三个投影面上交点的投影是否符合点的投影规律后，才能确定这两条直线在空间是否相交。如图 2.26（a）所示，线段 CD 为一般位置直线，线段 AB 为侧平线。尽管 a′b′与 c′d′、ab 与 cd 相交，交点投影 k′和 k 的连线垂直于 OX 轴，但作出侧面投影后，交点的投影不符合点的投影规律，因此两直线在空间不相交，如图 2.26（b）所示。

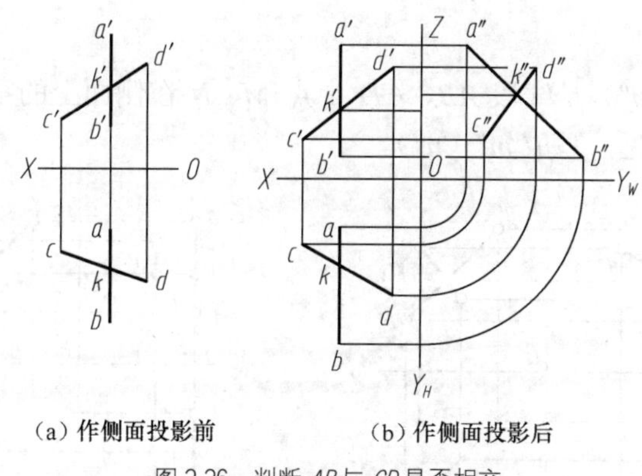

（a）作侧面投影前　　（b）作侧面投影后

图 2.26　判断 AB 与 CD 是否相交

思考：不求侧面投影，如何用定比性判断 AB 与 CD 是否相交？

三、两直线交叉

既不平行又不相交的两直线称为交叉直线。交叉的两直线的投影可能相交，但交点不符合点的投影规律，如图 2.27 所示。

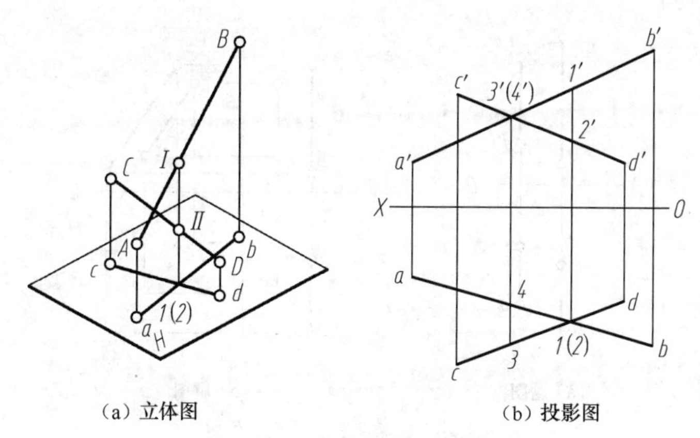

（a）立体图　　（b）投影图

图 2.27　两直线交叉以及重影点分析

1．两一般位置直线交叉的投影以及重影点分析

如图 2.27（a）所示，线段 AB、CD 水平投影的交点 1（2），实际上是线段 AB 上的点 I 和线段 CD 上的点 II 的重影。

判别可见性：由正面投影 1′、2′可知，点 I 在上，点 II 在下，1 可见，2 不可见，写成 1（2）。同理，3′（4′）是线段 CD 上的点Ⅲ 和 AB 上的点 IV 的重影点。由水平投影 3、4 可知，点 III 在前，点 IV 在后，3′可见，4′不可见，写成 3′（4′），如图 2.27（b）所示。

2．含投影面平行线的两交叉直线投影以及重影点分析

如图 2.28（a）所示，线段 AB、CD 的正面投影和水平投影相交，交点连线垂直 OX 轴，线段 AB 是侧平线，侧面投影也相交，交点不符合点的投影规律，故 AB、CD 为交叉直线。

判别可见性：e″（f″）分别是线段 CD、AB 上点 E、F 在侧面上的重影，点 E 在左，点 F 在右，e″可见，f″不可见，写成 e″（f″）。

如图 2.28（b）所示，AB、CD 为侧平线，ab//cd，a′b′//c′d′，a″b″与 c″d″相交，故 AB、

CD 为交叉直线。

判别可见性：*m*″（*n*″）是线段 *AB*、*CD* 上点 *M*、*N* 在侧面上的重影，点 *M* 在左，点 *N* 在右，*m*″可见，*n*″不可见，写成 *m*″（*n*″）。

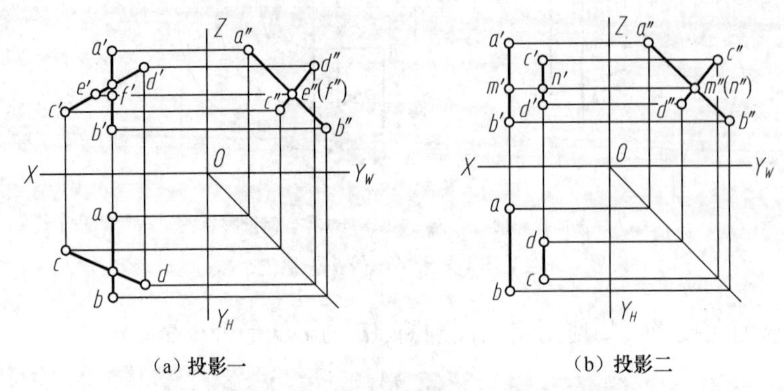

图 2.28　含投影面平行线两交叉直线的投影及重影点分析

思考：是否存在一组同面投影平行、另两组同面投影相交的两交叉直线？

【例 2.5】 如图 2.29（a）所示，判断线段 *AB*、*CD* 的相对位置。

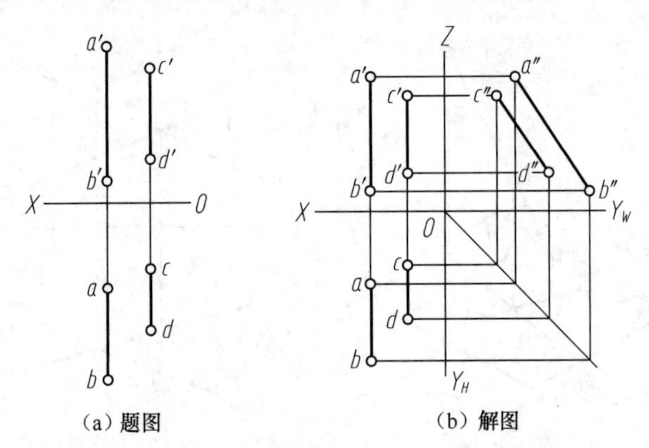

图 2.29　判断两直线的相对位置

解：作出侧面投影 *a*″*b*″和 *c*″*d*″，因 *a*″*b*″//*c*″*d*″，因此 *AB*//*CD*，如图 2.29（b）所示。

思考：本题有无其他解法？

【例 2.6】 如图 2.30（a）所示，已知线段 *AB*、*CD* 的两面投影和点 *E* 的水平投影 *e*，求作线段 *EF* 与线段 *CD* 平行，并与线段 *AB* 相交于点 *F*。

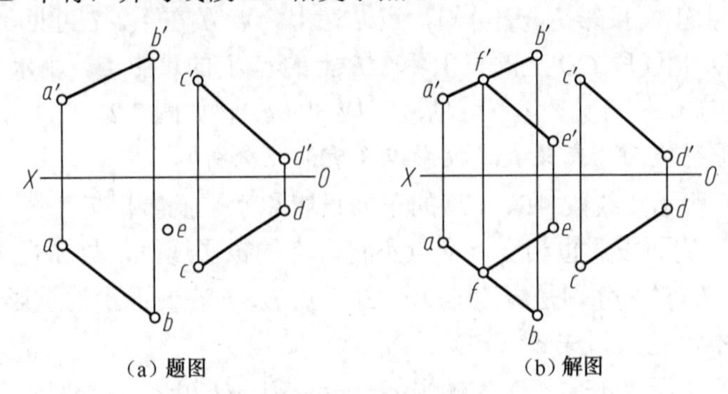

图 2.30　作线段 *EF* 与线段 *CD* 平行且与线段 *AB* 相交

解：所求线段 EF 同时满足 $EF//CD$，且与 AB 相交这两个条件。过 e 作 $ef//cd$，交 ab 于 f，由线上点的投影规律求出 f'。过 f' 作 $e'f'//c'd'$，如图 2.30（b）所示。

***四、直角投影定理（垂直相交）**

空间两直线垂直相交，若其中一直线为投影面平行线，则两直线在该投影面上的投影互相垂直，此投影特性称为直角投影定理。反之，相交两直线在某一投影面上的投影互相垂直，其中有一直线为该投影面的平行线，则这两直线在空间互相垂直。该定理同样适用于垂直交叉直线。

证明：如图 2.31（a）所示，线段 AB、BC 垂直相交，其中线段 $BC // H$ 面，因 $BC \perp AB$，$BC \perp Bb$，所以 BC 垂直于平面 $ABba$。又因 $BC // bc$，所以 bc 也垂直于平面 $ABba$，则 $bc \perp ab$，如图 2.31（b）所示，水平投影 $\angle abc$ 为直角。同理，线段 DE 为正平线，当空间 $\angle DEF$ 为直角时，正面投影 $\angle d'e'f'$ 为直角，如图 2.31（c）所示。

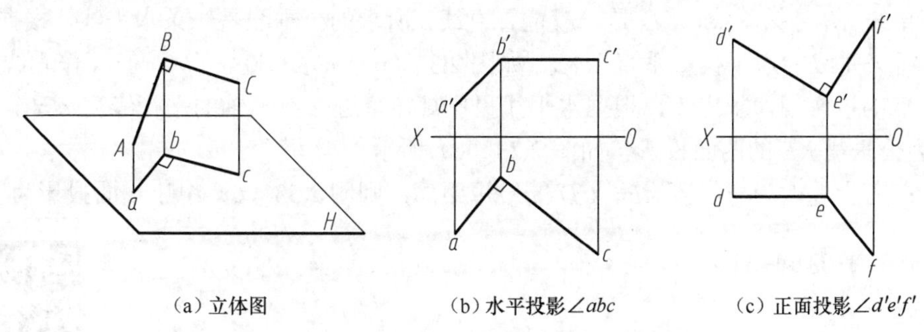

（a）立体图　　（b）水平投影 $\angle abc$　　（c）正面投影 $\angle d'e'f'$

图 2.31　一直线平行投影面的两垂直相交直线投影特性

【**例 2.7**】如图 2.32（a）所示，过点 C 作线段 CD 与线段 AB 垂直相交。

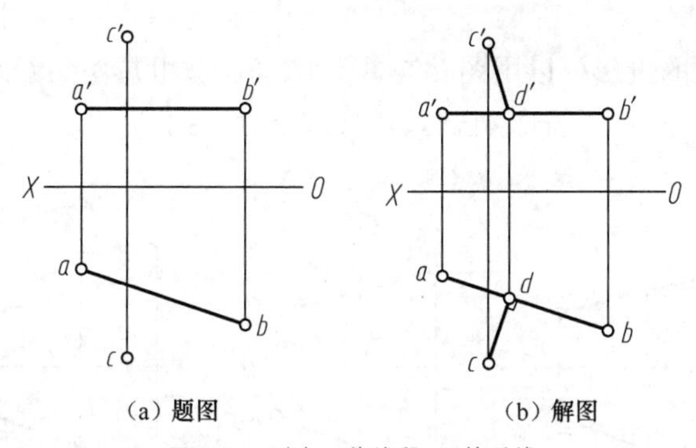

（a）题图　　（b）解图

图 2.32　过点 C 作线段 AB 的垂线

解：线段 AB 是水平线，线段 CD 与线段 AB 垂直相交，由直角投影定理作图。过 c 向 ab 作垂线交于 d，由线上点的投影规律求出 d'，连接 $c'd'$，如图 2.32（b）所示。

思考：若上题改为求点 C 到线段 AB 的距离，则应如何作图？

【例 2.8】如图 2.33（a）所示，作线段 *AB*、*CD* 公垂线的投影。

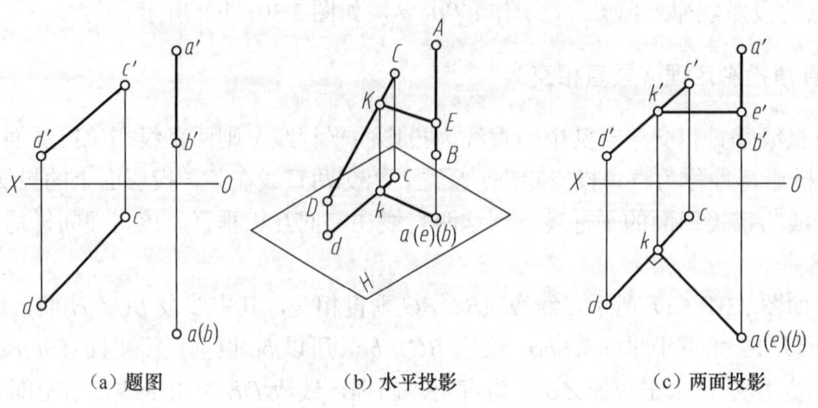

图 2.33 作线段 *AB*、*CD* 公垂线的投影

解：直线 *AB* 是铅垂线，*CD* 是一般位置直线，所求的公垂线是一条水平线，根据直角投影定理，得公垂线的水平投影垂直于 *cd*，如图 2.33（b）所示。过 *a*（*b*）向 *cd* 作垂线交于 *k*，利用线上点的投影规律求出 *k'*，根据水平线投影规律，过 *k'* 作 *x* 轴的平行线交 *a'b'* 于 *e'*，*k'e'* 和 *ke* 即为公垂线 *KE* 的两面投影，如图 2.33（c）所示。

思考：若上题改为求线段 *AB*、*CD* 的最短距离，则图 2.33（c）中哪一面投影为实长？

2.2.5 平面的投影

平面的投影

一、平面的表示法

平面投影表示法可分为空间几何元素表示法和平面的迹线表示法。

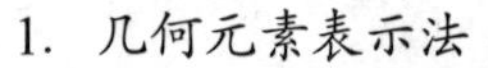

1. 几何元素表示法

在投影图上，平面的投影可以用图 2.34 所示的任何一组几何元素的投影来表示。图 2.34 中的五组几何元素都表示同一平面，它们之间可以相互转换。

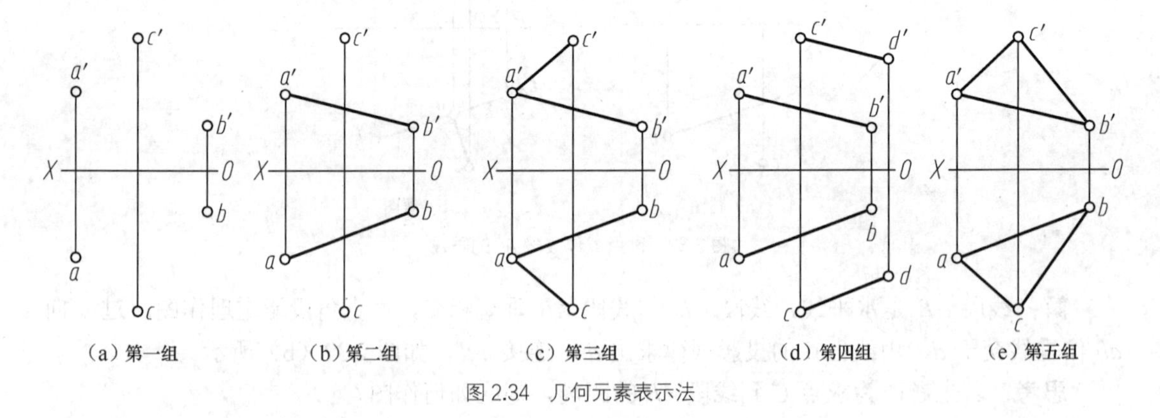

图 2.34 几何元素表示法

2. 平面的迹线表示法

除了用几何元素表示平面外，有时也利用平面与投影面的交线（即平面的迹线）来表示平面，如图 2.35 所示。一般位置面 *P* 与 *H* 面的交线称为水平迹线，以 P_H 表示；与 *V* 面的交

线称为正面迹线，以 P_V表示；与 W 面的交线称为侧面迹线，以 P_W表示。P_H、P_V、P_W与相应的投影轴交于 P_X、P_Y、P_Z。

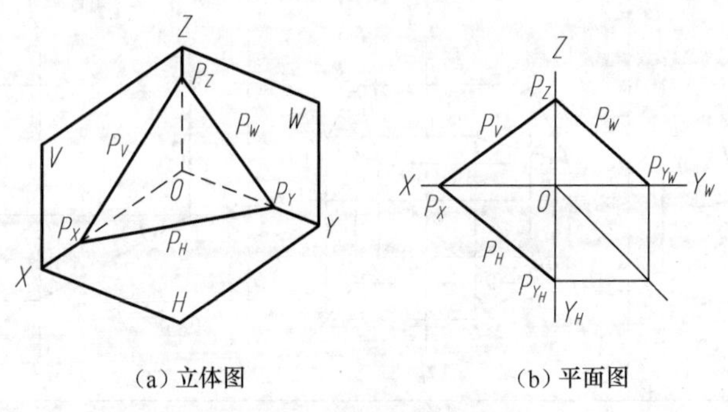

(a) 立体图　　(b) 平面图

图 2.35　平面的迹线表示法

二、各种位置的平面的投影特性

根据平面在三投影面体系中的位置的不同，平面可分为：一般位置平面、投影面垂直面和投影面平行面。投影面垂直面和投影面平行面又称为特殊位置平面。

1. 一般位置平面

与三个投影面均倾斜的平面，称为一般位置平面，如图 2.36 所示。它的投影特性为：三面投影均为类似形，面积比实形小。

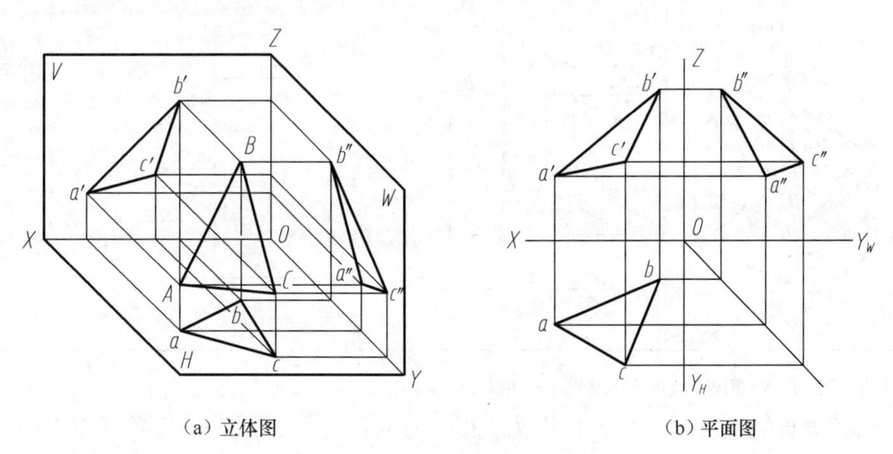

(a) 立体图　　(b) 平面图

图 2.36　一般位置平面

2. 投影面垂直面

垂直于某一投影面，与另两投影面倾斜的平面称为投影面垂直面，其与水平投影面、正投影面、侧投影面的夹角，称为平面对该投影面的倾角，分别用 α、β、γ 表示，详见表 2.3 所示投影图。垂直于 V 面的称为正垂面，垂直于 H 面的称为铅垂面；垂直于 W 面的称为侧垂面。它们的投影特性见表 2.3。

表 2.3　　投影面垂直面的投影特性

名称	立体图	投影图	迹线投影图	投影特性
铅垂面	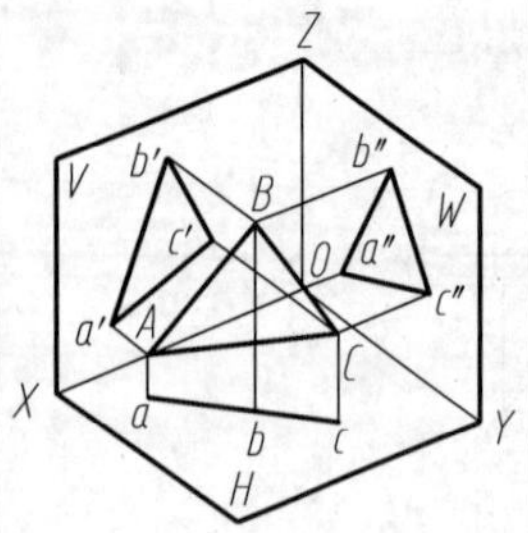	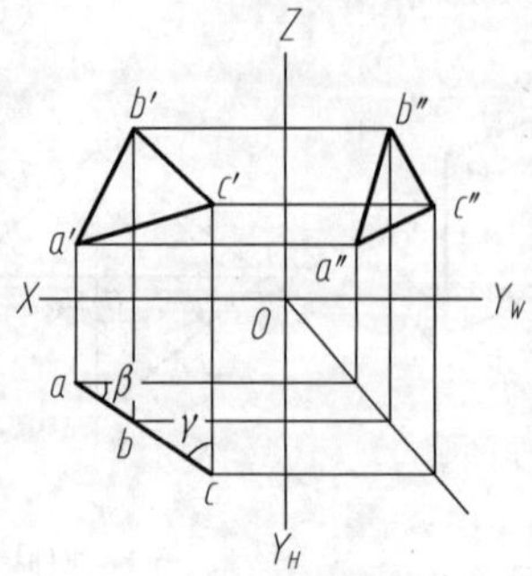	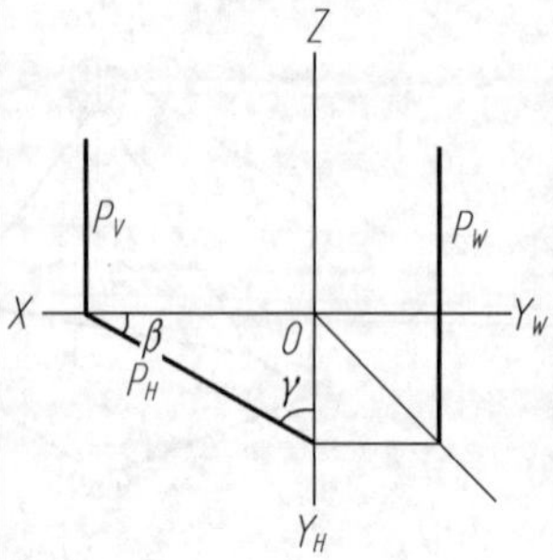	1．a、b、c积聚为一直线。它与OX、OY_H的夹角分别反映β、γ角 2．$\triangle a'b'c'$、$\triangle a''b''c''$为类似形
正垂面	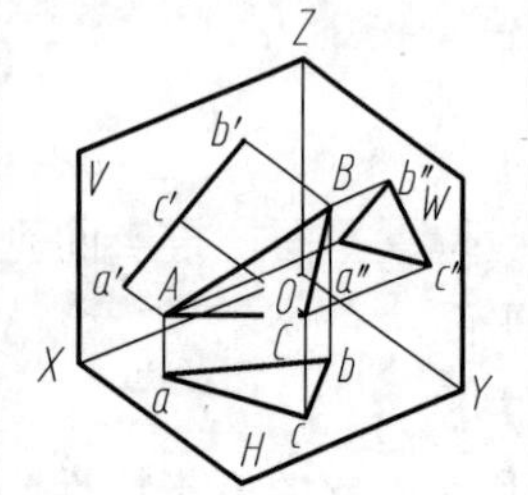	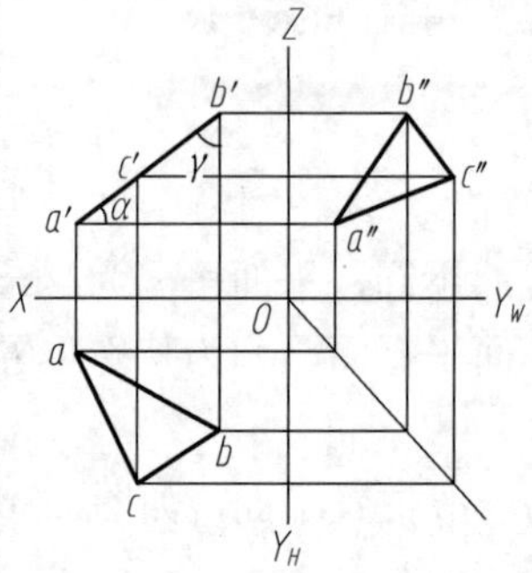	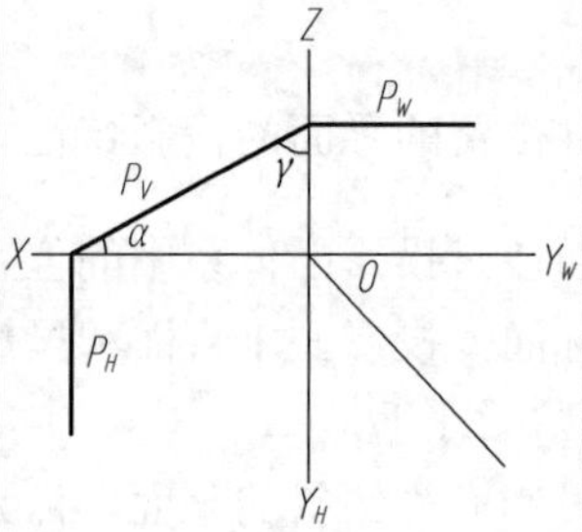	1．a'、b'、c'积聚为一直线。它与OX、OZ的夹角分别反映α、γ角 2．$\triangle abc$、$\triangle a''b''c''$为类似形
侧垂面	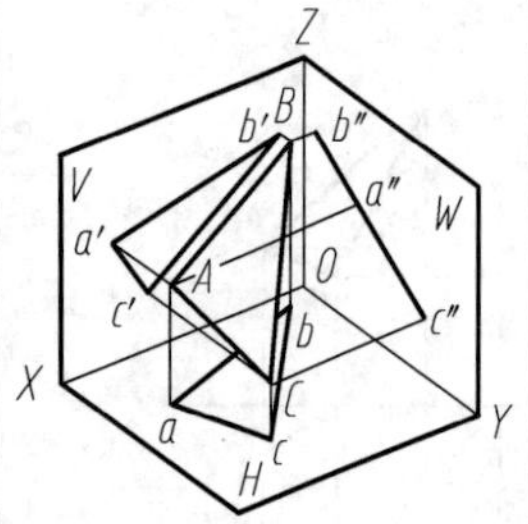	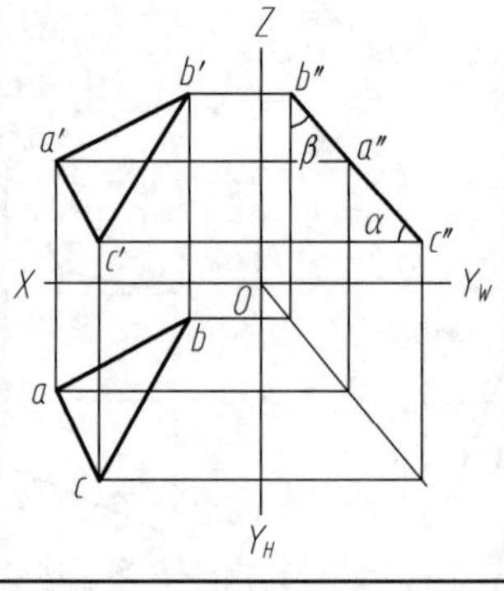	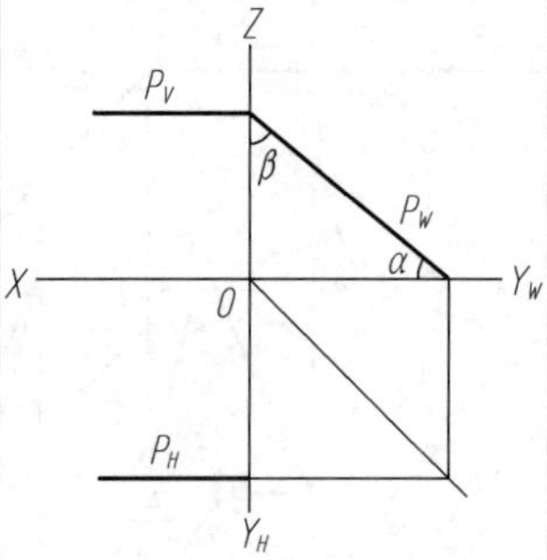	1．a''、b''、c''积聚为一直线。它与OY_W、OZ的夹角分别反映α、β角 2．$\triangle a'b'c'$、$\triangle abc$为类似形

综上所述，投影面垂直面的投影特性为：

（1）在其垂直的投影面上投影积聚为直线，该直线与两投影轴的夹角反映平面对另两投影面的倾角；

（2）另两投影面上的投影为类似形。

3．投影面平行面

平行于某一投影面，垂直于另两投影面的平面称为投影面平行面。平行于V面的称为正平面，平行于H面的称为水平面，平行于W面的称为侧平面。它们的投影特性见表 2.4。

表 2.4　　投影面平行面的投影特性

名称	立体图	投影图	迹线投影图	投影特性
水平面	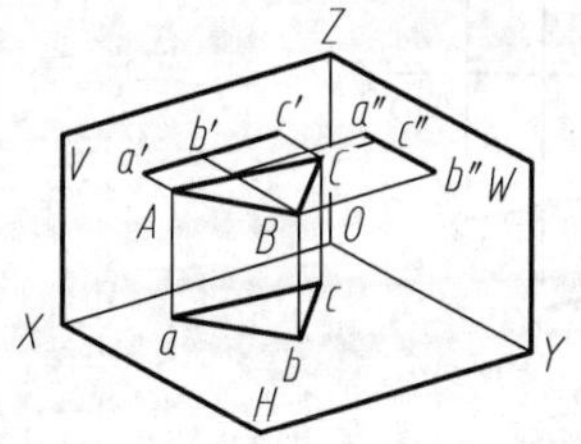 Z c' a'' c'' b' a' V C b'' W A B O c X a b Y H	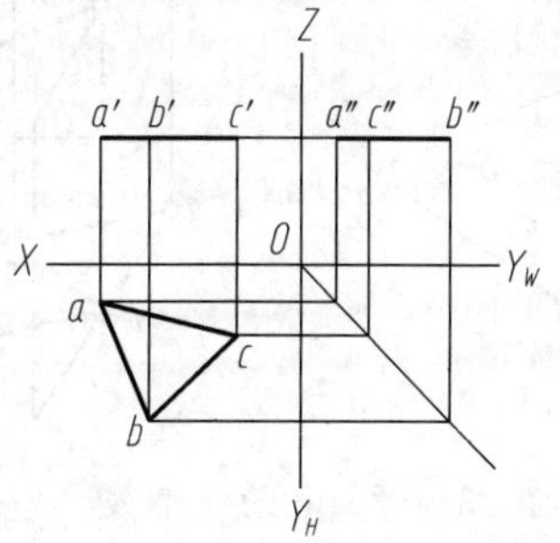 Z a' b' c' a'' c'' b'' X O Y_W a c b Y_H	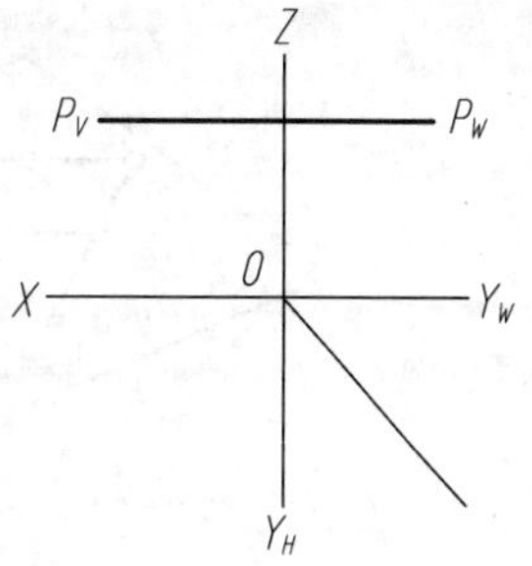 Z P_V P_W X O Y_W Y_H	1．△abc反映实形 2．$a'b'c'$ // OX、$a''b''c''$ // OY_W，且具有积聚性
正平面	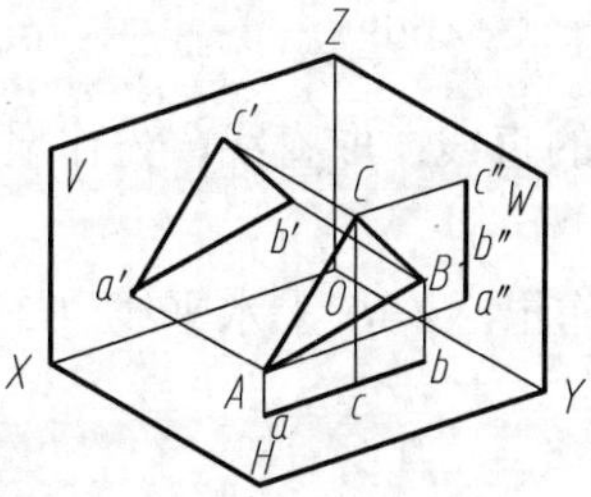 Z c' V c'' W C b' b'' a' B O a'' X A a c b Y H	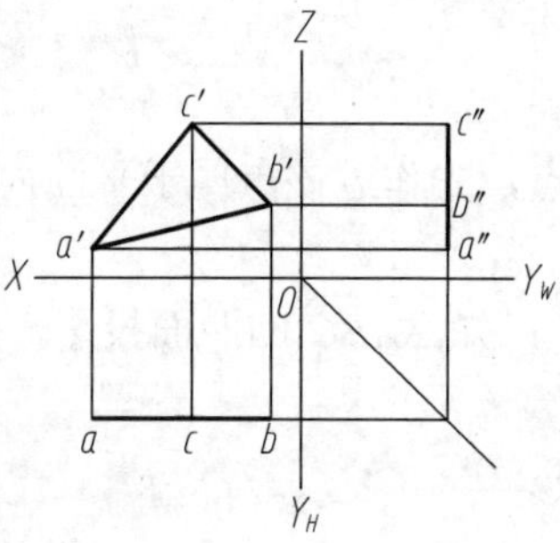 Z c' c'' b' b'' a' a'' X O Y_W a c b Y_H	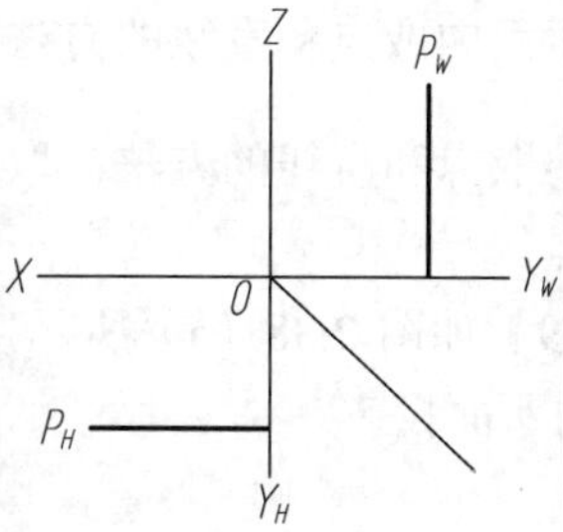 Z P_W X O Y_W P_H Y_H	1．△$a'b'c'$反映实形 2．abc // OX、$a''b''c''$ // OZ，且具有积聚性
侧平面	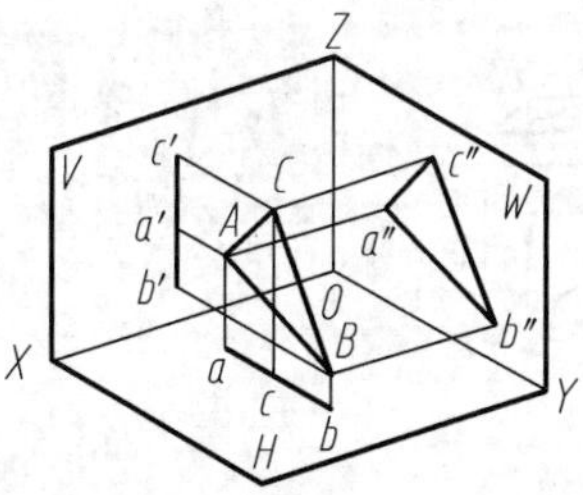 Z c' V c'' W a' A C a'' b' O B b'' X a c b Y H	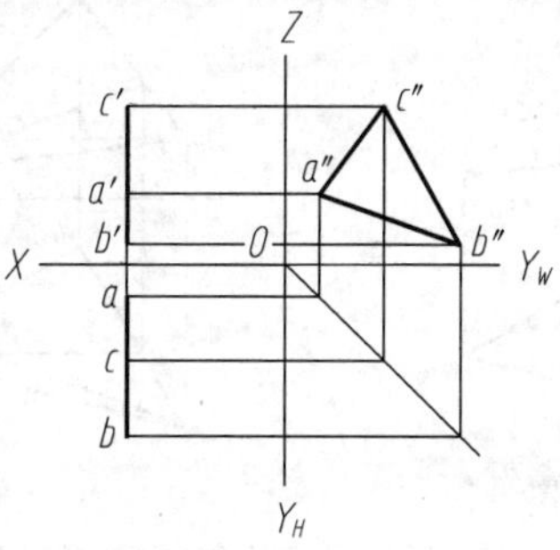 Z c' c'' a' a'' b' O b'' X Y_W a c b Y_H	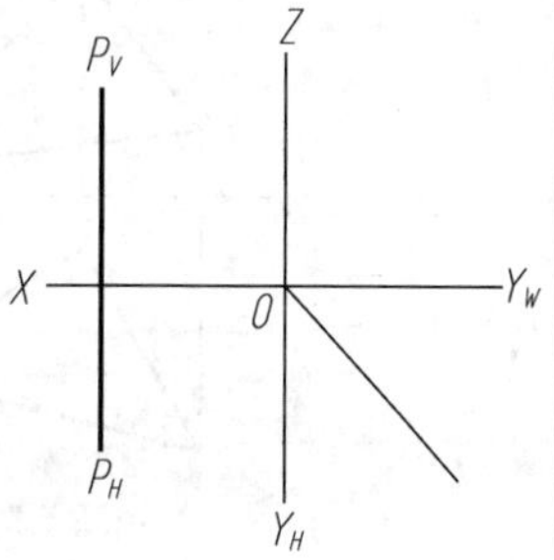 Z P_V X O Y_W P_H Y_H	1．△$a''b''c''$反映实形 2．abc // OY_H、$a'b'c'$ // OZ，且具有积聚性

综上所述，投影面平行面的投影特性为：

（1）在其平行的投影面上投影反映实形；

（2）另两投影面上的投影均积聚为直线，且平行于相应的投影轴。

2.2.6　平面内的点和直线

一、平面内取点和直线的几何条件

（1）若点在平面内一直线上，则该点在该平面上。

（2）直线过平面内的两个点，则直线在该平面内；直线通过平面上一点且平行于平面内的另一直线，则直线在该平面内，如图 2.37 所示。

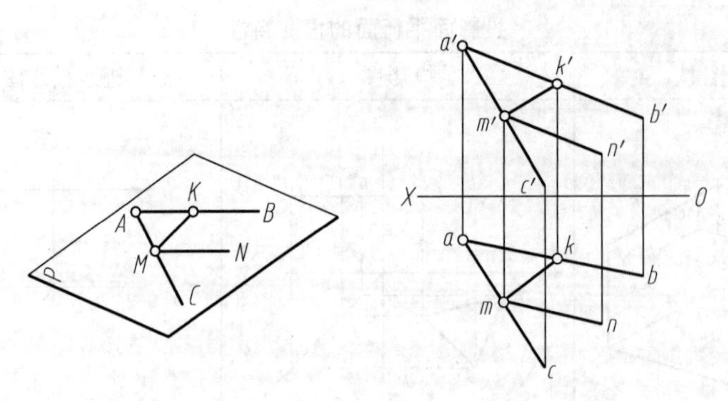

图 2.37 平面内的点和直线

二、平面内取点和直线的方法

平面内取点和直线的方法：取点，先作过该点属于平面内的直线；取直线，先作属于平面内的两点。

【例 2.9】如图 2.38（a）所示，已知△*ABC* 的两面投影，作出△*ABC* 上水平线 *AD* 和正平线 *CE* 的两面投影。

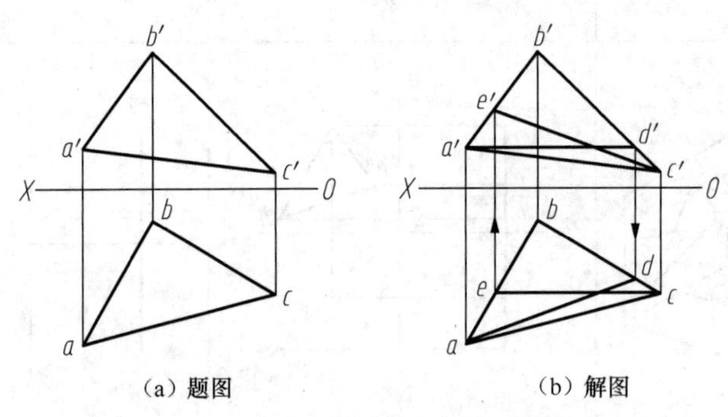

图 2.38 求平面内的水平线和正平线的投影

解：由于水平线的正面投影平行于 *OX* 轴，可先求 *AD* 的正面投影，正平线的水平投影平行于 *OX* 轴，可先求 *CE* 的水平投影。如图 2.38（b）所示，过 *a'* 作 *a'd'*//*OX* 轴，交 *b'c'* 于 *d'*，在 *b c* 上求出 *d*，连接 *ad* 即为所求。过 *c* 作 *ce*//*OX* 轴，交 *ab* 于 *e*，在 *a'b'* 上求出 *e'*，连接 *c'e'* 即为所求。

思考：如何在△*ABC* 所在平面内作正平线，使其距 *V* 面的距离为 20 mm？

【例 2.10】如图 2.39（a）所示，已知铅垂面上一点 *K* 的正面投影 *k'*，求水平投影 *k*。

解：由于已知平面是铅垂面，其水平投影具有积聚性，因此平面上点 *K* 的水平投影一定积聚在 *abc* 上。根据投影关系由 *k'* 作 *OX* 轴的垂线与 *abc* 交于 *k*，即为所求，如图 2.39（b）所示。

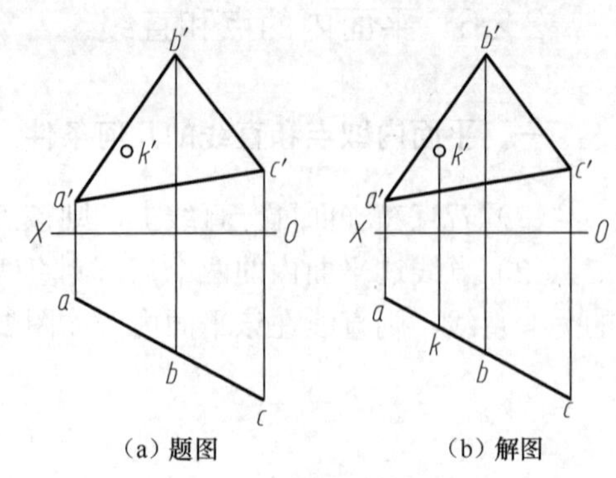

图 2.39 铅垂面上点的投影

【例 2.11】如图 2.40（a）所示，判别点 E 是否在平面△ABC 内，并作出△ABC 所在平面内点 F 的正投影。

解：判别点是否在平面上和求平面上点的投影，可利用取点先找属于平面内直线的方法来解题。连接 $a'e'$并延长交 $b'c'$于 $1'$，作出点 I 的水平投影 1，AI 为△ABC 所在平面内的直线，e 不在 $a1$ 上，因此，点 E 不在△ABC 所在平面上。点 F 在△ABC 所在平面上，连接 af 交 bc 于 2，作出点 II 的正面投影 $2'$，连接 $a'2'$并延长，使其与过 f 所作的 X 轴的垂线交于 f'，如图 2.40（b）所示。

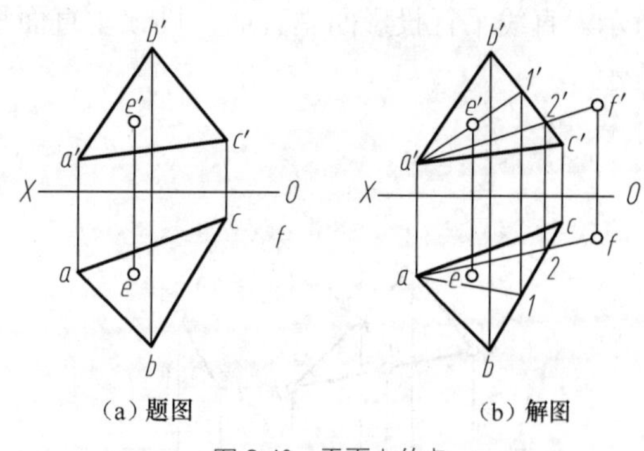

图 2.40　平面上的点

注意：判断点是否在平面内时，不能仅看点的投影是否在平面投影的轮廓线内，一定要用几何条件和投影特性来判断。

【例 2.12】如图 2.41（a）所示，完成平面图形 $ABCDE$ 的正面投影。

解：已知三点 A、B、C 的正面投影和水平投影，点 E、D 在△ABC 所在平面上，故利用面上取点先作直线的方法求出 e'、d'即可。连接 $a'c'$、ac、be，be 交 ac 于点 1，求出点 I 的正面投影 $1'$，连接 $b'1'$并延长，使其与过 e 所作的 X 轴的垂线交于 e'。同理求△ABC 上点 D 的正面投影 d'。依次用粗实线连接 $c'd'$、$e'd'$、$e'a'$，即可得平面图形 $ABCDE$ 的正面投影，如图 2.41（b）所示。

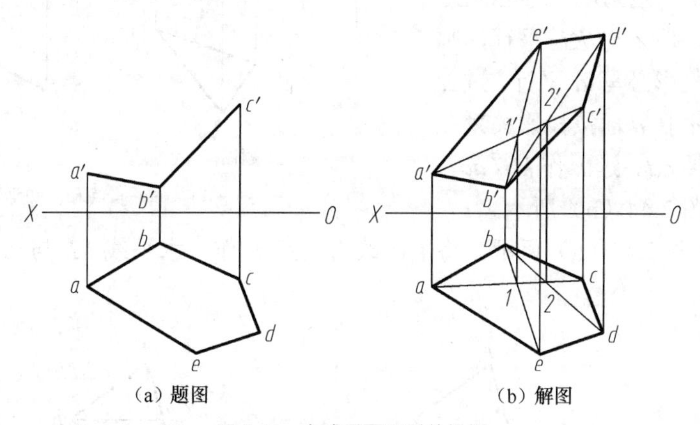

图 2.41　完成平面图形的投影

2.3　直线与平面及两平面的相对位置

直线与平面及两平面的相对位置可分为：平行、相交和垂直（垂直是相交的特例）。

2.3.1　平行问题

一、直线与平面平行

直线与平面平行的几何条件：直线平行于平面上一直线，则直线与该平面平行，如图 2.42

所示。直线平行投影面垂直面，则该垂直面积聚性的投影与直线的同面投影平行，如图2.43所示。

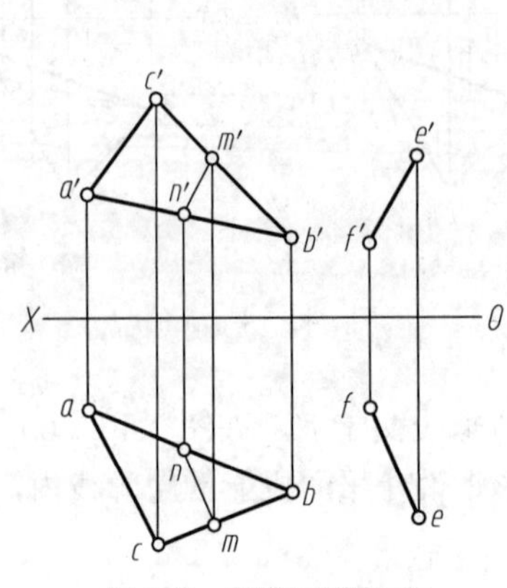

图2.42 直线与平面平行

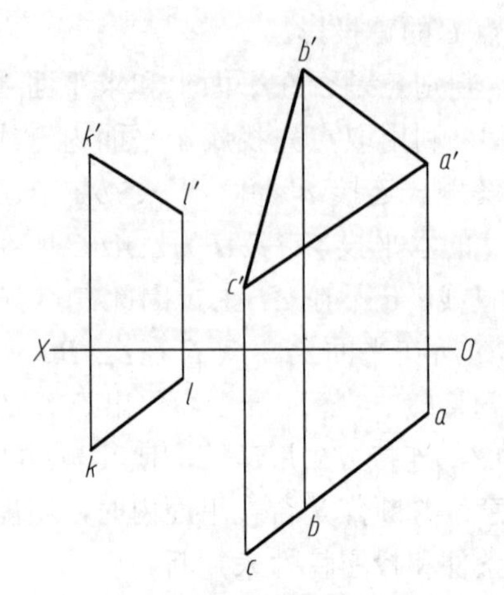

图2.43 直线与投影面垂直面平行

【例2.13】如图2.44（a）所示，已知直线*KL*//△*ABC*，以及*KL*的正面投影*k'l'*和点*K*的水平投影*k*，求*KL*的水平投影*kl*。

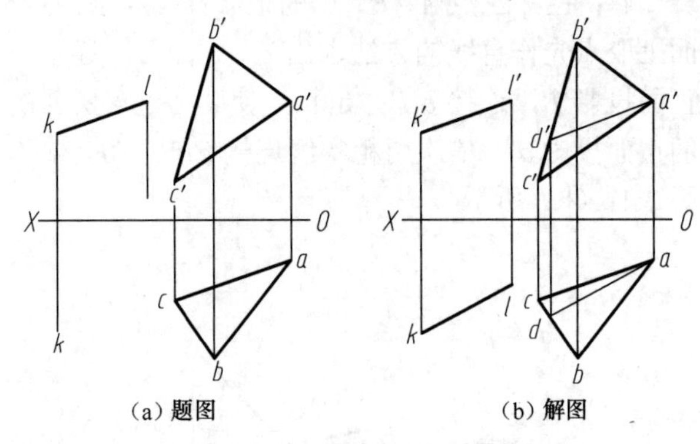

（a）题图 （b）解图

图2.44 作一直线和已知平面平行

解：直线*KL*//△*ABC*，在△*ABC*上任作一条直线，使之与*KL*平行，则这条直线的水平投影必与*kl*平行。过*a'*作*a'd'*//*k'l'*交*b'c'*于*d'*，按投影关系在*bc*上求出*d*，连接*ad*。过*k*作*kl*//*ad*，*kl*即为所求，如图2.44（b）所示。

【例2.14】如图2.45（a）所示，将上例改为过点*K*作一水平线*KL*与△*ABC*平行，如何作图？

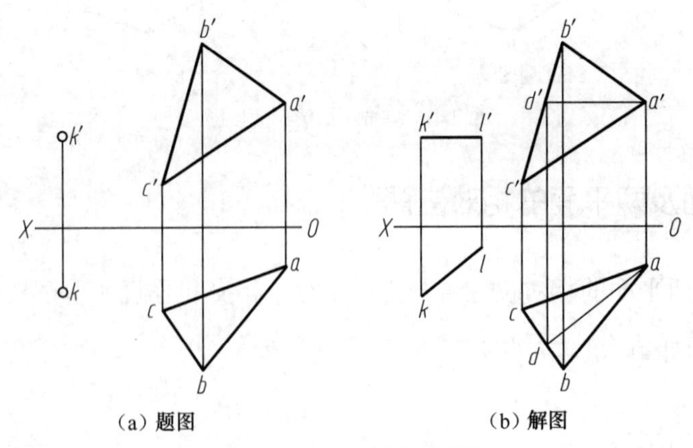

（a）题图 （b）解图

图2.45 作一水平线和平面平行

解：在△*ABC*所在平面内作一水平线*AD*，过点*K*作直线*KL*//*AD*，则直线*KL*即为所求。

过 a' 作 $a'd' /\!/ OX$，连接 ad；过 k' 作 $k'e' /\!/ a'd'$，过 k 作 $kl /\!/ ad$，水平线 KL 即为所求，如图 2.45（b）所示。

二、两平面平行

两平面平行的几何条件：如图 2.46 所示，若一平面内的两相交直线与另一平面内的两相交直线相互平行，则两个平面相互平行。

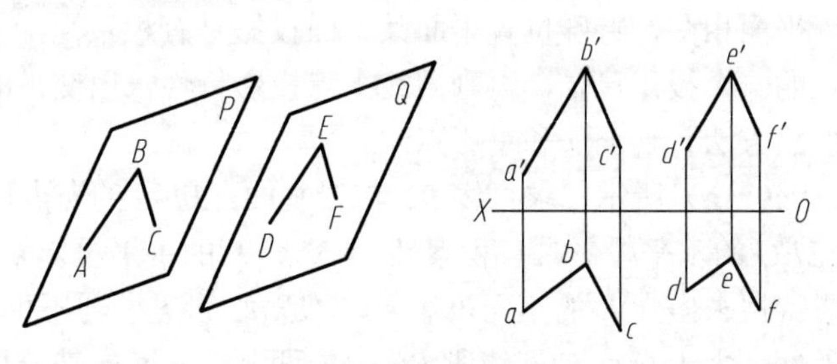

图 2.46　两平面平行

若两投影面垂直面相互平行，则它们具有积聚性的同面投影相互平行，如图 2.47 所示。

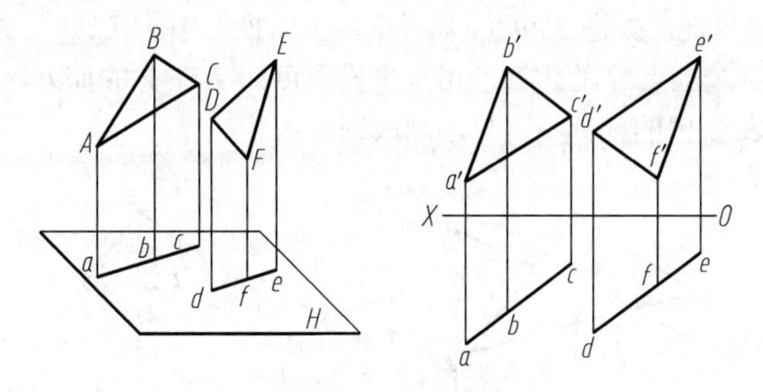

图 2.47　两投影面垂直面相互平行

【例 2.15】 如图 2.48（a）所示，过点 K 作一平面与△ABC 平行。

解： 过 k' 作 $k'm' /\!/ a'b'$ 和 $k'n' /\!/ a'c'$，过 k 作 $km /\!/ ab$ 和 $kn /\!/ ac$。相交两直线 KM 和 KN 所确定的平面即为所求，如图 2.48（b）所示。

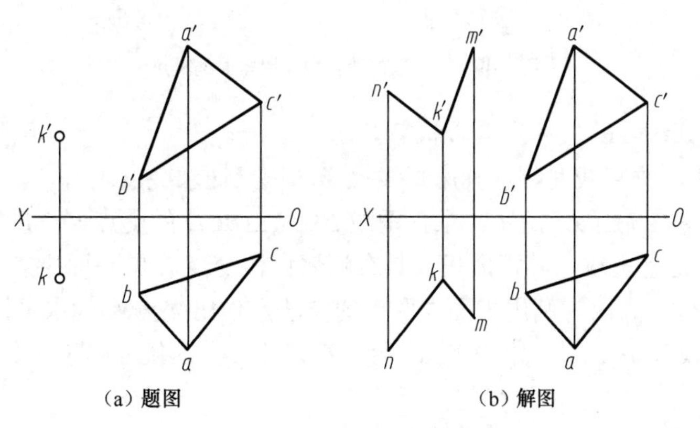

图 2.48　作一平面与△ABC 平行

2.3.2 相交问题

一、直线与平面相交

直线与平面相交，交点是直线与平面的共有点。

1. 一般位置直线与特殊位置平面相交

直线与特殊位置平面相交，特殊位置平面某一面投影具有积聚性，交点的投影必在平面积聚性投影上，交点的一个投影已知，再利用线上点投影特性求出交点的其他投影，并判别可见性。判断可见性的方法有目测法和重影点法。

【例 2.16】 如图 2.49（a）所示，求直线 *BC* 与铅垂面△*EFG* 的交点，并判别可见性。

解：因铅垂面△*EFG* 的水平投影具有积聚性，故交点 *K* 的水平投影 *k* 为 *bc* 和 *efg* 的交点，利用直线上点的投影特性求出点 *K* 的正面投影 *k'*，*k'*是 *b'c'*可见段与不可见段的分界点。

目测法判别可见性：由于交点 *K* 把线段 *BC* 分成两部分，有一部分被平面遮住看不见，由线段 *BC* 和铅垂面△*EFG* 的水平投影可知，*CK* 位于铅垂面△*EFG* 的右前方，因此 *c'k'*可见，画成粗实线；*b'k'*在△*e'f'g'*内的部分不可见，画成细虚线。

重影点法判别可见性：如图 2.49（b）所示，正面投影中 *1'*（*2'*）是线段 *BC* 上的点 *I* 和铅垂面△*EFG* 内 *EG* 边上点 *II* 的重影。由水平投影可知 *1* 在 *2* 的前方，线段 *IK* 可见，*1'k'* 画粗实线，*b'k'*在△*e'f'g'*内的部分不可见，画成细虚线。

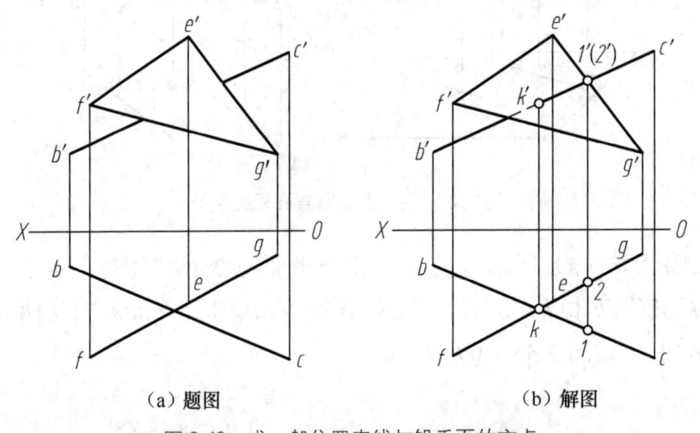

图 2.49 求一般位置直线与铅垂面的交点

2. 投影面垂直线与一般位置平面相交

当直线是投影面垂直线时，可利用直线投影的积聚性求交点。

【例 2.17】 如图 2.50（a）所示，求正垂线 *EF* 与△*BCD* 的交点 *K*，并判别可见性。

解：线段 *EF* 是正垂线，其正面投影具有积聚性，交点 *K* 的正面投影 *k'*和 *e'*（*f'*）重影，因交点 *K* 也在△*BCD* 面内，利用平面内取点的方法，作出交点 *K* 的水平投影 *k*。连接 *d'k'*并延长，使其与 *b'c'*交于 *m'*；过 *m'*作 *X* 轴的垂线交 *bc* 于 *m*，连接 *dm* 与 *ef* 交于 *k* 即为所求，如图 2.50（b）所示。

判别可见性：如图 2.50（b）所示，线段 *EF* 和△*BCD* 的三边都交叉，取水平投影面的重影点 *I*（在线段 *EF* 上）和点 *II*（在线段 *CD* 上）的水平投影 *2*（*1*），其正面投影 *2'*在 *1'*的上方，则 2 可见，1 不可见，线段 EF 上的 1K 段位于△BCD 下方，水平投影不可见，1k 画细虚线，交点 K 另一侧线段 KF 位于△BCD 上方，其水平投影可见，kf 画粗实线。交点 K 的正面投影 k′不可见。

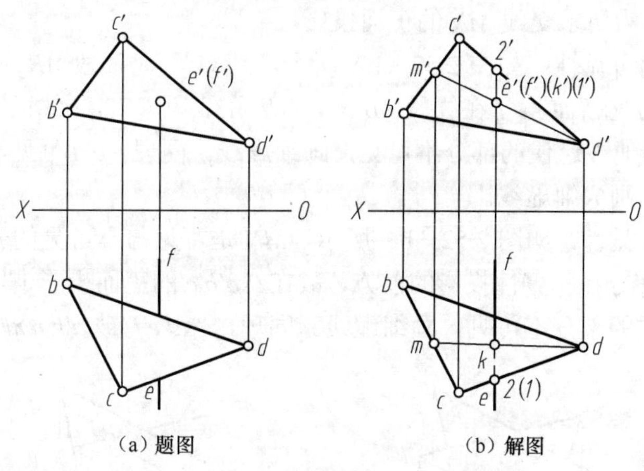

（a）题图　　（b）解图

图 2.50　求正垂线与一般位置平面的交点

二、平面与平面相交

平面与平面相交，交线是相交两平面的共有线，交线上的点都是相交两平面的共有点，因此只要能够确定交线上两个共有点，或者一个共有点和交线方向，即可作出两平面的交线。

1. 两特殊位置平面相交

【例 2.18】 如图 2.51（a）所示，求铅垂面△ABC 与铅垂面△DEF 的交线 MN，并判别可见性。

解： 因为两个平面都是铅垂面，所以交线为铅垂线，水平投影积聚为点，正面投影垂直于 OX 轴。如图 2.51（b）所示，先定交线 MN 的水平投影 m（n）；过 m（n）作 X 轴的垂线，在两个三角形正面投影重合部分作出 m′n′，即得交线 MN 的正面投影。

判别可见性：如图 2.51（b）所示，由水平投影可知，交线 MN 的左侧△DEF 在△ABC 的前方，故△d′e′f′ 在 m′n′左侧可见，而△a′b′c′在 m′n′左侧的△d′e′f′ 范围内不可见；右侧则相反。

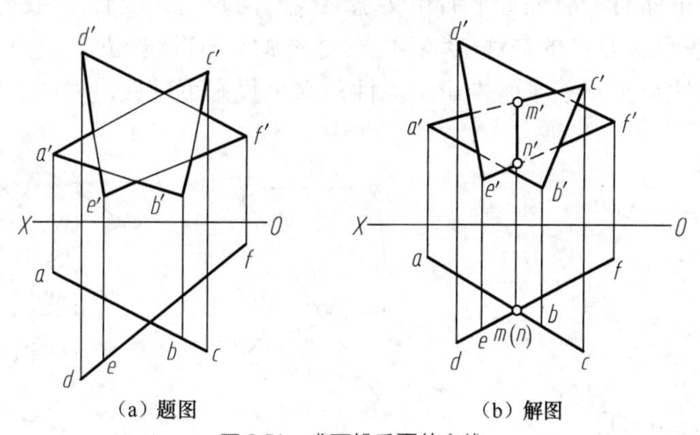

（a）题图　　（b）解图

图 2.51　求两铅垂面的交线

2. 特殊位置平面与一般位置平面相交

【例 2.19】 如图 2.52（a）所示，求铅垂面△DEF 与一般位置平面△ABC 的交线 MN，并判别可见性。

解：如图2.52（b）所示，由于铅垂面△*DEF*的水平面投影具有积聚性，交线*MN*的水平投影已知。点*M*在*AC*上，过*m*作*OX*轴的垂线，交*a'c'*于*m'*；同理，求出交点*N*的正面投影*n'*。连接*m'n'*即为所求交线*MN*的正面投影。

用重影点法判别可见性：如图2.52（b）所示，*1'*（*2'*）是线段*AB*、*EF*上点*I*、*II*的重影点，点*I*在前，点*II*在后，点*I*在线段*AB*上，点*II*在线段*EF*上，线段*AB*可见，则*a'b'n'm'*可见，画粗实线，其他被遮住的部分不可见，画细虚线。同理，*e'd'*可见，画粗实线，其他被遮住的部分不可见，画成细虚线。

用目测法判别可见性：如图2.52（b）所示，*MN*是可见与不可见的分界线。以水平投影*mn*为界，因*abmn*部分在积聚性投影的前方，故在△*a'b'c'*的正面投影中，*a'b'n'm'*可见，画粗实线，被△*d'e'f'*遮住的部分不可见，画细虚线。同理，△*d'e'f'*被*a'b'n'm'*遮住的部分不可见。

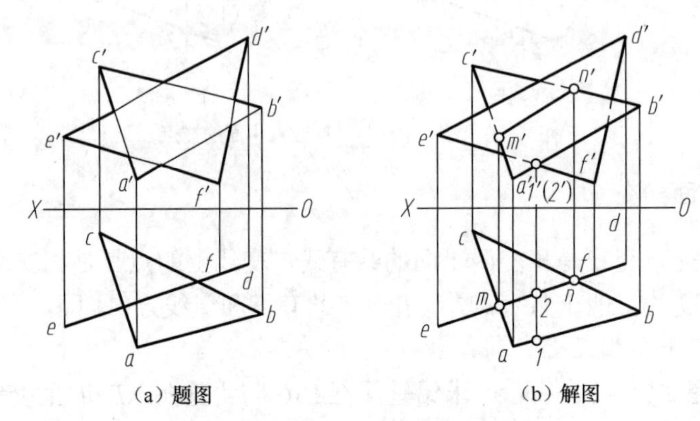

图2.52　求铅垂面与一般位置平面的交线

*3.　一般位置直线与一般位置平面相交

【例2.20】如图2.53（a）所示，求线段*EF*与△*ABC*的交点。

解：由于线段*EF*和△*ABC*的投影均无积聚性，因此它们的交点不能直接求出，须采用辅助平面法。如图2.53（b）所示，过*EF*作铅垂面*S*，*MN*即为铅垂面*S*与△*ABC*的交线，即转化为特殊位置平面与一般位置平面相交求交线的问题。作图时过直线*EF*作辅助铅垂面*S*；求铅垂面*S*与平面△*ABC*的交线*MN*；再求交线*MN*与直线*EF*的交点*K*的投影，即为所求交点。用重影点法分别判别正面投影可见性与水平投影可见性，如图2.53（c）所示。

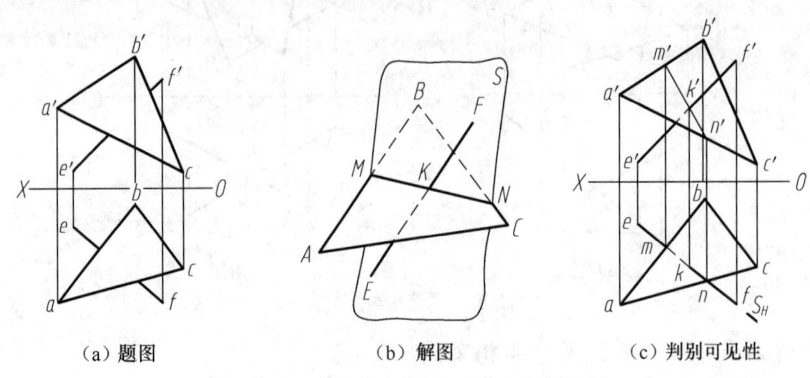

图2.53　一般位置直线与一般位置平面相交

*2.3.3 垂直问题

一、直线与平面垂直

直线与平面垂直的几何条件：直线垂直于平面，该直线垂直于平面内的所有直线。为了作图方便，取平面内两条相交的特殊位置直线（正平线和水平线）。由直角投影定理可知，直线垂直于平面，则直线的正面投影垂直平面内正平线的正面投影，直线的水平投影垂直平面内水平线的水平投影，如图 2.54 所示。

若平面为投影面垂直面，则垂直于该平面的直线必为投影面平行线。在与平面垂直的那个投影面上，直线的投影垂直于平面的积聚性投影，如图 2.55 所示。

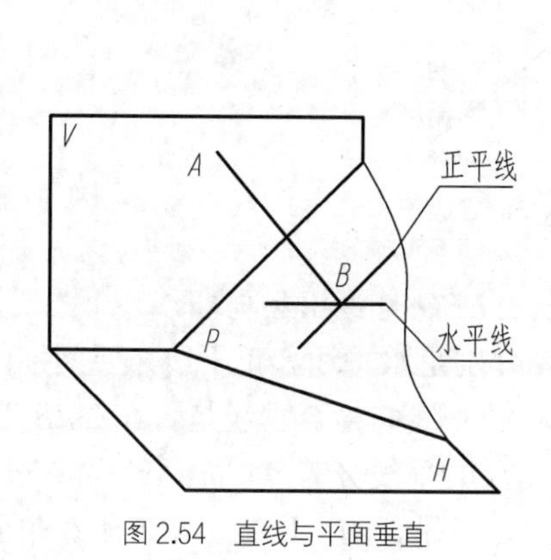

图 2.54 直线与平面垂直

图 2.55 直线与铅垂面垂直

【例 2.21】 如图 2.56（a）所示，过△*ABC* 外的点 *M* 作直线垂直于△*ABC* 所在的平面。

解: 过平面外点作平面的垂线，可作直线分别垂直于平面内的水平线和正平线。在△*ABC* 上任作一水平线 *A* Ⅰ（两投影为 $a'1'$和 $a1$）和一正平线 *A* Ⅱ（两投影为 $a'2'$和 $a2$），利用直角投影定理，过 m'作 $m'k' \perp a'2'$，过 m 作 $mk \perp a1$，则直线 *MK* 垂直于△*ABC*，如图 2.56（b）所示。

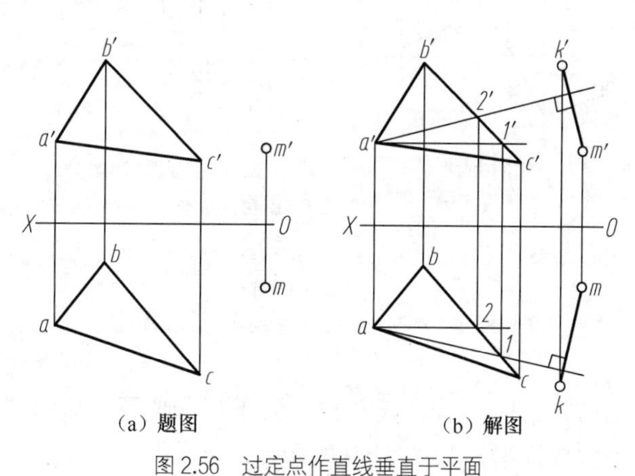

（a）题图　　（b）解图

图 2.56 过定点作直线垂直于平面

二、两平面垂直

由立体几何可知，若一平面包含另一平面的垂线，则两平面相互垂直。两平面垂直问题可归结为线与平面垂直的问题。

若两相互垂直的平面垂直于同一投影面，则两平面在该投影面上的积聚性投影互相垂直。如图2.57所示。

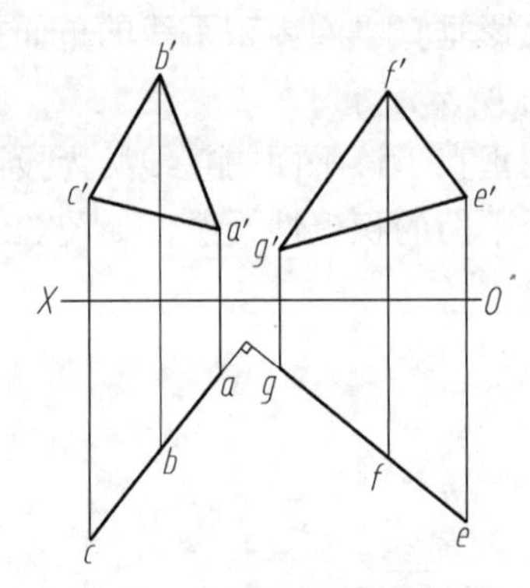

图2.57　两铅垂面互相垂直

【例2.22】如图2.58（a）所示，判别△*ABC*与△*EFG*是否相互垂直。

解：如图2.58（a）所示，△*EFG*中*EF*和*FG*分别是水平线和正平线，要判别两平面是否垂直，可在△*ABC*所在平面上取一点，作△*EFG*的垂线，检查垂线是否在△*ABC*上即可。如图2.58（b）所示，过△*ABC*内的*A*点作平面△*EFG*的垂线*AH*，作*ah*⊥*ef*，再作*a'h'*⊥*f'g'*。*ah*和*a'h'*分别与*bc*和*b'c'*相交，交点的连线不垂直*OX*轴，*AH*不在△*ABC*所在平面上，故两平面不垂直。

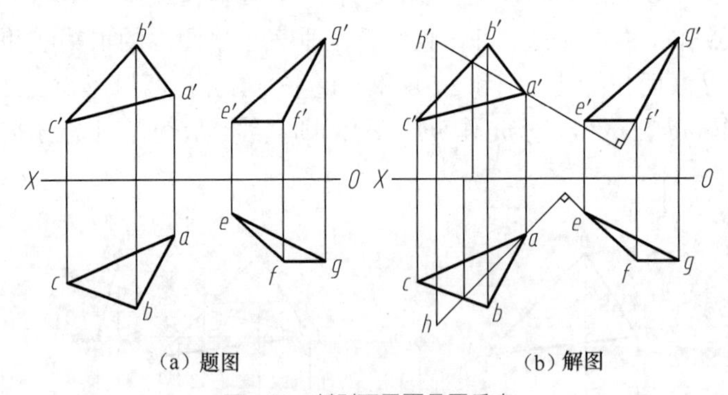

图2.58　判别两平面是否垂直

*2.4　投影变换

图解法求解空间几何元素时，若直线和平面处于特殊位置，则其投影可能反映实形，可能具有积聚性，很容易解决问题，如图2.59所示。

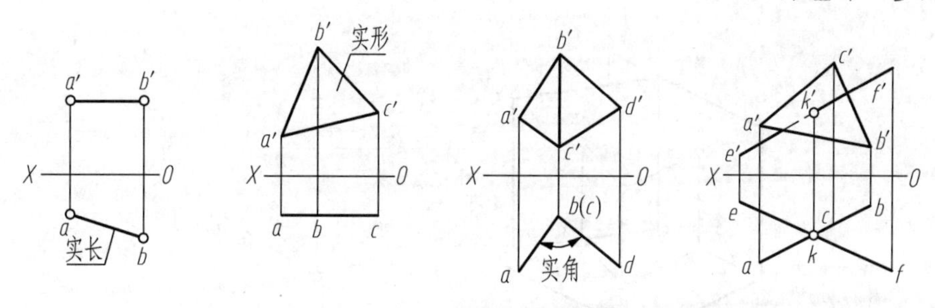

图 2.59 直线和平面处于特殊位置

要解决一般位置几何元素的度量和定位问题，可以将它们由一般位置变为特殊位置，即使之转化为有利于解题的位置。

2.4.1 换面法的基本概念

空间几何元素的位置保持不变，用新的投影面代替旧的投影面，使空间几何元素相对新的投影体系处于有利解题的位置，这种投影变换的方法称为换面法。如图 2.60（a）所示，三角形平面是铅垂面，在 V/H 体系中不反映实形，取一平行于三角形平面且垂直于 H 面的新投影面 V_1 代替 V 面，新的 $V1$ 面与保留的 H 面组成新的投影面体系 V_1/H，三角形在 V_1 面上的投影反映实形，V_1 面与 H 面的交线称为 X_1 轴，将 V_1 面旋转至与 H 面重合，得到 V_1/H 投影体系的投影图，如图 2.60（b）所示。

新投影面的选择应具备两个条件：

（1）新投影面必须与空间几何元素处于有利于解题的位置；

（2）新投影面必须垂直原投影面体系中一个不变的投影面，组成一个新的投影面体系。

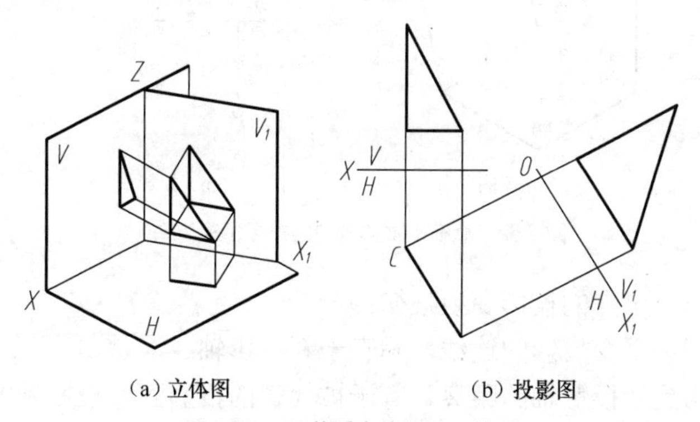

（a）立体图　　（b）投影图

图 2.60 V/H 体系变换为 V_1/H 体系

2.4.2 点的投影变换

一、点的一次变换

如图 2.61（a）所示，用一个与 H 面垂直的新投影面 V_1 代替 V 面，建立新的 V_1/H 投影体系。水平投影 a 为被保留的投影，点 A 在 V_1 面上的新投影记为 a_1'，则 a 和 a_1' 也可以确定点 A 的空间位置，展开后如图 2.61（b）所示。

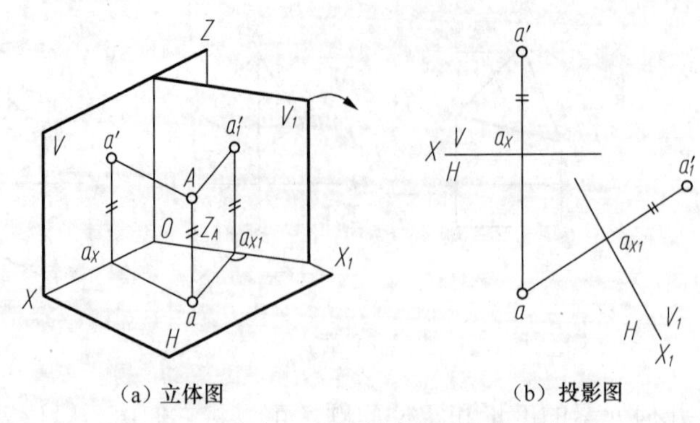

（a）立体图　（b）投影图

图 2.61　点在 V_1/H 体系中的投影（换 V 面）

投影关系如下：

（1）a 和 a_1' 的连线垂直于新投影轴 X_1，即 $aa_1' \perp X_1$ 轴；

（2）a_1' 到 X_1 轴的距离等于空间点 A 到 H 面的距离，由于新旧两投影面体系具有同一水平面 H，因此 A 点到 H 面的距离保持不变，即，$a_1' a_{X_1} = Aa = a'a_X$。

如图 2.62（a）所示，用正垂面 H_1 来代替 H 面，组成新投影体系 V/H_1。b、b'、b_1 之间的关系为 $b'b_1 \perp X_1$ 轴，$b_1b_{X_1} = bb_X = Bb'$。作图时，先作新投影轴 X_1，过投影 b' 作 X_1 轴的垂线并延长，量取 $b_{X_1}b_1 = bb_X$，即得点 B 的新投影 b_1，如图 2.62（b）所示。

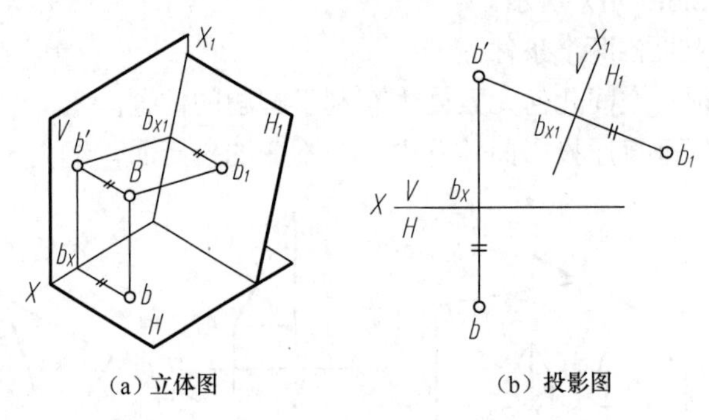

（a）立体图　（b）投影图

图 2.62　点在 V/H_1 体系中的投影（换 H 面）

综上所述，可归纳出点的投影变换规律：

（1）点的新投影和不变投影的连线，垂直于新投影轴；

（2）点的新投影到新投影轴的距离，等于被代替的投影到原投影轴的距离。

思考：在点的投影变换中，新投影面的位置有没有特殊要求？

二、点的两次变换

在利用换面法解决实际问题时，有时变换一次投影面还不能解决问题，须变换两次或更多次投影面。如图 2.63（a）所示，二次换面是指在一次换面的基础上，再变换另一个未被替换的投影面。

如图 2.63（b）所示，点的两次换面的作图步骤如下。

（1）一次变换：以 V_1 面代替 V 面，组成新体系 V_1/H，作出新投影 a_1'。

（2）二次变换：以 H_2 面代替 H 面，组成第二个新体系 V_1/H_2，这时 $a_1'a_2 \perp X_2$ 轴，$a_2a_{X_2} = aa_{X_1}$。

由此作出新投影 a_2。

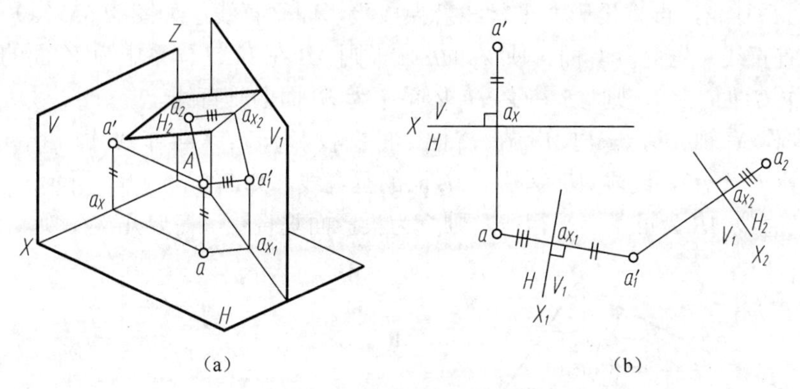

(a)　　(b)

图 2.63　点的两次投影变换

思考：二次变换，也可先替换 H 面，再替换 V 面。读者自行练习。

2.4.3　投影变换的四个基本问题

一、将一般位置直线替换成投影面平行线

如图 2.64（a）所示，将一般位置直线 AB 替换为投影面平行线，可替换 V 面，使新投影面 V_1 平行于直线 AB。先作新投影轴 $X_1//ab$。分别过 a、b 作 X_1 轴的垂线，与 X_1 轴交于 a_{X_1}、b_{X_1}，然后量取 $a_1'a_{X_1}=a'a_X$、$b_1'b_{X_1}=b'b_X$，得投影 $a_1'b_1'$。连接 $a_1'b_1'$，反映直线 AB 的实长，其与 X_1 轴的夹角反映直线 AB 对 H 面的倾角 α，如图 2.64（b）所示。

思考：若要求解直线 AB 对 V 面的倾角 β，可替换 H 面，令新投影面 H_1 平行于直线 AB，并作 $X_1//a'b'$，同理可作出直线对 V 面的倾角 β，如图 2.64（c）所示。

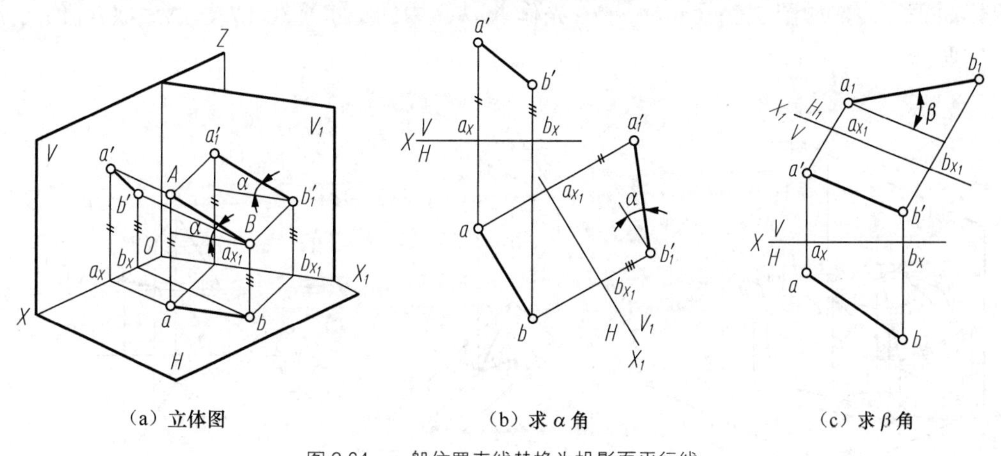

（a）立体图　　（b）求 α 角　　（c）求 β 角

图 2.64　一般位置直线替换为投影面平行线

二、将一般位置直线替换成投影面垂直线

将一般位置直线替换成投影面垂直线，要使所作的新投影面垂直于空间的一般位置直线，

它就无法同时垂直于原投影体系中的 V 面或 H 面，要经过两次投影变换。先将一般位置直线替换成投影面平行线，再将投影面平行线替换成投影面垂直线，如图 2.65（a）所示，直线 AB 为一般位置直线，先变换 V 面，使 V_1 面$//AB$，则 AB 在 V_1/H 体系中为 V_1 面的平行线，再变换 H 面，作 H_2 面$\perp AB$，则 AB 在 V_1/H_2 体系中为 H_2 面的垂直线。

作图：先作 X_1 轴$//ab$，求出 AB 在 V_1 面上的新投影 $a_1'b_1'$。再作 X_2 轴$\perp a_1'b_1'$，求出 AB 在 H_2 面上投影 b_2（a_2），线段 AB 变成了 H_2 面的垂直线，如图 2.65（b）所示。

思考：若直线 AB 为投影面平行线，则变为投影面垂直线，需要几次变换。

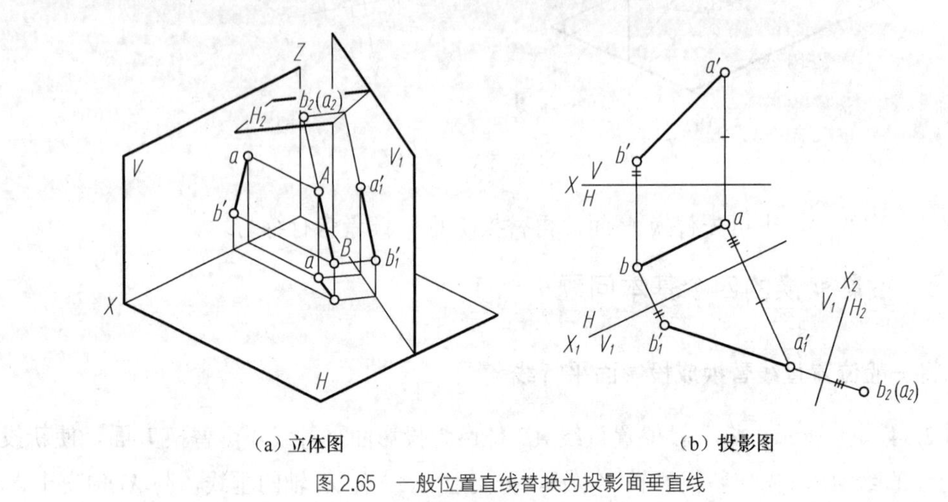

（a）立体图　　（b）投影图

图 2.65　一般位置直线替换为投影面垂直线

三、将一般位置平面替换成投影面垂直面

分析：将一般位置直线替换成投影面垂直线需要两次变换，把投影面平行线替换成投影面垂直线只需一次变换，因此，要将一般位置平面△ABC 变为投影面垂直面，可在该面上取一投影面平行线，如图 2.66（a）所示，先作△ABC 中的一水平线 CD，然后取 V_1 面与水平线 CD 垂直。

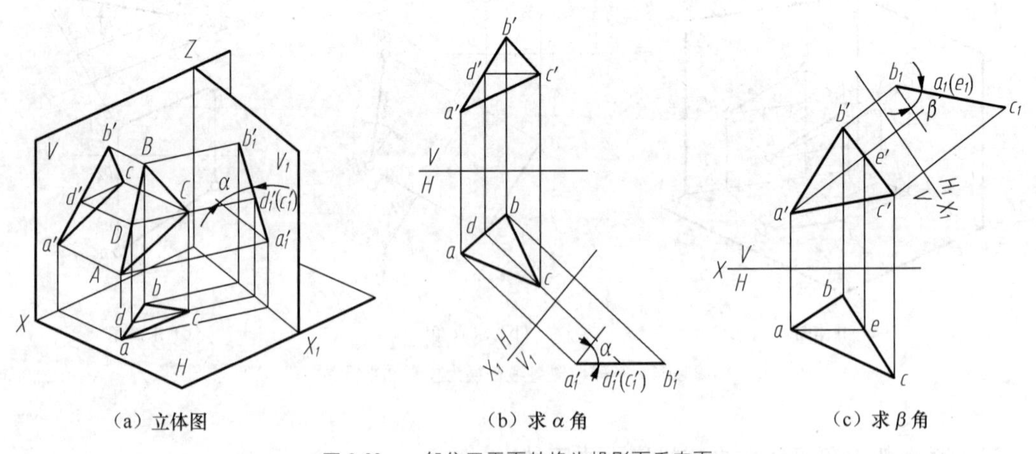

（a）立体图　　（b）求 α 角　　（c）求 β 角

图 2.66　一般位置平面替换为投影面垂直面

作图：在△ABC 上作水平线 CD，其正面投影和水平投影分别为 $c'd'$和 cd。作 $X_1\perp cd$，

作△ABC 在 V_1 面上的新投影 $a_1'b_1'c_1'$，它积聚为直线，且与 X_1 轴的夹角可反映△ABC 对 H 面的倾角 α，如图 2.66（b）所示。

思考：如求△ABC 对 V 面的倾角 β，则可在此平面上取一正平线 AE，作 $H_1 \perp AE$，则△ABC 在 H_1 面上的投影积聚为直线，它与 X_1 轴的夹角反映该平面对 V 面的倾角 β，如图 2.66（c）所示。

四、将一般位置平面变换成投影面平行面

分析：一般位置平面变换成投影面平行面，一次换面是不行的，若新投影面与一般位置平面平行，则新投影面是一般位置平面，它和原体系中的投影面均不垂直。因此，要解决这个问题，须经过两次投影变换。第一次将一般位置平面变换为投影面垂直面，第二次将投影面的垂直面变换为投影面平行面。如图 2.67 所示，以 H_1 面替换 H 面，在△ABC 上取正平线 AE，使 $AE \perp H_1$，△ABC 就变换为 H_1 面的垂直面，再以 V_2 面替换 V 面，使其平行于△ABC。

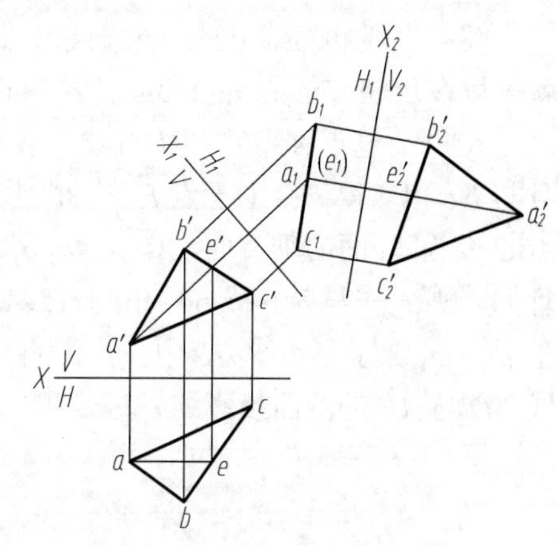

图 2.67　一般位置平面替换为投影面平行面

作图：作 X_1 轴 $\perp a'e'$ 和△ABC 在 H_1 面上的新投影 $a_1b_1c_1$，它积聚为直线。作 X_2 轴//$a_1\ b_1\ c_1$ 和△ABC 在 V_2 面上的新投影△$a_2'b_2'c_2'$。△$a_2'b_2'c_2'$ 反映△ABC 的实形。

思考：在△ABC 上取水平线，先以 V_1 面替换 V 面，再以 H_2 面替换 H 面，使其平行于△ABC，应如何作图？

2.4.4　投影变换应用举例

【例 2.23】 求点 C 到水平线段 AB 的距离，如图 2.68（a）所示。

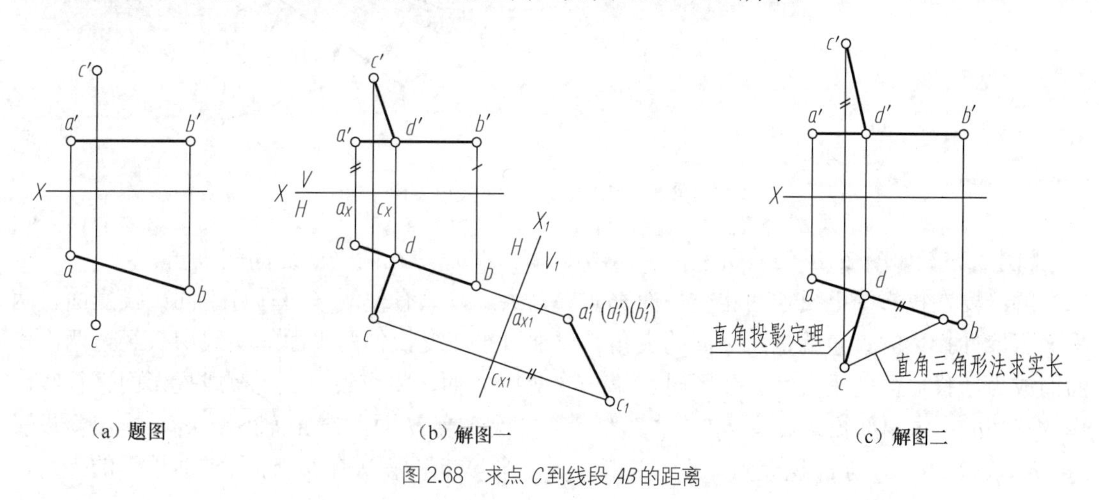

（a）题图　（b）解图一　（c）解图二

图 2.68　求点 C 到线段 AB 的距离

解：点 C 到线段 AB 的距离，是过点 C 向线段 AB 作垂线，并求实长。可通过变换新投影面 V_1 使其与 AB 垂直，则垂线与新投影面平行，因而线段 CD 的新投影反映实长。先作新投影轴 $X_1 \perp ab$，求出线段 AB 和点 C 在 V_1 面上的投影 a_1'、b_1'、c_1'、d_1'，则 $c_1'd_1'$ 即为

所求的距离；求垂线在原投影体系中的投影，可过投影 c 作 X_1 轴的平行线与 ab 相交于 d，再由点 D 在线段 AB 上求得 d'，则 cd、$c'd'$即为所求距离在 V/H 体系中的投影，如图 2.68（b）所示。

思考：上题若不采用投影变换的方法，则能否解决？如图 2.68（c）所示，采用直角投影定理和直角三角形法求实长，也可以求出点 C 到线段 AB 的距离。

【例 2.24】如图 2.69（a）所示，过点 A 作直线与线段 BC 相交，且夹角为 60°，有几个解？

解：直线和直线外的点可确定平面，只要将这个平面经过两次变换变为投影面平行面，就可以在反映实形的新投影面体系中直接求解，再将作图结果返回原投影面体系。因为在平面 ABC 上，过点 A 可作两条直线与线段 BC 相交成 60° 角，所以有两个解。作图时先作 $a'f'//X$ 且与 $b'c'$相交得 f'；由于点 F 在 BC 上可作出 f，连接 a 和 f；作 $X_1 \perp af$，作出 $a_1'b_1'c_1'$，平面 ABC 变为 V_1 面的垂直面。作 $X_2//a_1'b_1'c_1'$，作出 a_2、b_2、c_2，即将平面 ABC 变换为 H_2 面的平行面。过 a_2 作与 b_2c_2 成 60° 角的直线 a_2d_2 和 a_2e_2，过 d_2、e_2 分别作垂直 X_2 的垂线，交 $a_1'b_1'c_1'$ 于 d_1'、e_1'。于是在 V_1/H_2 中作出了直线 AD 和 AE 的投影。将 AD、AE 返回到 V/H 中，得直线 AD 与 AE 的两面投影 $a'd'$、ad 和 $a'e'$、ae，如图 2.69（b）所示。

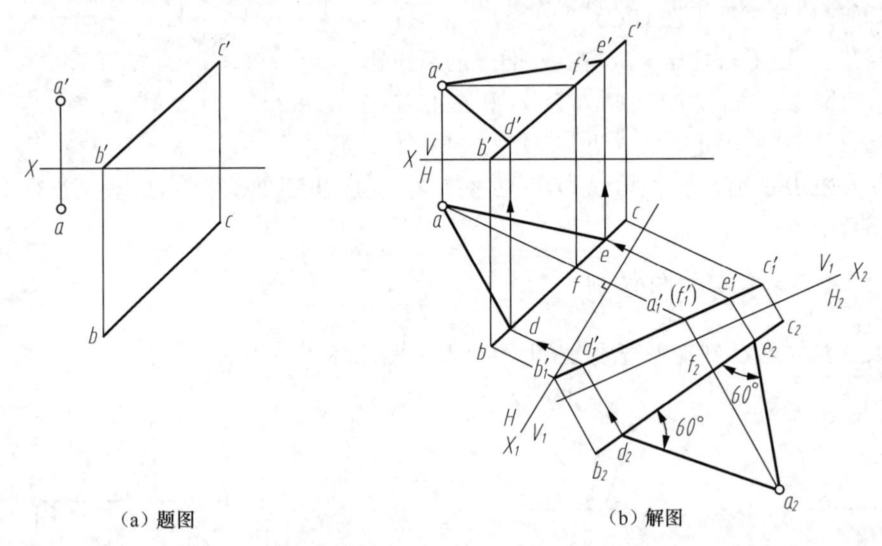

（a）题图　　（b）解图

图 2.69　过点 A 所作直线与 BC 相交且夹角为 60°

【例 2.25】如图 2.70（a）所示，求△ABC 和△ACD 所在两平面之间的夹角。

解：要在投影图上反映两相交平面真实夹角大小，只有使两平面垂直于同一投影面，两平面积聚性投影的夹角就是两平面的夹角。可通过投影变换使两平面的交线 AC 经过两次换面而成为新投影面的垂直线。作图时，第一次变换 V 面，将交线 AC 变换成投影面平行线，作 X_1 轴$//ac$；求出新投影 a_1'、b_1'、c_1'、d_1'。第二次变换 H 面，作 X_2 轴$\perp a_1'c_1'$，求出新投影 a_2、b_2、c_2、d_2。a_2 与 c_2 积聚为一点；连接 a_2b_2、（c_2）d_2，得夹角 θ，即所求两平面的夹角，如图 2.70（b）所示。

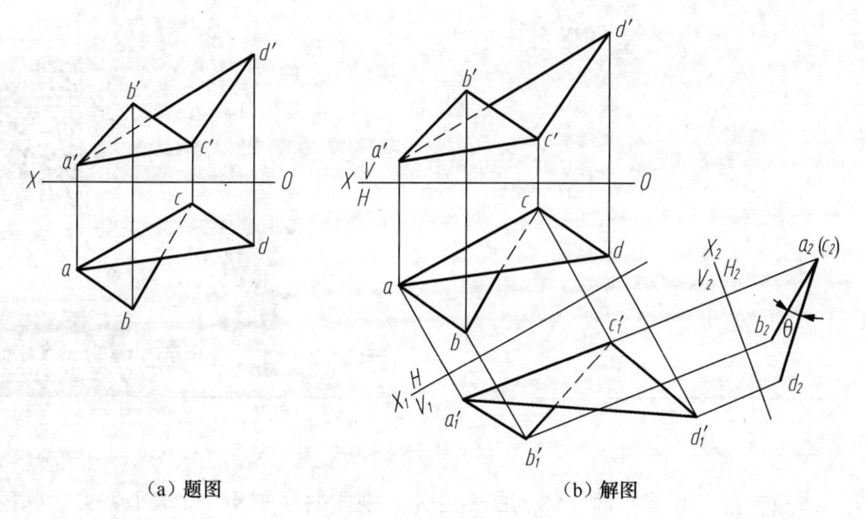

图 2.70 求两平面的夹角

第3章 基本形体

通过学习本章内容，掌握平面立体、曲面立体三视图的画法及立体表面取点的作图方法，了解不完整形体的三视图，了解叠加体的叠加形式，掌握叠加体三视图读图与画图方法，掌握根据叠加体的两视图补画第三视图的方法。

单一的几何形体称为基本形体。基本形体的形状千变万化，按其表面几何形状的不同可分为两类：平面立体和曲面立体，如图 3.1 和图 3.2 所示。由基本形体叠加而成的形体称为叠加体，如图 3.3 所示。

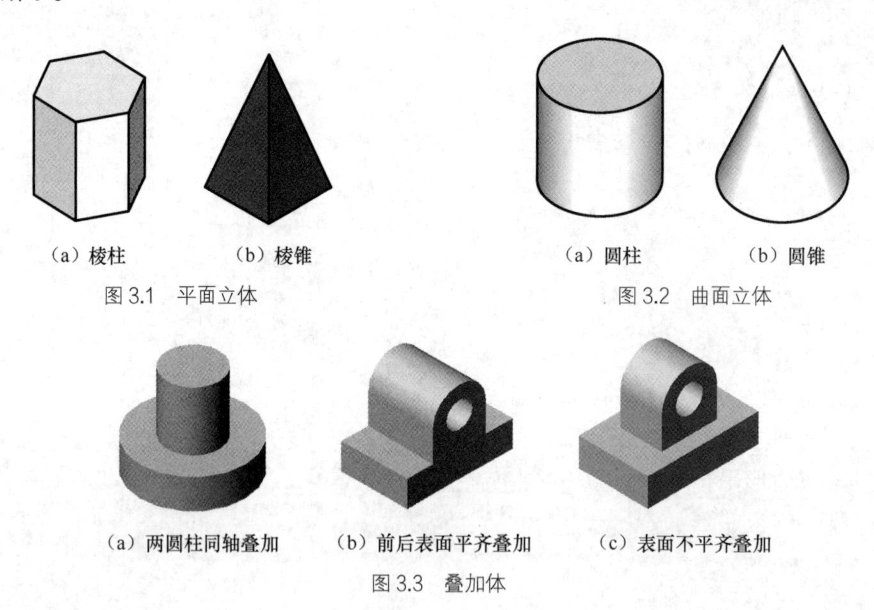

（a）棱柱　（b）棱锥

图 3.1　平面立体

（a）圆柱　（b）圆锥

图 3.2　曲面立体

（a）两圆柱同轴叠加　（b）前后表面平齐叠加　（c）表面不平齐叠加

图 3.3　叠加体

3.1　平面立体三视图及表面取点

表面均是平面的立体称为平面立体，常见的平面立体有棱柱和棱锥。绘制平面立体的投影可归结为绘制所有棱线及各棱线交点的投影，然后判断可见性。相邻棱面的交线称为棱线，其可见性判别原则为：两相邻棱面均不可见，棱线不可见；只要有一个棱面可见，棱线就可见。可见棱线投影画粗实线；不可见棱线投影画细虚线，粗实线与细虚线重合时，画粗实线。

3.1.1 平面立体三视图

一、正棱柱三视图

棱柱表面由两个底面和若干个棱面组成，棱线相互平行。棱柱按底面形状的不同可分为三棱柱、四棱柱、五棱柱等。棱线与底面垂直的棱柱称为直棱柱，其中底面为正多边形的直棱柱称为正棱柱。棱线与底面不垂直的棱柱称为斜棱柱。本节只讨论正棱柱的投影。

以正六棱柱（简称六棱柱）为例，当六棱柱与投影面的相对位置如图 3.4（a）所示时，六棱柱的两底面是水平面，在俯视图上反映实形；前后两侧棱面是正平面，在主视图上反映实形，其余四个侧棱面是铅垂面，六个侧棱面在俯视图上积聚与正六边形的边重合。六棱柱的六条侧棱线均为铅垂线，俯视图积聚在正六边形的六个交点上，主视图和左视图都反映实长。正六棱柱的三视图如图 3.4（b）所示，其作图步骤如下：

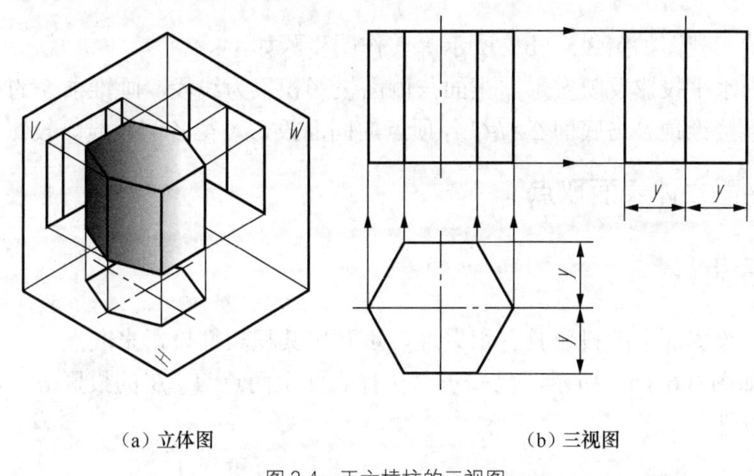

（a）立体图　　（b）三视图

图 3.4　正六棱柱的三视图

（1）画对称中心线及两底面反映实形（正六边形）的俯视图；

（2）根据侧棱线的高度，按“三等”关系画出主视图和左视图。

注意：当三视图对称时，为了确定三个视图的位置，应先画出对称中心线（细点画线）。六棱柱底面正六边形平行于 *H* 面，反映形体特征，被称为特征视图，棱面具有积聚性，可用拉伸法构思物体的空间形状。

二、棱锥三视图

棱锥有一个底面，所有的棱线交于一点，称为锥顶。棱锥按棱线数目的不同，可分为三棱锥、四棱锥等。底面是正多边形、侧面均为等腰三角形的棱锥，称为正棱锥。以正三棱锥为例，当三棱锥处于图 3.5（a）所示的位置时，三棱锥底面△*ABC* 是水平面，俯视图反映实形，其主视图和左视图具有积聚性。在三个侧棱面中，侧棱面△*SAC* 是侧垂面，在左视图上具有积聚性；其余两个侧棱面为一般位置平面。棱线 *SB* 是侧平线，其余两条棱线为一般位置直线。

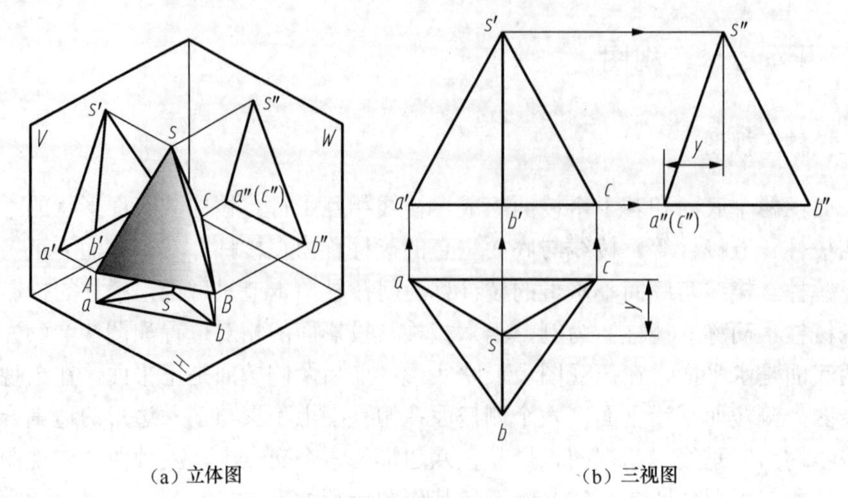

图 3.5 正三棱锥的三视图

正三棱锥的三视图如图 3.5（b）所示，其作图步骤如下：

（1）底面的水平投影反映实形，正面与侧面投影积聚为线段，画锥顶 S 的三面投影；

（2）分别连接锥顶 S 与底面△ABC 各顶点的同面投影，得各侧棱线的投影。

3.1.2 平面立体表面取点

一、棱柱表面取点

棱柱在垂直投影面上的投影具有积聚性，可利用其积聚性投影来取点。

【例 3.1】 如图 3.6（a）所示，已知正六棱柱表面上两点 A、B 的投影 a'、b''，求另两面投影并判别可见性。

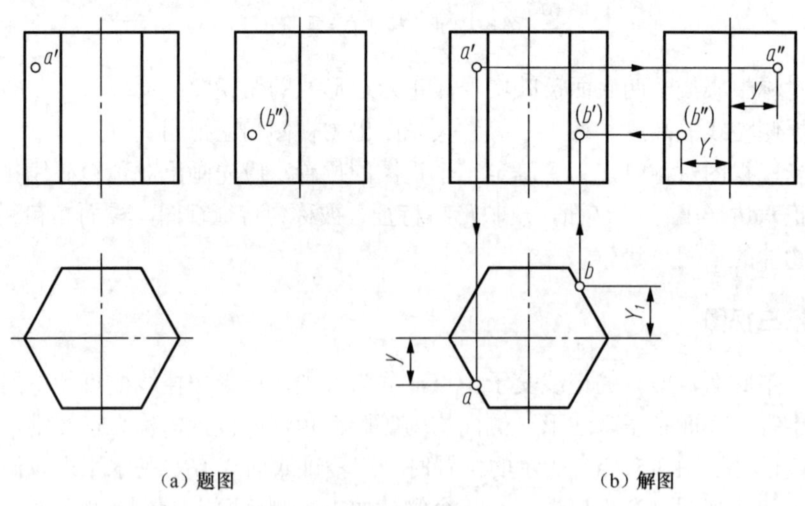

图 3.6 棱柱表面取点

解： 点 A 在左前棱面上，正六棱柱的水平投影具有积聚性，可由 a' 向水平投影面作垂线，与左前方棱面的水平投影交于 a，由“三等”关系求得 a''。同理，可求得点 B 的另两个投影 b、b'。

判别可见性：若点所在的面的投影可见或具有积聚性，则点的投影可见。因点 *A* 位于左前侧棱面上，正面投影 *a*′可见，所以 *a*、*a*″均可见。点 *B* 的侧面投影 *b*″不可见，则点 *B* 在正六棱柱右后方侧棱面上，可判断点 *B* 的水平面投影 *b* 可见，正面投影 *b*′不可见，如图 3.6（b）所示。

二、棱锥表面取点

在棱锥侧棱面或侧棱线上取点，可利用其积聚性或棱线的投影，求出点的另两投影。在棱锥的一般位置侧棱面上取点，要过该点的已知投影先作属于面上的辅助线，再通过该线的投影求出点的投影。作辅助线的方法有素线法和平行线法。如图 3.7（a）所示，点 *K* 在棱面△*SAB* 上，过点 *K* 在平面内作素线 *S Ⅰ*，交 *AB* 于点 *Ⅰ*，然后由线上点的投影规律，定点的另两投影，此法称为素线法；或过点 *K* 在平面内作 *AB* 平行线交 *SA*、*SB* 于点 *Ⅱ*、*Ⅲ*，然后由线上点的投影规律，定点的另两投影，此法称为平行线法。

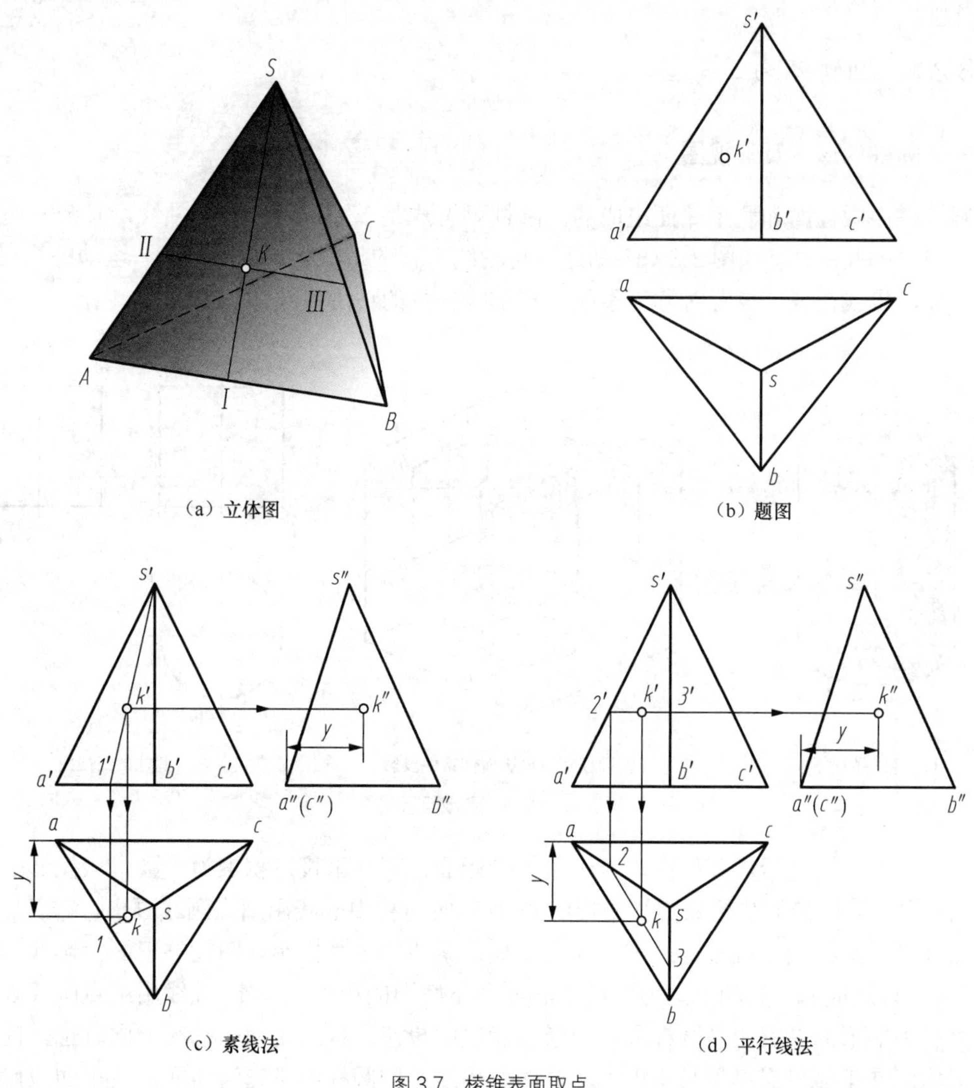

图 3.7 棱锥表面取点

【例 3.2】 如图 3.7（b）所示，已知棱锥表面一点 K 的正面投影 k'，求 K 点的另两投影 k、k''。

解：先作三棱锥的左视图，过 k' 作素线 $S\,I$ 的正面投影 $s'1'$，求出 $S\,I$ 的水平投影 $s1$，利用线上点的从属性求出点 K 的水平投影 k，依据“三等”关系求出 k''，如图 3.7（c）所示。或过 k' 作 AB 的平行线ⅡⅢ的正面投影 $2'3'$，由平行线的投影特性求出ⅡⅢ的水平投影 23，同理求点 K 的另两投影 k、k''，如图 3.7（d）所示。因为侧棱面△SAB 的水平投影和侧面投影均可见，故 k、k'' 均可见。

3.2 曲面立体三视图及表面取点

曲面立体三视图及表面取点（1）

表面是平面和曲面，或全部是曲面的立体称为曲面立体。有回转轴的曲面立体称回转体。本节只研究回转体，常见的回转体有圆柱、圆锥、圆球和圆环等。

3.2.1 回转体的三视图

一、圆柱的形成及三视图

圆柱是由圆柱面和两个底面组成的。圆柱可看成是以矩形的一边为轴线，其余三边回转一周所围成的几何体。如图 3.8（a）所示，与轴线平行的边 AA_1 形成圆柱面，运动的线段 AA_1 称为母线，母线在任一位置时称为素线，与轴线垂直的边形成圆柱的底面。

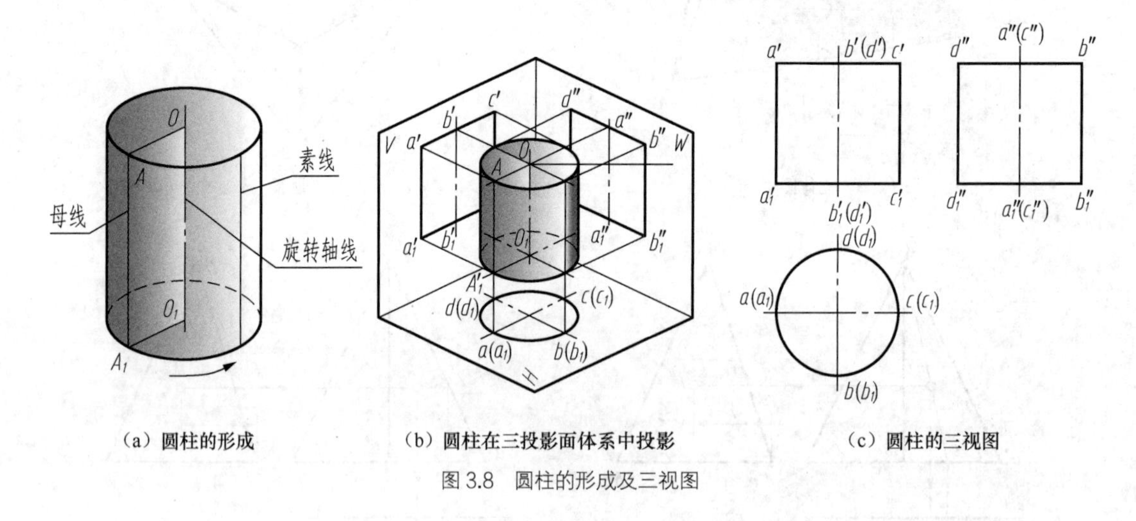

（a）圆柱的形成　（b）圆柱在三投影面体系中投影　（c）圆柱的三视图

图 3.8　圆柱的形成及三视图

如图 3.8（b）所示，圆柱面垂直于水平投影面，其水平投影积聚为一圆，该投影是圆柱的特征视图（可用拉伸法想象圆柱的形状），画图时对称中心线用细点画线画出，它们与圆周的交点分别是圆柱面上最左、最右、最前、最后素线的水平投影。圆柱的正面投影和侧面投影均为矩形，矩形的上边和下边为圆柱上底面和下底面的积聚性投影（轴线用细点画线画出）。正面投影中矩形的左右边是圆柱最左、最右素线的投影，称为转向轮廓线，同时也是前、后两半圆柱面在正面投影可见与不可见部分的分界线；因圆柱面是光滑曲面，故正面投影中的两条转向轮廓线在侧面投影中不表达。侧面投影中矩形的前后边是圆柱面最前、最后转向轮廓线的投影，同时也是左、右两半圆柱面在侧面投影中可见与不可见部分的分界线，侧面投影中的两条转向轮廓线在正面投影中也不表达。

圆柱的三视图如图 3.8（c）所示，其作图步骤如下。

（1）画俯视图中心线，画圆柱面积聚性投影（圆）。

（2）画轴线的正面、侧面投影；根据圆柱的高度，按“三等”关系画出主、左视图（矩形）。

二、圆锥的形成及三视图

圆锥是由圆锥面和一个底面组成的。它是直角三角形以一直角边为轴线回转一周所围成的几何体。如图 3.9（a）所示，与轴线相交的边 *SA* 形成圆锥面。运动的线段 *SA* 称为母线，母线在任一位置时称为素线，母线上的点绕其轴线旋转一周而形成的圆锥面上垂直于轴线的圆称为纬圆，与轴线垂直的边形成了圆锥的底面。

如图 3.9（b）所示，圆锥的俯视图为圆，该圆既是圆锥面的水平投影（类似性），也是底面的水平投影（实形性），同时也是圆锥的特征视图。其主视图和左视图均为等腰三角形，等腰三角形的底边是圆锥底面积聚性的投影，等腰三角形为圆锥面的投影。主视图等腰三角形两腰是圆锥面转向轮廓线（最左、最右素线）的投影，同时也是前、后两半圆锥面在正面投影中可见与不可见部分的分界线，因圆锥面是光滑曲面，所以两条转向轮廓线在侧面投影中不表达。左视图等腰三角形两腰是圆锥最前、最后转向轮廓线的投影，同时也是左、右两半圆锥面在侧面投影中可见与不可见部分的分界线，两条转向轮廓线在正面投影中也不表达。

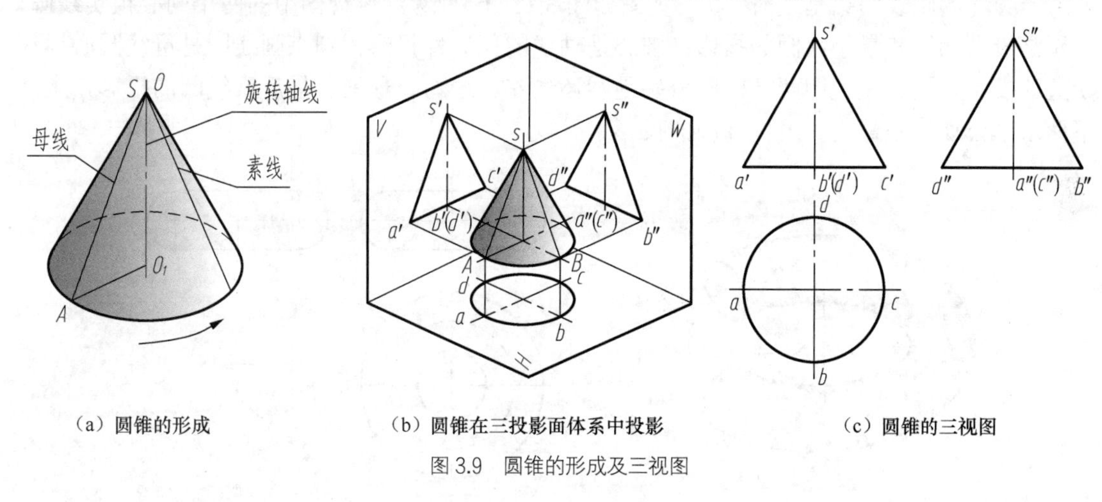

（a）圆锥的形成　　（b）圆锥在三投影面体系中投影　　（c）圆锥的三视图

图 3.9　圆锥的形成及三视图

圆锥的三视图如图 3.9（c）所示，作图步骤如下。

（1）画俯视图的中心线，画投影为圆的俯视图。

（2）画轴线的正面、侧面投影，依据圆锥的高来定锥顶 *S* 的投影，按“三等”关系画出圆锥的主、左视图。

三、圆球的形成及三视图

圆球是由圆面绕其自身的一直径（圆球的回转轴）旋转 180° 形成的，圆母线形成了球面。圆球也可看作半圆绕其自身的直径旋转 360° 形成，如图 3.10（a）所示。

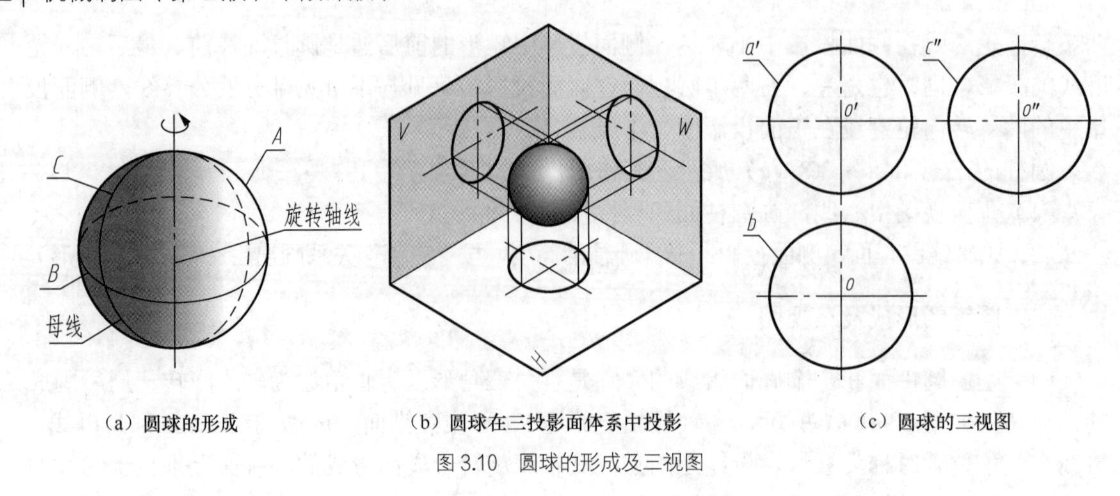

（a）圆球的形成　（b）圆球在三投影面体系中投影　（c）圆球的三视图

图 3.10　圆球的形成及三视图

圆球的三面投影均为圆，分别用 a'、b、c''表示，如图 3.10（c）所示。a'、b、c''三个圆分别是球面的正面投影转向轮廓线、水平投影转向轮廓线和侧面投影转向轮廓线的投影，即圆球面的前后半球面、上下半球面和左右半球面的可见与不可见部分的分界线的投影。

四、圆环的形成及三视图

如图 3.11（a）所示，圆环是由圆绕与它共面的圆外直线（圆环的回转轴线）旋转 360° 所围成的几何体。母线上任意一点运动的轨迹均为圆，称为纬圆，纬圆所在的平面垂直于回转轴线。

当圆环的轴线为铅垂线时，其三视图如图 3.11（b）所示，俯视图中的两个同心粗实线圆，分别是最大纬圆和最小纬圆的投影；圆心是轴线的积聚性投影；细点画线圆是母线圆心运动轨迹的投影。主、左视图两端的圆分别是圆环最左、最右、最前、最后素线圆的投影，上、下两水平公切线是最高、最低纬圆的投影。

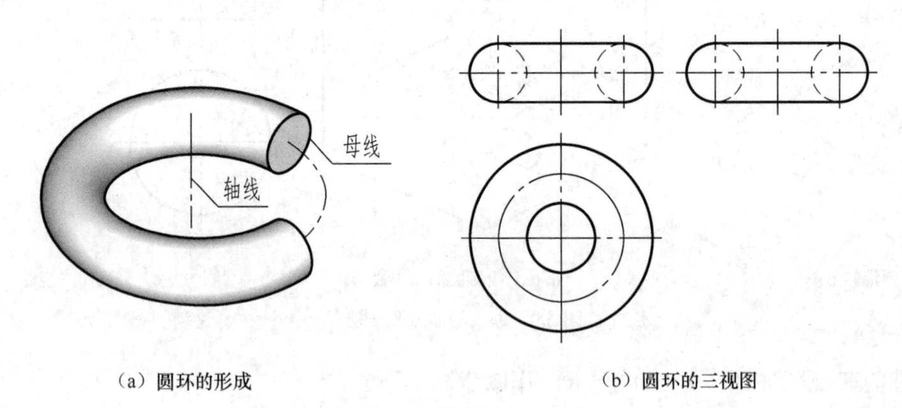

（a）圆环的形成　（b）圆环的三视图

图 3.11　圆环的形成及三视图

3.2.2　回转体表面取点

曲面立体三视图及表面取点（2）

一、圆柱表面上取点

圆柱表面上取点可利用圆柱面的积聚性投影来求解。

【例 3.3】如图 3.12（a）所示，已知圆柱面上的点 E 和点 F 的正面

投影 e'、f'，求 E、F 的其他两面投影。

解：圆柱面的水平投影积聚为圆，点 E、F 的水平投影 e、f 在圆周上，点 E 在后半圆柱面左侧，点 F 在前半圆柱面右侧，点 E、F 水平投影可见，点 E 侧面投影可见，点 F 侧面投影不可见。利用圆柱面水平投影的积聚性，过 e'作垂线交水平投影圆（后半圆左侧）于 e，过 f'作垂线交水平投影圆（前半圆右侧）于 f，利用“三等”关系，求出 e''、f''，由于 f''不可见，写作（f''），如图 3.12（b）所示。

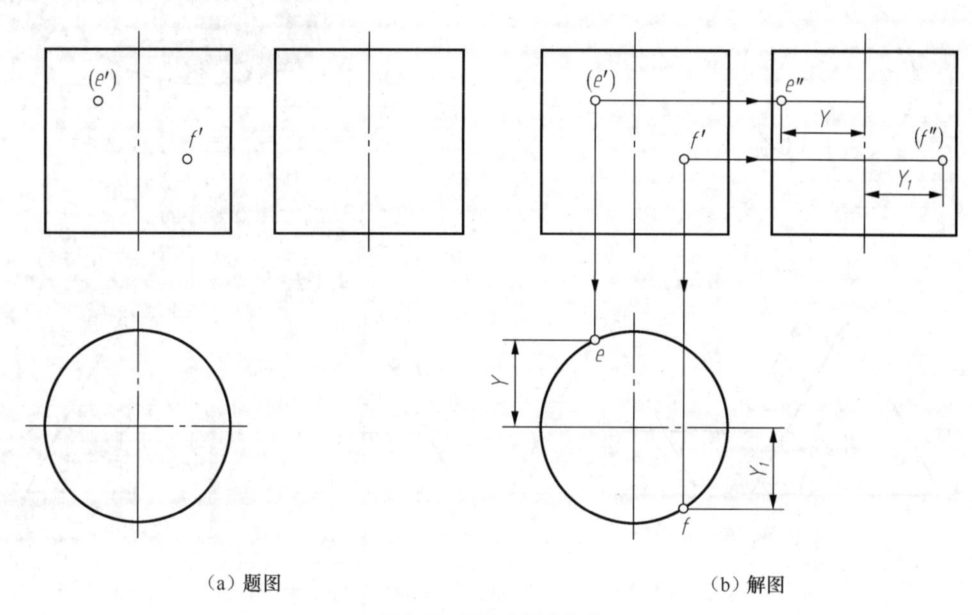

（a）题图　（b）解图

图 3.12　圆柱表面上取点

二、圆锥表面上取点

圆锥的三面投影均无积聚性，不能利用积聚性表面取点的方法来求解，可用素线法或纬圆法来求解。

【例 3.4】 如图 3.13（a）所示，已知圆锥面上点 K 的正面投影 k'，求点 K 的另外两面投影 k 和 k''。

解：（1）素线法，如图 3.13（b）所示，过点 K 作素线 $S\,I$，求出素线 $S\,I$ 的三面投影，用线上点的投影规律求出点 K 的另两面投影。这种将圆锥面上的素线作为辅助线的作图方法，称为素线法。作图时，过 k'作素线 $S\,I$ 的正面投影 $s'1'$，按“三等”关系作出 $S\,I$ 的另两面投影 $s1$ 和 $s''1''$，用线上点的投影规律作出点 K 的另两面投影 k 和 k''。判别可见性，因点 K 在圆锥面的右前方，故 k 可见、k''不可见，写作（k''），如图 3.13（c）所示。

（2）纬圆法，如图 3.13（b）所示，过点 K 在圆锥面上作一辅助纬圆，其正面投影和侧面投影均积聚为一条水平线，水平投影是反映实形的圆。用线上点的投影规律求出点 K 的另两面投影。这种将圆锥面上的纬圆作为辅助线的作图方法，称为纬圆法（适用于各种回转体表面取点）。作图时，过 k'作辅助纬圆的正面投影。其积聚性投影长度为辅助纬圆的直径。根据“三等”关系求出辅助纬圆的水平投影和侧面投影，最后按线上取点的方法求出点 K 的另两面投影 k 和（k''），如图 3.13（d）所示。

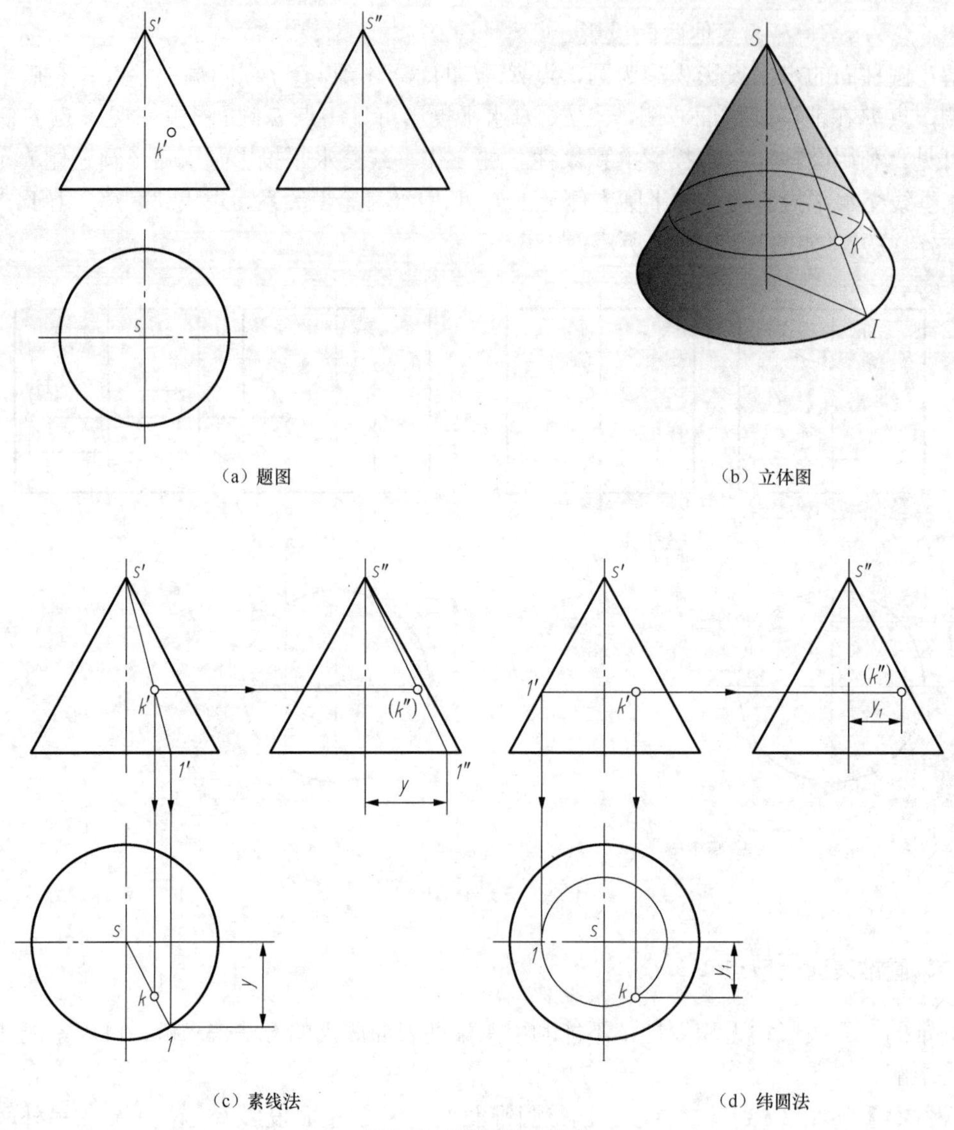

图 3.13　圆锥表面上取点

三、圆球表面上取点

圆球面的母线是曲线，圆球表面取点只能采用纬圆法。为作图方便，常选择平行于投影面的圆作为辅助纬圆。

【例 3.5】 如图 3.14（a）所示，已知圆球面上点 *A* 和 *B* 的投影 *a*′和 *b*，求点 *A*、*B* 的另两面投影。

解： 过点 *A* 作水平纬圆，水平纬圆的水平投影反映实形，根据点 *A* 在圆球上的位置，求出另两面投影。点 *B* 在正面投影转向轮廓线上，其另两面的投影在正面投影转向轮廓线的投影上。作图时，过 *a*′作水平纬圆的正面投影（积聚为线段，其长度为纬圆的直径），由“三等”关系作出纬圆的水平投影（实形圆）；纬圆的侧面投影也积聚为水平线段。用线上求点的方法求出点 *A* 的另两面投影 *a* 和 *a*″。点 *A* 在上半球的左前方，*a* 和 *a*″均可见。

点 B 的水平投影 b 在圆球面水平投影的水平中心线上且可见，空间点 B 在圆球面右上方正面投影转向轮廓线上，故 b'在圆球面正面投影的上半圆周上，b''在圆球面侧面投影的垂直中心线上，b''不可见，写作（b''），如图 3.14（b）所示。

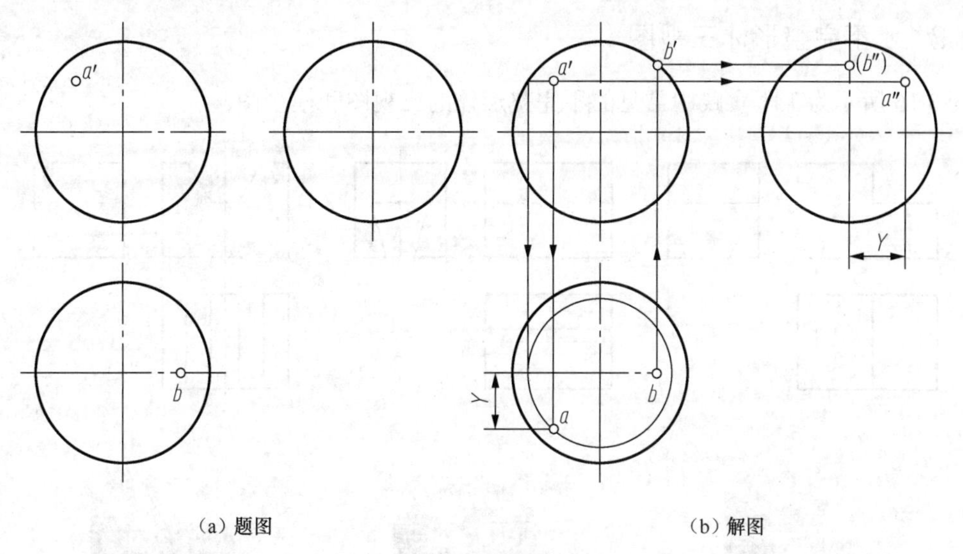

（a）题图 （b）解图

图 3.14 圆球表面上取点

四、圆环表面上取点

圆环的母线是曲线，其表面取点只能采用纬圆法。为作图方便，选择垂直于圆环面轴线的纬圆作为辅助纬圆。

【例 3.6】 如图 3.15（a）所示，已知圆环面上点 A 的水平投影 a，求点 A 的另两面投影。

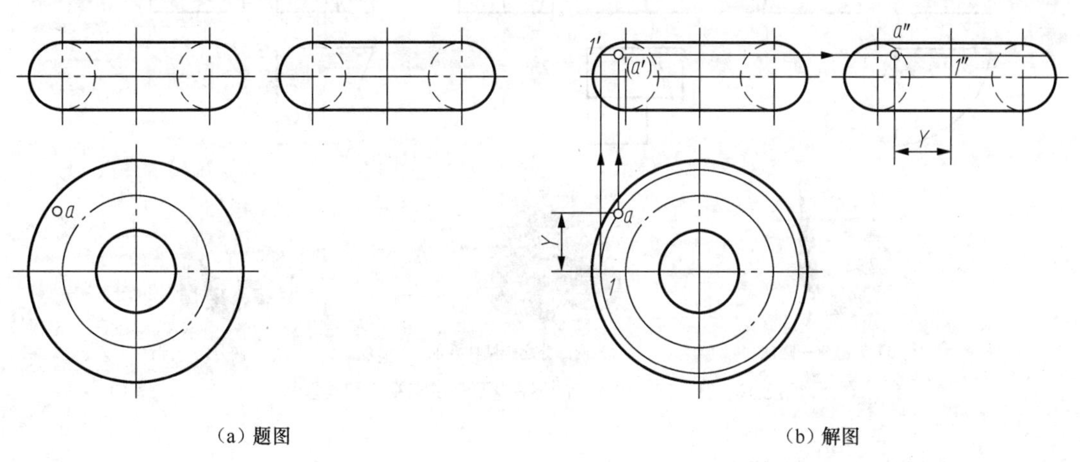

（a）题图 （b）解图

图 3.15 圆环表面上取点

解： 过点 A 在圆环上作水平纬圆，水平纬圆的主、左视图均积聚为线段。因 a 可见，点 A 在圆环上半部的左后方，故 a'不可见、a''可见。作图时，过 a 作圆环水平纬圆的水平投影交中心线于 1 点；作水平纬圆的正面投影 $1'a'$和侧面投影 $a''1''$；由线上取点的方法求出点 A 的另两面投影（a'）和 a''，如图 3.15（b）所示。

3.3 不完整形体和叠加体的三视图

3.3.1 不完整形体三视图

图3.16所示为工程实践中常见的不完整形体的三视图和模型图。

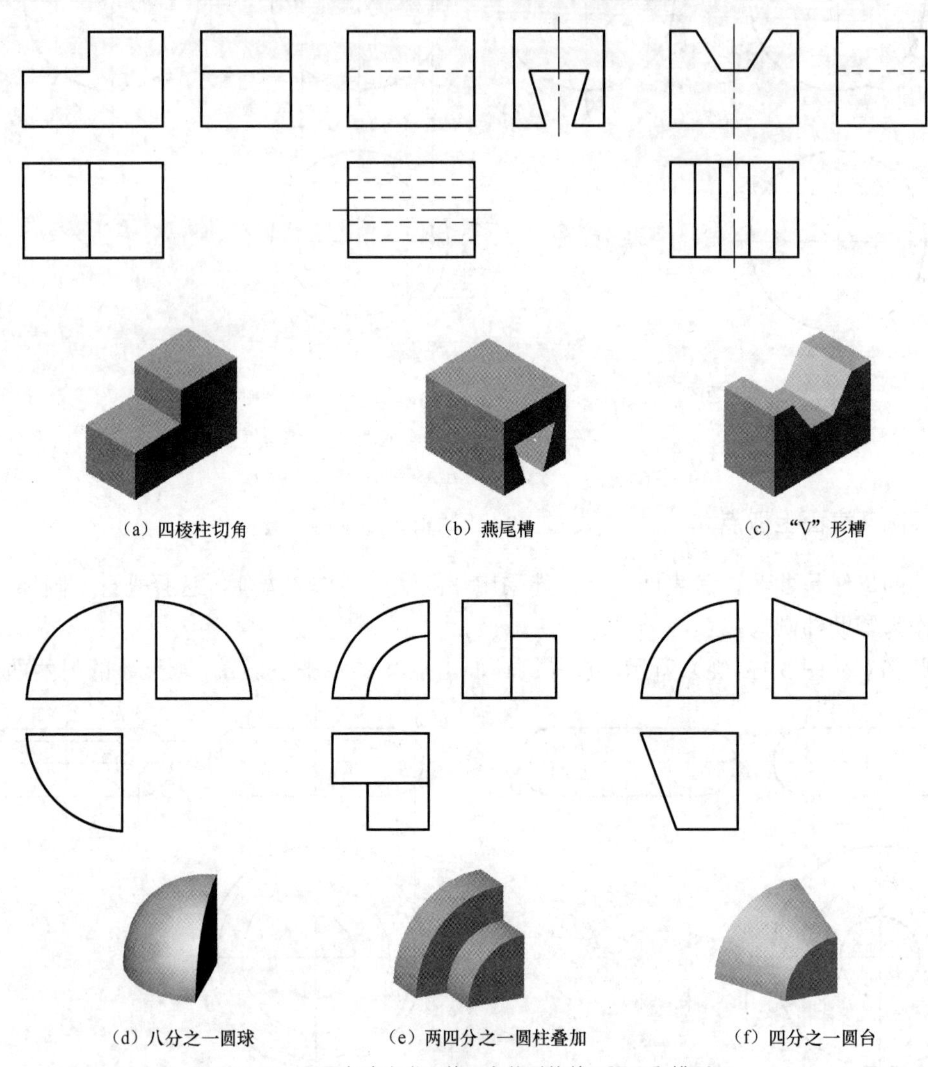

图3.16 工程实践中常见的不完整形体的三视图和模型图

3.3.2 叠加体三视图

物体通常是由若干个基本形体构成的，常见的构成方式有叠加和挖切。由若干个基本形体叠加（或挖切）而成的物体称为叠加体。叠加的方式有同轴、对称、表面平齐与不平齐叠加等。本节介绍叠加体的读图和画图方法。

一、叠加体的叠加方式

1. 同轴叠加

同轴叠加如图 3.17 所示。

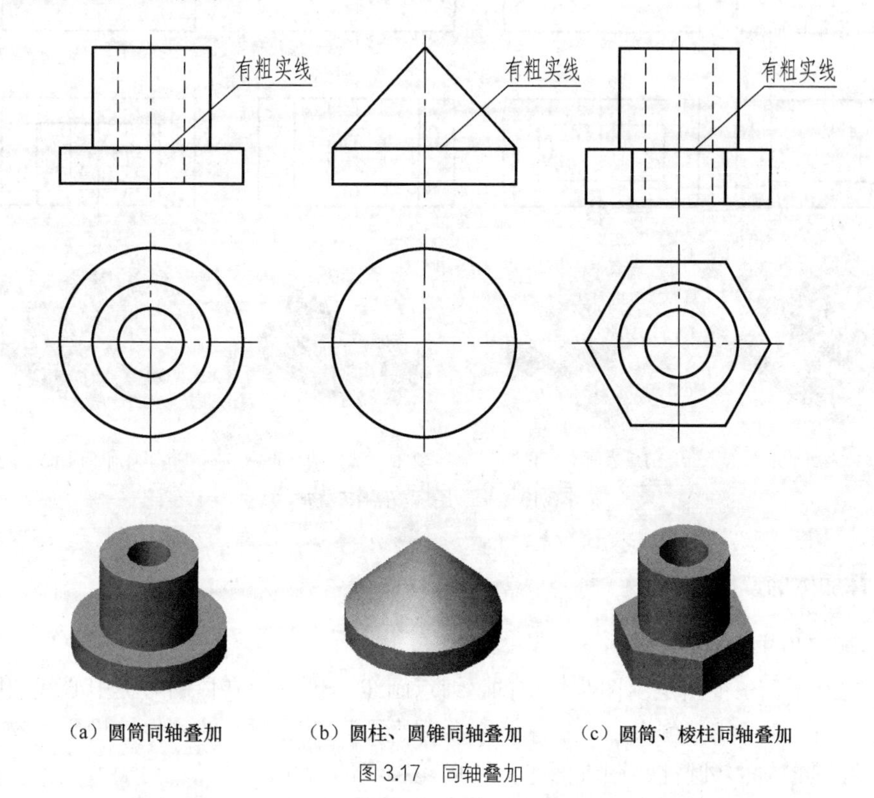

（a）圆筒同轴叠加　（b）圆柱、圆锥同轴叠加　（c）圆筒、棱柱同轴叠加

图 3.17　同轴叠加

2. 对称（不对称）叠加

对称（不对称）叠加如图 3.18 所示。

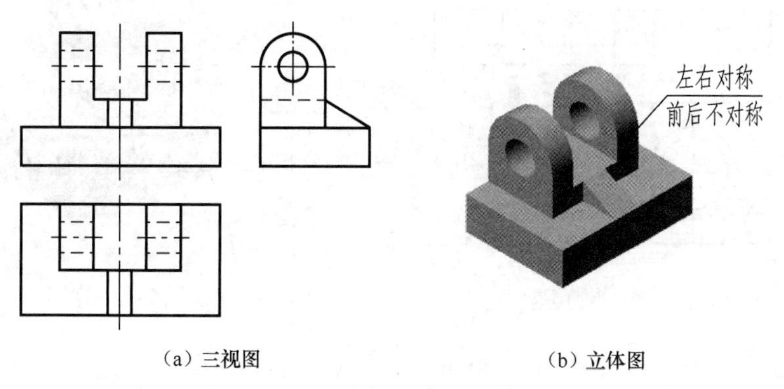

（a）三视图　（b）立体图

图 3.18　对称（不对称）叠加

3. 表面平齐与不平齐叠加

平齐表面没有分界线、不平齐表面有交线，如图 3.19 所示。

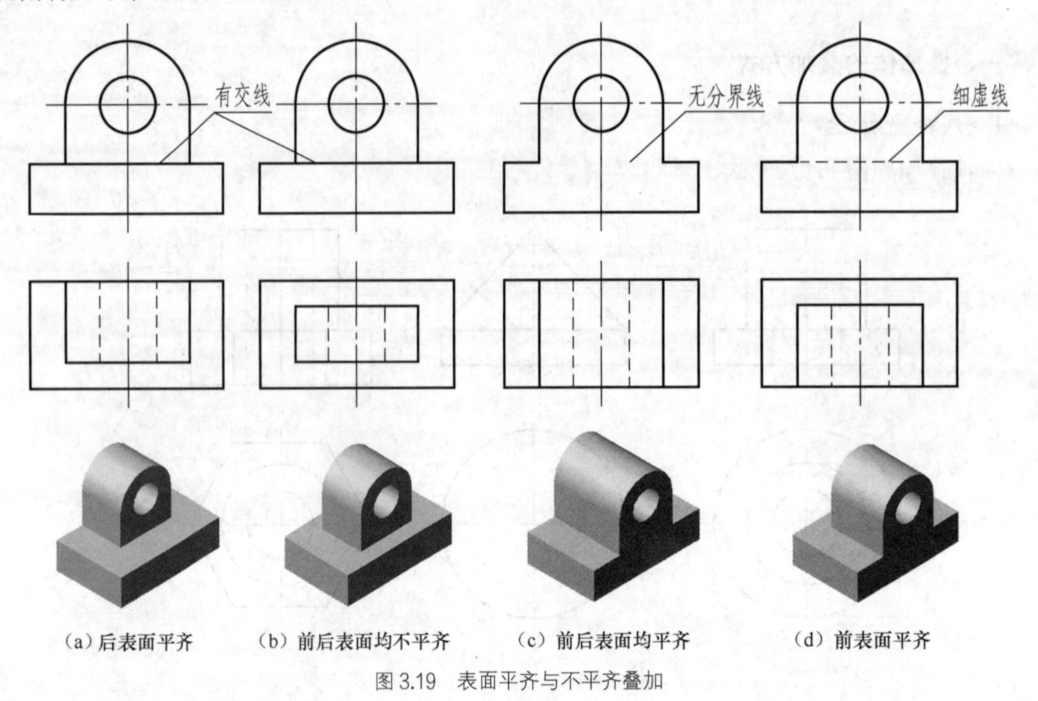

（a）后表面平齐　（b）前后表面均不平齐　（c）前后表面均平齐　（d）前表面平齐

图 3.19　表面平齐与不平齐叠加

二、叠加体的读图方法

1. 读懂视图中图线的含义

如图 3.20 所示，视图是由图线组成的，细点画线一般表示立体的对称中心线或回转体的轴线。粗实线（细虚线）可表示投影平行面或垂直面（或曲面）的积聚性投影、物体上两面交线的投影、回转面（圆柱、圆锥面等）转向轮廓线的投影。

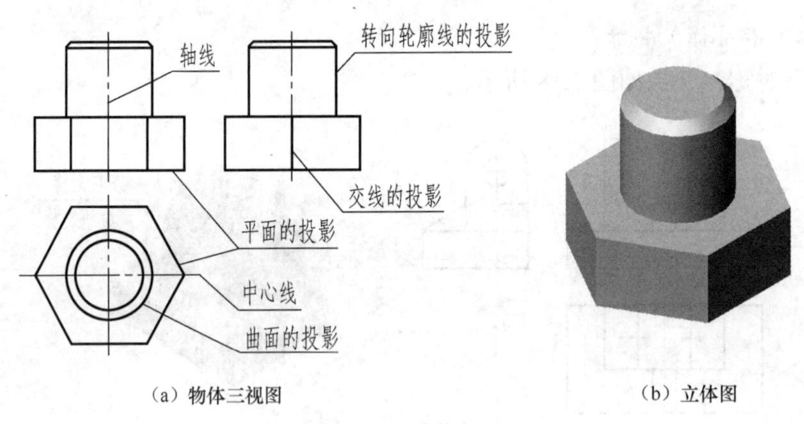

（a）物体三视图　（b）立体图

图 3.20　图线的含义

2. 利用线框分析表面间的相对位置

视图中的一个封闭线框一般表示一个面的投影，线框相套则表示两个面凹凸不平、倾斜或打孔（通孔或不通孔）等，如图 3.21 所示。

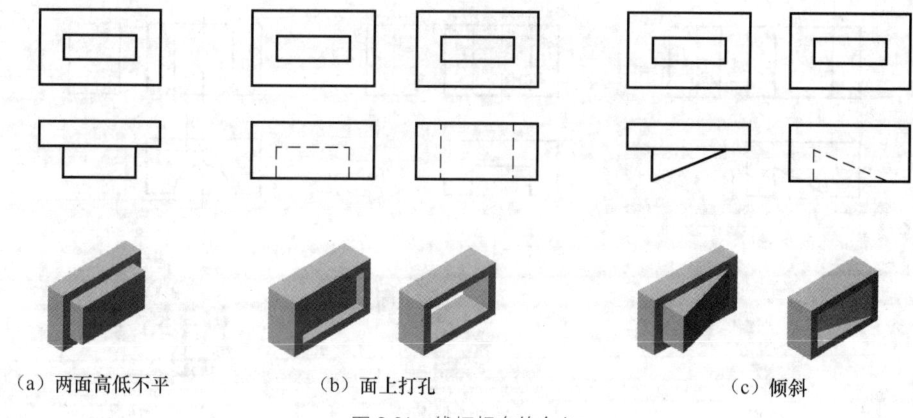

（a）两面高低不平　（b）面上打孔　（c）倾斜

图 3.21　线框相套的含义

两个线框相连，则表示两个面相交或凹凸不平等情况，如图 3.22 所示。

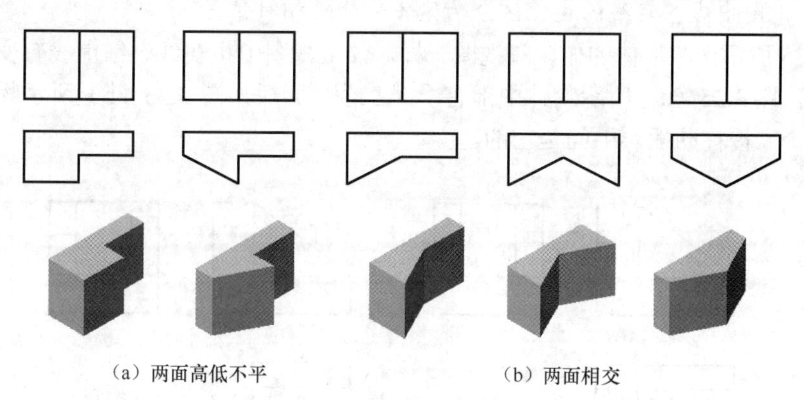

（a）两面高低不平　（b）两面相交

图 3.22　线框相连的含义

3. 读图时几个视图联系起来看以确定物体的形状

（1）如图 3.23（a）所示，仅根据一个视图不能确定物体的形状。对应不同的左视图时，物体的形状不同，如图 3.23（b）、图 3.23（c）、图 3.23（d）、图 3.23（e）所示。

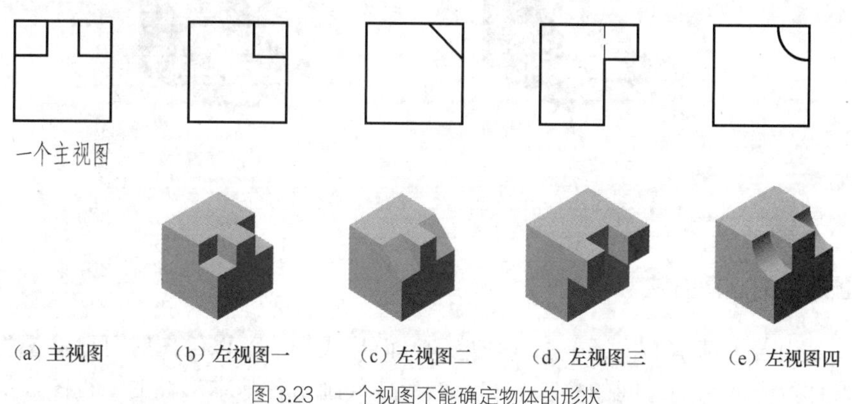

（a）主视图　（b）左视图一　（c）左视图二　（d）左视图三　（e）左视图四

图 3.23　一个视图不能确定物体的形状

（2）两个视图相同也未必能确定物体的形状。如图 3.24 所示，虽然物体的主视图和左视图相同，但俯视图不同，故物体的形状不同。读图时，要几个视图联系起来看，关键要找物体的特征视图，只有特征视图出现才能确定物体的形状。

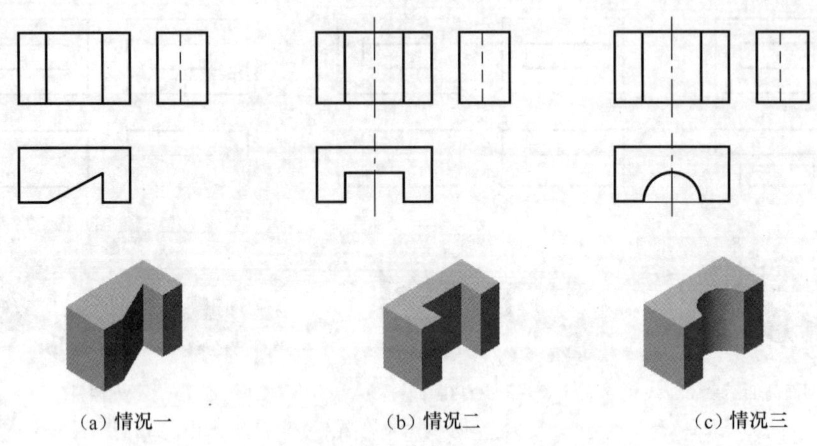

图 3.24 只有特征视图出现才能确定物体的形状

4. 利用视图中虚、实线的变化区分物体各部分的相对位置

如图 3.25 所示，两形体的俯、左视图一样，仅主视图中粗实线、细虚线有变化，两物体形状就不同。图 3.25（a）所示物体中部有一个三棱柱肋板，图 3.25（b）所示物体前、后各平齐叠加一个三棱柱肋板，中间是空的。

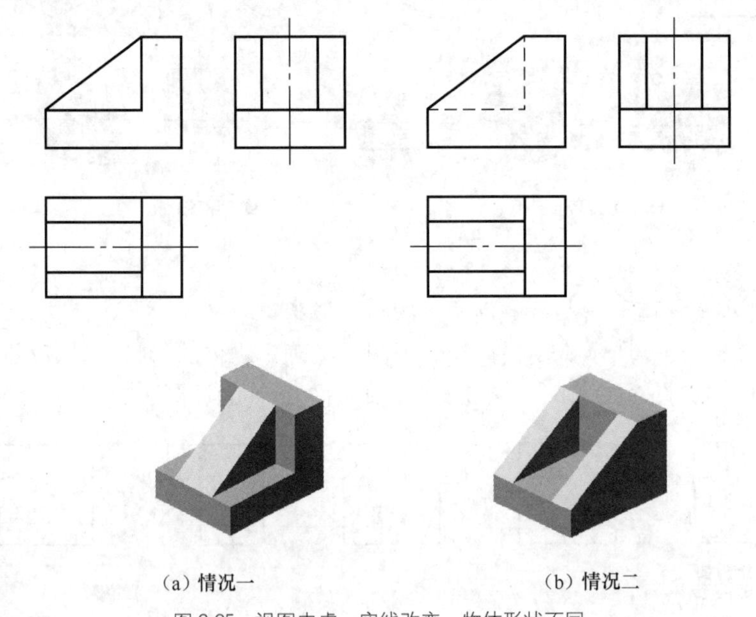

图 3.25 视图中虚、实线改变，物体形状不同

三、叠加体的画图方法

叠加体是由若干基本形体经叠加（或挖切）而形成的，所以绘图时可以假想将其分解成若干基本形体，弄清它们之间的叠加方式，然后依次画出各基本形体的三视图，最后综合起来即可得到叠加体的三视图。

【例 3.7】画图 3.26 所示叠加体的三视图。

解：（1）分解形体：叠加体可分解成三个形体，*I* 为水平四棱柱板，板下部从前往后开方槽；*II*为垂直四棱柱板，板后部从上往下开窄方槽；*III*为三棱柱肋板，起加强和支撑整个物体的作用，物体左右对称，形体 *I*、*II*左右表面平齐，如图 3.26 所示。

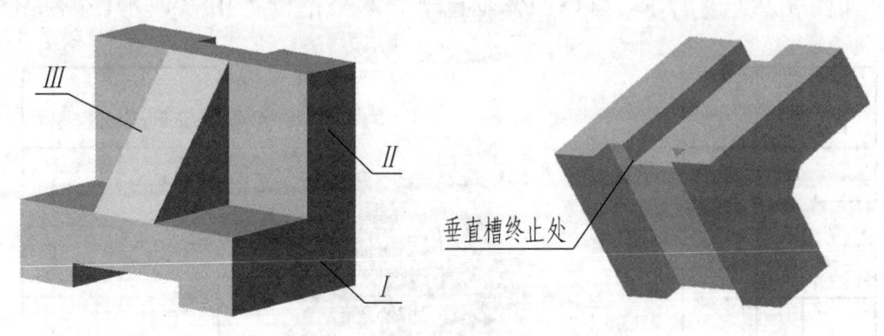

图 3.26 叠加体模型

（2）作图：先定主视图的对称中心线，画水平四棱柱板 *I* 的三视图，通槽交线在左、俯视图中均不可见，其投影画细虚线，如图 3.27（a）所示。画垂直四棱柱板 *II*的三视图，通槽交线在主、左视图中均不可见，其投影画细虚线。两板左右平齐叠加，左视图中水平四棱柱板 *I* 与垂直四棱柱板 *II*表面无分界线，如图 3.27（b）所示。肋板*III*左右对称叠加，其三视图如图 3.27（c）所示。检查加深图线，如图 3.27（d）所示。

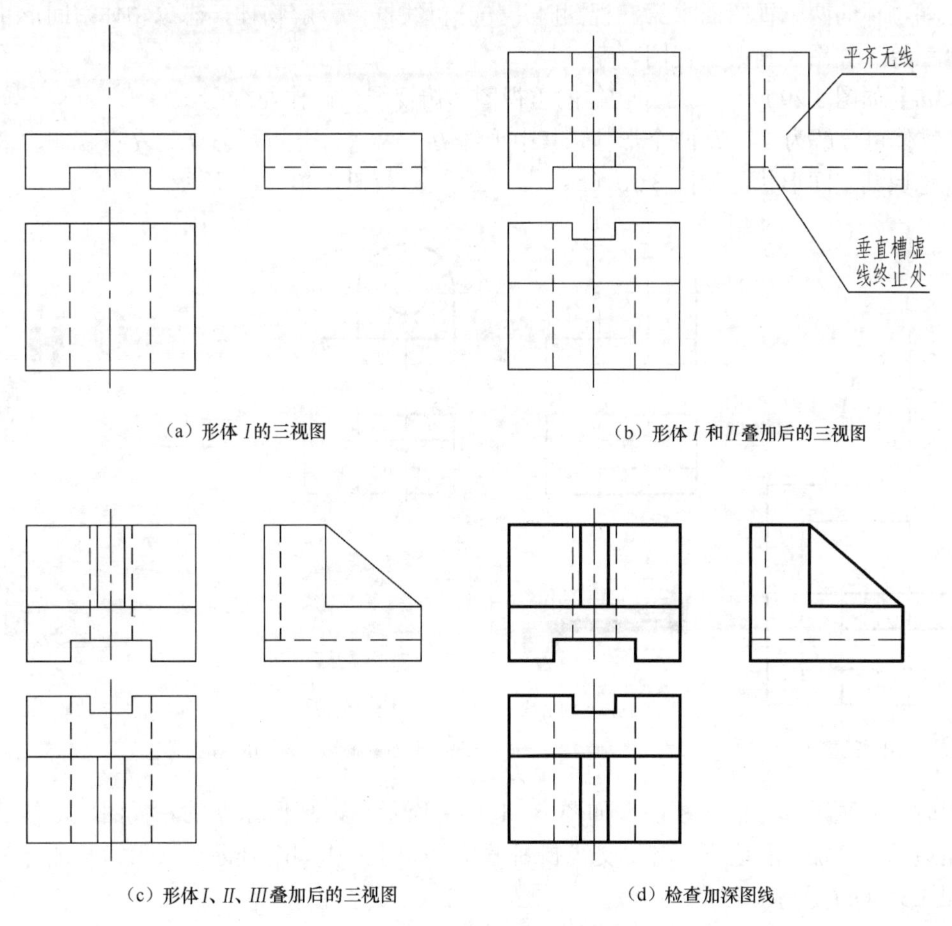

（a）形体 *I* 的三视图　（b）形体 *I* 和 *II* 叠加后的三视图

（c）形体*I*、*II*、*III*叠加后的三视图　（d）检查加深图线

图 3.27 叠加体三视图

思考一：如图 3.28（a）、图 3.28（b）所示，把叠加体的垂直槽改为宽槽，水平槽改为窄槽，其左视图有何变化？

思考二：如图 3.28（c）所示，当叠加体垂直槽和水平槽槽宽相等时，其左视图有何变化？

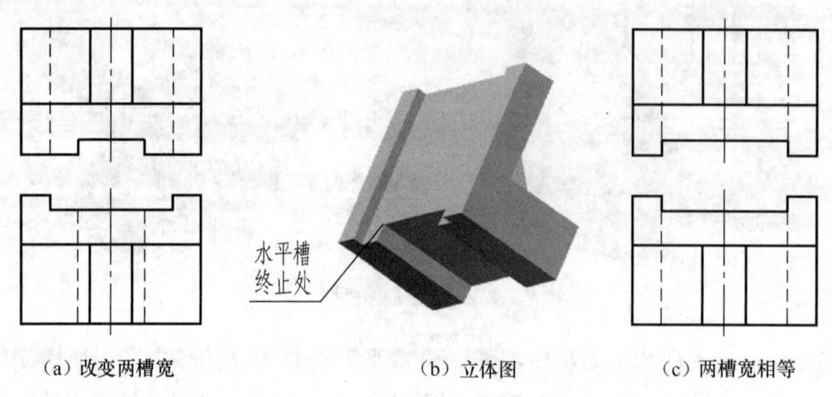

（a）改变两槽宽　　（b）立体图　　（c）两槽宽相等

图 3.28　思考叠加体槽宽改变时左视图有何变化

四、已知物体的两个视图，求第三视图

当已知物体的两个视图而求第三视图时，先分析线框，分解物体，想象物体空间形状，再依据“三等”关系，画第三视图。

【例 3.8】 如图 3.29 所示，已知物体的主视图和俯视图，请作左视图。

解：物体可分解为 *I*、*II* 两个形体，其中形体 *II* 有两个。分析形体 *I*、*II* 在视图中对应的线框，想像其空间形状，如图 3.30（a）、图 3.30（b）、图 3.30（c）所示。

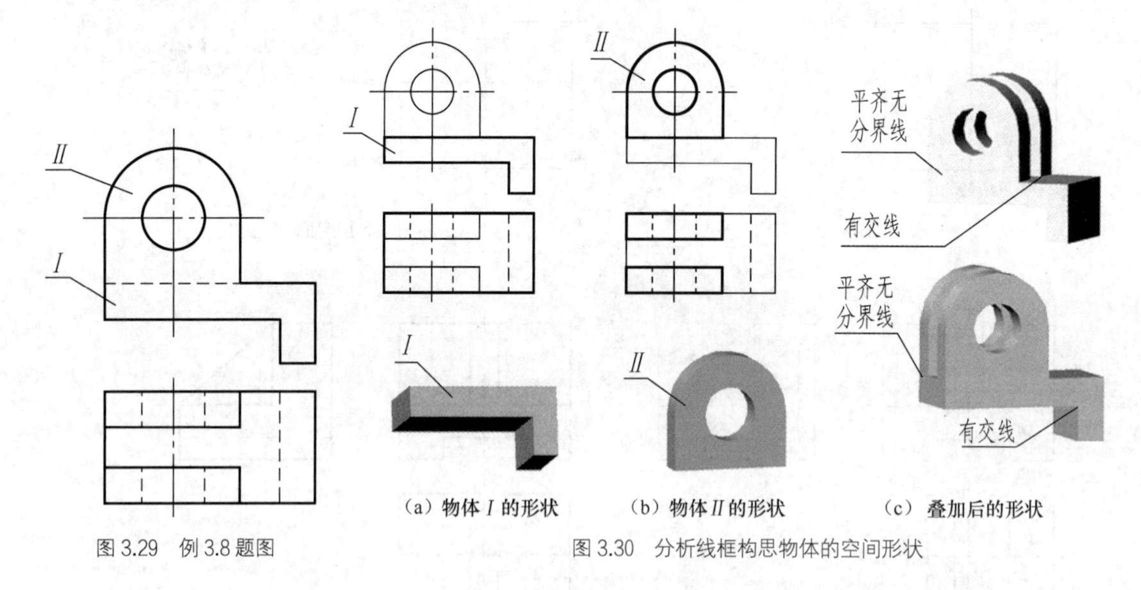

（a）物体 *I* 的形状　　（b）物体 *II* 的形状　　（c）叠加后的形状

图 3.29　例 3.8 题图　　图 3.30　分析线框构思物体的空间形状

作图时，先画形体 *I* 的左视图，如图 3.31（a）所示。再画形体 *II* 的左视图，形体 *I* 与形体 *II* 左边平齐叠加，右边不平齐，交线画细虚线，如图 3.31（b）所示。最后检查加深左视图，如图 3.31（c）所示。

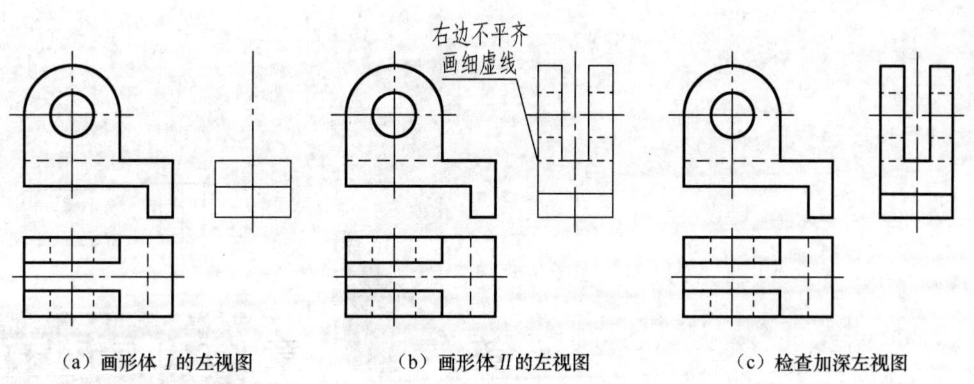

（a）画形体 *I* 的左视图　（b）画形体 *II* 的左视图　（c）检查加深左视图

图 3.31　画叠加体左视图

第 4 章　立体表面交线

通过学习本章内容，了解截交线、相贯线的性质，掌握平面截平面立体、回转体、复合回转体所得截交线的画法；熟练掌握利用积聚性投影和辅助平面法求相贯线的方法，掌握平面立体与回转体相贯线、回转体与回转体正交相贯线的画法；掌握特殊相贯线、多体正交相贯线的画法；了解过渡线的画法。

如图 4.1（a）、图 4.1（b）所示，平面与立体相交，立体表面产生了截交线。如图 4.1（c）所示，两立体相交时，立体表面产生了相贯线。为清楚地表达物体的形状，绘图时应正确地画出这些交线的投影。

（a）平面截平面立体所得截交线

（b）平面截回转体所得截交线

（c）立体表面相贯线

图 4.1　立体表面交线

4.1 立体表面的截交线

立体表面的截交线

4.1.1 截交线的概念、性质及求取方法

一、截交线的概念

平面截立体，截平面与立体表面的交线，称为截交线。截交线围成的平面图形称为截平面。如图 4.1（a）的第一个图所示，四棱锥被截平面 *P* 所截，截交线形状是四边形。

二、截交线的性质

如图 4.1（a）和图 4.1（b）所示，截平面与立体相对位置不同，截交线的形状各不相同，但都具有共同的性质。

（1）共有性：截交线是共有线，其既在截平面上也在立体表面上。

（2）封闭性：截交线的形状是封闭的平面图形（平面多边形、平面曲线或直线和曲线围成的平面图形）。

（3）截交线的形状取决于被截立体的形状及截平面与立体的相对位置。

三、截交线的求取方法

线是点的集合，求截交线就是求交线上若干个共有点。当截平面处于特殊位置时，截平面的投影具有积聚性，截交线的一个投影已知，再用面上求点线的方法求交线的其他投影。具体步骤如下所述。

（1）空间分析：分析截交线的形状（是平面多边形还是平面曲线）。

（2）投影分析：分析截交线的投影在哪个面有积聚性，在哪个面反映实形，在哪个面是类似形。

（3）求交线上一系列共有点，依次连线，判别可见性，整理轮廓线。

4.1.2 平面与平面立体相交

平面与平面立体相交，截交线是封闭的平面多边形。其求取方法有：棱线法和棱面法。

（1）棱线法：利用截平面多边形的顶点是截平面与立体相应棱线的交点这一特性，求出这些共有点的投影，进而可得截交线的投影。

（2）棱面法：利用截交线是截平面与立体相应棱面的共有线，求出各条交线的投影，即得截交线的投影。

平面与棱锥相交

一、平面与棱锥相交

【例 4.1】 如图 4.2（a）所示，已知正垂面截切正三棱锥，求截交线的投影，并画出截切后正三棱锥的三视图。

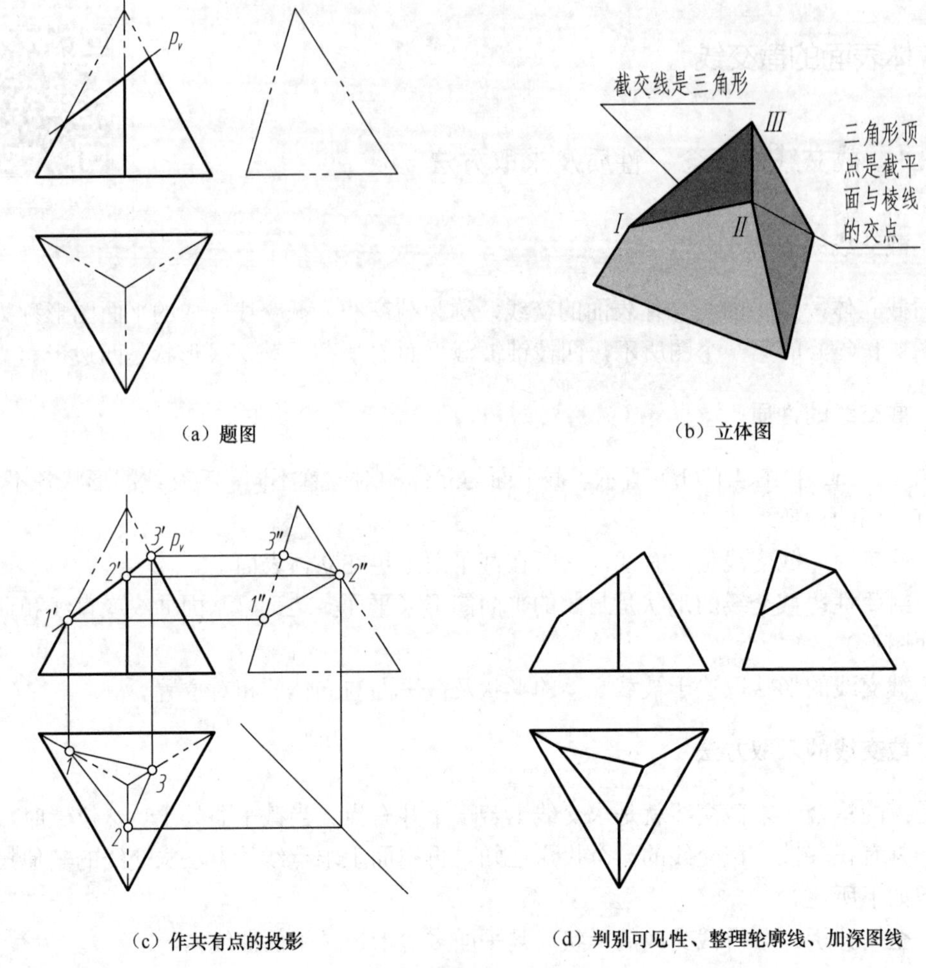

图 4.2　正三棱锥被正垂面截切

解：如图 4.2（b）所示，立体为正三棱锥，被正垂面截切，截交线形状是三角形，其正面投影具有积聚性，截交线的另两面投影均为类似形。作图时，利用截交线的积聚性确定交线的三个顶点的正面投影 *1′*、*2′*、*3′*，利用棱线法求出交线投影的侧面投影 *1″*、*2″*、*3″*和水平投影 *1*、*2*、*3*，如图 4.2（c）所示。将水平投影和侧面投影依次连线，并判别可见性，整理轮廓线（交点 *Ⅰ*、*Ⅱ*、*Ⅲ*向上的棱线被切，投影擦除），加深棱线和截交线的投影，如图 4.2（d）所示。

思考：如图 4.3（a）所示，正三棱锥改为被正垂面和水平面截切，其截切后正三棱锥的三视图如何画？

解：如图 4.3（b）所示，正三棱锥被截切后，两组截交线均为四边形。正垂面截切所得截交线的正面投影有积聚性，另两面投影均为类似形。水平面截切所得截交线的正面投影和侧面投影均有积聚性，水平投影反映实形。作图时，过 *1′*向下作垂线交 *sa* 于 *1*，过 *1* 作 *ac* 的平行线交 *sc* 于 *3*，作 *23∥bc*，过 *7′*（*4′*）向下作垂线得 *4*、*7*。水平截平面的侧面投影积聚为线段 *1″*（*4″*）*7″2″*。同理找出正垂截平面点 *Ⅴ*、*Ⅵ*的水平和侧面投影 *5*、*6* 和 *5″*、*6″*。两截平面交线的水平投影 *47* 不可见，画细虚线。棱线 *SA* 上的线段 *Ⅰ*、*Ⅴ*和棱线 *SB* 上的线段

II、*VI*被切去，三棱锥的三面投影上*15*、*1′5′*和*1″5″*，*26*、*2′6′*和*2″6″*断开，最后检查加深俯视图、左视图，如图4.3（c）所示。

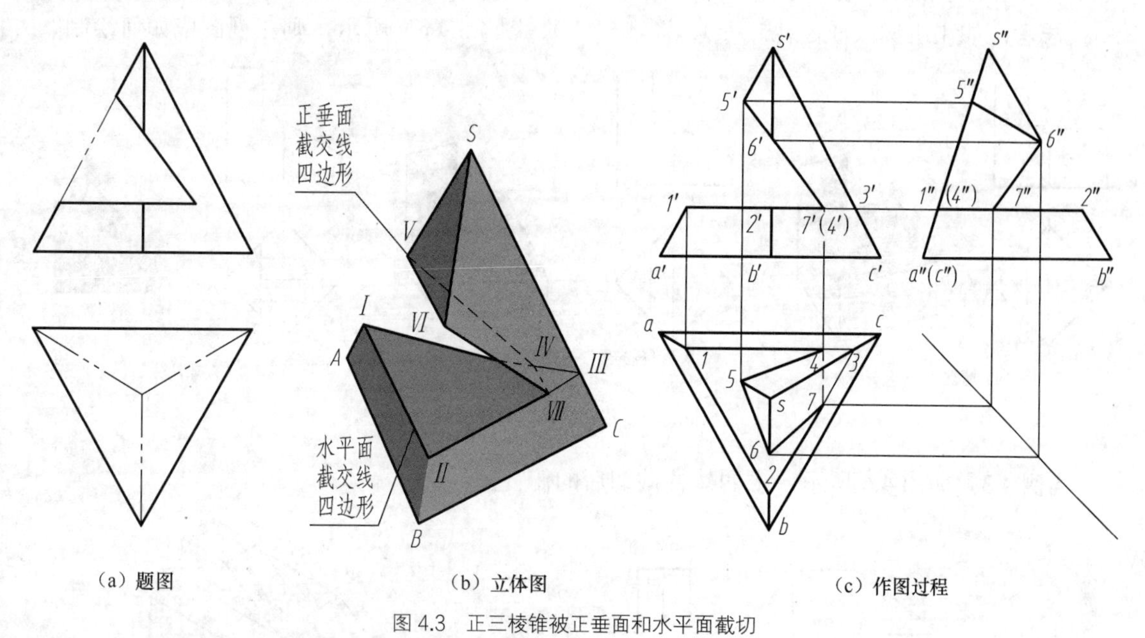

（a）题图　　（b）立体图　　（c）作图过程

图4.3　正三棱锥被正垂面和水平面截切

二、平面与棱柱相交

【例4.2】 如图4.4（a）所示，求开槽四棱柱的左视图。

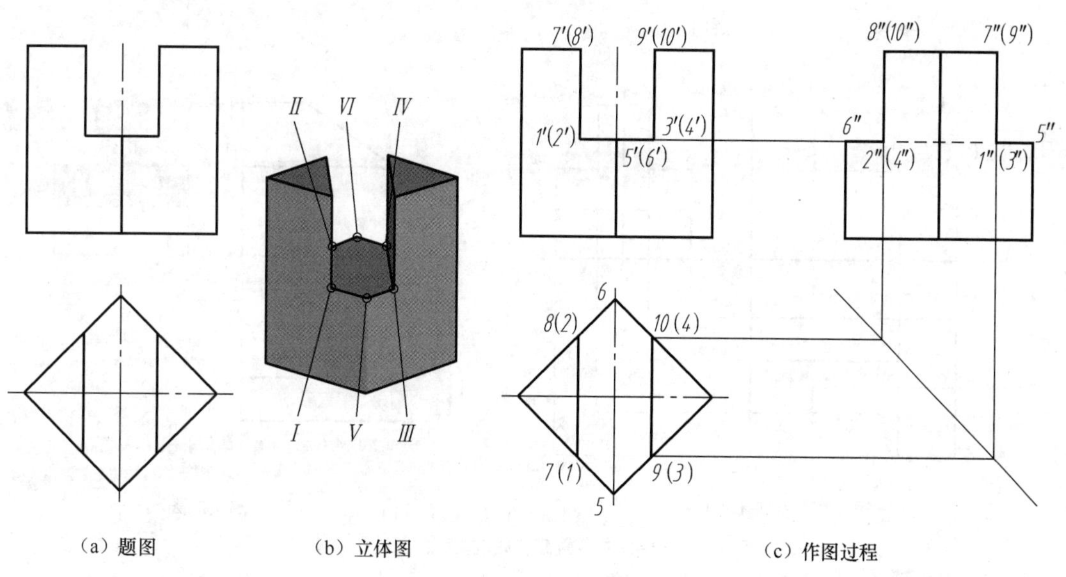

（a）题图　　（b）立体图　　（c）作图过程

图4.4　开槽四棱柱的截交线

解：如图4.4（b）所示，四棱柱被3个面截切，两个侧平面切的截交线为矩形，其正面投影和水平投影具有积聚性，侧面投影反映实形。水平面切的截交线为六边形，其正面投影和侧面投影具有积聚性，水平投影反映实形。作图时，在正面投影上依次标出共有点的正面投影，如图4.4（c）所示，分别求出其另两面投影，然后依次连线，判别可见性（交线*I II*、

*ⅢⅣ*的侧面投影不可见，画细虚线），整理轮廓线（从点*Ⅴ*、*Ⅵ*向上的棱线被切，侧面投影从*5″*、*6″*向上擦除），最后检查加深左视图。

思考：如果上例改成图4.5（a）、图4.5（b）、图4.5（c）所示，则左视图应如何绘制？

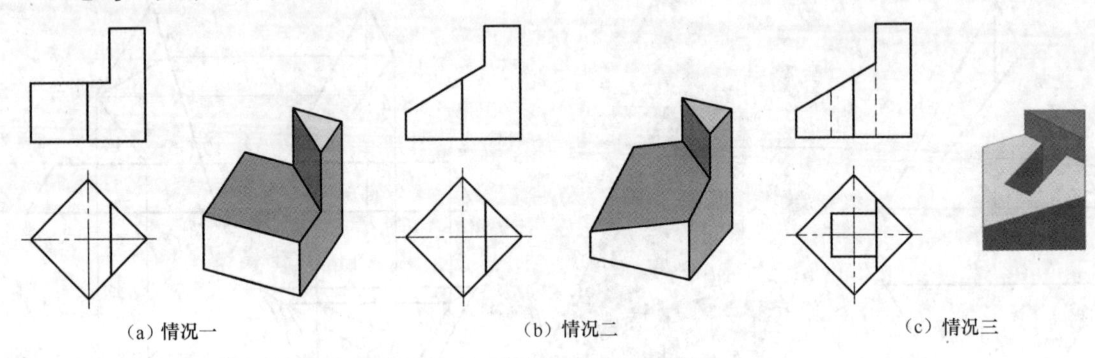

（a）情况一　（b）情况二　（c）情况三

图4.5　求截切四棱柱的截交线

【例4.3】如图4.6所示，求四棱柱截切后的俯视图。

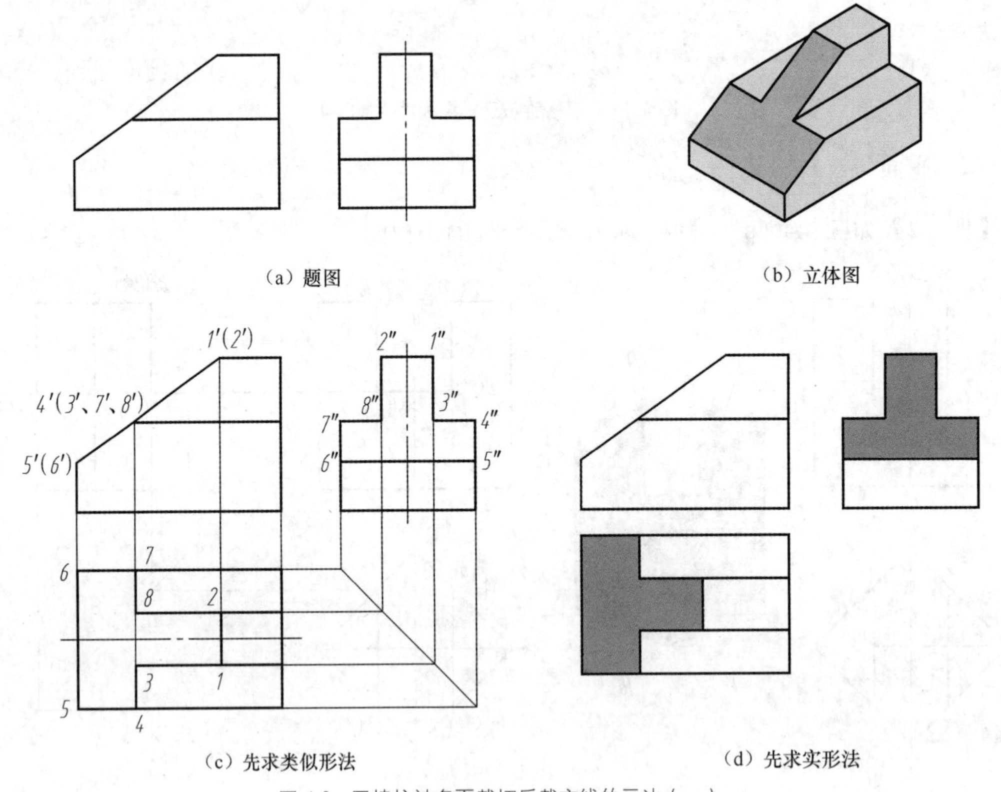

（a）题图　（b）立体图

（c）先求类似形法　（d）先求实形法

图4.6　四棱柱被多面截切后截交线的画法（一）

解：如图4.6（b）所示，四棱柱被两个正平面、两个水平面和一个正垂面截切。两个水平面切得的交线形状是矩形，它们的水平投影反映实形，另两面投影有积聚性。两个正平面切得的交线形状是直角梯形，它们的正面投影反映实形，另两面投影有积聚性。正垂面切得的交线形状是八边形，它的正面投影有积聚性，另两面投影为类似形。如图4.6（c）所示，由“三等”关系作出四棱柱水平投影矩形，再求正垂面的交线的水平投影（八边形），最后检查加深图线。

思考一：该题如用恢复原形法先画四棱柱的水平投影（矩形），再画3个水平面投影（矩形实形），最后验证类似性（八边形），是否更简单，如图4.6（d）所示。

思考二：如图4.7所示，把上例两正平面改为两侧垂面进行截切，则俯视图如何绘制？

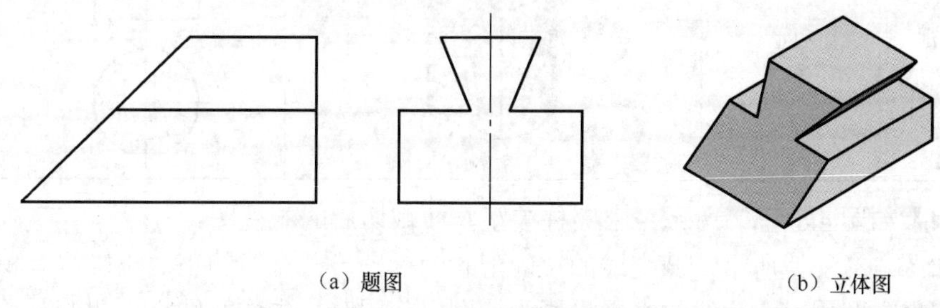

（a）题图　　（b）立体图

图4.7　四棱柱被多面截切后截交线的画法（二）

4.1.3　平面与回转体相交

平面与回转体相交（1）

平面与回转体相交，交线一般情况下为平面曲线，特殊情况下为直线。其交线的求取方法与步骤同平面立体截切。当截交线为非圆曲线时，作图时要先找特殊点（回转体的转向轮廓线上的点，如最高、最低、最前、最后、最左、最右点等），再找一般点，最后用光滑的曲线连接各点，判断可见性并整理轮廓线。

一、平面与圆柱相交

截平面与圆柱面交线的形状取决于截平面与圆柱轴线的相对位置。位置不同，截交线形状不同，分别为矩形、圆和椭圆，见表4.1。

表4.1　　平面与圆柱相交所得截交线的形状

截平面位置	截交线形状	立体图	投影图
与轴线垂直	圆		
与轴线倾斜	椭圆		

续表

截平面位置	截交线形状	立体图	投影图
与轴线平行	矩形		

【例 4.4】如图 4.8（a）所示，求圆柱被正垂面截切后的俯视图。

解：如图 4.8（b）所示，截交线的空间形状为椭圆。截交线的正面投影具有积聚性，其侧面投影积聚在圆周上，交线的水平投影为椭圆。作图时，先作特殊点，即椭圆长、短轴的端点 *A*、*B*、*C*、*D*（这 4 个点在圆柱的转向轮廓线上），利用“三等”关系求出点 *A*、*B*、*C*、*D* 的三面投影；再作一般点，找出一般点 *I*、*II*、*III*、*IV*，利用“三等”关系求出 *I*、*II*、*III*、*IV* 的三面投影。把水平投影 *a*、*1*、*c*、*3*、*b*、*4*、*d*、*2* 依次用光滑曲线连接，得交线的水平投影椭圆。从点 *C*、*D* 向左，圆柱的水平投影转向轮廓线被切，擦除轮廓线并加深图线，如图 4.8（c）所示。

思考：如图 4.8（d）所示，截平面与轴线的夹角为 45° 时，截交线空间形状仍为椭圆，交线的水平投影为圆，为什么？

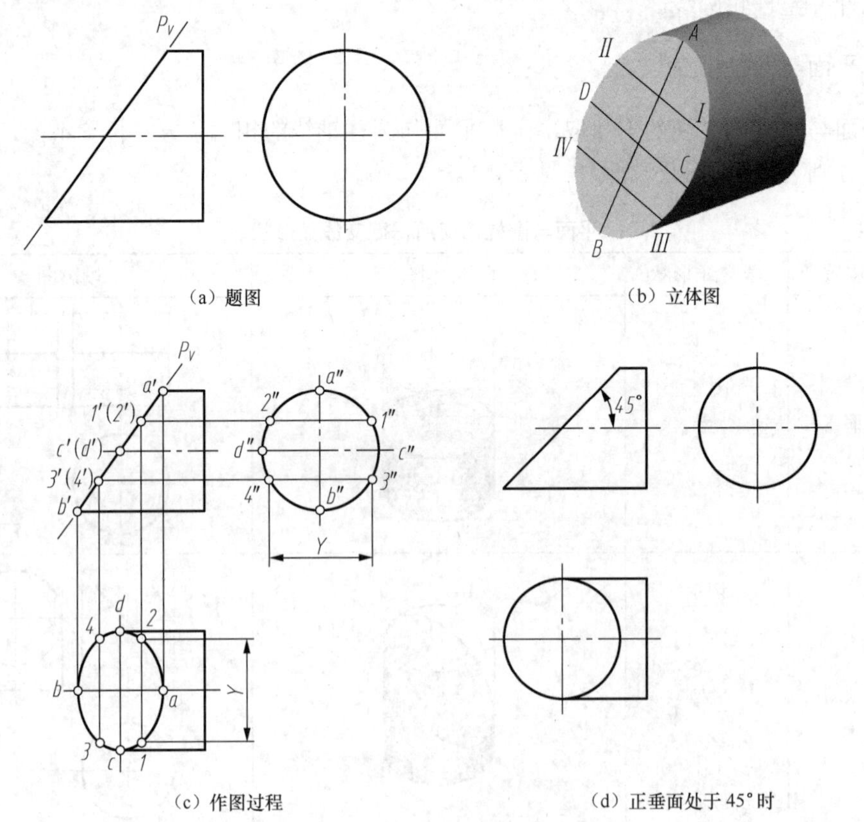

（a）题图

（b）立体图

（c）作图过程

（d）正垂面处于 45° 时

图 4.8　圆柱被正垂面截切截交线的画法

【例 4.5】 如图 4.9（a）所示，求圆柱被两个面截切后的俯视图。

平面与回转体相交（2）

解： 圆柱被水平面和正垂面截切，水平面切得的截交线形状为矩形；正垂面切得的截交线形状为椭圆弧，两段截交线的正面和侧面投影均有积聚性（投影已知），求水平投影即可。如图 4.9（b）所示，先画出圆柱被截切之前的水平投影，再分别通过共有点求出椭圆弧和矩形的投影，俯视图中两段交线均可见，如图 4.9（c）所示，圆柱水平投影转向轮廓线从点 *II*、*III* 向左的部分被切除，其投影应擦去。

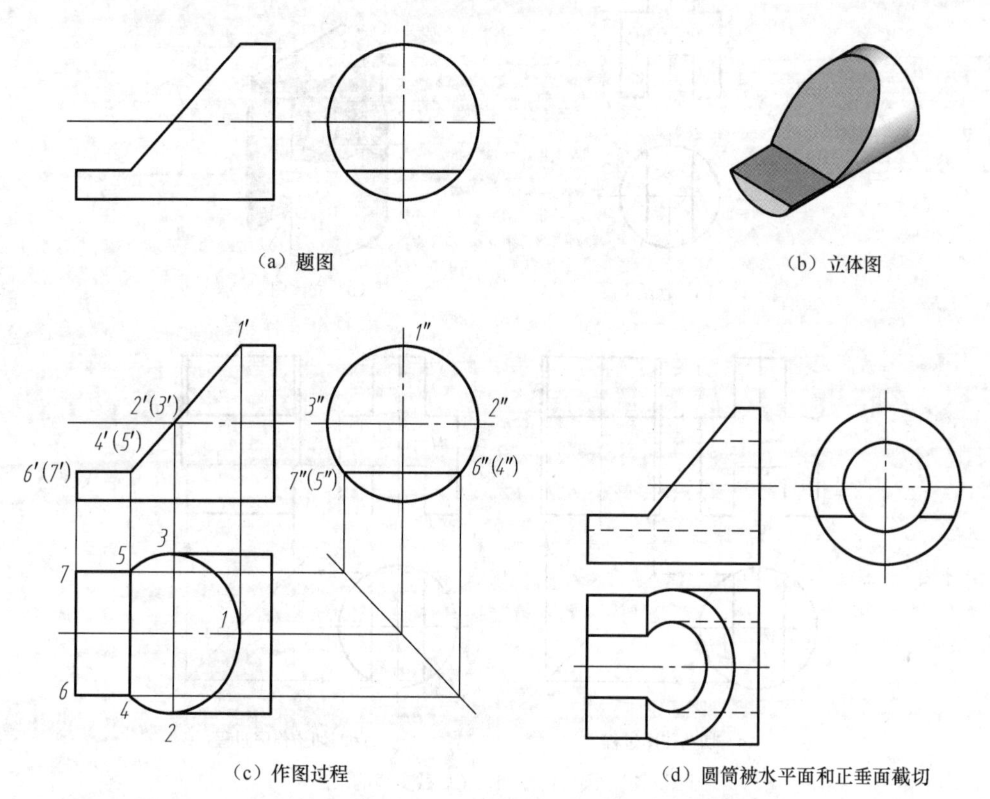

（a）题图　（b）立体图　（c）作图过程　（d）圆筒被水平面和正垂面截切

图 4.9 圆柱被水平面和正垂面截切所得截交线的画法

思考： 如图 4.9（d）所示，圆柱改为圆筒，同样被水平面和正垂面截切，则圆筒截切后的三视图如何绘制？

【例 4.6】 如图 4.10（a）所示，求圆柱被切槽和切角后的左视图。

解： 圆柱上部被两个侧平面和两个水平面截切，侧平面截得的截交线形状为矩形，水平面截得的截交线为圆弧和两截平面交线组成的封闭平面图形。两截交线的水平投影分别有积聚性和实形性，投影已知；圆柱下部被两个侧平面和一个水平面截切，侧平面截得的截交线形状为矩形；水平面截得的截交线为圆弧和两截面交线组成的封闭平面图形。两截交线的水平投影分别有积聚性和实形性，投影已知，且与圆柱上部截交线的投影重合，求侧面投影即可。

作图时，先画圆柱的左视图，再画上部侧平面截交线的侧面投影实形矩形；水平面的截交线投影积聚为直线段，交线投影均可见，圆柱的侧面投影转向轮廓线未切到，其投影保留，如图 4.10（c）所示。画圆柱切槽截交线的侧面投影。侧平面的截交线投影为实形矩形，水平面的截交线投影积聚为直线段，侧平面和水平面交线的侧面投影 *1″2″*不可见，画细虚线，圆柱切槽部分转向轮廓线的侧面投影被切，其投影应擦除，如图 4.10（d）所示。

思考：如图 4.11（a）所示，圆筒被切槽和切角后的左视图如何绘制？请读者参照上例自行分析。

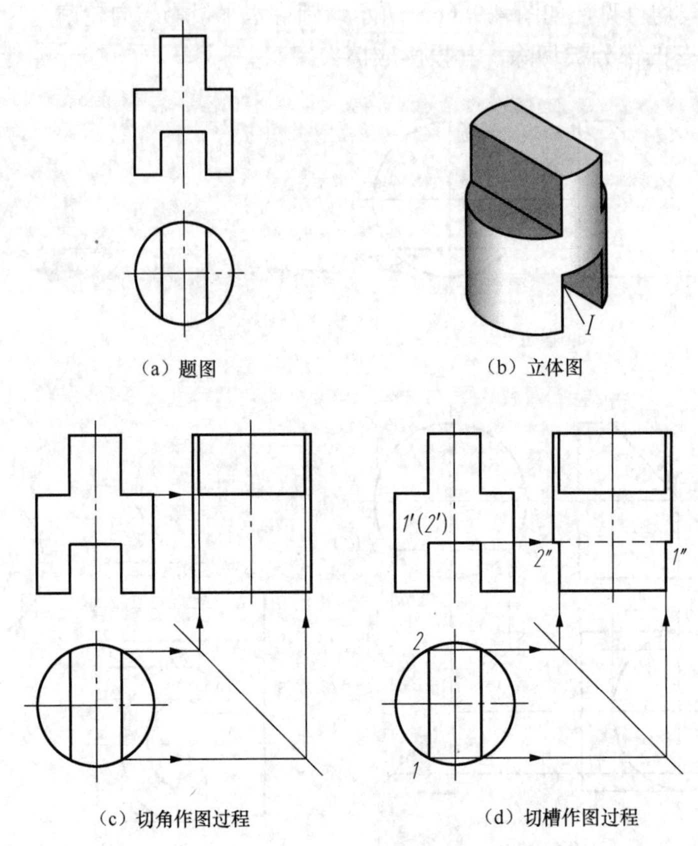

（a）题图　（b）立体图

（c）切角作图过程　（d）切槽作图过程

图 4.10　圆柱切槽和切角后截交线的画法

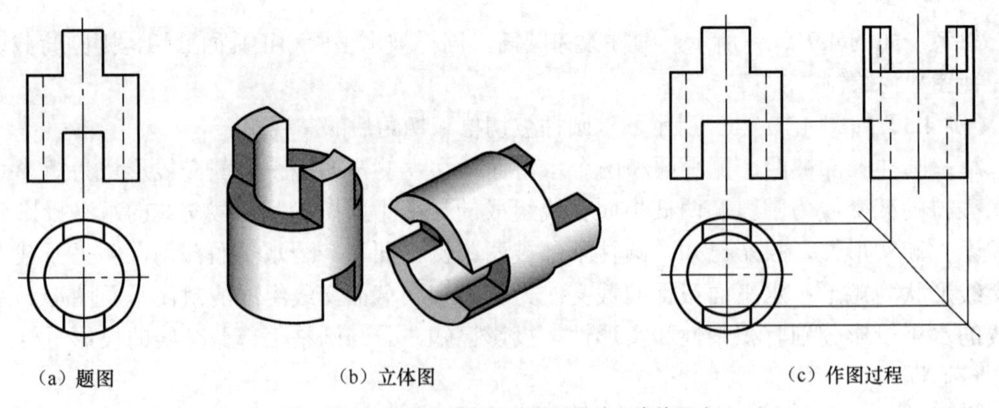
（a）题图　（b）立体图　（c）作图过程

图 4.11　圆筒被切槽和切角后所得截交线的画法

二、平面与圆锥相交

平面与圆锥相交

依据平面与圆锥轴线的相对位置不同，平面截切圆锥的截交线可分为5种形状，见表4.2。

表4.2 平面与圆锥相交所得截交线的形状

截平面位置	截交线形状	立体图	投影图
过锥顶	等腰三角形		
与轴线垂直 $\theta=90°$	圆		
与轴线倾斜 $\theta>\alpha$	椭圆		
平行一条素线 $\theta=\alpha$	抛物线+直线段		
与轴线平行或倾斜 $\theta<0°$	双曲线+直线段		

【例4.7】 如图4.12（a）所示，补全圆锥被截后的俯视图，并求出左视图。

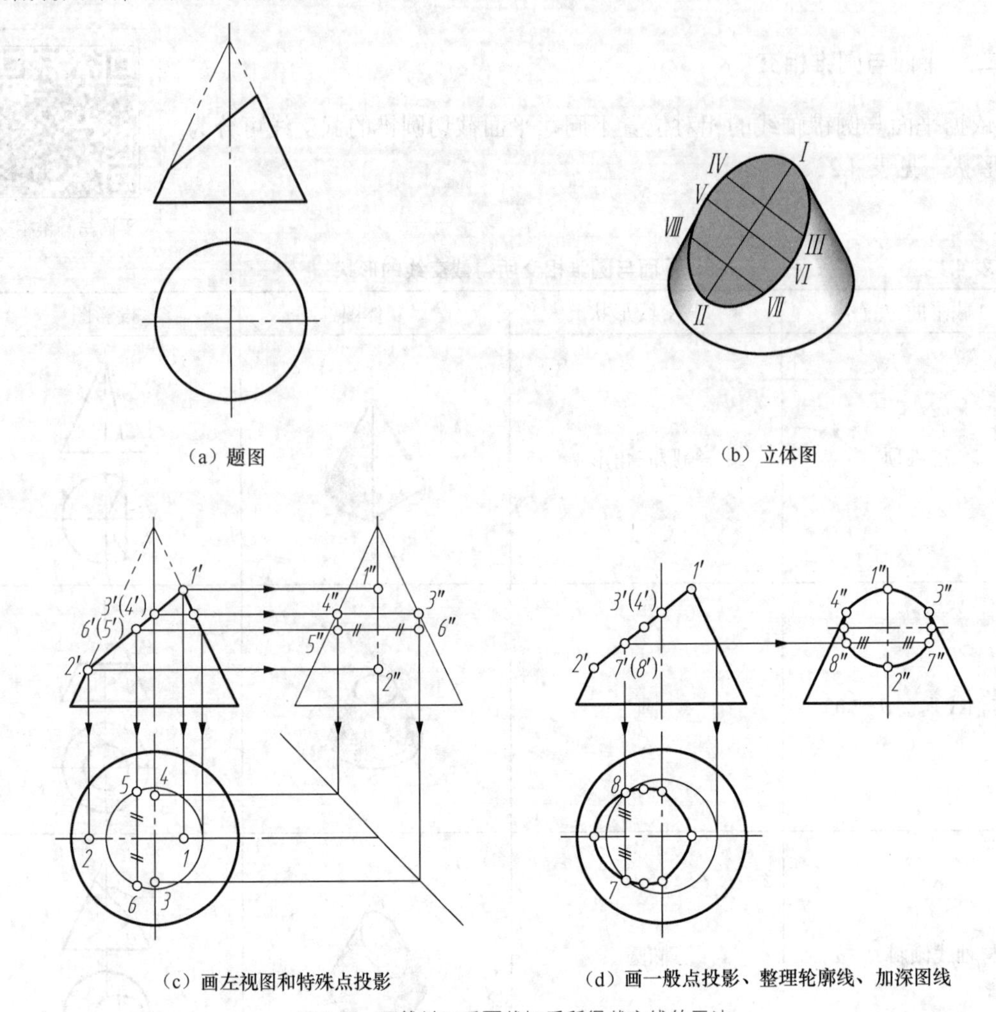

（a）题图　（b）立体图

（c）画左视图和特殊点投影　（d）画一般点投影、整理轮廓线、加深图线

图 4.12　圆锥被正垂面截切后所得截交线的画法

解：圆锥被正垂面截切，截交线为椭圆，如图 4.12（b）所示。其正面投影积聚为直线段（已知），求其水平投影和侧面投影（椭圆）。作图时，先画圆锥的侧面投影，再求特殊点（转向轮廓线上的点）*I*、*II*、*III*、*IV*的三面投影。椭圆短轴的端点 *V*、*VI*的正面投影 *5′*、*6′*在长轴正面投影 *1′2′*的中点处，用纬圆法可求出 *5*、*6* 和 *5″*、*6″*，如图 4.12（c）所示。同理：用纬圆法求中间点*VII*、*VIII*的三面投影，用光滑曲线依次连接各点的同面投影，在俯、左视图中，截交线椭圆的投影可见，特殊点 *I*、*II*、*III*、*IV*向上的轮廓线被截切，在主、左视图中，这 4 点以上的轮廓线擦除，最后加粗图线，如图 4.12（d）所示。

注意：左视图中 *3″*、*4″*是椭圆和轮廓线的切点，椭圆短轴端点 *5″*、*6″*在轮廓线的内侧。

【例 4.8】如图 4.13（a）所示，补全截切后圆锥的主视图。

解：正平面截圆锥，其截交线为双曲线，如图 4.13（b）所示。截交线的正面投影反映实形，水平投影具有积聚性。作图时，先求特殊点，截交线上的最低点 *I*、*II*是截平面与圆锥底面圆周的交点，利用点在线上求出点 *I*、*II*的正面投影 *1′*、*2′*；Ⅲ是截平面与圆锥最前转向轮廓线的交点，也是截交线的最高点，用纬圆法求出点*III*的正面投影 *3′*。求一般点*IV*、*V*，在水平投影中作一辅助纬圆，其与双曲线的水平投影交于 *4*、*5*，正面投影 *4′*、*5′*也在纬圆上，用光滑曲线依次连接各点并加粗，得截交线的正面投影，如图 4.13（c）所示。

思考：一般位置点Ⅳ、Ⅴ的水平投影 *4*、*5* 和正面投影 *4′*、*5′*用素线法如何求？此题若给出第三投影，是否更好作图？

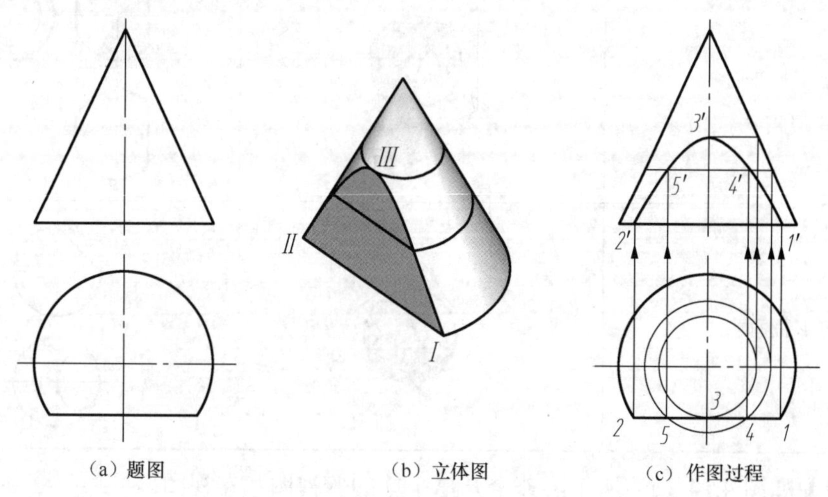

（a）题图　（b）立体图　（c）作图过程

图 4.13　圆锥被正平面截切截交线的画法

三、平面与圆球相交

平面与圆球相交

平面与圆球相交，截交线的空间形状都是圆，根据截平面与投影面的相对位置的不同，平面截切圆球的交线投影可分为 4 种情况，见表 4.3。

表 4.3　　平面与圆球相交所得截交线的形状

截面位置	立体图	投影图
与 *V* 面平行	P	
与 *H* 面平行	P	

续表

截面位置	立体图	投影图
与 W 面平行		
与 V 面垂直		

【例 4.9】如图 4.14（a）所示，补全开槽半球的俯视图和左视图。

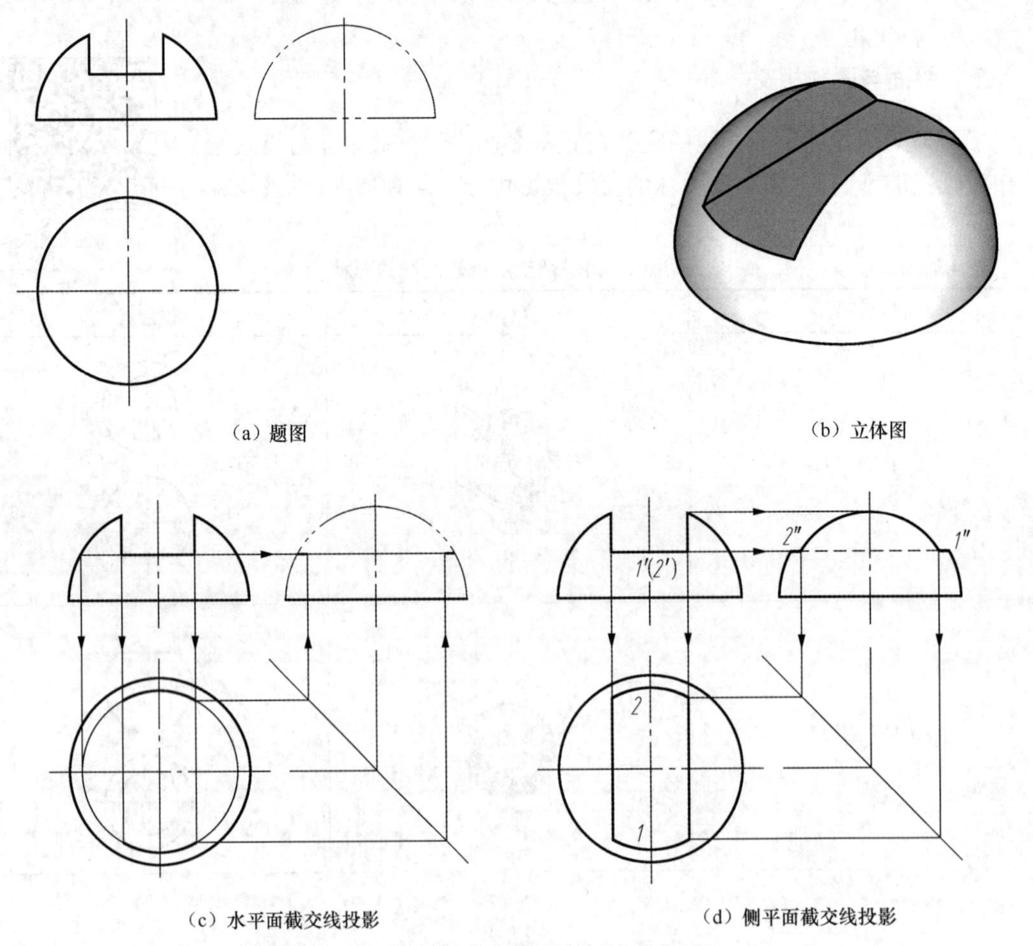

（a）题图　（b）立体图

（c）水平面截交线投影　（d）侧平面截交线投影

图 4.14　半球被上部开槽后所得截交线的画法

解：半球上部被两个侧平面和一个水平面截切，与球面的交线空间形状为圆弧，如图 4.14（b）所示。两侧平面截得截交线的侧面投影反映圆弧实形，正面投影和水平投影有积聚性。水平面截得截交线的水平投影反映实形（两段圆弧、两段直线），正面投影和侧面投影有积聚性。作图时，用纬圆法画水平纬圆投影，水平面截得截交线的水平投影可见，加粗，截得截交线的侧面投影积聚性可见，加粗，如图 4.14（c）所示。用纬圆法画侧平纬圆投影，侧平面形成截交线的正面投影可见，加粗，水平投影有积聚性，两截平面交线不可见，画细虚线，点 *I*、*II* 以上的轮廓线被截切，侧面投影 *1″2″*以上的侧面轮廓线擦除，如图 4.14（d）所示。

思考：如图 4.15（a）所示，半圆球改为下部切槽，截切后半球的俯、左视图如何画？请读者参照上例自行分析。

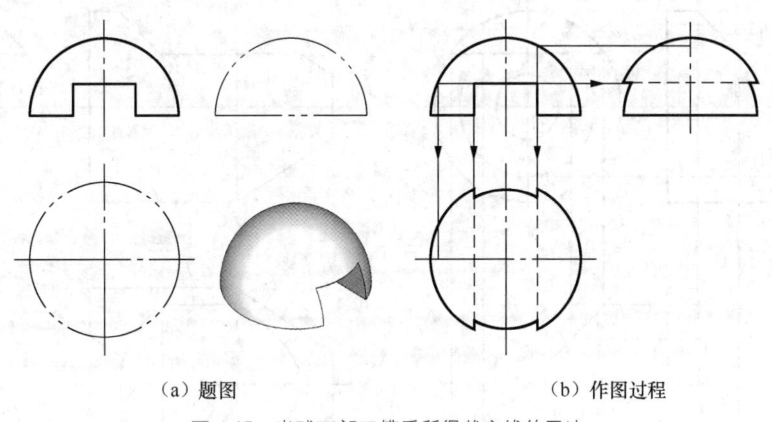

（a）题图　　（b）作图过程

图 4.15　半球下部开槽后所得截交线的画法

四、叠加体的截交线

首先分析叠加体是由哪些基本形体组成的，以及它们的连接关系，然后分别求出这些基本形体的截交线，依次将它们连接，并判别可见性、整理轮廓线。

【例 4.10】如图 4.16（a）所示，求同轴叠加体表面截交线的投影。

解：如图 4.16（b）所示，形体由圆台和圆柱同轴叠加，水平截平面与圆台表面的交线为双曲线，与圆柱面的交线为两条素线，正垂面截圆柱面的交线为一段椭圆弧。水平面截得的交线，其正面投影和侧面投影均有积聚性；正垂面截得的交线，其正面投影有积聚性，侧面投影在圆周上，求截交线的水平投影即可。作图时，先画水平面与圆台的截交线，求截交线上点 *I*、*II*、*III* 的水平投影 *1*、*2*、*3*，用纬圆法作出点Ⅶ、Ⅷ的水平投影 *7*、*8*，再画水平面与圆柱截交线上点*IV*、*V*的水平投影 *4*、*5*，最后画正垂面与圆柱截交线上点*VI*的水平投影 *6*，连线（左段投影是双曲线，右段投影是圆弧），如图 4.16（c）所示。点*II*、*III*之间的上段轮廓线被切，擦除，下面的轮廓线不可见，画细虚线，最后加深轮廓线，如图 4.16（d）所示。

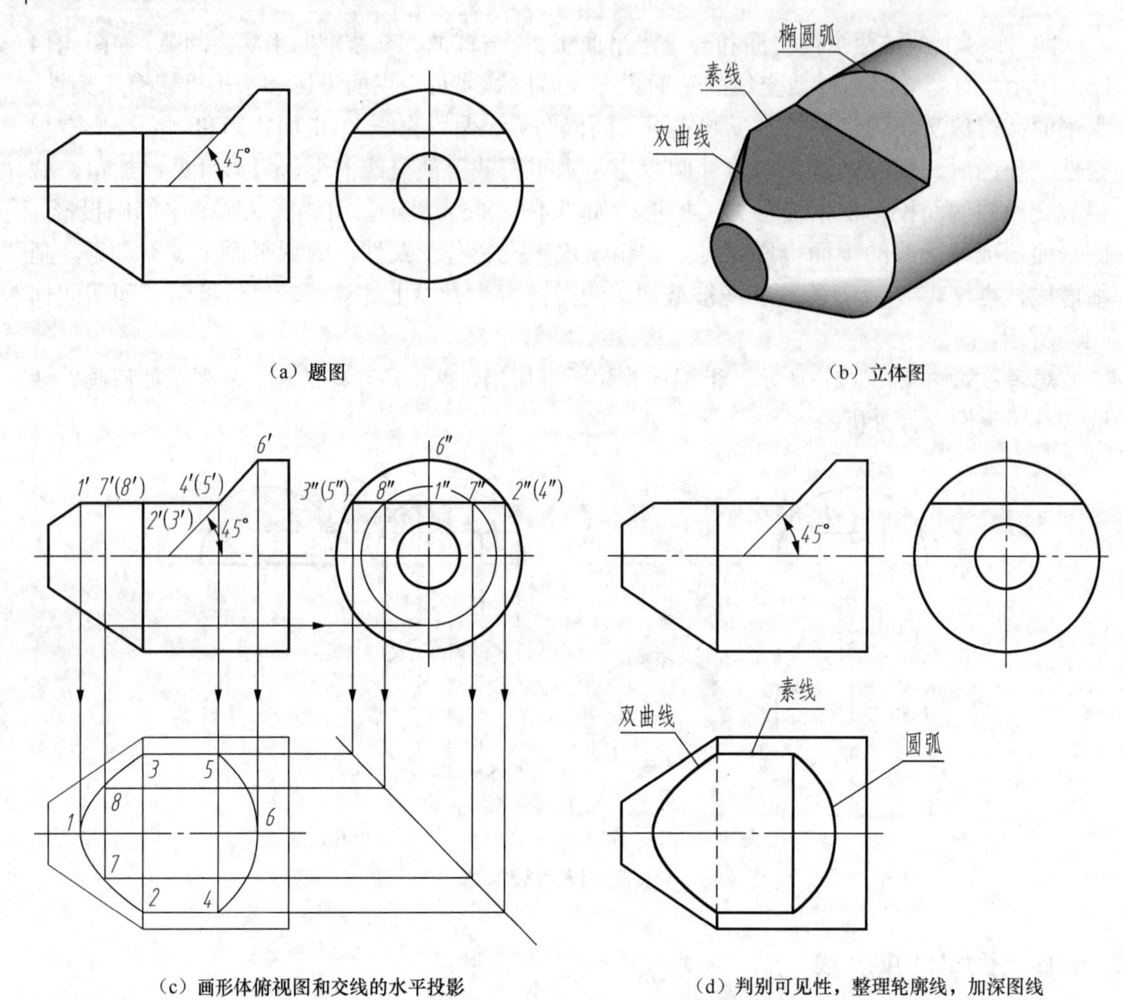

（a）题图　（b）立体图

（c）画形体俯视图和交线的水平投影　（d）判别可见性，整理轮廓线，加深图线

图 4.16　同轴叠加体的截交线

4.2　立体表面的相贯线

立体表面的相贯线

4.2.1　概述

一、相贯线的定义

如图 4.1（c）所示，在日常生活中，我们常会见到两立体相交，它们表面产生的交线称为相贯线。

二、相贯线分类

相贯线可分为平面立体与平面立体相贯（简称平、平相贯，建筑制图重点研究）、平面立体与曲面立体相贯（简称平、曲相贯）、曲面立体与曲面立体相贯（简称曲、曲相贯）三类，如图 4.17 所示。

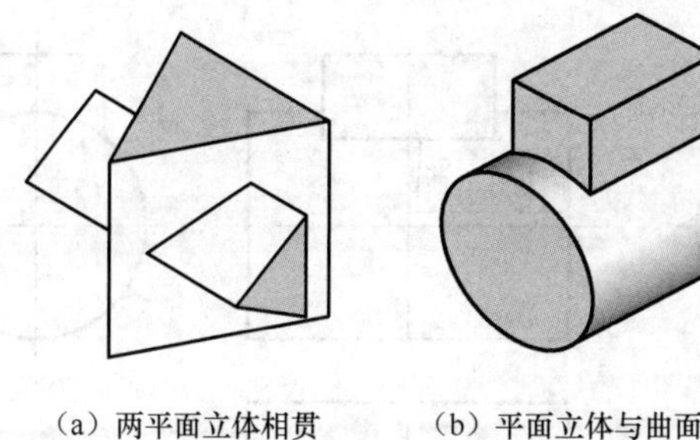
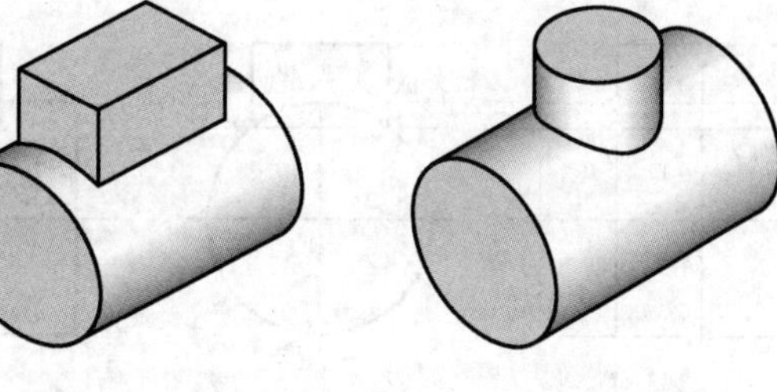

（a）两平面立体相贯　（b）平面立体与曲面立体相贯　（c）两曲面立体相贯

图 4.17　相贯线的分类

三、相贯线的性质

（1）封闭性：一般情况下，相贯线为封闭的空间图形。平面立体与回转体相贯，其相贯线为多段截交线直线或曲线组成的封闭空间图形。两回转体相贯，其相贯线为封闭的空间曲线（特殊情况为平面曲线）。

（2）共有性：相贯线是同属于两立体表面的共有线，是一系列共有点的集合。

（3）表面性：相贯线位于两立体的表面，它的形状取决于立体的形状、大小和两立体轴线的相对位置。

4.2.2　平面立体与回转体相贯

平面立体与回转体相贯，相贯线为多段截交线组成的封闭空间图形。因此，求相贯线的实质就是求平面立体的棱面与回转体表面的交线。

【例 4.11】 如图 4.18（a）所示，补画相贯线的正面投影。

解：空间及投影分析：如图 4.18（b）所示，相贯线由四棱柱的 4 个棱面与圆柱面相交产生的 4 段交线组成。其中，前后两个棱面与圆柱的交线为两条素线；左右两个棱面与圆柱的交线为两段圆弧，相贯线相对圆柱前后、左右对称，相贯线的水平投影与四棱柱积聚性投影矩形重合，侧面投影积聚在圆柱的上段圆弧上，正面投影向圆柱轴线弯折。

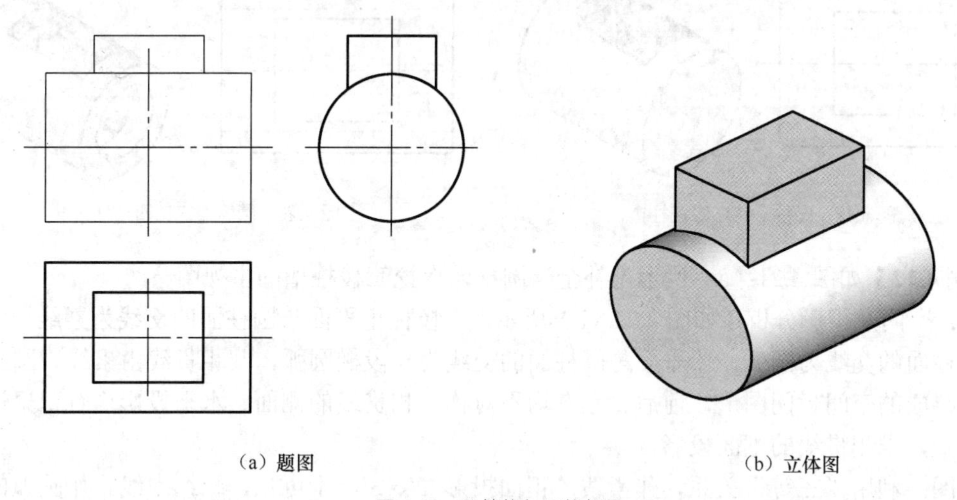

（a）题图　（b）立体图

图 4.18　四棱柱与圆柱相贯

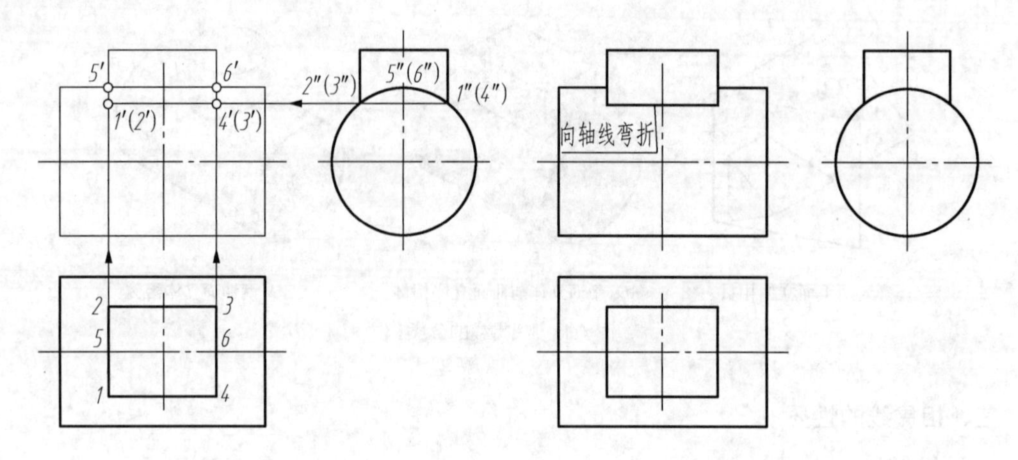

（c）画相贯线的正面投影　　（d）判别可见性，整理轮廓线，加深图线

图 4.18　四棱柱与圆柱相贯（续）

作图：先找四棱柱棱线上 4 个共有点的水平投影 *1*、*2*、*3*、*4*，和圆柱最上转向轮廓线共有点的水平投影 *5*、*6*，并在左视图上找到各对应点的侧面投影，然后利用点的投影规律分别求出各点的正面投影，依次连接得相贯线的正面投影，如图 4.18（c）所示。*5′6′*间没有轮廓线，应擦除，相贯线正面投影前后重合，前面可见，最后加深图线，如图 4.18（d）所示。

思考：如图 4.19 所示，上例改成圆柱上开一个四棱柱孔，相贯线的投影如何画出？如图 4.20 所示，上例改成圆筒上开一个四棱柱孔，相贯线的投影又应如何画出？

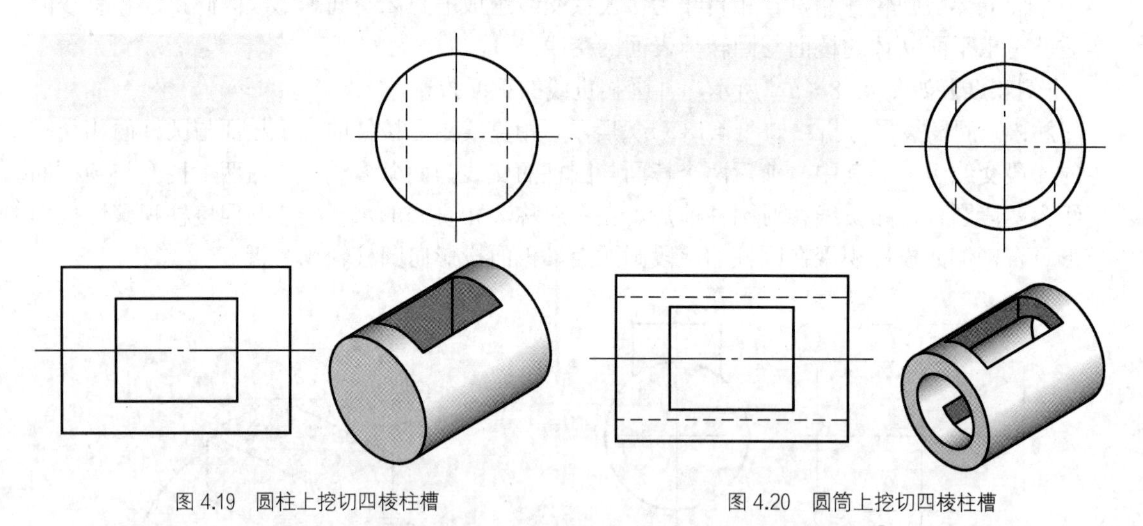

图 4.19　圆柱上挖切四棱柱槽　　图 4.20　圆筒上挖切四棱柱槽

【例 4.12】如图 4.21（a）所示，补全半圆柱面上挖三棱柱槽的主视图。

解：空间及投影分析：如图 4.21（b）所示，三棱柱正平面与圆柱面的交线为素线，侧平面与圆柱面的交线为圆弧，铅垂面与圆柱面的交线为一段椭圆弧，其相贯线由素线、圆弧和椭圆弧组成的空间封闭图形，前后、左右均不对称，相贯线的侧面、水平投影均有积聚性，投影已知，求相贯线的正面投影。

作图：利用“三等”关系，作素线的正面投影 *2′*、*3′*，不可见，画细虚线。作圆弧的正面投影 *1′2′4′*，*1′4′*可见，画粗实线。三棱柱孔的 3 条棱线的正面投影均不可见，画细虚线。

椭圆弧的投影先作特殊点的正面投影 1′、3′、5′，再作一般点的正面投影 6′、7′，椭圆弧正面投影 1′6′5′可见，画粗实线，5′7′3′不可见，画细虚线，如图 4.21（c）所示。

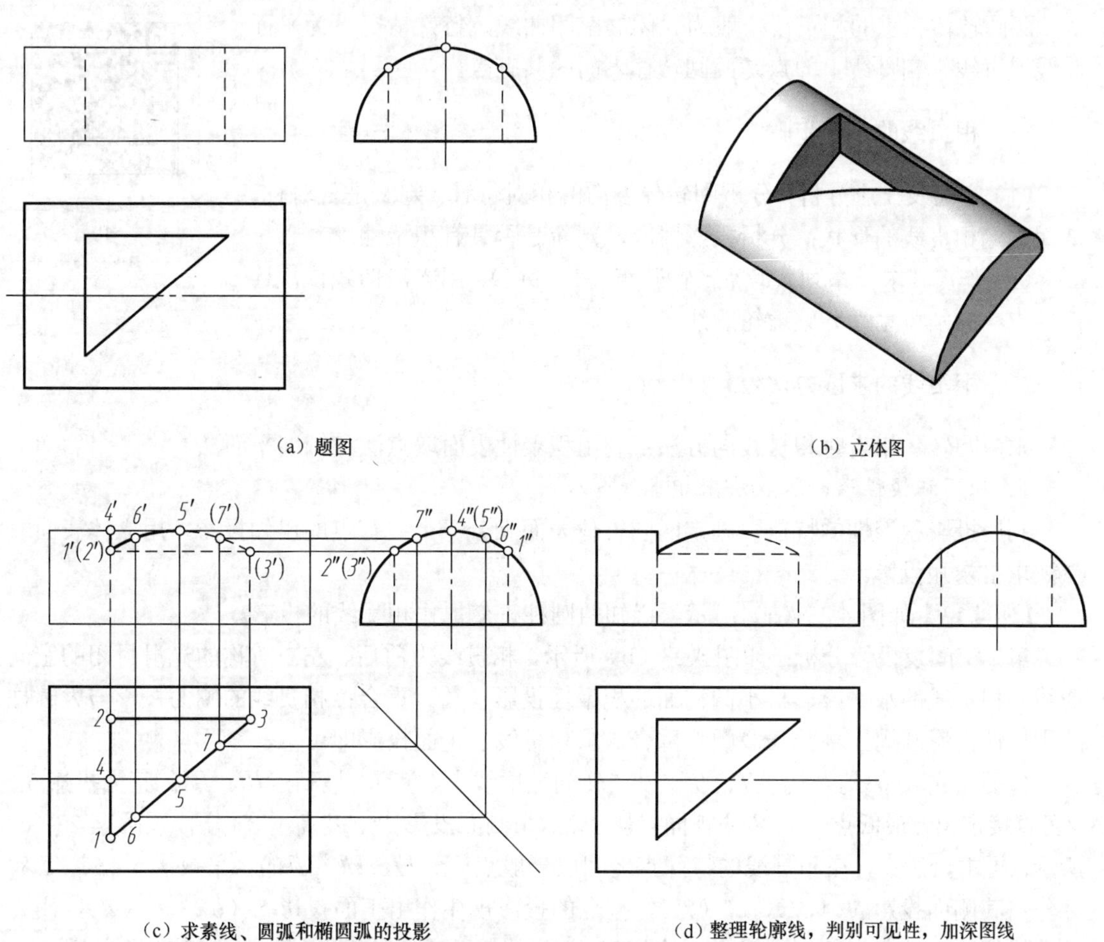

（a）题图　（b）立体图

（c）求素线、圆弧和椭圆弧的投影　（d）整理轮廓线，判别可见性，加深图线

图 4.21　半圆柱上挖三棱柱槽相贯线的画法

整理轮廓线：正面投影转向轮廓线上点Ⅳ、Ⅴ之间的轮廓线被切，其投影应擦除，加深图线，如图 4.21（d）所示。

思考：如图 4.22 所示，上例改为三棱柱与半圆柱相贯，则主视图的相贯线如何画？

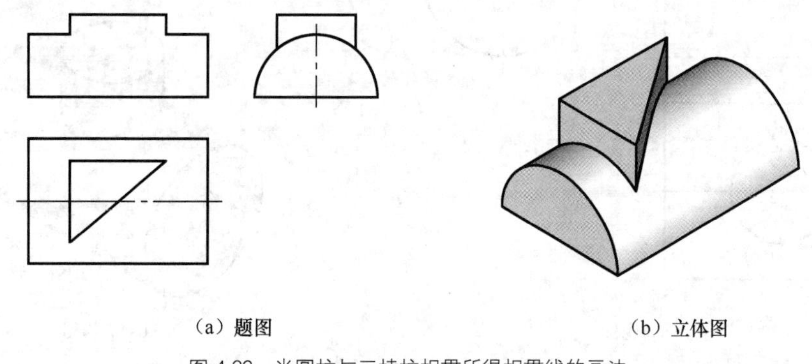

（a）题图　（b）立体图

图 4.22　半圆柱与三棱柱相贯所得相贯线的画法

4.2.3 回转体与回转体相贯

两回转体相贯的相贯线一般为封闭的空间曲线，特殊情况下为平面曲线或直线。相贯线上的点是两回转体表面的共有点。

一、相贯线的求取步骤

（1）空间及投影分析：分析回转体表面的相对位置，判断是否对称，从而确定相贯线的形状；分析投影情况，判断是否具有积聚性。

（2）作图：求一系列共有点（特殊点和一般点），用光滑曲线依次连接各点；判别可见性并整理轮廓线。

二、相贯线的求取方法

求两回转体相贯时相贯线的方法：利用积聚性表面取点法和辅助平面法。

1. 利用积聚性表面取点法求相贯线

利用投影积聚性的特点，确定两回转体表面上若干个共有点的已知投影，用立体表面取点法求出未知投影。

【例4.13】 如图4.23（a）所示，已知两圆柱正交，作相贯线的投影。

解： 空间及投影分析：如图4.23（b）所示，相贯线为前后、左右对称的光滑封闭的空间曲线。相贯线的水平投影与小圆柱面的积聚性投影（圆）重合；相贯线的侧面投影与大圆柱的积聚性投影圆周上部的一段圆弧重合，求相贯线的正面投影即可。

作图： 先求特殊点*Ⅰ*、*Ⅱ*、*Ⅲ*、*Ⅳ*（转向轮廓线上的点），最高点*Ⅲ*、*Ⅳ*的正面投影*3'*、*4'*可直接定出，最低点*Ⅰ*、*Ⅱ*的正面投影*1'*、*2'*由侧面投影*1"*、*2"*高平齐作出，如图4.23（c）所示。再求一般点，在相贯线的特殊点之间取一般点*Ⅴ*、*Ⅵ*、*Ⅶ*、*Ⅷ*的水平投影*5*、*6*、*7*、*8*，并作出其侧面投影*5"*（*8"*）、*6"*（*7"*），按点的投影规律作出正面投影*5'*（*6'*）、*8'*（*7'*），用光滑曲线依次连接各点的正面投影，擦除3'、4'间的轮廓线，加深图线，如图4.23（d）所示。

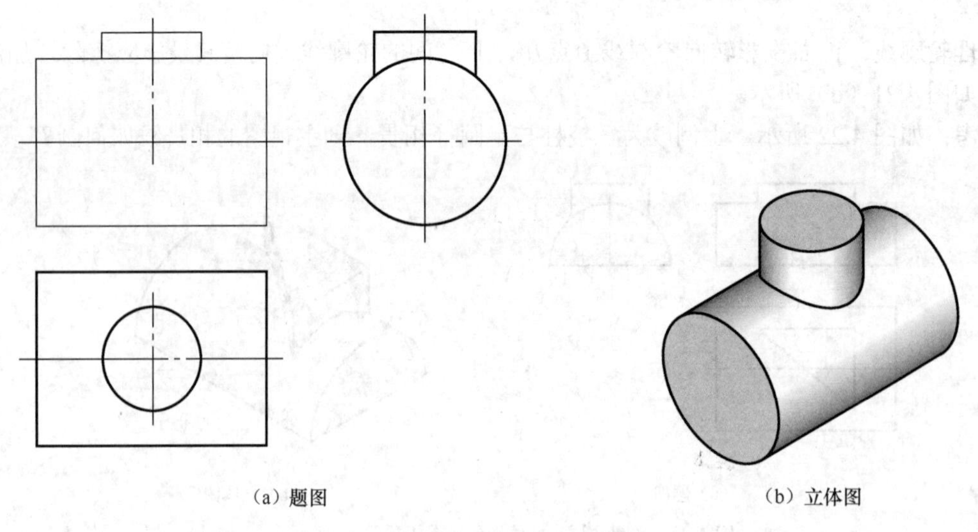

（a）题图　　（b）立体图

图4.23　圆柱与圆柱正交相贯

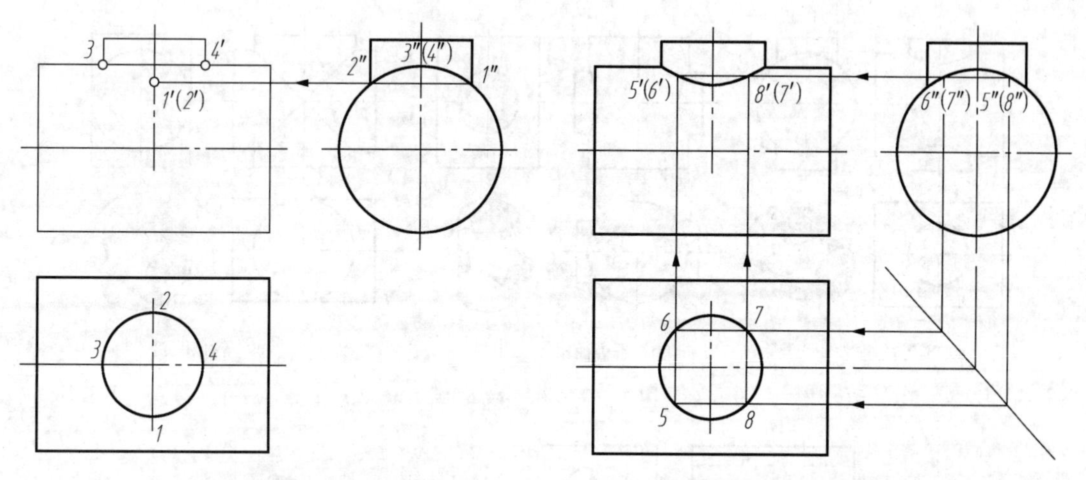

（c）画相贯体主视图和交线上的特殊点

（d）找一般点，整理轮廓线、加深图线

图 4.23　圆柱与圆柱正交相贯（续）

思考：如图 4.24（a）所示，上例改为挖正交通孔，主视图有何变化？如图 4.24（b）所示，大圆柱变圆筒挖通孔，三视图有何变化？

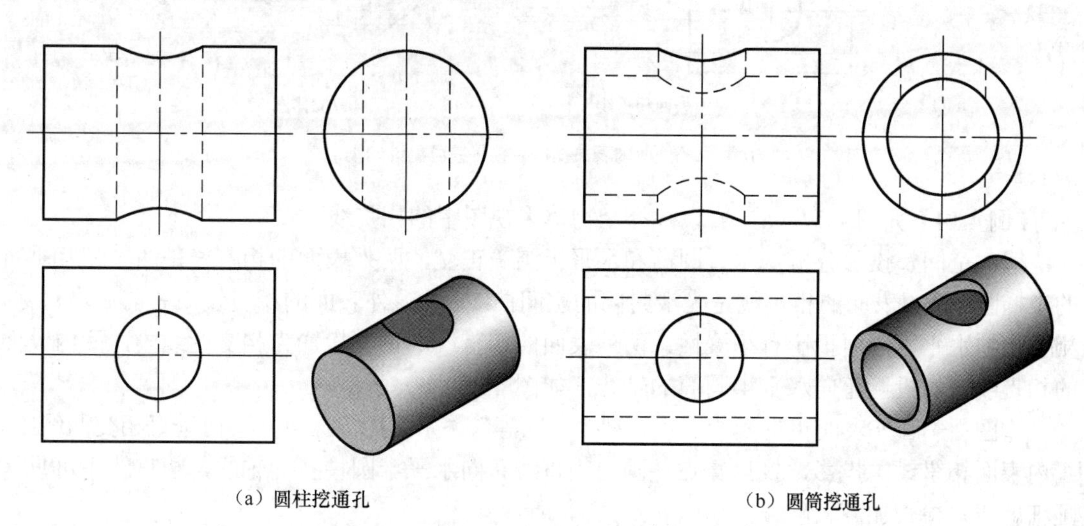

（a）圆柱挖通孔

（b）圆筒挖通孔

图 4.24　圆柱、圆筒挖通孔所得相贯线的画法

讨论：

（1）相贯线变化趋势：当两圆柱直径不相等时，相贯线非积聚性投影（曲线）向大直径圆柱轴线弯曲，如图 4.25（a）、图 4.25（b）所示。当两圆柱直径相等时（公切于球），相贯线变为两条平面曲线（椭圆），其投影为垂直相交的线段，如图 4.25（c）所示。

（2）相贯线可见性判别：如图 4.24（a）、图 4.25 所示，一个内表面与一个外表面相贯及两外表面相贯，相贯线均可见，相贯线的正面投影画粗实线。两内表面相贯，相贯线不可见，相贯线的正面投影画虚线，如图 4.26 所示。

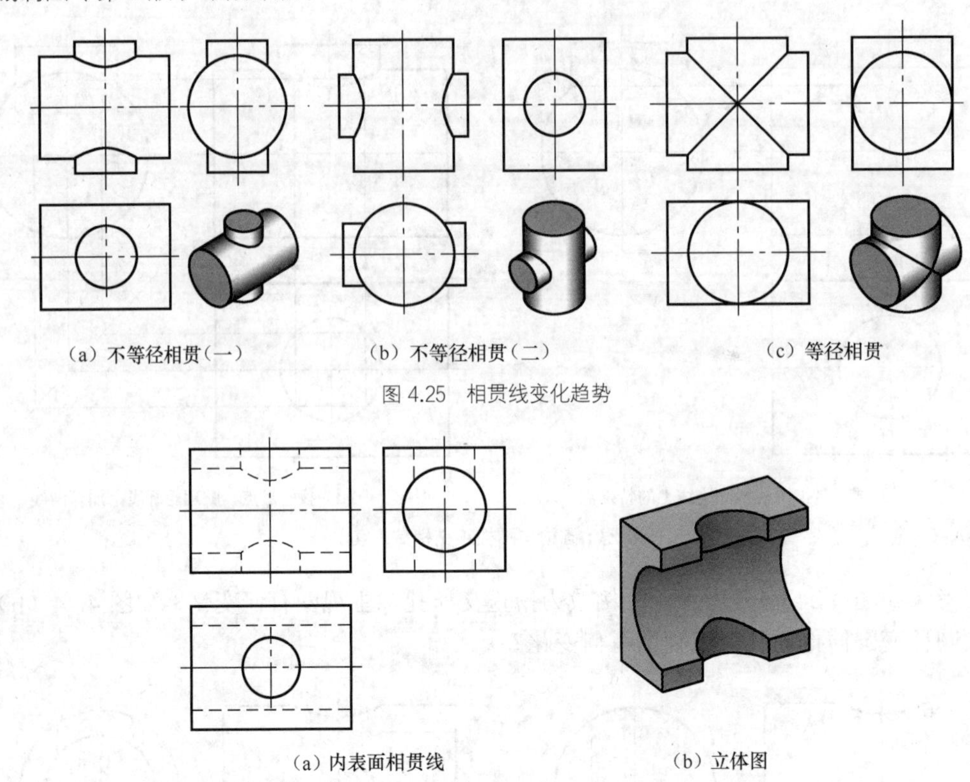

（a）不等径相贯（一）　（b）不等径相贯（二）　（c）等径相贯

图4.25　相贯线变化趋势

（a）内表面相贯线　（b）立体图

图4.26　两内表面相贯时相贯线可见性判别

【例4.14】 如图4.27（a）所示，补全物体主视图中的相贯线。

解： 空间及投影分析：垂直圆筒和水平半圆筒正交，两外表面的相贯线是两个相互垂直的半椭圆。两内表面的相贯线是光滑封闭的空间曲线。内、外表面的相贯线左右前后均对称，相贯线的水平、侧面投影有积聚性，两外表面的相贯线的正面投影为相交两线段，两内表面的相贯线正面投影弯向水平半圆筒的轴线，如图4.27（b）所示。

作图： 先画外表面相贯线的投影，利用“三等”关系，找特殊点并画出垂直相交两线段。画内表面相贯线的投影，找特殊点并画出相贯线弯向水平半圆柱孔的轴线，相贯线不可见，画细虚线，检查加深轮廓线，如图4.27（b）所示。

思考： 该题垂直圆柱孔改为四棱柱孔后，三视图会如何变化？

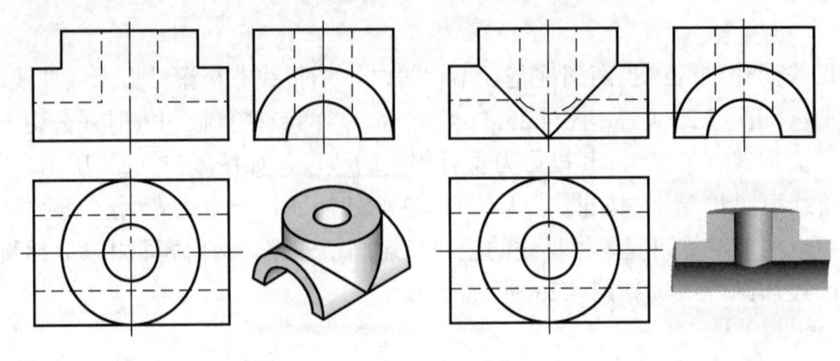

（a）题图　（b）画内、外表面相贯线并判别可见性

图4.27　求两圆筒相贯的相贯线

【例 4.15】如图 4.28（a）所示，画出圆柱与“U”形柱正交的主视图。

解：空间及投影分析：水平圆柱和垂直“U”形柱正交，其相贯线分为两部分，一部分是半圆柱与水平圆柱相贯的相贯线（曲、曲相贯），另一部分是四棱柱与水平圆柱相贯的相贯线（平、曲相贯），相贯线前后对称。相贯线的水平、侧面投影有积聚性，求正面投影，如图 4.28（a）所示。

作图：先画半圆柱与水平圆柱相贯线的投影，利用“三等”关系找特殊点，相贯线向水平圆柱的轴线弯曲，再画四棱柱与水平圆柱相贯的相贯线的投影，向水平圆柱的轴线弯折，相贯线可见，如图 4.28（b）所示。

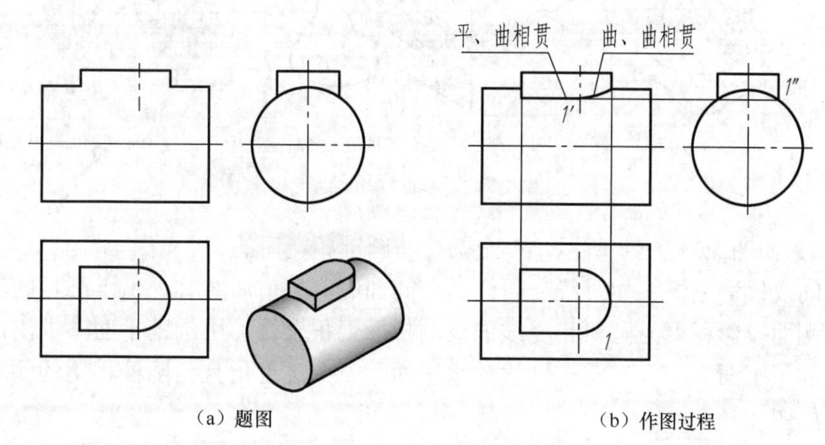

（a）题图　　（b）作图过程

图 4.28　求两立体相贯的主视图

思考：如图 4.29 所示，上例改为圆筒挖“U”形孔，挖切后圆筒的三视图如何画？请读者自行分析。

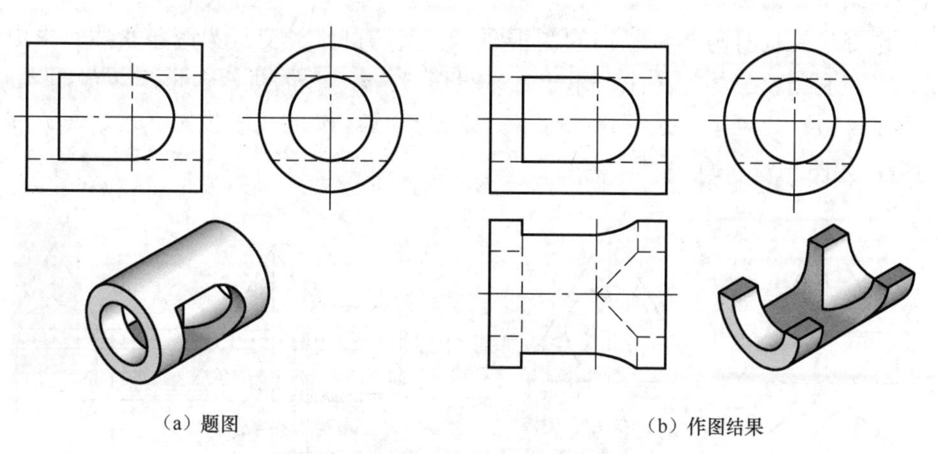
（a）题图　　（b）作图结果

图 4.29　圆筒挖“U”形孔后相贯线的画法

*2. 利用辅助平面法求相贯线

辅助平面法是根据三面共点原理，利用辅助平面求出两曲面立体表面上若干个共有点，通过连线画出相贯线投影的方法。

辅助平面法求相贯线投影的作图步骤如下。

（1）作辅助平面与两立体相交。辅助平面的选取原则：常选用投影面的平行面或垂直面，使得辅助平面与两回转体表面截交线的投影为简单易画的图形——直线或圆，如图4.30所示。

（2）分别求出辅助平面与两立体表面的交线。

（3）求出交线的交点，即相贯线上的共有点。可根据需要取多个辅助平面，求出一系列点，顺次连接各点的同面投影，判别可见性并整理轮廓线。

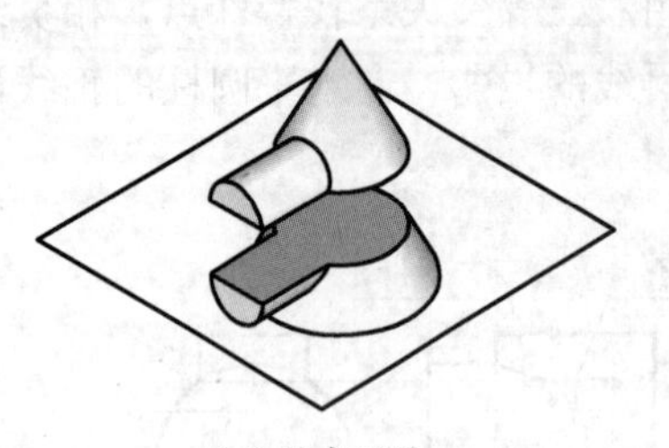

（a）选水平面

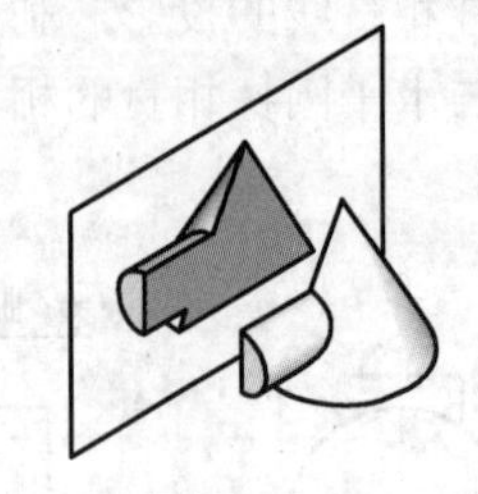

（b）选过锥顶的正平面

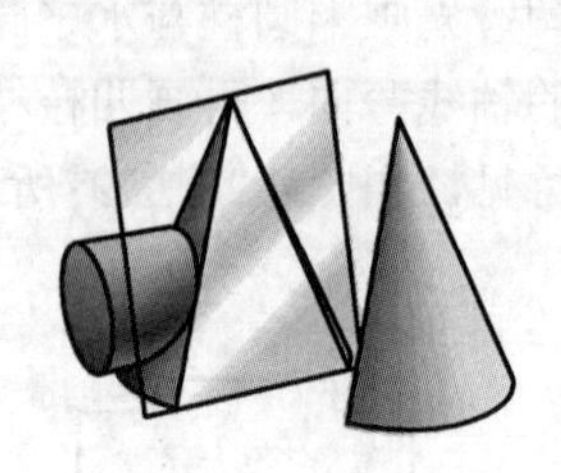

（c）过锥顶的辅助面与圆柱相切

图4.30　辅助平面的选取

【例4.16】如图4.31（a）所示，补全圆柱与圆锥相交后的主、俯视图。

解：空间及投影分析：相贯线为封闭的空间曲线，且前后对称。由于圆柱的轴线为侧垂线，相贯线侧面投影积聚为圆，相贯线的另两投影无积聚性，用辅助平面法求出。选择一个过圆锥轴线的正平面、一个过圆柱轴线的水平面、一个过锥顶且与圆柱相切的侧垂面等作为辅助平面，如图4.30所示。

作图：先求特殊点，选择过圆锥轴线的正平面，求出最高和最低点*I*、*II*，即由两立体正面投影转向轮廓线的交点*1′*、*2′*，求出水平投影*1*、（*2*）。点*V*、*VI*为最前和最后点，选择过圆柱轴线的水平面*Q*，其与圆锥的交线为圆，与圆柱的交线为两条素线，交线圆与素线相交，求出最前和最后点*V*、*VI*，利用“三等”关系，求出水平投影*5*、*6*，正面投影*5′*（*6′*）。选择过锥顶且与圆柱相切的侧垂面*R*，其与圆锥的交线为两条素线，求出前后最右点*III*、*IV*，利用“三等”关系，求出水平投影*3*、*4*，正面投影*3′*（*4′*），如图4.31（b）所示。再求一般点，同理，选择水平面*P*，求出点*VII*、*VIII*的水平投影（*7*）、（*8*）和正面投影*7′*（*8′*），如图4.31（c）所示。

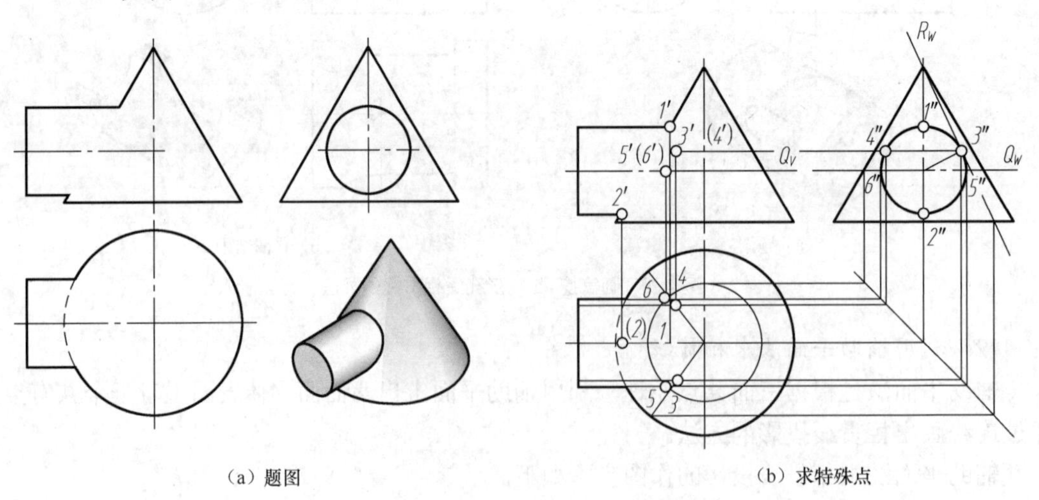

（a）题图　　（b）求特殊点

图4.31　圆柱与圆锥轴线垂直相交时相贯线的画法

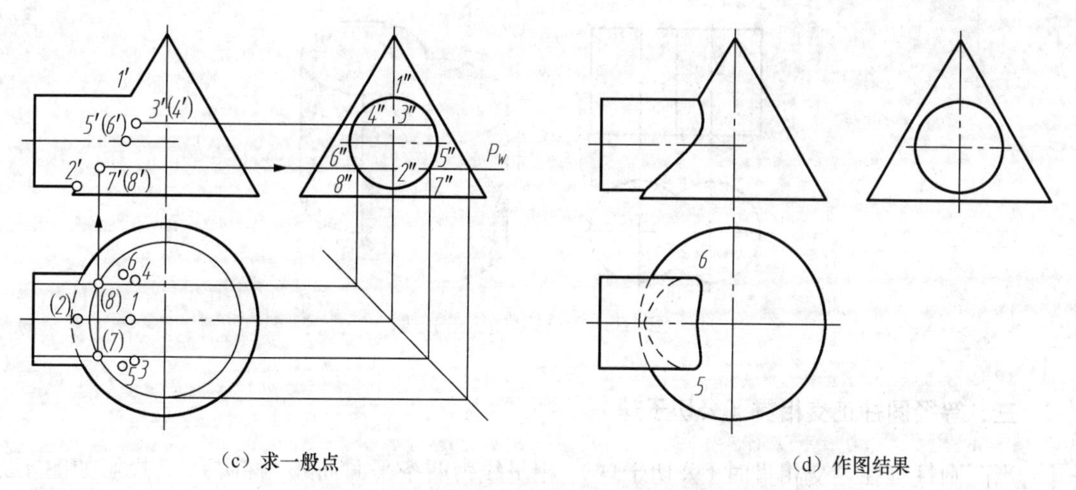

（c）求一般点　　（d）作图结果

图 4.31　圆柱与圆锥轴线垂直相交时相贯线的画法（续）

连线、判别可见性并整理轮廓线：相贯线前后对称，其正面投影前后重合，将圆锥前面所求共有点的同面投影顺次光滑相连，相贯线可见，画粗实线。俯视图可见性判别时注意点 V、VI 为实虚分界点，向下相贯线不可见，画细虚线；向上相贯线可见，画粗实线，如图 4.31（d）所示。

特殊相贯

4.2.4　特殊相贯

一、同轴回转体相贯

如图 4.32 所示，同轴回转体的交线为垂直于轴线的圆，在轴线所平行的投影面上的投影积聚为垂直于轴线的直线，在垂直轴线的投影面上的投影为圆。

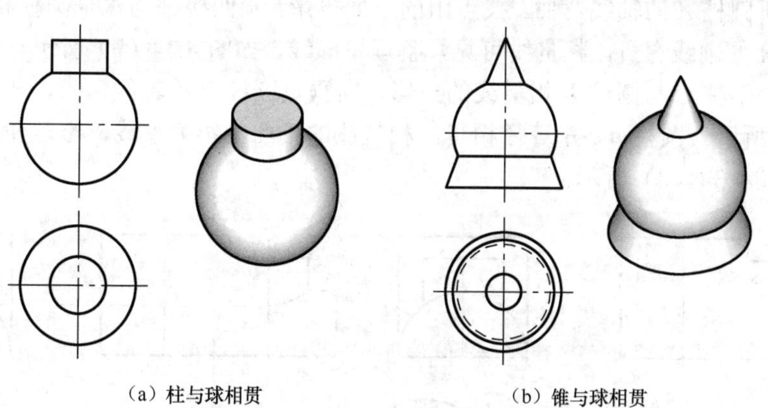

（a）柱与球相贯　　（b）锥与球相贯

图 4.32　特殊相贯线——圆

二、平行轴圆柱相贯

如图 4.33 所示，两轴线平行的圆柱相交，相贯线是两条平行的线段。

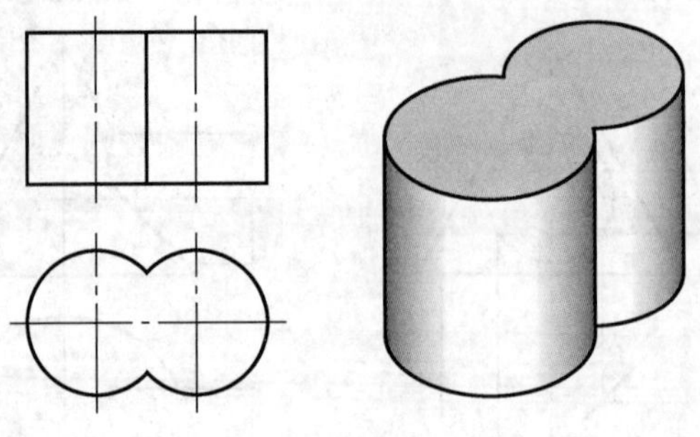

图 4.33　特殊相贯线——线段

三、等径圆柱正交相贯（公切于球）

当两圆柱等径正交相贯时（公切于球），相贯线为两条平面曲线（椭圆），其投影如图 4.25（c）所示。

4.2.5　组合相贯

由 3 个或 3 个以上立体相交形成的交线称为组合相贯线。两个立体相贯有一条相贯线，两条相贯线的交点是 3 个立体表面的共有点（又称三面共有点），作图时要找准三面共有点。

【例 4.17】如图 4.34（a）所示，补全主视图。

解：形体分析和投影分析。组合体前后对称，由一个水平半圆柱 *A*、一个垂直圆柱 *B* 和一个“U”形柱 *C* 组成。圆柱 *A*、*B* 等径相贯，相贯线是椭圆的一部分。相贯线的水平、侧面投影积聚在相应的圆周上，正面投影是一条直线段。水平半圆柱 *A* 和垂直“U”形柱 *C* 正交，相贯线的求取参照例 4.28。其中点 *I*、*III* 是三面共有点，如图 4.34（a）所示。

作图：画 *A* 和形体 *C* 相贯线的投影，利用“三等”关系找特殊点 *I*、*II* 的三面投影，相贯线向水平圆柱 *A* 的轴线弯曲。找点Ⅲ的三面投影，画四棱柱与水平圆柱相贯线的投影，向水平圆柱 *A* 的轴线弯折，相贯线可见，整理轮廓线，如图 4.34（b）所示。找点*IV*、*V* 的三面投影，画形柱 *C* 与圆柱 *B* 相贯线的投影，向垂直圆柱 *B* 的轴线弯折，相贯线可见，如图 4.34（c）所示。圆柱 *A*、*B* 等径相贯，相贯线的正面投影为直线，整理轮廓线并检查加深图线，如图 4.34（d）所示。

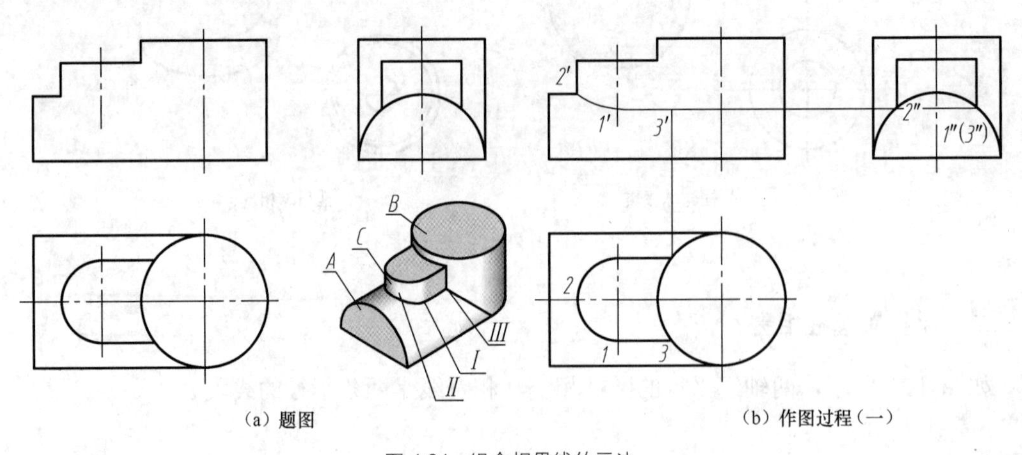

（a）题图　　（b）作图过程（一）

图 4.34　组合相贯线的画法

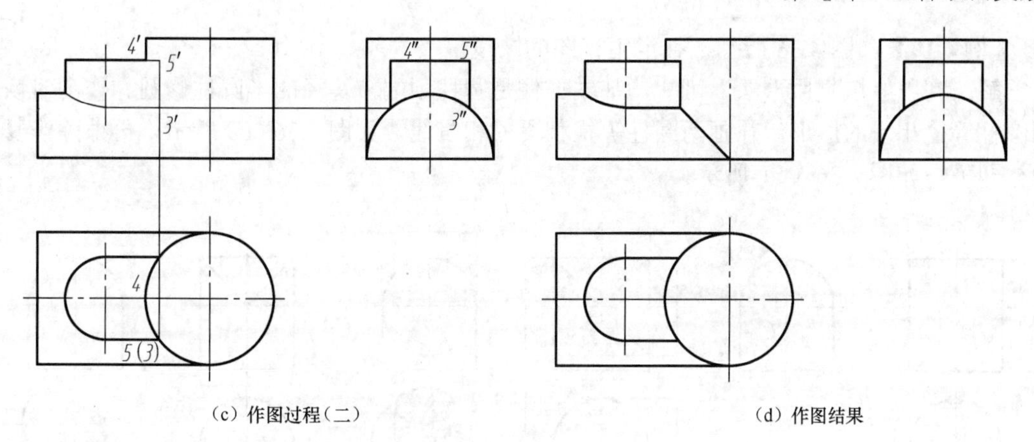

（c）作图过程（二）　　（d）作图结果

图 4.34 组合相贯线的画法（续）

4.3 用恢复原形法求立体表面的交线

【例 4.18】 如图 4.35（a）所示，求截切后形体的侧面投影。

解： 首先要想出该截切体是由什么基本形体截切而成的。采用“恢复原形法”可知基本形体是圆柱，按“三等”关系作出圆柱左视图，如图 4.35（b）所示。圆柱又被两个正垂面截切，截交线为半个椭圆弧，如图 4.35（c）所示。最后被一个正平面截切，截交线为两条素线，由宽相等作出正平面侧面投影，擦除被切部分即可，如图 4.35（d）所示。

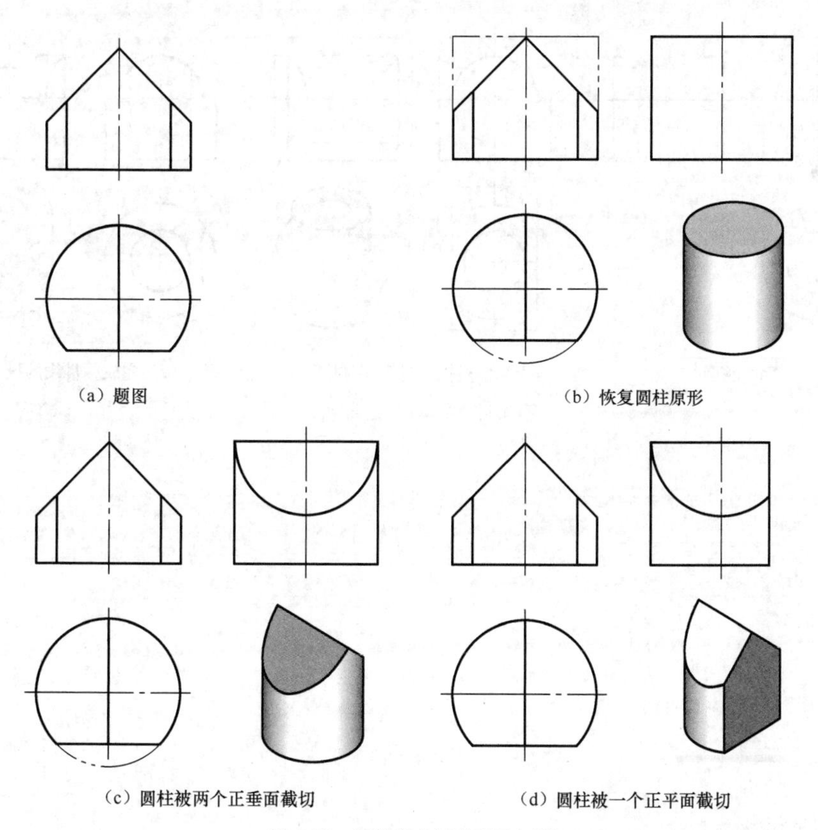

（a）题图　　（b）恢复圆柱原形

（c）圆柱被两个正垂面截切　　（d）圆柱被一个正平面截切

图 4.35 圆柱截交线的求取过程

【例 4.19】如图 4.36 所示，补全主视图的缺线。

解：利用“恢复原形法”可知，基本形体是圆柱顶端被等径的半圆柱修圆。作图时恢复两圆柱等径相贯的原形，补画两圆柱等径相贯的相贯线，如图 4.36（b）所示，再擦除恢复的圆柱即可，如图 4.36（c）所示。

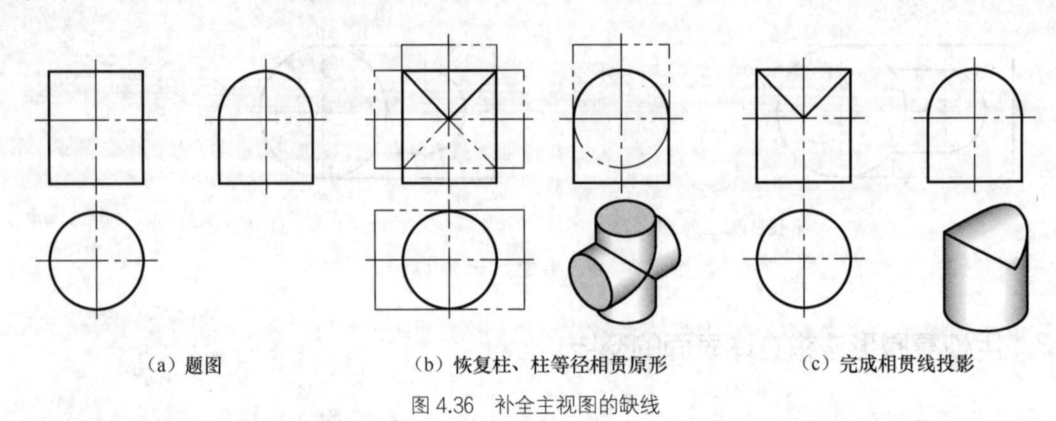

图 4.36　补全主视图的缺线

思考：上例改成图 4.37（a）所示，如何补全左视图的缺线？

解：利用“恢复原形法”可知，基本形体是圆筒顶端被直径不等的半圆柱修圆。作图时恢复柱与圆筒不等径相贯的原形，补画柱与圆筒不等径相贯的相贯线，如图 4.37（b）所示。再擦除恢复的圆筒，补画垂直孔的相贯线即可，如图 4.37（c）所示。

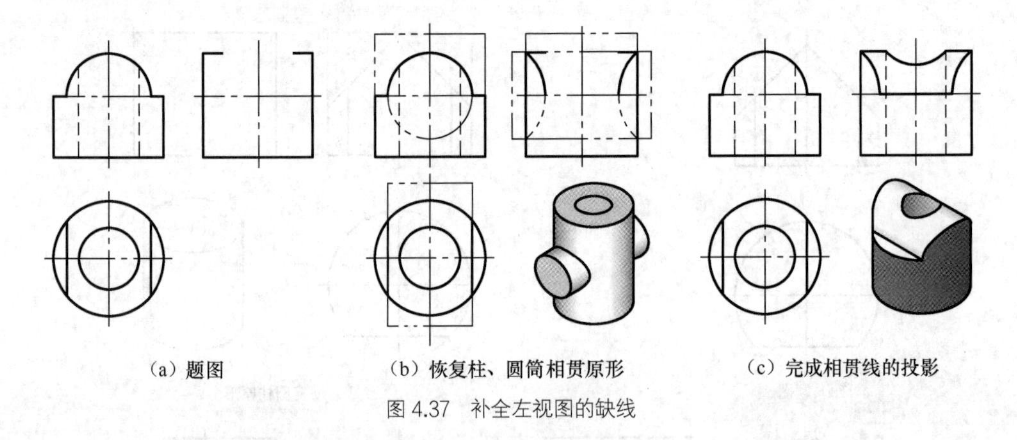

图 4.37　补全左视图的缺线

第5章 组合体

通过学习本章内容，了解组合体的组合形式及邻接表面关系，掌握画组合体三视图的方法，学会运用形体分析法和线面分析法读组合体视图，了解组合体构形设计，掌握补画组合体三视图的方法，了解组合体的尺寸标注。

由若干基本形体按一定形式（叠加或挖切）组合而成的物体，称为组合体。熟练掌握组合体的读图、画图方法，有助于培养空间思维和空间想象能力，为后续章节的学习打下坚实基础。

组合体的组合形式、邻接表面关系及典型结构

5.1 组合体的组合形式、邻接表面关系及典型结构

5.1.1 组合体的组合形式

（1）叠加：是实形体与实形体进行组合，如图 5.1（a）所示。

（2）挖切：是从实形体中挖去一个实形体，挖去后就形成空形体（空洞）；或是从实形体中切去一部分，使被切的实形体成为不完整的基本几何体，如图 5.1（b）所示。

（3）既有叠加，又有挖切的组合体，如图 5.1（c）所示。

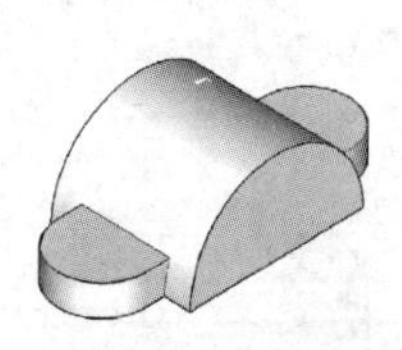

（a）叠加类组合体

（b）挖切类组合体

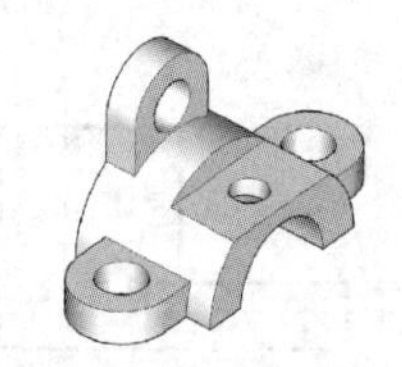

（c）含叠加、挖切的组合体

图 5.1　组合体的组合形式

5.1.2 组合体邻接表面关系

基本形体组合在一起，其邻接表面的连接关系可分为：共面、相交、相切等。连接关系不同，连接处投影的画法也不同。

（1）共面：当两形体的邻接表面共面时，两形体的邻接表面没有分界线，如图 5.2（a）所示。

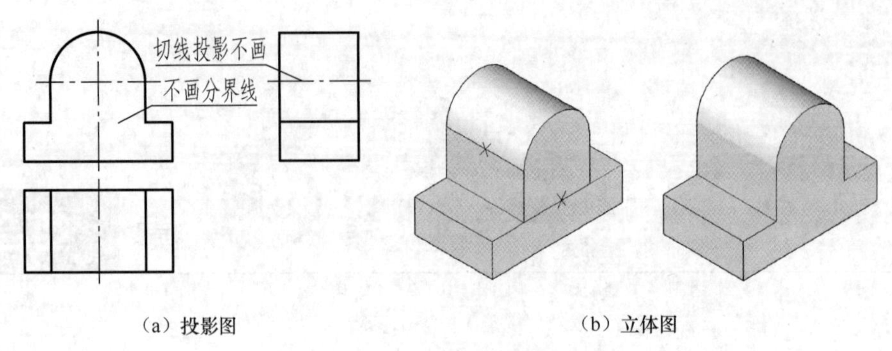

（a）投影图　　（b）立体图

图 5.2　两邻接平面共面

（2）相切：面与面相切处光滑过渡，无切线，平面光滑过渡到圆柱面，切点画法如图 5.3（a）所示。

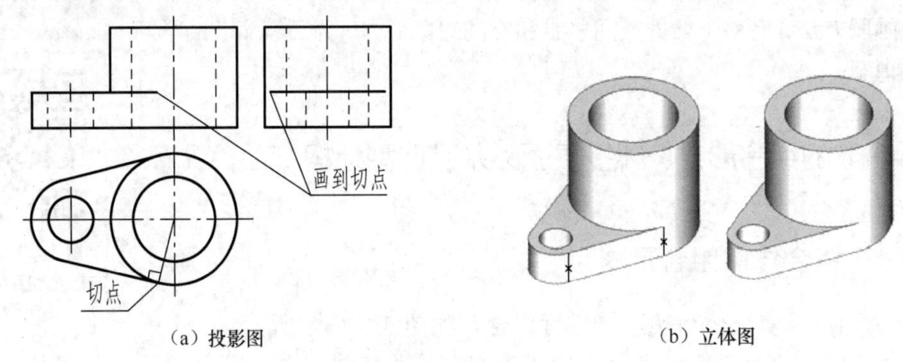

（a）投影图　　（b）立体图

图 5.3　面与面相切的画法

（3）相交：当两形体表面相交时，两表面交界处有交线，应画出交线的投影，如图 5.4（a）所示。

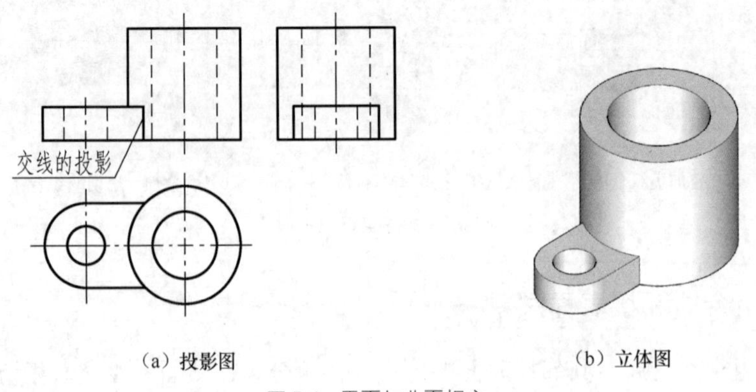

（a）投影图　　（b）立体图

图 5.4　平面与曲面相交

5.1.3 组合体典型结构的画法

（1）阶梯孔的画法，如图 5.5 所示。

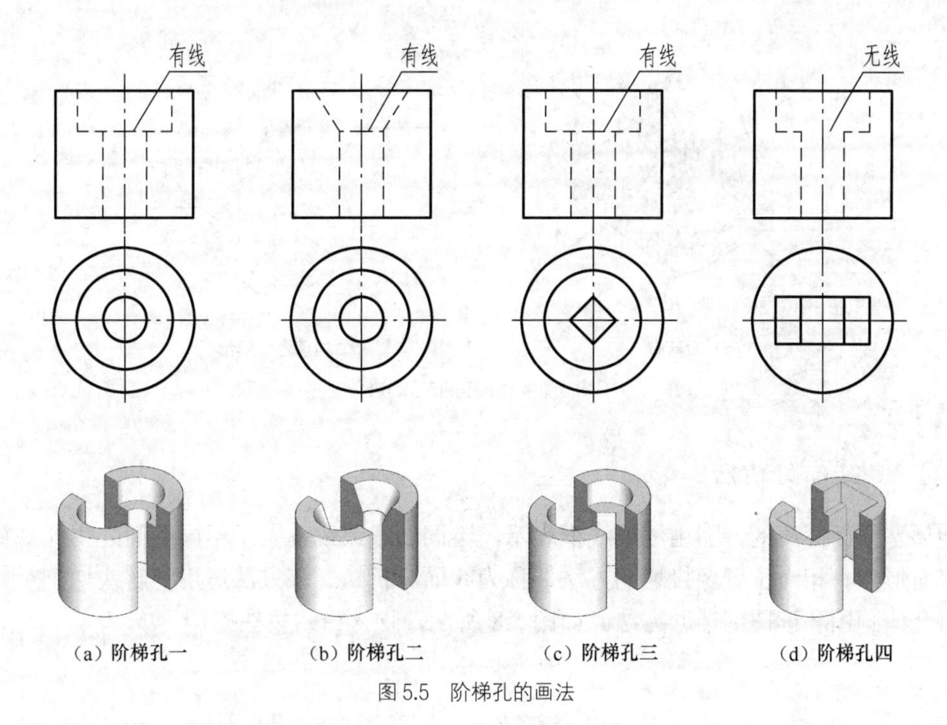

图 5.5 阶梯孔的画法

（2）圆柱切角与圆柱切槽的画法，如图 5.6 所示。

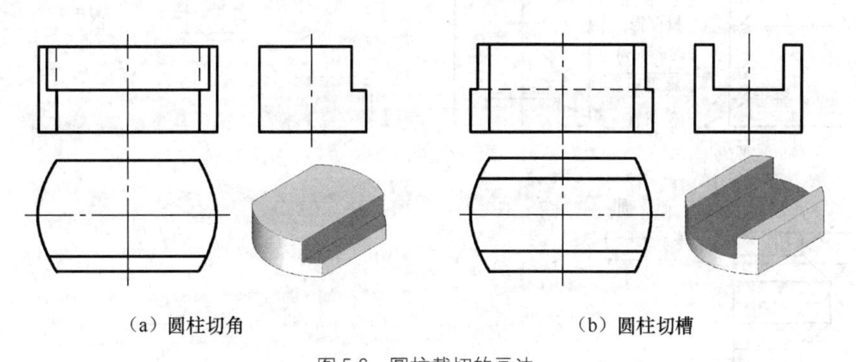

图 5.6 圆柱截切的画法

5.2 组合体的分析方法

5.2.1 形体分析法

任何复杂的物体，都可以看作由一些简单形体组合而成的。图 5.7 所示的轴承座，可看成由底板（挖切两个小孔）、肋板、支撑板和圆筒四部分叠加而成。这种假想把组合体分解为若干个简单形体，分析各简单形体的形状、相对位置、组合形式及表面连接关系的分析方法，称为形体分析法。它是组合体的画图、读图和尺寸标注的主要方法。该方法适用于解决叠加类组合体问题，其优点是可把不熟悉的物体变为熟悉的简单形体。

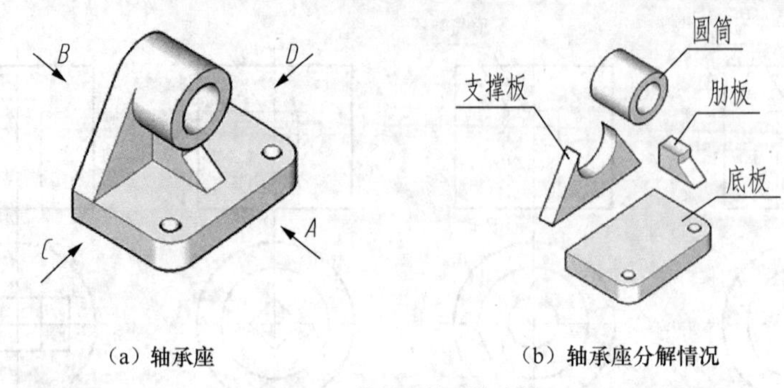

（a）轴承座　　（b）轴承座分解情况

图 5.7　轴承座的形体分析

5.2.2　线面分析法

物体是由面围成的，面由线或线框表示，不同的线或线框表示不同的面，用此规律分析物体表面形状、相对位置及投影的方法，称为线面分析法。该方法适用于解决切割类问题，它是组合体画图和读图的辅助方法。如图 5.8 所示，物体由四棱柱挖切形成。

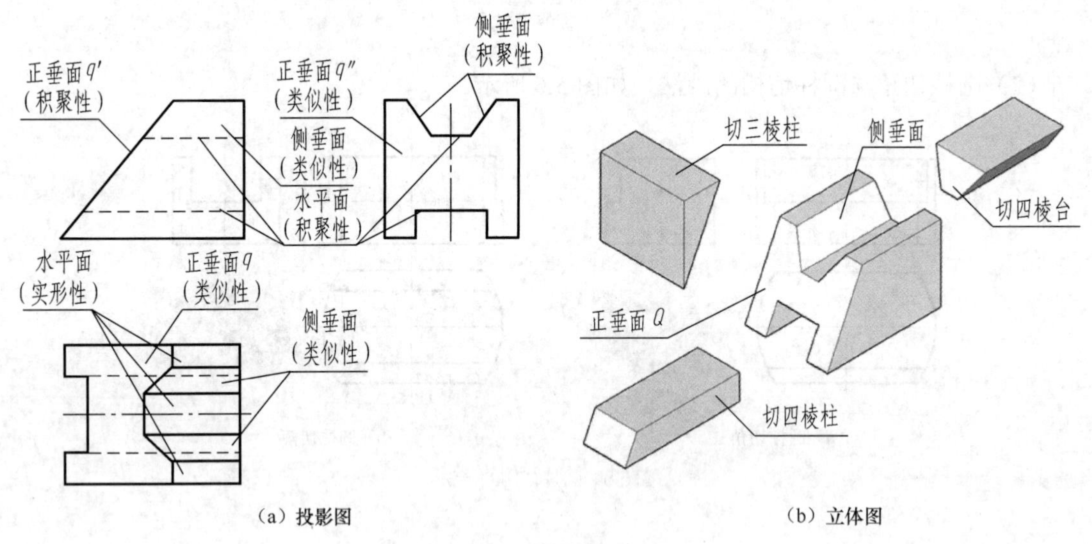

（a）投影图　　（b）立体图

图 5.8　线面分析法

5.3　画组合体三视图

以图 5.7（a）所示的轴承座为例，说明画组合体三视图的方法与步骤。

一、形体分析

轴承座主要由底板、支撑板、肋板和圆筒四部分叠加而成，圆筒由支撑板和肋板支撑，底板、支撑板和圆筒三者后面平齐，整体左右对称。

二、选择主视图

主视图是最重要的视图，一般选择反映组合体主要组成部分形状特征的方向作为主视图的投射方向，并力求主要平面平行于投影面，以便投影反映实形，同时，使视图中尽量少出现细虚线。如图 5.7（a）所示，轴承座主视图可沿 *A*、*B*、*C*、*D* 四个方向投射，*A* 向投射所得视图作为主视图（如图 5.9（a）所示），能满足上述要求。图 5.9（b）细虚线较多，图 5.9（c）和图 5.9（d）没有反映实形的特征视图，故均不宜选作主视图。

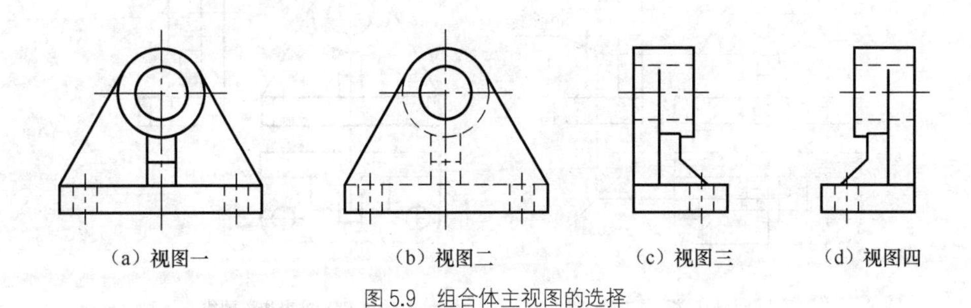

图 5.9 组合体主视图的选择

三、画图步骤

（1）选比例、定图幅。根据实物大小和复杂程度，选择作图比例和图幅。

（2）布置视图。画图时要注意三视图的合理布局，先画出各形体的轴线、对称中心线以及主要形体的位置线，如图 5.10（a）所示。

（3）画底稿。依次画出各形体，并处理形体间的邻接表面关系。画图顺序：三个视图一起画，并从反映形体特征的视图画起，再按投影规律画出其他两个视图，如图 5.10（b）、图 5.10（c）、图 5.10（d）、图 5.10（e）所示。

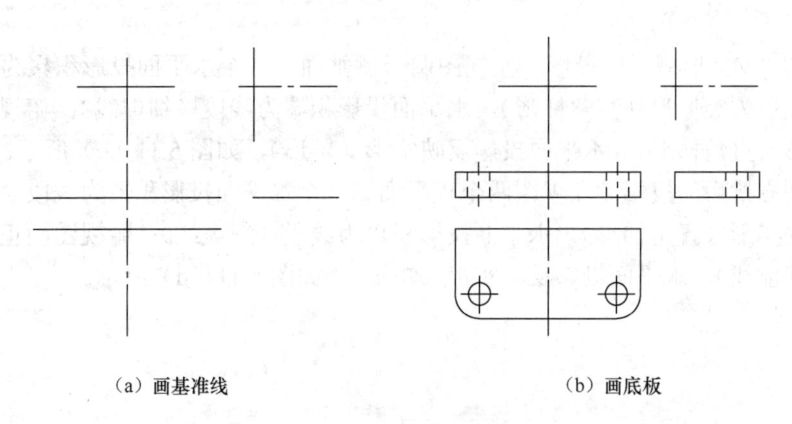

图 5.10 轴承座三视图的画法

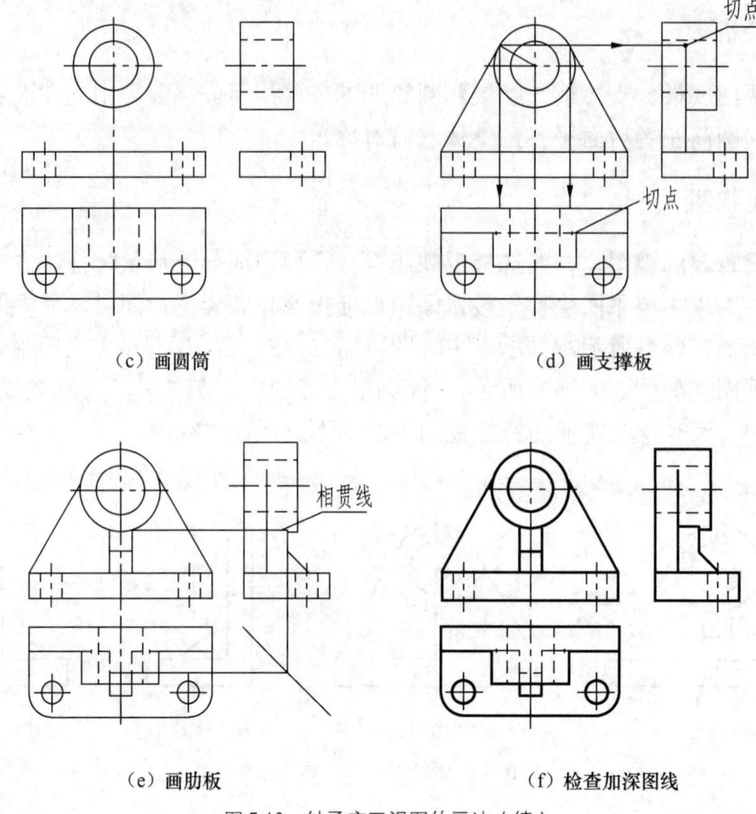

（c）画圆筒 （d）画支撑板

（e）画肋板 （f）检查加深图线

图5.10 轴承座三视图的画法（续）

（4）检查加深图线。底稿画完后，按形体逐个仔细检查，尤其注意邻接表面关系，如相切、相交，以及虚实变化，如图5.10（f）所示。

【例5.1】画出图5.11所示的挖切类组合体的三视图。

解：该组合体是四棱柱被一个正垂面、两个侧垂面、两个水平面、两个正平面挖切后形成的。其作图过程如下所述。

（1）布置视图，画出各视图作图基准线，先画四棱柱的三视图，如图5.11（a）所示。

（2）作正垂面截切的投影。主视图积聚为线段，俯、左视图为类似形（矩形），如图5.11（b）所示。

（3）作切“V”形槽后的投影。左视图两个侧垂面、一个水平面投影积聚为线段；主视图两侧垂面投影为类似形（直角梯形），水平面投影积聚为线段（细虚线）；俯视图两侧垂面投影为类似形（直角梯形），水平面投影反映实形（矩形），如图5.11（c）所示。

（4）作切方槽后的投影。左视图两个正平面、一个水平面投影积聚为线段；主视图两正平面投影反映实形（直角梯形），水平面投影积聚为线段（细虚线）；俯视图两正平面投影积聚为线段（细虚线），水平面投影反映实形（矩形），如图5.11（d）所示。

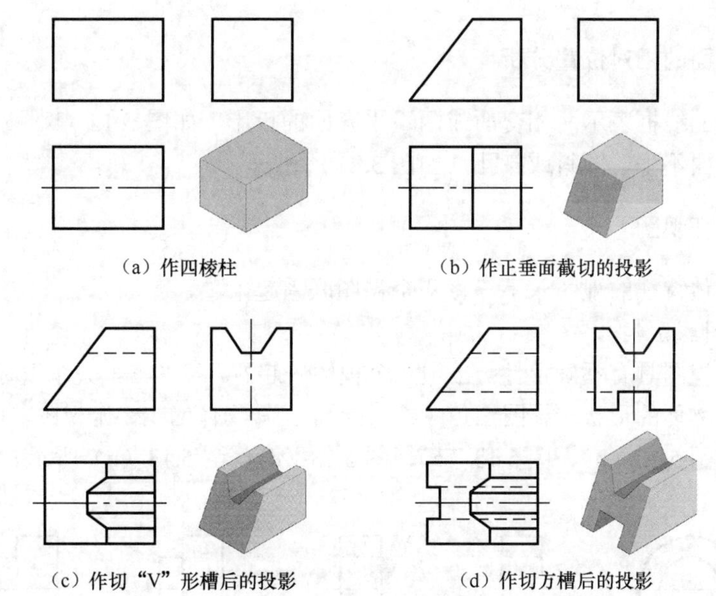

图 5.11　挖切类组合体三视图的画法

5.4　组合体读图与画图

组合体的读图和画图方法（1）

读图是根据视图想象出空间物体的形状，是画图的逆过程。

5.4.1　读图的基本规律

一、视图中的线面分析

视图中粗实线（虚线）可以表示平面（或曲面）具有积聚性的投影、曲面转向轮廓线投影、交线的投影，如图 5.12（a）所示。

视图中的每一个封闭线框可以是物体上不同位置平面、曲面或孔的投影，如图 5.12（b）所示。

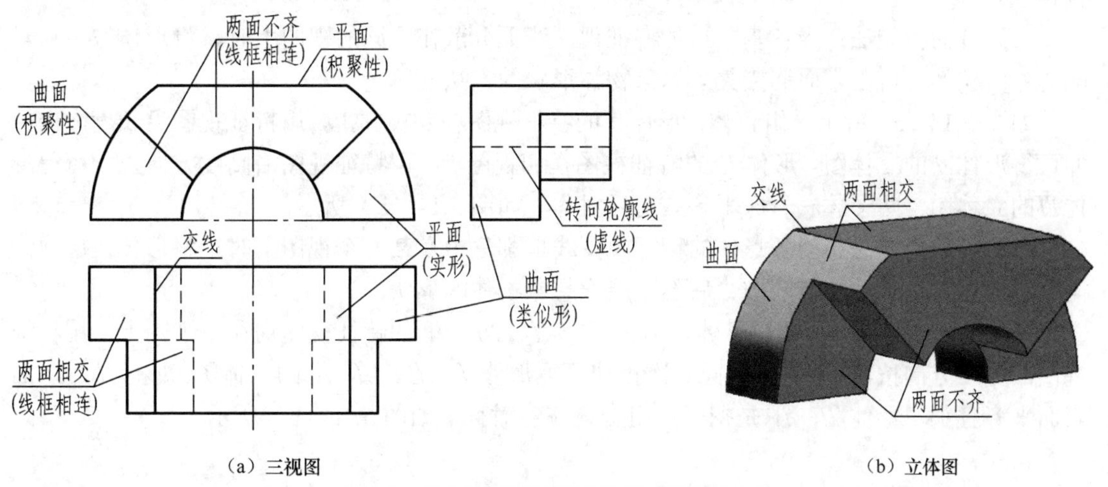

图 5.12　组合体视图中线面及两面相对位置分析

二、视图中面的相对位置分析

视图中相邻的线框表示两相交面或两不平齐面的投影，如图 5.12（b）和图 3.22 所示。线框相套表示两面不平、倾斜或打孔，如图 3.21 所示。

三、抓住特征视图

要从反映形体特征的视图入手，将几个视图联系起来看。

1. 几个视图联系起来看

一个或两个视图具有不确定性，必须几个视图一起看，按“三等关系”对投影进行分析，才能正确地想象物体的形状。如图 5.13（a）所示，已知物体的主、俯视图，可以构思出不同形状的物体，如图 5.13（b）、图 5.13（c）、图 5.13（d）、图 5.13（e）所示。

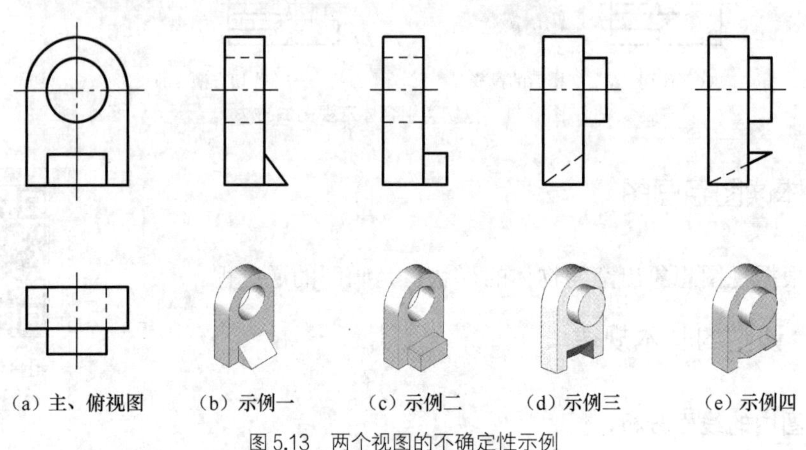

图 5.13　两个视图的不确定性示例

2. 找具有积聚性的特征视图，用拉伸法构思物体的形状

由于构成组合体的各基本形体特征视图并不集中在某一个视图上，因此要善于找出反映形状和位置特征的视图，用拉伸法构思物体的形状。拉伸法分为分向拉伸法和分层拉伸法。

（1）分向拉伸法：当各基本形体特征视图线框分散在不同的视图上时，将形体按各自对应的方向拉伸，再由表面连接关系想象物体形状的方法。

如图 5.14（a）所示的组合体，形体 *I* 的特征视图在左视图上，用特征视图沿长度方向拉伸可得形体 *I* 的立体图。形体 *II* 的特征视图在俯视图上，用特征视图沿高度方向拉伸可得形体 *II* 的立体图。两形体右表面平齐，前后对称，如图 5.14（b）所示。

（2）分层拉伸法：当各形体的特征视图线框都集中在某一个视图上时，将形体按层次沿同一方向拉伸，然后按前、中、后不同层次想象物体的形状。

如图 5.15（a）所示的组合体，形体 *I*、*II*、*III*、*IV* 的特征视图均在主视图上，用特征视图沿宽度方向按前、中、后不同层次拉伸可得形体 *I*、*II*、*III*、*IV* 的立体图。形体 *I*、*II* 后表面平齐叠加，形体 *III*、*IV* 是挖切，组合体左右对称，如图 5.15（b）所示。

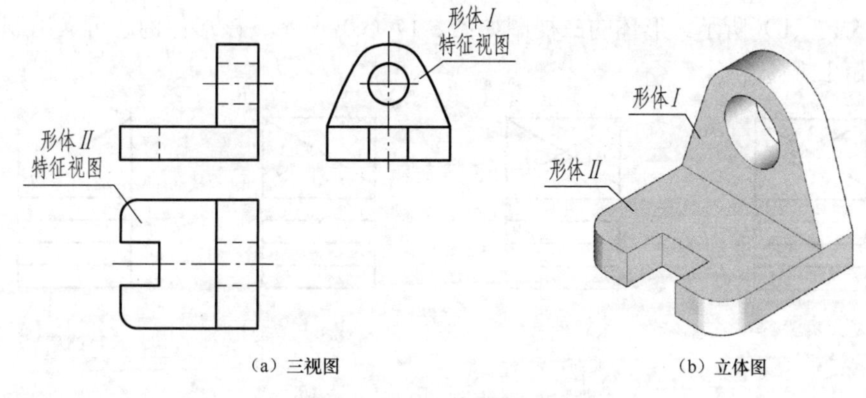

图 5.14 分向拉伸法构思形体

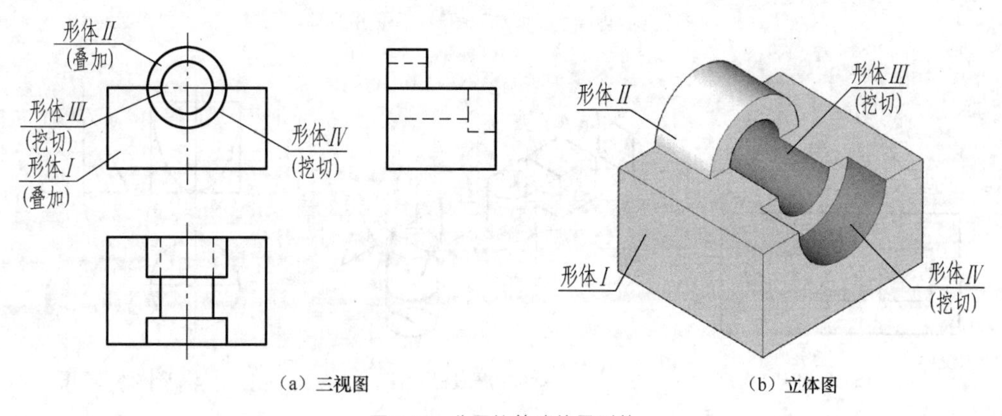

图 5.15 分层拉伸法构思形体

四、由物体虚线和实线变化想象物体形状的变化

细虚线在视图中表示不可见的内部结构，读图时要注意虚实的变化。如图 5.16 所示，三个俯视图一样，但主视图细虚线位置不一样，反映的形体就不一样。图 5.16（a）所示主视图右下方为细虚线，形体是由四棱柱前面的两个正垂面和正平面截切形成的；图 5.16（b）所示主视图左下方为细虚线，形体是由图 5.16（a）所示截平面位置前后互换形成的；图 5.16（c）所示主视图变成整条细虚线，形体是由四棱柱前、后各被正垂面和正平面截切形成的，中间是水平面。图 5.16（d）所示是去掉图 5.16（b）所示主视图上方的一条粗实线，形体是由前、后两个相同的斜四棱柱和中间一个相反的斜四棱柱左右平齐叠加形成的。

五、善于构思物体的形状

为了提高读图的能力，应不断培养构思物体形状的能力，进一步丰富空间想象能力，从而可正确、迅速地读懂视图。

【例 5.2】如图 5.17（a）所示，板上有 3 个不同形状的孔，试构思一个形体无间隙通过这三个孔，并画出形体的三视图。

解：先构思一个正四棱柱，恰好通过正方形孔；接着把正四棱柱的四个棱倒圆角，变成一个圆柱，沿铅垂方向恰好通过圆孔；最后用两个侧垂面切，沿侧垂方向恰好通过正三角形孔，如图5.17（b）所示。形体的三视图如图5.17（c）所示。该形体构思可应用制作专用量具“通规和止规”。

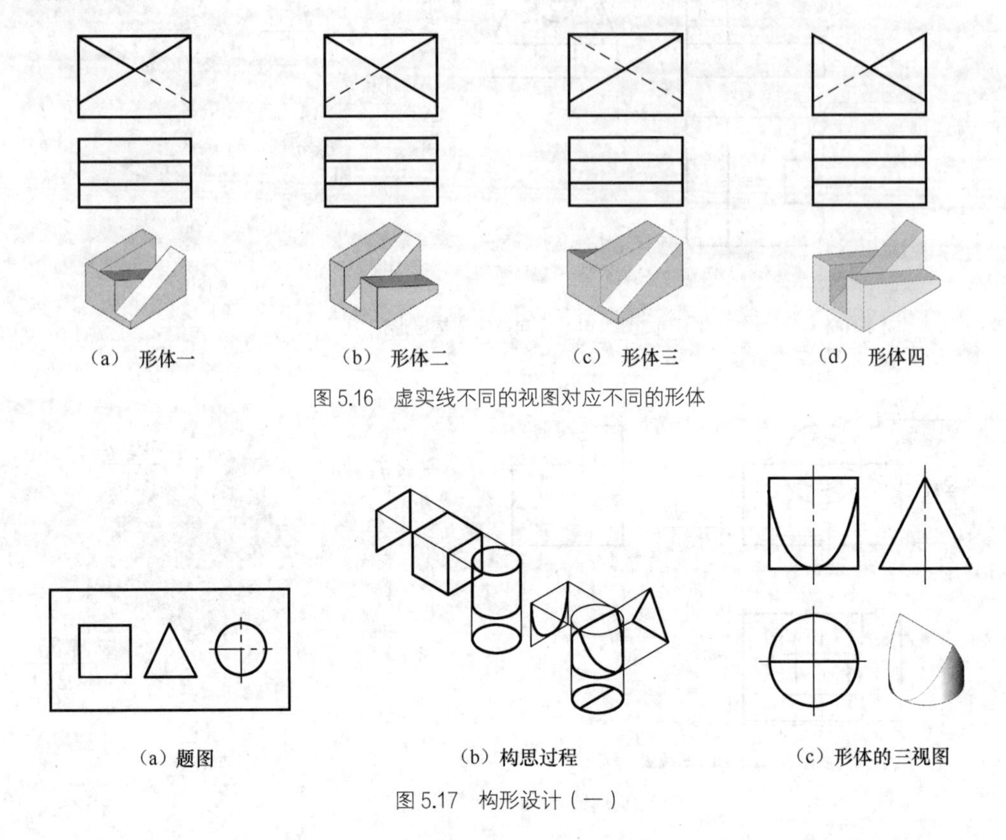

（a） 形体一　（b） 形体二　（c） 形体三　（d） 形体四

图5.16 虚实线不同的视图对应不同的形体

（a）题图　（b）构思过程　（c）形体的三视图

图5.17 构形设计（一）

【例5.3】如图5.18（a）所示，已知形体的主、俯视图，试构思出不同的形体，并画它们的左视图。

解：如图5.18（a）所示，物体的主、俯视图是线框相套的，线框相套表示空间的两个平面不平、倾斜或在面上打孔等。如图5.18（b）所示，是大三棱柱上叠加一个小三棱柱；如图5.18（c）所示，是大三棱柱斜面上挖一个小三棱柱槽；如图5.18（d）所示，是大三棱柱上叠加一个小圆柱面。

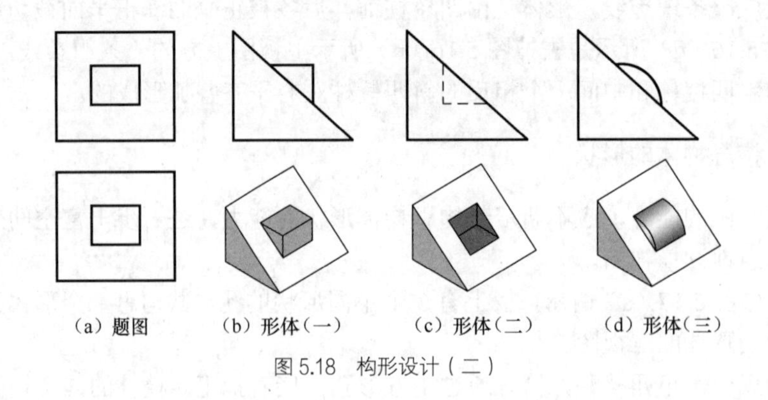

（a）题图　（b）形体（一）　（c）形体（二）　（d）形体（三）

图5.18 构形设计（二）

思考：针对例 5.3，还能构思出哪些不同的形体？

组合体的读图和画图方法（2）

5.4.2　读组合体视图的方法

读组合体视图时以形体分析法为主，线面分析法为辅。

一、采用形体分析法读图

针对图 5.19（a）所示的组合体，读图步骤如下所述。

（1）分线框、对投影，用形体分析法把组合体分为 *I*、*II*、*III* 三个部分，如图 5.19（b）所示。

（2）找形体 *I*（挖阶梯孔的圆筒）的特征视图（图 5.19（c）主视图中的粗线部分），用拉伸法想象形体 *I* 的形状，如图 5.19（c）所示。找出形体 *II*（十字肋）的特征视图（图 5.19（d）俯视图中的粗线部分），用拉伸法想象形体 *II* 的形状，如图 5.19（d）所示。找出形体 *III*（底板）的特征视图（图 5.19（e）俯视图中的粗线部分），用拉伸法想象形体 *III* 的形状，如图 5.19（e）所示。

（3）形体 *II* 与形体 *III* 前后平齐，左右对称，形体 *I* 与形体 *II* 前后、左右均对称，综合起来想象组合体的形状，如图 5.19（f）所示。

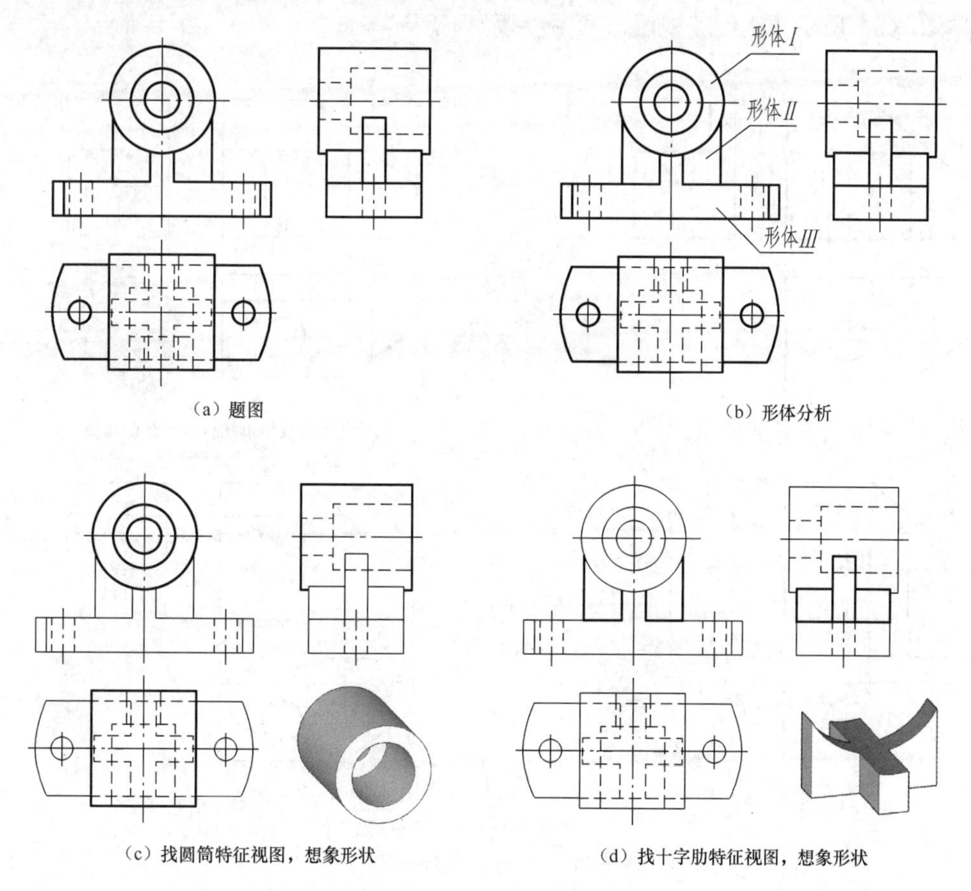

（a）题图　（b）形体分析

（c）找圆筒特征视图，想象形状　（d）找十字肋特征视图，想象形状

图 5.19　形体分析法读图过程

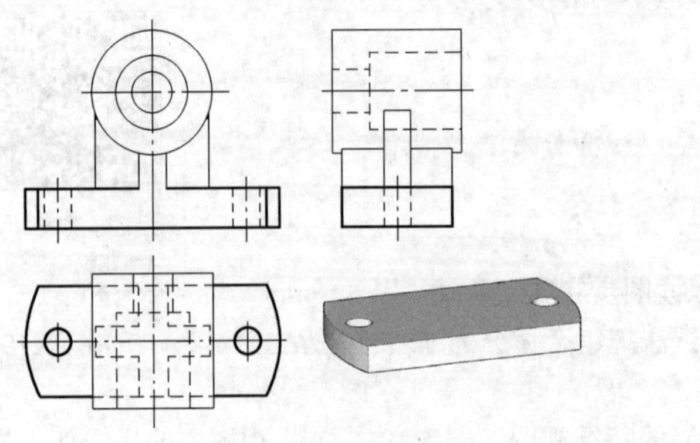

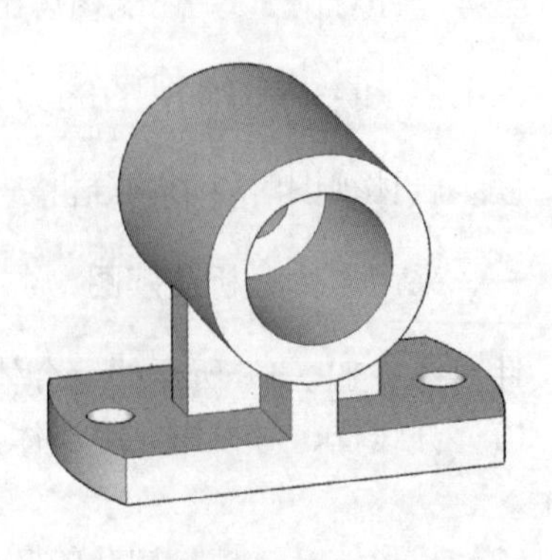

（e）找底板特征视图，想象形状　　（f）综合起来想象组合体的形状

图 5.19　形体分析法读图过程（续）

二、采用线面分析法读图

采用线面分析法读图时，先分线框对投影进行分析，得出组合体挖切前的基本形状（又称恢复原形法），接着分析截平面的位置，找出截平面的特征视图，再用对投影的方法找出另两个视图，从而分析出形体表面的特征，最后综合想象出组合体的形状。

图 5.20（a）所示的压板三视图，读图步骤如下所述。

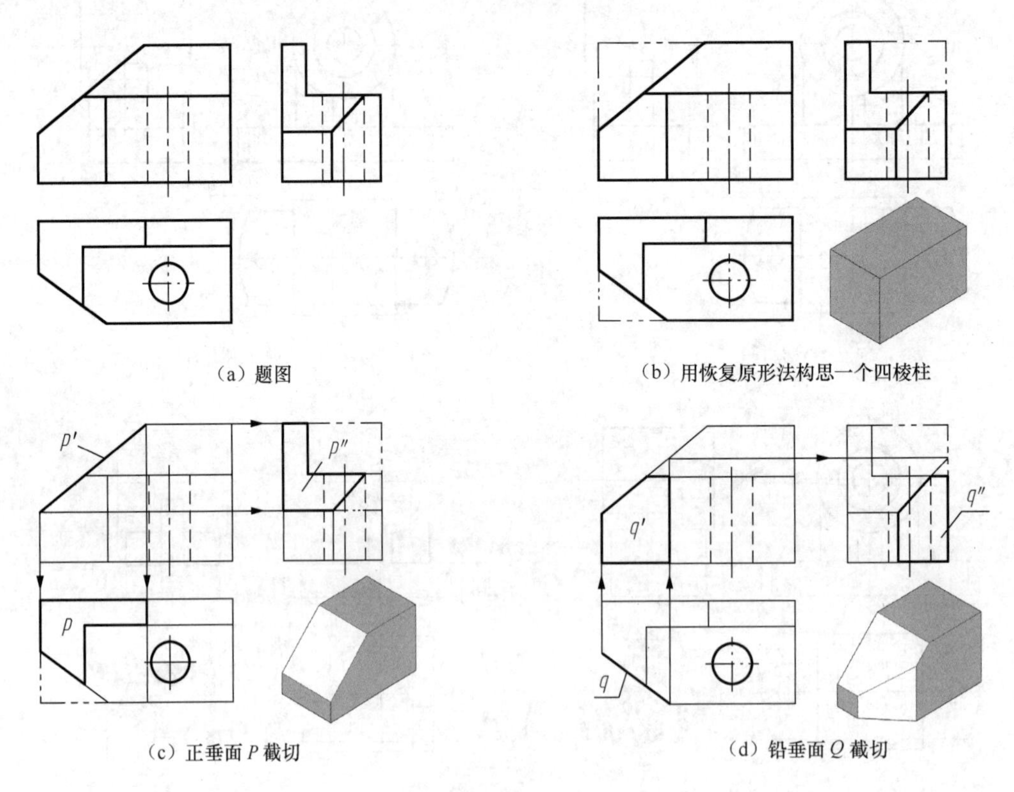

（a）题图　　（b）用恢复原形法构思一个四棱柱

（c）正垂面 P 截切　　（d）铅垂面 Q 截切

图 5.20　线面分析法读图过程

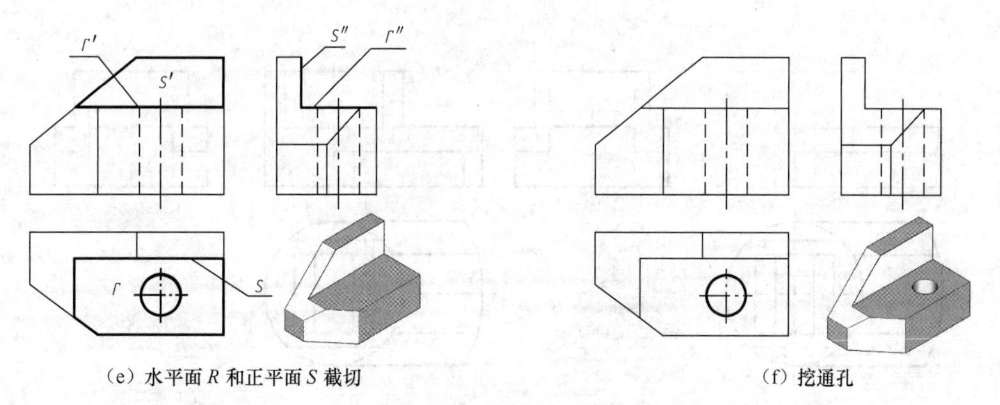

（e）水平面 R 和正平面 S 截切　　（f）挖通孔

图 5.20 线面分析法读图过程（续）

（1）如图 5.20（b）所示，用恢复原形法将主、俯、左三个视图的缺角补齐，三个视图都是矩形，说明组合体是由四棱柱切割而成的。

（2）如图 5.20（c）所示，物体被正垂面切角正面投影 p' 积聚，水平投影 p 和侧面投影 p'' 为类似形。

（3）如图 5.20（d）所示，物体被铅垂面切角，水平投影 q 积聚，正面投影 q' 和侧面投影 q'' 为类似形。

（4）如图 5.20（e）所示，四棱柱又被水平面 R 和正平面 S 截切。最后在水平面 R 上挖一通孔，如图 5.20（f）所示。

5.4.3 已知物体的两个视图求第三个视图

【例 5.4】如图 5.21 所示，已知物体的俯视图和左视图，画出其主视图。

解：依据俯视图找出叠加体的特征视图，用拉伸法想象形体是由圆柱和带圆柱面的底板叠加而成的，其中圆柱与底板相切，与上面的小方板相贯，如图 5.21（b）立体图所示。圆柱中间挖一个“T”形方槽，圆柱前后被正平面和水平面切角，如图 5.21（c）立体图所示。画图时，先画叠加体的主视图，注意截交线、相贯线和切点的画法，如图 5.21（b）投影图所示。依次画出挖“T”形方槽和切角的投影，如图 5.21（c）所示。注意截交线和“T”形方槽表面平齐的画法，最后加粗图线，如图 5.21（d）所示。

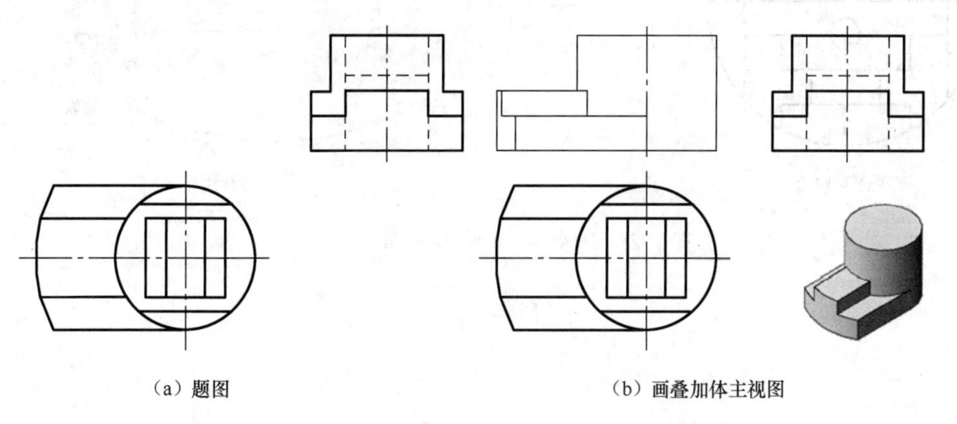

（a）题图　　（b）画叠加体主视图

图 5.21 已知物体两个视图，画第三视图（一）

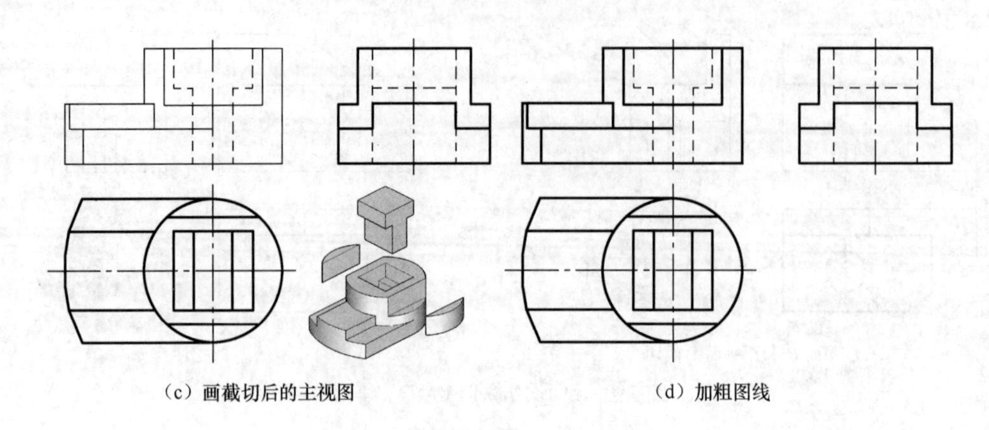

（c）画截切后的主视图　　　　（d）加粗图线

图 5.21　已知物体两个视图，画第三视图（一）（续）

【例 5.5】如图 5.22（a）所示，已知物体的主视图和俯视图，补画左视图。

解：如图 5.22（a）所示，该组合体左右对称，由三个基本形体组成。形体 *I* 的基本形状是半圆柱，左、右和前侧的上方被切去一块；形体 *II* 的基本形状为倒放的“U”形柱，中间挖一圆孔（圆孔的一小部分挖入形体 *I*）；形体 *III* 为左右对称的肋板，构思出的组合体形状如图 5.22（b）所示。作图时，先画形体 *I*，注意半圆柱左、右和前侧的上方被切时截交线的画法，如图 5.22（c）所示。画形体 *II*，注意在倒置“U”形柱的上方挖孔时有相贯线，如图 5.22（d）所示。画形体Ⅲ，注意肋板与倒置“U”形柱半圆柱相切，应先找到切点，然后画到切点处，如图 5.22（e）所示，检查加粗图线，如图 5.22（f）所示。

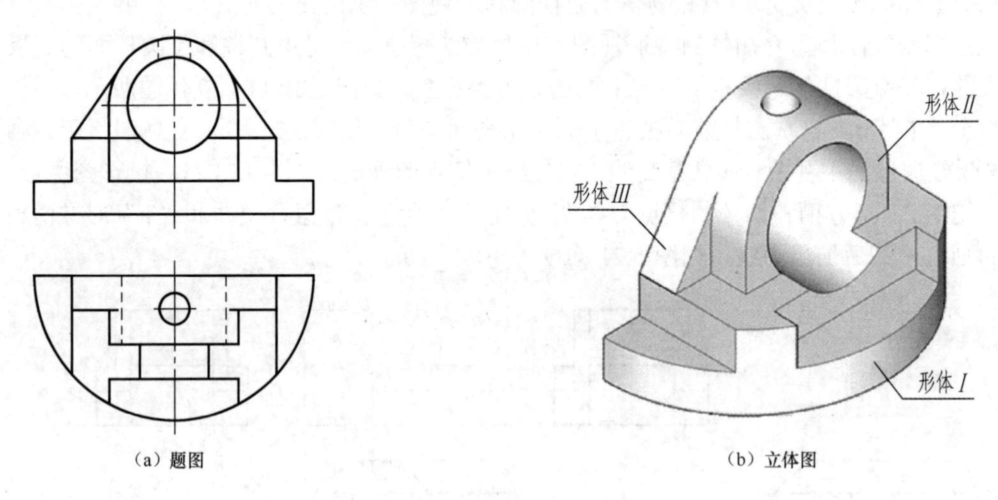

（a）题图　　　　（b）立体图

图 5.22　已知物体两个视图，画第三视图（二）

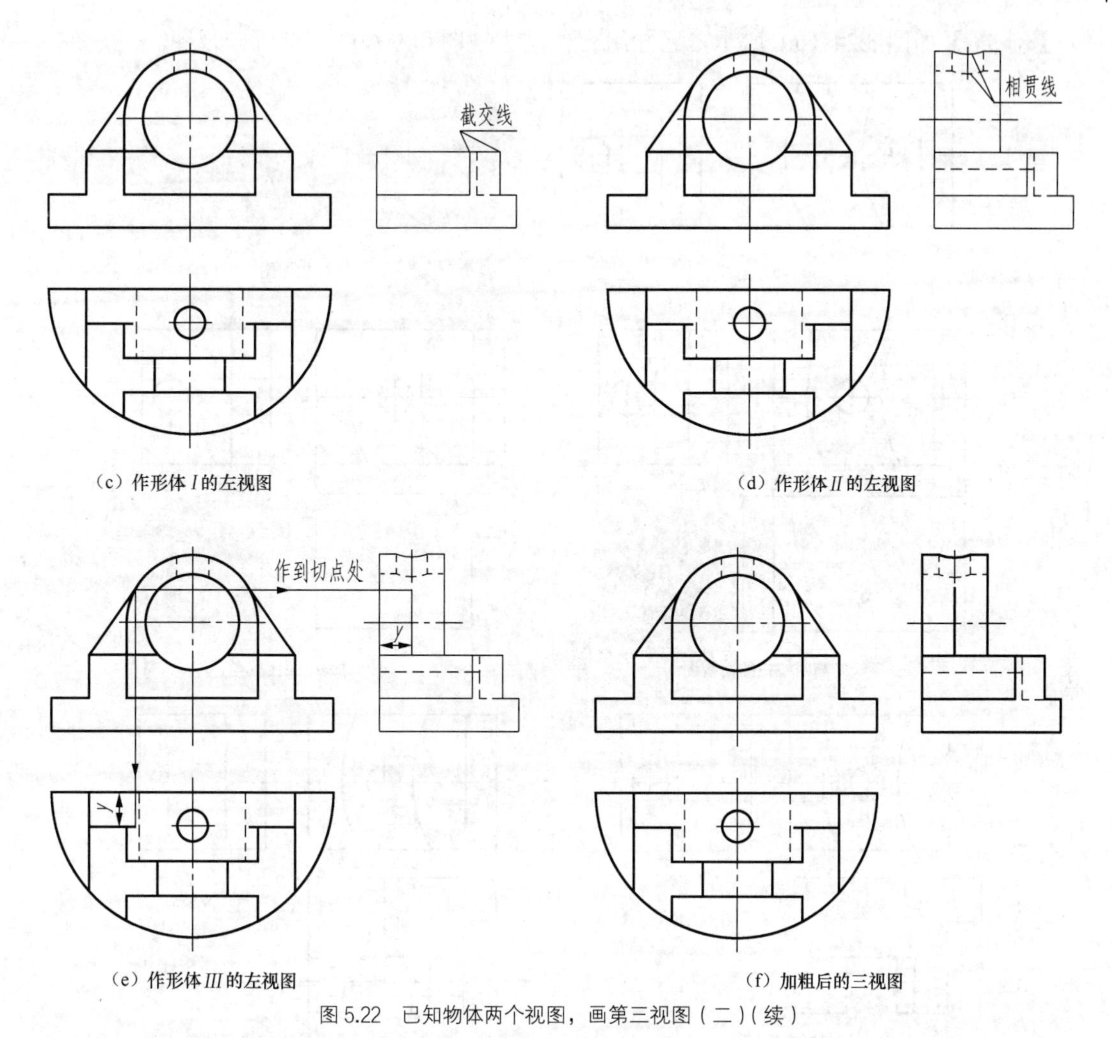

（c）作形体 *I* 的左视图 （d）作形体 *II* 的左视图

（e）作形体 *III* 的左视图 （f）加粗后的三视图

图 5.22 已知物体两个视图，画第三视图（二）（续）

思考：如图 5.23 所示，把例 5.5 中形体 *I*（半圆柱）前面的方槽改为半圆槽，左视图如何变化？

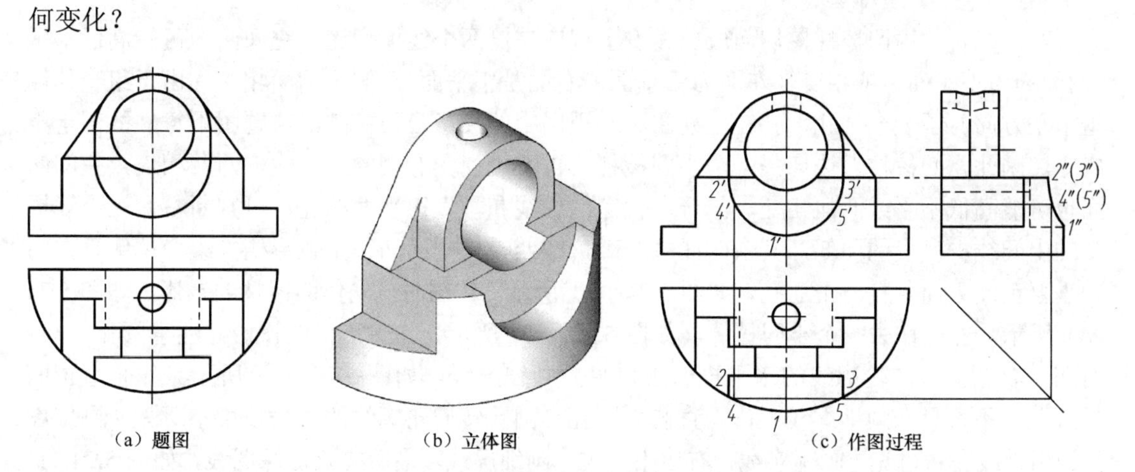

（a）题图 （b）立体图 （c）作图过程

图 5.23 已知物体两个视图，画第三视图（三）

【例 5.6】如图 5.24（a）所示，已知组合体的主视图和左视图，补画俯视图。

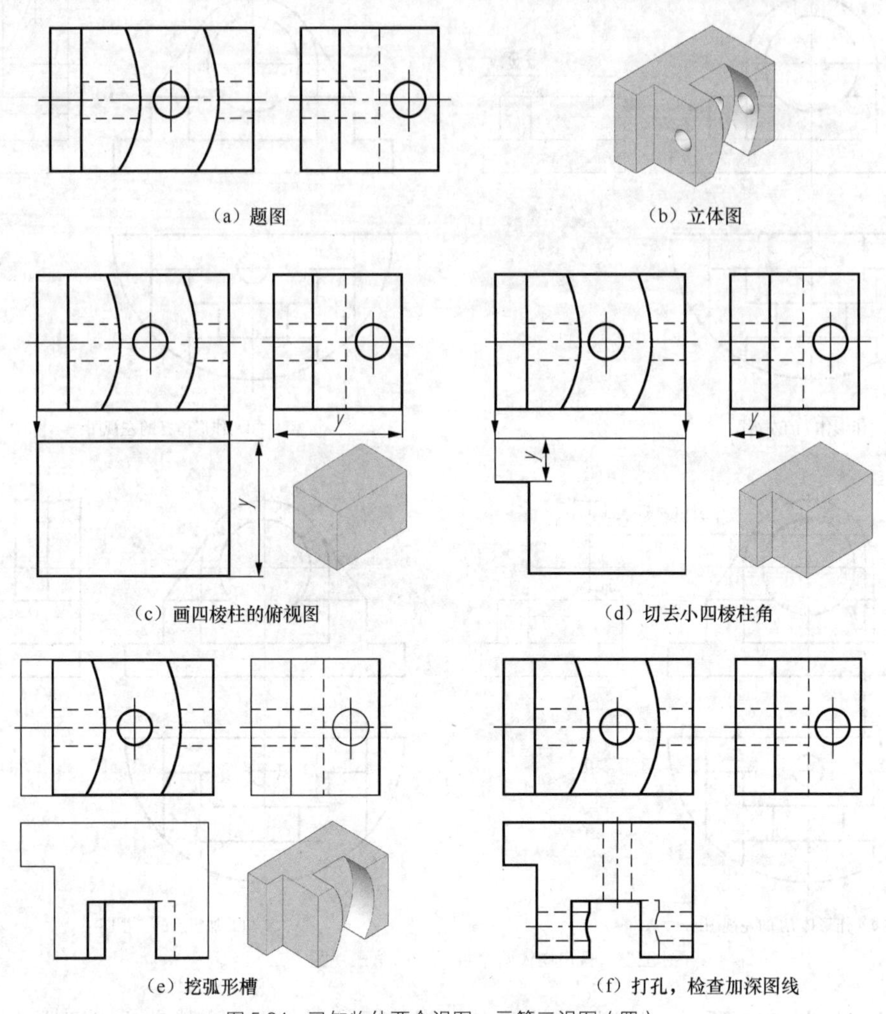

图 5.24　已知物体两个视图，画第三视图（四）

解：组合体由四棱柱挖切而成。先看主视图左侧两个线框相连，空间两面可能高低不平（两面均为正平面）或相交（左面为铅垂面、右面是正平面）。假定两面相交，由于组合体侧垂水平方向打了一个圆孔，孔在主视图、左视图中的投影应为椭圆，与题图不符，故假定不成立。因此，四棱柱左边切去一个小四棱柱。再看主视图右侧的三个线框两两相连，空间两面也可能高低不平或两面相交，结合左视图的虚线和垂直正平面的孔，可判断右侧三个线框中的中间线框代表的面低，其余两面一样高，即四棱柱中间切去了弧形槽。组合体侧垂方向和垂直正面方向各打一个通孔，如图 5.24（b）所示。作图时，先作四棱柱的投影，如图 5.24（c）所示。左面切去一个小四棱柱，如图 5.24（d）所示。作弧形槽的投影，注意圆弧左凸、右凹，右圆弧转向轮廓线的水平投影不可见，画细虚线，如图 5.24（e）所示。作垂直正面的圆孔，不可见，画细虚线；作垂直侧面圆孔，圆孔转向轮廓线的水平投影不可见，画细虚线；相贯线左边可见，画粗实线，右边不可见，画细虚线，最后检查加深图线，如图 5.24（f）所示。

思考：上题是否具有唯一解？如图 5.25 所示，去掉示例 5.6 中的侧垂孔，俯视图有几个解？

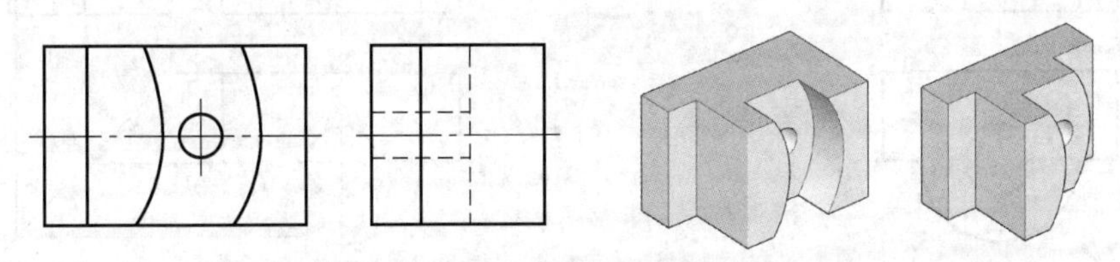

图 5.25 一题多解练习

【例 5.7】如图 5.26（a）所示，已知组合体的主、俯视图，补画左视图。

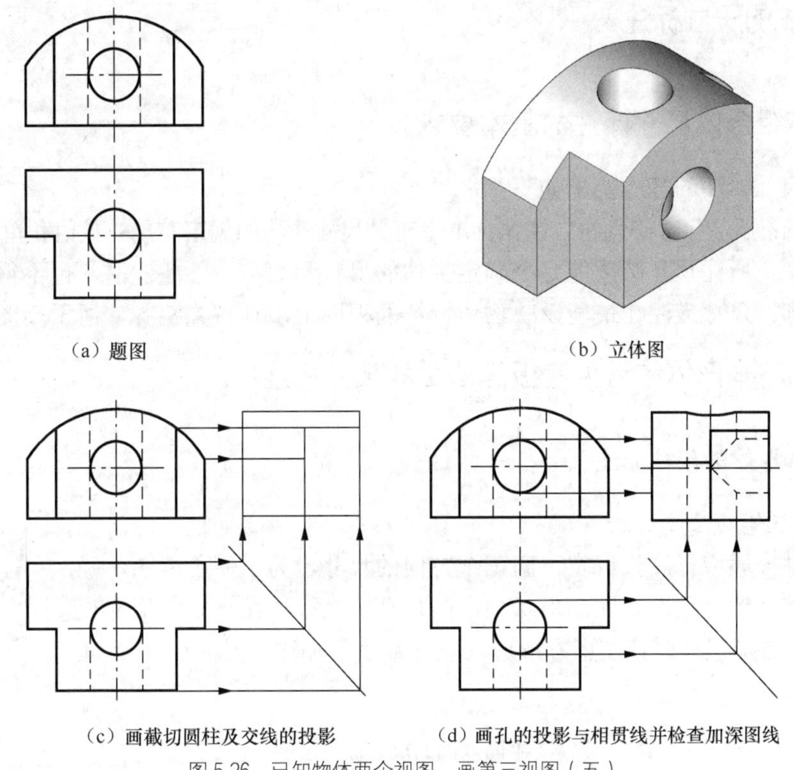

图 5.26 已知物体两个视图，画第三视图（五）

解：组合体是半圆柱。左、右两侧分别被两个正平面和 4 个侧平面切割，铅垂方向打一个通孔，正垂方向挖一个盲孔（不通孔），如图 5.26（b）所示。正平面和侧平面切圆柱面产生截交线，铅垂方向挖通孔，圆柱外表面上有相贯线，铅垂方向的通孔和正垂方向的盲孔等径相贯，相贯线不可见，画细虚线。作图时，先画截切半圆柱及截交线的投影，如图 5.26（c）所示。作垂直相交孔的投影及相贯线，并检查加深图线，如图 5.26（d）所示。

思考：如图 5.27（a）、图 5.27（b）所示，将例 5.6 中形体的前面改为半圆柱，左视图如何变化？答案如图 5.27（c）所示。

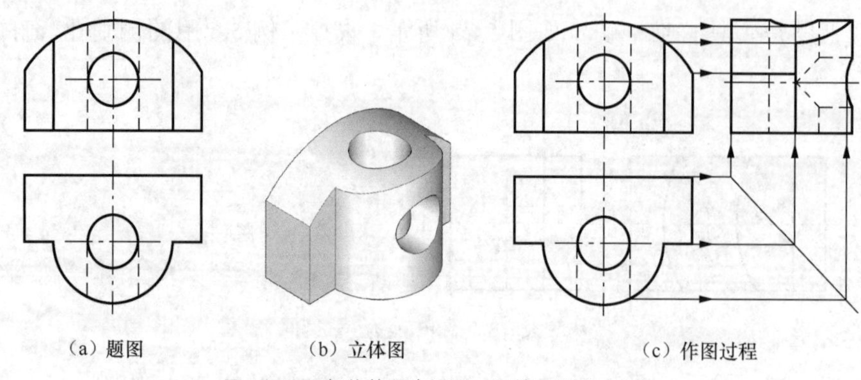

（a）题图　　（b）立体图　　（c）作图过程

图 5.27　已知物体两个视图，画第三视图（六）

5.5　组合体的尺寸标注

5.5.1　组合体尺寸标注的基本要求

组合体尺寸标注的基本要求如下。

（1）正确：所注尺寸必须符合国家标准中有关尺寸注法的规定，尺寸数值和单位必须正确。

（2）完整：所注尺寸必须能完全确定物体的形状和大小，不能遗漏，也不得重复。

（3）清晰：尺寸应注在最能反映物体特征的视图上，且布置整齐，便于读图。

5.5.2　基本形体和常见底板、法兰的尺寸标注

一、基本形体的尺寸标注

1. 平面立体的尺寸注法

尺寸标注

平面立体一般应标注长、宽、高三个方向的尺寸。为了便于读图，确定棱柱、棱锥及棱台顶面和底面形状大小的尺寸，应标注在反映实形的视图上。标注正方形尺寸时，在正方形边长尺寸数字前加注符号“□”，标注示例见表 5.1。

表 5.1　　**平面立体的尺寸标注示例**

棱柱尺寸标注	棱锥（棱台）尺寸标注
12 10 8	14 12
12 10 8	13 4 10 8 18

续表

棱柱尺寸标注	棱锥（棱台）尺寸标注

2. 回转体的尺寸注法

圆柱、圆锥（圆台），应标注底（顶）面圆直径和高度尺寸。直径尺寸一般标注在非圆视图上，标注示例见表5.2。

表5.2　　回转体的尺寸标注示例

圆　柱	圆锥（圆台）	圆　球

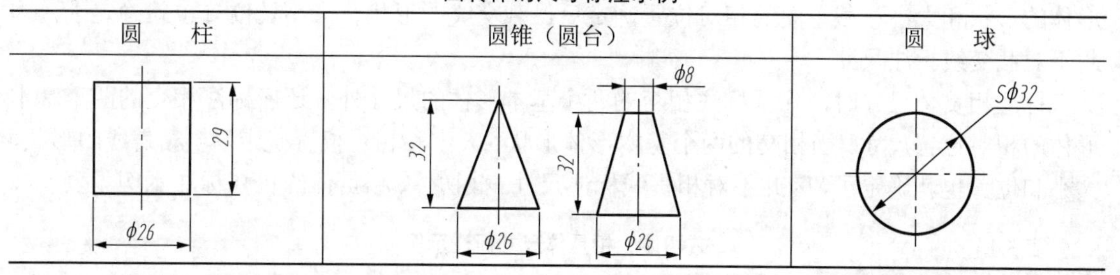

3. 底板、法兰的尺寸标注

常见底板、法兰的尺寸标注如表5.3所示。

表5.3　　常见底板、法兰的尺寸标注示例

底板尺寸标注	法兰尺寸标注

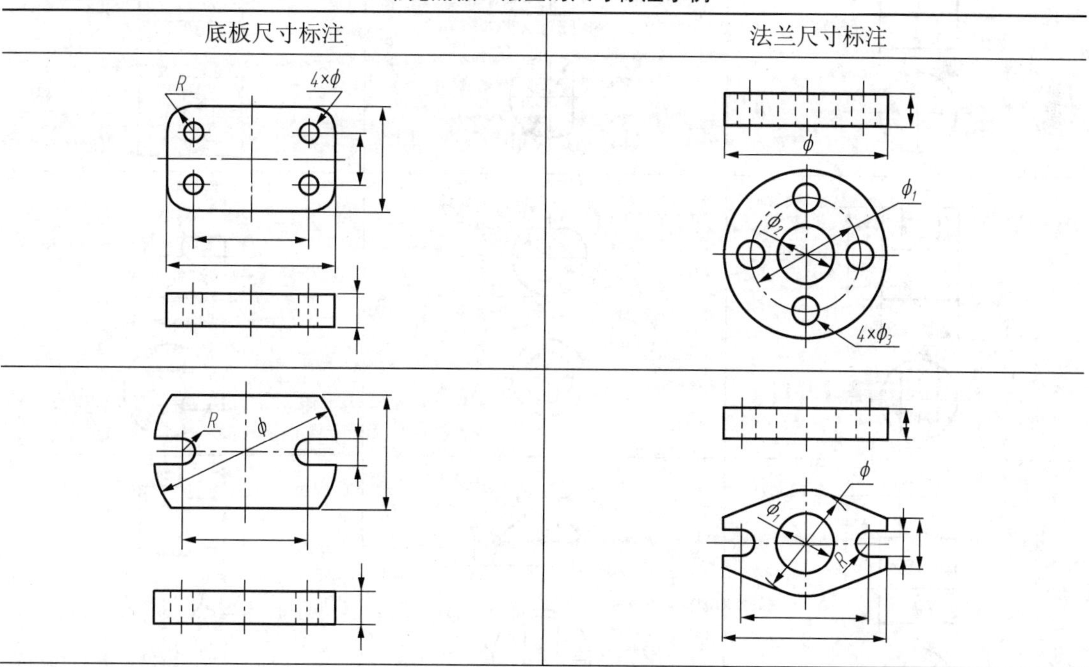

续表

底板尺寸标注	法兰尺寸标注

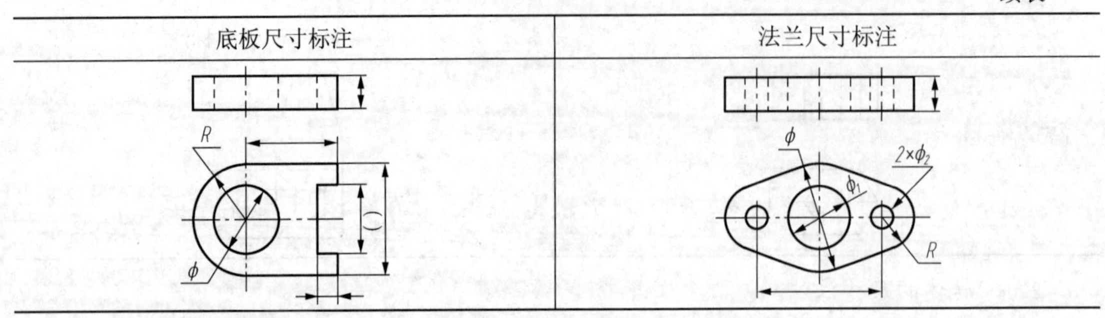

二、截切体、相贯体的尺寸标注

标注截切体尺寸时，除了标注基本形体的尺寸外，还应标注截平面的定位尺寸。当基本形体的形状和大小、截平面的相对位置确定后，截交线的形状、大小及位置也就确定了，因此不对截交线标注尺寸。

标注相贯体尺寸时，除了标注相交的两个基本形体的尺寸外，还应标注相交的两个基本形体的相对位置尺寸。当相交的两个基本形体形状、大小和相对位置确定后，相贯线的形状、大小和位置也就确定了，因此不对相贯线标注尺寸。截切体、相贯体的尺寸标注示例见表 5.4。

表 5.4　　截切体、相贯体尺寸标注示例

截切体尺寸标注		相贯体尺寸标注
ϕ	ϕ	ϕ ϕ
ϕ	Sϕ	ϕ ϕ
ϕ	SR	ϕ Sϕ

5.5.3 组合体的尺寸基准及尺寸分类

组合体的尺寸基准及尺寸分类

一、尺寸基准

确定尺寸位置的几何元素称为尺寸基准。组合体有长、宽、高三个方向尺寸，每个方向至少选择一个主要尺寸基准，一般选择组合体的对称面、底面、重要端面以及回转体轴线等作为主要尺寸基准，如图5.28（a）所示。

如图5.28（b）所示，三视图中的尺寸140、65、80分别是基于长、宽、高三个方向的主要尺寸基准进行标注的。

有时每个方向上除确定一个主要基准外，还需要选择若干个辅助基准。如图5.28（b）所示，ϕ60是以ϕ36轴线为辅助基准进行标注的，16是以支撑板前面为辅助基准进行标注的。

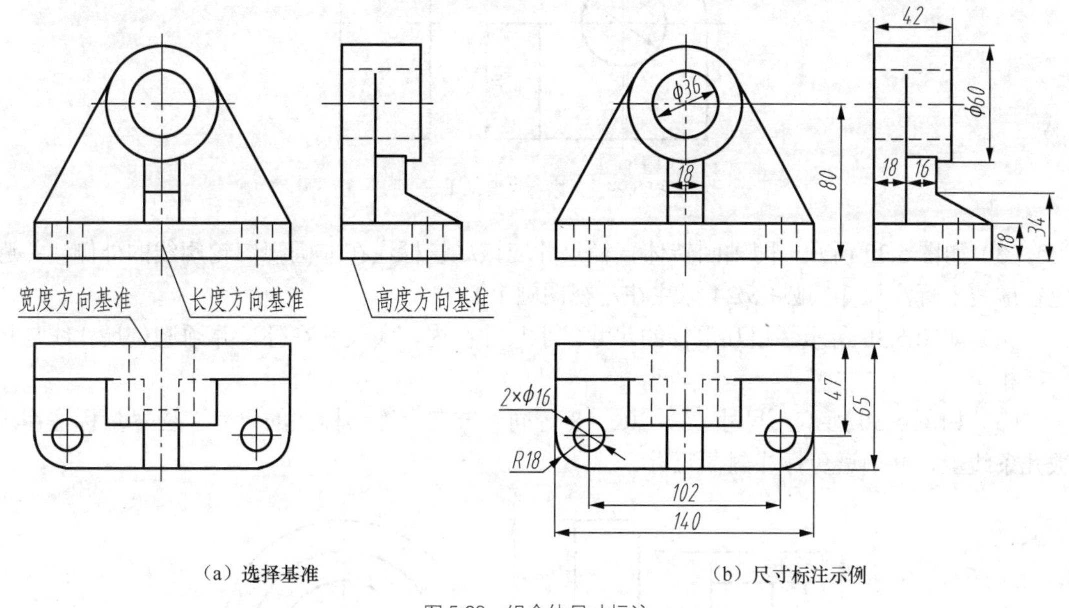

（a）选择基准　　（b）尺寸标注示例

图5.28　组合体尺寸标注

二、尺寸分类

（1）定形尺寸：确定组合体各组成部分形状大小的尺寸。如图5.28（b）所示，底板的定形尺寸是长140、宽65、高18、R18以及板上两个ϕ16圆孔；圆筒的定形尺寸分别是ϕ60、ϕ36、42；支撑板的定形尺寸为宽18；肋板的定形尺寸为18、16、34。

（2）定位尺寸：确定组合体各组成部分相对位置的尺寸。如图5.28（b）所示，主视图中的尺寸80是圆筒高度方向的定位尺寸，俯视图中的尺寸102、47分别是底板上两圆孔在长度方向和宽度方向的定位尺寸。由于支撑板、肋板与底板左右对称、相互接触，支撑板与底板后表面平齐，它们之间的相对位置均已确定，无须标注定位尺寸。

（3）总体尺寸：表示组合体总长、总宽、总高的尺寸。如图5.28（b）所示，140为底板长度尺寸（即总长），65为底板宽度尺寸（即总宽），尺寸80＋30为轴承座高度尺寸（即总高）。

注意：当组合体的端部为回转体时，且定位尺寸的一端与回转体轴线重合时，该方向总体尺寸不标注，由确定回转体轴线的定位尺寸加上回转面的半径尺寸间接体现。如图 5.28（b）所示的总高尺寸、表 5.3 最低一列底板和法兰的总长尺寸不标。

尺寸的清晰标注

5.5.4 尺寸的清晰标注

为清晰标注尺寸，应注意以下问题。

（1）如图 5.28（b）所示，底板尺寸应尽量集中地标注在俯视图上。

（2）如图 5.29 所示，*R*20、ϕ20 等尺寸应该标注在反映形体特征的视图上。

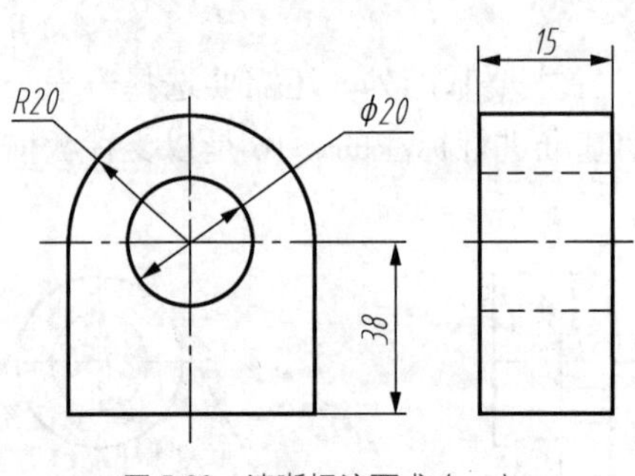

图 5.29 清晰标注要求（一）

（3）如图 5.30 所示，同轴回转体直径尺寸应该尽量标注在非圆视图轮廓线的外侧，并避免在虚线上标注尺寸（圆孔ϕ24 标注在左视图圆上）。

（4）如图 5.30 所示，相互平行的尺寸，小尺寸在内，大尺寸在外，并须避免尺寸线与尺寸线相交。

（5）如图 5.30 所示，尺寸 65、20、18 等同一方向上连续标注的尺寸，应尽量标注在少数几条线上，并须避免标注封闭尺寸。

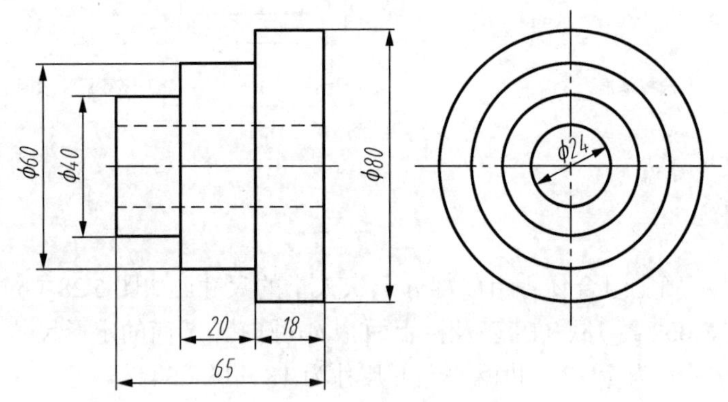

图 5.30 清晰标注要求（二）

5.5.5 标注组合体尺寸示例

标注组合体尺寸时，先利用形体分析法，假想地将组合体分解为若干基本形体（如图 5.7（b）所示），选好尺寸基准（如图 5.28（a）所示）；然后逐一标注出各基本形体的定形尺寸和定位尺寸；最后标注总体尺寸，并对已标注尺寸进行检查、调整，如图 5.31 所示。

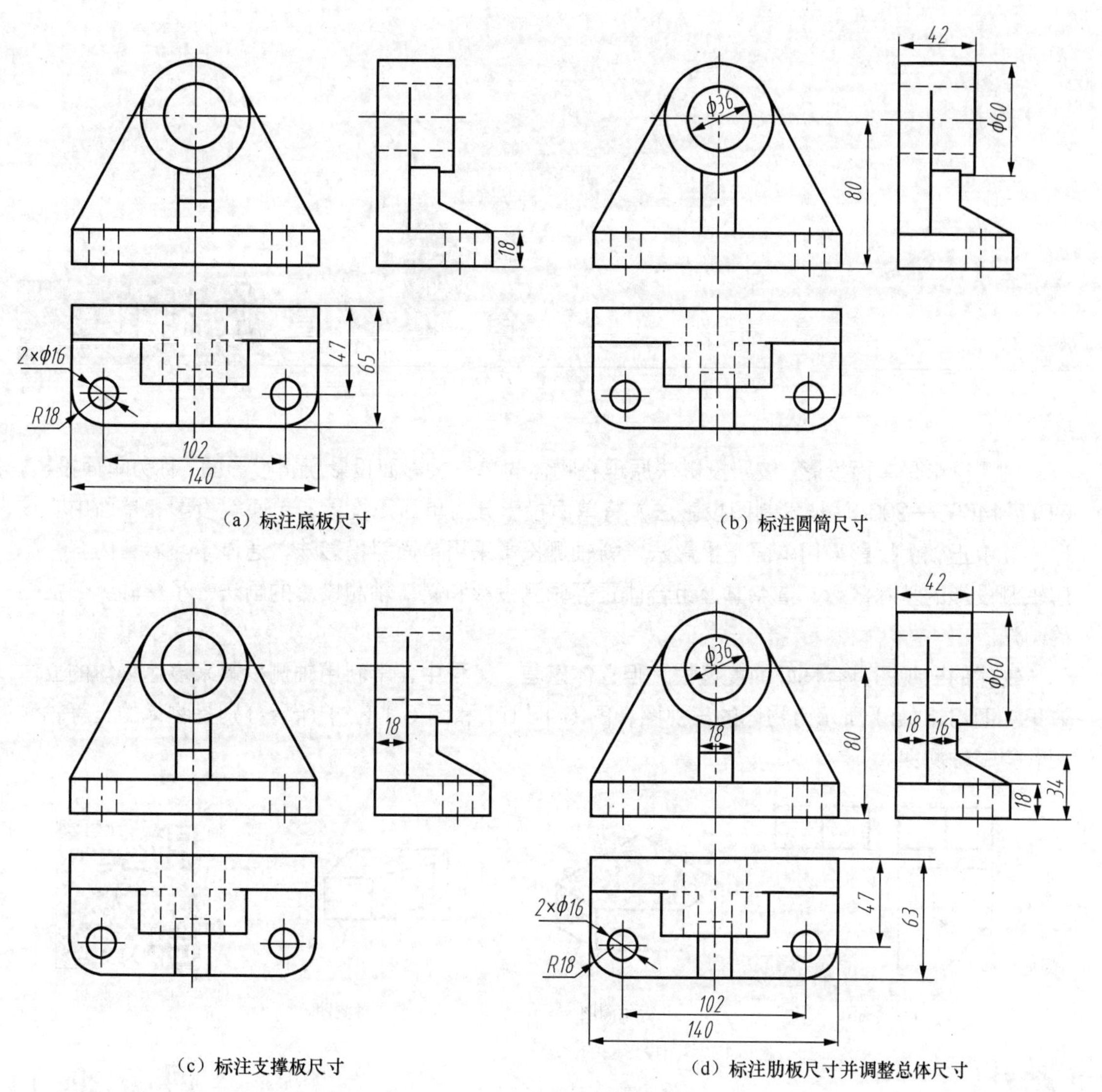

（a）标注底板尺寸　（b）标注圆筒尺寸

（c）标注支撑板尺寸　（d）标注肋板尺寸并调整总体尺寸

图 5.31　轴承座尺寸标注的步骤

第6章 轴测投影

轴测投影是单面投影。按照投影法原理将物体向单一投影面投影所得投影图，称为单面投影。GB/T 14692—2008《技术制图投影法》将单面投影分为单面正投影、单面斜投影和单面中心投影。其中正轴测投影采用单面正投影法，斜轴测投影采用单面斜投影法。通过学习本章内容，了解轴测投影的基本概念，重点掌握组合体正等轴测投影和斜二轴测投影的画法，了解轴测剖视图的画法。

物体的三视图具有良好的度量性，但立体感差。工程中，常利用轴测投影来表达物体的立体效果。图 6.1（a）所示为物体的三视图，图 6.1（b）和图 6.1（c）所示分别是物体的正等轴测图和斜二轴测图。

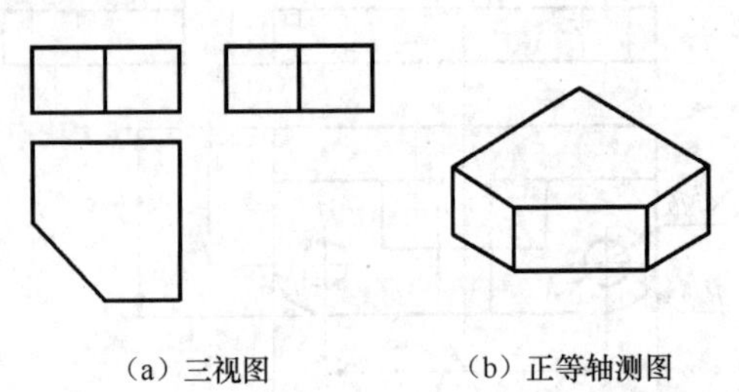

（a）三视图　（b）正等轴测图

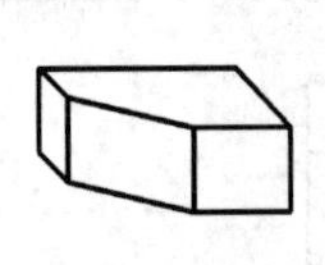

（c）斜二轴测图

图 6.1　不同投影图的比较

图 6.1 动画

轴测投影的基本知识

6.1　轴测投影的基本知识

6.1.1　轴测投影的形成

轴测投影是根据平行投影将物体向单一投影面进行投影所得具有立体感的投影图。如图 6.2（a）所示，用正投影法把正方体向投影面 P 投影，所得到的投影图称为正轴测图；如图 6.2（b）所示，用斜投影法把正方体向投影面 P 投影，所得到的投影图称为斜轴测图。

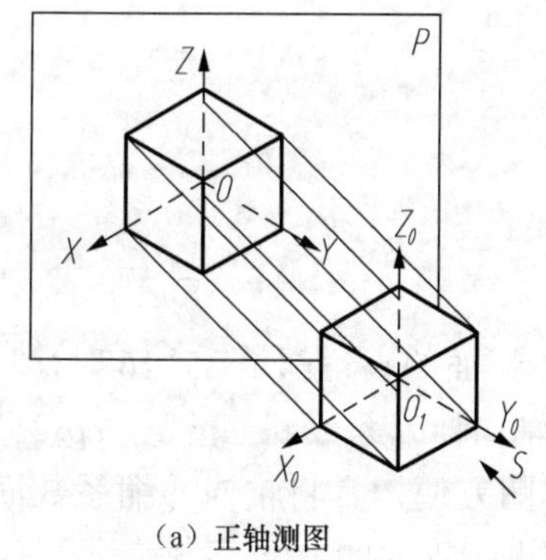

（a）正轴测图

（b）斜轴测图

图 6.2 轴测图的形成

6.1.2 轴测投影的基本概念

如图 6.3 所示，轴测投影中投影面 P 为轴测投影面，坐标轴 OX、OY、OZ 称为轴测投影轴，轴测投影轴之间的夹角 $\angle XOY$、$\angle YOZ$、$\angle XOZ$ 称为轴间角，轴测投影轴上单位长度与相应空间直角坐标轴上单位长度的比值称为轴向伸缩系数。

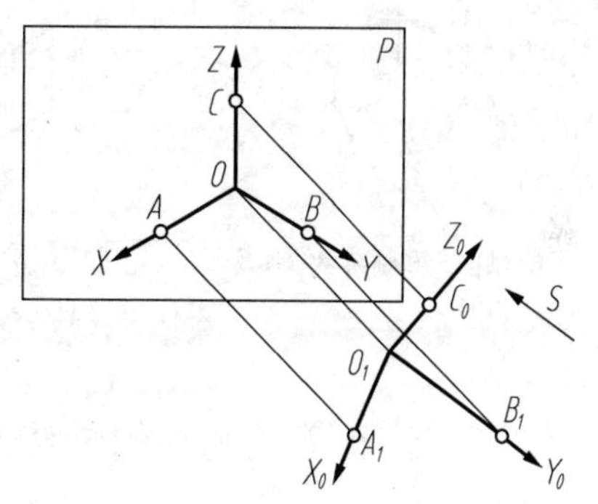

图 6.3 轴测投影基本概念

OX 轴、OY 轴、OZ 轴的轴向伸缩系数分别用 p、q 和 r 表示，$p = OA/O_1A_1$、$q= OB/O_1B_1$、$r= OC/O_1C_1$。

6.1.3 轴测投影的特性

轴测投影是由平行投影法得到的，因此它具有以下特性。

（1）平行性：物体上空间互相平行的线段，其轴测投影仍互相平行。

（2）定比性：物体上线段的轴测投影与实长的比值恒定。

（3）度量性：与直角坐标轴平行的线段，其轴测投影平行于相应的轴测轴，且轴向伸缩系数与相应轴测轴的轴向伸缩系数相同。

6.1.4 轴测投影的分类

轴测投影按投射方向和轴测投影面的位置的不同可分为正轴测投影和斜轴测投影。

（1）正轴测投影：轴测投射线方向垂直于轴测投影面。

（2）斜轴测投影：轴测投射线方向倾斜于轴测投影面。

根据不同的轴向伸缩系数，正（或斜）轴测投影又可分为：

（1）正（或斜）等轴测投影，即 $p = q = r$；

（2）正（或斜）二轴测投影，即 $p = r \neq q$；

（3）正（或斜）三轴测投影，即 $p \neq q \neq r$。

选择轴测投影类型时，既要使表达形体的立体感强，还要便于绘图，因此工程上常用的轴测投影有正等轴测投影和斜二轴测投影。

6.2　正等轴测投影

6.2.1　轴间角和轴向伸缩系数

如图 6.4（a）所示，当空间三坐标轴与轴测投影面的夹角都是 35° 16′时，形成的三个轴测轴的轴间角都等于 120°。如图 6.4（b）所示，轴向伸缩系数 $p = q = r = cos35° 16' \approx 0.82$，这时形成的轴测投影称为正等轴测投影。为了作图方便，常将轴向伸缩系数简化为 1（即 $p = q = r = 1$），将 OZ 画成竖直方向，画出的轴测图比原轴测图沿各轴向分别放大了约 1.22 倍，如图 6.4（c）所示。

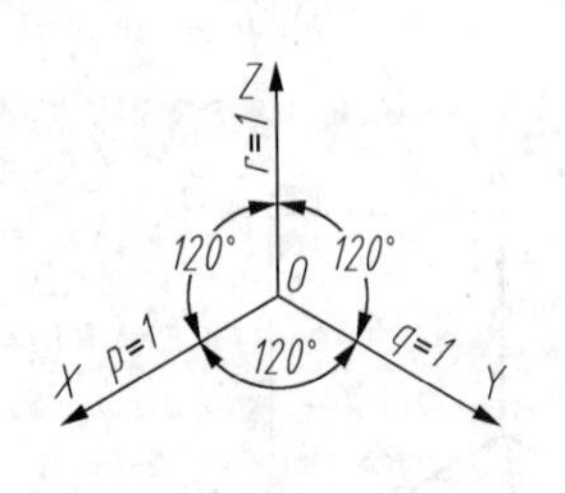

（a）轴间角和轴向伸缩系数

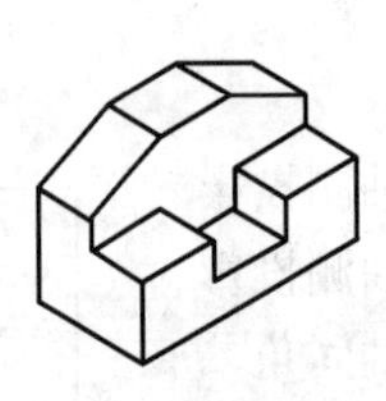
（b）$p=q=r=0.82$

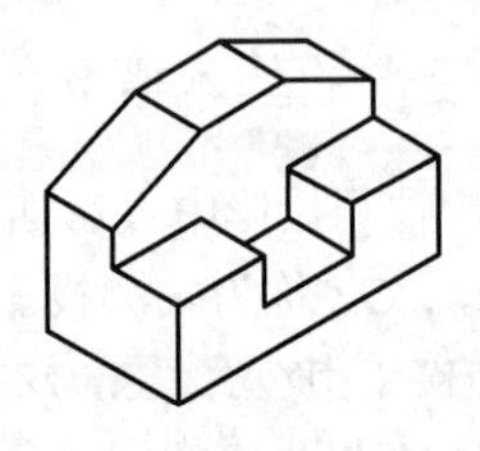
（c）$p=q=r=1$

图 6.4 动画

图 6.4　正等轴测投影的轴间角和轴向伸缩系数

6.2.2　正等轴测图的画法

正等轴测投影

一、平面立体正等轴测图的画法

1. 坐标法

绘制平面立体正等轴测图的基本方法是坐标法。它是根据物体的形状特点，选定合适的直角坐标系，画出轴测轴，然后按物体上各点的坐标关系画出其轴测投影，并连接各点形成物体轴测图的方法。

【例 6.1】如图 6.5（a）所示，依据六棱柱两视图，用坐标法画出其正等轴测图。

解：选定直角坐标系，为了避免作出不可见的作图线，一般选择顶面的中心为坐标原点，然后依次选择坐标轴，如图 6.5（a）所示。画轴测轴，并根据尺寸 D、S 在轴测轴上画出点 I、IV、A、B，如图 6.5（b）所示。过点 A、B 分别作直线平行 OX，并在 A、B 的两边各取 $L/2$ 画出点 II、III、 V、VI，然后依次连接各顶点，得六棱柱的顶面轴测图，如图 6.5（c）所示。过各顶点沿 OZ 轴的负方向画侧棱线，量取高度尺寸 H，依次连接得底面轴测图（轴测图上不可见轮廓对应的细虚线不画），最后检查加深图线，如图 6.5（d）所示。

2. 切割法

对于挖切形成的物体，可以先画出完整物体的轴测投影，再按物体的挖切过程逐一画出被切去的部分，这种方法称为切割法。

【例 6.2】如图 6.6（a）所示，已知物体三视图，用切割法画出其正等轴测图。

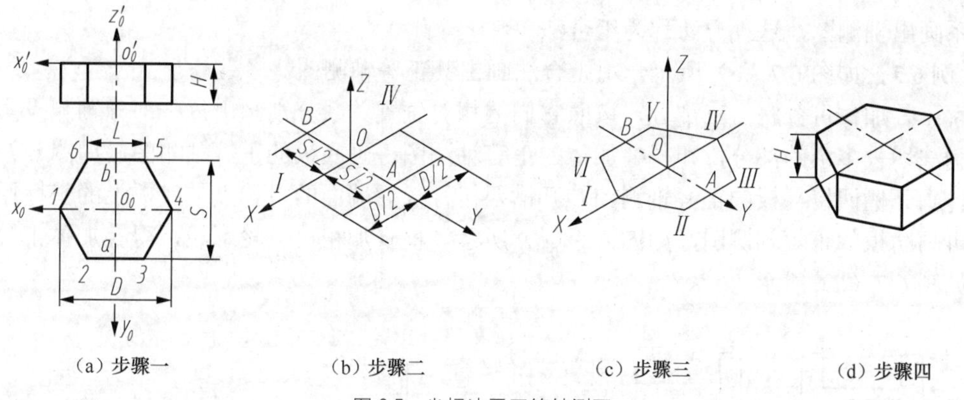

(a) 步骤一　(b) 步骤二　(c) 步骤三　(d) 步骤四

图 6.5　坐标法画正等轴测图

解：物体是由四棱柱切割而成的。在三视图上建立坐标系，如图 6.6（a）所示。先用坐标法画出四棱柱的轴测投影，在轴测图上定出两点 *I*、*II*，用侧垂面切角，如图 6.6（b）所示。定点*III*、*IV*，用铅垂面切角，如图 6.6（c）所示。擦去作图线，加粗可见部分，得切割体的正等轴测图，如图 6.6（d）所示。

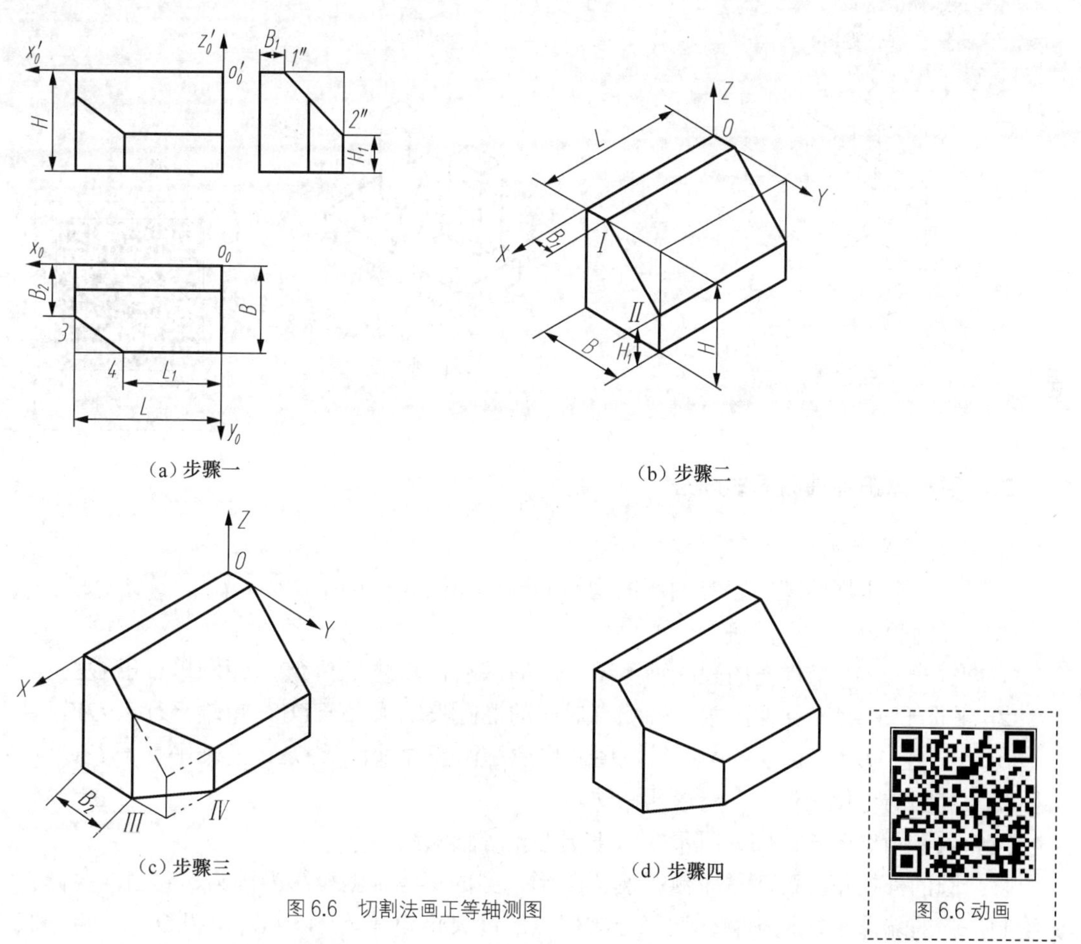

(a) 步骤一　(b) 步骤二　(c) 步骤三　(d) 步骤四

图 6.6　切割法画正等轴测图

3. 组合法

对于叠加体，可用形体分析法将其分解成若干个基本形体，然后按各基本形体的相对位置关系画出轴测图，这种方法称为组合法。

【例6.3】如图6.7（a）所示，用组合法画出其正等轴测图。

解：叠加体可分解为三部分，按照它们的相对位置关系分别画出每一部分轴测投影，再用切割法切去多余的部分，即得叠加体的正等轴测图。画底板的正等轴测图，如图6.7（b）所示。画开槽四棱柱板的正等轴测图，开槽四棱柱板后端面的对称点与底板上的坐标原点重合，再画肋板的正等轴测图，如图6.7（c）所示。检查加粗可见轮廓线，得叠加体正等轴测图，如图6.7（d）所示。

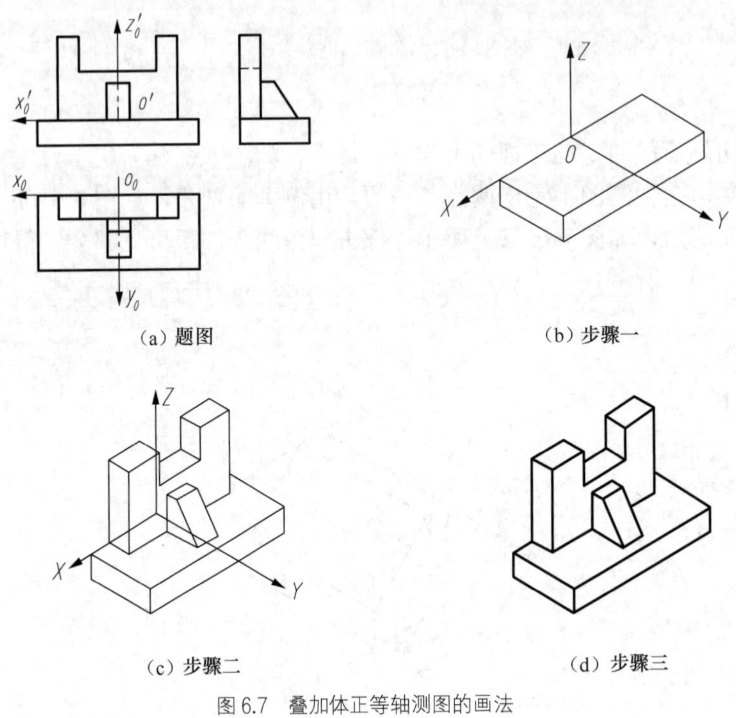

（a）题图　（b）步骤一　（c）步骤二　（d）步骤三

图6.7　叠加体正等轴测图的画法

图6.7 动画

二、回转体正等轴测图的画法

1. 平行于坐标面圆的正等轴测图画法

平行于三个坐标面圆的正等轴测图均为椭圆，如图6.8所示。

（1）椭圆长短轴方向的确定。

① 平行于*XOY*坐标面的圆：轴测图对应的椭圆长轴垂直于*OZ*，短轴平行于*OZ*。

② 平行于*XOZ*坐标面的圆：轴测图对应的椭圆长轴垂直于*OY*，短轴平行于*OY*。

③ 平行于*YOZ*坐标面的圆：轴测图对应的椭圆长轴垂直于*OX*，短轴平行于*OX*。

（2）椭圆的近似画法——菱形四心法。

【例6.4】画出图6.9（a）所示的水平圆的正等轴测图。

解：圆的外接正方形正等轴测投影为菱形，圆的正等轴测投影为椭圆，它用四段圆弧近似绘制，弧的端点正好是椭圆外切菱形的切点。过圆心O_0作坐标轴O_0X_0和O_0Y_0，再作圆的外切正方形，切点为*1*、*2*、*3*、*4*。画出轴测轴*OX*、*OY*。从*O*点沿轴向量圆的半径，得切点*Ⅰ*、*Ⅱ*、*Ⅲ*、*Ⅳ*。过各切点分别作轴测轴的平行线，得圆外切正方形的轴测图——菱形。作

菱形两顶点 A、B 和其两对边中点的连线（这些连线就是各菱形边的中垂线），交菱形长对角线于点 C、D，点 A、B、C、D 即为近似椭圆的4个圆心，如图6.9（b）所示。分别以点 A、B 为圆心、AⅣ为半径画出两大圆弧；分别以点 C 与点 D 为圆心、CⅠ为半径画出两小圆弧。4段圆弧组成近似椭圆，如图6.9（c）所示。

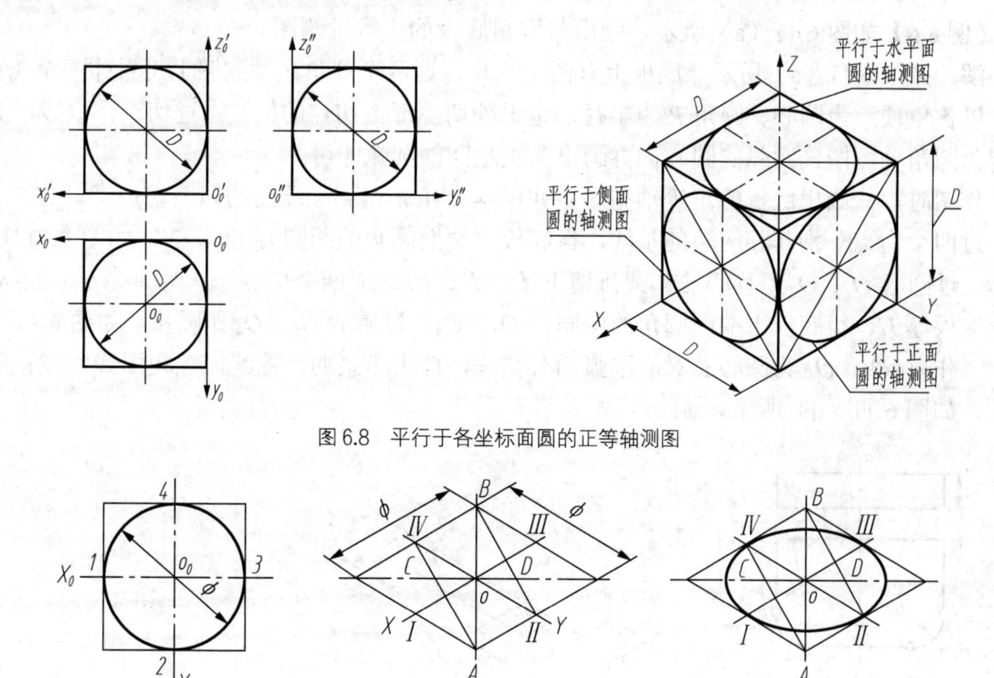

图6.8 平行于各坐标面圆的正等轴测图

（a）题图　（b）步骤一　（c）步骤二

图6.9 菱形四心法画椭圆的过程

思考：正平圆和侧平圆的正等轴测图如何画？

2. 圆柱正等轴测图的画法

【例6.5】如图6.10（a）所示，画出圆柱的正等轴测图。

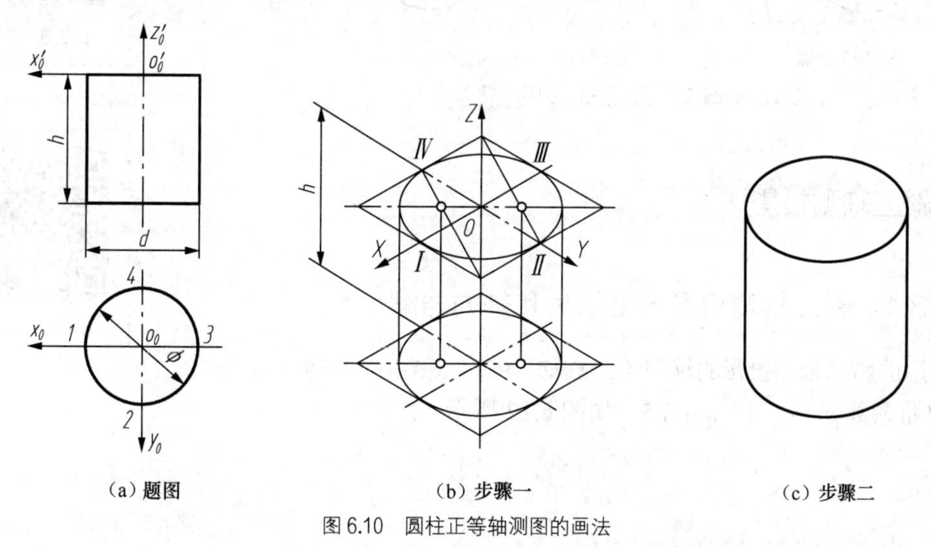

（a）题图　（b）步骤一　（c）步骤二

图6.10 圆柱正等轴测图的画法

解：如图 6.10（a）所示，选取圆柱顶圆圆心为坐标原点，画出坐标轴。画轴测轴，定上下底的中心，画出上下底的菱形，用菱形四心法画出上下底椭圆，作出左右公切线，如图 6.10（b）所示。擦去多余图线和不可见部分并加粗图线，如图 6.10（c）所示。

3. 带圆角底板正等轴测图的画法

【例 6.6】 如图 6.11（a）所示，画出带圆角底板的正等轴测图。

解：如图 6.11（a）所示，底板上有两个圆角，这两个圆角在轴测图上可看作两个 1/4 圆柱。以各角顶点为圆心、圆角 R 为半径，定出外切菱形上切点的位置，过切点作垂线，其交点即为圆角轴测图椭圆弧的圆心，再画出两垂足间的圆弧即可。

作图时，先画出底板的正等轴测图，并根据半径 R 得到上端面的四个切点 *Ⅰ*、*Ⅱ*、*Ⅲ*、*Ⅳ*，过四个切点分别作相应边的垂线，得底板上端面圆角的两圆心 O_1、O_2，如图 6.11（b）所示。过圆心 O_1、O_2 用移心法作圆弧切于 *Ⅰ*、*Ⅱ*、*Ⅲ*、*Ⅳ* 四个切点，从两圆心 O_1、O_2 处向下量取板厚 H，得底板下端面圆角的两圆心 O_3、O_4。过圆心 O_3、O_4 作圆弧，如图 6.11（c）所示。作以 O_2、O_4 为圆心的对应圆弧的公切线，擦去多余的作图线，加粗图线完成正等轴测图，如图 6.11（d）所示。

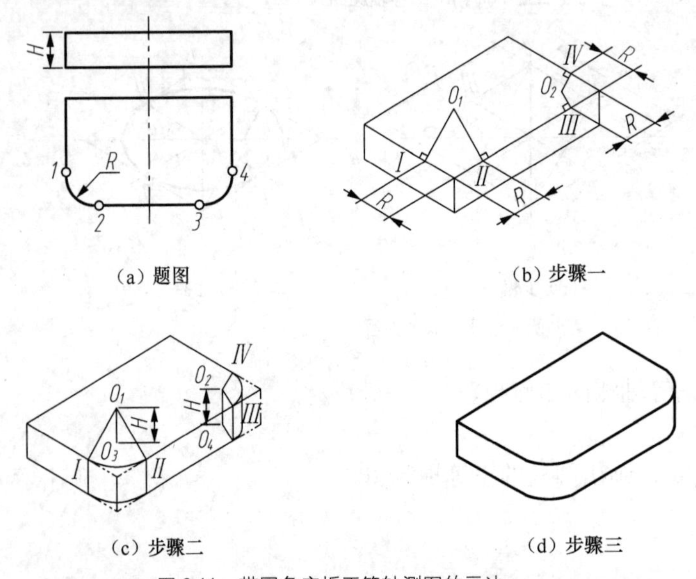

（a）题图　（b）步骤一　（c）步骤二　（d）步骤三

图 6.11　带圆角底板正等轴测图的画法

图 6.11 动画

6.3　斜二轴测投影

斜二轴测投影

6.3.1　斜二轴测投影的轴间角和轴向伸缩系数

常用的斜二轴测投影的轴间角 $\angle XOZ = 90°$、$\angle XOY = 135°$（或 45°），轴向伸缩系数 $p = r = 1$，$q = 0.5$，如图 6.12 所示。

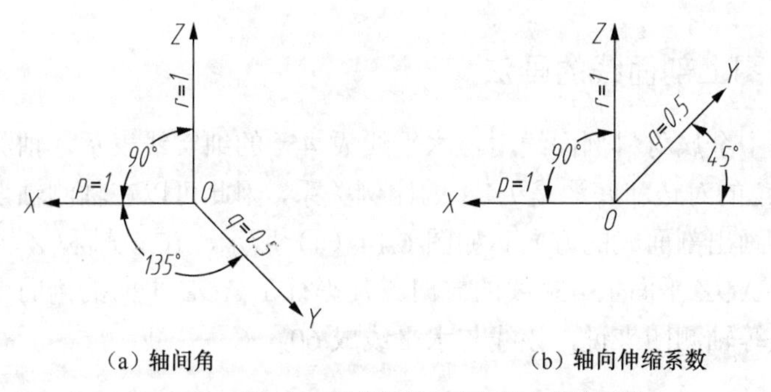

（a）轴间角 （b）轴向伸缩系数

图 6.12 斜二轴测投影的轴间角和轴向伸缩系数

画斜二轴测图时，平行于 *XOZ* 坐标面的平面在轴测图中反映实形，因此若物体在平行于 *XOZ* 坐标的平面上有圆时，画轴测图采用斜二轴测投影可避免画椭圆。

注意：凡平行于 *Y* 轴的线段长度均为 1/2。

6.3.2 斜二轴测图的画法

【例 6.7】 如图 6.13（a）所示，画出组合体斜二轴测图。

解：如图 6.13（a）所示，选择坐标系。画轴测轴，运用形体分析法将组合体分解为上、下两部分，先画下底座前面的图形，反映实形，沿 *OY* 轴从原点 *O* 向后移 *L*/2 距离，画出底座的后端面，可见轮廓线，底座的斜二轴测图如图 6.13（b）所示。把原点 *O* 向上移动距离 *H*，再沿 O_1Y_1 轴向后移动 $L_1/2$ 距离，得新的斜二轴测投影坐标系 $X_1Y_1Z_1$，画出组合体上部实形。沿 O_1Y_1 轴方向向后移（$L-L_1$）/2 距离，画出组合体上部后端可见部分实形，作圆弧公切线，擦去多余的作图线，检查加粗图线，如图 6.13（c）所示。

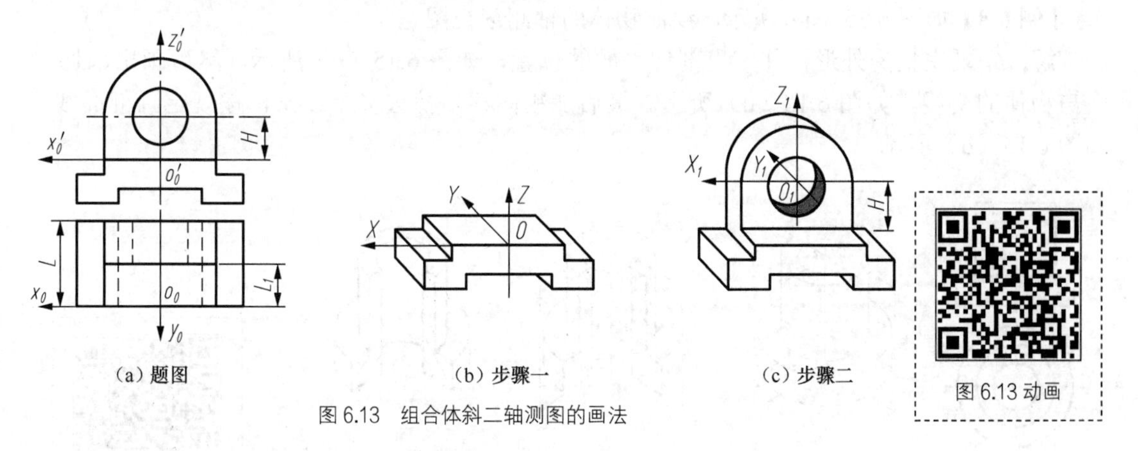

（a）题图 （b）步骤一 （c）步骤二

图 6.13 组合体斜二轴测图的画法

6.4 轴测剖视图的画法

在轴测图中，为了表达物体的内部形状，可以假想用剖切平面将物体的一部分剖开，这种剖切后的轴测图称为轴测剖视图。为了使物体的内外结构都能表达清楚，一般用两个平行于坐标面的相交平面剖开物体。

6.4.1 轴测图上剖面线的画法

正投影剖视图中金属材料剖面线用与水平线成 45° 的细实线表示，轴测图中也要符合这个关系。由于 45° 角的对边和底边是 1∶1 的比例关系，因此可以在轴测轴上按各个轴的简化系数取相等的长度画出剖面线的方向。如图 6.14（a）所示，在 *X* 轴和 *Z* 轴上各取 1 长度单位，连直线，即为 *XOZ* 平面上 45° 线的方向。凡平行于 *XOZ* 平面的剖面上，剖面线都应该与此线平行。对正等轴测图来说，该线与水平线成 60°。

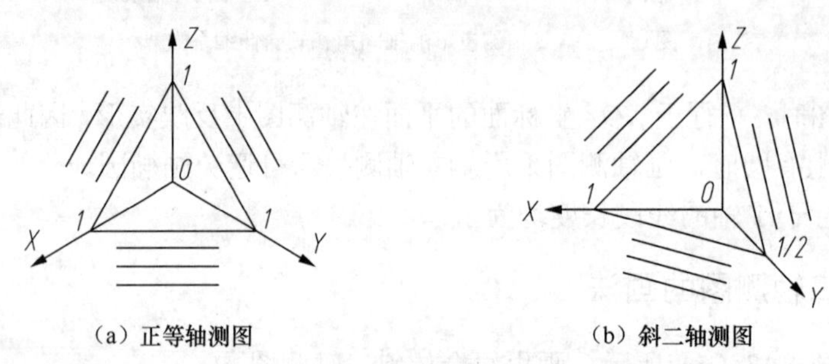

图 6.14 常用轴测剖视图剖面线的方向

常用轴测剖视图剖面线的方向如图 6.14 所示。

6.4.2 轴测剖视图的画法

一、先画外形再剖切

【例 6.8】如图 6.15（a）所示，绘制物体的轴测剖视图。

解：先画完整的外形，并定出剖切平面的位置，如图 6.15（b）所示。然后画出剖切平面与物体的交线，如图 6.15（c）所示。最后加粗图线，擦去多余线条，按规定画剖面线，如图 6.15（d）所示。

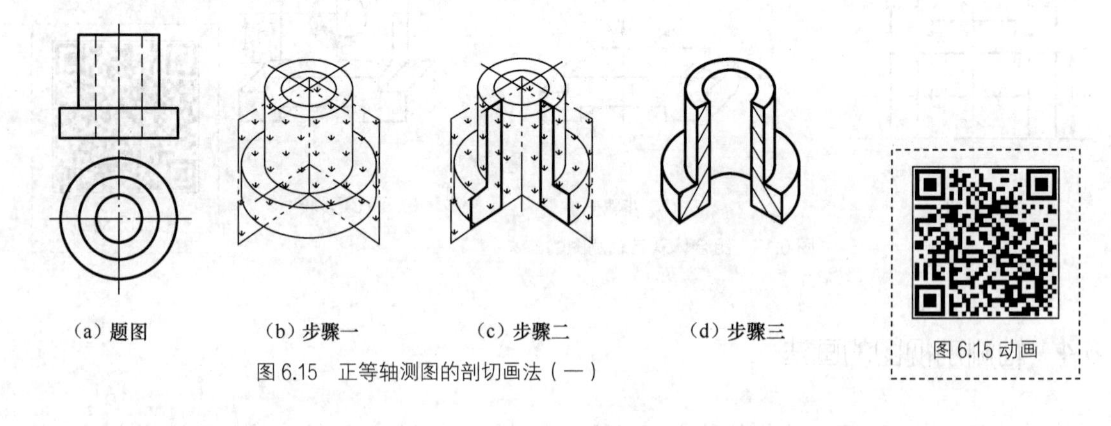

图 6.15 正等轴测图的剖切画法（一）

二、先画断面再画外形

【例 6.9】如图 6.16（a）所示，画物体的轴测剖视图。

解：先定出剖切平面的位置，画出断面形状（按规定绘制剖面线），如图 6.16（b）所示。

然后画出断面后可见部分的投影，并加粗图线，如图 6.16（c）所示。这种方法可以少画切去部分的图线。

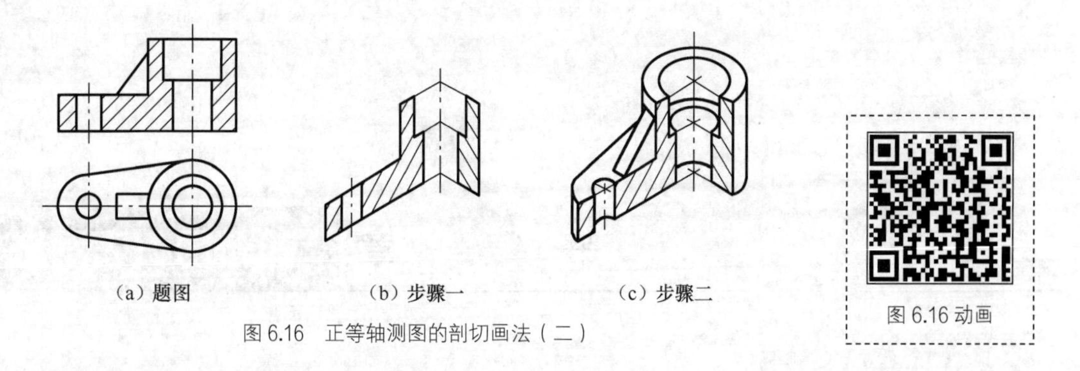

（a）题图　（b）步骤一　（c）步骤二

图 6.16　正等轴测图的剖切画法（二）

画轴测剖视图时，若剖切平面通过肋或薄壁结构的对称面，则这些结构要素按规定不画剖面符号，用粗实线把它们和连接部分隔开。

第7章 机械图样表示法

通过学习本章内容，了解基本视图、局部视图、斜视图的画法，重点掌握各种剖视图、断面图的画法；了解规定画法与简化画法，掌握应用所学知识选择物体最佳表达方案的方法；了解第三角画法。

工程中，物体的结构形状多种多样，有的内形复杂、外形简单，有的内外形都比较复杂。为了正确、完整、清晰地表达物体内外形结构，国家标准《技术制图》和《机械制图》中规定了图样的画法。本章主要介绍国家标准《技术制图》(GB/T 17451～17452—1998、GB/T 17453—2005、GB/T 16675.1—2012）和《机械制图》(GB/T 4458.1—2002、GB/T 4458.6—2002）中规定的视图、剖视图、断面图等的各种表示法。

7.1 视图

视图

用正投影法绘制所得物体的图形，称为视图（GB/T 4458.1—2002）。它主要用来表达物体的外部结构形状。视图一般只画物体的可见轮廓，必要时用细虚线画其不可见轮廓。

视图可分为：基本视图、向视图、局部视图和斜视图。按 GB/T 4458.1—2002 的规定画图和读图。

7.1.1 基本视图

一、基本投影面体系的建立和基本视图的形成

如图 7.1（a）所示，为了清晰地表达物体上、下、左、右、前、后六个方向的形状结构，可在已有的三投影面体系的基础上，再增加三个投影面以组成一个正六面体空间。构成的正六面体的六个投影面称为基本投影面。将物体放在基本投影面体系中，分别向六个基本投影面进行投射，得到的六个视图称为基本视图。除前面讲的主视图、俯视图和左视图外，还有从右向左投射所得的右视图，从下向上投射所得的仰视图，从后向前投射所得后视图。

二、基本视图及投影关系

如图 7.1（b）所示，正投影面不动，将其他基本投影面按箭头方向展开到与正投影面重

合。展开后六个基本视图按投影关系配置时，不标注视图的名称，如图 7.2 所示。

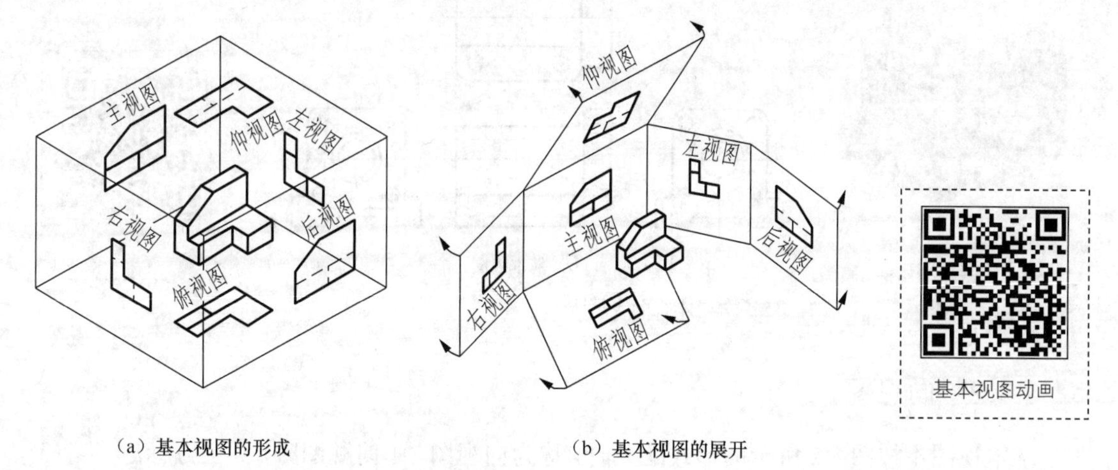

（a）基本视图的形成　　（b）基本视图的展开

图 7.1　基本视图

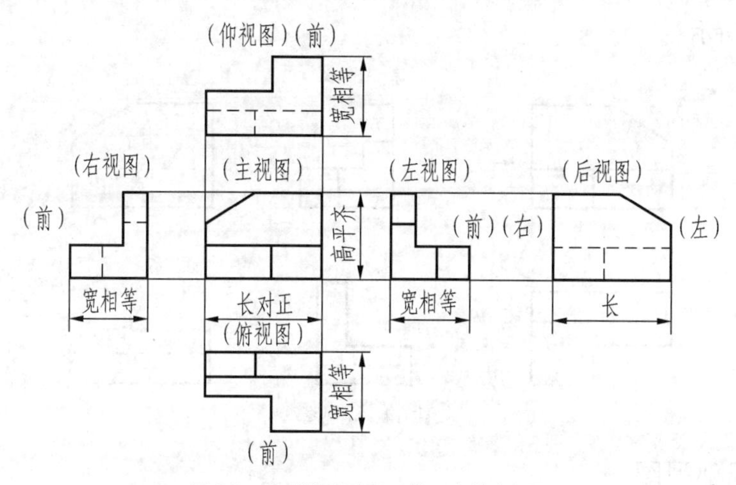

图 7.2　按投影关系配置的 6 个基本视图

六个基本视图的投影对应关系如下。

（1）基本视图之间仍保持“三等”关系，即主、左、后、右视图高相等；左、右、俯、仰视图宽相等；主、后、俯、仰视图长相等。

（2）基本视图除后视图外，远离主视图的一侧，表示物体的前面。主视图和后视图上下方位一致，左右方位相反。

思考：“主视图、俯视图、左视图”和“后视图、仰视图、右视图”的方位有何不同？

三、基本视图表达实例

物体可用六个基本视图来表达，实际表达时需几个视图，这要依据物体的难易程度来定。如图 7.3 所示，泵体采用主视图、左视图、右视图和仰视图表达，其中右视图省略部分细虚线，仰视图细虚线全部省略。

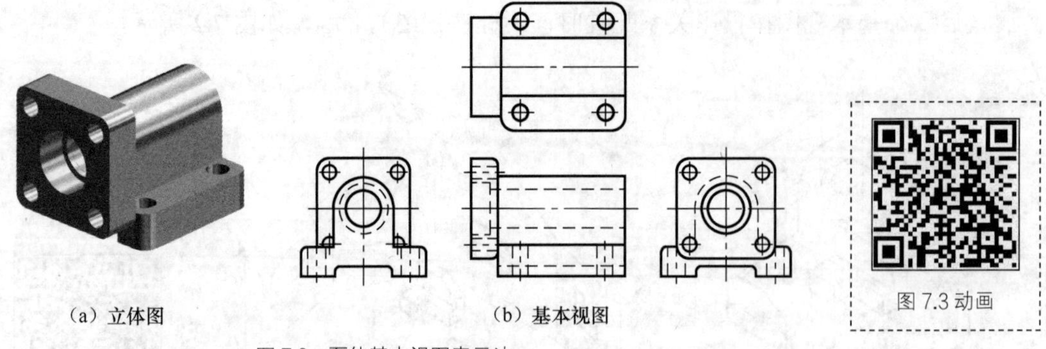

（a）立体图　　（b）基本视图　　图7.3 动画

图7.3　泵体基本视图表示法

7.1.2　向视图

基本视图不按图7.2所示的形式配置时，称为向视图。画向视图时，其上方标注“×”（“×”为大写拉丁字母，水平书写），在相应视图的附近用箭头指明投射方向，并标注相同的字母“×”，如图7.4所示。

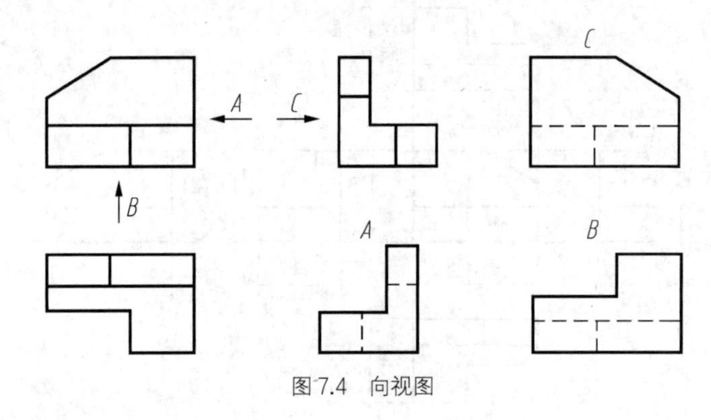

图7.4　向视图

7.1.3　局部视图

局部视图动画

将物体的某一部分向基本投影面投影所得的视图称为局部视图。当物体的主要结构已在基本视图上表达清楚，尚有局部结构（如凸台、法兰）未表达出来时，只须在基本投影面上画出没有表达清楚的局部结构。如图7.5（a）所示，物体的主、俯视图已将物体的主要结构表达清楚，而左、右的局部结构（法兰）未表达清楚，因此可用 *A* 向和 *B* 向局部视图来表达其局部结构。

画局部视图时应注意以下问题。

（1）局部视图的断裂边界一般用波浪线（或双折线）表示。当所表示的局部结构是完整的，且外轮廓线对称封闭时，波浪线可省略不画，如图7.5（b）所示。波浪线画在物体的实体部分，不超过断裂物体的轮廓线（物体空腔处不画波浪线），如图7.5（c）所示。

（2）如图7.5（b）所示，局部视图的上方一般标注视图的名称“*A*”，并在相应的视图上用带字母“*A*”的箭头指明投射方向与部位，字母水平书写。当局部视图按投影关系配置，中间又没有其他图形隔开时，可省略标注，如图7.5（b）所示，*A* 向局部视图可省略标注。

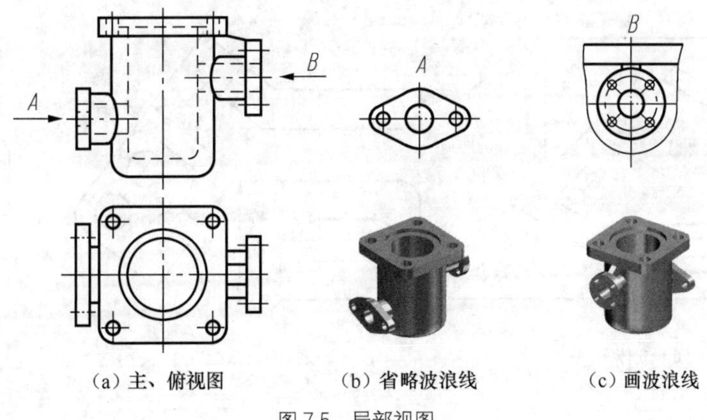

（a）主、俯视图　（b）省略波浪线　（c）画波浪线

图 7.5　局部视图

（3）在不致引起误解的情况下，对称物体的视图可只画大于一半、一半或四分之一，并在对称中心线的两端画出两条与其垂直的平行细实线作为对称标记，如图 7.6 所示。主视图中底部圆形法兰上 4 个均布孔自动旋转后画出（规定画法，详见本章“7.4　简化表示法”）。

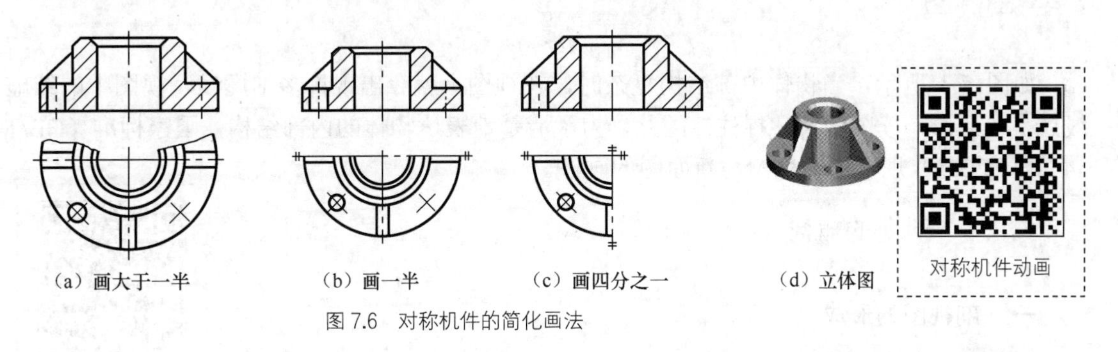

（a）画大于一半　（b）画一半　（c）画四分之一　（d）立体图

图 7.6　对称机件的简化画法

思考：如图 7.3 所示，泵体采用局部视图表达，应如何绘制局部视图？

7.1.4　斜视图

物体向不平行于任何基本投影面的平面投射所得的视图，称为斜视图。

如图 7.7（a）所示，弯板的倾斜部分与 *H* 面倾斜，在俯视图上不反映倾斜结构的实形。选一个与倾斜结构平行且垂直于 *V* 面的辅助投影面 *P*，然后将物体倾斜结构部分向辅助投影面 *P* 投射，在该投影面上即可得到反映倾斜结构实形的斜视图，如图 7.7（b）所示。

画斜视图时应注意以下问题。

（1）如图 7.7（b）所示，斜视图一般用于表达物体的倾斜结构，斜视图用波浪线（或双折线）表达物体断开。若所表达的倾斜结构对称封闭时，波浪线可省略不画。

（2）斜视图通常按投影关系配置，在斜视图上方标注视图的名称“*A*”，在相应的视图附近用带字母“*A*”的箭头指出投射方向（投射方向的箭头应垂直于倾斜表面，字母水平书写），如图 7.7（b）所示。

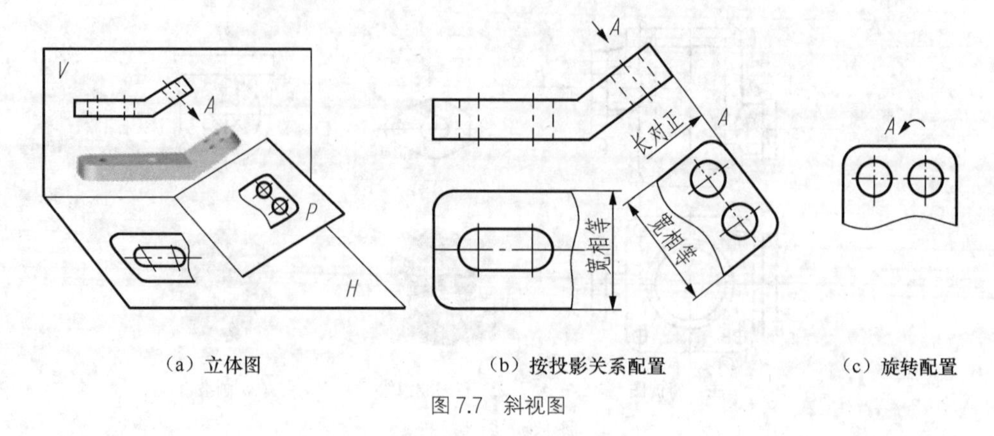

（a）立体图　　（b）按投影关系配置　　（c）旋转配置

图 7.7　斜视图

（3）必要时也可将斜视图旋转配置，如图 7.7（c）所示。旋转符号箭头的指向应与斜视图的实际旋转方向一致，字母靠近箭头端水平书写。

7.2　剖视图

如图 7.3 所示，当物体内部结构复杂时，在视图上就会出现许多细虚线，视图中的细虚线过多，会影响读图和尺寸标注。因此，为了清楚地表达物体的内部结构，国家标准（GB/T 4458.6—2002）规定了剖视图与断面图的画法。

7.2.1　剖视的概念

剖视图（1）

一、剖视图的形成

如图 7.8 所示，假想用一剖切面（平面或曲面）剖开物体，移去观察者和剖切面之间的部分，将剩余部分向投影面投射，得到的图形称为剖视图（简称剖视）。

A—A

A　A

剖视动画

（a）剖视图　　（b）立体图

图 7.8　剖视的形成

二、画剖视图的注意事项

画剖视图时，应注意以下问题。

（1）剖切的目的是表达物体的内部结构。

（2）剖切是假想地把物体剖切开，因此，所画剖视图不影响其他视图的绘制，即其他视图仍按原物体完整画出。

（3）剖切面可以是平面或柱面（采用柱面剖切物体时，剖视图一般应按展开后所见视图绘制），常用平面作剖切面。剖切面一般平行剖视图所在的投影面。通过物体孔的轴线或物体的对称平面进行剖切（避免剖切后产生不完整结构要素），得出的图形反映断面的实形。

（4）分析剖切面位置，用粗实线画出断面图形轮廓线，并补画出断面后结构的可见轮廓线。断面后不可见部分，在不致引起误解时，细虚线可省略不画，如图 7.9（a）所示。当剖切面后面的结构形状在其他视图中没有表达清晰时，要用细虚线表达该结构，如图 7.10 所示。

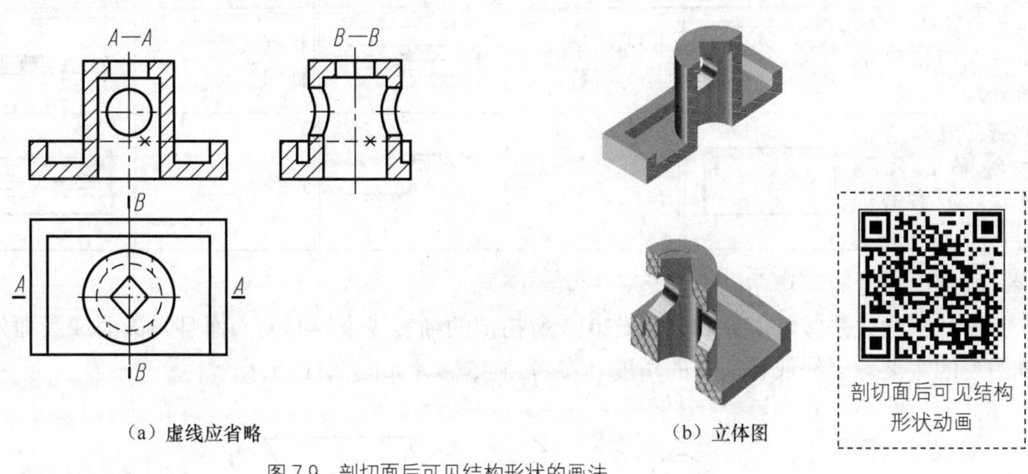

（a）虚线应省略　（b）立体图

图 7.9　剖切面后可见结构形状的画法

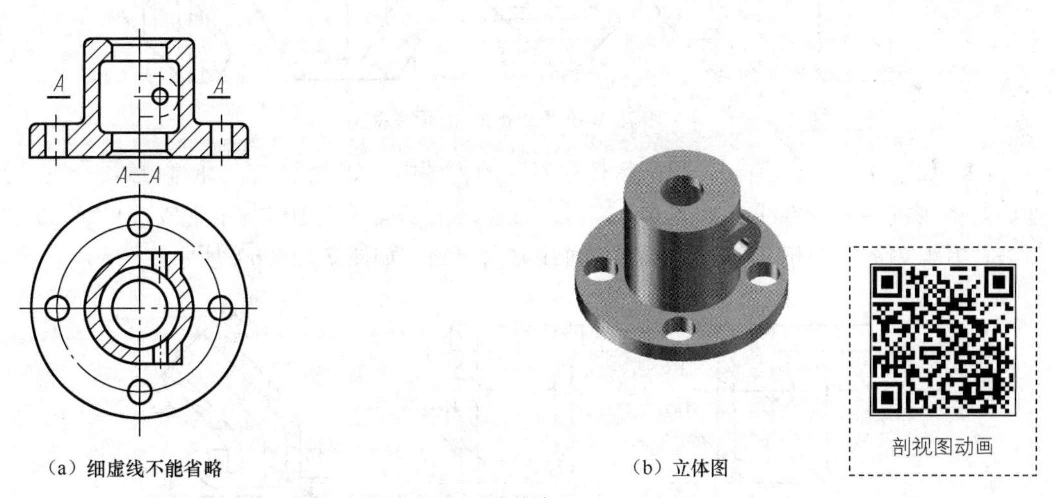

（a）细虚线不能省略　（b）立体图

图 7.10　剖视图中画细虚线的情况

（5）国家标准（GB/T 17453—2005）规定，在剖面区域内要画出剖面符号。不同材料的剖面符号，采用国家标准 GB/T 4457.5—2013 的规定，见表 7.1。

表 7.1　　　　各种材料的剖面符号（摘自 GB/T 4457.5—2013）

材料	剖面符号	材料	剖面符号	材料	剖面符号
金属材料（已有规定剖面符号者除外）		玻璃及供观察用的其他透明材料		混凝土	
线圈绕组元件		木材（纵剖面）		钢筋混凝土	
转子、电枢、变压器和电抗器等的叠钢片		木材（横剖面）		砖	
非金属材料（已有规定剖面符号者除外）		木制胶合板（不分层数）		格网（筛网、过滤网等）	
型砂、填砂、粉末冶金、砂轮、陶瓷刀片、硬质合金刀片等		基础周围的泥土		液体	

画剖面符号时应遵循以下规定。

（1）剖面线是按 GB/T 4457.5—2013 所指定的细实线来绘制的，而且与剖面或断面外轮廓图形的主要轮廓线成相适宜的角度（参考角 45°），如图 7.11 所示。

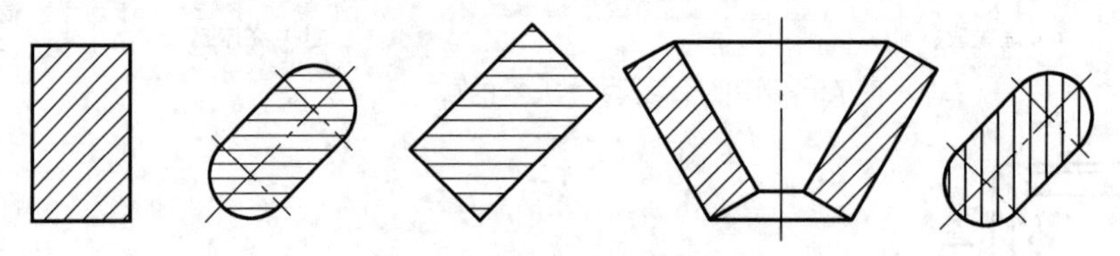

图 7.11　剖面或断面的剖面线示例

（2）如图 7.12（a）所示，同一物体在不同的视图中，剖面线方向、间隔必须一致。当剖面线与图形的主要轮廓线与水平成 45° 时，该图形的剖面线应画成与水平成 30° 或 60° 的平行线，其倾斜的方向仍与其他图形的剖面线方向一致，如图 7.12（b）所示。

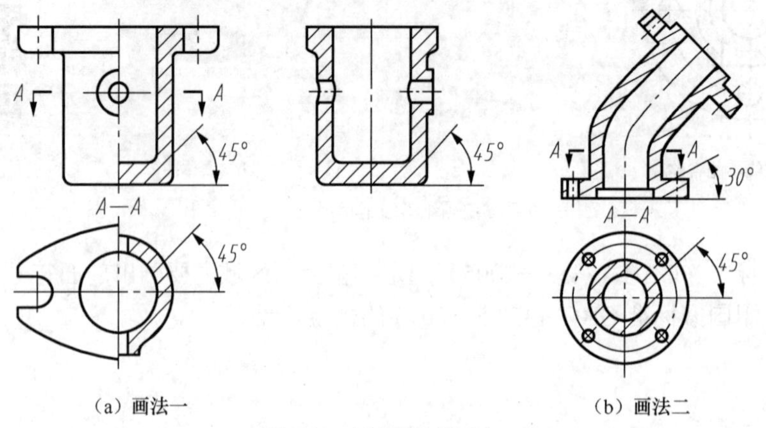

图 7.12　剖面符号的画法

（3）如图 7.8 所示，一般在剖视图上方用大写拉丁字母标出剖视图名称“*A*—*A*”。在相应的视图上用剖切符号（5～7 mm 的粗短画）表示剖切位置，用细实线加箭头表示投射方向，并标注相同字母。在剖切符号之间，剖切线可省略不画。

剖面符号的画法（a）动画

（4）基本视图的配置同样适用于剖视图和断面图，当剖视图按投影关系配置，中间又没有其他图形隔开时，可省略箭头。如图 7.10（a）所示，*A*—*A* 剖视图中剖切符号可省略箭头。当单一剖切平面通过物体的对称平面或基本的对称平面，且剖视图按投影关系配置，中间又没有其他图形隔开时，不必标注，如图 7.12（a）所示，主视和左视的剖视图均不必标注。

剖面符号的画法（b）动画

（5）国家标准规定，纵剖物体上的肋板（起加强支撑作用）时（剖切面过物体肋板的对称面），肋板按不剖处理，不画剖面线，用粗实线把肋板与邻接部分隔开；横剖时（剖切面与机件肋板的对称面垂直），肋板剖切，画剖面线，如图 7.13（a）所示。

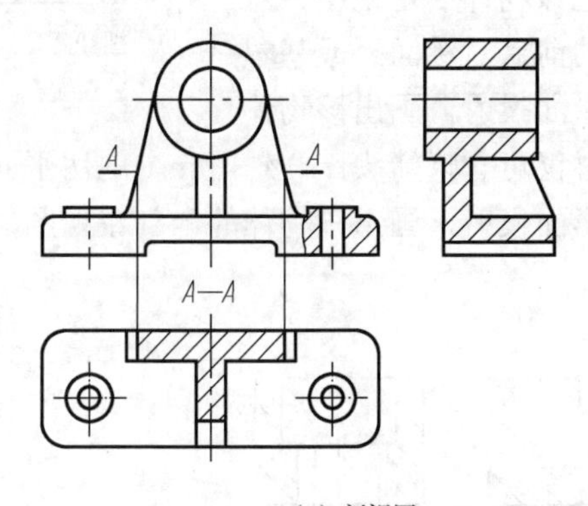

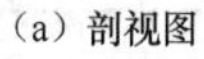

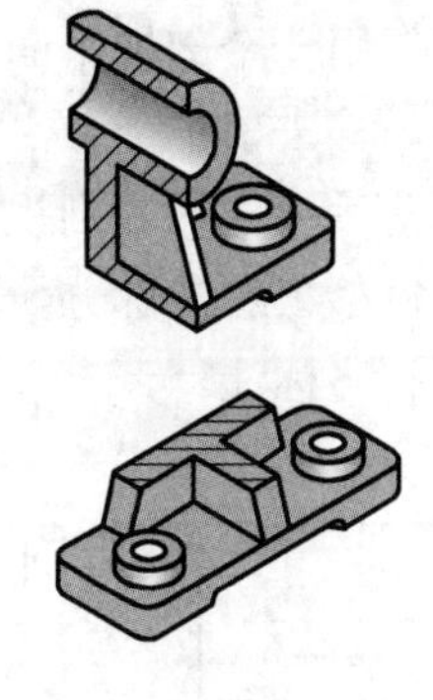

肋板动画

（a）剖视图　　（b）立体图

图 7.13　肋板的规定画法

三、画剖视图的步骤

画剖视图的步骤如下：

（1）如图 7.14（a）所示，已知物体俯、左视图，先画出物体的主视图；

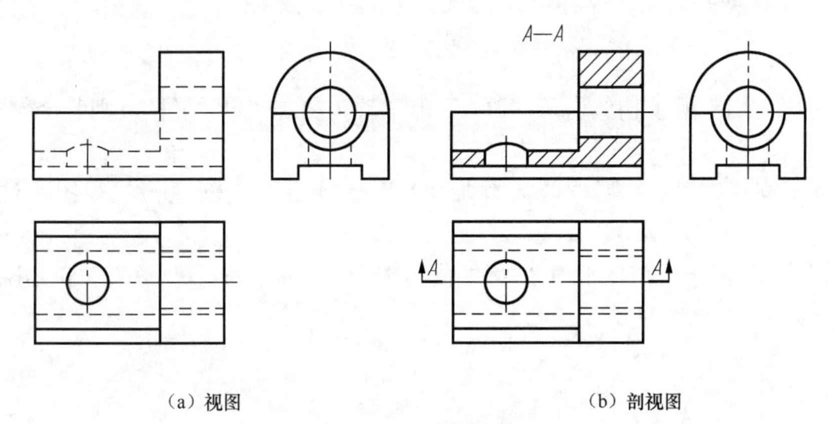

（a）视图　　（b）剖视图

图 7.14　剖视图的画法

（2）如图 7.14（b）所示，确定假想剖切面的位置，标注剖切平面位置、投射方向和剖视图名称，把主视图中的细虚线变成细实线，确定剖面区域，在剖面区域中画出剖面符号。

7.2.2 用单一剖切平面获得的剖视图

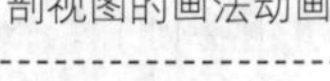

根据单一剖切平面剖开物体的范围和位置的不同，剖视图分为全剖视图、半剖视图、局部剖视图和斜剖视图。

一、全剖视图

用剖切平面把物体完全剖开后所得的剖视图称为全剖视图，如图 7.8（a）、图 7.9（a）、图 7.10（a）所示。

（1）适用范围：全剖视图适用于内形复杂、外形简单的物体。

（2）全剖视图画法：如图 7.15 所示，物体内形复杂、外形简单，左右对称、前后不对称，依据全剖视图适用范围可把该物体的主视图、左视图画成全剖视图。假想用一个剖切平面沿物体的前后对称面（或基本对称面）将它完全剖开，移去前半部分，向正投影面投射，画出该物体的全剖主视图，因物体前后不对称，剖视图标注时仅可省略箭头。假想用一个剖切平面沿物体左右对称面完全剖开，移去左半部分，向侧投影面投射，画出该物体的全剖左视图，因物体左右对称，剖视图可省略标注。

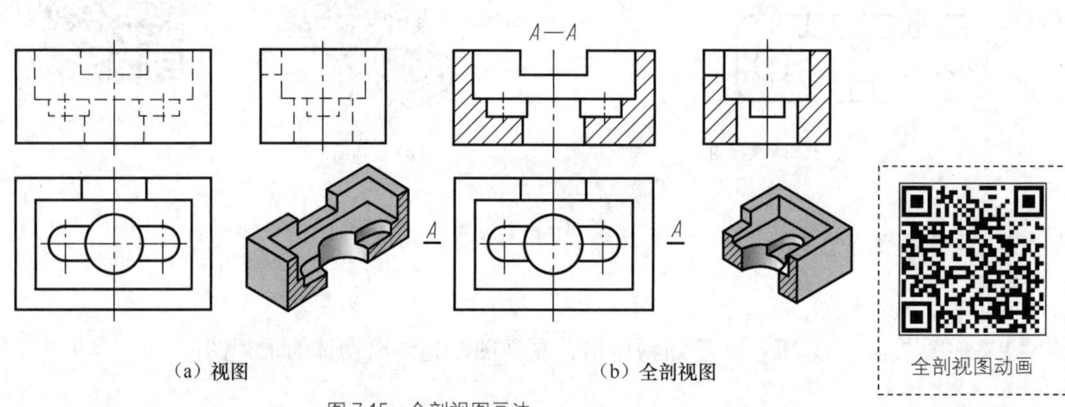

图 7.15 全剖视图画法

思考：将图 7.15 所示物体内部挖“U”形槽改为叠加“U”形柱，则其全剖主、左视图如何画？

解：物体内部挖“U”形槽改为叠加“U”形柱后，全剖主、左视图画法如图 7.16 所示。

（3）如图 7.17 所示，几种不同结构的孔剖切后可见部分的轮廓线应全部画出，做到既不漏线，也不多线，立体图见第 5 章图 5.5。

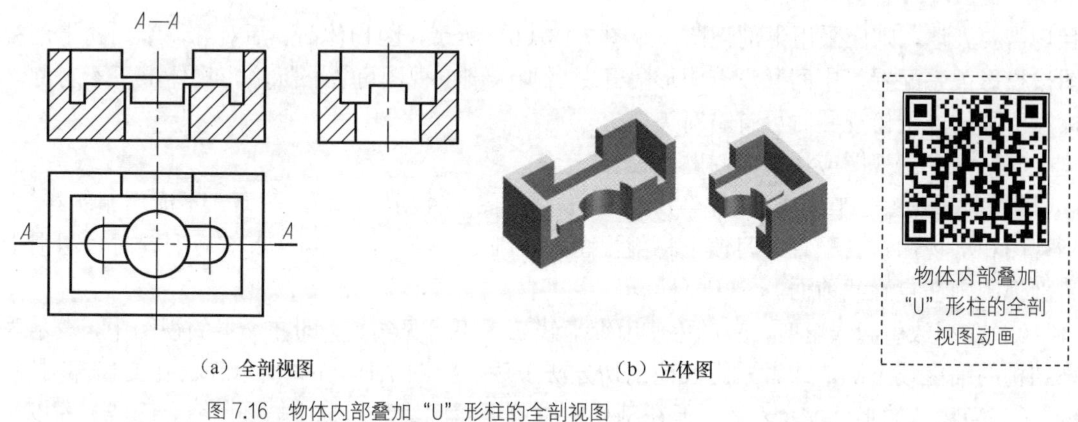

（a）全剖视图 （b）立体图

图 7.16 物体内部叠加"U"形柱的全剖视图

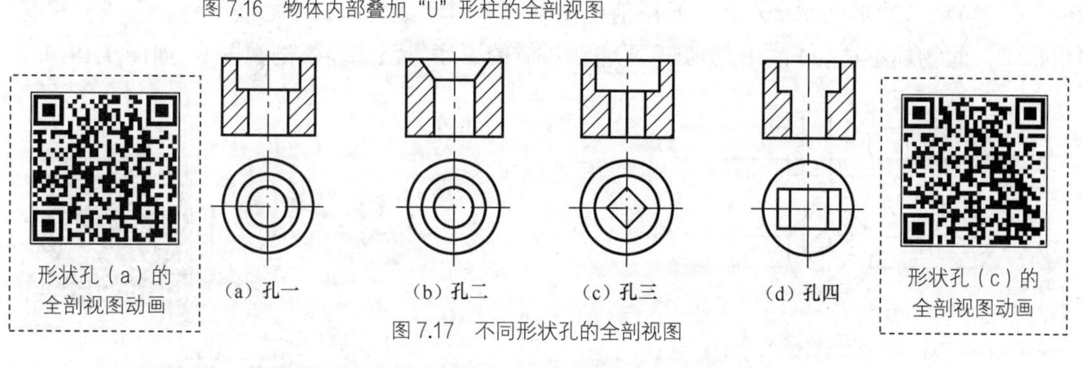

（a）孔一 （b）孔二 （c）孔三 （d）孔四

图 7.17 不同形状孔的全剖视图

二、半剖视图

当物体具有对称面时，以对称面为界，用剖切平面剖开物体的一半，在垂直于对称平面的投影面上投影获得的剖视图，称为半剖视图。图 7.18（b）所示的主视图和俯视图均采用了半剖视图。

（1）适用范围：半剖视图适用于表达内、外部结构形状都复杂，在某投影面上的投影具有对称性的物体。

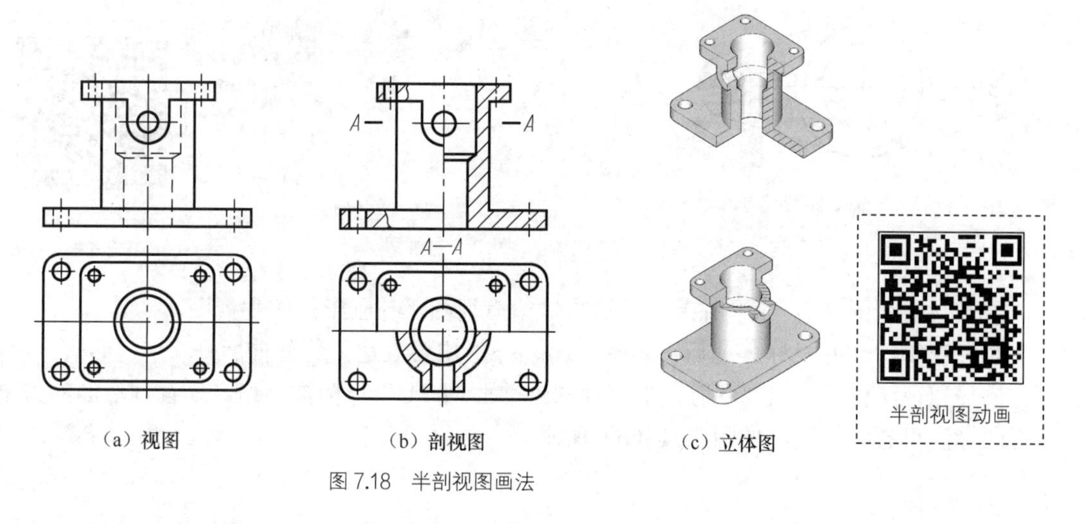

（a）视图 （b）剖视图 （c）立体图

图 7.18 半剖视图画法

（2）半剖视图画法：如图 7.18（a）所示，物体前后、左右对称，内、外形状都比较复杂，且均需要表达，则应采用半剖视图。如图 7.18（b）所示，因物体前、后对称，所画的半剖视图按投影关系配置，中间又没有图形隔开，所画半剖主视图可省略标注。物体上下不对称，标注所画的半剖俯视图时可省略箭头。

（3）画半剖视图应注意的问题。

① 半剖视图一半画成视图，另一半画成剖视图，并用细点画线分界（不能用粗实线）。当视图和剖视图左右配置时习惯上将剖视图画在细点画线右面，当两者前后配置时，习惯上将剖视图画在点画线前面。

② 在不致引起误解时，应避免使用细虚线表示不可见结构，即在一半的视图中，表示内部结构的细虚线不画，或者采用其他剖切方法表达，如图 7.18（b）所示底板孔的局部剖视。

③ 当物体的形状完全对称，但在剖视图中可见轮廓线与对称中心线（细点画线）的投影重合时，此物体不适合画半剖视图，须选用其他的表达方法（局部剖视图），如图 7.19 所示。

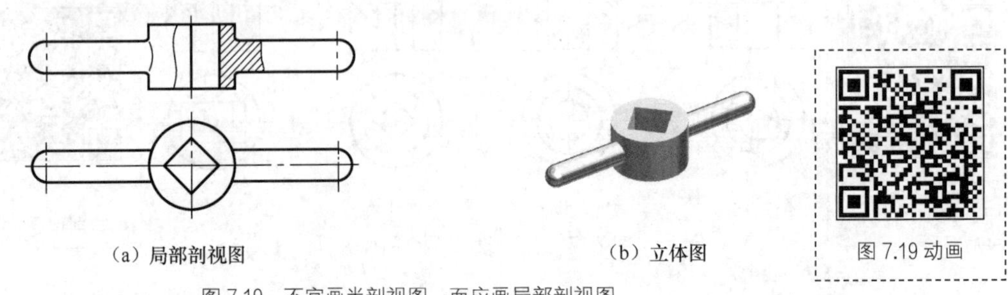

图 7.19　不宜画半剖视图，而应画局部剖视图

④ 物体的结构接近于对称，且不对称部分已另有图形表达清楚时，物体也可以画成半剖视图，如图 7.20 所示。

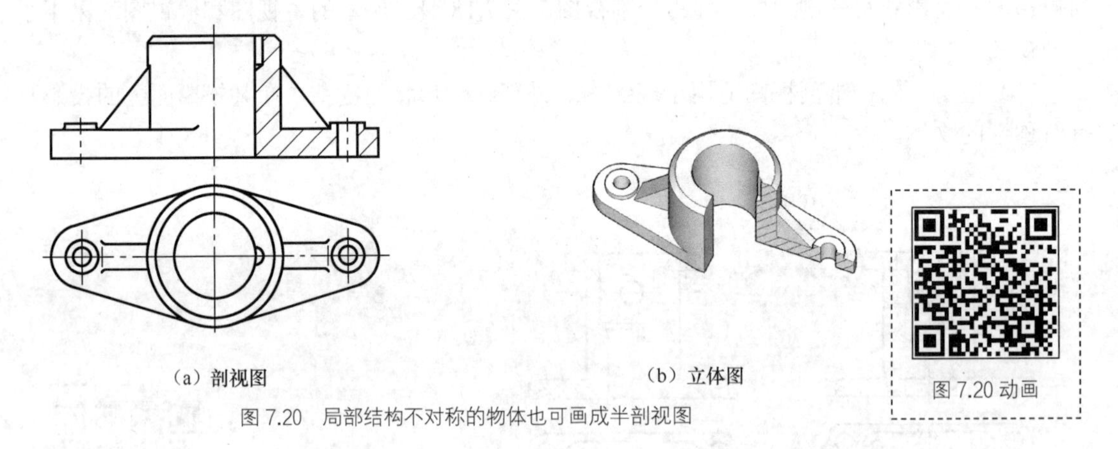

图 7.20　局部结构不对称的物体也可画成半剖视图

【例 7.1】如图 7.21（a）所示，已知物体的三视图，补画半剖的主视图。

解：该物体左右对称，前后不对称，内、外形均要表达。物体前面开“U”形槽，后面开方槽，主视图采用半剖视图时，半剖视图中前面的“U”形槽被剖切，只看到后面的方槽。剖视图标注可省略箭头，如图 7.21（b）所示。

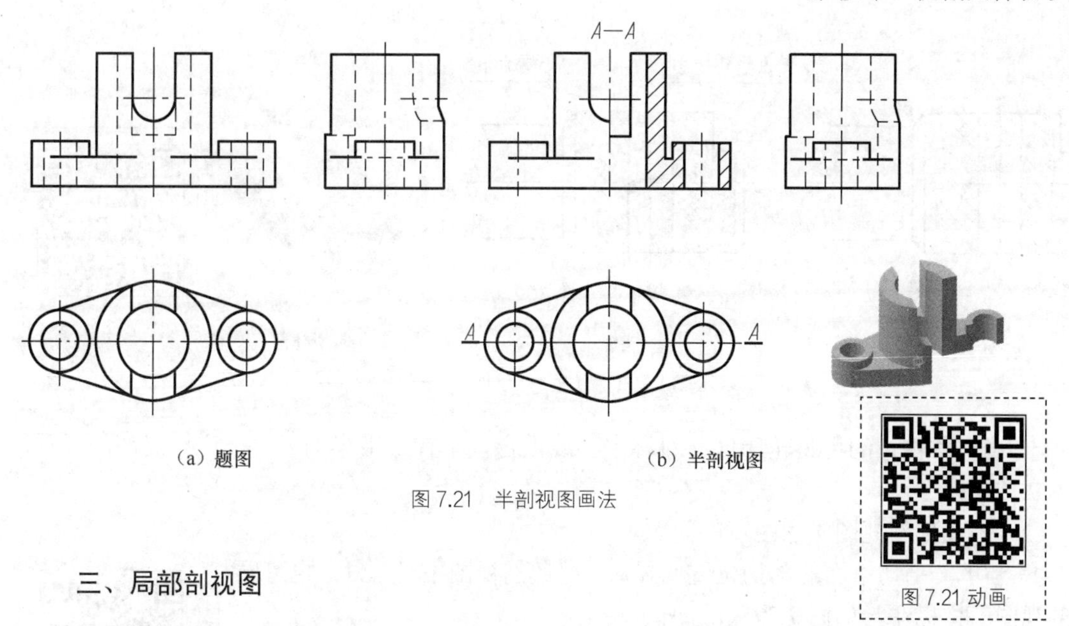

（a）题图　　（b）半剖视图

图 7.21　半剖视图画法

图 7.21 动画

三、局部剖视图

用剖切面局部地剖开物体所得的剖视图，称为局部剖视图，如图 7.22 所示。

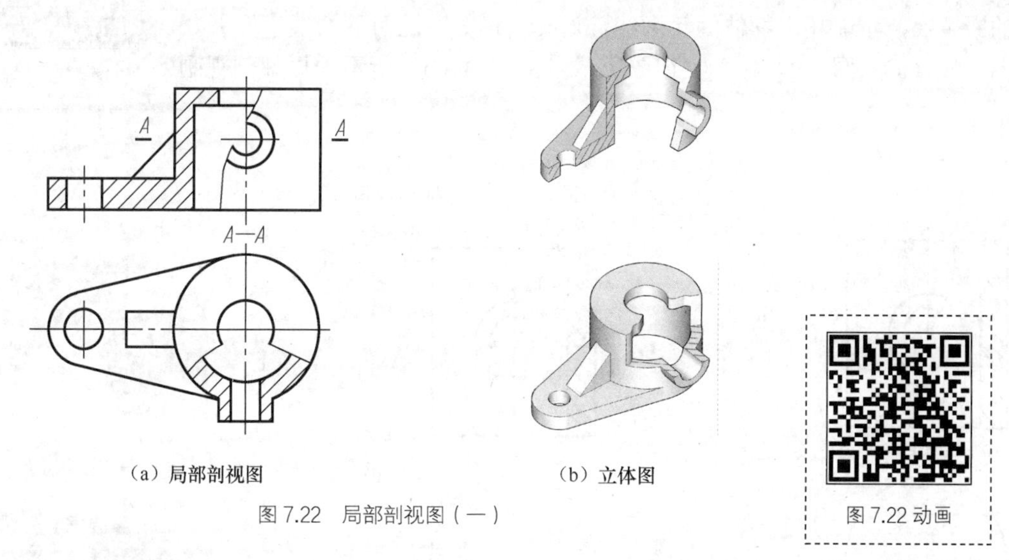

（a）局部剖视图　　（b）立体图

图 7.22　局部剖视图（一）

图 7.22 动画

（1）适用范围。

局部剖视图是一种比较灵活的表达方法，剖切位置和剖切范围可根据需要决定，一般用于下列情况。

① 不对称物体的内、外部结构形状都需要表达时，如图 7.22（a）所示。

② 表示物体底板、凸缘上的小孔等结构时，如图 7.18（b）所示

③ 当轴、杆、手柄等实心物体上有孔、键槽时，如图 7.23（a）所示。

局部视图中波浪线不与图形中的其他图线重合，也不画在其他图线的延长线上。图 7.23（b）所示的画法是错误的。

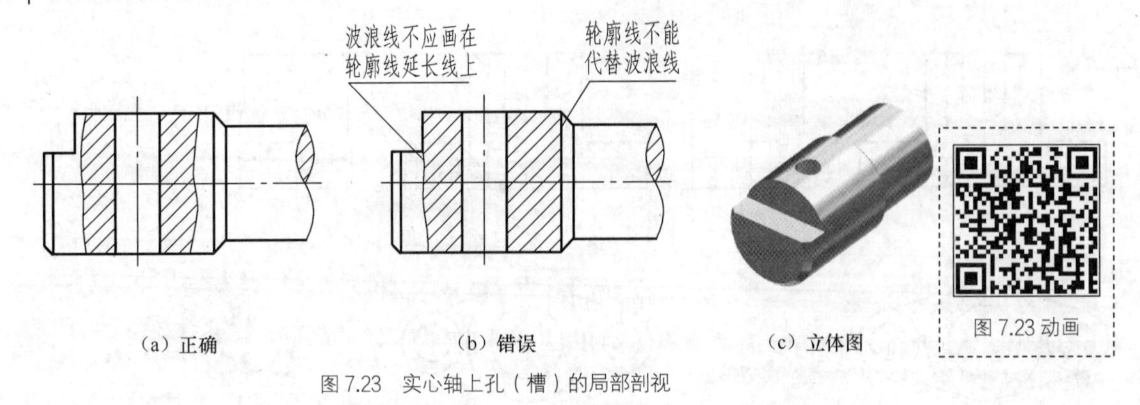

图 7.23　实心轴上孔（槽）的局部剖视

④ 当对称物体的可见轮廓线与对称中心线重合，不宜采用半剖视时，应按局部剖视画，如图 7.19（a）所示。

（2）画局部剖视图时应注意的问题。

① 当单一剖切平面的剖切位置明显时，局部剖视图不必标注，也可同全剖视图一样标注，如图 7.22（a）所示。

② 局部剖视图中视图与剖视部分用波浪线分界，波浪线可看作物体表面的断裂痕，不能超出物体的轮廓线，遇孔、槽等空腔时波浪线应断开，如图 7.22（a）、图 7.24（a）主视图所示。图 7.24（b）所示的局部剖视画法错误。

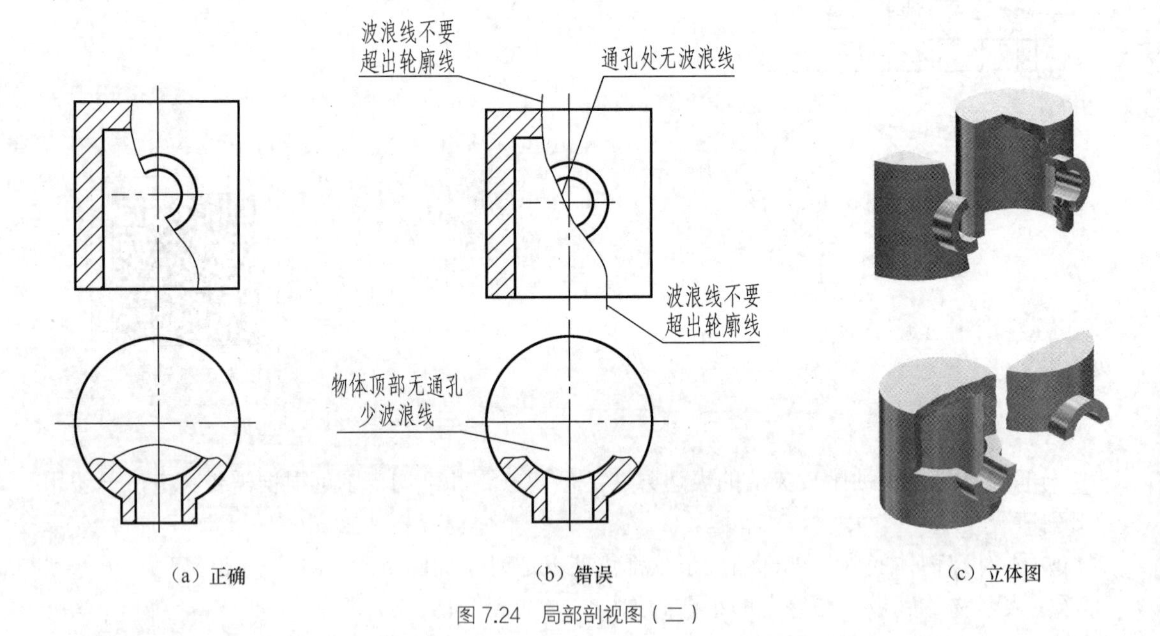

图 7.24　局部剖视图（二）

③ 当被剖结构为回转体时，允许将该回转体的轴线作为局部剖视与视图的分界线，如图 7.25（a）所示右端的圆筒结构，将轴线作为局部剖视与视图的分界线。在同一个视图中，采用局部剖视的数量不宜过多，避免图形支离破碎，使得图形表达不清楚，图 7.25（a）所示主视图采用了两个局部剖视。

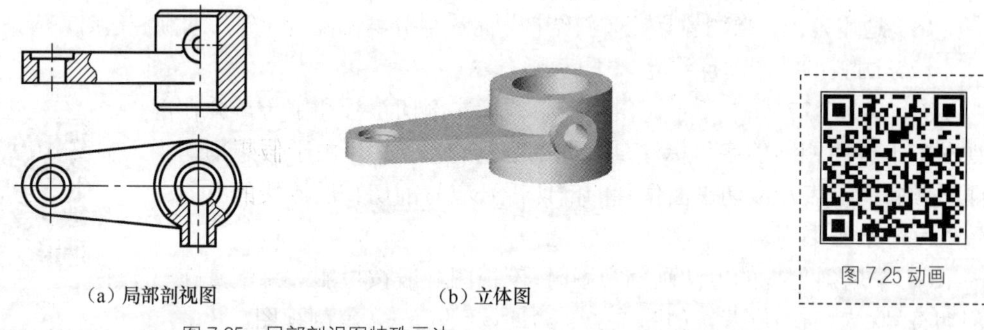

（a）局部剖视图　　（b）立体图

图 7.25　局部剖视图特殊画法

④ 局部剖视图中波浪线的位置要根据物体内、外形的特征来确定。如图 7.26 所示，根据物体不同的形状，采用了 3 种不同波浪线位置来清晰地表达物体的内外结构。

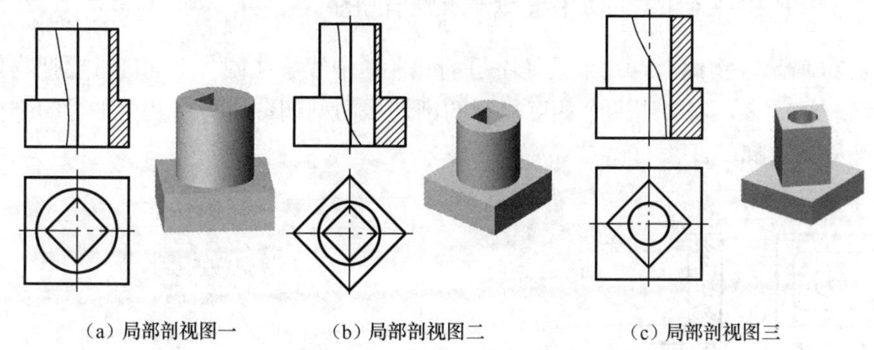

（a）局部剖视图一　　（b）局部剖视图二　　（c）局部剖视图三

图 7.26　局部剖视图波浪线位置的正确选择

四、斜剖视图

全剖视图、半剖视图和局部剖视图是由单一剖切平面平行于某一基本投影面剖开物体后所获得的剖视图。如图 7.27 所示，当物体上倾斜的内外结构在基本视图上不能反映实形时，可用平行于倾斜部分且垂直于某一基本投影面的平面剖切，剖切后再投射到与剖切平面平行的辅助投影面上以表达倾斜的内部结构。这种用不平行于基本投影面的剖切平面剖开物体的方法又称为斜剖。

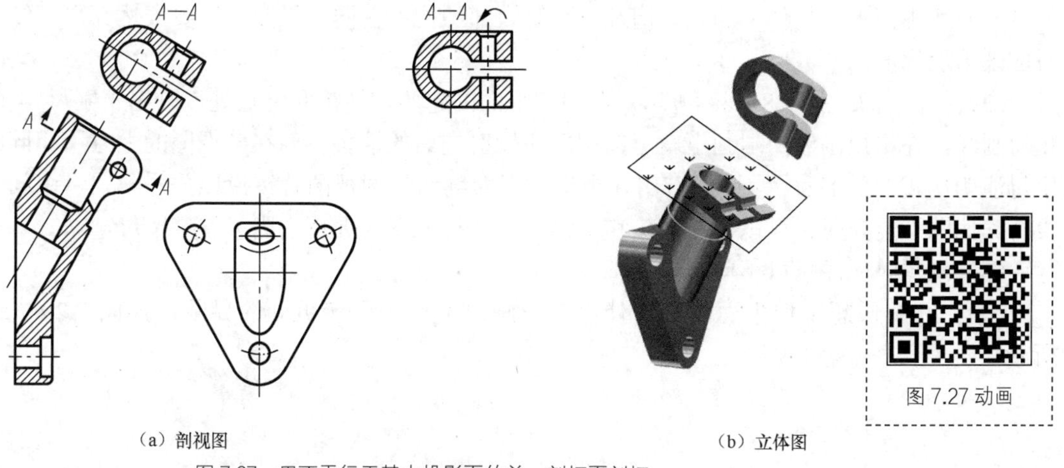

（a）剖视图　　（b）立体图

图 7.27　用不平行于基本投影面的单一剖切面剖切

（1）适用范围：当物体具有倾斜结构，而这部分结构的内、外形均须表达时，应采用斜剖。

（2）画斜剖视图时应注意以下问题。

① 如图 7.27（a）所示，斜剖视必须标注剖切符号和字母，并在剖视图的上方用相同的字母标注剖视图的名称“*A—A*”。由于假想剖切平面是倾斜的，表示剖切平面位置的剖切符号应与剖切平面迹线的方向一致，字母水平书写。

剖视图（3）

② 采用斜剖视的方法画剖视图时，剖视图一般按投影关系配置在与剖切符号相对应的位置，如图 7.27（a）所示的 *A—A* 斜剖视图。

③ 在不致引起误解时，允许将图形旋转，但旋转后的标注形式应为“*A—A* ↶”如图 7.27（a）所示，注意字母写在箭头一侧，箭头的旋向与视图实际旋向一致。

7.2.3 用几个平行的剖切平面获得的剖视图

如图 7.28 所示，物体上有几个直径不等的孔，其轴线不在同一平面内，要把物体上孔的结构形状都表达出来，需要用两个相互平行的剖切平面剖切。这种用几个平行的剖切平面剖切的方法又称为阶梯剖。

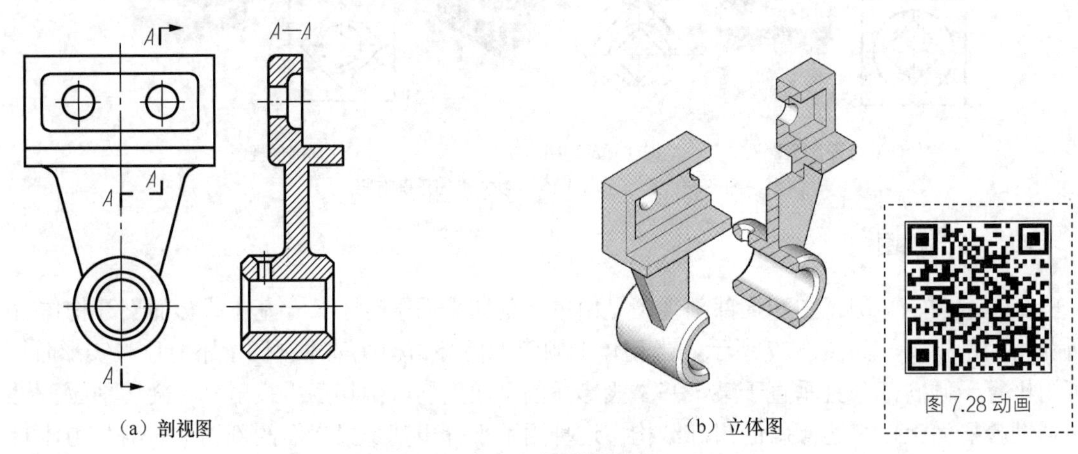

（a）剖视图　（b）立体图

图 7.28 动画

图 7.28　用两个平行的剖切平面获得的剖视图

（1）适用范围：物体上的孔、槽及空腔等内部结构不在同一平面内，要表达其内部结构时应采用阶梯剖。

（2）标注：如图 7.28（a）所示，在剖切平面的起始、转折和终止处，画出带字母 *A* 的粗短画线，在粗短画线两端画出表示剖切后的投射方向的箭头，并在剖视图的上方用相同的字母注明剖视图的名称“*A—A*”，用几个平行平面剖切的剖视图若按投影关系配置，中间又没有其他图形隔开时，可以省略箭头和字母。若转折处图线拥挤，则可省略字母。

（3）画图时应注意以下问题。

① 在几个假想剖切平面的转折处，不应画出剖切平面转折处的界限，如图 7.29（a）所示。

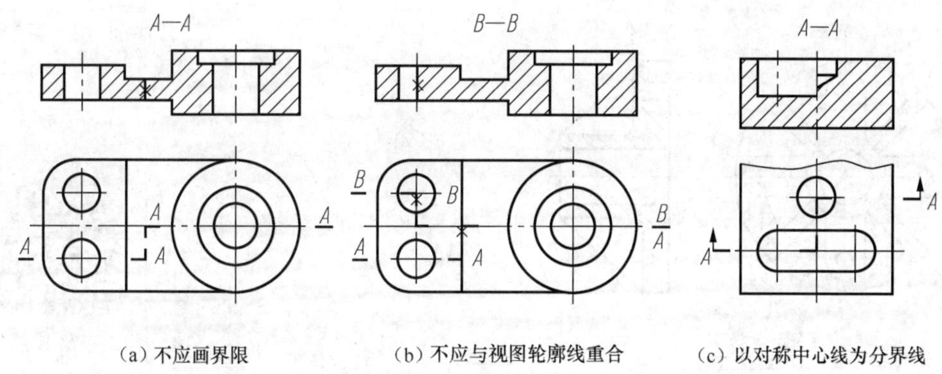

（a）不应画界限　　（b）不应与视图轮廓线重合　　（c）以对称中心线为分界线

图 7.29　阶梯剖画图时应注意的问题

② 剖切平面的转折处不应与视图轮廓线重合，如图 7.29（b）所示，*A*—*A* 剖面与物体轮廓线重合，这是错误的。在图形内也不应出现不完整的要素，如图 7.29 所示，*B*—*B* 剖视图产生了不完整要素，这也是错误的。

图 7.29 动画

③ 仅当两个要素在图形上具有公共对称中心线或轴线时，能以对称中心线或轴线为分界线各画一半，如图 7.29（c）所示。

7.2.4　用几个相交的剖切平面获得的剖视图

如图 7.30（a）所示，当需要表达物体上的几何要素不在同一平面内时，用几个相交的剖切平面获得的剖视图应旋转到一个投影平面上，这种剖视又称为旋转剖。采用这种方法画剖视图时，先假想按剖切位置剖开物体，然后将被剖切平面剖开的结构及其有关部分旋转到与选定的投影面平行后再进行投射，如图 7.31 所示。

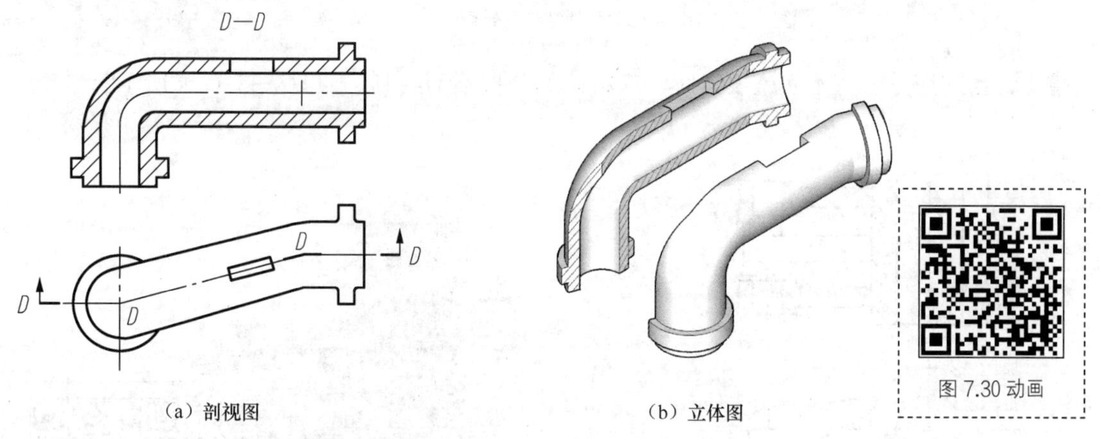

（a）剖视图　　（b）立体图

图 7.30　用几个相交的剖切平面获得的剖视图

（1）适用范围：当物体的内部结构形状用一个剖切平面剖切不能表达完全，且这个物体在整体上又具有公共回转轴时，通常采用旋转剖视。

（2）画旋转剖时应注意以下问题。

① 在剖切平面的起始、转折和终止处画出剖切面符号，在两端应画上箭头以表明其投射方向，并标上大写拉丁字母，在剖视图的上方用相同的字母注明剖视图的名称，如图 7.30（a）、图 7.31（a）所示。

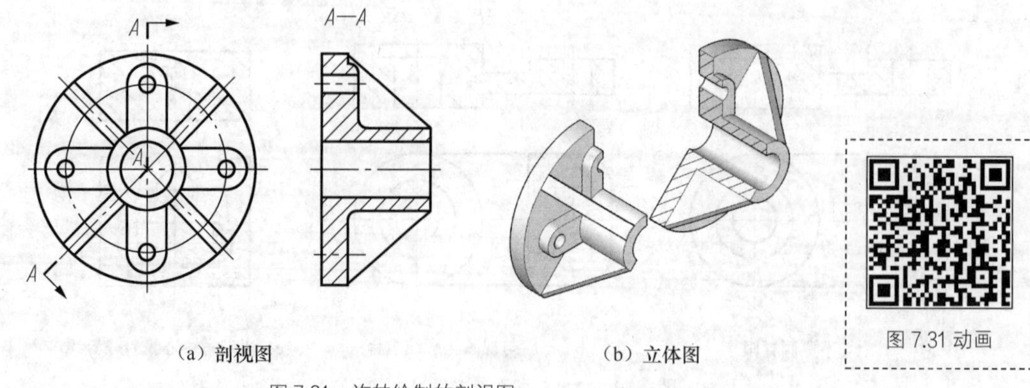

（a）剖视图　　（b）立体图

图7.31　旋转绘制的剖视图

② 剖切平面后的其他结构，仍按原来位置投射，不旋转，如图7.32（a）所示。

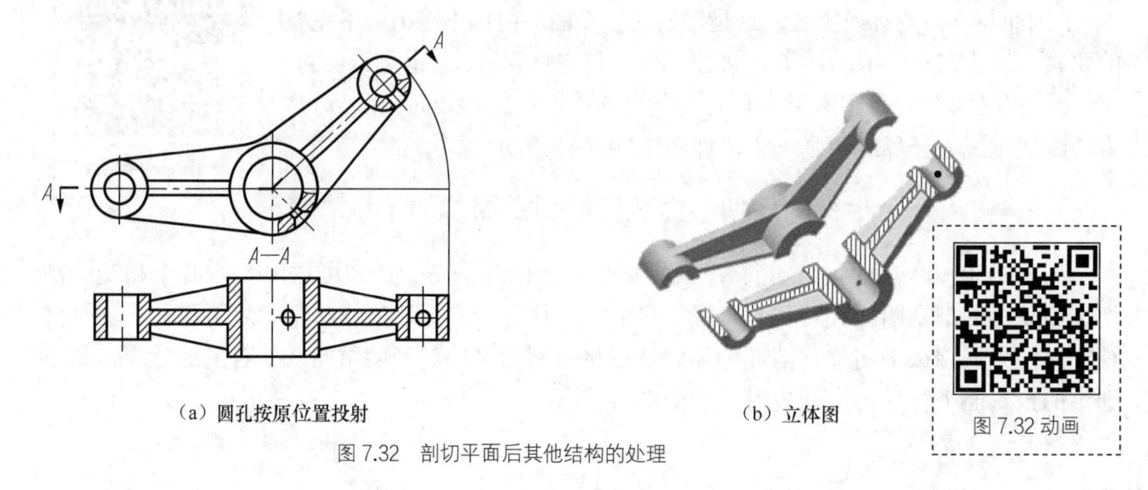

（a）圆孔按原位置投射　　（b）立体图

图7.32　剖切平面后其他结构的处理

③ 当剖切后产生不完整要素时，应将此部分按不剖绘制，如图7.33（a）所示。

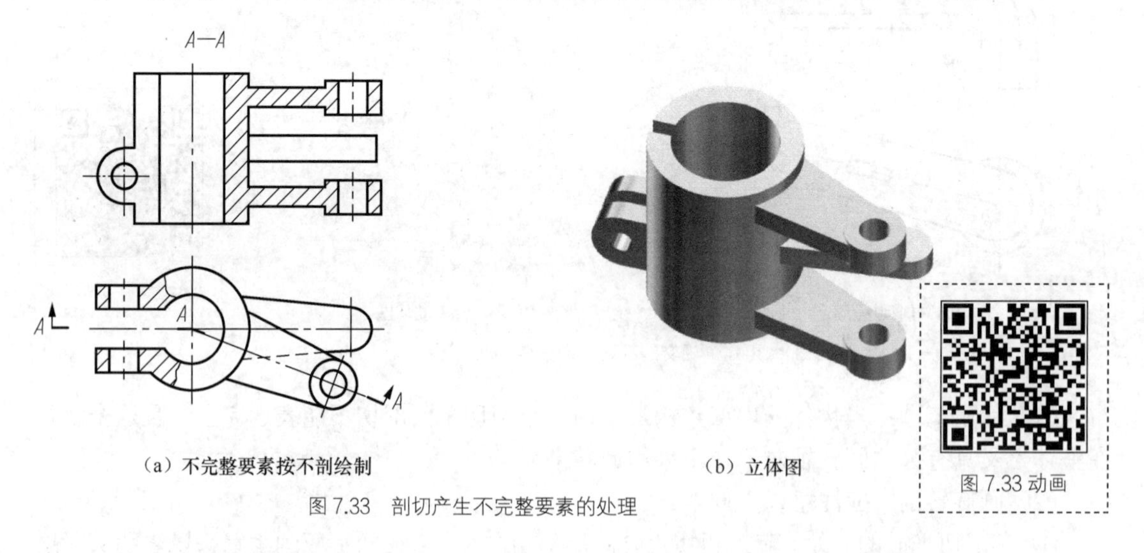

（a）不完整要素按不剖绘制　　（b）立体图

图7.33　剖切产生不完整要素的处理

*④ 如图7.34所示，采用四个相交平面剖切，其中三个剖切面与基本投影面不平行，则剖视图一般采用展开画法。当采用展开画法时，在剖视图上方应标注“*A*—*A*○⟶”。展开

符号“○⟶”标在展开图上方的名称字母后面（如“A—A○⟶”）；当弯曲成形前的坯料形状叠加在成形后的视图上画出时，则该图上方不必标注展开符号，但图中的展开尺寸应按照“○⟶200”（其中200为尺寸值）的形式注写。

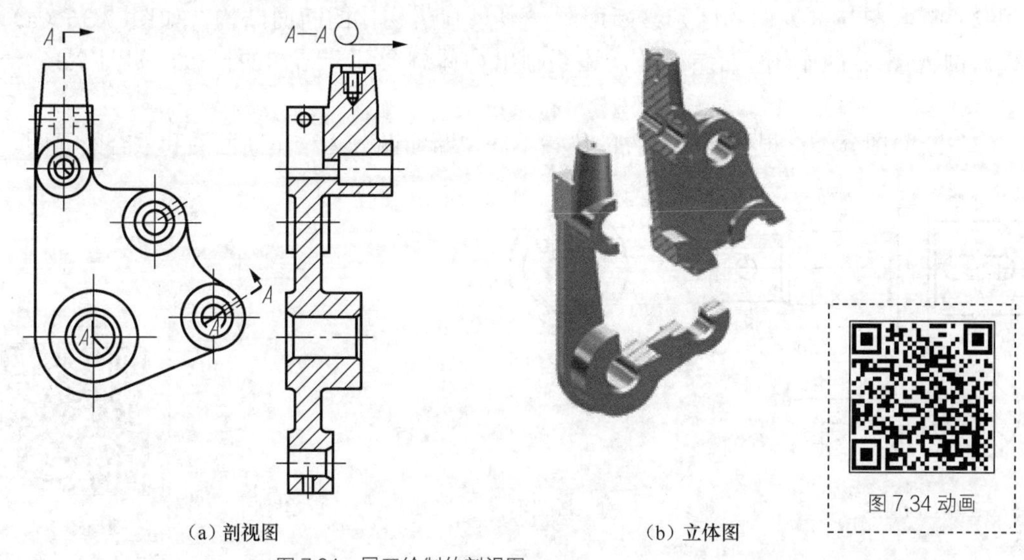

（a）剖视图　　（b）立体图

图7.34　展开绘制的剖视图

上述各种剖切平面可单独使用，也可几种剖切平面组合起来使用，使用组合的剖切平面剖开物体的方法，常称为复合剖。

复合剖的画法和注法与使用几个相交的剖切平面获得的剖视图相同，如图7.35（a）所示。

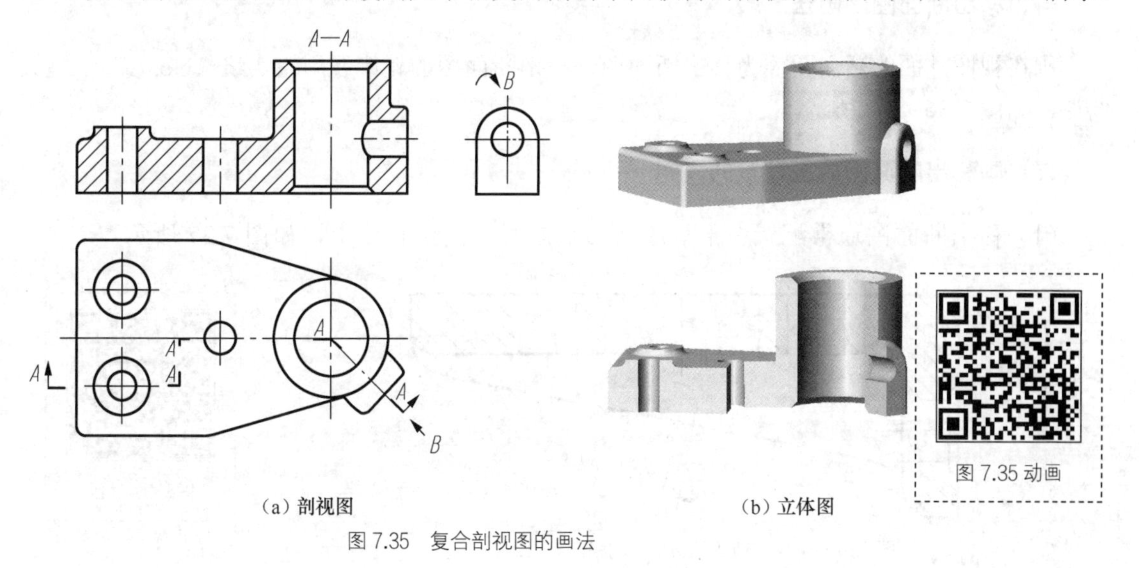

（a）剖视图　　（b）立体图

图7.35　复合剖视图的画法

7.3　断面图

7.3.1　断面图的概念

假想用剖切平面将物体的某处切断，仅画出该剖切面与物体接触部分（剖面区域）的图形，该图形称为断面图（简称断面），如图 7.36 所示。

（1）适用范围：断面图常用来表达物体某一局部的断面形状，如物体上肋板、轮辐和轴上键槽等断面结构。

（2）断面图与剖视图的区别：断面图一般只画出物体的断面结构，如图 7.36（a）所示。而剖视图除了画出断面结构外，还要画出物体剩余部分结构的投影，如图 7.36（b）所示。

（3）断面图分类：根据断面配置的位置不同，断面图分为移出断面图和重合断面图。

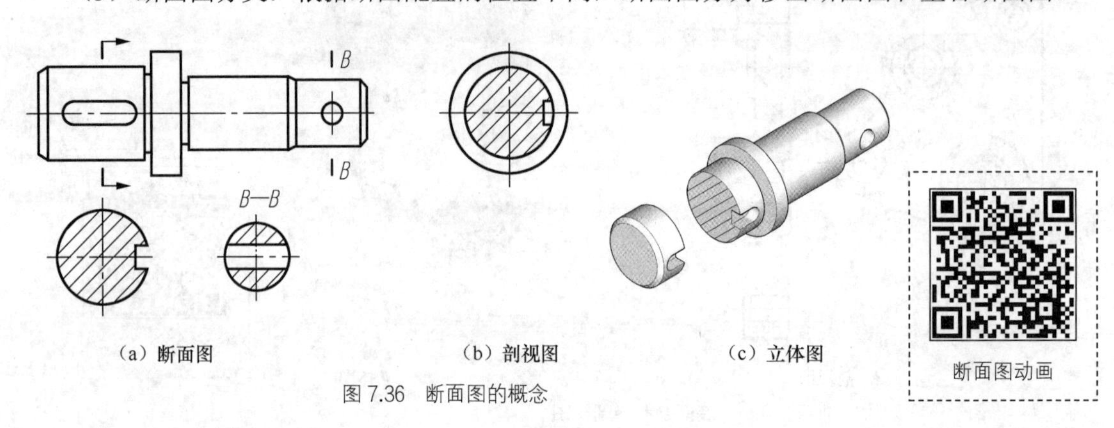

（a）断面图　　（b）剖视图　　（c）立体图

图 7.36　断面图的概念

7.3.2　移出断面图

一、移出断面图的画法

画在视图外面的断面图称为移出断面图，移出断面图的轮廓线用粗实线（No.01.2 线型）绘制，如图 7.36（a）所示。

二、画移出断面图时应注意的问题

（1）移出断面图通常配置在剖切线（细点画线）的延长线上，如图 7.37 所示。

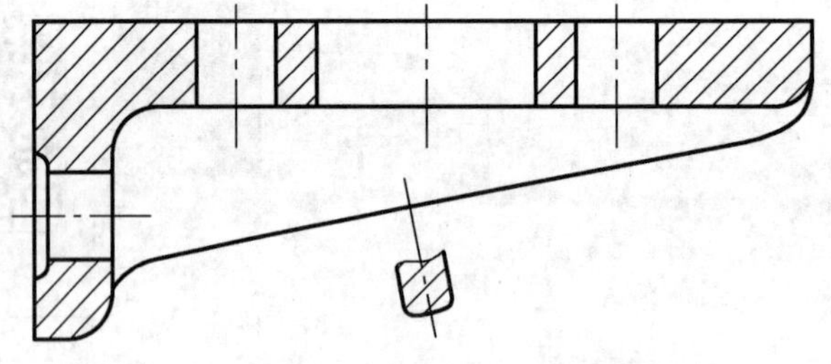

图 7.37 动画

图 7.37　配置在剖切延长线上的移出断面图

（2）移出断面图对称时也可画在视图的中断处，不必标注，如图 7.38（a）所示。

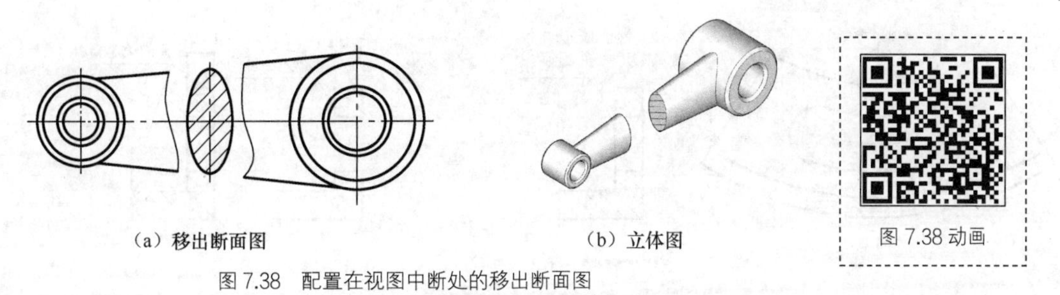

（a）移出断面图 （b）立体图

图 7.38 动画

图 7.38 配置在视图中断处的移出断面图

（3）由两个或多个相交的剖切平面剖切得出的移出断面图，中间一般应断开，如图 7.39（a）所示。

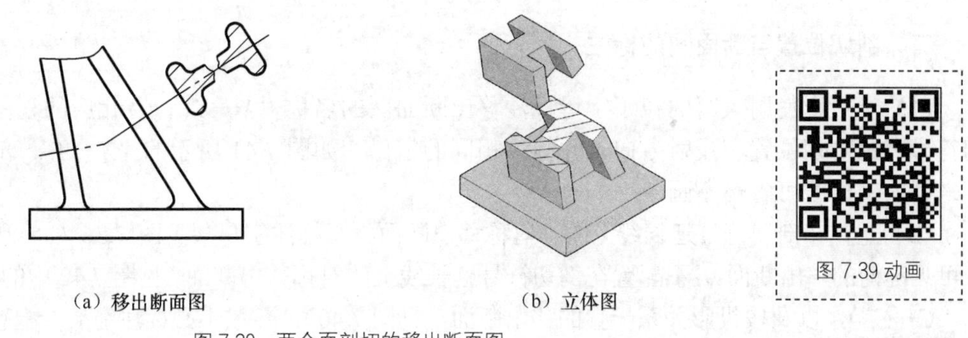

（a）移出断面图 （b）立体图

图 7.39 动画

图 7.39 两个面剖切的移出断面图

（4）当剖切平面通过回转而形成的孔或凹坑的轴线时，这些结构按剖视图要求绘制，如图 7.36（a）中“*B*—*B*”断面图和图 7.40（a）、图 7.40（b）所示。

图 7.40（a）动画

图 7.40（b）动画

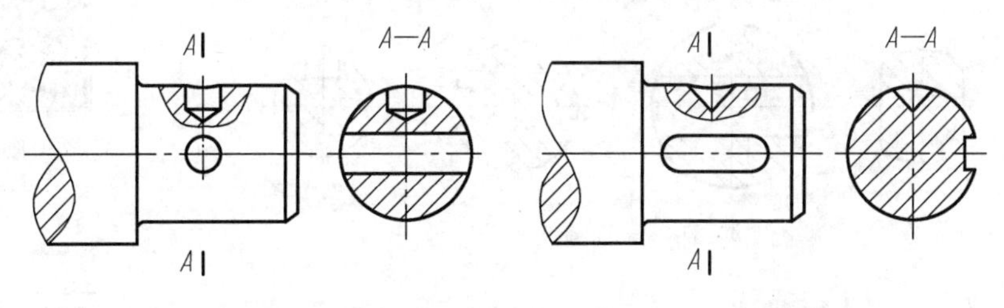

（a）移出断面图一 （b）移出断面图二

图 7.40 按剖视图要求绘制的移出断面图（一）

（5）当剖切平面通过非圆孔，会导致出现完全分离的剖视区域时，这些结构应按剖视图要求绘制，如图 7.41（a）所示。

图 7.41 动画

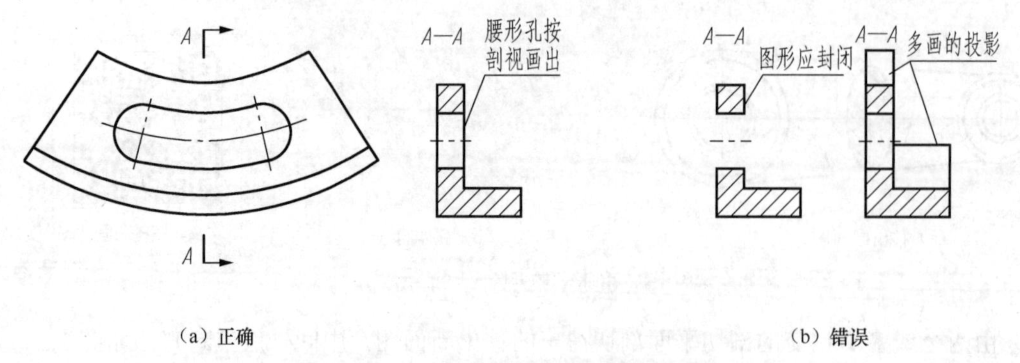

图7.41　按剖视图要求绘制的移出断面图（二）

三、剖切位置与断面图的标注

（1）一般应使用大写的拉丁字母标注移出断面图的名称“*X—X*”，在相应的视图上用剖切符号表示剖切位置和投射方向，并标注相同的字母，如图7.41所示的“*A—A*”，剖切面符号之间的剖切线可省略不画。

（2）配置在剖切符号延长线上的不对称移出断面不必标注字母（见图7.36（a）和图7.42中可见键槽的移出断面）。不配置在剖切符号延长线上的对称移出断面（见图7.42中的“*A—A*”和“*C—C*”），以及按投影关系配置的移出断面（见图7.40），一般不必标注箭头。配置在剖切线延长线上的对称移出断面图，（见图7.37和图7.42中通孔的移出断面图），剖切线用细点画线表示。

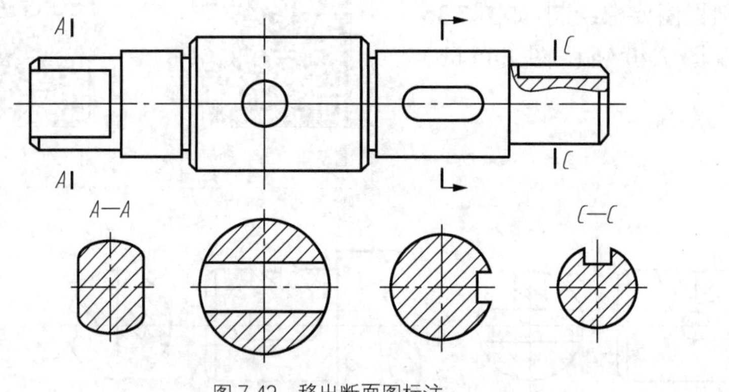

移出断面图动画

图7.42　移出断面图标注

7.3.3　重合断面图

重合断面图动画

一、重合断面图的画法

画在视图内的断面图称为重合断面图。重合断面图的轮廓线用细实线绘制，断面图画在视图内，如图7.43（a）所示。

思考：图7.43（a）所示的肋板若改为移出断面图，轮廓线用粗实线，并用波浪线封闭图形，则如图7.43（b）所示。

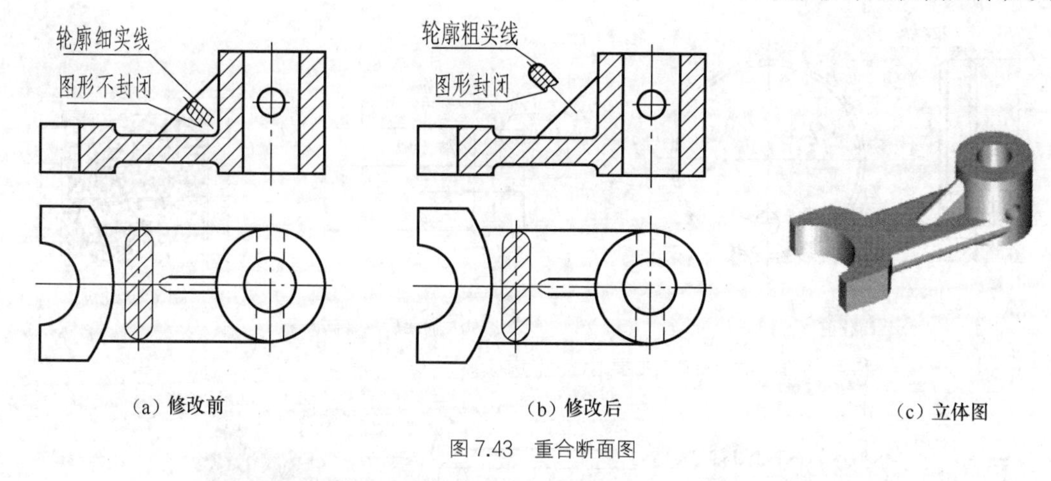

（a）修改前　（b）修改后　（c）立体图

图 7.43　重合断面图

二、画重合断面图时应注意的问题

（1）当视图中的轮廓线与重合断面图的图形重叠时，视图中的轮廓线仍应连续画出，不可间断，如图 7.44 所示。

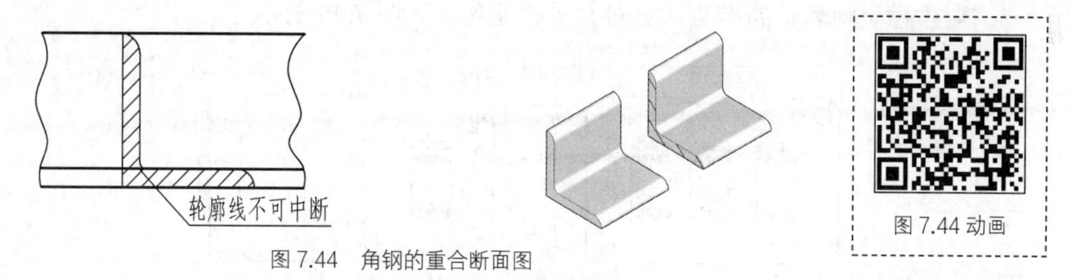

图 7.44　角钢的重合断面图

（2）不对称的重合断面图可以省略标注，如图 7.44 所示。对称的重合断面图不必标注，如图 7.45 所示。

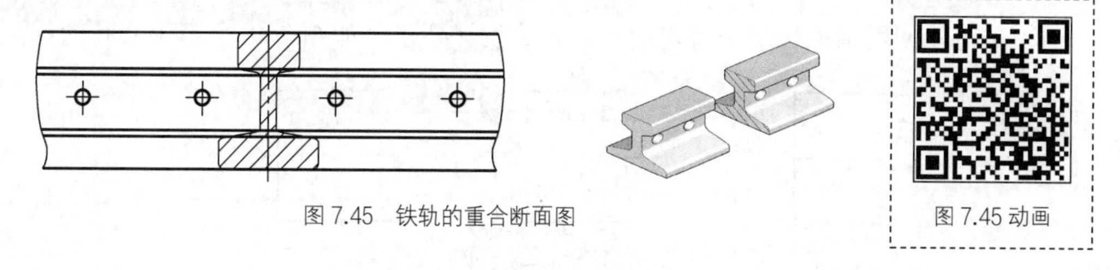

图 7.45　铁轨的重合断面图

图 7.45 动画

7.4 简化表示法

简化表示法按照图家标准（GB/T 16675.1—2012）执行。

7.4.1 简化表示法的基本要求

简化表示法的基本要求如下所述。

（1）应避免不必要的视图和剖视图，如图 7.46 所示。

（2）尽可能减少相同结构要素的重复绘制，如图 7.47 所示。

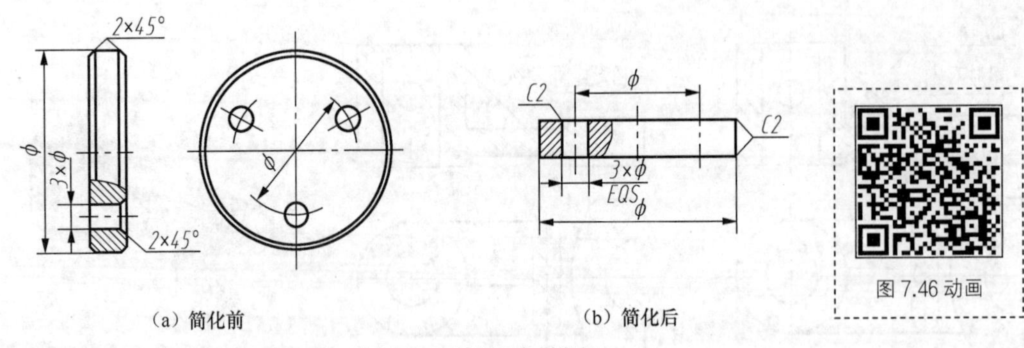

（a）简化前　　（b）简化后

图7.46　避免不必要的视图和剖视图

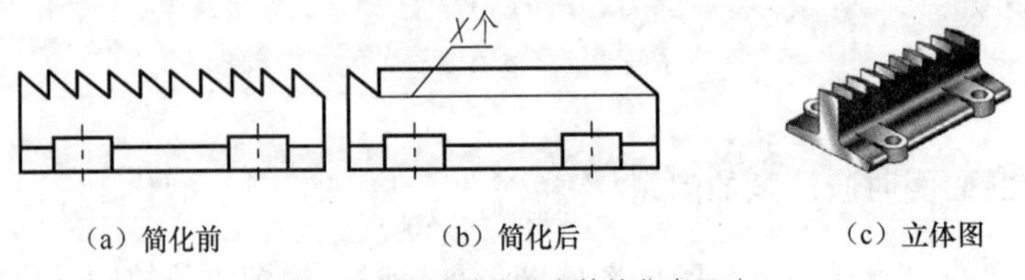

（a）简化前　　（b）简化后　　（c）立体图

图7.47　相同结构要素的简化表示法

（3）对于已清晰表达的结构，可对其进行简化，如图7.48所示。

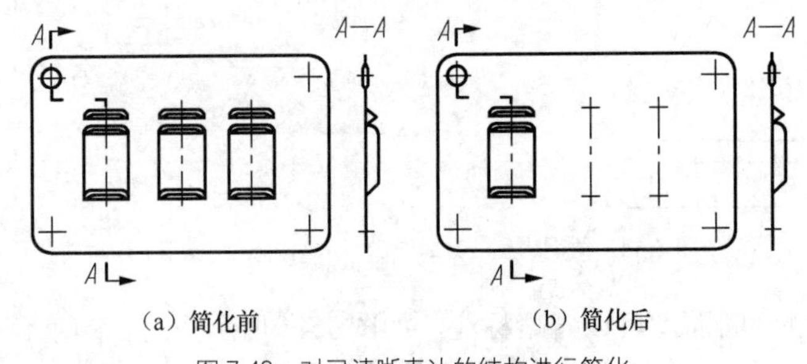

（a）简化前　　（b）简化后

图7.48　对已清晰表达的结构进行简化

（4）尽可能使用国家标准中规定的符号表达设计要求，如图7.49所示中心孔的标注。

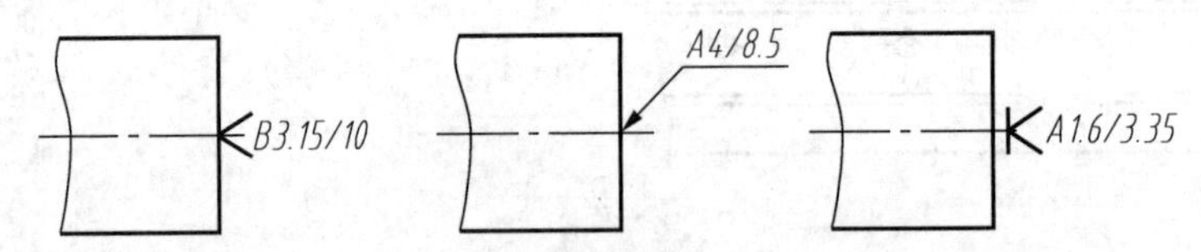

图7.49　使用国家标准中规定的中心孔符号表达设计要求

7.4.2　简化表示法举例

一、局部放大表示法

如图7.50所示，将物体的部分结构用大于原图的比例绘制，得局部放大图。

画局部放大图时，用细实线圆圈出被放大部位。局部放大图可画成剖视图或断面图，在局部放大图表达完整的前提下，允许在原视图中简化被放大部位的图形，如图7.50所示的III处的中心孔结构。画成剖视图或断面图的局部放大图，其剖面线方向和间隔应与原图中剖面线的方向和间隔一致，如图7.50所示。

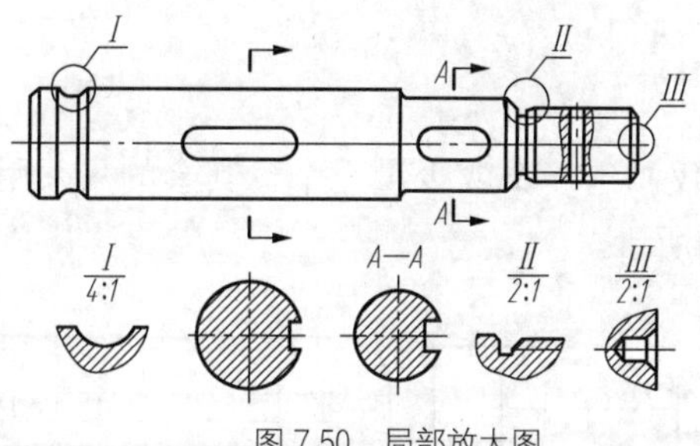

图 7.50 局部放大图

当物体上仅有一个放大部位时，只须在局部放大图的上方注明所采用的比例。当同一物体上有几处放大部位时，应用罗马数字依次标明被放大的部位，并在局部放大图的上方标出相应的罗马数字和所采用的比例，如图 7.50 所示的三个局部放大部位。

二、肋、轮辐的简化表示法

如图 7.51 所示，对于物体的肋、轮辐等结构，按纵向剖切，这些结构都不画剖面符号，用粗实线将它与其邻接部分分开。按横向剖切时，应画上剖面符号。

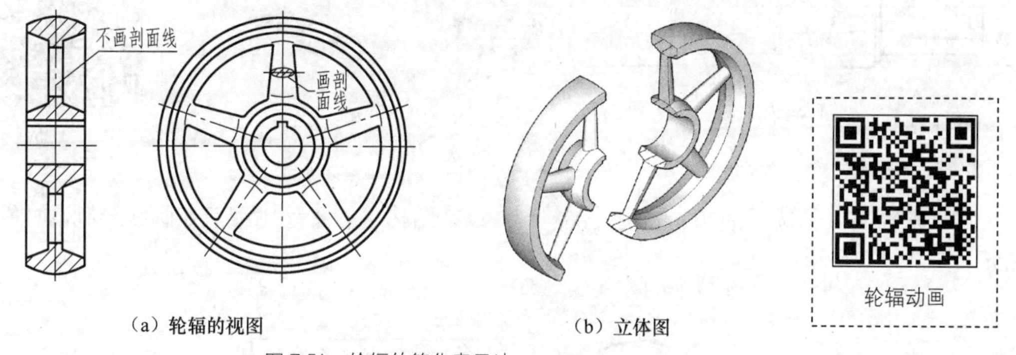

（a）轮辐的视图　　（b）立体图

图 7.51 轮辐的简化表示法

当零件回转体上均匀分布的肋、轮辐、孔等结构不处于剖切平面上时，可将这些结构旋转到剖切平面上画出，如图 7.52 所示。

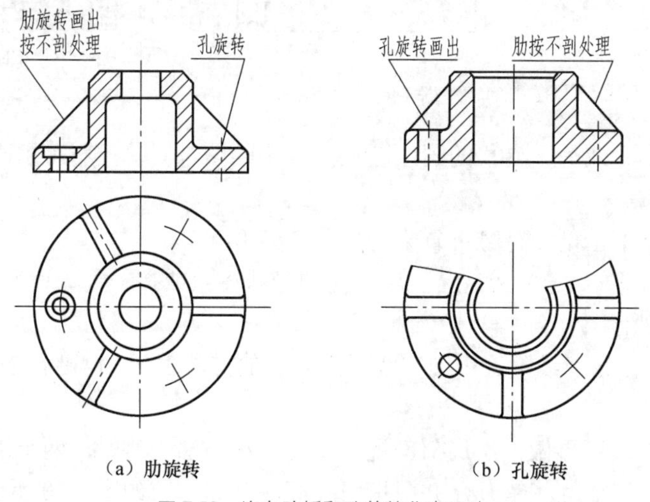

（a）肋旋转　　（b）孔旋转

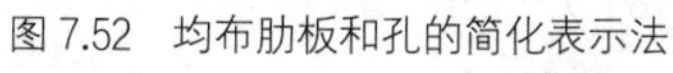
图 7.52 均布肋板和孔的简化表示法

三、其他简化表示法

（1）若干个直径相等的孔，可以仅画出一个或少量几个，其余的只须用细点画线或“+”表示它们的中心位置即可，如图 7.53 所示。

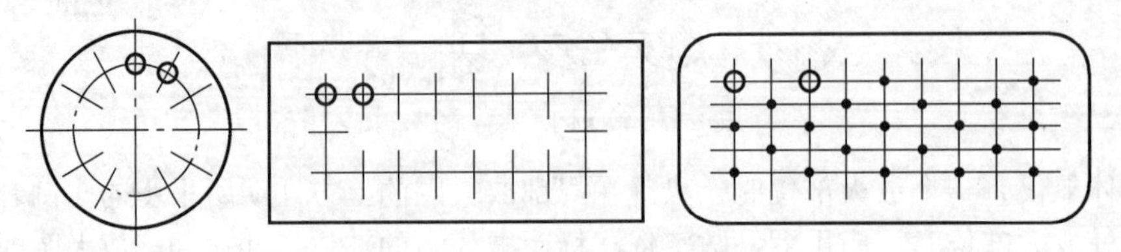

图 7.53　若干个直径相等的孔的简化表示法

（2）当回转体零件上的平面在图形中不能充分表达时，可用两条相交的细实线表示这些平面，如图 7.54 所示。

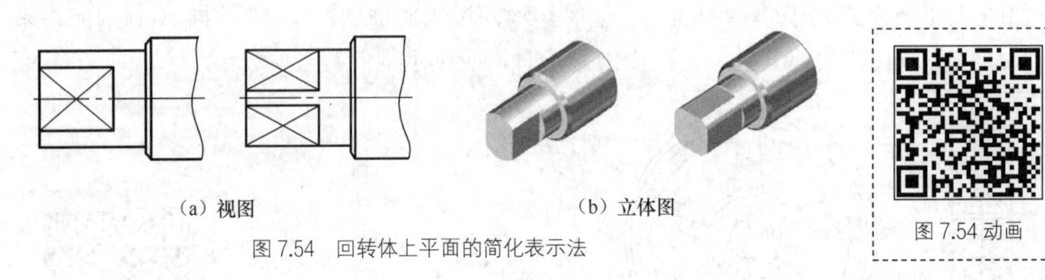

（a）视图　（b）立体图

图 7.54　回转体上平面的简化表示法

（3）在需要表示位于剖切平面前的结构时，这些结构可假想地用细双点画线绘制，如图 7.55 所示。

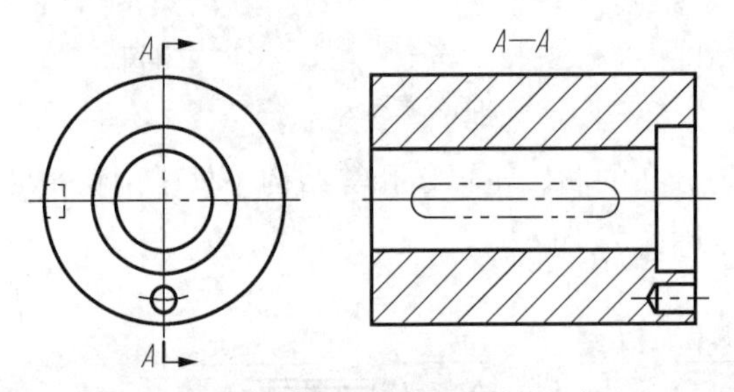

图 7.55　位于剖切平面前的结构的简化表示法

（4）与投影面的倾斜角度小于或等于 30° 的圆或圆弧，手工绘图时，其投影可用圆或圆弧代替，如图 7.56 所示。

（5）在不致引起误解的情况下，剖面符号可省略，如图 7.57 所示。

（6）较长的零件（轴、杆、型材、连杆等）沿长度方向的形状一致或按一定规律变化时，可断开后缩短绘制，如图 7.58 所示。

（7）滚花或网状物一般采用在轮廓线附近用细实线局部画出的方法表示，也可省略不画，如图 7.59 所示。

（8）在剖视图的剖面区域中，可再做一次局部剖视，采用这种方法表达时，两个剖面区域的剖面线应同方向、同间隔，但要互相错开，并用指引线标注其名称，如图 7.60 所示。

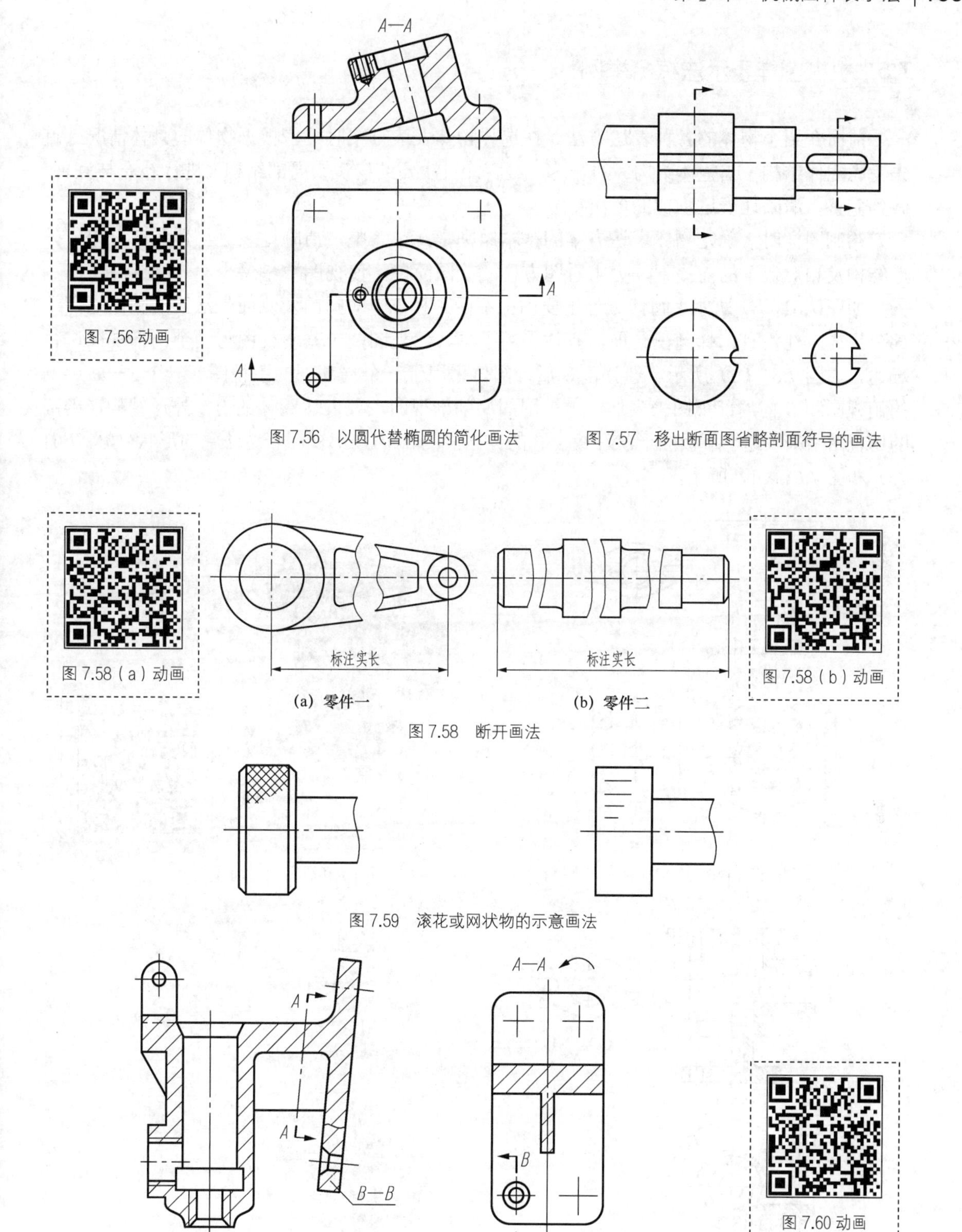

图 7.56　以圆代替椭圆的简化画法

图 7.57　移出断面图省略剖面符号的画法

图 7.58　断开画法

图 7.59　滚花或网状物的示意画法

图 7.60　剖视图中的局部剖视画法

7.5 机械图样表示法综合举例

前面介绍了物体的各种表达方法。在选择物体表达方案时，应根据物体的具体情况，首先考虑主体结构（或整体结构）的表达，然后针对次要结构（或局部结构）进行补充与完善，做到完整、清晰地表达物体的各个部分。

绘制图样时，确定物体表达方案的基本原则是：在完整、清晰地表达物体各部分内、外形结构及相对位置的前提下，力求看图方便，绘图简单，使视图数量最少。

如图7.61（b）所示，阀体零件主要由上下两个板、中间圆筒及侧面带法兰的圆筒这四个部分组成。在没有选择剖视之前，阀体采用了主、俯视图两个基本视图与两个局部视图进行表达，如图7.61（a）所示。选择剖视后，阀体采用了一个局部剖的主视图、一个*A*—*A*半剖的俯视图和*B*向局部视图来表达，主视图的局部剖视图主要表达阀体的内、外形结构，半剖的俯视图用来表达上下板的形状和板上孔的分布情况，*B*向局部视图表达法兰的形状，如图7.61（c）和图7.61（d）所示。

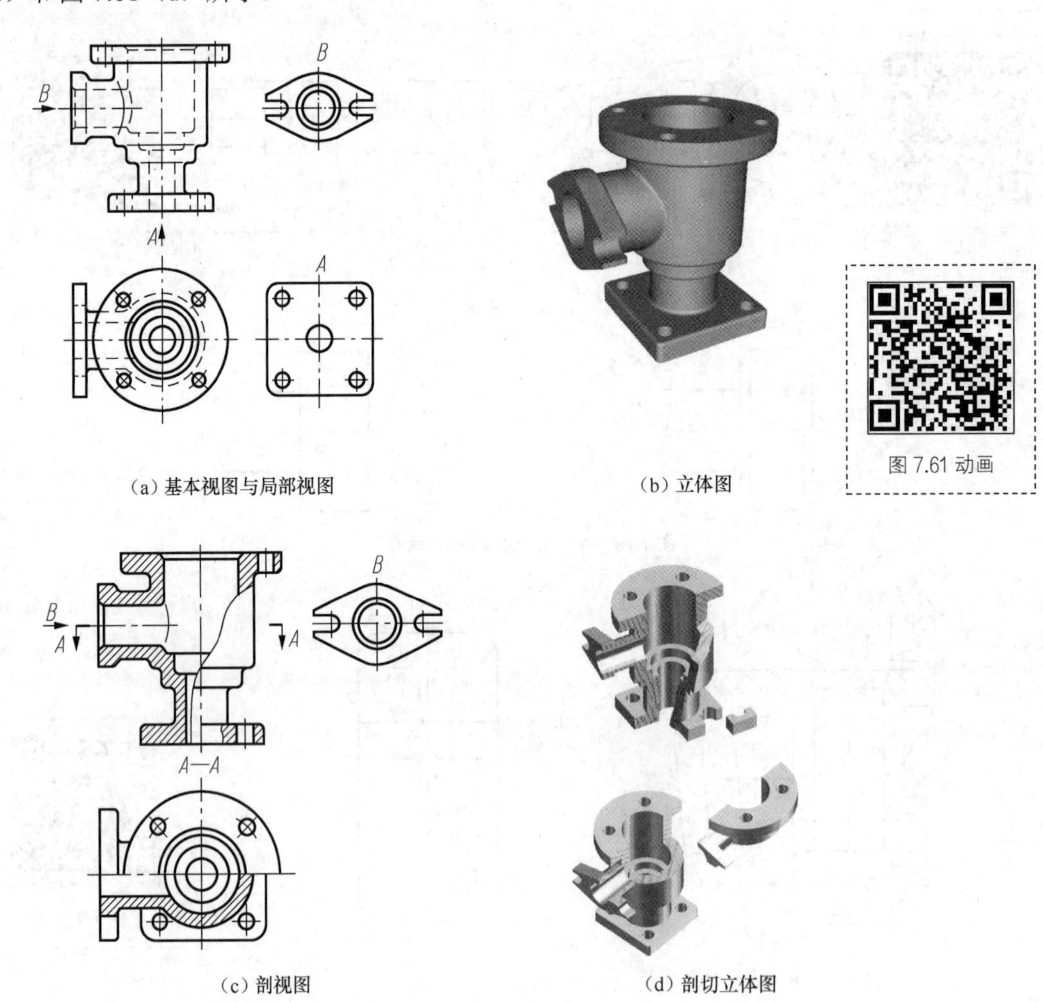

（a）基本视图与局部视图　（b）立体图

（c）剖视图　（d）剖切立体图

图7.61　阀体零件的综合表达方案

思考：俯视图若采用全剖视图，这3个视图能否清晰表达阀体零件。该表达方案是不是最佳表达方案？

*7.6 第三角投影

第2章介绍过两两相互垂直的投影面 V 面、H 面和 W 面将空间分成八个分角。在工程图样表达中，我国（GB/T 14692—2008）采用第一角投影画法，而美国等其他一些国家多采用第三角投影画法。

7.6.1 第三角投影及三视图的形成

一、第三角投影的定义

前面所讲的三视图是将物体置于第一分角内，使物体处于观察者和投影面之间进行投影得到的视图（称为第一角投影）。物体置于第三分角内时，将投影面置于观察者和物体之间进行投影，假想投影面是透明的，这样得到的视图称为第三角投影，如图7.62（a）所示。

二、第三角投影三视图的形成

按第三角投影，将物体置于三个相互垂直的透明投影面中，就像隔着玻璃看东西一样，在三个投影面上将得到三个视图。

（1）从前向后投射，在正平面 V 上所得到的视图，称为前视图，相当于第一角投影的主视图；

（2）从上向下投射，在水平面 H 上所得到的视图，称为顶视图，相当于第一角投影的俯视图；

（3）从右向左投射，在侧平面 W 上所得到的视图，称为右视图。

为使视图展开在同一平面上，规定 V 面不动，H 面绕它与 V 面相交的轴线向上翻转90°，W 面绕它与 V 面相交的轴线向右旋转90°，展开后的三视图之间仍保持"三等"关系：顶、前视图长对正；前、右视图高平齐；顶、右视图宽相等。方位关系：远离顶视图的一侧为物体的后方，这与第一角投影正好相反，如图7.62（b）所示。

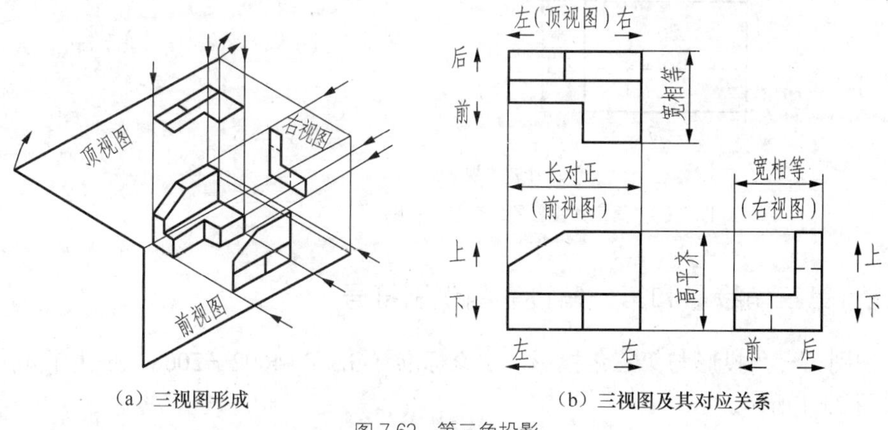

（a）三视图形成　　（b）三视图及其对应关系

图7.62 第三角投影

7.6.2 第三角投影的基本视图

在第三角投影的基础上，再增加三个投影面，组成一个正六面体，这六个投影面称为基本投影面，如图 7.63（a）所示。将物体机件置于六面体内，并向六个基本投影面投射，得到六个基本视图，除上述三个视图外，新增加的三个视图分别为左视图、底视图和后视图。投影面展开后各视图的配置关系如图 7.63（b）所示。

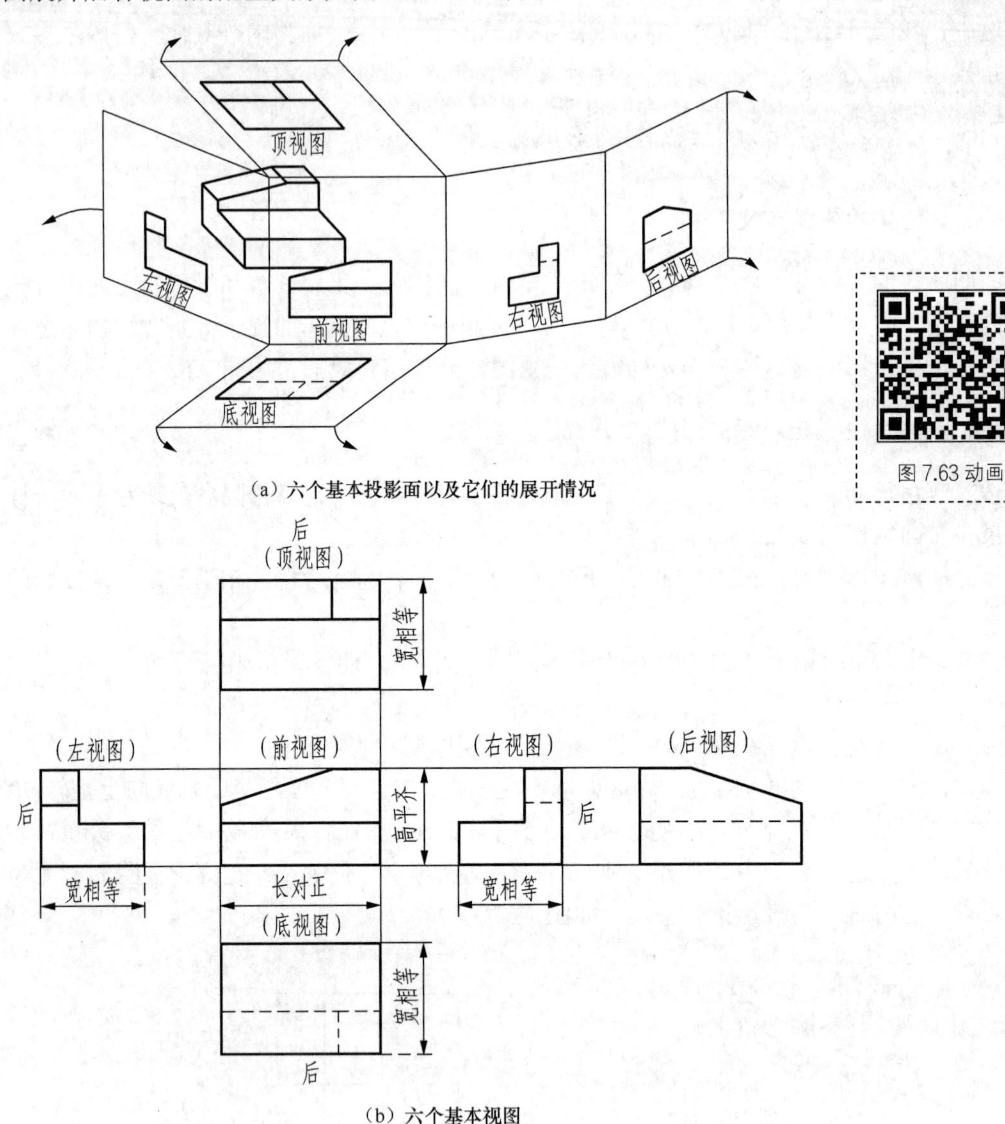

（a）六个基本投影面以及它们的展开情况

（b）六个基本视图

图 7.63 第三角投影的六个基本视图

7.6.3 第三角投影和第一角投影的识别符号

为了识别第一角投影与第三角投影，国家标准（GB/T 14692—2008）规定了相应的识别符号，如图 7.64 所示。

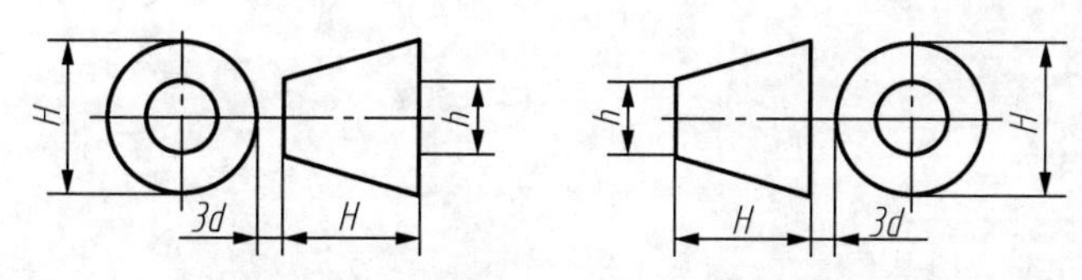

注：*H*表示图中尺寸字体高度（*H*=2*h*）；*d*表示图中粗实线宽度

（a）第三角投影　　　　（b）第一角投影

图 7.64　第三角投影和第一角投影的识别符号

采用第三角投影绘制工程图样时，必须在图样中画出第三角投影的识别符号，如图 7.64（a）所示，采用第一角投影时，必要时也应在图样上标出其识别符号。

第8章 常用标准件及齿轮、弹簧表示法

标准件在日常生活中经常遇见，如螺栓、螺母、键、销、滚动轴承等，它们在机械设备中经常出现。本章主要介绍 GB/T 4459.1—1995、GB/T 4459.2—2003、GB/T 4459.7—2017、GB/T 119.1—2000、GB/T 879.1 ~ 5—2018、GB/T 273.2—2018、GB/T 273.3—2020 等与标准件相关的国家标准。通过学习本章内容，了解螺纹的作用，熟练掌握常见螺纹紧固件连接的画法；了解键和销的作用及其连接画法，学会查表标注轴和孔上键槽的尺寸；了解滚动轴承和弹簧的画法，熟练掌握单个直齿圆柱齿轮和齿轮啮合时的画法；学会用 AutoCAD 软件创建螺栓、螺母等标准件图块，以期在今后的工程实践中学以致用。

机械设备中通常含有螺栓、螺柱、螺母、垫圈、键、销、滚动轴承等零件。国家对这些零件的结构、尺寸、质量、画法等均制定了标准，这些零件被称为标准件，如图 8.1（a）、图 8.1（b）、图 8.1（c）所示。还有些常用的零件，如弹簧和齿轮等，国家只对它们的部分结构和尺寸实行了标准化，如图 8.1（d）所示。本章主要介绍这些零件的结构、画法和标注方法。

（a）螺栓和双头螺柱

（b）螺母和垫圈

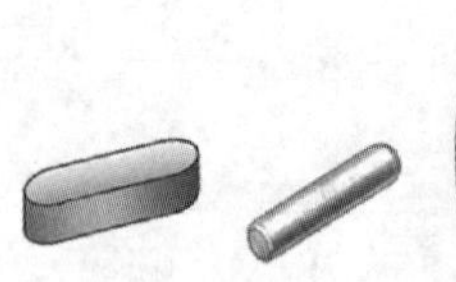
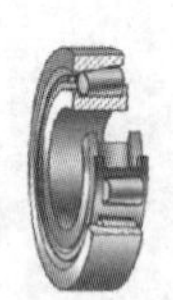

（c）键、销和滚动轴承

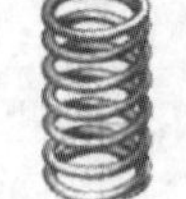

（d）弹簧和圆柱齿轮

图 8.1　常见的标准件、齿轮和弹簧

螺栓和双头螺柱动画

键、销和滚动轴承动画

螺母和垫圈动画

弹簧和圆柱齿轮动画

8.1　螺纹

螺纹及螺纹紧固件（GB/T 4459.1—1995）常用于机械、化工、航空、航天等行业，螺纹的主要作用是连接零件或传递动力。

螺纹的表示法

8.1.1　螺纹的形成及结构要素

一、螺纹的形成

螺纹可以看成是由平面图形（如三角形、梯形等）绕着与其共面的轴线作螺旋运动而形成的。加工在圆柱或圆锥外表面的螺纹称为外螺纹；加工在圆柱或圆锥内表面的螺纹称为内螺纹。

二、螺纹的加工

螺纹的加工方法很多，在车床上车削螺纹是最常见的一种螺纹加工方法，如图 8.2（a）、图 8.2（b）所示。图 8.2（c）为小直径内螺纹的加工方法，先用钻头钻出盲孔，再用丝锥加工出内螺纹。

（a）车外螺纹

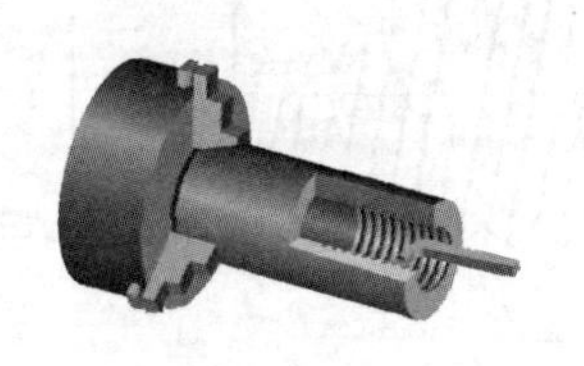
（b）车内螺纹

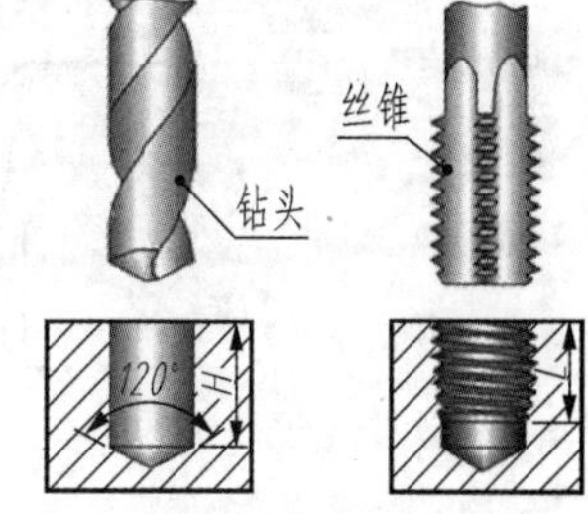

（c）加工小直径内螺纹

图 8.2　螺纹的加工方法

三、螺纹的基本要素

螺纹的基本要素包括牙型、基本直径、线数、螺距与导程、旋向。

（1）牙型：在通过螺纹轴线的剖面上，螺纹的轮廓形状称为螺纹的牙型。不同的牙型有不同的用途，常见的螺纹牙型有三角形、梯形和锯齿形等，见表 8.1。

表 8.1　螺纹的牙型

螺纹名称		特征代号	牙型示意图	螺纹名称	特征代号	牙型示意图
普通螺纹	粗牙	M	60°	密封管螺纹	Rc Rp R	1:16　55°
	细牙			非密封管螺纹	G	55°

续表

螺纹名称	特征代号	牙型示意图	螺纹名称	特征代号	牙型示意图
梯形螺纹	Tr	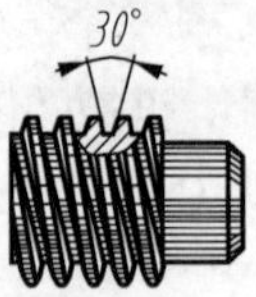 30°	锯齿形螺纹	B	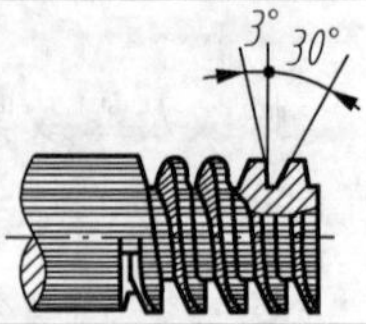 3° 30°

（2）基本大径、基本小径和基本中径（GB/T 197—2003）。

基本大径：螺纹的最大直径，又称为公称直径。外螺纹基本大径为牙顶所在圆柱面的直径（用 d 表示），内螺纹基本大径为牙底所在圆柱面的直径（用 D 表示）。

基本小径：螺纹的最小直径。外螺纹为牙底所在圆柱面的直径（用 d_1 表示）；内螺纹为牙顶所在圆柱面的直径（用 D_1 表示）。

基本中径：螺纹的齿厚度与牙槽宽度相等处的假想圆柱面的直径。外螺纹用 d_2 表示，内螺纹用 D_2 表示，如图 8.3 所示。

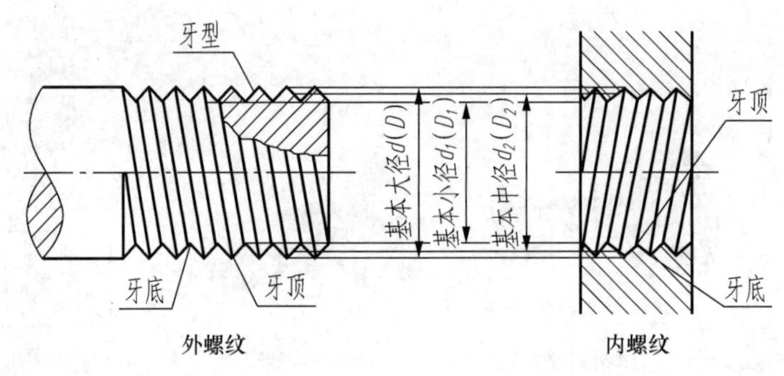

图 8.3　螺纹各部分直径

（3）线数：螺纹有单线和多线之分。沿一条螺旋线形成的螺纹称为单线螺纹；沿两条或两条以上在轴向等距分布的螺旋线形成的螺纹称为多线螺纹，螺纹线数用 n 表示，如图 8.4 所示。

（4）螺距与导程：相邻两牙在螺纹中径线上对应两点间的轴向距离称为螺距（用 P 表示）。同一条螺旋线上相邻两牙在螺纹中径线上对应两点间的距离称为导程（用 P_h 表示），如图 8.4 所示。导程与螺距的关系式为：$P_h = nP$。

（5）旋向：螺纹有右旋和左旋两种。当内外螺纹旋合时，顺时针方向旋入的螺纹是右旋螺纹，逆时针方向旋入的螺纹是左旋螺纹，如图 8.5 所示。

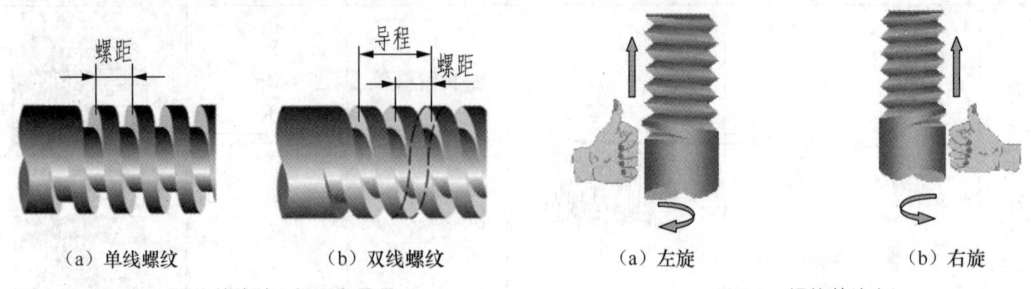

（a）单线螺纹　（b）双线螺纹

图 8.4　螺纹的线数、螺距和导程

（a）左旋　（b）右旋

图 8.5　螺纹的旋向

为了便于设计和制造，国家标准对螺纹的牙型、基本大径和螺距都做了统一规定。凡是牙型、基本大径和螺距均符合国家标准规定的螺纹称为标准螺纹；牙型符合国家标准规定、公称直经不符合规定的螺纹称为特殊螺纹；牙型不符合国家标准规定的螺纹称为非标准螺纹。通常在螺纹起始处加工出圆台或圆球面的倒角，称为螺纹的倒角，主要是起导向和防止损坏螺纹的作用。

8.1.2 螺纹的表示法

为了便于绘制螺纹投影图，国家标准《机械制图》（GB/T 4459.1—1995）规定了螺纹的画法。

（1）螺纹牙顶圆的投影用粗实线表示，牙底圆的投影用细实线表示，螺纹的倒圆或倒角部分也应画出。在垂直于螺纹轴线的投影面的视图中，表示牙底圆的细实线只画约 3/4 圈（空出约 1/4 圈的位置不做规定），此时螺纹上的倒角投影不应画出，如图 8.6、图 8.7 所示。

（2）有效螺纹终止界线（简称螺纹终止线）用粗实线表示，外螺纹终止线的画法如图 8.6（a）所示，内螺纹终止线的画法如图 8.7（a）所示。

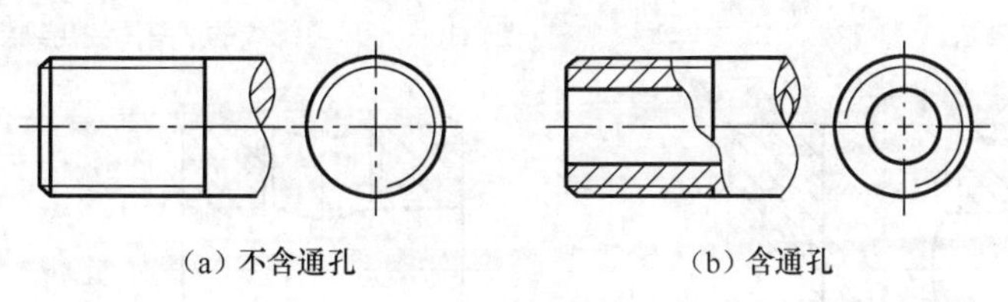

（a）不含通孔　　（b）含通孔

图 8.6　外螺纹画法

外螺纹动画

（3）绘制不通的螺孔时，一般应将钻孔的深度与螺纹部分的深度分别画出。在盲孔内加工内螺纹时，先按照内螺纹的小径用钻头加工出圆柱孔，因此孔的底部留有钻头角为 120° 的锥坑，其尺寸不必标注，如图 8.7（a）所示。

螺纹孔动画

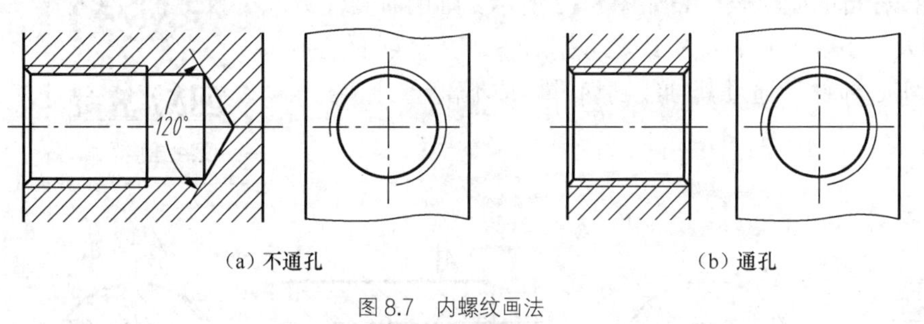

（a）不通孔　　（b）通孔

图 8.7　内螺纹画法

螺纹通孔动画

（4）在垂直于螺纹轴线的投影面的视图中，需要表示部分螺纹时，表示牙底的圆的细实线也应适当地空出一段，如图 8.8 所示。

（5）螺纹尾部一般不必画出，当需要表示螺尾时，该部分用与轴线成 30° 的细实线画出，如图 8.9 所示。

（6）不可见螺纹的所有图线用细虚线绘制，如图 8.10 所示。

（7）无论外螺纹还是内螺纹，在剖视或剖面图中的剖面线都应画到粗实线，如图 8.6（b）、图 8.7（b）所示。两内螺纹或螺纹与孔相交时交线的画法，如图 8.11 所示。

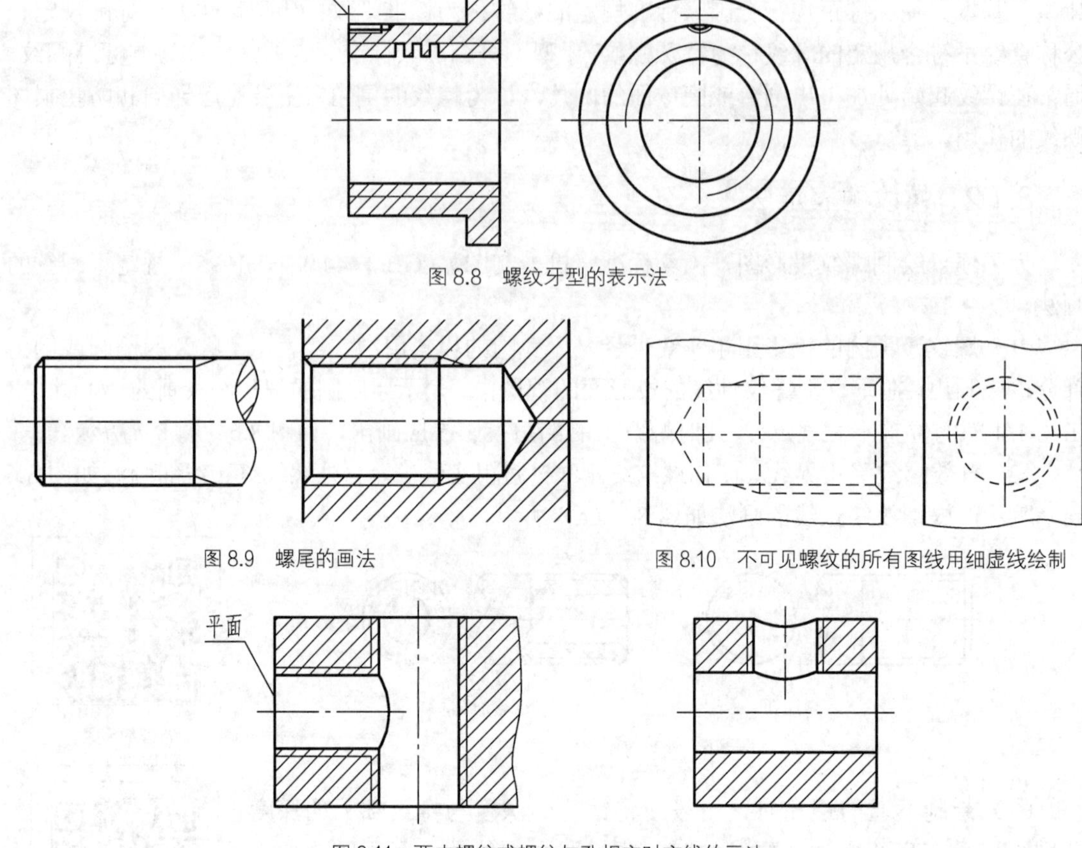

图 8.8 螺纹牙型的表示法

图 8.9 螺尾的画法

图 8.10 不可见螺纹的所有图线用细虚线绘制

图 8.11 两内螺纹或螺纹与孔相交时交线的画法

（8）以剖视图表示内、外螺纹的连接时，其旋合部分按外螺纹画法绘制，其余部分按各自的画法表示，如图 8.12 所示。画图时要注意内、外螺纹的基本大、小径的粗、细实线应分别对齐，并将剖面线画到粗实线。螺杆为实心杆件，通过其轴线剖切时，按不剖绘制。

螺纹连接动画

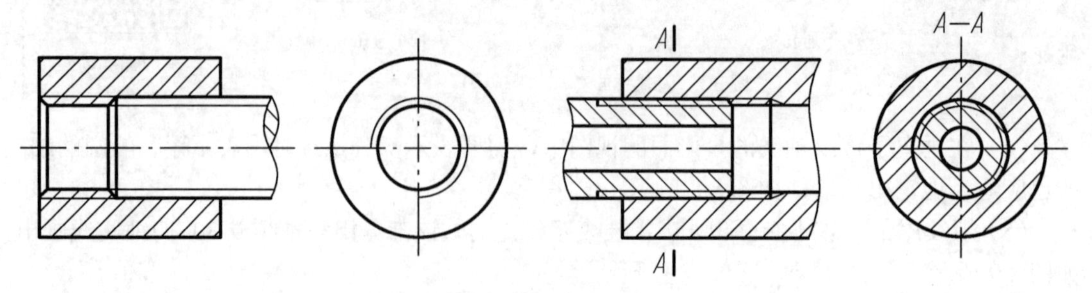

图 8.12 螺纹连接的画法

8.1.3 螺纹的标注方法

（1）标注螺纹时，应注出国家标准所规定的螺纹标记。

① 普通螺纹（GB/T 193—2003、GB/T 196—2003、GB/T 197—2003）的标记格式为：

螺纹特征代号 公称直径 × 螺距-中径公差带代号 顶径公差带代号-旋合长度-旋向代号

如：M12 × 1-5g6g-S-LH。

a．普通螺纹的特征代号为“M”，公称直径为螺纹基本大径，粗牙普通螺纹的螺距省略标注，细牙普通螺纹要标注螺距，多线螺纹标导程（螺距）。

b．右旋螺纹的旋向省略标注，左旋螺纹标“LH”。

c．螺纹公差带代号包括中径和顶径公差带代号（外螺纹为大径公差带、内螺纹为小径公差带），两者相同时，只标注一个代号，两者不同时应分别标注。

d．旋合长度分为短（S）、中（N）、长（L）三种。通常采用中等旋合长度，省略标注。

② 梯形螺纹（GB/T 5796.1～4—2005）的标记格式为：

螺纹特征代号 公称直径 × 螺距-中径公差带代号-旋合长度代号-旋向代号

如：Tr24 × Ph12P6-7H-L-LH。

含义：梯形螺纹特征代号“Tr”，公称直径 24，双线螺纹导程（Ph）12，螺距（P）6，中径公差带代号 7H（内螺纹），长旋合长度，旋向左旋。

③ 锯齿形螺纹（GB/T 13576.1～4—2008）的标记格式为：

螺纹特征代号 公称直径 × 螺距-中径公差带代号-旋合长度代号-旋向代号

如：B40× 4-7h。

含义：锯齿形螺纹特征代号“B”，公称直径 40，螺距（P）6，中径公差带代号 7h（外螺纹）。

④ 管螺纹分为非密封管螺纹（GB/T 7307—2001）和密封管螺纹（GB/T 7306.1～2—2000）。管螺纹是在管子上加工的，主要用于连接管件。

非密封管螺纹的标注格式为：

螺纹特征代号 尺寸代号-公差等级代号-旋向代号

如：G1/2LH-A，非密封管螺纹的特征代号“G”，尺寸代号 1/2 为管子孔径，单位是英寸，左旋外螺纹（外螺纹公差等级分 A 级和 B 级两种，内螺纹公差等级只有一种，省略不标）。

密封管螺纹的标注格式为：

螺纹特征代号 尺寸代号-旋向代号

如：Rc1/2-LH，密封管螺纹的特征代号“Rc”，尺寸代号 1/2 为管子孔径，单位是英寸，左旋圆锥内螺纹（右旋螺纹的旋向代号省略标注）。

（2）公称直径以 mm 为单位的螺纹，其标记应直接注在基本大径的尺寸线上（见图 8.13（a）、图 8.13（b）或其引出线上（见图 8.13（c）、图 8.13（d））。

（3）管螺纹的标记一律注在引出线上，引出线应从基本大径处引出（见图 8.14（a）、图 8.14（b）、图 8.14（c））或从对称中心线处引出（见图 8.14（d））。

（4）图样中标注的螺纹长度，均指不包括螺尾的有效长度（见图 8.15（a）），否则，应另加说明或按实际需要标注（见图 8.15（b））。

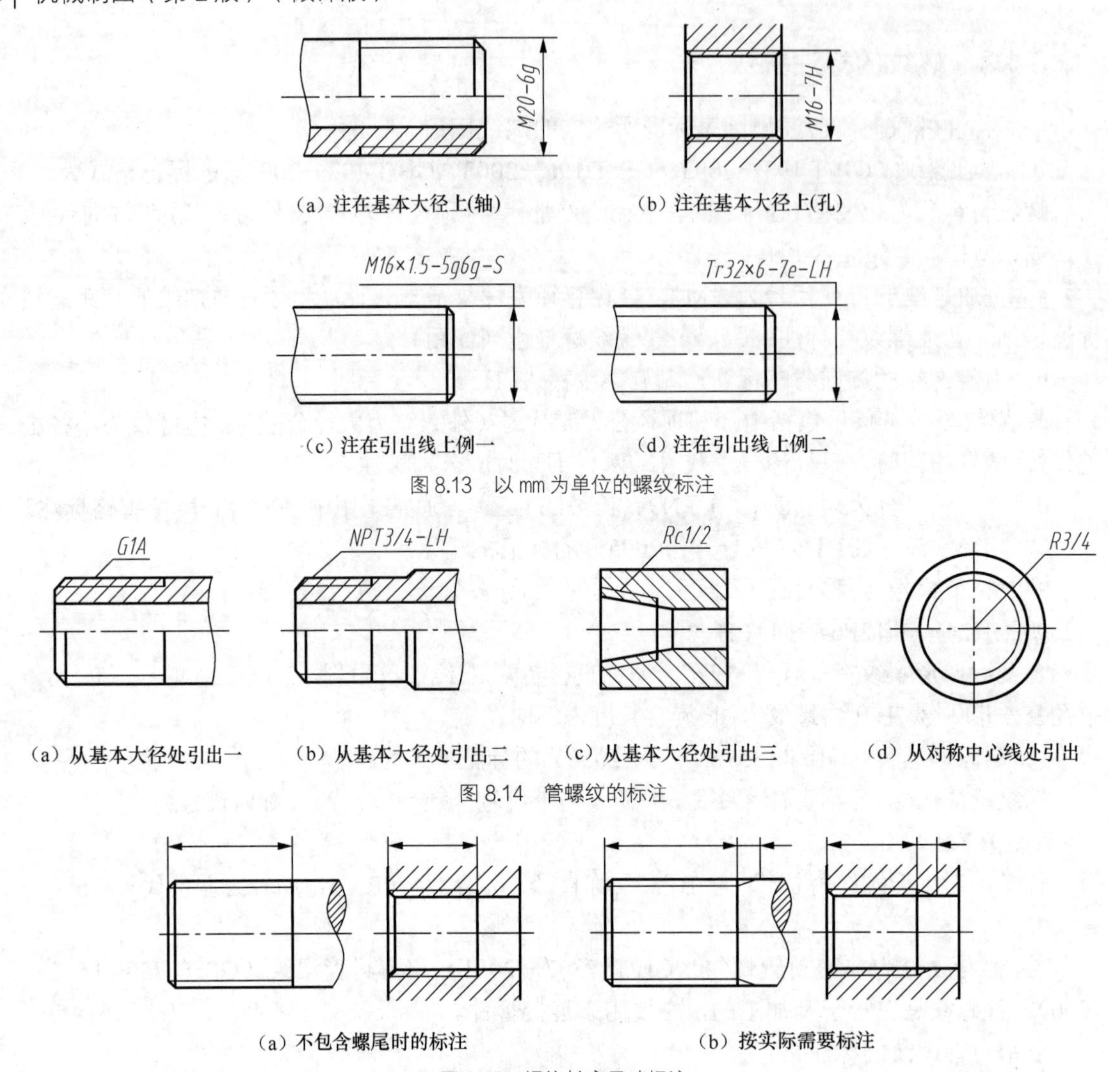

（a）注在基本大径上(轴)　（b）注在基本大径上(孔)

（c）注在引出线上例一　（d）注在引出线上例二

图 8.13　以 mm 为单位的螺纹标注

（a）从基本大径处引出一　（b）从基本大径处引出二　（c）从基本大径处引出三　（d）从对称中心线处引出

图 8.14　管螺纹的标注

（a）不包含螺尾时的标注　（b）按实际需要标注

图 8.15　螺纹长度尺寸标注

（5）螺纹副的标注方法与螺纹标记的标注方法相同。米制螺纹标记应直接注在基本大径的尺寸线上或其引出线上（见图 8.16（a））；管螺纹标记应采用引出线，并由配合部分的基本大径处引出标注（见图 8.16（b））。

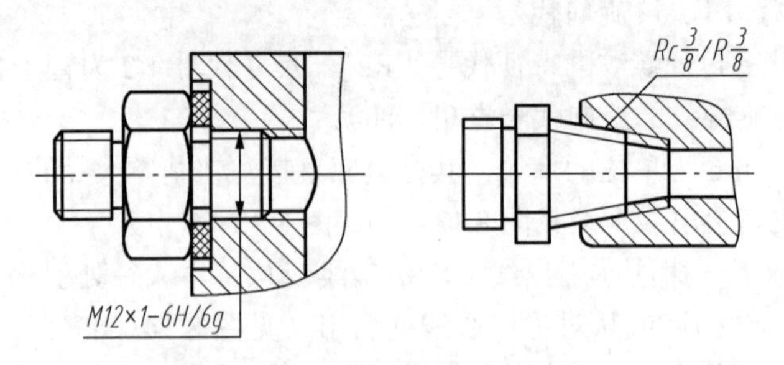

（a）在基本大径尺寸线的引出线上标注　（b）在配合部分基本大径处引出标注

图 8.16　螺纹副的标注方法

8.2 螺纹紧固件

螺纹紧固件

8.2.1 螺纹紧固件的标记及比例画法

一、螺纹紧固件的标记

螺纹紧固件（GB/T 4459.1—1955）的结构形式和尺寸均已标准化，并由专门工厂生产。使用时只须按其规定标记购买即可。国家标准规定螺纹紧固件的标记的内容为：

名称 标准编号 螺纹规格 × 公称长度 产品型号 性能等级或材料及热处理 表面处理

如螺纹规格为 M12、公称长度 l = 60、性能等级 10.9 级，产品等级为 A，表面氧化处理的六角头螺栓的完整标记为：螺栓 GB/T 5782—2000　M12 × 60—10.9—A—O，也可简化标为：螺栓 GB/T 5782　M12 × 60。表 8.2 为常用螺纹紧固件的标记示例。

表 8.2　　常用螺纹紧固件的标记示例

名　称	实 物 图	图　例	标 记 示 例
六角头螺栓 A 级、B 级 （GB/T 5782—2016）		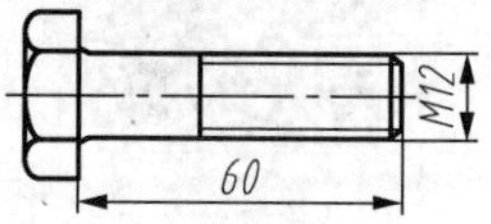	螺栓 GB/T 5782—2016 M12 × 60
双头螺柱 （GB/T 899—1988）		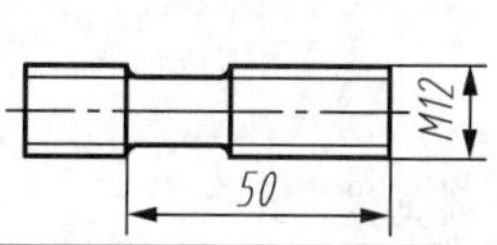	螺柱 GB/T 899—1998 M12 × 50
I 型六角螺母 A 级、B 级 （GB/T 6170—2015）		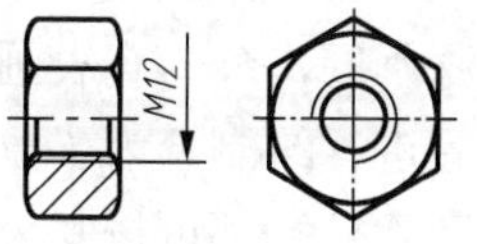	螺母 GB/T 6170—2015 M12
开槽沉头螺钉 （GB/T 68—2016）	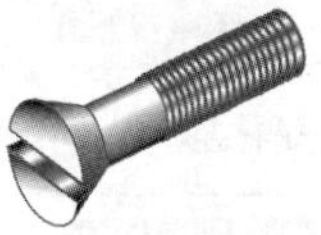	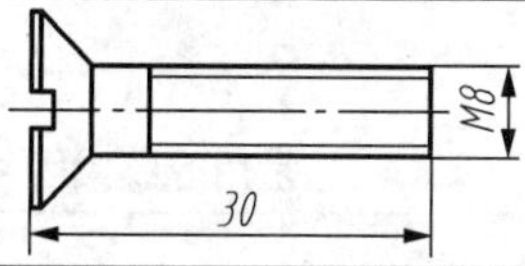	螺钉 GB/T 68—2016 M8 × 30
开槽圆柱头螺钉 （GB/T 65—2016）		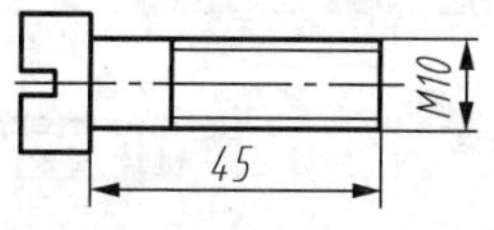	螺钉 GB/T 65—2016 M10 × 45
内六角圆柱头螺钉 （GB/T 70.1—2008）		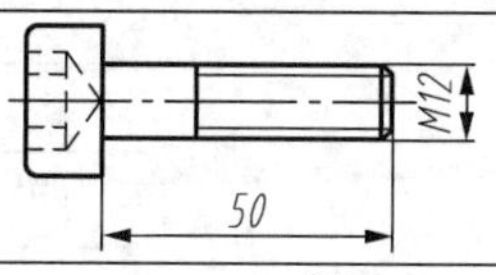	螺钉 GB/T 70.1—2008 M12 × 50
平垫圈 （GB/T 97.1—2002）		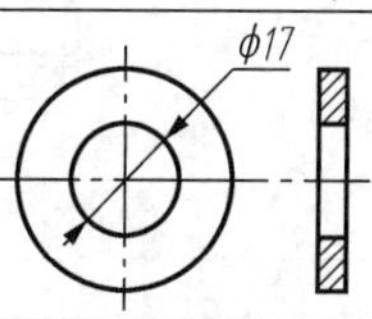	垫圈 GB/T 97.1—2002 16

续表

名　称	实 物 图	图　例	标 记 示 例
弹簧垫圈 （GB/T 93—1987）		ϕ20.5	垫圈 GB/T 93 — 1987 20

六角头螺栓动画　　双头螺柱动画　　I型六角螺母动画　　开槽沉头螺钉动画

开槽圆柱头螺钉动画　　内六角圆柱头螺钉动画　　平垫圈动画　　弹簧垫圈动画

二、螺纹紧固件的比例画法

螺纹紧固件按尺寸来源不同，分为查表画法和比例画法。查表画法通过查表，得到螺纹紧固件各部分的尺寸，然后进行绘制。为了方便作图，通常采用比例画法绘制，即螺纹紧固件的各部分大小（公称长度除外）都可按其公称直径的一定比例画出。常用螺纹紧固件的比例画法见表8.3。

表8.3　　常用螺纹紧固件的比例画法

名　称	比 例 画 法
六角头螺栓	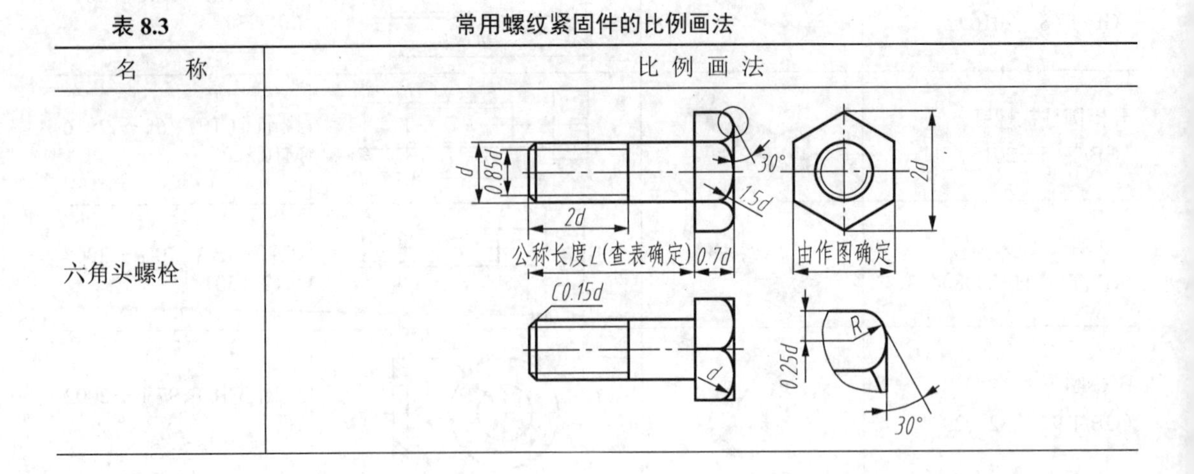

续表

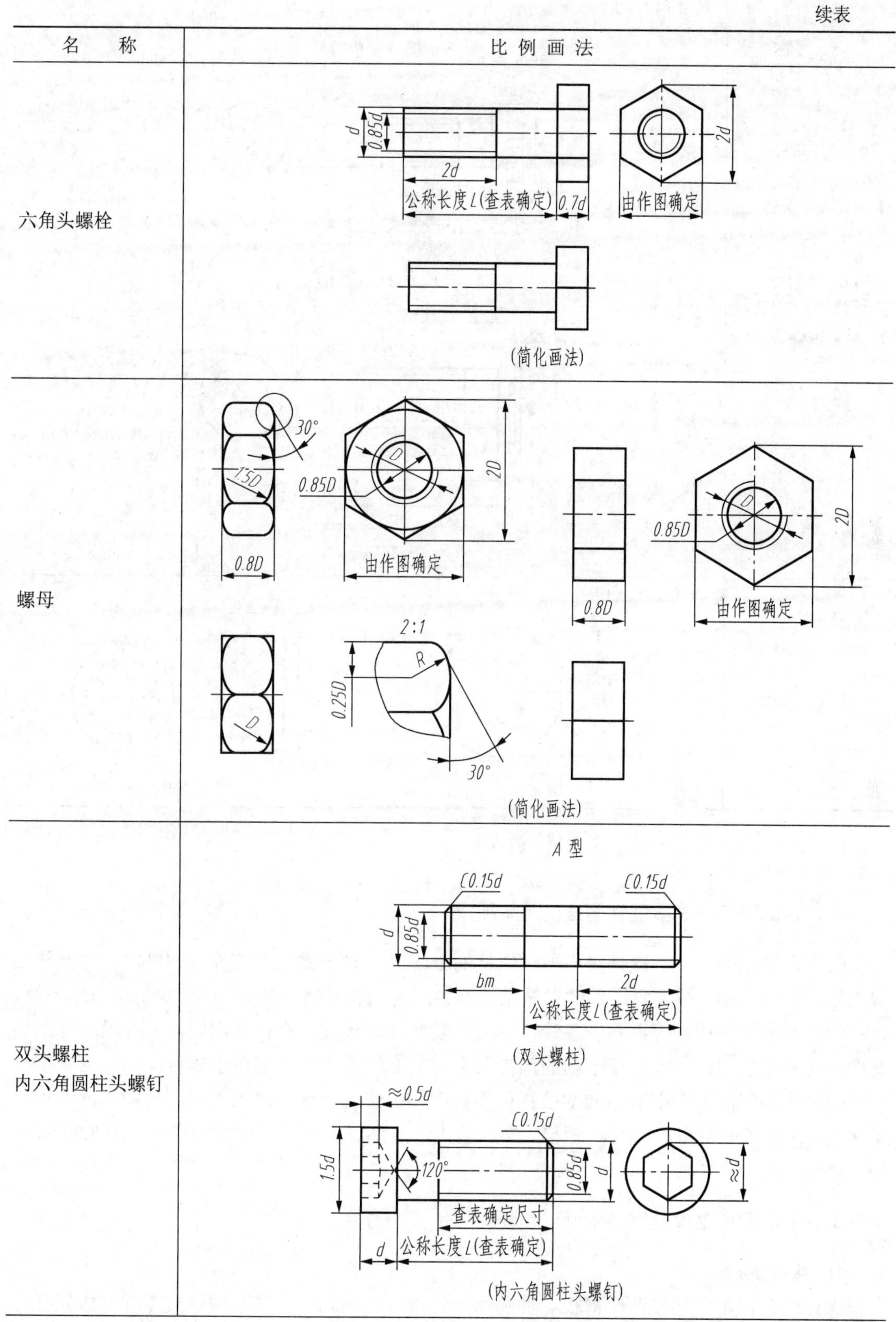
名 称
比例画法
六角头螺栓
d
0.85d
2d
公称长度L(查表确定)
0.7d
由作图确定
2d
(简化画法)
螺母
30°
1.5D
D
0.85D
2D
0.8D
由作图确定
D
0.85D
2D
0.8D
由作图确定
2:1
R
0.25D
D
30°
(简化画法)
双头螺柱
内六角圆柱头螺钉
A 型
C0.15d
C0.15d
d
0.85d
bm
2d
公称长度L(查表确定)
(双头螺柱)
≈0.5d
C0.15d
1.5d
120°
0.85d
d
≈d
查表确定尺寸
d
公称长度L(查表确定)
(内六角圆柱头螺钉)

续表

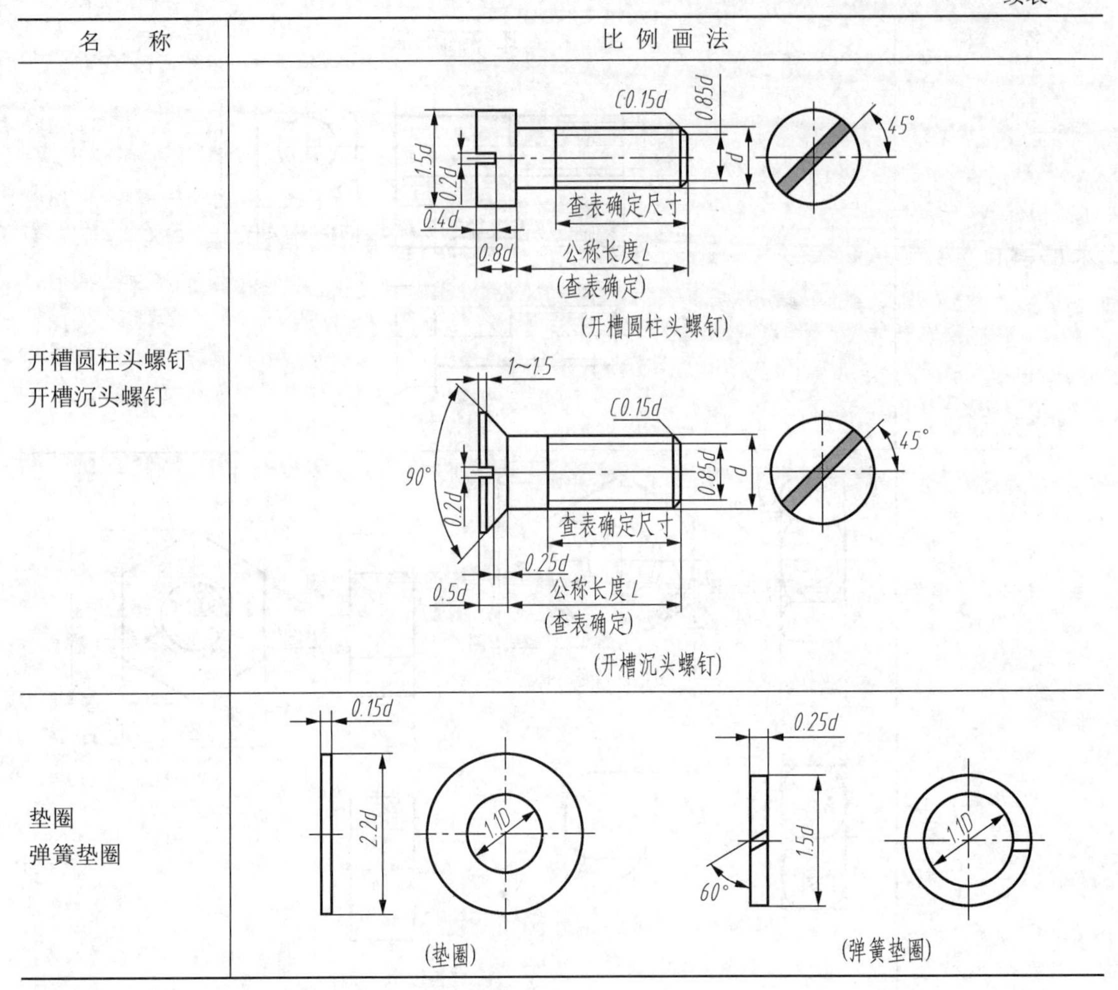

名　称	比例画法
开槽圆柱头螺钉 开槽沉头螺钉	(开槽圆柱头螺钉) (开槽沉头螺钉)
垫圈 弹簧垫圈	(垫圈)　(弹簧垫圈)

8.2.2　装配图中螺纹紧固件的画法

一、装配图中螺纹紧固件画法的基本要求

（1）在装配图中，当剖切平面通过螺杆的轴线时，对于螺柱、螺栓、螺钉、螺母及垫圈等均按未剖切绘制。螺纹紧固件的工艺结构，如倒角、退刀槽、缩颈、凸肩等均可省略不画。

（2）两零件的接触表面画一条线，不接触表面画两条线。在剖视图中，相邻两零件剖面线的方向应相反，同一零件在不同的剖视图中，剖面线的方向、间距应一致。

（3）在装配图中，不穿通的螺纹孔可不画出钻孔深度，仅按有效螺纹部分的深度（不包括螺尾）画出（见图 8.18（c））。螺栓、螺钉的头部及螺母也可采用简化画法（见图 8.17（c）、图 8.18（c））。

二、装配图中螺纹紧固件的画法示例

1．螺栓连接

螺栓连接常用于连接两个薄板零件和需要经常拆卸的场合，并且被连接零件钻成光孔，

被连接零件上光孔直径按 1.1d 绘制。连接时，螺栓穿入两零件的光孔，套上垫圈再拧紧螺母，垫圈可以增加受力面积，并且避免损伤被连接件表面，如图 8.17 所示。

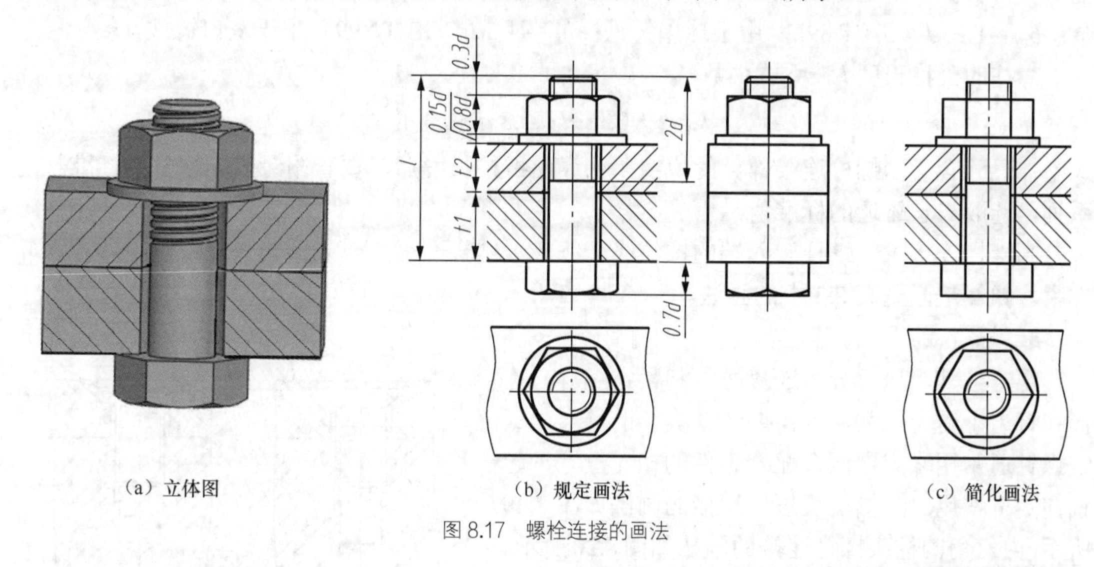

（a）立体图　（b）规定画法　（c）简化画法

图 8.17　螺栓连接的画法

螺栓连接时要先确定螺栓的公称长度 l，其计算公式如下，然后查附录表选取相应值。

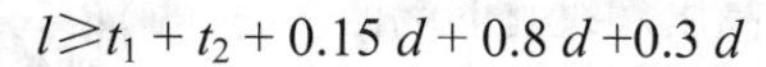

$$l \geqslant t_1 + t_2 + 0.15\,d + 0.8\,d + 0.3\,d$$

式中：t_1、t_2 为被连接件薄板的厚度；0.15 d 为垫圈厚度；0.8 d 为螺母厚度；0.3 d 为螺栓伸出螺母的长度。

2. 双头螺柱连接

如图 8.18 所示，双头螺柱用于被连接零件中有一个较厚或其不允许钻成通孔的情况。双头螺柱的两端都加工螺纹，一端螺纹用于旋入被连接零件的螺纹孔内，称为旋入端（旋入端长度用 b_m 表示）；另一端为紧固端，用于穿过另一薄板零件上的通孔，套上垫圈后拧紧螺母。双头螺柱连接的上半部与螺栓连接画法相似。下半部为内、外螺纹旋合画法，螺纹孔和光孔

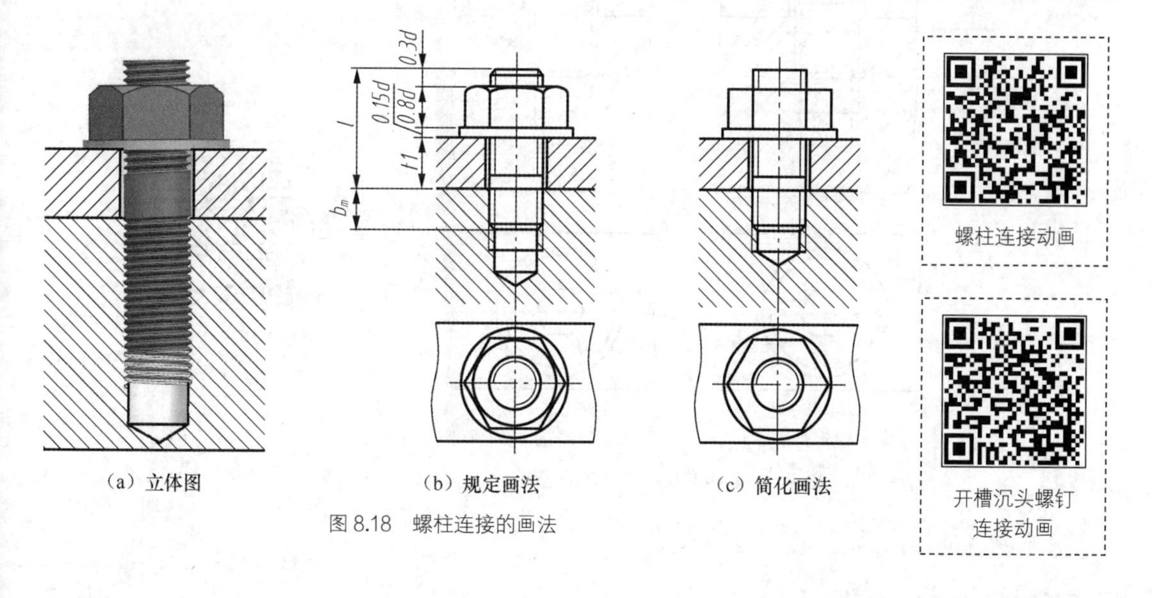

（a）立体图　（b）规定画法　（c）简化画法

图 8.18　螺柱连接的画法

的深度分别按 $b_m+0.5d$ 和 $0.5d$ 比例画出。其中，国家标准规定旋入端长度 b_m，可根据螺纹孔零件材料做如下选择：$b_m=d$，GB/T 897，用于钢或青铜；$b_m=2d$，GB/T 900，用于铝合金；$b_m=1.25d$，GB/T 898，用于球墨铸铁；$b_m=1.5d$，GB/T 899，用于灰口铸铁。

螺柱的公称长度 l 按下式估算。

$$l \geqslant t_1+0.15\,d+0.8\,d+0.3\,d$$

式中：尺寸含义同螺栓连接部分的说明，计算出螺柱长度后，要查附录表中螺柱的标准长度系列，选取与它靠近的标准值。

画螺柱连接时，螺柱旋入端的螺纹终止线应与结合面平齐，表示旋入端螺纹全部拧入并拧紧。弹簧垫圈见表 8.3 中的画法。

3. 螺钉连接

螺钉按其用途可分为连接螺钉和紧定螺钉。连接螺钉用于受力不大，不需要经常拆卸的场合。紧定螺钉通常用来固定两个配合零件的相对位置，起轴向定位作用。开槽沉头螺钉连接的画法如图 8.19 所示。内六角圆柱头螺钉连接的画法如图 8.20 所示。

画图时应注意以下问题。

（1）开槽沉头螺钉以锥面为螺钉的定位面。

（2）螺钉的螺纹终止线应高出螺纹孔的端面，螺钉长度较小时（一般小于 20 mm）加工成全螺纹。

（3）在投影为圆的视图上，一字槽螺钉的投影应画成与水平中心线成 45° 角。槽宽小于 2 mm 时，用涂黑表示。

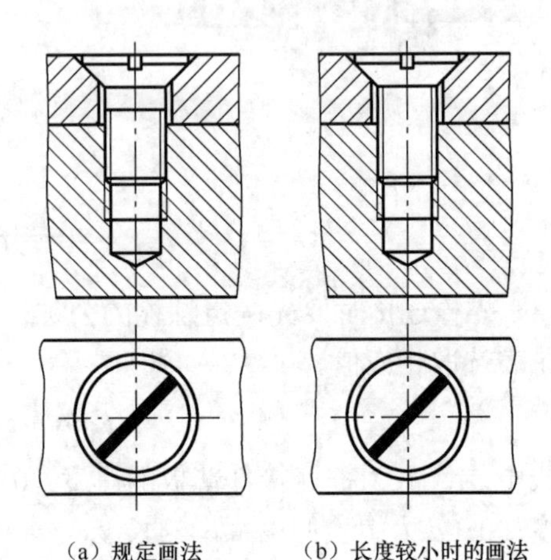

图 8.19　开槽沉头螺钉连接的画法

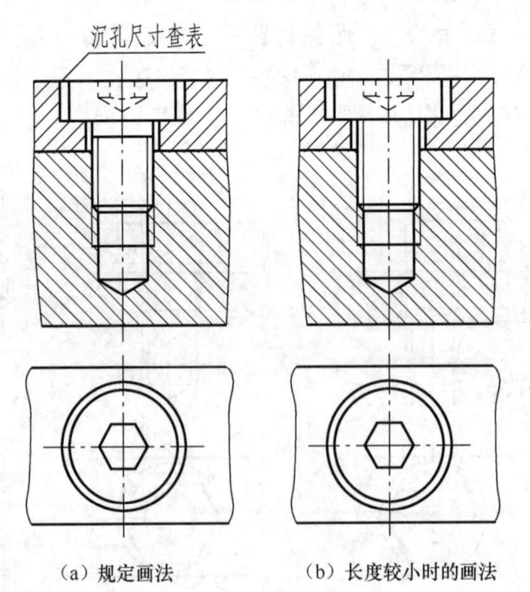

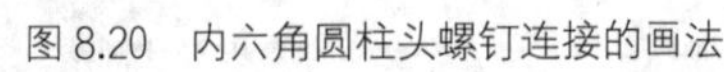

图 8.20　内六角圆柱头螺钉连接的画法

紧定螺钉连接的画法如图 8.21 所示。

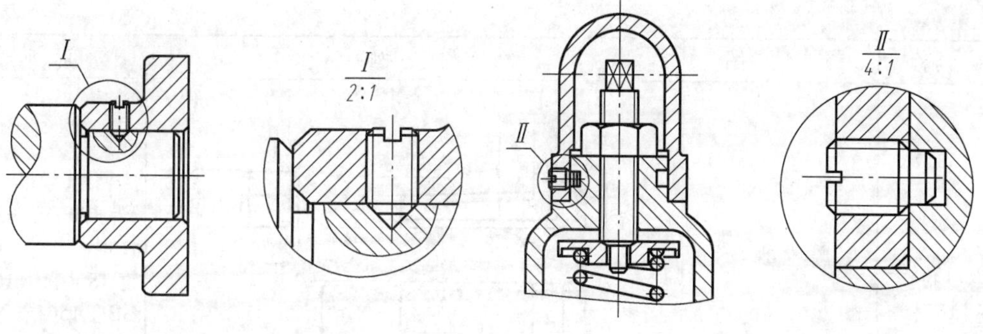

（a）轴和套紧定螺钉连接　　（b）安全阀阀帽紧定螺钉连接

图 8.21　紧定螺钉连接的画法

轴和套紧定螺钉连接动画

安全阀阀帽紧定螺钉连接动画

键连接

8.3　键连接

键主要用于连接轴和轴上的传动零件（如齿轮、皮带轮等），起传递扭矩的作用。键有普通平键、半圆键和钩头楔键等类型，其规定画法和标记示例见表 8.4。

表 8.4　　常用键的规定画法和标记示例

名　称	实 物 图	图　例	标 记 示 例
普通平键（GB/T1096—2003）			$b=8$、$h=7$、$L=25$ 的普通平键（A 型）标记：键　8×25　GB/T 1096—2003
普通半圆键（GB/T1099.1—2003）			$b=6$ 、 $h=10$ 、 $d_1=25$ 、 $L=24.5$ 的半圆键标记：键　6×25　GB/T 1099—2003

续表

名　称	实 物 图	图　例	标 记 示 例
钩头楔键（GB/T1565—2003）		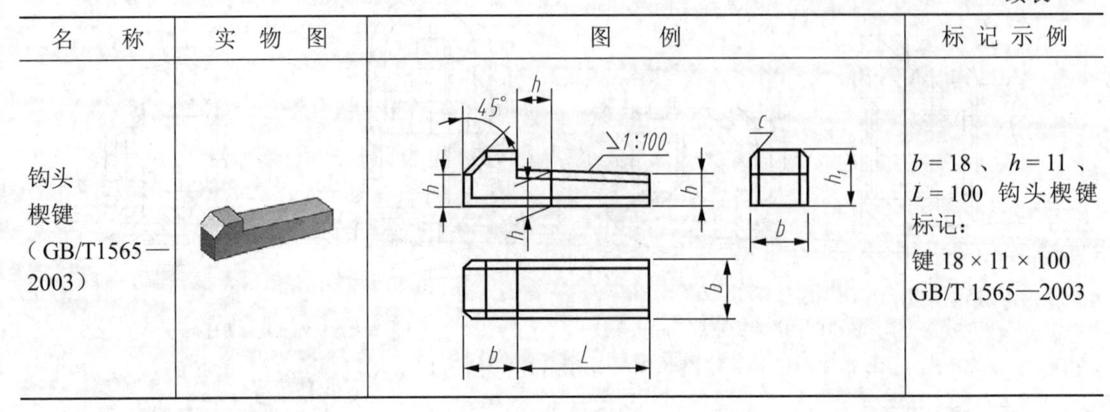	$b=18$、$h=11$、$L=100$ 钩头楔键标记： 键 18 × 11 × 100 GB/T 1565—2003

普通平键动画

普通半圆键动画

钩头楔键动画

8.3.1 普通平键

普通平键的形式有 A 型（两端圆头）、B 型（两端平头）、C 型（单端圆头）三种。标记时，A 型普通平键省略 A 字；B 型和 C 型则应加注 B 字或 C 字。例如：键宽 $b=12$、键高 $h=8$、公称长度 $L=50$ 的 C 型普通平键的标记为：键 C12 × 50 GB/T 1096—2003。

1. 键、键槽的尺寸

设计时，键、键槽的尺寸应根据轴的直径查国家标准（见附录表），由标准可查得键的长、宽、高和键槽的宽度及深度。键的长度 L 则应根据轮毂长度及受力大小选取相应的系列值。普通平键轴上键槽的画法及尺寸标注如图 8.22（a）所示，轮毂上键槽的画法及尺寸标注如图 8.22（b）所示。键槽宽度 b、深 t_1 和 t_2 的尺寸，根据轴径查附录中的标准。

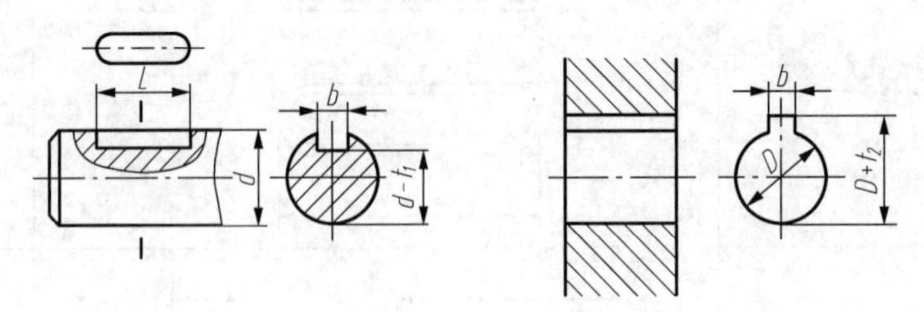

（a）轴上键槽的画法及尺寸标注　　（b）轮毂上键槽的画法及尺寸标注

图 8.22　普通平键的键槽画法及尺寸标注

2. 普通平键连接的画法

普通平键连接时，键的工作面是两个侧面（两个侧面与轴和轮毂的键槽面相接触），在装配图中画一条线，键的上面和轮毂槽顶面是非工作面（两面间有间隙），画两条线，剖切平面通过轴和键的轴线或对称面时，轴和键按不剖绘制，如图 8.23 所示。

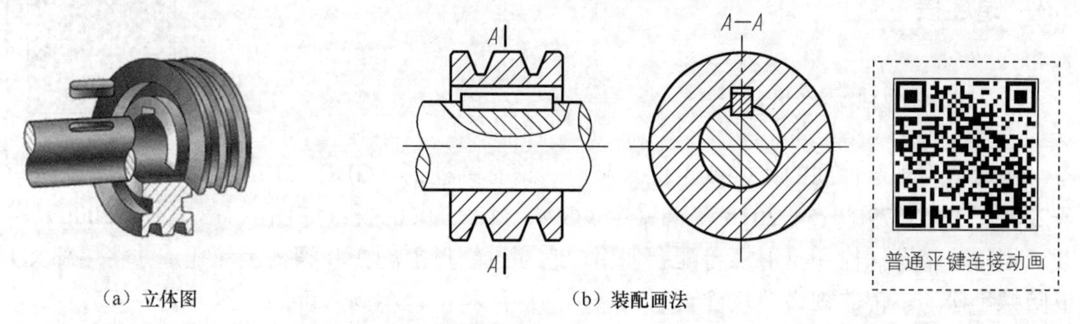

（a）立体图　（b）装配画法

图 8.23　普通平键连接的画法

8.3.2　普通半圆键

半圆键的连接与普通平键类似，键的两侧面是工作面；键的顶面是非工作面，应与轮毂键槽的顶面有间隙。半圆键连接的画法如图 8.24 所示。

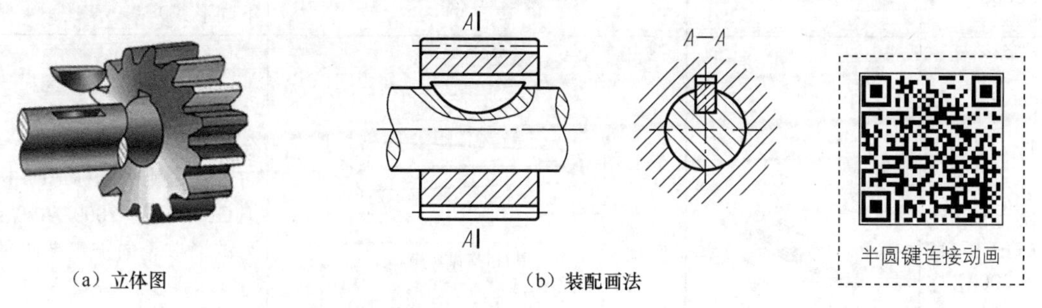

（a）立体图　（b）装配画法

图 8.24　半圆键连接的画法

8.3.3　钩头楔键

钩头楔键的顶面有 1∶100 的斜度，装配时将楔键打入键槽，依靠键上、下面与轴和轮毂上键槽底面接触挤压产生摩擦力而连接，键的顶面和底面为工作面，如图 8.25 所示。

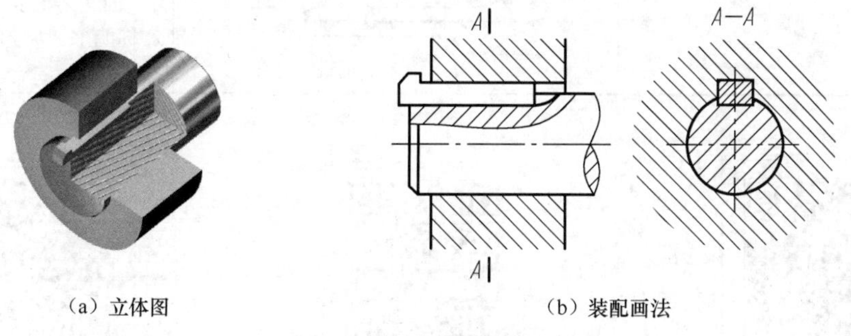

（a）立体图　（b）装配画法

图 8.25　钩头楔键连接的画法

8.4 销连接

销连接

8.4.1 销的分类及其标记

销通常用于零件间的连接或定位。常用的销有圆柱销（GB/T 119.1—2000、GB/T 879.1～5—2018）、圆锥销（GB/T 117—2000）和开口销（GB/T 91—2000）等。开口销常与带孔螺栓和槽形螺母配合使用，它穿过螺母上的槽和螺杆上的孔，并将尾部叉开以防螺母松动。销的规格和尺寸查附录，销的画法和标记示例与键的类似，见表 8.5。

表 8.5 销的画法和标记示例

名称	实物图	图例	标记示例及说明
圆柱销（GB/T 119.1—2000）		d, c, l, ≈15°	公称直径 $d=8$、长度 $L=30$ 的 A 型圆柱销的标记： 销 GB/T 119—2000 A8 × 30 （圆柱销有 A、B、C、D 四种不同形式）
圆锥销（GB/T 117—2000）		A型（磨削） Ra 0.8, 1:50, r_1, r_2, d, a, l B型（切削或冷镦） Ra 3.2, 1:50, r_1, r_2, d, a, l	公称直径 $d=10$、长度 $L=60$ 的 A 型圆锥销的标记： 销 GB/T 117—2000 A10 × 60 圆锥销按表面加工要求的不同分两种型式： A 型为磨削加工，B 型为车削加工，公称直径为小端直径
开口销（GB/T 91—2000）		b, l, a, c, d	公称直径 $d=5$、长度 $L=50$ 的开口销的标记： 销 GB/T 91—2000 5 × 50 公称直径指与之相配的销孔直径

圆柱销动画

圆锥销动画

开口销动画

8.4.2 销连接的画法

销连接的画法，如图 8.26 所示。当剖切平面通过销的轴线时，销按不剖绘制，销的回转面为工作面，用销连接零件时销与零件上的销孔接触。圆柱销起连接和安全保护的作用，其画法如图 8.26（a）所示。圆锥销起定位作用，具有自锁功能，打入后不会自动松脱，其画法如图 8.26（b）所示。开口销与槽形螺母配合使用，以防止螺母松动，其画法如图 8.26（c）所示。

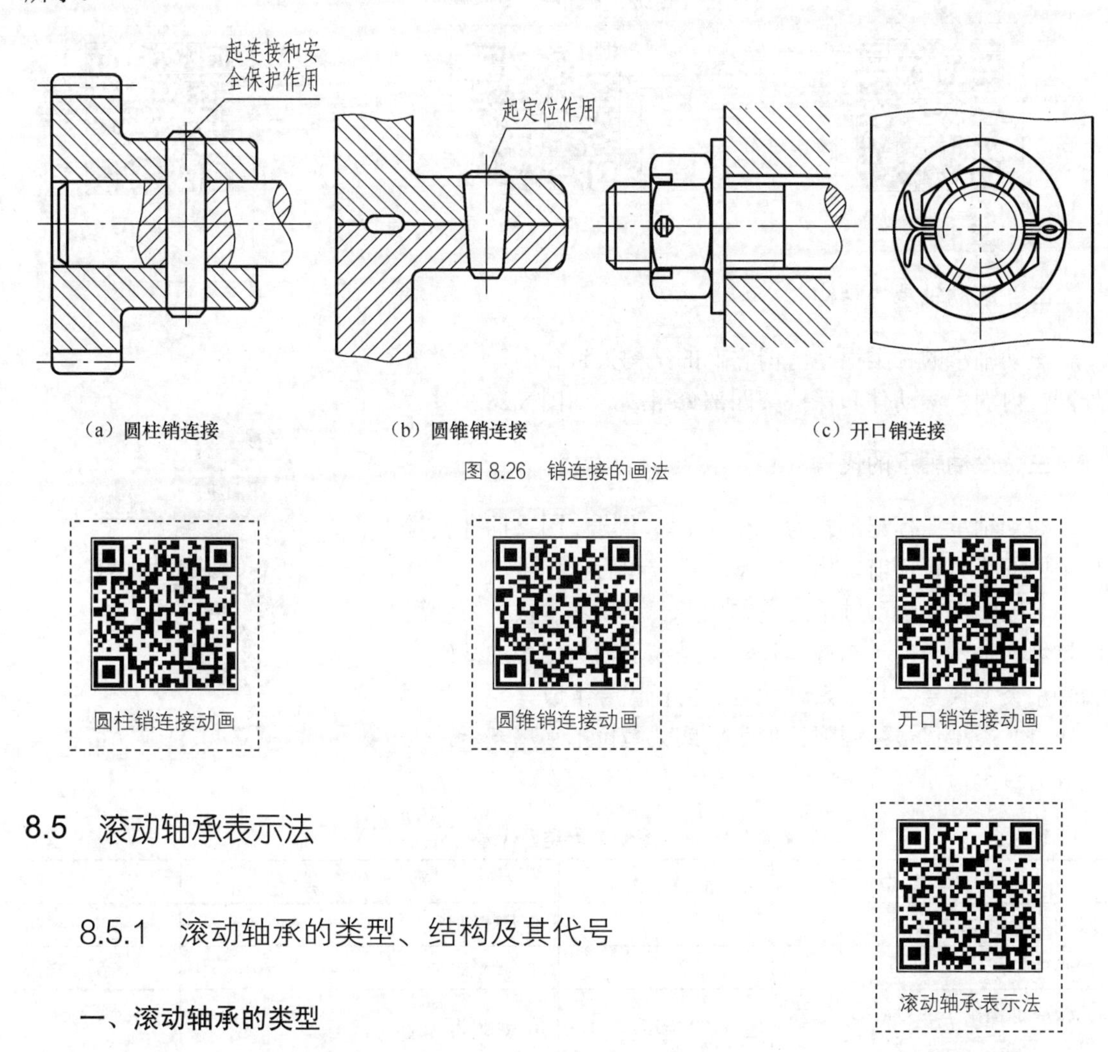

（a）圆柱销连接　（b）圆锥销连接　（c）开口销连接

图 8.26 销连接的画法

8.5 滚动轴承表示法

8.5.1 滚动轴承的类型、结构及其代号

一、滚动轴承的类型

滚动轴承是支撑旋转轴的组件，它具有结构紧凑、摩擦力小等优点，广泛应用在机器（或部件）中。常用的滚动轴承有：深沟球轴承、圆锥滚子轴承、单列推力球轴承等，如图 8.27 所示。

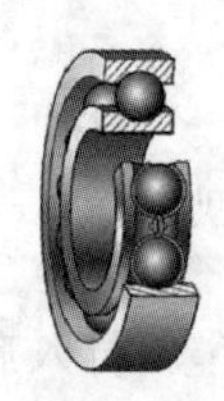

（a）深沟球轴承　（b）圆锥滚子轴承　（c）单列推力球轴承

图 8.27　常用的滚动轴承

深沟球轴承动画

圆锥滚子轴承动画

单列推力球轴承动画

二、滚动轴承的结构

滚动轴承的种类很多，但它们的结构大致相同，一般由外圈、内圈、滚动体和保持架四部分组成，如图 8.28 所示。

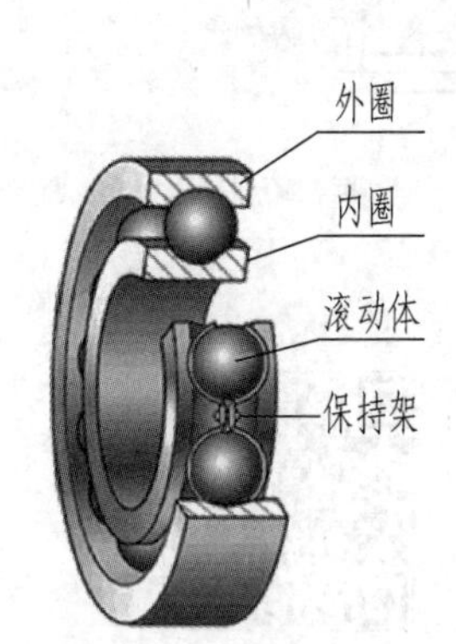

图 8.28　滚动轴承的结构

三、滚动轴承的代号

滚动轴承的标记形式为：滚动轴承 代号。国家标准编号标记中的代号包括前置代号、基本代号和后置代号。

一般常用的滚动轴承用基本代号表示，基本代号表示滚动轴承的基本类型、结构和尺寸，是滚动轴承代号的基础，由轴承类型代号、尺寸系列代号、内径代号组成。

（1）类型代号：用阿拉伯数字或大写拉丁字母表示，见表 8.6。

表 8.6　　**滚动轴承类型代号**

轴承类型	代号	轴承类型	代号
双列角接触球轴承	0	推力球轴承	5
调心球轴承	1	深沟球轴承	6
调心滚子轴承（推力调心滚子轴承）	2（9）	角接触球轴承	7
圆锥滚子轴承	3	推力圆柱滚子轴承	8
双列深沟球轴承	4	圆柱滚子轴承	N

（2）尺寸系列代号：由滚动轴承的宽（高）度系列代号和直径系列代号组合而成，常用两位数字表示。它主要是用于区别内径相同、内外圈宽度和厚度不同的滚动轴承。滚动轴承的尺寸系列代号见表 8.7。

表 8.7 滚动轴承尺寸系列代号

直径系列代号	向心轴承								推力轴承			
	宽度系列代号								高度系列代号			
	8	0	1	2	3	4	5	6	7	9	1	2
	尺寸系列代号											
7	—	—	17	—	37	—	—	—	—	—	—	—
8	—	08	18	28	38	48	58	68	—	—	—	—
9	—	09	19	29	39	49	59	69	—	—	—	—
0	—	00	10	20	30	40	50	60	70	90	10	—
1	—	01	11	21	31	41	51	61	71	91	11	—
2	82	02	12	22	32	42	52	62	72	92	12	22
3	83	03	13	23	33	—	—	—	73	93	13	23
4	—	04	—	24	—	—	—	—	74	94	14	24
5	—	—	—	—	—	—	—	—	—	95	—	—

（3）内径代号：表示滚动轴承的公称内径，一般用两位数字表示。当内径代号为 00、01、02、03 时，分别表示内径为 10 mm、12 mm、15 mm、17 mm；当内径代号为 04～99 时，代号数字乘以 5，即为滚动轴承内径，滚动轴承的内径代号及其标记示例见表 8.8。

表 8.8 滚动轴承的内径代号及其标记示例

轴承公称内径（mm）	内 径 代 号	标 记 示 例
0.6～10 （非整数）	用公称内径毫米数直接表示，在其与尺寸系列代号之间用“/”分开	滚动轴承 618/2.5 GB/T 276—1994 （内径 $d = 2.5$ mm）
1～9 （整数）	用公称内径毫米数直接表示，在其与直径系列代号之间用“/”分开	滚动轴承 618/5 GB/T 276—1994 （内径 $d = 5$ mm）
10、12、15、17	00、01、02、03	滚动轴承 62 00 GB/T 276—1994 （内径 $d = 10$ mm）
20～480 （22，28，32 除外）	公称内径除以 5 的商数，商数为个位数时须在商数左边加“0”，如 06	滚动轴承 23206 GB/T 276—1994 （内径 $d = 30$ mm）
≥500 及 22，28，32	用公称毫米数直接表示，但在与尺寸系列代号之间用“/”分开	滚动轴承 230/500 GB/T 276—1994 （内径 $d = 500$ mm） 滚动轴承 62/28 GB/T 276—1994 （内径 $d = 28$ mm）

（4）前置、后置代号是轴承在结构形状、尺寸、公差、技术要求等有改变时，在其基本代号左、右添加的补充代号，前置代号用字母表示，后置代号用字母或字母加数字表示。

8.5.2 滚动轴承的画法

国家标准（GB/T 4459.7—2017）对滚动轴承通用画法、特征画法和规定画法做了如下规定。

（1）滚动轴承的通用画法、特征画法和规定画法的各种符号、矩形线框和轮廓线均用粗实线绘制，如图 8.29 所示。

（2）绘制滚动轴承时，矩形线框或外轮廓的大小应与滚动轴承的外形尺寸一致，并与所属图样采用同一比例。

（3）用简化画法绘制滚动轴承时，应采用通用画法或特征画法，但在同一图样中一般只采用其中一种画法。简化画法（通用画法、特征画法）应绘制在轴的两侧（见图 8.29（a）、图 8.29（b）。规定画法一般绘制在轴的一侧，另一侧按通用画法绘制（见图 8.29（c））。

（4）在剖视图中，用简化画法绘制滚动轴承时，一律不画剖面符号（剖面线）。采用规定画法绘制滚动轴承的剖视图时，轴承的滚动体不画剖面线，其各套圈等可画成方向和间隔相同的剖面线，在不致引起误解时，也允许省略不画（见图 8.29（c））。

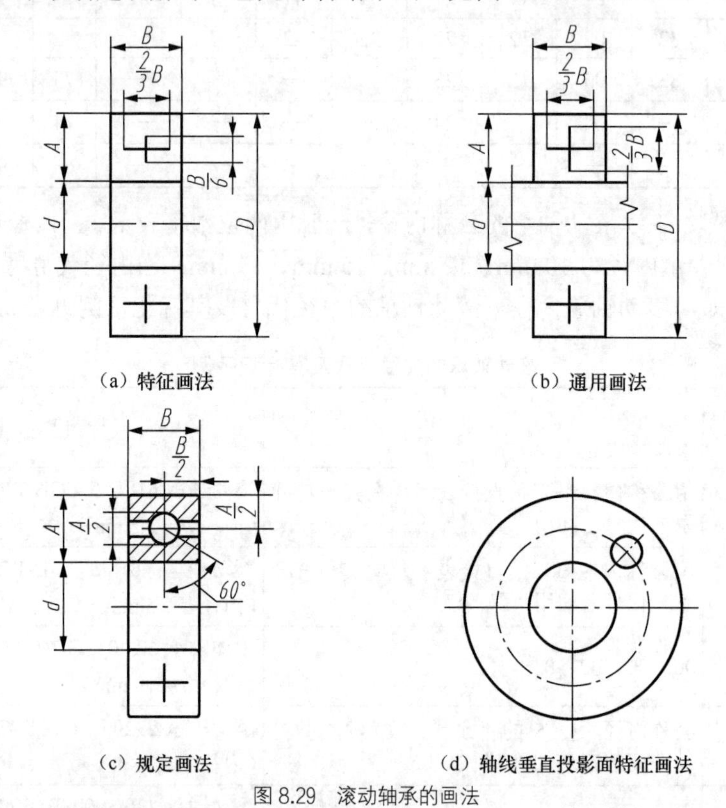

（a）特征画法　（b）通用画法

（c）规定画法　（d）轴线垂直投影面特征画法

图 8.29　滚动轴承的画法

（5）在装配中，滚动轴承的保持架及倒角等可省略不画，其画法如图 8.30 所示。

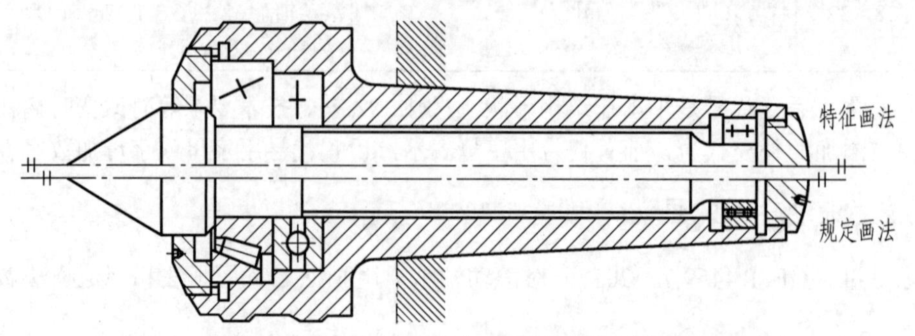

图 8.30　圆锥滚子轴承、推力球轴承和双列深沟球轴承在装配图中的画法

常用滚动轴承画法比例的尺寸比例示例如表 8.9 所示。

表 8.9　　常用滚动轴承画法比例的尺寸比例示例

轴承名称及标准号	通用画法	特征画法	规定画法
深沟球轴承 （GB/T 276—2013）	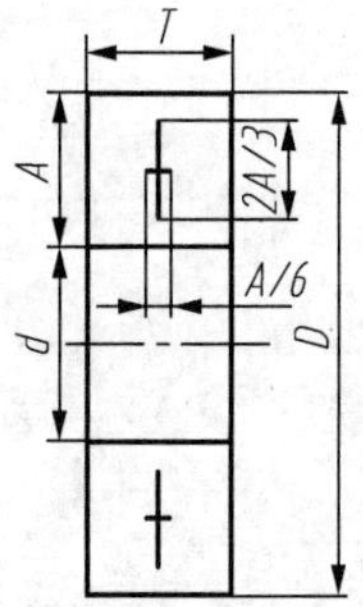	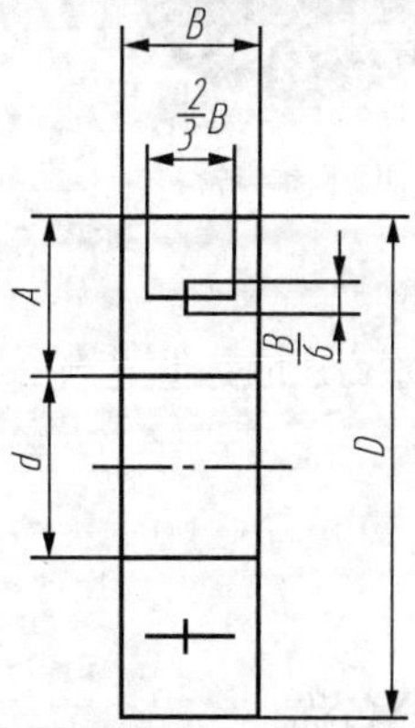	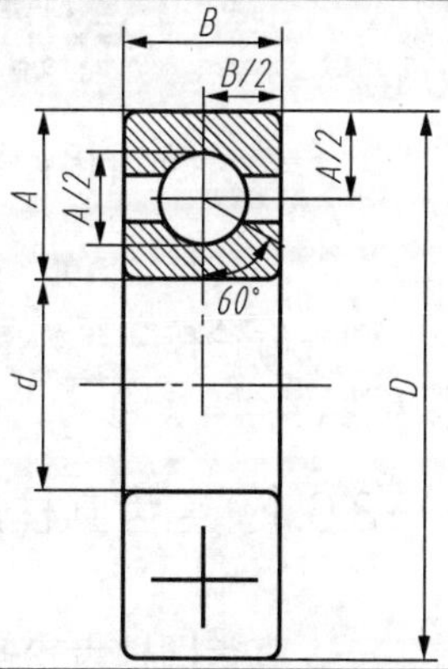
圆锥滚子轴承 （GB/T 297—2015）		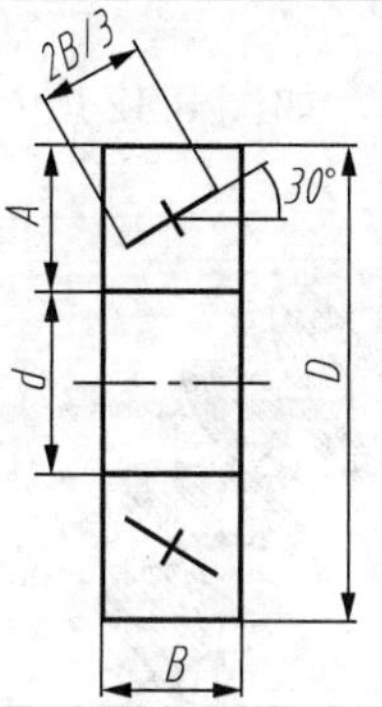	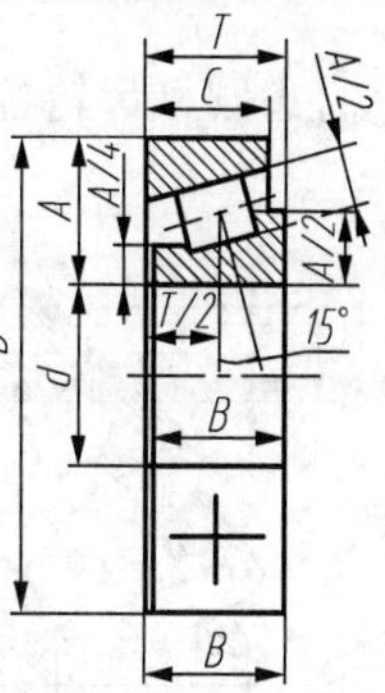
推力球轴承 （GB/T 301—2015）		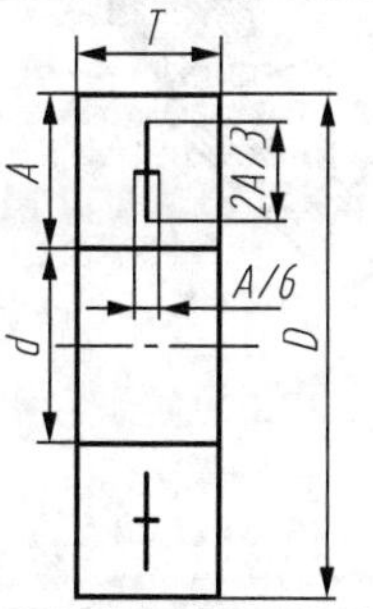	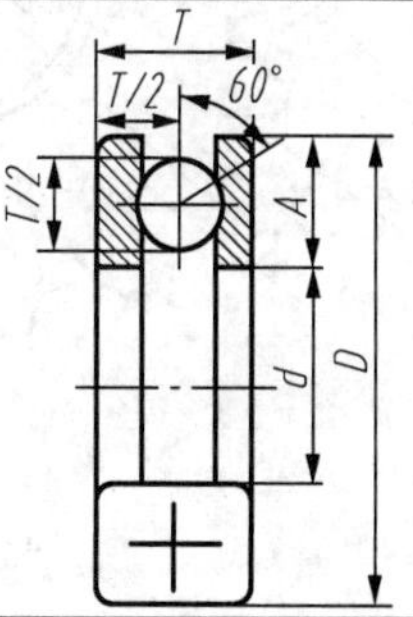

8.6　齿轮表示法

齿轮主要用来传递动力、改变运动速度和方向。根据啮合齿轮轴线不同的相对位置，用的齿轮传动形式通常可分为以下四种。

① 圆柱齿轮：用于两平行轴之间的传动，如图 8.31（a）所示。

② 圆锥齿轮：用于两相交轴之间的传动，如图 8.31（b）所示。

③ 蜗杆蜗轮：用于两交叉轴之间的传动，如图 8.31（c）所示。

④ 齿轮齿条：用于把旋转运动变为直线运动的传动，如图 8.31（d）所示。

齿轮表示法

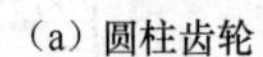

（a）圆柱齿轮　（b）圆锥齿轮　（c）蜗杆、蜗轮　（d）齿轮、齿条

图 8.31　齿轮传动

圆柱齿轮按其轮齿的方向又分成：直齿轮、斜齿轮和人字齿轮等，本节主要介绍直齿圆柱齿轮。

直齿圆柱齿轮动画

8.6.1　直齿圆柱齿轮

一、直齿圆柱齿轮各部分名称

直齿圆柱齿轮各部分名称，如图 8.32 所示。

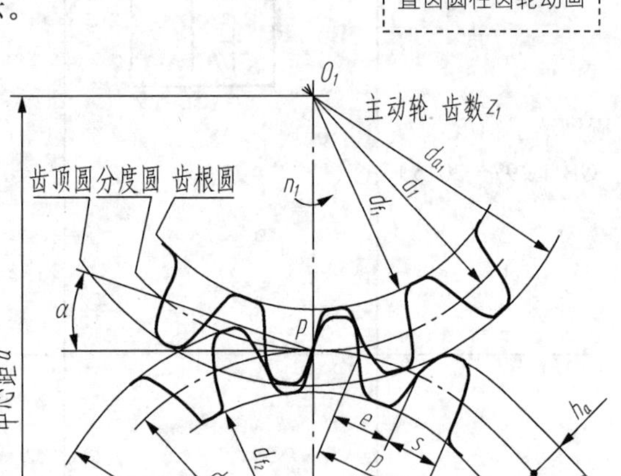

（a）立体图　（b）平面图

图 8.32　齿轮各部分名称

（1）齿顶圆（直径 d_a）：通过轮齿顶部的圆称为齿顶圆。

（2）齿根圆（直径 d_f）：通过轮齿根部的圆称为齿根圆。

（3）分度圆（直径 d）：通过标准齿轮轮齿上齿厚（s）等于槽宽（e）处的圆。它是设计、制造齿轮时进行尺寸计算的基准圆。

（4）齿高：齿顶圆与分度圆之间的径向距离，称为齿顶高（h_a）。齿根圆与分度圆之间的径向距离，称为齿根高（h_f）。齿顶圆与齿根圆之间的径向距离称为全齿高（$h = h_a + h_f$）。

（5）齿距、齿厚和槽宽：齿轮分度圆上相邻两齿廓对应点之间的弧长称为齿距。齿轮分度圆上，每一齿的弧长称为齿厚。齿轮分度圆上一个齿槽齿廓间的弧长称为槽宽。标准齿轮 $s = e=p/2$，$p = s + e$。

二、直齿圆柱齿轮的基本参数

（1）齿数：齿轮上轮齿的个数，用 z 表示。

（2）模数 m：齿轮分度圆的周长 $\pi d = zp$，即 $d = zp/\pi$，式中 π 为无理数。为了计算方便，令 $m = p/\pi$，m 称为模数，单位为 mm。

模数是设计、制造齿轮的主要参数。一对啮合齿轮的模数应相等。为了便于齿轮的设计和制造，国家标准规定了模数的标准数值，见表 8.10。

表 8.10　模数的标准数值　（单位：mm）

系　列	模　数
第一系列	1，1.25，1.5，2，2.5，3，4，5，6，8，10，12，16，20，25，32，40，50
第二系列	1.75，2.25，2.75，(3.25)，3.5，(3.75)，4.5，5.5，(6.5)，7，9，(11)，14，18，22，28，(30)，36，45

注：选用模数时，应优先采用第一系列，其次是第二系列，括号内的模数尽可能不用。

（3）压力角 α：两啮合齿轮的齿廓在接触点 P 处的受力方向与运动方向之间的夹角（见图 8.32（b）），称为压力角。通常所说的压力角是指分度圆的压力角，我国标准齿轮的压力角为 20°。

三、标准直齿圆柱齿轮的几何尺寸计算

标准直齿圆柱齿轮的几何尺寸计算公式，见表 8.11。

表 8.11　标准直齿圆柱齿轮的几何尺寸计算公式

名　称	代　号	计 算 公 式
分度圆直径	d	$d = mz$
齿顶高	h_a	$h_a = m$
齿根高	h_f	$h_f = 1.25m$
齿顶圆直径	d_a	$d_a = m(z+2)$
齿根圆直径	d_f	$d_f = m(z-2.5)$
中心距	a	$a = (d_1 + d_2)/2 = m(z_1 + z_2)/2$

8.6.2 圆柱齿轮的表示法

一、单个齿轮的画法

（1）国家标准（GB/T 4459.2—2003）规定，齿顶圆、齿顶线用粗实线绘制，分度圆、分度线用细点画线绘制。齿根圆、齿根线用细实线绘制，也可省略不画（见图 8.33（a））。

（2）在剖视图中，齿根线用粗实线绘制。当剖切平面通过齿轮的轴线时，轮齿一律按不剖处理（见图 8.33（a））。

（3）表示齿轮一般用两个视图，或者用一个视图和一个局部视图。当需要表示齿线特征时，可用三条与齿线方向一致的细实线表示，直齿则不需要表示（见图 8.33（b））。

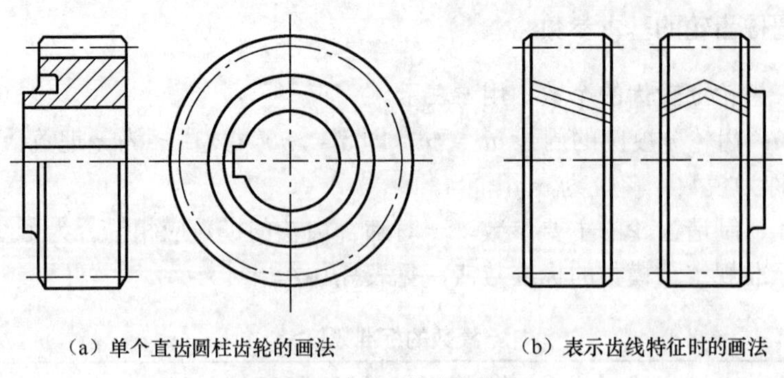

（a）单个直齿圆柱齿轮的画法　　（b）表示齿线特征时的画法

图 8.33　直齿圆柱齿轮的画法

二、两直齿圆柱齿轮啮合时的画法

（1）在圆柱齿轮啮合的剖视图中，当剖切平面通过两啮合齿轮的轴线时，在啮合区内，将一个齿轮的轮齿用粗实线绘制，另一个齿轮的轮齿被遮挡的部分用虚线绘制，也可省略不画，如图 8.34（a）所示。

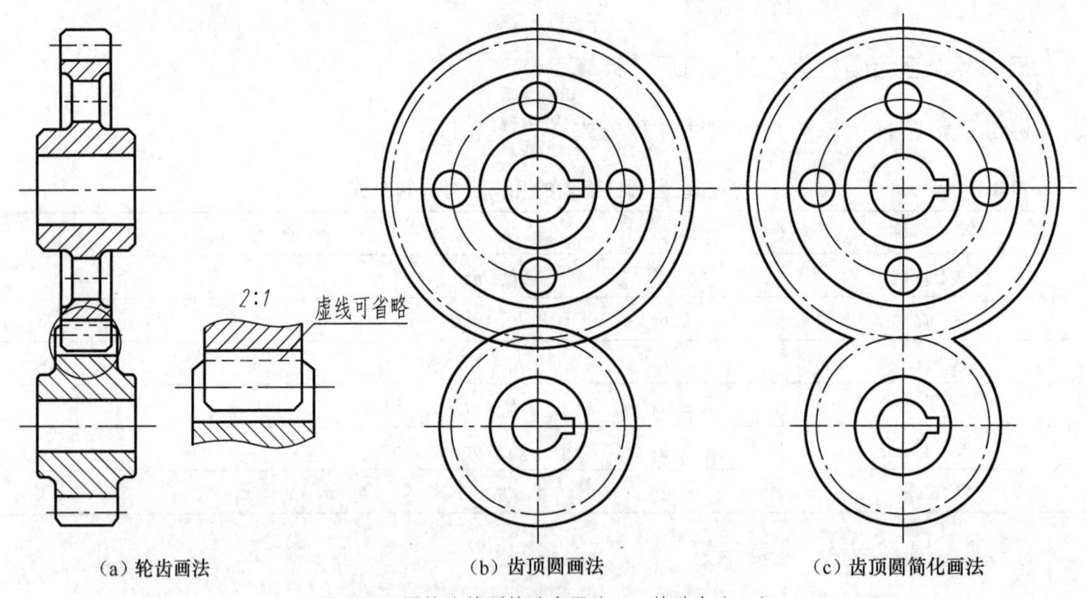

（a）轮齿画法　　（b）齿顶圆画法　　（c）齿顶圆简化画法

图 8.34　圆柱齿轮副的啮合画法——外啮合（一）

（2）在垂直齿轮轴线的投影面视图中，啮合区内的齿顶圆均用粗实线绘制，如图 8.34（b）所示，其省略画法如图 8.34（c）所示。

（3）在平行于圆柱齿轮轴线的投影面视图中，啮合图的齿顶线不需要画出，节线用粗实线绘制，其他处的节线用细点画线绘制，如图 8.35 所示。

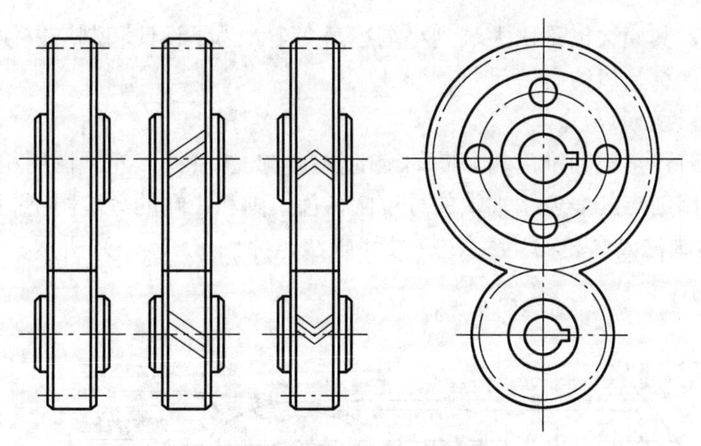

图 8.35 圆柱齿轮副的啮合画法——外啮合（二）

齿轮零件图如图 8.36 所示。

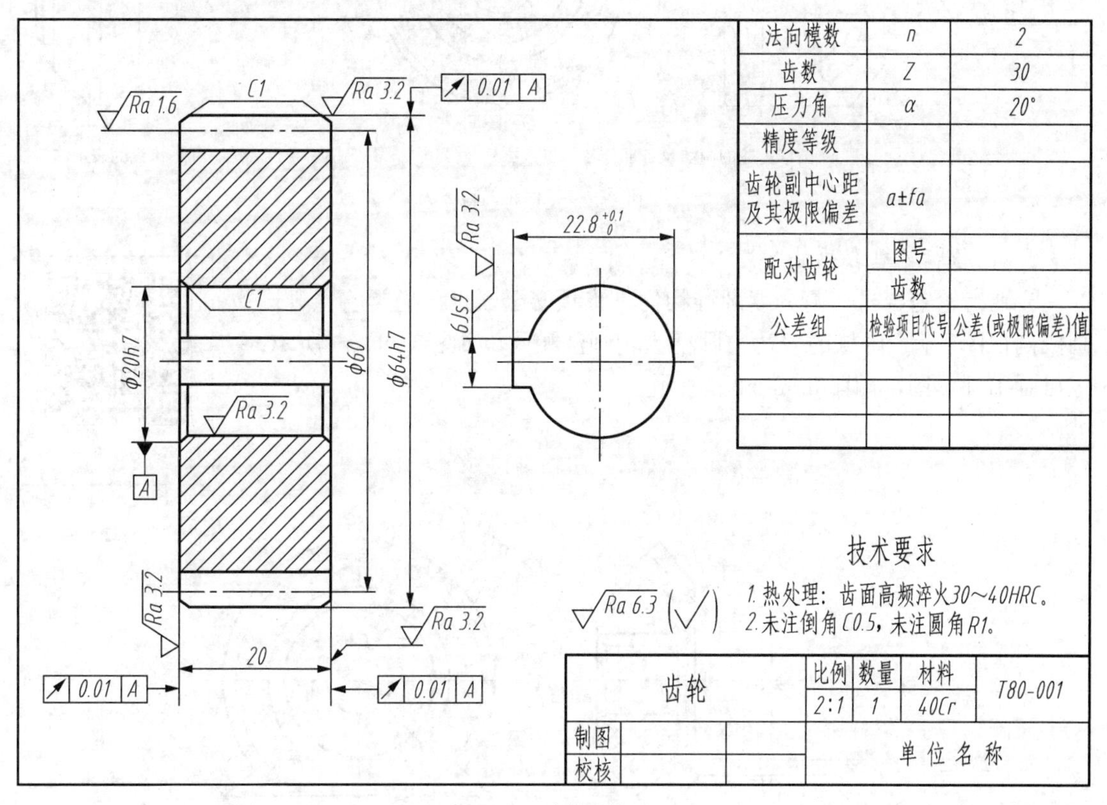

图 8.36 齿轮零件图

*8.6.3 其他种类齿轮画法简介

一、圆锥齿轮

传递两相交轴（一般成直角）间的旋转运动或动力可用成对的圆锥齿轮，如图 8.31（b）所示。圆锥齿轮的轮齿加工在圆锥面上，因而圆锥齿轮一端大、一端小，其模数也是由大端到小端逐渐变小。为了设计和制造方便，国家标准规定依据大端模数来计算轮齿的有关尺寸。

1. 单个圆锥齿轮的画法

画圆锥齿轮时，常把圆锥齿轮非圆的全剖视图作为主视图，左视图用粗实线表示大端、小端的齿顶圆，用细点画线表示大端的分度圆，齿根圆和小端的分度圆不画。

圆锥齿轮的画法及各部分名称、符号和画法，如图 8.37（a）所示。齿线的表示法如图 8.37（b）所示。

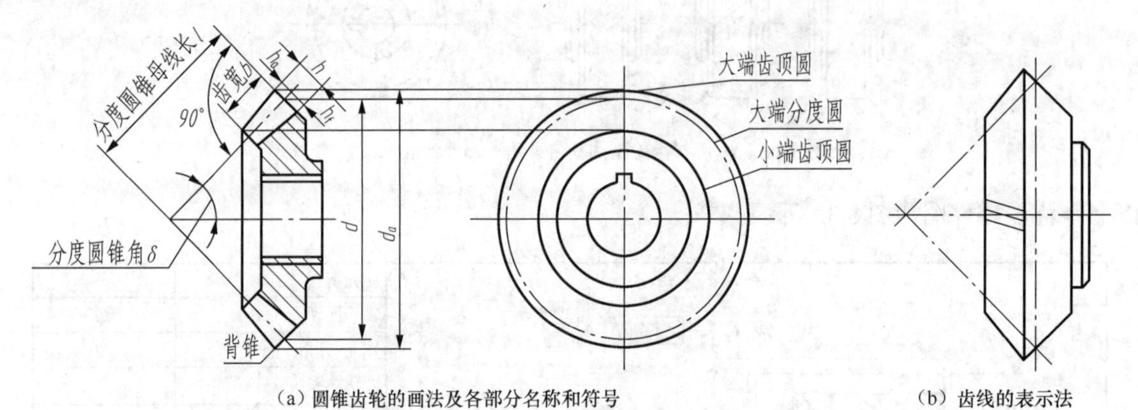

（a）圆锥齿轮的画法及各部分名称和符号　　（b）齿线的表示法

图 8.37　圆锥齿轮的画法

2. 圆锥齿轮啮合画法

圆锥齿轮啮合时，两分度圆锥相切，锥顶交于一点。通常将主视图画成剖视图，啮合区域的表达与圆柱齿轮画法相同，如图 8.38（a）所示；也可画出外形图，如图 8.38（b）所示。

锥齿轮动画

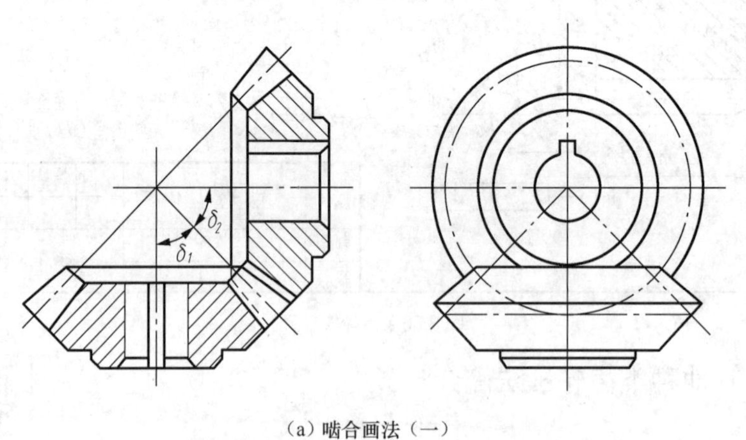

（a）啮合画法（一）

图 8.38　轴线正交的圆锥齿轮副啮合画法

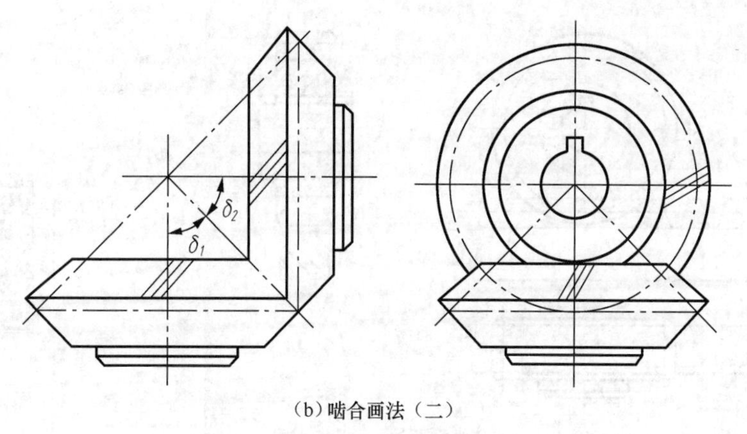

（b）啮合画法（二）

图 8.38 轴线正交的圆锥齿轮副啮合画法（续）

二、蜗轮蜗杆

蜗轮蜗杆用来传递空间两交叉轴间的旋转运动。最常见的是两轴交叉成直角，如图 8.31（c）所示。

画蜗轮蜗杆啮合图时，可将主视图画成剖视图，啮合区域的表达与圆柱齿轮画法相同，也可画出外形图，如图 8.39（a）所示，在垂直蜗杆轴线的剖视图中，啮合区内将蜗杆的轮齿用粗实线画出，蜗轮轮齿被遮住的部分省略不画。在垂直蜗轮轴线的视图中，啮合区可进行局部剖视，蜗轮的分度圆和蜗杆分度线相切，蜗轮的外圆、齿顶圆和蜗杆的齿顶线省略不画。

如图 8.39（b）所示，在垂直蜗杆轴线的视图中，啮合区内只画蜗杆不画蜗轮，在垂直蜗轮轴线的视图中，蜗轮的分度圆和蜗杆分度线相切，蜗轮的外圆和蜗杆的齿顶线用粗实线画出。

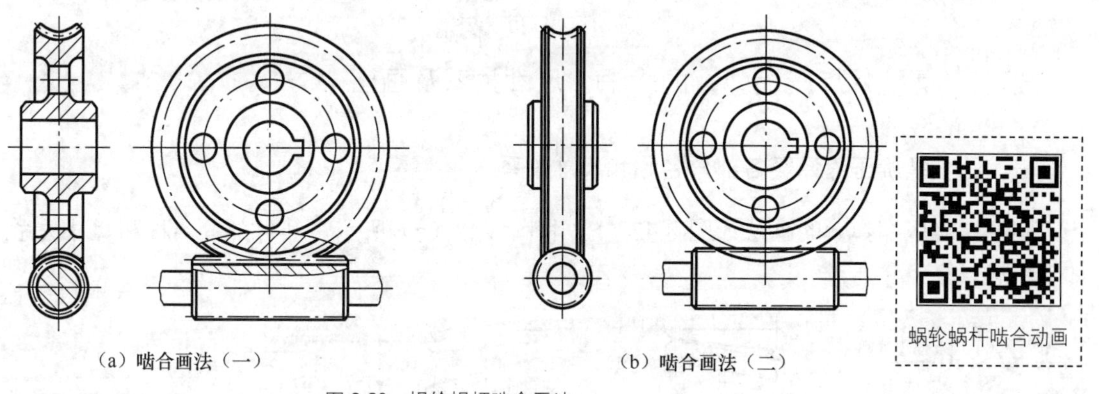

（a）啮合画法（一）　　（b）啮合画法（二）

图 8.39 蜗轮蜗杆啮合画法

三、齿轮齿条

当齿轮直径无穷大时，它的齿顶圆、齿根圆、分度圆和齿廓都变成了直线，齿轮此时变成了齿条。齿轮齿条啮合时，可把齿轮的旋转运动变成往复直线运动。齿轮齿条啮合画法和圆柱齿轮啮合画法基本相同，如图 8.40 所示。

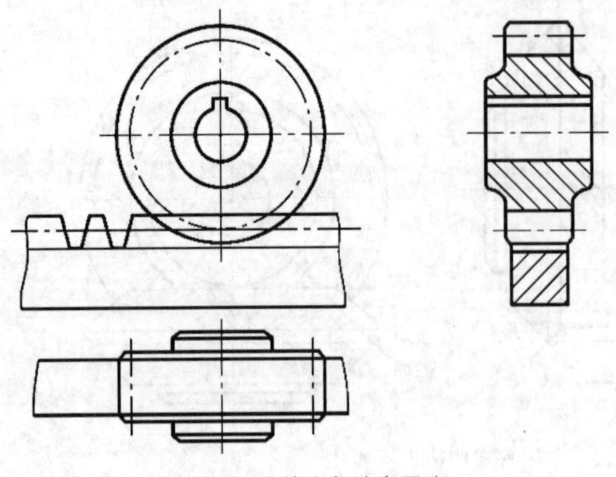

图 8.40　齿轮齿条啮合画法

8.7　弹簧表示法

弹簧是储存能量的常用件，可用来减震、夹紧和测力。其主要特点是去除外力后，可立即恢复原状。弹簧的种类很多，常见的弹簧如图 8.41 所示。本节仅介绍圆柱螺旋压缩弹簧的画法（GB/T 4459.4—2003）。

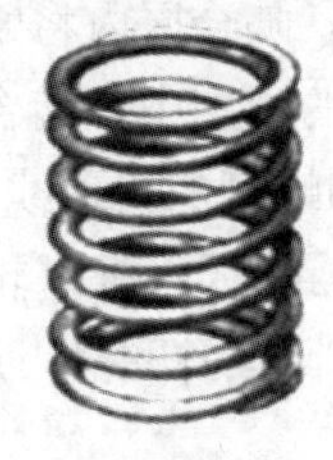

（a）压缩弹簧

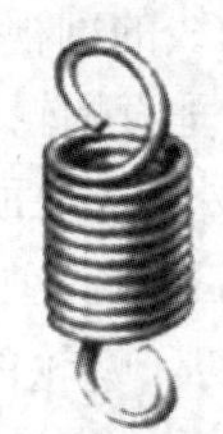

（b）拉伸弹簧

（c）扭转弹簧

（d）平面蜗旋弹簧

图 8.41　常用的弹簧

8.7.1　圆柱螺旋压缩弹簧的术语、尺寸关系及画法

一、圆柱螺旋压缩弹簧各部分名称和尺寸关系

圆柱螺旋压缩弹簧的画法如图 8.42（b）和图 8.42（c）所示，其各部分名称和尺寸关系如下所述。

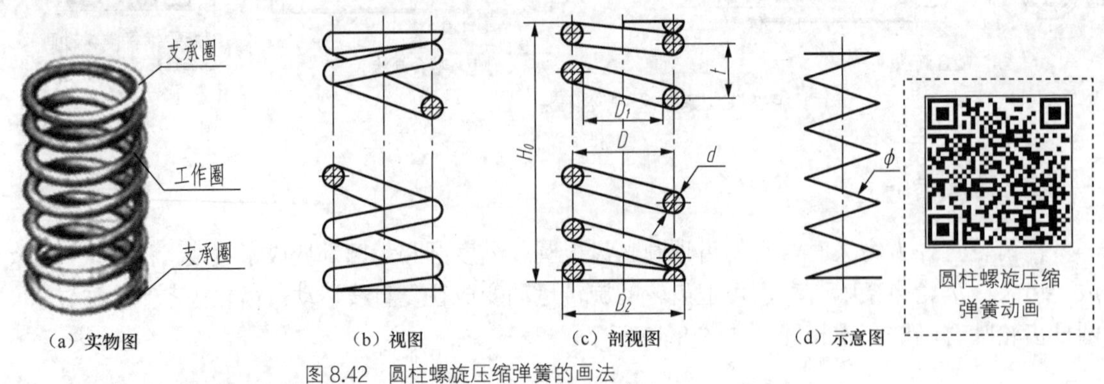

（a）实物图　（b）视图　（c）剖视图　（d）示意图

图 8.42　圆柱螺旋压缩弹簧的画法

（1）簧丝直径 d：制造弹簧的钢丝直径。

（2）弹簧内径 D_1：弹簧最小的直径，$D_1=D_2-2d=D-d$。

（3）弹簧外径 D_2：弹簧最大的直径。

（4）弹簧中径 D：内径和外径的平均值，$D=(D_1+D_2)/2=D_2-d=D_1+d$。

（5）节距 t：两相邻有效圈中心线的轴向距离。

（6）有效圈数 n：弹簧上保持相等节距的圈数，是计算弹簧刚度的主要依据。

（7）支承圈数 n_2：为使弹簧受力均匀，放置平稳，两端并紧磨平的圈数，它仅起支承作用。支承圈有 1.5 圈、2 圈、2.5 圈三种，常用的为 2 圈和 2.5 圈。

（8）总圈数 n_1：有效圈数和支承圈数的总和。

（9）弹簧的自由高度 H_0：弹簧在无外力作用下的高度，$H_0=nt+(n_2-0.5)d$。

（10）弹簧展开长度 L：制造弹簧时坯料的长度，$L\approx n_1\sqrt{(\pi D)^2+t^2}\approx \pi D n_1$。

二、圆柱螺旋压缩弹簧的视图、剖视图及示意图画法

1. 画圆柱螺旋压缩弹簧的视图、剖视图及示意图的基本要求（见图 8.42（b）、图 8.42（c）、图 8.42（d））

（1）在平行于圆柱螺旋弹簧轴线的投影面视图中，其各圈的轮廓应画成直线。

（2）圆柱螺旋压缩弹簧均可画成右旋，对必须保证的旋向要求应在“技术要求”中注明。

（3）圆柱螺旋压缩弹簧，如要求两端并紧且磨平时，不论支承圈的圈数有多少、末端贴紧情况如何，均按图 8.42（c）所示的形式绘制，必要时也可按支承圈的实际结构绘制。

（4）有效圈数在 4 圈以上的圆柱螺旋压缩弹簧的中间部分可以省略；弹簧中间部分省略后，允许适当缩短图形的长度。

2. 圆柱螺旋压缩弹簧的剖视图的画图步骤

（1）根据自由高度 H_0 和弹簧中径 D 作矩形 $ABCD$，如图 8.43（a）所示。

（2）画出支承圈数，d 为簧丝直径，如图 8.43（b）所示。

（3）根据节距 t 作簧丝断面和有效圈数，如图 8.43（c）所示。

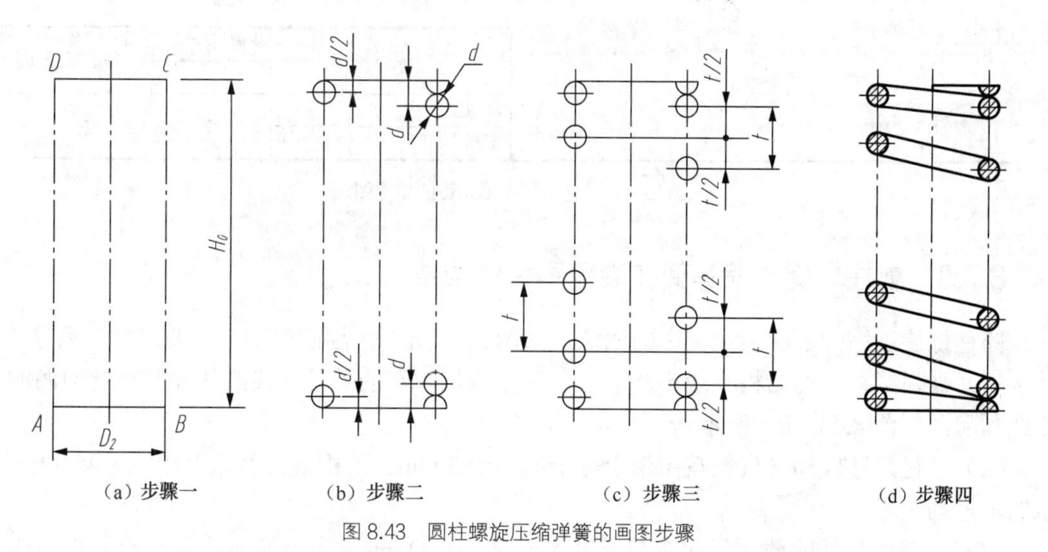

（a）步骤一 （b）步骤二 （c）步骤三 （d）步骤四

图 8.43 圆柱螺旋压缩弹簧的画图步骤

（4）按右旋向作簧丝断面圆的公切线，加深、画剖面线，完成弹簧的剖视图，如图 8.43（d）所示。

8.7.2 圆柱螺旋压缩弹簧的零件图

圆柱螺旋压缩弹簧的零件图，如图 8.44 所示，画图时的基本要求如下所述。

（1）弹簧的参数应直接标注在图形上，当直接标注有困难时可在“技术要求”中说明。

（2）一般用图解方式表示弹簧特性。圆柱螺旋压缩弹簧的机械性能曲线均画成直线，标注在主视图上方。机械性能曲线用粗实线绘制。

（3）当某些弹簧只须给定刚度要求时，允许不画机械性能图，而在“技术要求”中说明刚度的要求。

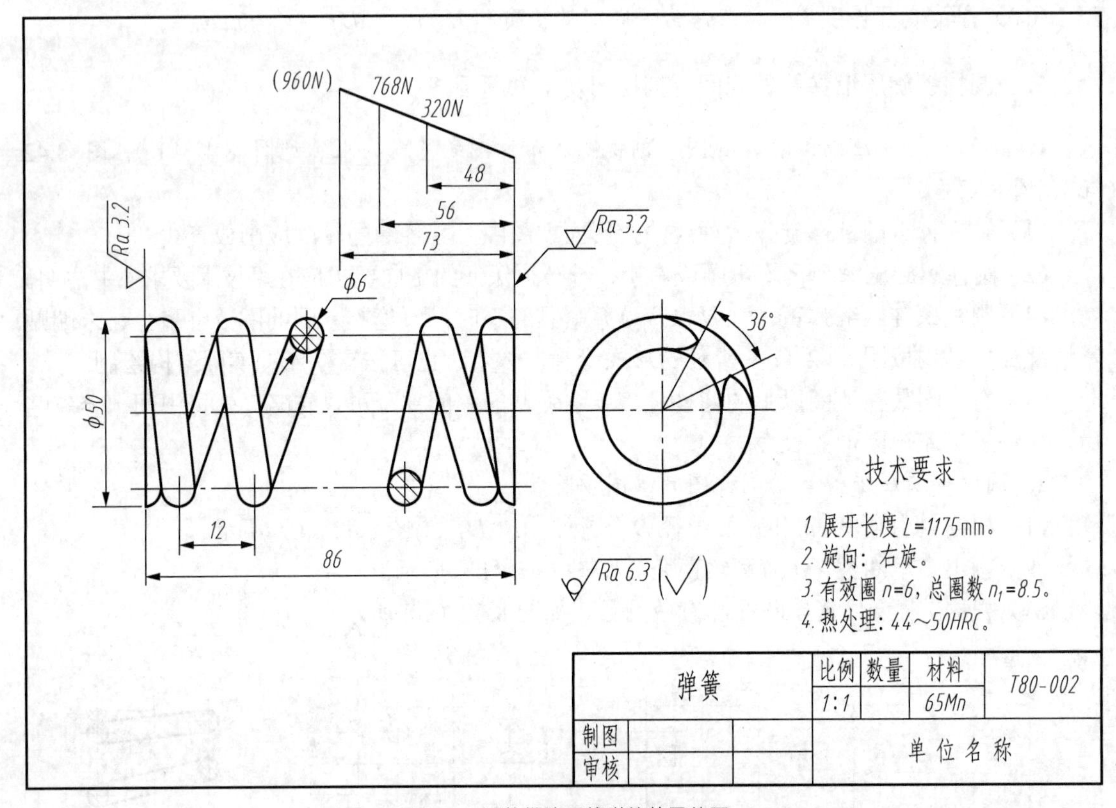

图 8.44 圆柱螺旋压缩弹簧的零件图

8.7.3 圆柱螺旋压缩弹簧在装配图中的画法

圆柱螺旋压缩弹簧在装配图中的画法，如图 8.45 所示，画图时的基本要求如下所述。

（1）被弹簧挡住的结构一般不画，可见部分应从弹簧的外轮廓线或从弹簧钢丝剖面的中心线画起，如图 8.45（a）所示。

（2）型材尺寸较小（直径在图形上等于或小于 2 mm）的螺旋弹簧，可用图 8.45（b）所示的示意画法表示。

（3）被剖切弹簧的截面尺寸在图形上等于或小于 2 mm，并且弹簧内部还有零件，为了便于表达，可用图 8.45（c）所示的示意画法表示。

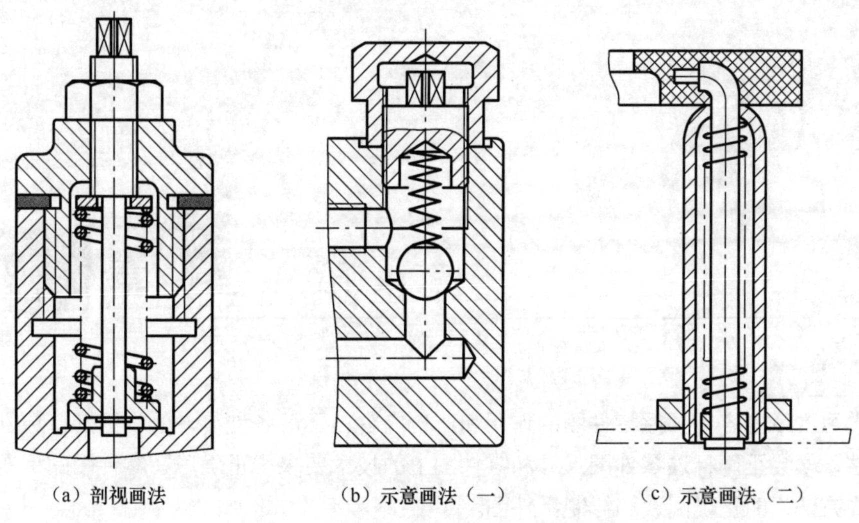

图 8.45 装配图中圆柱螺旋压缩弹簧的画法

第9章 零件图

通过学习本章内容，了解零件图的作用和所含内容，了解各种零件的视图选择原则和零件的结构工艺性，学会正确标注零件图尺寸和零件图上的技术要求，正确填写零件图的标题栏；掌握测绘零件的方法，能正确阅读和绘制零件图。

零件是组成机器（或部件）的基本单位，任何机器（或部件）都是由若干零件装配而成的。表达零件结构、大小及技术要求的图样称为零件图。零件图是设计和生产部门的重要技术文件，反映了设计者的意图，表达了对零件性能结构和制造工艺性等的要求，是制造和检验零件的依据。

零件通常可分为标准件（如螺纹紧固件、键、销、滚动轴承等）和非标准件，非标准件又可分为轴套类、盘盖类、叉架类、箱体类等。图 9.1 所示是齿轮油泵中的零件。

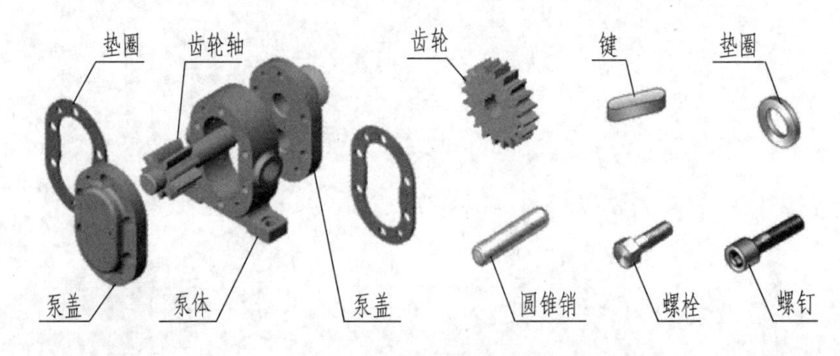

图 9.1 齿轮油泵中的零件

9.1 零件图的作用和内容

一、零件图的作用

零件图是生产和检验零件所依据的图样，是生产部门的重要技术文件，是对外技术交流的重要技术资料。

二、零件图的内容

实际中用的托脚零件如图 9.2 所示，其零件图如图 9.3 所示。从图 9.3 中可看出，一张完整的零件图应包含以下内容。

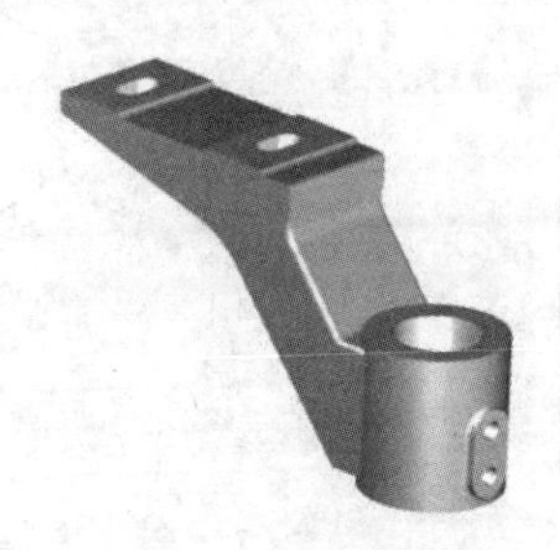

图 9.2 托脚零件模型

托脚动画

1. 一组图形

综合运用视图、剖视图、断面图、局部放大图等图形，把零件的内、外形状和结构正确、完整、清晰地表达出来。

图 9.3 所示的托脚零件图，采用了主、俯两个基本视图，一个移出断面图和一个局部视图两个辅助视图来表达。主视图采用局部剖视表达托脚的内部结构，俯视图也采用局部剖视表达托脚的外形结构和两螺纹孔的结构，移出断面图表达肋板结构，局部视图表达凸台局部结构。

2. 全部尺寸

正确、完整、清晰、合理地标出确定零件形状、大小和各部分结构相对位置的全部尺寸。具体包括各基本形体的定形尺寸、相邻形体间的定位尺寸、零件的总体尺寸等。如图 9.3 所示，ϕ34H8、ϕ56、2 × M8、120、50 等是定形尺寸；85、75 是腰形槽的定位尺寸；15、20 是 *A* 向凸台上 2 × M8 螺纹孔的定位尺寸；175 + 32、ϕ56、120 分别是零件的总长、总宽、总高尺寸。

3. 技术要求

技术要求中标注或说明零件在制造和检验过程中应达到的要求，如尺寸公差、几何公差、表面结构、热处理、表面处理以及其他要求。

4. 标题栏

标题栏中说明零件的名称、材料、数量、比例、图号及图样的责任人等内容。

9.2 零件的视图选择

零件的视图选择

9.2.1 一般零件的视图选择

零件视图选择的原则是：在完整、正确、清晰地表达零件各部分结构形状和大小的前提下，力求画图简便，视图数量最少。

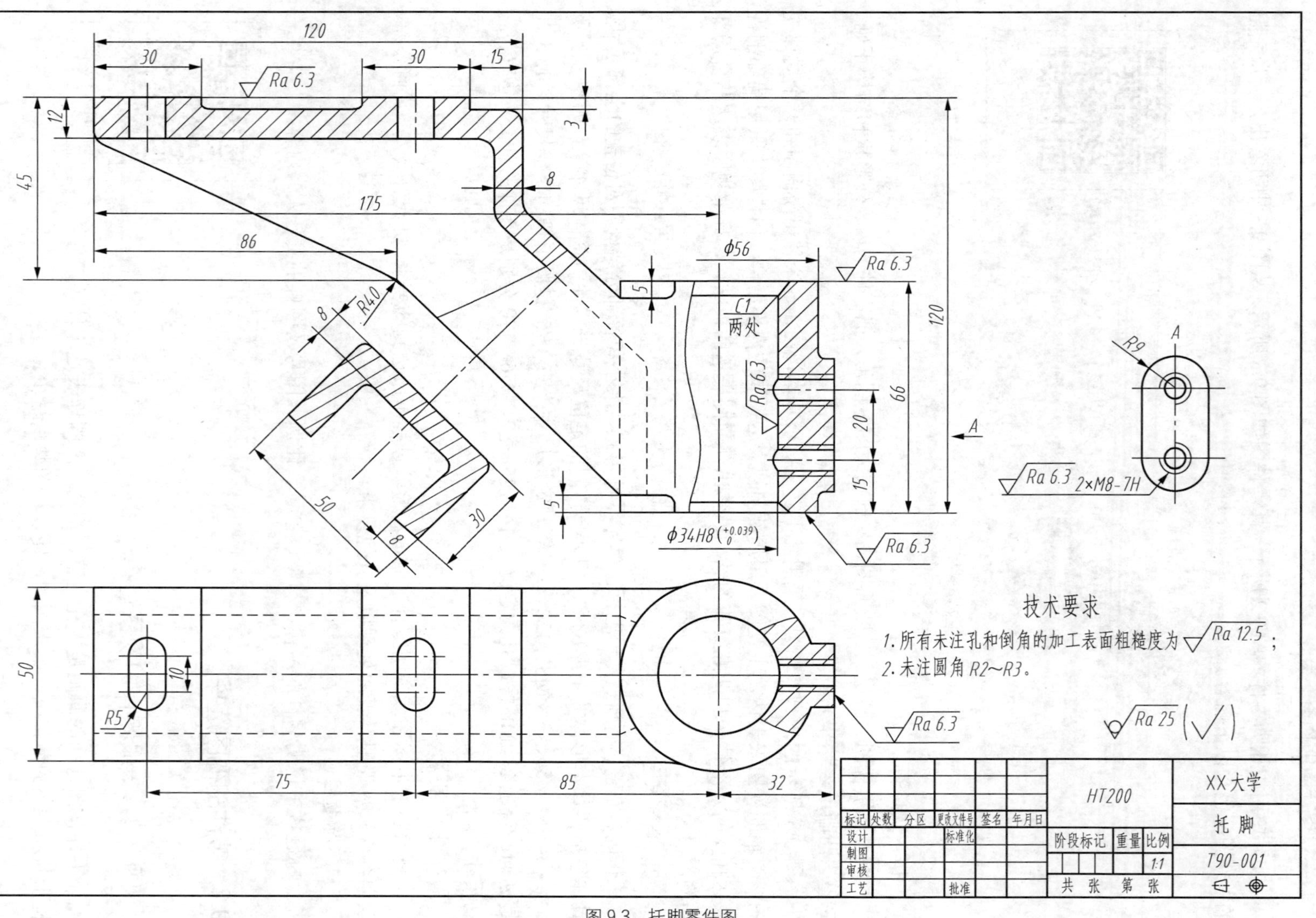
120
30
30
15
Ra 6.3
12
3
45
8
175
86
ϕ56
R40
8
C1
两处
Ra 6.3
120
66
20
15
5
5
A
R9
A
Ra 6.3 2×M8-7H
50
30
8
ϕ34H8(+0.039 0)
Ra 6.3
50
10
R5
75
85
32
技术要求
1. 所有未注孔和倒角的加工表面粗糙度为 Ra 12.5；
2. 未注圆角 R2~R3。
Ra 25
标记 处数 分区 更改文件号 签名 年月日
设计 标准化
制图
审核
工艺 批准
HT200
阶段标记 重量 比例
1:1
共 张 第 张
XX大学
托 脚
T90-001

图 9.3 托脚零件图

一、主视图的选择

主视图用于表达零件的核心信息。因此，在表达零件时，应首先确定主视图，选择主视图应考虑以下两点。

1. 零件的摆放位置

一般来说，主视图应反映零件的主要加工位置和在机器中的工作位置。

（1）零件的加工位置。

零件在加工制造过程中，要把它按一定的位置装夹后再进行加工。在选择主视图时，应尽量使其与零件的加工位置保持一致，以便加工时读图方便。

轴套类、轮盘类零件主要在车床或磨床上加工，如图 9.4 所示的传动轴和端盖（轴套类和轮盘类零件），按加工位置摆放（轴线水平）。

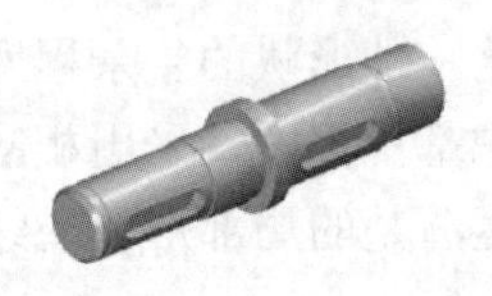
（a）传动轴

（b）端盖

图 9.4 轴套类和轮盘类零件

机加工车床如图 9.5 所示。

（a）普通车床

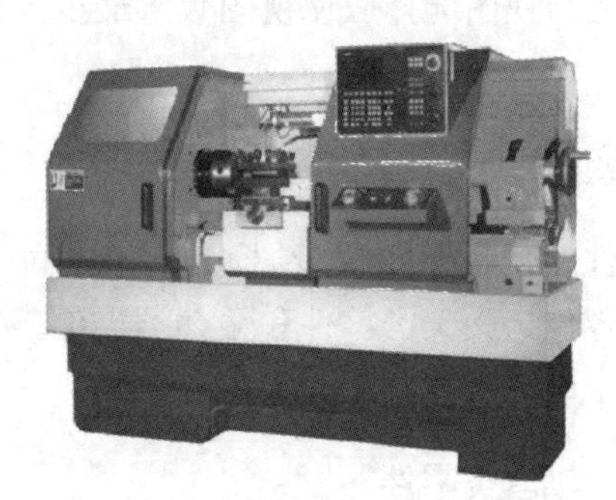
（b）数控车床

图 9.5 机加工车床

（2）零件的工作位置。

有一些零件形状复杂，需要在不同的机床上加工，且加工状态各不相同，选择主视图时，应尽量使其与零件工作位置保持一致。如图 9.6 所示，支架（叉架类）和泵体零件（箱体类）按工作位置摆放。

（a）支撑架

（b）泵体零件

图 9.6 叉架类和箱体类零件

2. 主视图的投射方向

在零件摆放位置已定的情况下，主视图可从前、后、左、右四个方向进行投射，如图 9.7（a）所示的 *A*、*B*、*C*、*D* 四个方向。从中选择能够较明显地表达零件的主要结构和各部分之间相对位置关系的一个方向为投射方向作主视图，即主视图的投射方向应尽量反映出零件主要形体的形状特征。显然图 9.7（a）中 A 方向最能反映该零件的形状特征。图 9.7（b）所示的主视图是最佳表达方案。

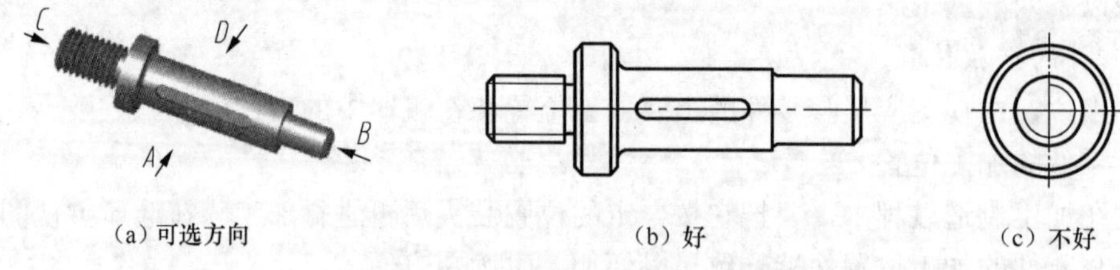

图 9.7　轴主视图投射方向选择方案比较

二、其他视图的选择

选择其他视图时，应以主视图为基础，根据零件形状的复杂程度和结构特点，以完整、正确、清晰地表达各部分结构为主线，优先考虑基本视图，采用相应的剖视、断面等方法，使每个视图有一个表达重点。对于零件尚未表达清楚的局部形状或细部结构，则可选择必要的局部视图、斜视图或局部放大图等来表达。

一般情况下，视图的数量与零件的复杂程度有关，零件越复杂，视图数量越多。对于同一个零件，特别是结构较为复杂的零件，可选择不同的表达方案，比较归纳后，确定一个最佳表达方案。

总之，视图选择应使视图数量最少，表达完整、正确、清晰，简单易懂。

典型零件的视图选择

9.2.2　典型零件的视图选择

零件的形状繁多，按结构形状的不同可分为四大类，即轴套类零件、盘盖类零件、叉架类零件和箱体类零件。每一类零件应根据其自身的结构特点来确定表达方案。

一、轴套类零件

常见轴套类零件如图 9.8 所示。

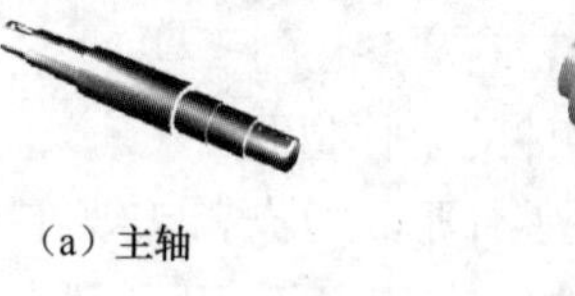

图 9.8　常见轴套类零件

1. 轴套类零件的作用与结构特点

轴套类零件主要起支承、传递动力和轴向定位的作用。它的结构特点是由若干段不同直径的回转体同轴线叠加而成的，为了装配方便，轴上还加工有倒角、圆角、退刀槽等结构，主要用于车削、磨削加工。

2. 轴套类零件视图选择

（1）主视图的选择。

轴套类零件主要在车床或磨床上加工，主视图按加工位置（轴线水平）放置，以垂直轴线方向为主视图的投射方向。图 9.9 所示主轴的主视图轴线水平摆放，键槽、孔等结构面向观察者。图 9.10 所示套筒的主视图轴线水平摆放。

（2）其他视图的选择。

一般采用断面图、局部视图、局部放大图等来表示键槽、退刀槽及其他局部结构。图 9.9 所示主轴采用两个移出断面图和一个局部放大图来表达轴上的键槽、孔、退刀槽等结构。图 9.10 所示套筒采用一个左视图来表达零件形状特征。

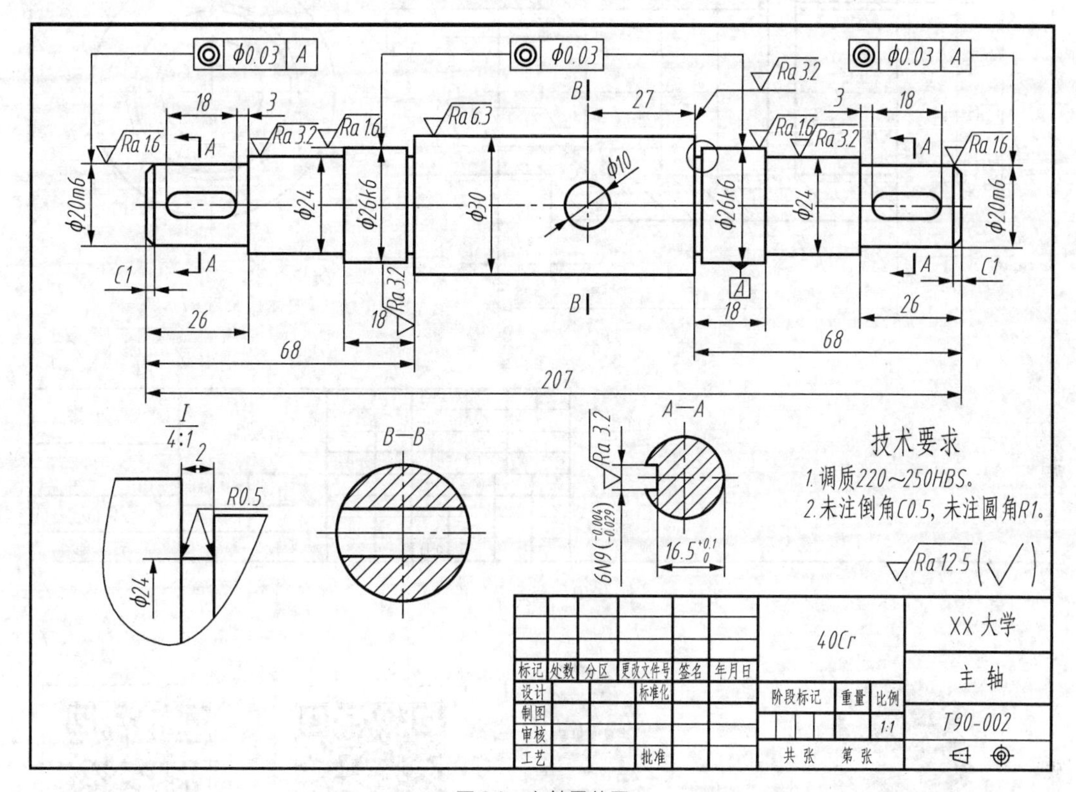

图 9.9 主轴零件图

因此，轴套类零件常采用一个主视图，若干个断面图、局部视图、局部放大图等来表达其结构。

主轴动画

二、盘盖类零件

常见盘盖类零件如图 9.11 所示。

1. 盘盖类零件的作用与结构特点

盘盖类零件包括盘类和盖类。盘类零件主要起传递动力和扭矩的作用；盖类零件主要起支承、定位和密封作用。它们的结构特点是由同一轴线的回转体组成，轴向尺寸较小，径向尺寸较大，其上常有孔、螺孔、键槽、凸台、轮辐等结构，以车削加工为主。图 8.36 所示为齿轮零件图，图 9.12 所示为端盖零件图。

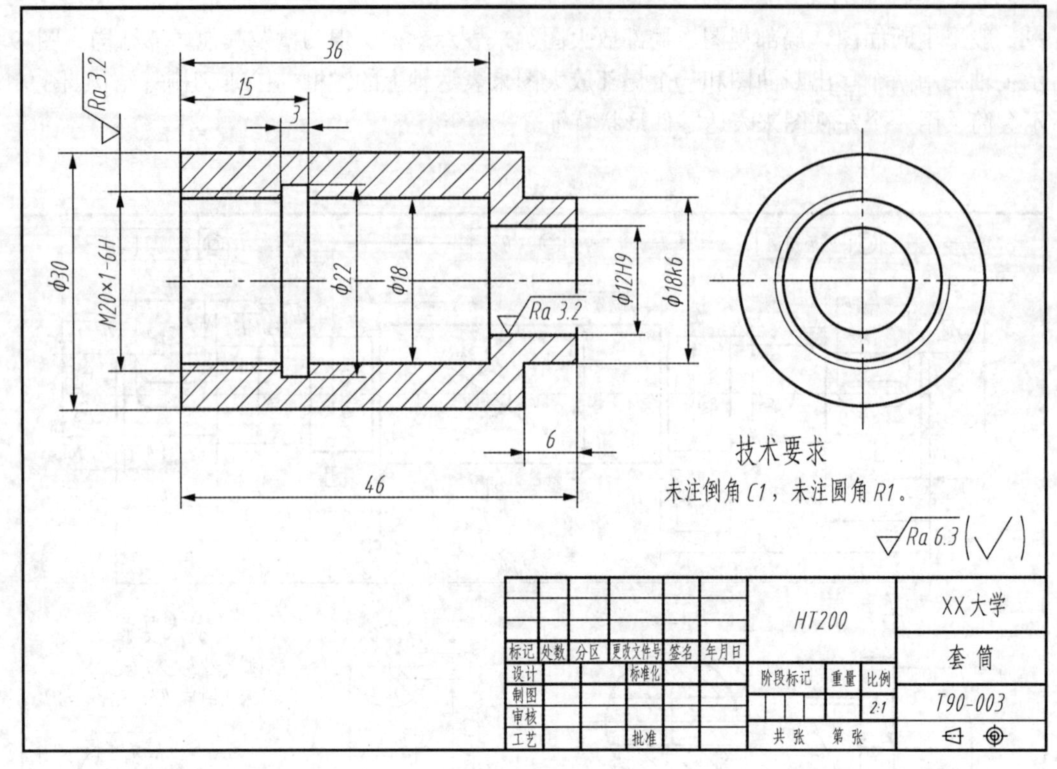

图 9.10 套筒零件图

图 9.11 常见盘盖类零件

2. 盘盖类零件视图选择

（1）主视图选择。

针对盘盖类零件，一般按加工位置（轴线水平）放置零件，选择垂直于轴线的投射方向画主视图。为了表达其内部结构，主视图常采用剖视图。图 9.12 所示的端盖主视图采用了旋转剖视。

（2）其他视图选择。

其他视图的确定须依据零件结构的复杂程度而定，一般情况下，常用左视图或右视图来表达其外形结构。图 9.12 所示左视图表达了端盖的外形。

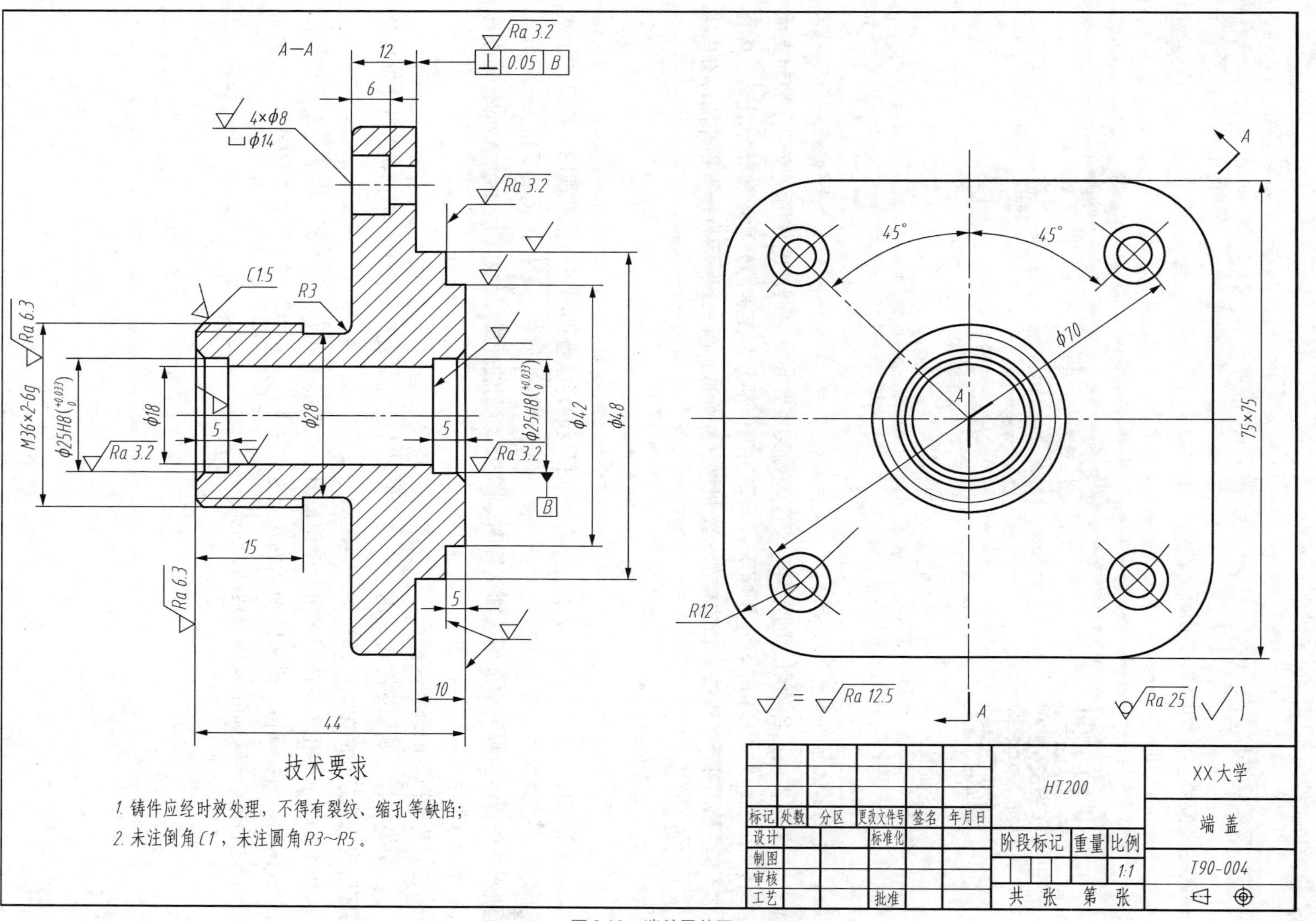
A—A
12
Ra 3.2
⊥ 0.05 B
6
4×φ8
⌴φ14
Ra 3.2
C1.5
R3
Ra 6.3
M36×2-6g
φ25H8(+0.033 0)
φ18
φ28
5
5
φ25H8(+0.033 0)
φ42
φ48
Ra 3.2
Ra 3.2
B
15
Ra 6.3
5
10
44
技术要求
1. 铸件应经时效处理，不得有裂纹、缩孔等缺陷；
2. 未注倒角C1，未注圆角R3~R5。
A
45°
45°
φ70
A
75×75
R12
= Ra 12.5
A
Ra 25 (√)
HT200
XX大学
端 盖
T90-004
标记 处数 分区 更改文件号 签名 年月日
设计 标准化
制图
审核
工艺 批准
阶段标记 重量 比例
1:1
共 张 第 张
图 9.12 端盖零件图

因此，盘盖类零件一般用两个基本视图来表达，有时为了表达局部结构，宜采用局部视图和局部放大图。

三、叉架类零件

常见叉架类零件如图9.13所示。

托架动画

（a）托架

（b）支架

图9.13 常见叉架类零件

1. 叉架类零件的作用与结构特点

叉架类零件包括各种用途的拨叉和支架。拨叉主要起操纵调速的作用，支架主要起支承和连接作用。它们的结构形状差别很大，通常由工作部分、支承部分和连接部分组成，其毛坯多为铸（锻）件，工作部分和连接部分经机械加工而成。图9.3所示为托脚零件图，图9.14所示为托架零件图。

2. 叉架类零件视图选择

（1）主视图的选择。

叉架类零件通常按其工作位置放置，且选择反映形状特征的表面作主视图。拨叉在机器中工作时不停地摆动，没有固定的工作位置。为了画图方便，一般把拨叉主要轮廓放置成垂直或水平位置，主视图常采用局部剖视图。图9.3所示的托脚零件和图9.14所示的托架零件的主视图均采用了局部剖视图。

（2）其他视图的选择。

叉架类零件的其他视图可利用左（右）视图或俯视图表达零件的外形结构，其上肋板等局部结构常选择断面图、局部视图、斜视图来表示。

图9.3所示的托脚零件图采用一个俯视图表达托脚的外形，移出断面图表达肋板结构，局部视图表达凸台结构。图9.14所示的托架零件图采用一个左视图表达托架的外形，移出断面图表达肋板结构，局部视图表达凸台结构。

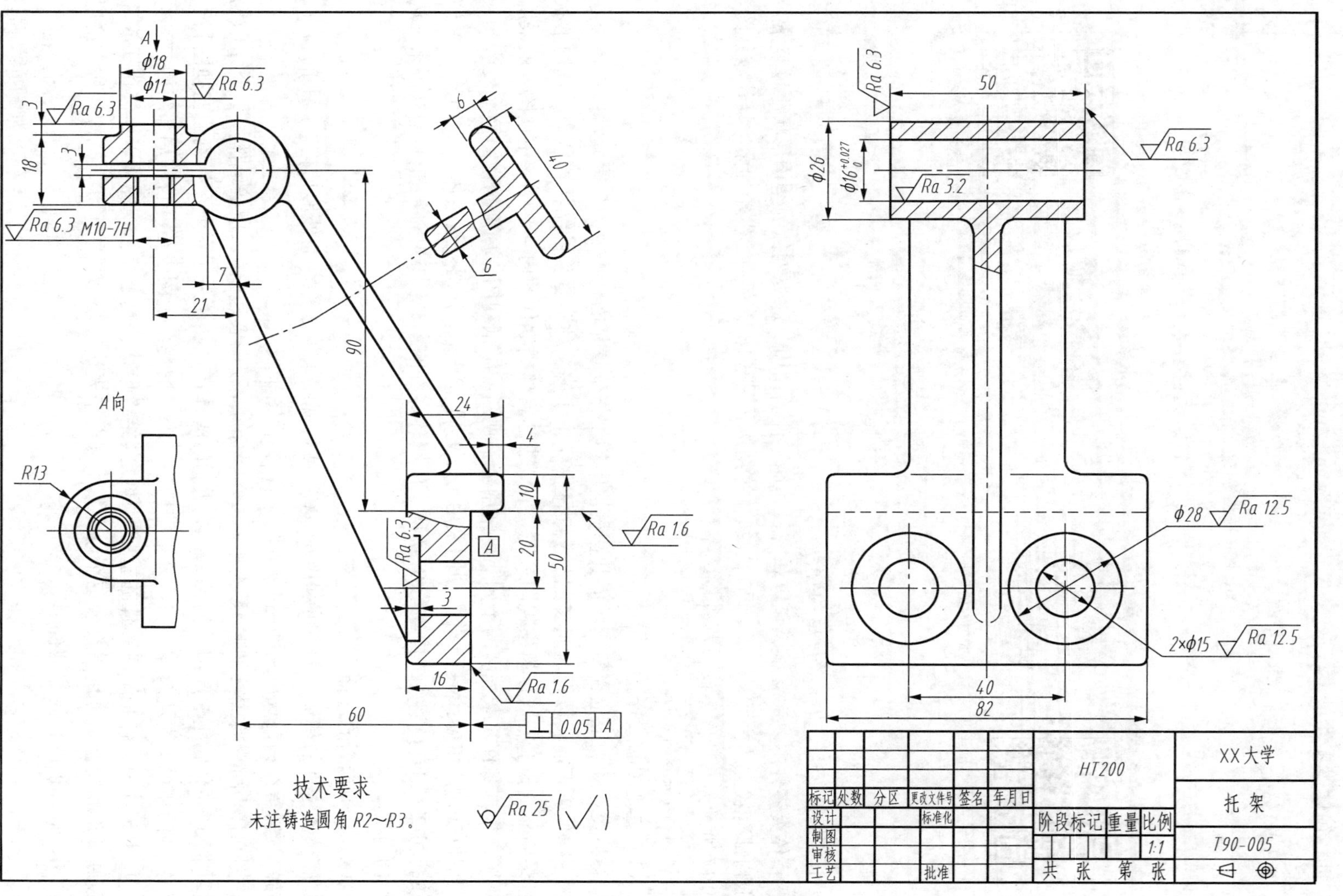

图 9.14 托架零件图

四、箱体类零件

常见箱体类零件如图9.15所示。

齿轮油泵泵体动画

（a）齿轮油泵泵体

（b）球阀阀体

球阀阀体动画

图9.15　常见箱体类零件

1. 箱体类零件的作用与结构特点

箱体类零件主要起支承、包容和密封其他零件的作用。这类零件的结构形状比较复杂，一般内部有较大的空腔、肋板、凸台、螺孔等结构。图9.16所示为（齿轮油泵）泵体零件图，图9.17所示为（球阀）阀体零件图。

2. 箱体类零件视图选择

（1）主视图的选择。

箱体类零件加工位置多变，但其在机器中的工作位置是固定不变的，因此常按箱体类零件的工作位置摆放，以便对照装配图从装配关系中了解箱体类零件的结构形状，并选用形状特征最明显的投射方向作为主视图方向。为了表达箱体类零件的内部结构，主视图一般采用剖视图，根据零件复杂程度的不同，可采用全剖视图、半剖视图、局部剖视图等来表达。

图9.16所示的泵体零件的主视图采用了三处局部剖视来分别表达泵体G1/4进（出）油螺纹孔和$2\times\phi11$安装孔结构。图9.17所示的阀体零件的主视图采用了一个全剖视图来表达阀体的内部结构。

（2）其他视图的选择。

箱体类零件的其他视图，可利用左（右）或俯视图来表达零件的外形结构，其上的肋板、凸台、倾斜等结构常选用断面图、局部视图、斜视图来表达。

图9.16所示的泵体零件图还采用了一个全剖的左视图表达泵体的内部结构，一个*A*向局部视图表达泵体底座的局部结构。图9.17所示的阀体零件图还采用了一个半剖的左视图和一个局部剖的俯视图表达阀体的内、外形结构，一个*B*向局部视图表达凸台的局部结构。

由于箱体类零件是组成部件的重要零件，其结构形状较复杂，主视图按工作位置摆放，并反映其形状特征，常用三个或三个以上基本视图来表达主要结构的形状，局部结构常采用断面图、局部视图、局部剖视图等表达。

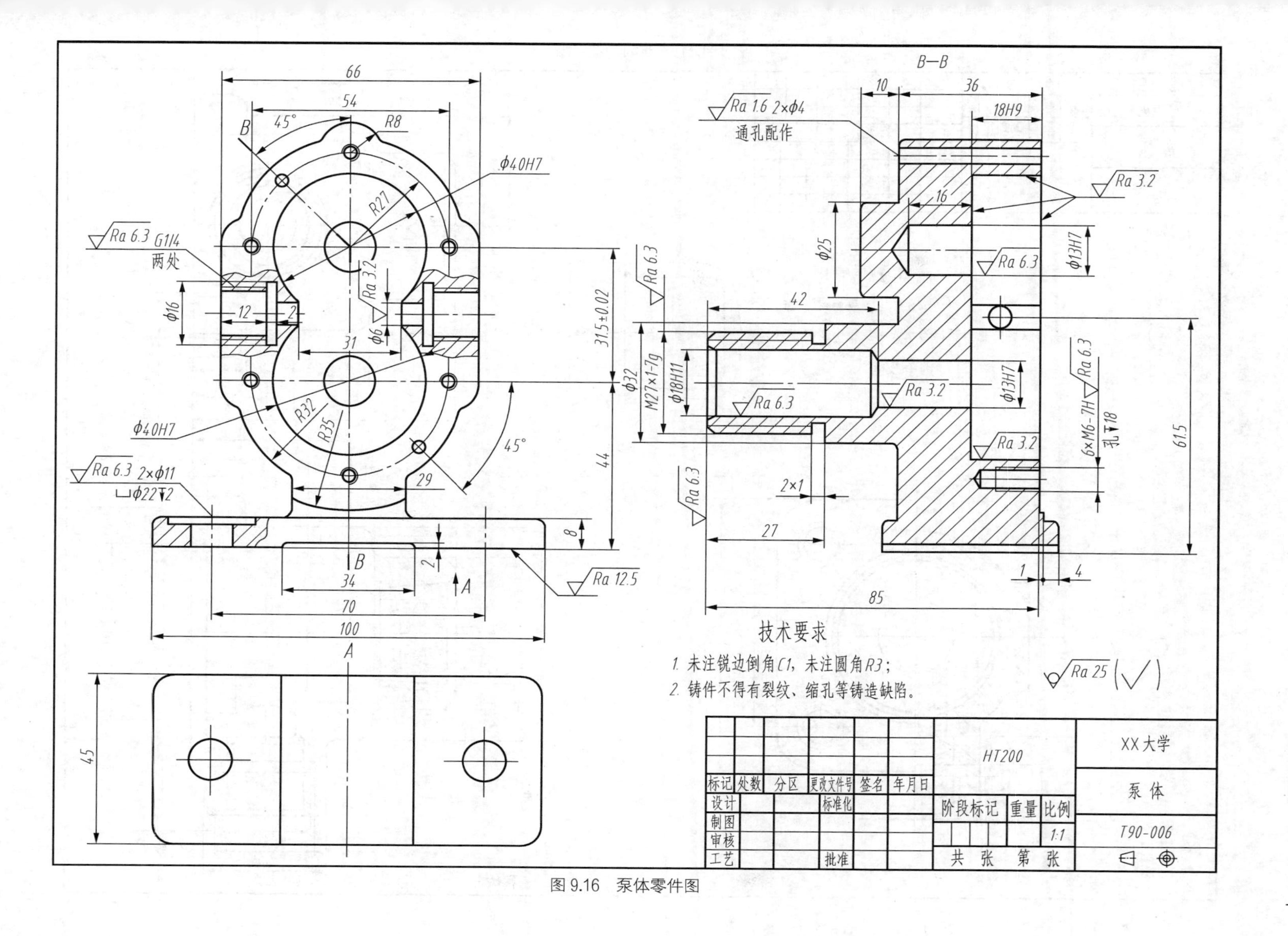
B—B
Ra 1.6 2×Φ4
通孔配作
Ra 6.3 G1/4
两处
Ra 6.3 2×Φ11
⌴Φ22↧2
Φ40H7
Φ40H7
R8
R27
R32
R35
45°
45°
66
54
Φ16
12
2
31
Φ6
Ra 3.2
29
31.5±0.02
44
8
2
34
70
100
A
B
B
A
Ra 12.5
45
10
36
18H9
16
Ra 3.2
Φ25
Φ13H7
Ra 6.3
42
Φ32
M27×1-7g
Φ18H11
Ra 6.3
Ra 6.3
Ra 3.2
Φ13H7
Ra 6.3
6×M6-7H
孔↧18
Ra 3.2
61.5
2×1
Ra 6.3
27
1
4
85
技术要求
1. 未注锐边倒角C1，未注圆角R3；
2. 铸件不得有裂纹、缩孔等铸造缺陷。
Ra 25 (√)
HT200
XX大学
泵体
T90-006
标记 处数 分区 更改文件号 签名 年月日
设计 标准化 阶段标记 重量 比例
制图
审核 1:1
工艺 批准 共 张 第 张

图 9.16 泵体零件图

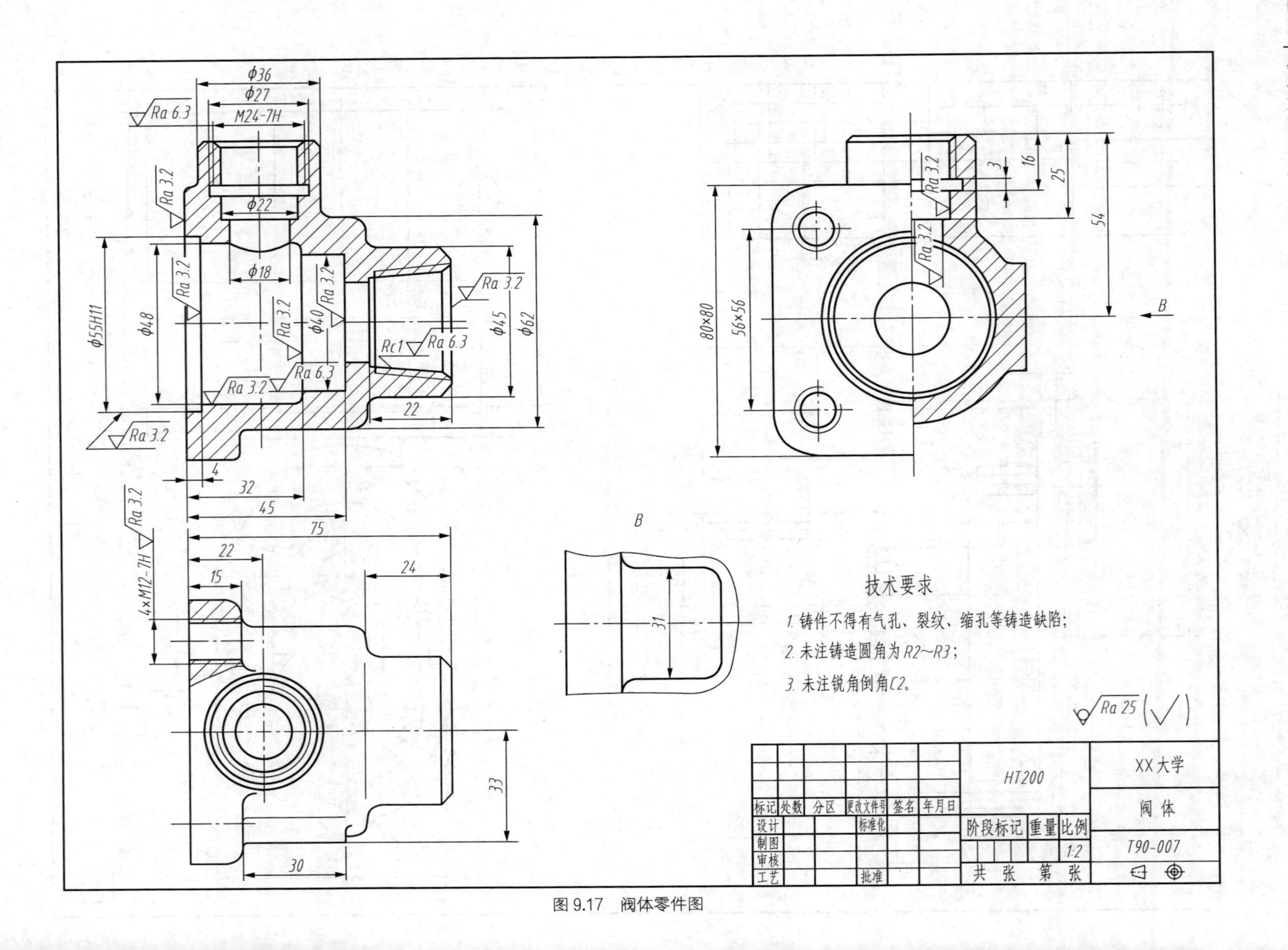
ϕ36
ϕ27
M24-7H
Ra 6.3
Ra 3.2
ϕ22
ϕ18
Ra 3.2
ϕ55H11
ϕ48
Ra 3.2
ϕ40
Ra 3.2
Rc1
Ra 6.3
Ra 3.2
ϕ45
ϕ62
Ra 3.2
Ra 6.3
22
Ra 3.2
4
32
45
75
Ra 3.2
4×M12-7H
22
24
15
33
30
3
16
25
54
Ra 3.2
Ra 3.2
80×80
56×56
B
B
31
技术要求
1. 铸件不得有气孔、裂纹、缩孔等铸造缺陷;
2. 未注铸造圆角为R2~R3;
3. 未注锐角倒角C2。
Ra 25 (√)
标记 处数 分区 更改文件号 签名 年月日
设计 标准化
制图
审核
工艺 批准
HT200
阶段标记 重量 比例
1:2
共 张 第 张
XX大学
阀体
T90-007

图 9.17 阀体零件图

9.3 零件结构工艺性

工程实际中大部分零件要经过铸造或锻造（热加工）及机械加工（冷加工）等过程制造出来，设计零件结构形状时，不仅要满足设计要求，还要符合冷（热）加工的工艺要求。常见零件结构工艺性要求有铸造工艺结构和机械加工工艺结构。

零件结构工艺性

一、铸造工艺结构

本节主要介绍一些常见的铸造工艺结构。

1. 起模斜度

用铸造的方法制造的零件称为铸件，铸造零件制作毛坯时，为了便于从砂型中起模，铸件的内、外壁沿起模方向应设计有一定的斜度，称之为起模斜度，如图 9.18（a）所示。起模斜度在图中一般不画出，也可以不标注，必要时可在“技术要求”中注明，如图 9.18（b）、图 9.18（c）所示。起模斜度大小：木模造型常选 1°～3°，金属模手工造型常选 1°～2°，机械造型常选 0.5°～1°。

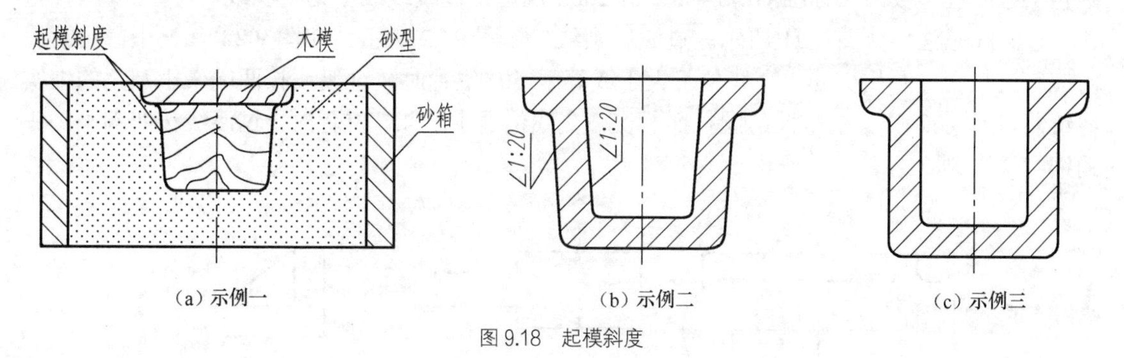

（a）示例一　（b）示例二　（c）示例三

图 9.18 起模斜度

2. 铸造圆角

为防止浇铸铁水时冲坏砂型，以及铸件在冷却时转角处应力集中而开裂（见图 9.19（c）），铸件两面相交处均制成圆角，称之为铸造圆角。如图 9.19 所示，铸造圆角半径一般取壁厚的 0.2～0.4 倍（也可查相关手册），视图中铸造圆角半径一般注写在“技术要求”中（如：未注明铸造圆角 $R2$）。

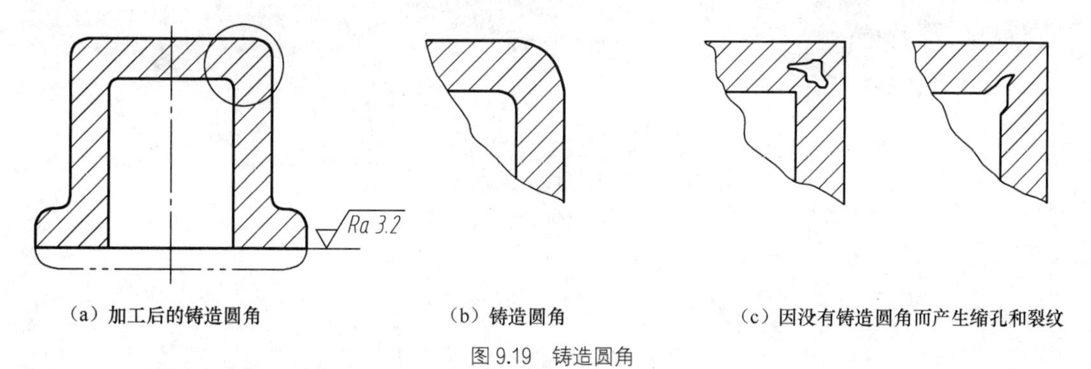

（a）加工后的铸造圆角　（b）铸造圆角　（c）因没有铸造圆角而产生缩孔和裂纹

图 9.19 铸造圆角

3. 铸件壁厚

铸件各处壁厚应尽量均匀，若因结构需要出现壁厚相差过大，则壁厚由大到小逐渐变化（见图 9.20（a）、图 9.20（b）），以避免各部分因冷却速度不同而产生缩孔或裂缝（见图 9.20（c））。

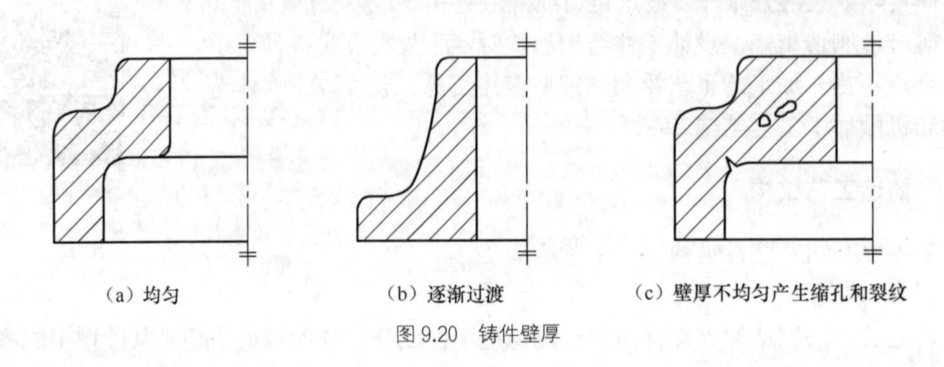

（a）均匀　　（b）逐渐过渡　　（c）壁厚不均匀产生缩孔和裂纹

图 9.20　铸件壁厚

4. 过渡线

由于铸造圆角的存在，铸件各表面上的交线（相贯线或截交线）变得不明显，为了区分不同的表面，用过渡线代替两面交线，其画法与没有圆角时两面交线的画法相同，只是不与圆角接触而已。按国家标准 GB/T4457.4—2002 规定：过渡线线型为细实线。

过渡线画法一如图 9.21 所示。过渡线画法二如图 9.22 所示。在图 9.22（a）中，过渡线对应底板与圆柱面相交处，交线位于大于或等于 60°位置时，过渡线按两端带小圆角的细实线绘制。图 9.22（b）中压板与圆柱面相交，交线位于小于 45°位置时，过渡线按两端不到头的细实线绘制。

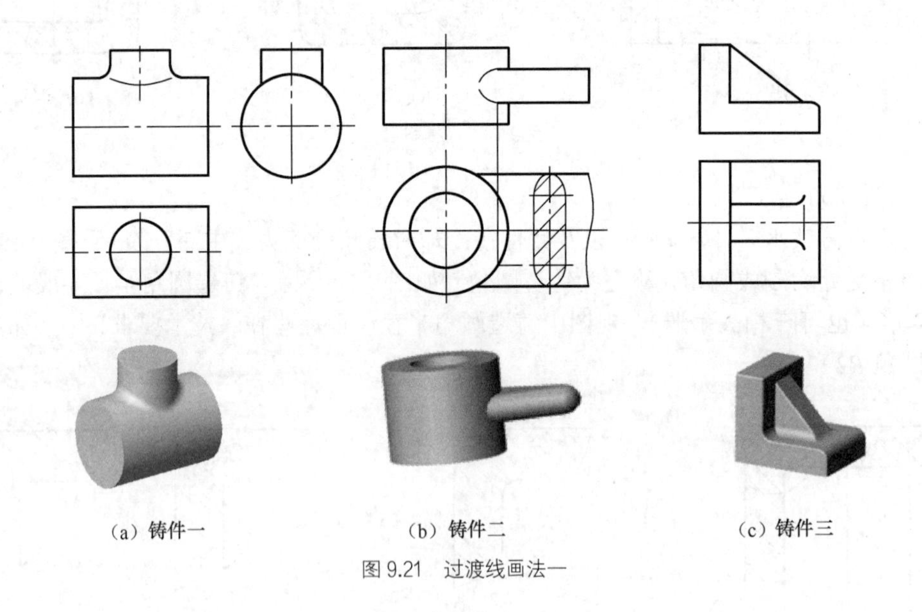

（a）铸件一　　（b）铸件二　　（c）铸件三

图 9.21　过渡线画法一

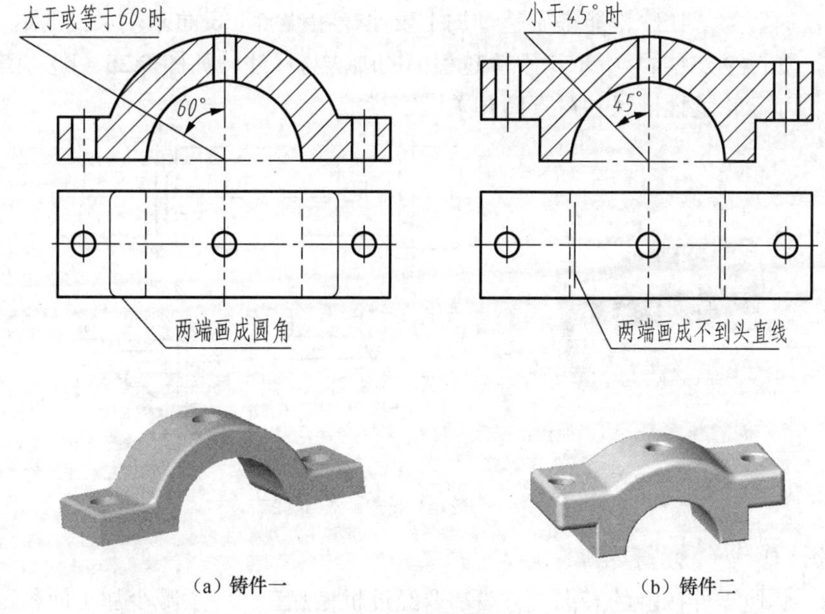

（a）铸件一　　（b）铸件二

图 9.22　过渡线画法二

二、机械加工工艺结构

1. 倒角与倒圆

为了便于装配，要去除零件上的毛刺、锐边，通常将尖角加工成倒角（见图 9.23（a）、图 9.23（b）），标注 *C*2（*C* 表示 45°，2 表示距离）。在轴肩处，为了防止应力集中，轴肩处加工成的圆角称为倒圆（见图 9.23（a）），标注 *R*2。倒角与倒圆尺寸见附录中的附表 21。

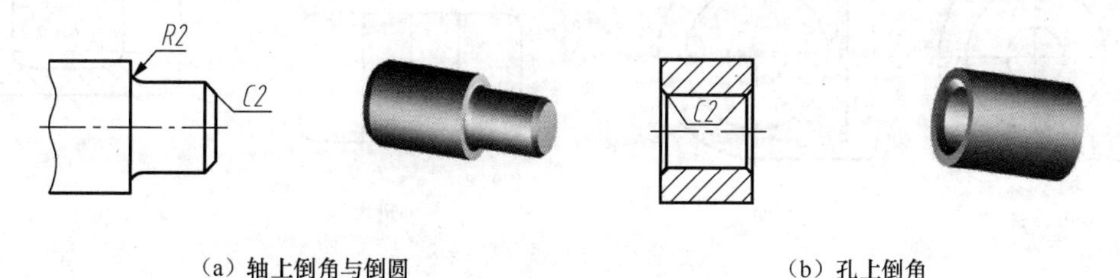

（a）轴上倒角与倒圆　　（b）孔上倒角

图 9.23　零件倒角与倒圆

2. 退刀槽和砂轮越程槽

车削螺纹时，为了便于退出刀具，常在零件的待加工表面末端车出螺纹退刀槽，退刀槽的尺寸按“槽宽 × 直径”（或“槽宽 × 深度”）的形式标注，如图 9.24 所示。

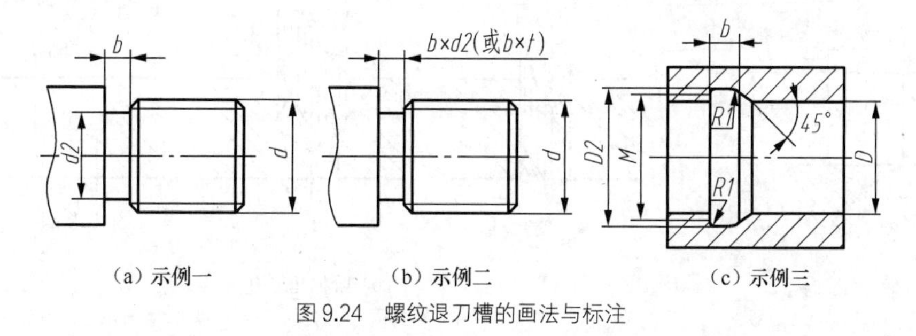

（a）示例一　　（b）示例二　　（c）示例三

图 9.24　螺纹退刀槽的画法与标注

磨削加工时，为了让砂轮能稍微越过加工表面，在被加工表面末端加工的退刀槽又称为砂轮越程槽，如图 9.25（a）所示。砂轮越程槽的画法与标注，如图 9.25（b）、图 9.25（c）所示。退刀槽和砂轮越程槽尺寸可查阅相关国家标准。

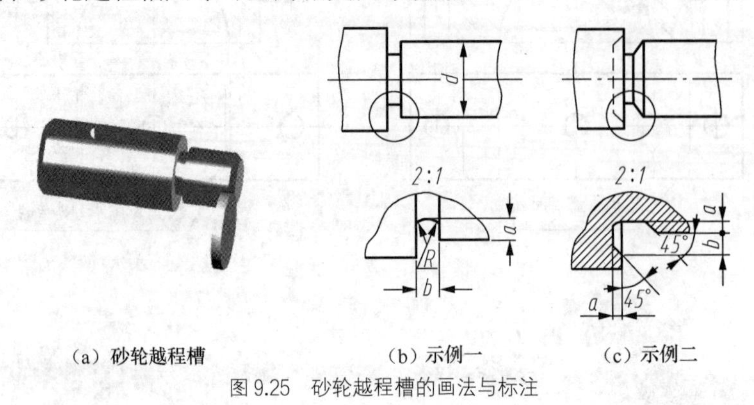

（a）砂轮越程槽　　（b）示例一　　（c）示例二

图 9.25　砂轮越程槽的画法与标注

3. 凸台、凹坑（槽）和空腔

零件上与其他零件接触的表面，一般都要经过机械加工，为了减少加工面积，节约成本，通常会针对铸件设计凸台、凹坑（槽）和空腔等工艺结构，如图 9.26 所示。

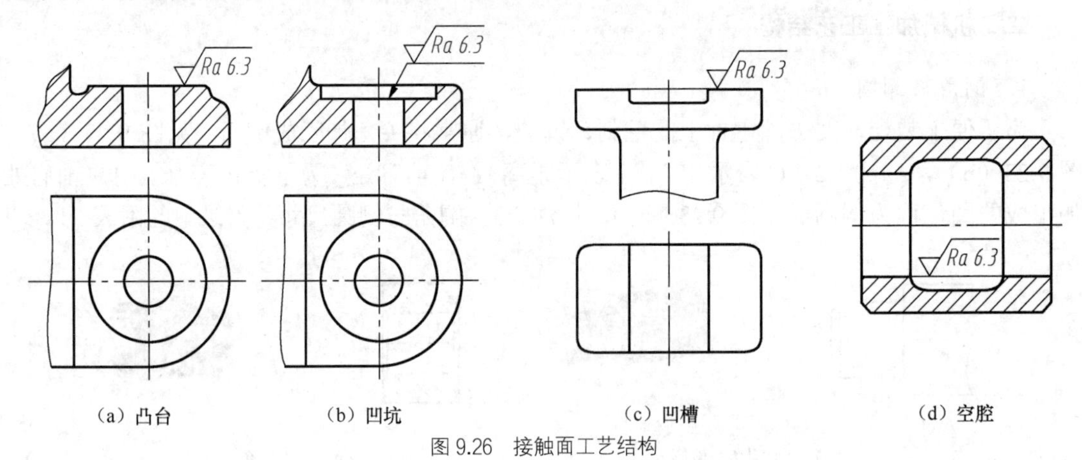

（a）凸台　　（b）凹坑　　（c）凹槽　　（d）空腔

图 9.26　接触面工艺结构

4. 钻孔结构

钻头钻盲孔时，孔的底部有 120° 锥角，钻孔深度是圆柱部分的深度（不包括锥坑深度），如图 9.27（a）所示。钻阶梯孔时，阶梯孔过渡处，有 120° 锥台，其画法与尺寸标注如图 9.27（b）所示。

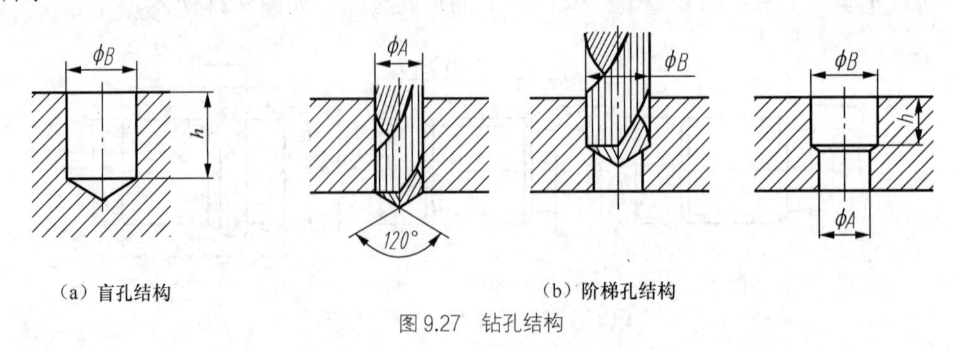

（a）盲孔结构　　（b）阶梯孔结构

图 9.27　钻孔结构

用钻头钻孔时，要求钻头轴线垂直于被钻孔的端面，以保证所钻孔准确和避免钻头折断，如图 9.28 所示。

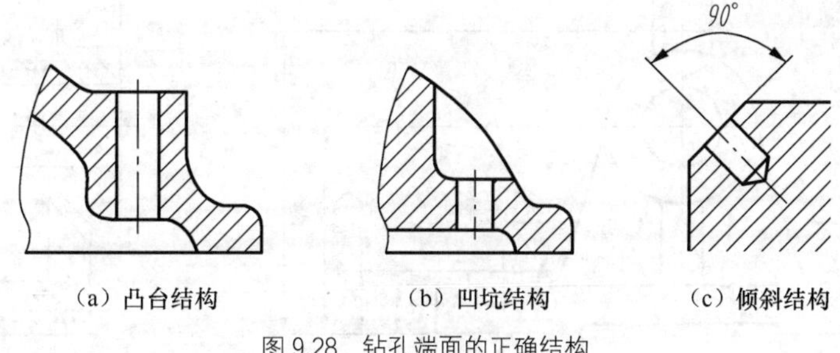

（a）凸台结构　（b）凹坑结构　（c）倾斜结构

图 9.28　钻孔端面的正确结构

9.4　零件图尺寸标注

尺寸标注

零件图尺寸标注，除了第 1 章、第 5 章中介绍的需要正确、完整、清晰外，还必须合理，即标注的尺寸，既要满足设计要求，以保证机器的工作性能，又要满足工艺要求，以便于加工制造和检测。

尺寸注法执行国家标准 GB/T 4458.4—2003 和 GB/T 16675.2—2012 中的规定。为了做到合理，标注尺寸时，需要对零件的结构和工艺进行分析，先确定零件尺寸基准，再标注尺寸。要真正做到这一点，需要有一定的专业知识和实际生产经验。这里，仅对尺寸合理标注进行初步介绍。

一、合理选择尺寸基准

组合体尺寸标注一节中，我们对基准有了初步了解。零件图这一节我们结合零件的特点引入有关设计和工艺方面的知识加以讨论。

1. 尺寸基准的概念

所谓基准，是指用来确定零件上各几何要素间的几何关系所依据的那些点、线、面。根据使用场合和作用的不同，基准可分为设计基准和工艺基准两大类。

（1）设计基准。它是根据零件在机器中的作用和结构特点，为保证零件的设计要求而确定的基准。通常选择机器或部件中确定零件位置的接触面、对称面、回转面的轴线等作为设计基准。如图 9.29 所示，底面 *B* 为设计基准，保证轴承孔到底面的高度；对称面 *C* 也为设计基准，保证两孔之间的距离及其对轴孔的对称关系。

（2）工艺基准。它是确定零件在机床上加工时装夹的位置，以及测量零件尺寸时所利用的点、线、面。如图 9.29 所示，端面 *D* 为工艺基准，以保证轴承孔的长度尺寸 30 和加油螺孔的定位尺寸 15；端面 *E* 也是工艺基准，以便测量加油螺孔的深度 6。

2. 尺寸基准的选择

从设计基准出发标注尺寸，能保证设计要求；从工艺基准出发标注尺寸，便于加工和测量。设计零件时最好使工艺基准和设计基准重合。当设计基准和工艺基准不重合时，应以设计基准为主要基准，工艺基准为辅助基准。零件在长、宽、高 3 个方向都应有一个主要基准。如图 9.29 所示，轴承座底面 *B* 为高度方向的主要基准；左右对称面 *C* 为长度方向的主要基准，轴承端面 D 为宽度方向的主要基准。

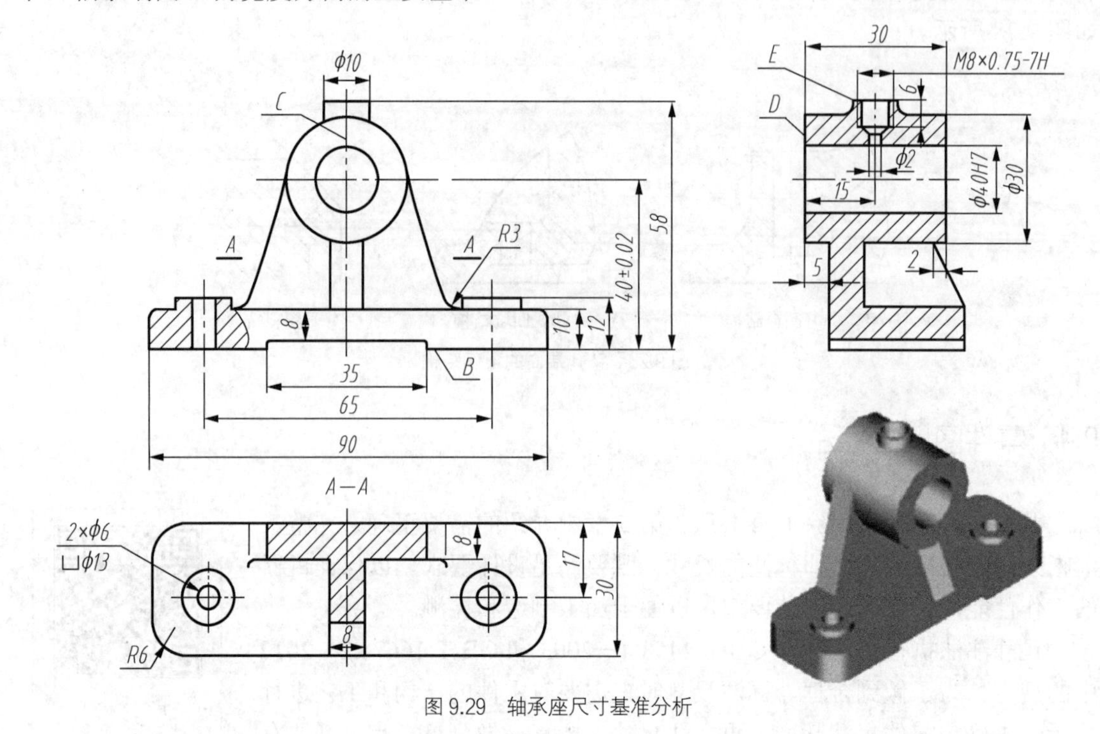

图 9.29　轴承座尺寸基准分析

二、合理标注零件尺寸时应注意的问题

1. 零件图上的主要尺寸应直接标注

零件图中的尺寸可分为主要尺寸和非主要尺寸两种。主要尺寸是装配尺寸链中的尺寸环，包括零件的规格性能尺寸、配合尺寸、确定零件之间相对位置的尺寸、连接尺寸、安装尺寸等，一般都有公差要求。不直接影响零件使用性能、安装精度和规格性能的尺寸，称为非主要尺寸，包括零件的外形轮廓尺寸、非配合尺寸、满足安装和加工工艺要求等方面的尺寸（如退刀槽、凸台、凹坑、倒角等），一般没有公差要求。

轴承座动画

图 9.30（a）中尺寸 A、L 分别表示轴承座轴承孔定位尺寸和 $2\times\phi6$ 安装孔定位尺寸，是轴承座的主要尺寸，应直接标注。如图 9.30（b）所示，主要尺寸 A 注成 B、C，由于加工误差的存在，A 尺寸的误差等于 B、C 尺寸的误差之和，使得轴承孔高度不能满足设计要求，不合理。同理，$2\times\phi6$ 安装孔标有两个 E 尺寸，间接确定安装尺寸 L，也不合理。

2. 尺寸标注应便于加工和测量

尺寸标注应符合加工顺序，以便于加工和测量。如图 9.31（a）所示，加工轴时应先加工长度尺寸 15，再切出槽尺寸 3×2，标注尺寸合理。如图 9.31（b）所示，标注尺寸不符合加工顺序，不合理。如图 9.31（c）所示，标注的尺寸便于加工和测量，合理。如图 9.31（d）所示，不便于测量，不合理。

3. 尺寸不应形成封闭尺寸链

所谓尺寸链，是指头尾相接的尺寸形成的尺寸组，每个尺寸是尺寸链的一环。如图 9.32（a）所示，形成了封闭的尺寸链，这样标注的尺寸在加工时往往难以保证尺寸的公差要求。

实际标注时，一般在尺寸链中选一个不重要的尺寸不标注，称之为开环，如图 9.32（b）所示。

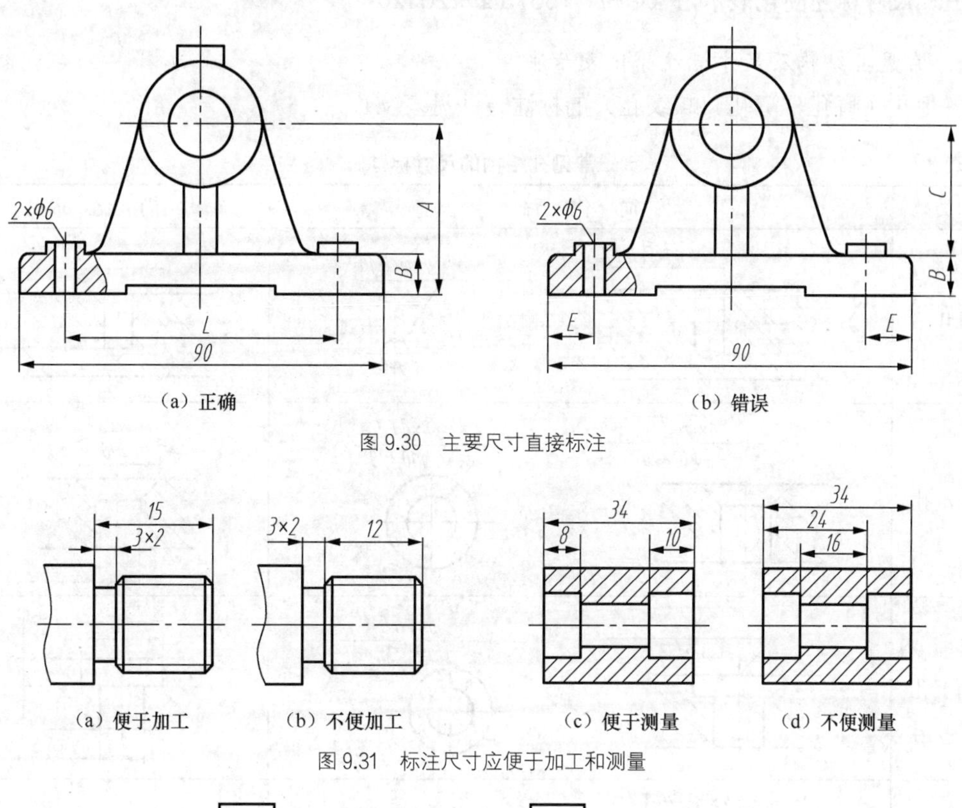

图 9.30 主要尺寸直接标注

图 9.31 标注尺寸应便于加工和测量

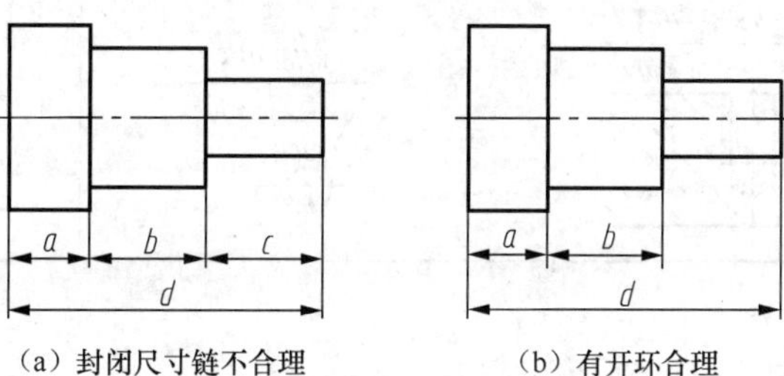

图 9.32 尺寸不应形成封闭形状

4. 毛坯面之间的尺寸一般应单独标注

毛坯面之间的尺寸是在铸（锻）造毛坯时应保证的，如图 9.33（a）所示，尺寸标注合理；图 9.33（b）所示，尺寸标注不合理。

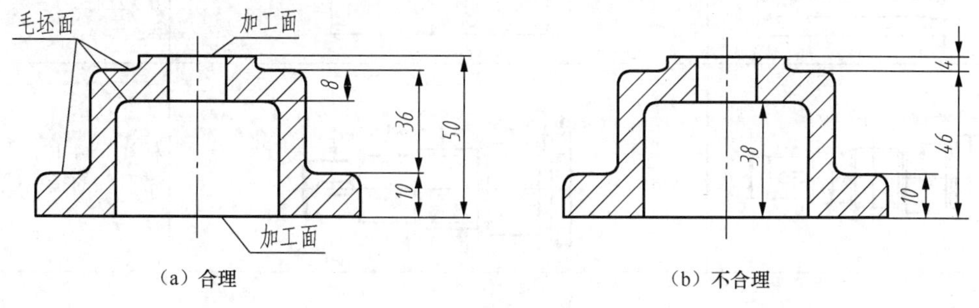

图 9.33 毛坯面之间的尺寸

三、尺寸标注简化表示法（GB/T 16675.2—2012）

1. 常见孔结构及尺寸标注简化表示法

各种孔（盲孔、沉孔、螺纹孔）的标注方法见表 9.1。

表 9.1　常见孔结构的尺寸标注

结构类型	简化后			简化前
盲孔	4×ϕ4↧10	或	4×ϕ4↧10	4-ϕ4　10
锥面沉孔	4×ϕ6.5 ∨ϕ10×90°	或	4×ϕ6.5 ∨ϕ10×90°	90°　ϕ10 4-ϕ6.5
柱面沉孔	6×ϕ6.5 ⌴ϕ12↧4.5	或	6×ϕ6.5 ⌴ϕ12↧4.5	ϕ12　4.5 6-ϕ6.5
螺纹孔	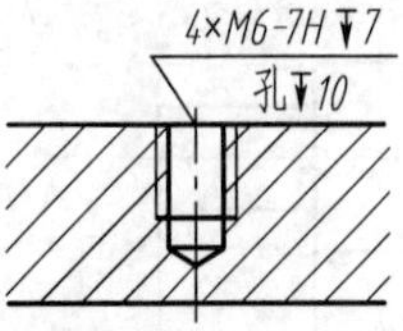 4×M6-7H↧7 孔↧10	或 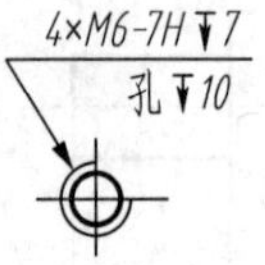	4×M6-7H↧7 孔↧10	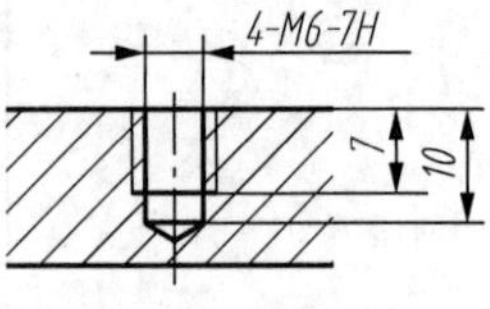 4-M6-7H 7　10

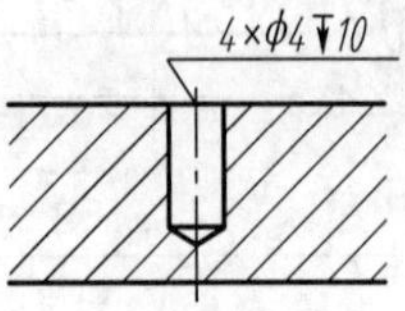

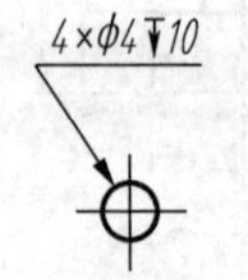

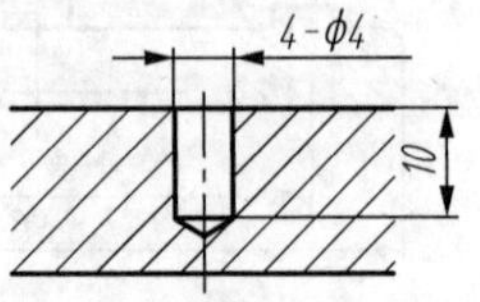

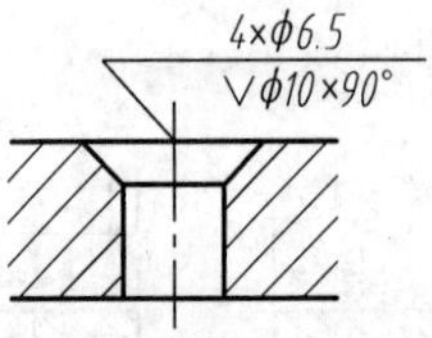

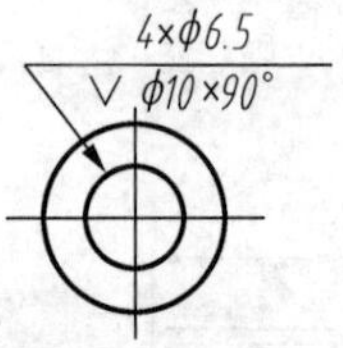

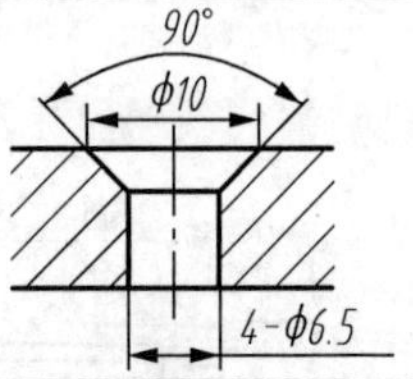

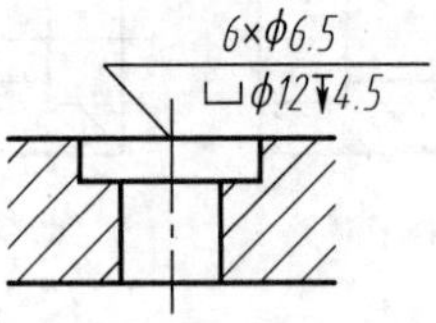

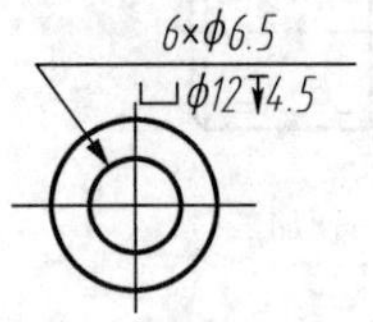

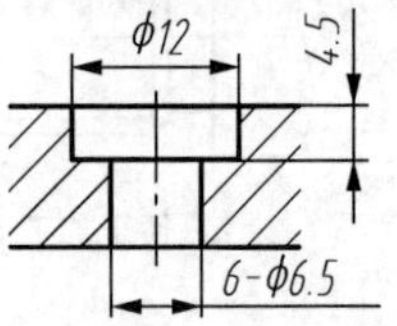

2. 常用尺寸简化注法

常用尺寸的简化注法如表 9.2 所示。

表 9.2　常用尺寸的简化注法

简化前	简化后	说明
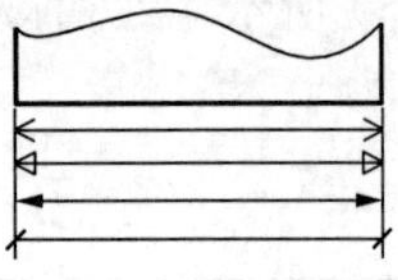	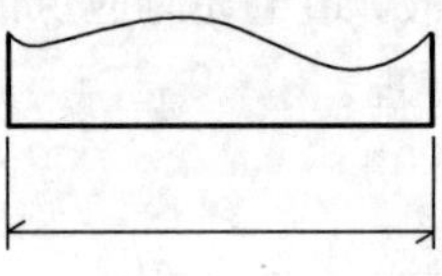	标注尺寸时，可使用单边箭头
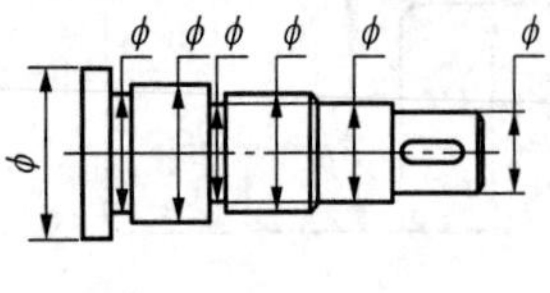 ϕ ϕ ϕ ϕ ϕ ϕ ϕ	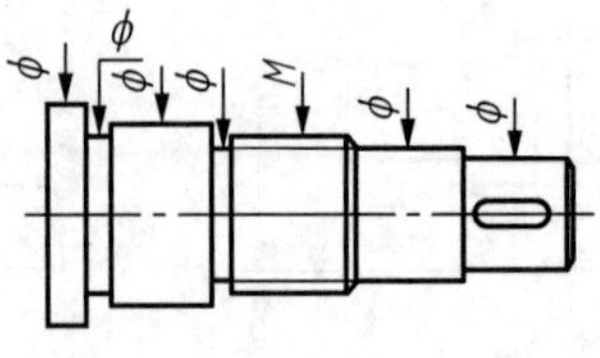 ϕ ϕ ϕ M ϕ ϕ	标注尺寸时，可采用带箭头的指引线

续表

简化前	简化后	说明
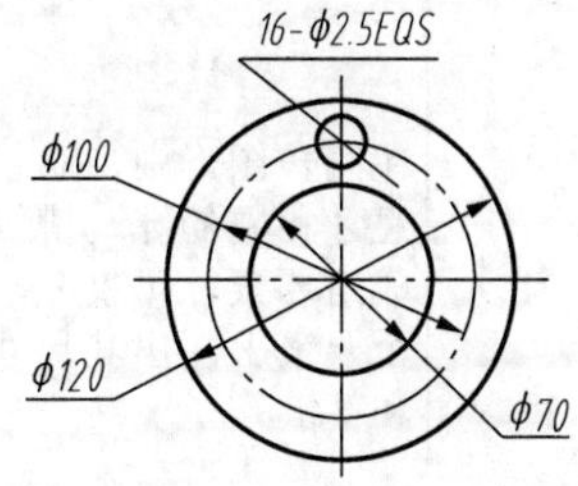 16-φ2.5EQS φ100 φ120 φ70	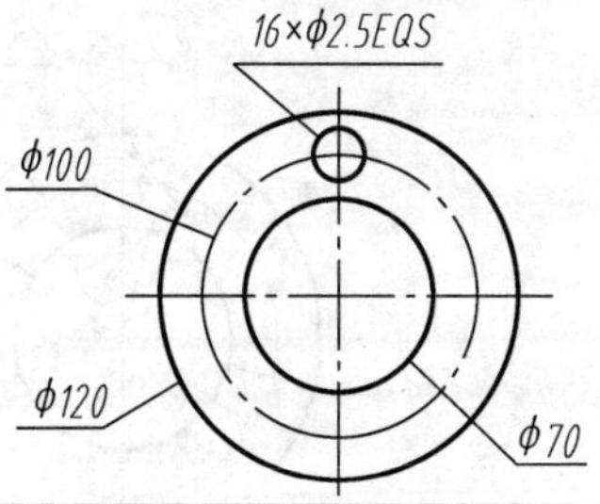 16×φ2.5EQS φ100 φ120 φ70	标注尺寸时，也可采用不带箭头的指引线
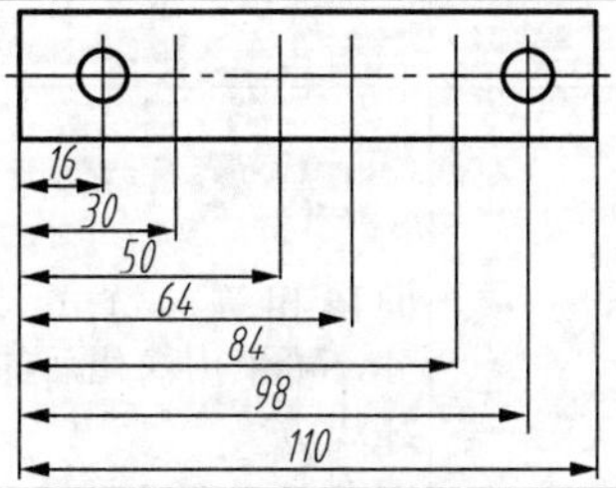 16 30 50 64 84 98 110	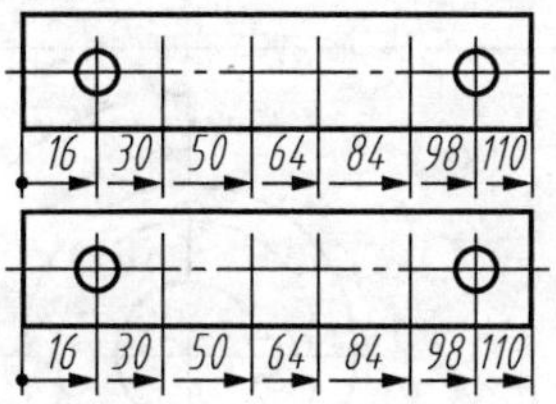 16 30 50 64 84 98 110 16 30 50 64 84 98 110	从同一基准出发的尺寸，可按简化后的形式标注（用小黑点标注基准，用单箭头标注相对于基准的尺寸数字）
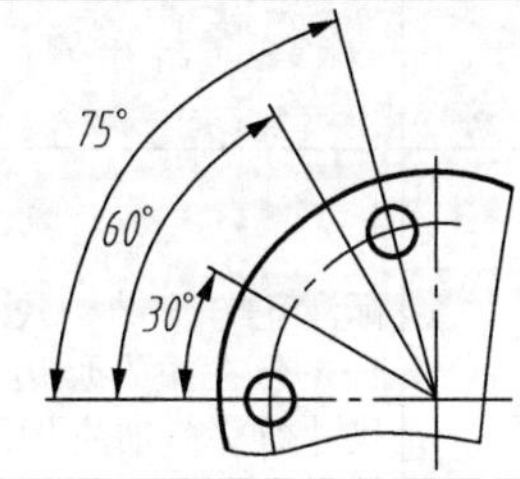 75° 60° 30°	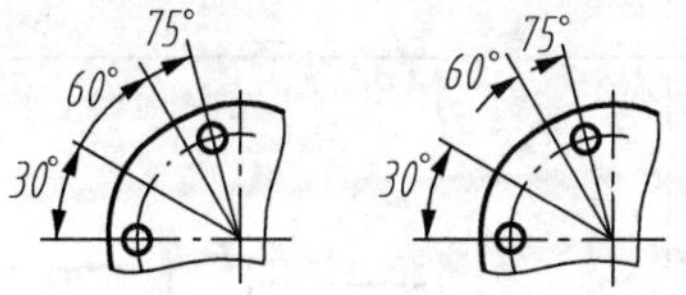 75° 60° 30°　75° 60° 30°	
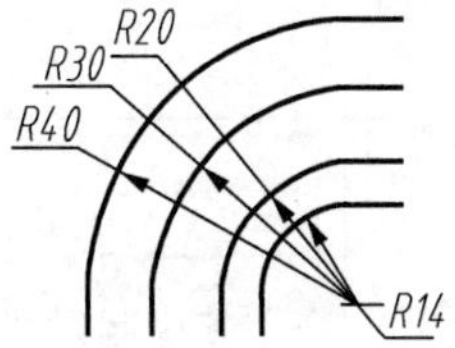 R20 R30 R40 R14	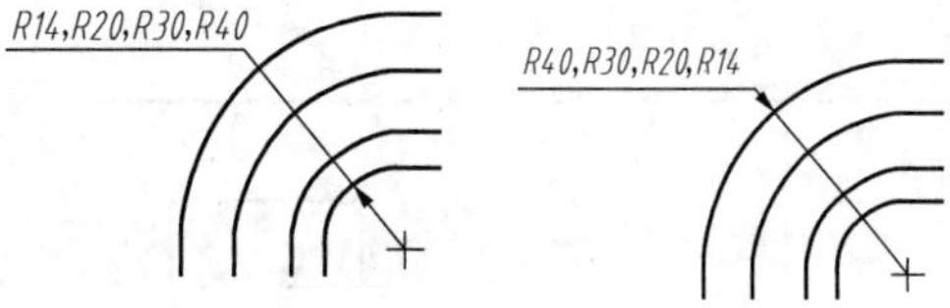 R14,R20,R30,R40　R40,R30,R20,R14	一组同心圆弧或圆心位于一条直线的多个不同圆弧的尺寸，可用共用的尺寸线和箭头依次表示
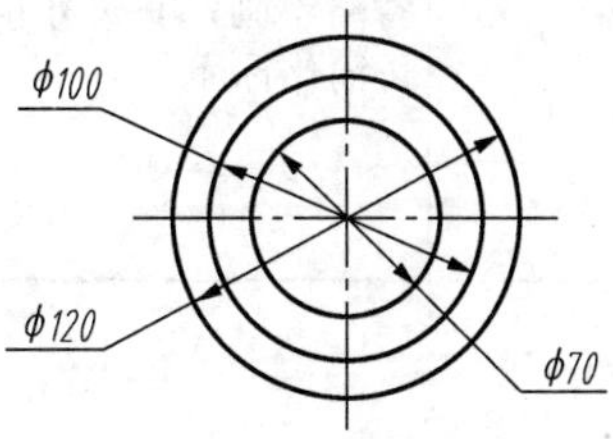 φ100 φ120 φ70	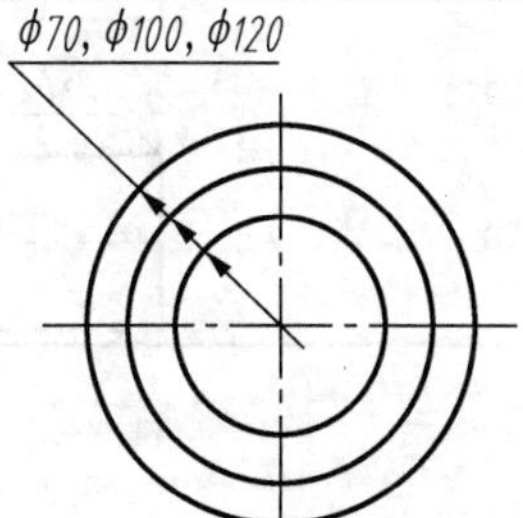 φ70, φ100, φ120	一组同心圆或尺寸较多的台阶孔的尺寸，可用共用的尺寸线和箭头依次表示
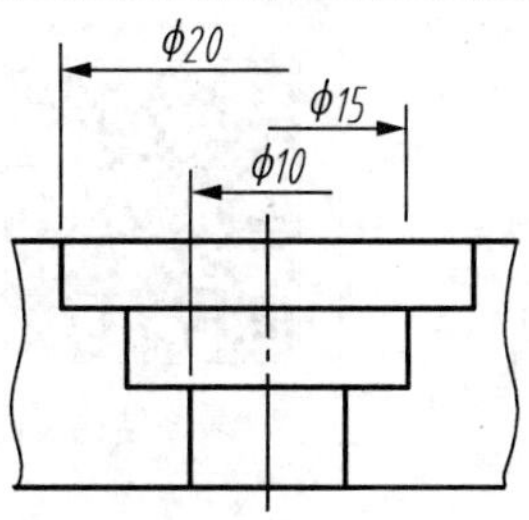 φ20 φ15 φ10	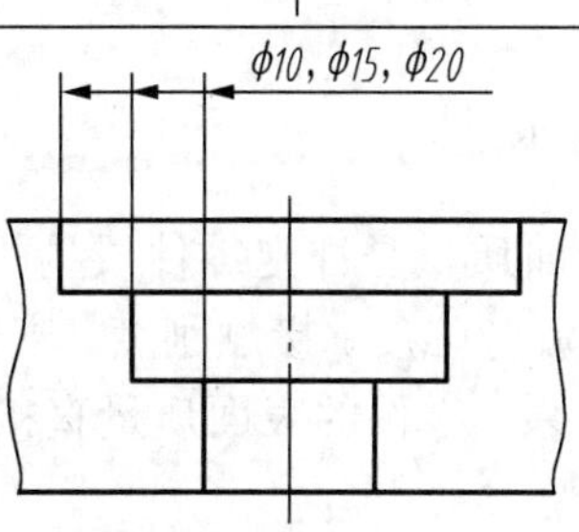 φ10, φ15, φ20	一组同心圆或尺寸较多的台阶孔的尺寸，可用共用的尺寸线和箭头依次表示

续表

简化前	简化后	说明
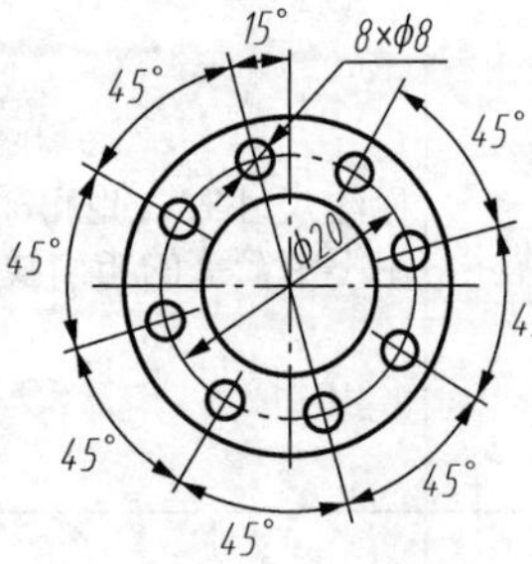	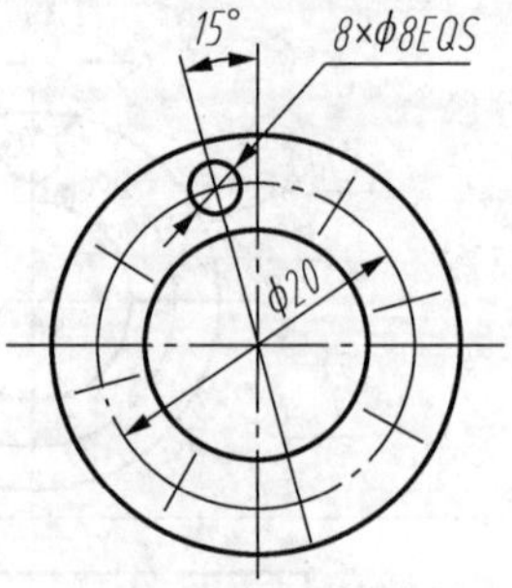	在同一图形中，对于尺寸相同的孔、槽等成组要素，可仅在一个要素上注出其尺寸和数量
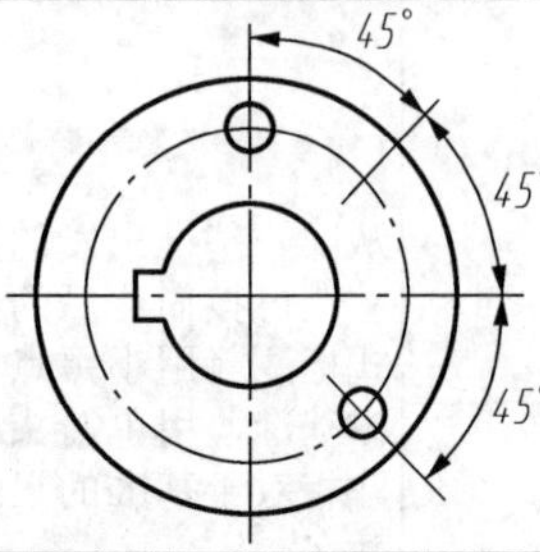	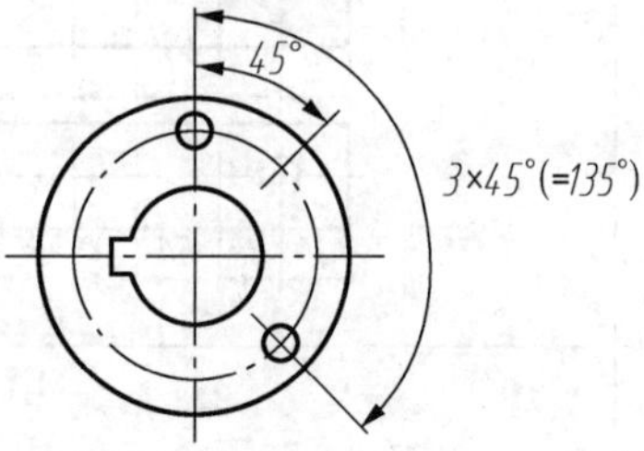	间隔相等的链式尺寸，可采用简化后的注法
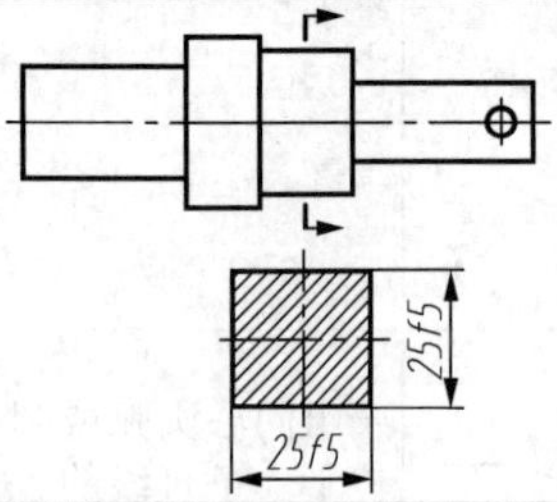	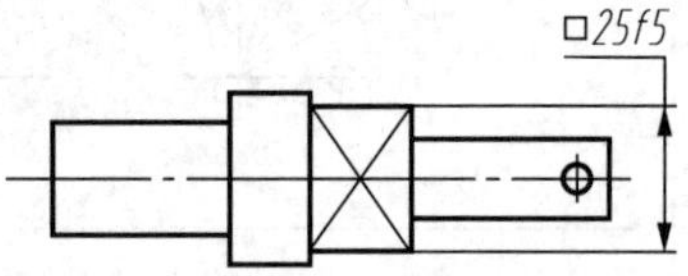	标注正方形结构尺寸时，可在正方形边长尺寸数字前加注“□”符号
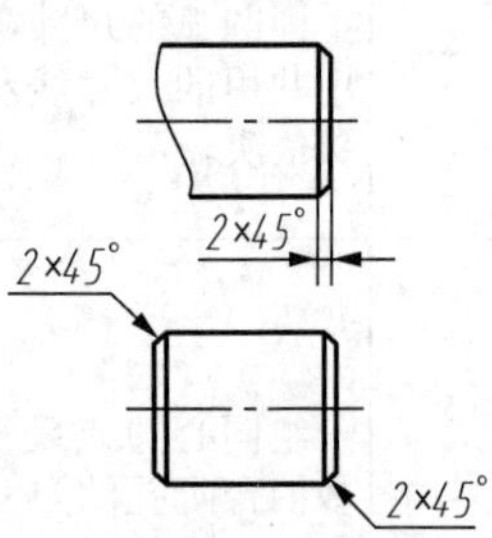	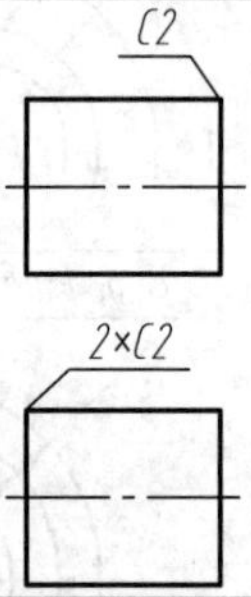	在不致引起误解时，零件图中的倒角可以省略不画，其尺寸也可简化标注

9.5 零件图技术要求

9.5.1 表面结构的表示法

表面结构

在产品制造过程中，表面质量是评定零件质量的重要技术指标。它与机器零件的耐磨性、抗疲劳强度、接触刚度、密封性、抗腐蚀性、配合以及外观都有密切的关系，零件的表面质量直接影响机器的使用寿命。

一、零件的表面结构及轮廓参数

零件的表面不管经过怎样精细的加工，总是高低不平的。零件在加工表面上具有的较小间距和峰谷所组成的微观几何特性称为表面结构，如图 9.34（a）所示。

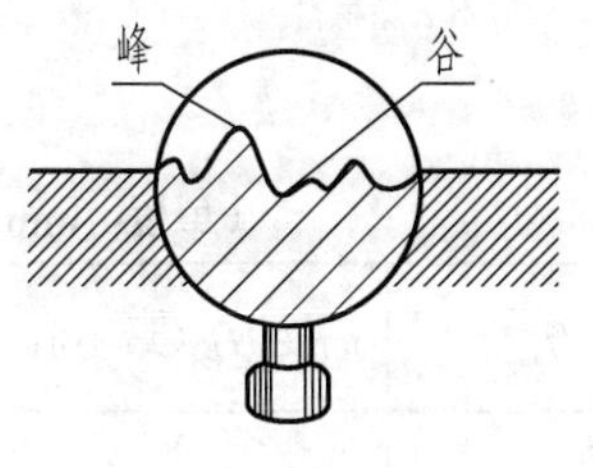

（a）表面粗糙度

（b）轮廓算术平均偏差 *Ra*

图 9.34　表面结构及轮廓参数

二、表面结构选用的国家标准规定

在一般的制造业生产中，常用的轮廓参数是轮廓算术平均偏差（表面粗糙度）*Ra*，如图 9.34（b）所示。它是指加工表面具有的较小间距和微小峰谷不平度，即在零件表面的一段取样长度 l 内，轮廓上的点到 x 轴（中线）的纵坐标值 $Z(x)$绝对值的算术平均值，其公式为：

$$Ra = \frac{1}{l}\int_0^l \left|Z(x)\mathrm{d}x\right| \approx \frac{1}{n}\sum_{i=1}^{n}\left|Z_i\right|$$

Ra 的数值系列已标准化。表 9.3 列出了优先采用第一系列 *Ra* 数值的不同范围，以及获得它们一般所采用的加工方法和应用举例，供读者参考。

表 9.3　常用的 *Ra* 数值及相应的加工方法

表 面 特 征	*Ra* 数值/μm	加 工 方 法	应 用 举 例
粗加工面	100，50，25	粗车（刨、铣）、钻削	钻孔、倒角、自由表面
半光面	12.5，6.3，3.2	半精车、半精刨、精铣	接触表面、不重要的配合面
光 面	1.6，0.8，0.4	精车、精磨、研磨、抛光	要求精确定心、重要的配合面

注：表中所列 *Ra* 数值，为国家标准规定的数值系列中的一组优先选用的系列。

表面粗糙度参数数值的选择，既要考虑表面功能的需要，也要考虑产品的制造成本。因此，在满足使用性能要求的前提下，应尽可能选用较大的表面粗糙度参数数值。

三、表面结构的完整图形符号

1. 表面结构的完整图形符号

表面结构的完整图形符号如图 9.35 所示。表面结构的完整图形符号的尺寸见表 9.4。

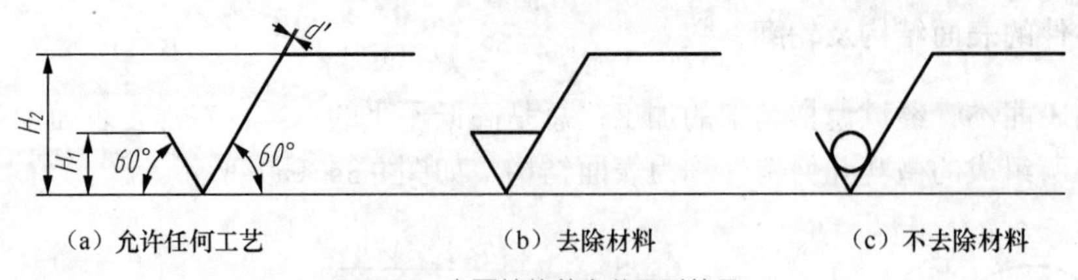

(a) 允许任何工艺　　(b) 去除材料　　(c) 不去除材料

图 9.35　表面结构的完整图形符号

表 9.4　　表面结构的完整图形符号的尺寸　　（单位：mm）

数字及字母高度 h（GB/T 14690）	符号线宽 d'	字母线宽 d	高度 H_1	高度 H_2（最小值）
2.5	0.25	0.25	3.5	8
3.5	0.35	0.35	5	11
5	0.5	0.5	7	15
7	0.7	0.7	10	21
10	1	1	14	30
14	1.4	1.4	20	42
20	2	2	28	60

2. 表面结构补充要求的注写位置

在完整符号中，对表面结构的单一要求和补充要求应注写在图 9.36 所示的指定位置。

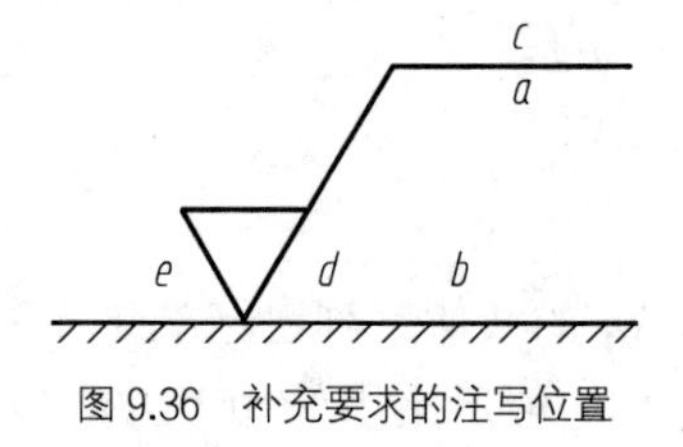

图 9.36　补充要求的注写位置

图中，*a* 处标注表面结构的单一要求；*a* 和 *b* 处标注两个或多个表面结构要求；*c* 处注写加工方法；*d* 处标注加工纹理方向符号；*e* 处注写加工余量（单位为 mm）。

四、表面结构的标注

1. 标注原则

（1）表面结构要求对每一表面一般只标注一次，并尽可能标注在相应的尺寸及其公差的同一视图上。除非另有说明，所标注的表面结构要求是对完工零件表面的要求。

（2）表面结构的符号尖端必须从材料外部指向零件，表面结构的注写和读取方向与尺寸的注写和读取方向一致。

（3）表面结构的符号可标注在轮廓线和尺寸的延长线（或带箭头的指引线）上，特征尺寸的尺寸线上，形位公差的框格上方，圆柱和棱柱表面上。

2. 标注图例

表 9.5 列举了几种简单表面结构的标注图例，详细的标注规定，可查阅相关国家标准 GB/T 3505—2009 和 GB/T 131—2006。

表 9.5　　表面粗糙度标注示例

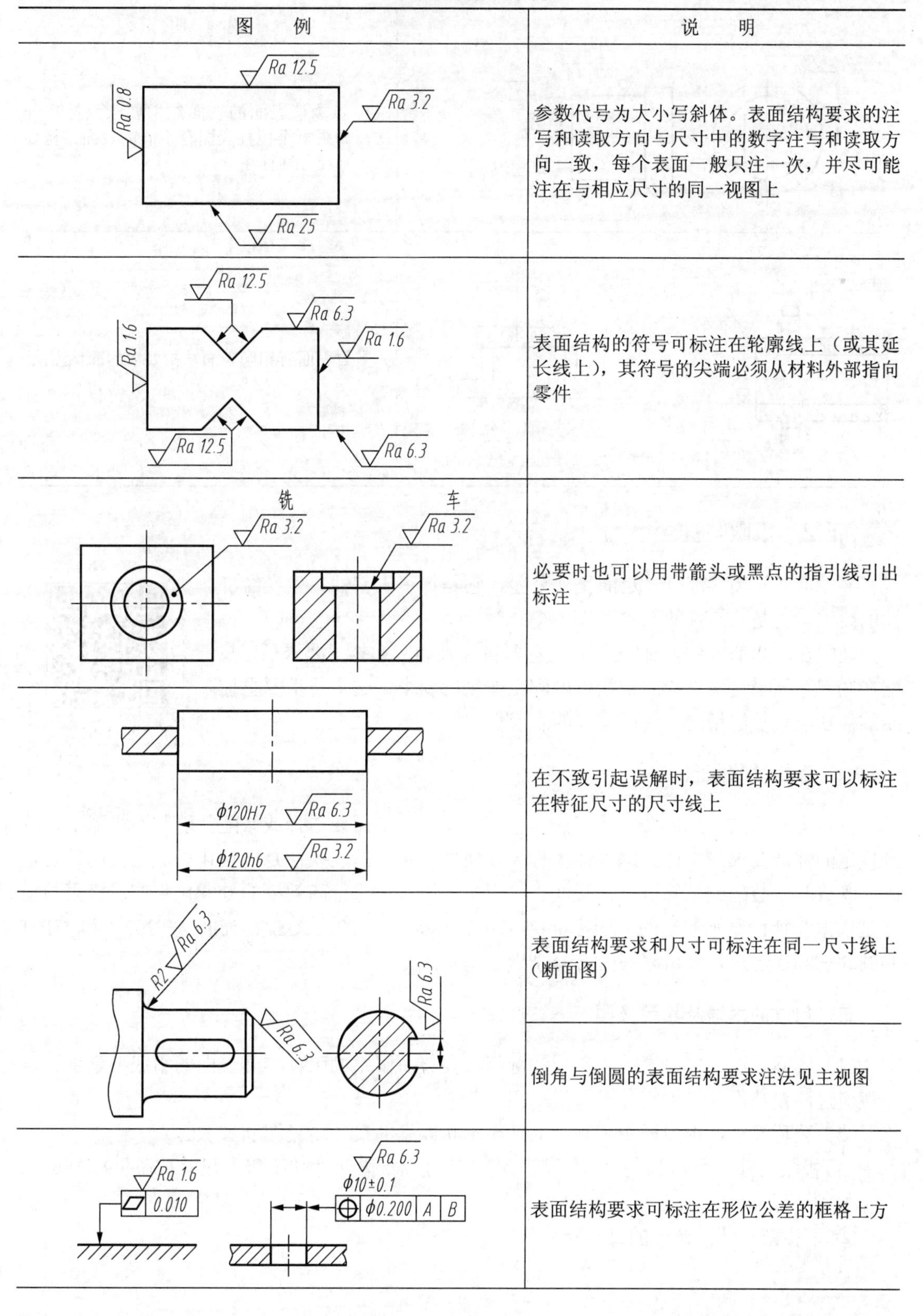

图例	说明
	参数代号为大小写斜体。表面结构要求的注写和读取方向与尺寸中的数字注写和读取方向一致，每个表面一般只注一次，并尽可能注在与相应尺寸的同一视图上
	表面结构的符号可标注在轮廓线上（或其延长线上），其符号的尖端必须从材料外部指向零件
	必要时也可以用带箭头或黑点的指引线引出标注
	在不致引起误解时，表面结构要求可以标注在特征尺寸的尺寸线上
	表面结构要求和尺寸可标注在同一尺寸线上（断面图）
	倒角与倒圆的表面结构要求注法见主视图
	表面结构要求可标注在形位公差的框格上方

续表

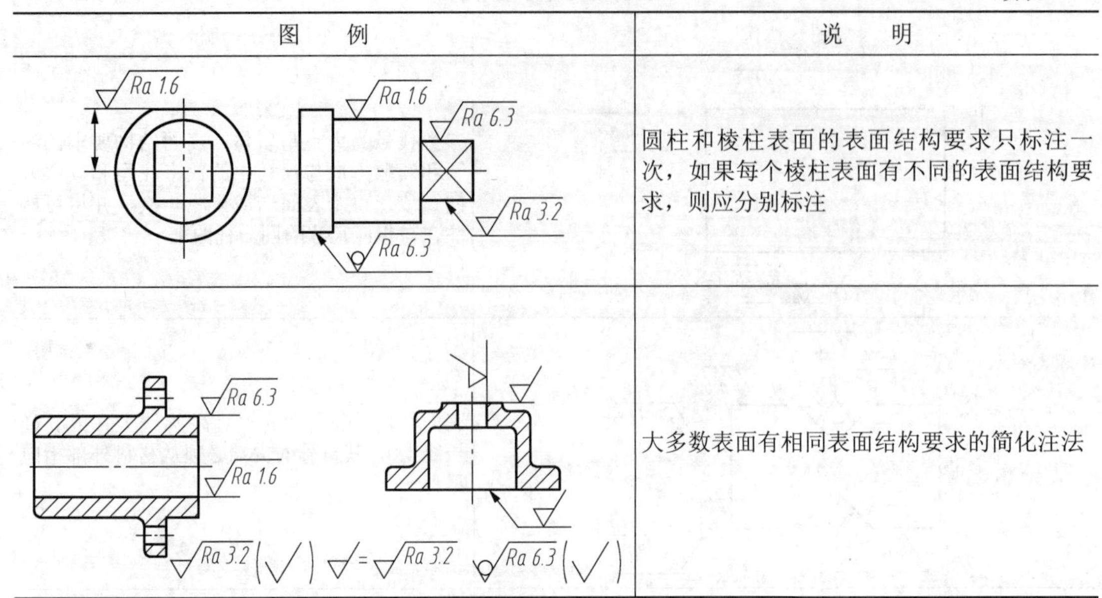

图　例	说　明
	圆柱和棱柱表面的表面结构要求只标注一次，如果每个棱柱表面有不同的表面结构要求，则应分别标注
	大多数表面有相同表面结构要求的简化注法

9.5.2　极限与配合

零件上任何尺寸都有一定的尺寸公差，它是加工工艺性、生产经济性的要求，也是互换性的要求。

装配在一起的零件（轴与孔），只有各自达到相应的技术要求后，装配在一起才能满足所设计的松紧程度和工作精度要求，这个技术要求控制零件功能尺寸的精度，保证零件的互换性。

一、互换性的概念

在相同规格的一批零件（或部件）中任取一个，不需要选择或修配就能装在机器上，达到规定的性能要求，零件的这种性质称为互换性。零件的互换性是现代化机械工业的重要基础，既有利于装配或维修机器，又便于组织生产协作，进行高效率的专业化生产。极限与配合是依据互换性原则制定的。国家标准 GB/T 1800.1—2020、GB/T 1800.2—2020 和 GB/T 4458.5—2003 等对尺寸极限与配合分别做了基本规定。

二、尺寸的术语及其定义

（1）实际（组成）要素：由接近实际组成要素所限定的工件实际表面的组成要素部分，一般通过测量获得（又称实际尺寸）。

（2）公称尺寸：由图样规范确定的理想形状要素的尺寸（见图 9.37（a））。

（3）极限尺寸：允许尺寸变化的两个极限值，分上极限尺寸和下极限尺寸（见图 9.37（a））。

① 上极限尺寸：允许的最大尺寸。

② 下极限尺寸：允许的最小尺寸。

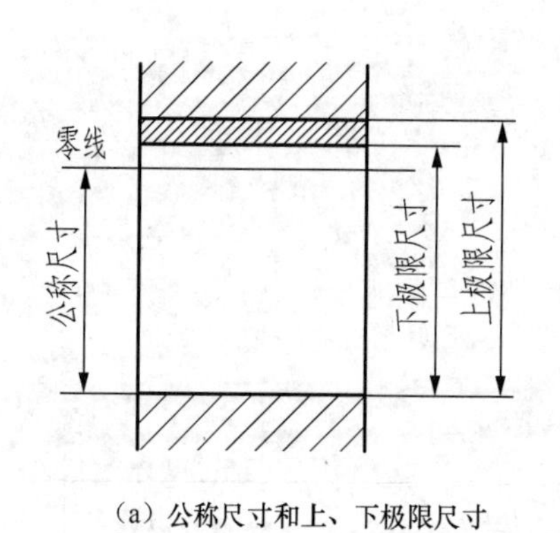

（a）公称尺寸和上、下极限尺寸

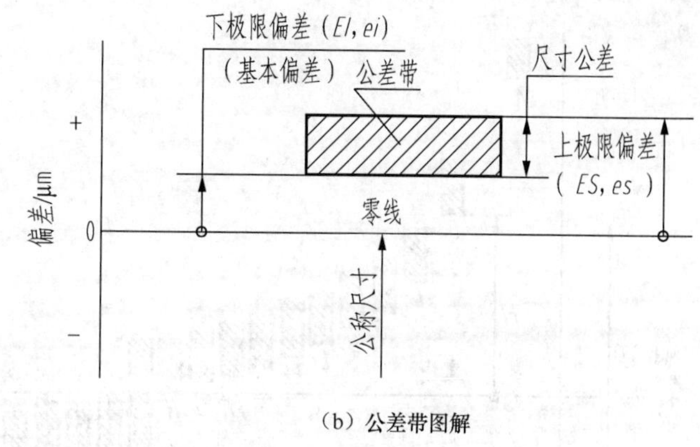

（b）公差带图解

图 9.37 尺寸术语

（4）零线：在极限与配合图解中，表示公称尺寸的一条直线，以其为基准确定偏差和公差（见图 9.37（a））。零线通常沿水平方向绘制，正偏差位于其上，负偏差位于其下（见图 9.37（b））。

（5）偏差：某一尺寸减其公称尺寸所得的代数差。

（6）极限偏差分为上极限偏差和下极限偏差。轴的上、下极限偏差代号用小写字母 es、ei 表示，孔的上、下极限偏差代号用大写字母 ES、EI 表示（见图 9.37（b））。

① 上极限偏差（ES，es）：上极限尺寸减其公称尺寸所得的代数差。

② 下极限偏差（EI，ei）：下极限尺寸减其公称尺寸所得的代数差。

（7）尺寸公差（简称公差）：上极限尺寸与下极限尺寸之差，或上极限偏差与下极限偏差之差，它是允许尺寸的变动量（见图 9.37（b）），公差值大于零。

（8）尺寸公差带（简称公差带）：在尺寸图解中，由代表上、下偏差的两条直线所限定的一个区域称为公差带，它由公差大小和其相对零线的位置（如基本偏差）来确定（见图 9.37（b））。

① 标准公差：GB/T 1800.1—2020 极限与配合制中所规定的任一公差，用字母 IT 表示。

② 标准公差等级：GB/T 1800.1—2020 极限与配合制中，同一公差等级（例如 IT7）对所有公称尺寸的一组公差被认为具有同等精确程度。国家标准将公差等级分为 20 级，即 IT01，IT0，IT1，IT2，…，IT18。IT01 级的数值最小，精确度最高，具体数值查附录中的附表 23。

③ 公差带：在公差带图解中，由代表上极限偏差和下极限偏差或上极限尺寸和下极限尺寸的两条直线所限定的一个区域。

（9）基本偏差：在极限与配合制标准中，确定公差带相对零线位置的极限偏差称为基本偏差（见图 9.38）。它可以是上极限偏差或下极限偏差，一般为靠近零线的偏差。基本偏差是决定配合性质的主要因素。为了满足配合的需要和方便在图样中标注，国家标准规定了基本偏差系列和基本偏差代号。基本偏差代号用拉丁字母表示，大写为孔（见图 9.38（a）），小写为轴（见图 9.38（b）），各 28 个。图 9.38 中的公差带只表示了属于基本偏差的一端，另一端是开口的，开口一端的极限偏差取决于尺寸精度，它由设计者选用的标准公差等级的大小确定。根据图样中标注的基本偏差代号，可在国家标准中查出基本偏差数值。

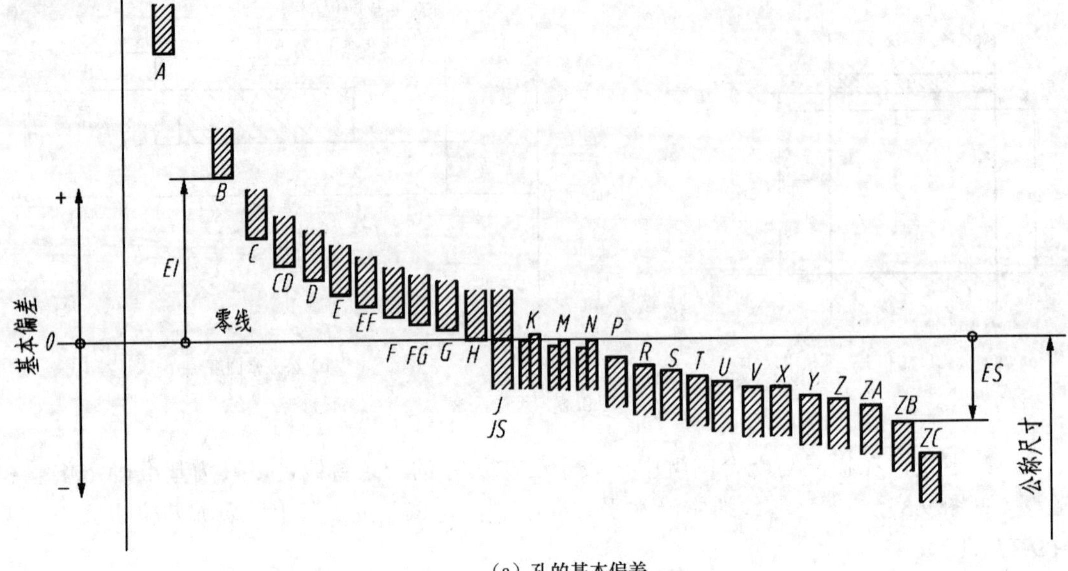

(a) 孔的基本偏差

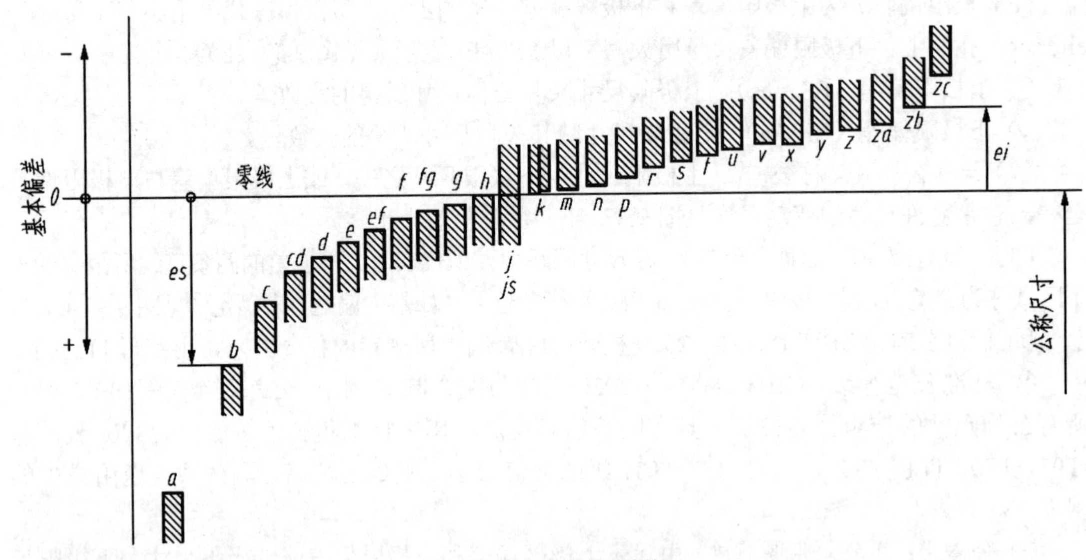

(b) 轴的基本偏差

图9.38 孔和轴的基本偏差示意图

三、配合

1. 配合的概念

公称尺寸相同并且相互结合的孔和轴公差带之间的关系称为配合。配合的松紧程度可用“间隙”或“过盈”表示。

（1）间隙：孔的尺寸减去相配合的轴的尺寸之差为正（见图9.39（a））。

（2）过盈：孔的尺寸减去相配合的轴的尺寸之差为负（见图9.39（b））。

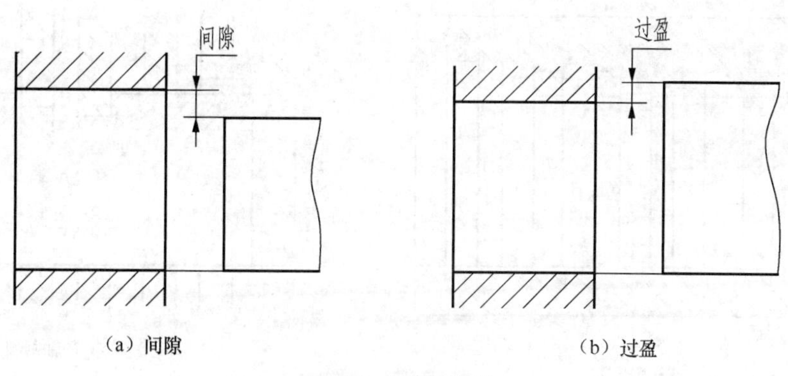

（a）间隙　　（b）过盈

图 9.39　配合示意图

2. 配合的种类

根据公差带的相对位置的不同，配合分为三种。

（1）间隙配合：具有间隙（包括最小间隙等于零）的配合。此时孔的公差带在轴的公差带之上（见图 9.40（a））。

（2）过盈配合：具有过盈（包括最小过盈等于零）的配合。此时孔的公差带在轴的公差带之下（见图 9.40（b））。

（3）过渡配合：可能具有间隙或过盈的配合。此时孔的公差带与轴的公差带互相交叠（见图 9.40（c））。

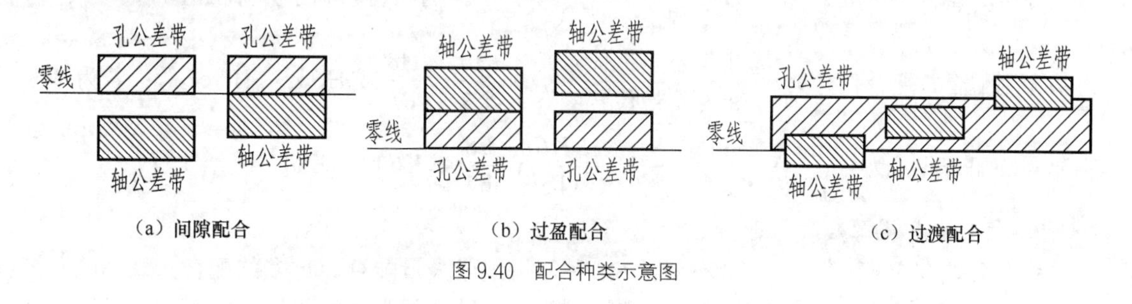

（a）间隙配合　　（b）过盈配合　　（c）过渡配合

图 9.40　配合种类示意图

3. 配合制

国家标准对孔与轴之间的相互关系规定了两种基准制，即基孔制和基轴制。

（1）基孔制配合：基本偏差一定的孔的公差带与不同基本偏差的轴的公差带所形成的各种配合的一种制度。基准孔的下极限尺寸与公称尺寸相等、孔的下极限偏差为零（见图 9.41（a）），图中水平实线代表孔的基本偏差，细虚线代表另一个极限，表示孔与轴之间可能的不同组合与它们的公差等级有关。由于孔加工一般采用定值（定尺寸）刀具，而轴加工则采用通用刀具，因此国家标准规定，一般情况下应优先采用基孔制配合。

（2）基轴制配合：基本偏差一定的轴的公差带与不同基本偏差的孔的公差带所形成的各种配合的一种制度。基准轴的上极限尺寸与公称尺寸相等、轴的上极限偏差为零（见图 9.41（b）），图中水平实线代表轴的基本偏差，细虚线代表另一个极限，表示孔与轴之间可能的不同组合与它们的公差等级有关。

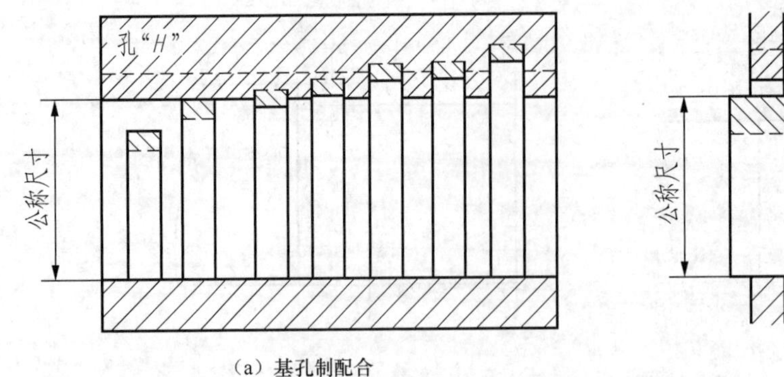

（a）基孔制配合

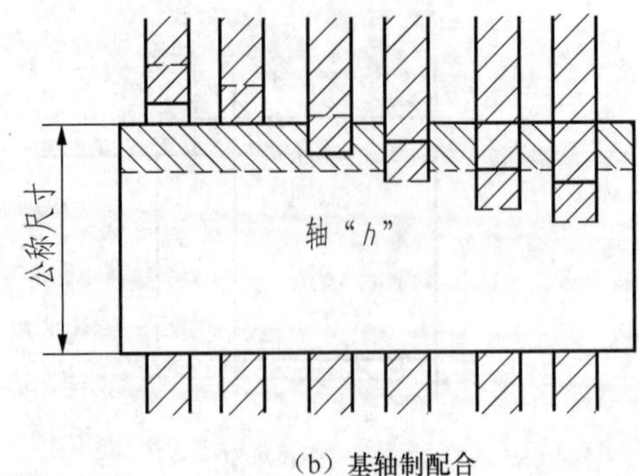

（b）基轴制配合

图 9.41　基孔制与基轴制配合示意图

4. 公差带代号与配合代号

（1）公差带代号。

孔、轴公差带代号由基本偏差代号和公差等级代号组成。基本偏差代号用拉丁字母表示，大写的为孔，小写的为轴，公差等级代号用阿拉伯数字表示。如 H8、K7、H9 等为孔的公差带代号；s7，h6，f9 等为轴的公差带代号。

（2）配合代号。

配合代号由组成配合的孔、轴公差带代号表示，写成分数的形式，分子为孔的公差带代号，分母为轴的公差带代号，即“$\frac{\text{孔公差带代号}}{\text{轴公差带代号}}$”或“孔公差带代号/轴公差带代号”。若为基孔制配合，配合代号为$\frac{\text{基准孔公差带代号}}{\text{轴公差带代号}}$，如$\frac{H6}{k5}$、$\frac{H8}{e7}$或 H6/k5、H8/e7 等；若为基轴制配合，配合代号为$\frac{\text{孔公差带代号}}{\text{基准轴公差带代号}}$，如$\frac{K6}{h5}$、$\frac{E8}{h7}$或 K6/h5、E8/h7 等。

5. 优先和常用配合

标准公差有 20 个等级，基本偏差有 28 种，可组成大量配合。过多的配合，既不能发挥标准的作用，也不利于生产。因此，国家标准将孔、轴公差带分为优先、常用和一般用途公带差，并由孔、轴的优先和常用公差带分别组成基孔制和基轴制的优先配合和常用配合，以便选用。基孔制和基轴制各对应 13 种优先配合，见表 9.6，常用配合可查阅国家标准或有关手册。

表 9.6　优先配合

配合种类	间隙配合	过渡配合	过盈配合
基孔制优先配合	$\frac{H7}{g6}$、$\frac{H7}{h6}$、$\frac{H8}{f7}$、$\frac{H8}{h7}$、$\frac{H9}{d9}$、$\frac{H9}{h9}$、$\frac{H11}{c11}$、$\frac{H11}{h11}$	$\frac{H7}{k6}$、$\frac{H7}{n6}$	$\frac{H7}{p6}$、$\frac{H7}{s6}$、$\frac{H7}{u6}$
基轴制优先	$\frac{G7}{h6}$、$\frac{H7}{h6}$、$\frac{F8}{h7}$、$\frac{H8}{h7}$、$\frac{D9}{h9}$、$\frac{H9}{h9}$、$\frac{C11}{h11}$、$\frac{H11}{h11}$	$\frac{K7}{h6}$、$\frac{N7}{h6}$	$\frac{P7}{h6}$、$\frac{S7}{h6}$、$\frac{U7}{h6}$

6. 孔和轴的极限偏差值

根据基本尺寸和公差带代号，可通过查表获得孔、轴的极限偏差数值。查表时，根据已知公称尺寸的孔和轴，由其基本偏差代号查得基本偏差数值，再由公差等级查表得标准公差值，最后由标准公差与极限偏差的关系，计算出另一极限偏差值。

对于优先及常用配合的极限偏差，可直接在附录中查表。

四、极限与配合在图样中的标注（GB/T 4458.5—2003）

1. 零件图中尺寸公差的注法

线性尺寸的公差应按下列三种形式之一标注。

（1）当采用公差带代号标注线性尺寸时，公差带的代号应注在公称尺寸的右边，如图 9.42（a）所示。

（2）当采用极限偏差标注线性尺寸的公差时，上偏差应注在公称尺寸的右上方，下偏差应与公称尺寸注在同一底线上。上下偏差的数字的字号应比公称尺寸的数字小一号，如图 9.42（b）所示。

（3）当同时标注公差带代号和相应的极限偏差时，后者应加圆括号，如图 9.42（c）所示。

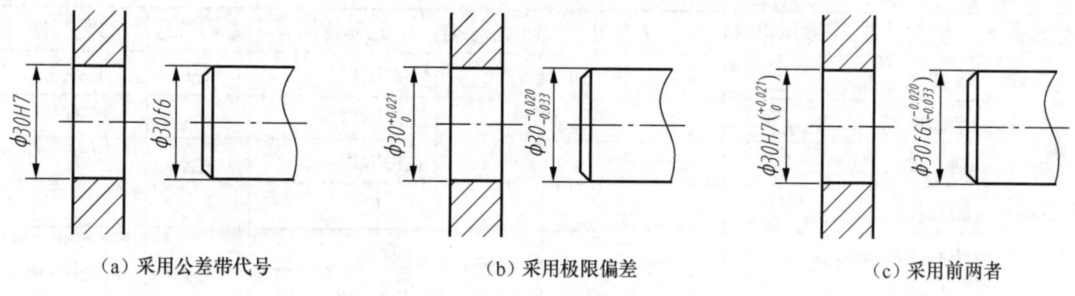

（a）采用公差带代号　（b）采用极限偏差　（c）采用前两者

图 9.42 零件图中尺寸公差的标注方法

2. 装配图中配合尺寸的标注

在装配图中，两零件有配合要求时，应在公称尺寸的右边注出相应的配合代号，并按图 9.43（a）、图 9.43（b）、图 9.43（c）标注。标注与标准件配合的零件（轴或孔）的配合要求时，可以仅标注该零件的公差带代号（见图 9.43（d））。

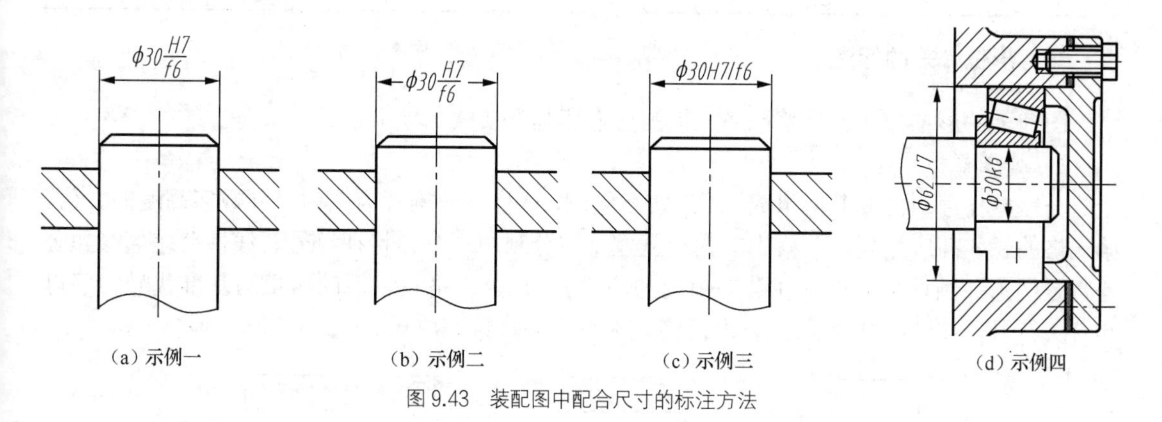

（a）示例一　（b）示例二　（c）示例三　（d）示例四

图 9.43 装配图中配合尺寸的标注方法

9.5.3 几何公差简介

零件在加工时，除了会产生尺寸误差外，还会产生几何误差。如图 9.44（a）所示的小轴形状变弯、图 9.44（b）所示的阶梯轴相对位置不在同一轴线上，如不加以控制，将会影响机器的质量。因此对于零件上精度要求较高的部位，必须在图纸上标出其几何公差。

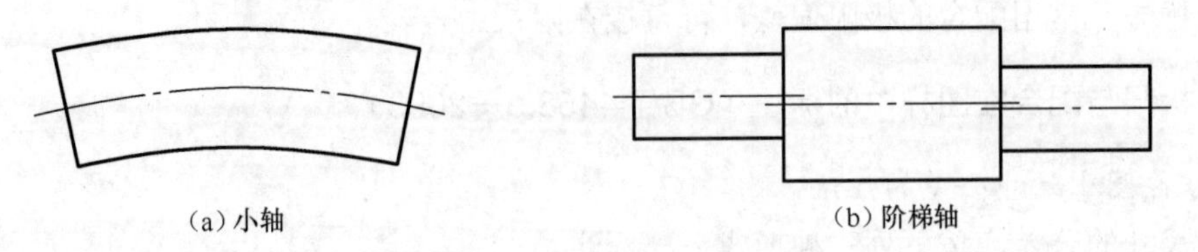
(a) 小轴　　(b) 阶梯轴

图9.44　零件的形状和位置误差

一、几何公差的项目和符号

国家标准（GB/T 1182—2018）把几何公差分为形状公差、方向公差、位置公差和跳动公差。几何公差的每个项目都规定了专用符号，见表9.7。

表9.7　几何公差各项目的名称和符号（GB/T 1182—2018）

公差分类	几何特征	专用符号	有无基准	公差分类	几何特征	专用符号	有无基准
形状公差	直线度	—	无	位置公差	位置度	⌖	有或无
	平面度	▱	无		线轮廓度	⌒	有
	圆　度	○	无		面轮廓度	⌓	有
	圆柱度	⌭	无		对称度	⌯	有
	线轮廓度	⌒	无		同轴度（用于中心点）	◎	有
	面轮廓度	⌓	无				
方向公差	平行度	//	有		同轴度（用与轴线）	◎	有
	垂直度	⊥	有				
	倾斜度	∠	有				
	线轮廓度	⌒	有	跳动公差	圆跳动	↗	有
	面轮廓度	⌓	有		全跳动	⌰	有

二、形位公差的标注

图样上的形位公差由公差框格、被测要素和基准要素三项组成。

1. 公差框格

公差框格由两格或多格组成，用细实线绘制，框格高度推荐为图内尺寸数字高度的2倍，第一格的长和高应相同。框格中的内容从左到右分别填写公差特征符号、线性公差值（如公差带是圆形或圆柱形的，则在公差值前加注“ϕ”），第三格及以后的格填写基准代号的字母和有关符号，如图9.45所示，公差框格可水平（或垂直）放置。

—	0.1

//	0.1	A

⌖	ϕ0.1	A	B	C

图9.45　公差框格

2. 被测要素

用带箭头的指引线将框格与被测要素相连，按下列方式标注。

（1）被测要素是线或面时，箭头垂直指向被测要素轮廓线或其延长线，如图 9.46 所示。

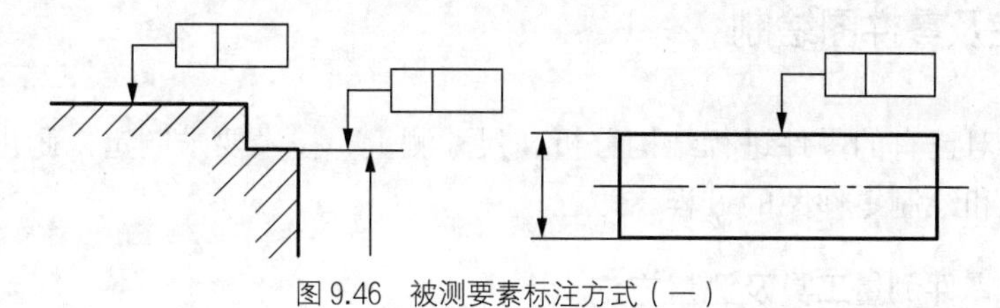

图 9.46　被测要素标注方式（一）

（2）被测要素是轴线或中心平面时，带箭头的指引线应与该轴线或中心平面的尺寸线对齐，如图 9.47 所示。

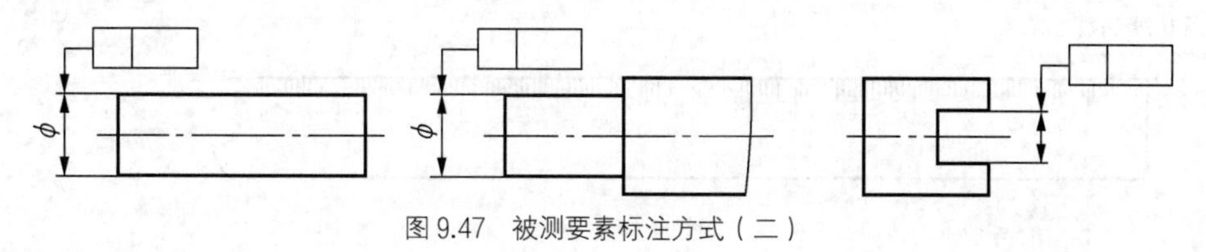

图 9.47　被测要素标注方式（二）

3. 基准要素

（1）基准要素用基准符号和字母表示，基准符号如图 9.48 所示，涂黑与空白基准三角形的含义相同（详见 GB/T 17851—2010）。

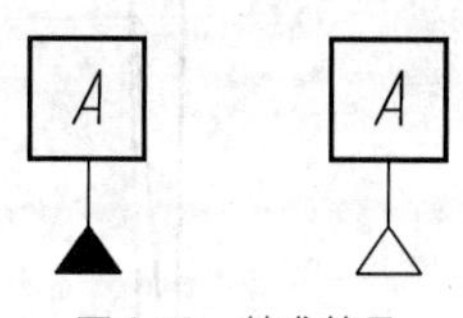

图 9.48　基准符号

（2）单一基准要用大写字母表示，如图 9.49（a）所示；由两个要素组成的公共基准，用横线隔开的大写字母表示，如图 9.49（b）所示；由三个或三个以上要素组成的基准体系，如多基准组合，表示基准的大写字母应按基准的优先次序从左至右分别置于格中，如图 9.49（c）所示。

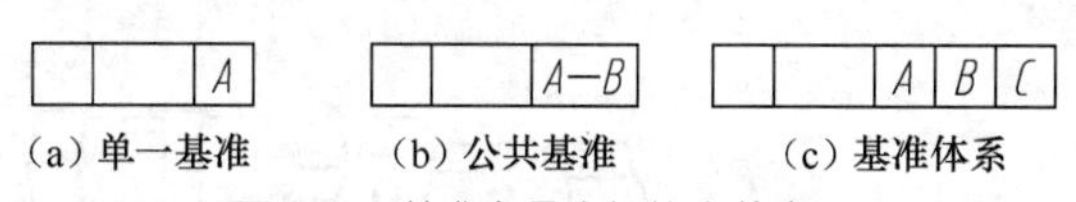

（a）单一基准　（b）公共基准　（c）基准体系

图 9.49　基准字母在框格内的表示

（3）当基准要素是轮廓线或表面时，基准三角形在要素的外轮廓线上方或其延长线上；当基准要素是轴线或对称平面时，基准三角形应与尺寸线对齐。

三、形状与位置公差标注示例

形状与位置公差标注示例如图 9.50 所示。

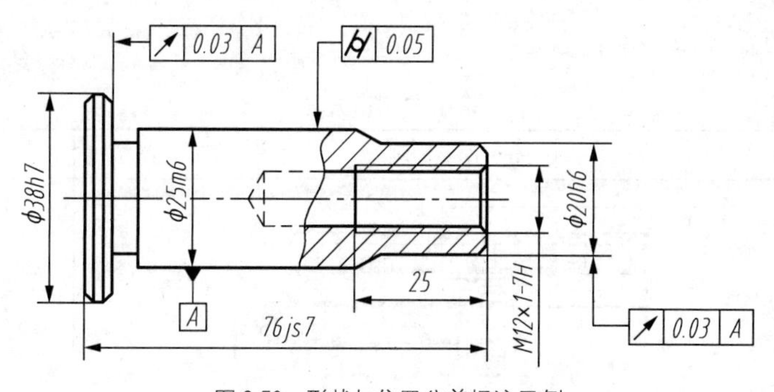

图 9.50　形状与位置公差标注示例

9.6 零件测绘及零件图绘制

零件测绘是对已有的零件进行结构分析、尺寸测量、技术要求制定，画出零件草图，最后根据草图整理和绘制零件图的过程。

一、常用的零件测量工具及测量方法

1. 常用的测量工具

常用的测量工具有直尺、内卡钳、外卡钳和测量较精密零件时用的游标卡尺、千分尺等，如图 9.51 所示。

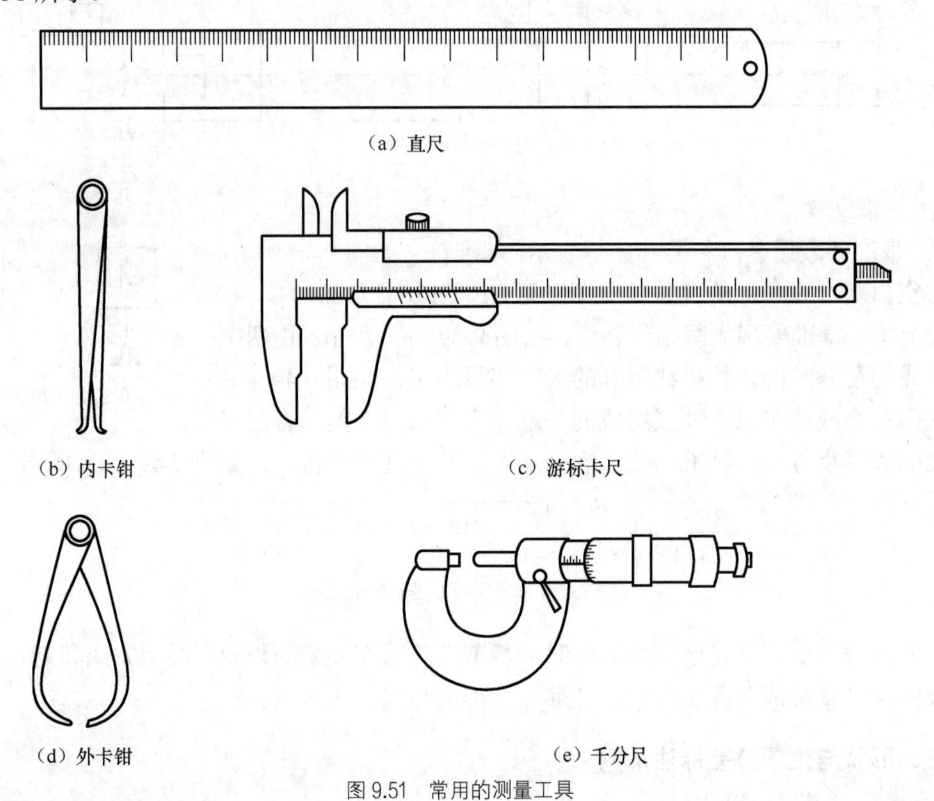

（a）直尺

（b）内卡钳 （c）游标卡尺

（d）外卡钳 （e）千分尺

图 9.51 常用的测量工具

2. 常用的测量方法

常用的测量方法见表 9.8。

表 9.8 常用的测量方法

类　型	简化图例	说　明
线性尺寸	94 1 2 3 4 5 6 7 8 9 10 11 12 13 14 15 1 2 3 4 5 6 7 8 9 10 13 28	可用直尺测量线性尺寸

续表

类　型	简化图例	说　明
直径尺寸	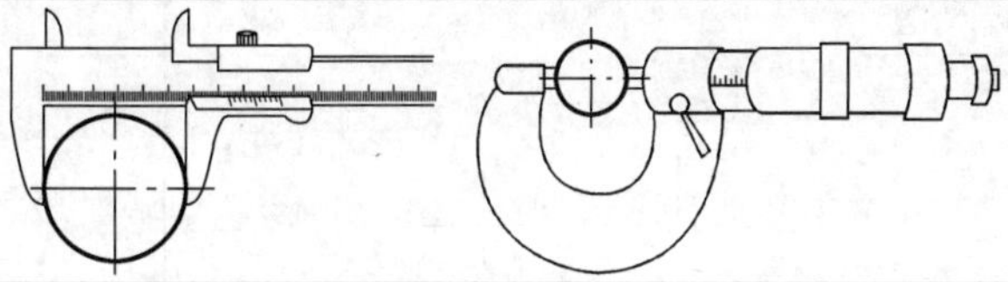	可用游标卡尺或千分尺测量直径
壁厚尺寸	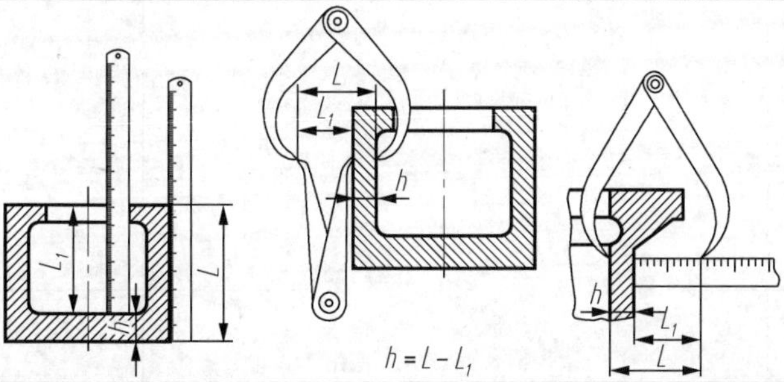 $h=L-L_1$	可用直尺测量壁厚尺寸；也可用内卡钳、外卡钳和直尺配合使用，分步测量壁厚尺寸
阶梯孔直　径	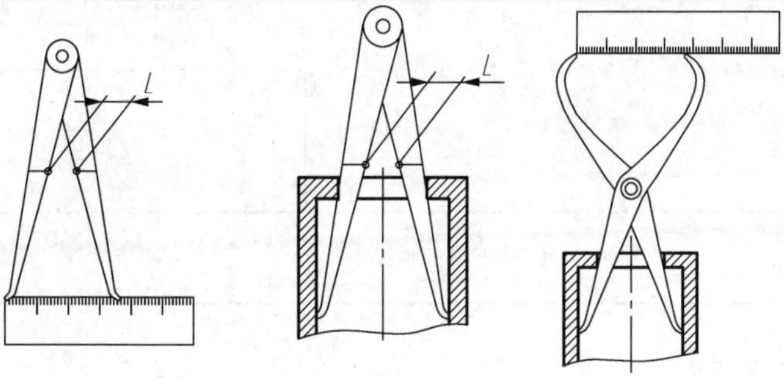 （a）（b）	用游标卡尺或直尺无法直接测量内孔直径时，可用内卡钳和直尺进行间接测量，如图（a）；或用内外卡钳和直尺进行测量，如图（b）
中心高	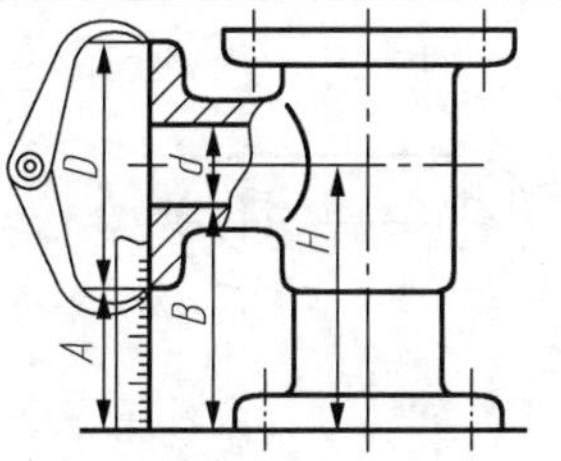 $H=A+D/2$ 或 $H=B+d/2$	可用直尺、外卡钳间接测量中心高

二、零件的测绘方法与步骤

测绘图 9.13（b）所示的支架零件，并绘制零件草图和零件图。

（1）了解零件在机器（或部件）中的位置和作用，以及零件的形状结构。

（2）徒手画零件草图，步骤如下。

① 在图纸上定出各视图的位置，画出各视图的基准线、中心线，如图 9.52（a）所示。

② 依据零件的加工位置或工作位置，选择适当的表达方案（一组视图），画出零件的草图，如图 9.52（b）所示。

支架动画

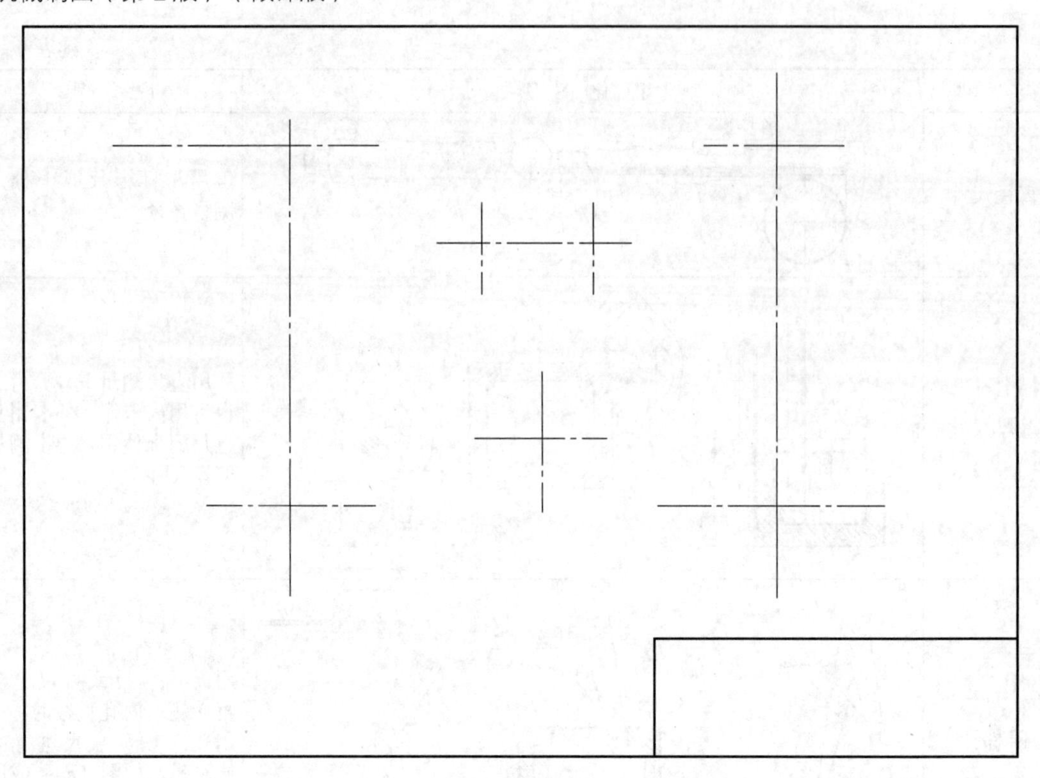

（a）定视图位置并画基准线

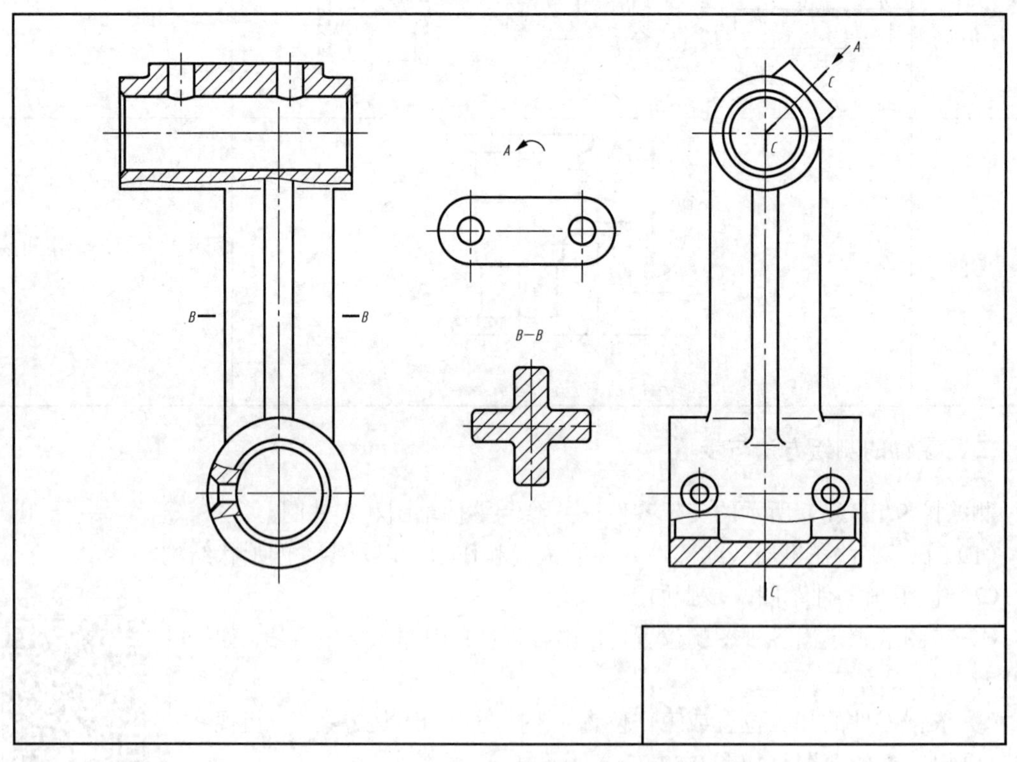

（b）画出草图

图 9.52　支架零件草图绘制步骤

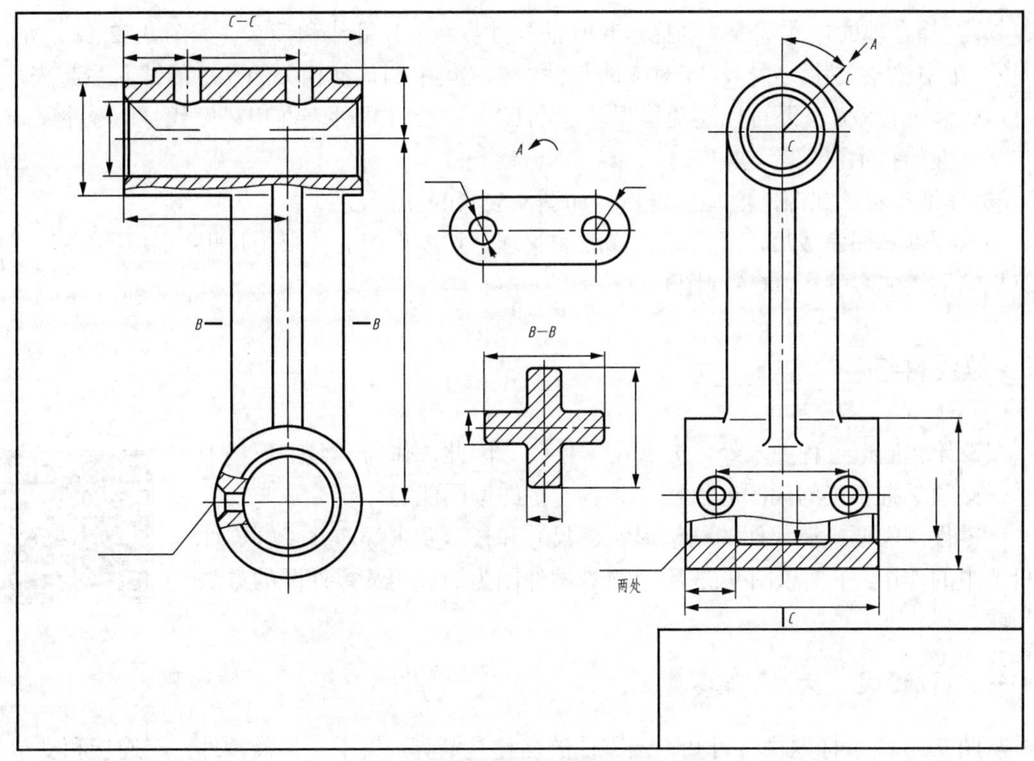

（c）画尺寸界线、尺寸线和箭头

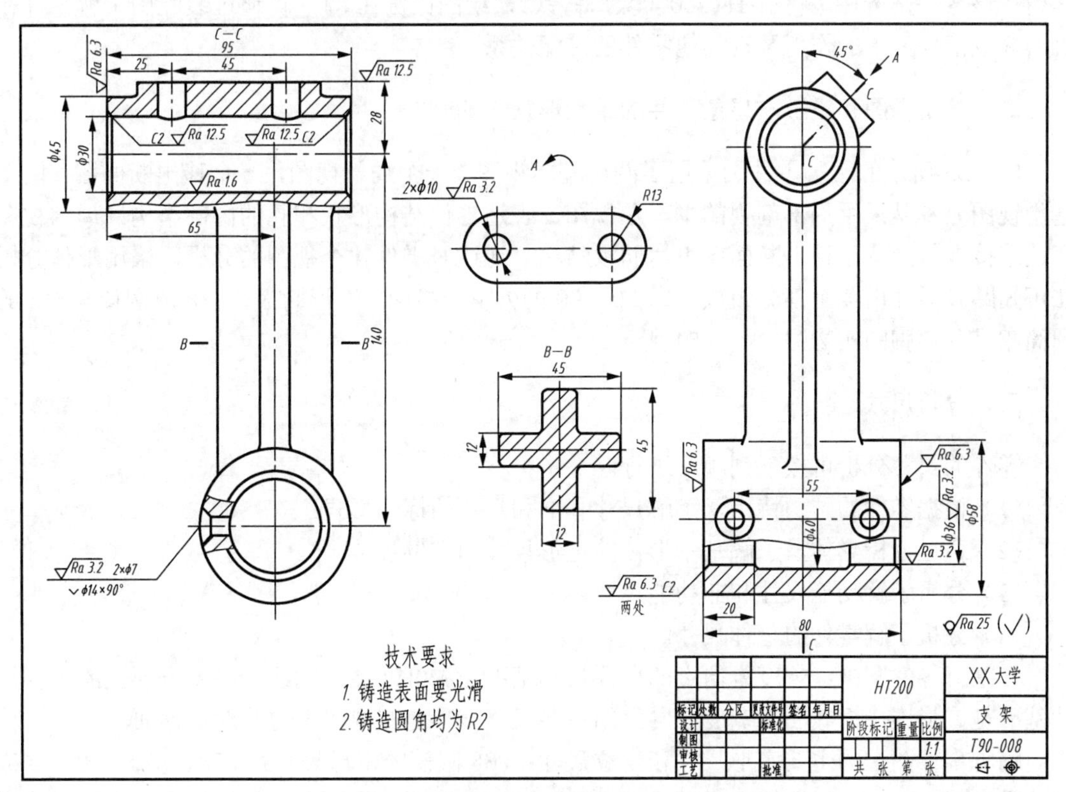

（d）检查、加深、填写标题栏

图 9.52 支架零件草图绘制步骤（续）

③ 选择合理的尺寸基准，画标注尺寸的尺寸界线、尺寸线和箭头，如图9.52（c）所示。

④ 集中测量尺寸，并标注在对应的尺寸线上（集中测量使相关的尺寸能够联系起来，不但可以提高工作效率，还可以避免错误和遗漏尺寸）。标注零件表面粗糙度代号、零件尺寸公差和文字性的技术要求等。

⑤ 仔细检查、加深，填写标题栏，如图9.52（d）所示。

（3）零件草图完成后，经校核、修改和整理，按零件图的要求用尺规绘制零件图，或用计算机辅助绘制零件图（CAD图）。

9.7 读零件图

在设计和制造过程中，经常要阅读零件图。因此，作为一名工程技术人员，必须掌握正确的读图方法，并具备一定的读图能力。

读零件图

读零件图需要弄清零件的结构形状、尺寸和技术要求等，并了解零件在机器中的作用。下面以图9.53所示踏脚零件图为例说明读零件图的方法与步骤。

一、看标题栏，大概了解零件

从图9.53所示标题栏中可知，该零件的名称是踏脚，属于叉架类零件，起连接和支承的作用。该零件是铸件，材料HT200（灰口铸铁），绘图比例1∶1。再通过装配图了解零件在机器（或部件）中的作用及与其他零件的装配关系。

二、分析视图和投影，想象零件的结构形状

图9.53所示的踏脚零件图采用了两个基本视图，一个局部视图，一个移出断面图。两个基本视图分别是采用局部剖视的主、左视图，表达零件结构形状和孔的内部结构；局部视图表达连接板的形状；移出断面图表达肋板结构。通过对零件4个视图的分析，采用形体分析法可知踏脚零件由4个部分组成，即80 × 90的方形连接板、T形肋板、ϕ38的圆筒与ϕ16的圆筒相贯。踏脚的实物图如图9.54所示。

三、分析尺寸

零件的尺寸分析可按下列顺序进行。

（1）根据零件的结构特点，了解尺寸基准和尺寸的标注形式；

（2）通过分析形体，了解基本形体的定形尺寸和定位尺寸；

（3）分析了解功能尺寸和非功能尺寸；

（4）分析了解零件的总体尺寸。

在踏脚零件图中，长度方向上的主要尺寸基准是ϕ20H8孔的轴线，高度方向上的主要尺寸基准是方形连接板底面，宽度方向上的主要尺寸基准是左视图中的前后对称面。

踏脚零件图上的主要定形尺寸和定位尺寸：ϕ38圆筒的定形尺寸有ϕ38、ϕ20、60，定位尺寸是95、74；ϕ16圆筒的定形尺寸有ϕ16、ϕ8，定位尺寸是22、74；连接板的定形尺寸是80、90、15等；键槽形安装孔的定位尺寸是60，其余尺寸读者可自行分析。

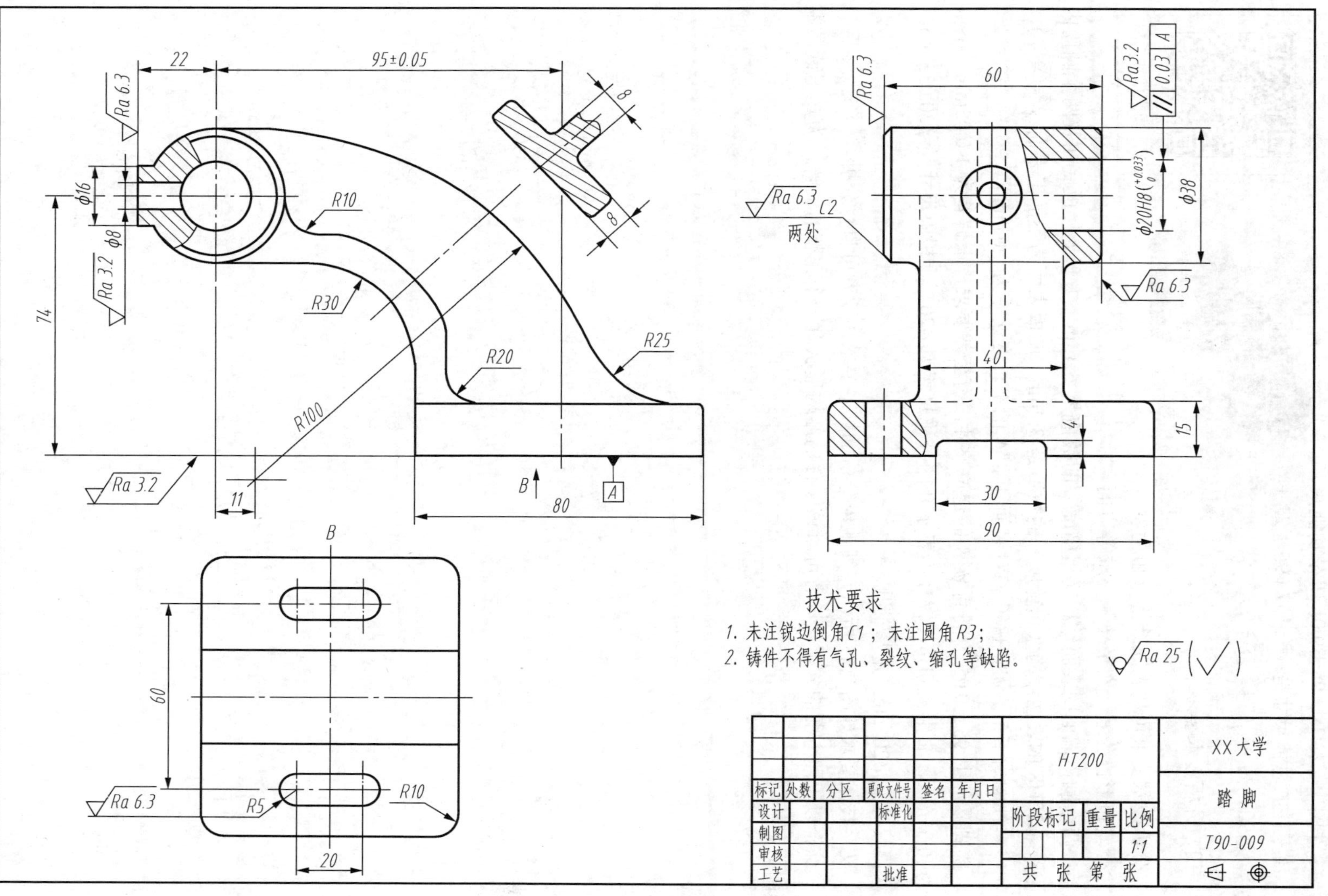
22
95±0.05
8
8
Ra 6.3
φ16
φ8
Ra 3.2
74
R10
R30
R20
R25
R100
Ra 3.2
11
B
A
80
B
60
Ra 6.3
R5
R10
20
Ra 6.3
60
Ra 3.2
0.03 A
Ra 6.3 C2
两处
φ20H8(+0.033 0)
φ38
Ra 6.3
40
4
15
30
90
技术要求
1. 未注锐边倒角C1；未注圆角R3；
2. 铸件不得有气孔、裂纹、缩孔等缺陷。
Ra 25 (√)
HT200
XX大学
踏脚
T90-009
标记 处数 分区 更改文件号 签名 年月日
设计 标准化
制图
审核
工艺 批准
阶段标记 重量 比例
1:1
共 张 第 张

图 9.53 踏脚零件图

零件图中 ϕ20H8、95±0.05 等是功能尺寸。该零件的总体尺寸是：长 157（95＋22＋40）、宽 90、高 93（74＋38÷2）。

图 9.54 踏脚实物图

四、分析技术要求

分析技术要求可从表面结构（粗糙度）、尺寸公差和形位公差、文字技术要求等方面着手：两个圆筒端面的表面结构（粗糙度）的数值是 6.3μm，方形连接板底面及两个圆筒内孔 ϕ8、ϕ20H8 的表面结构（粗糙度）的数值是 3.2μm，肋板表面为不加工表面 $\sqrt{Ra\ 25}$(√)，标注在零件图右下角。ϕ20H8 孔相对底面基准 A 的平行度误差为 0.03 mm。

踏脚零件中 95±0.05 为圆筒 ϕ38 的定位尺寸，有公差要求，上偏差为＋0.05mm，下偏差为−0.05mm。轴孔 $\phi20H8\left(\begin{smallmatrix}+0.033\\0\end{smallmatrix}\right)$，表示孔的公称尺寸为 ϕ20，上极限尺寸是 ϕ20.033 mm，下极限尺寸是 ϕ20 mm，是基准孔。

文字技术要求如图 9.53 所示。其他未分析的技术要求，读者可自行分析。

综合以上四方面的分析，读者可对该零件的结构形状有一个完整的了解，为真正读懂零件图奠定基础。

第10章 装配图

通过学习本章内容，了解装配图的作用和所含内容，掌握装配图的规定画法与特殊画法，学会在装配图上标注尺寸和技术要求，掌握装配图中零部件序号和明细栏的注写方法；了解装配结构合理性，掌握阅读、绘制装配图的方法和步骤，学会由装配图拆画零件图的方法。

机器(或部件)是由若干个零件按照一定的装配关系和技术要求装配而成的，如图10.1所示。表达机器（或部件）这类产品及其组成部分的连接和装配关系的图样，称为装配图。表达一台完整机器各零件间的装配关系的图样，称为总装配图或总图。本章以部件装配图为例介绍有关内容。

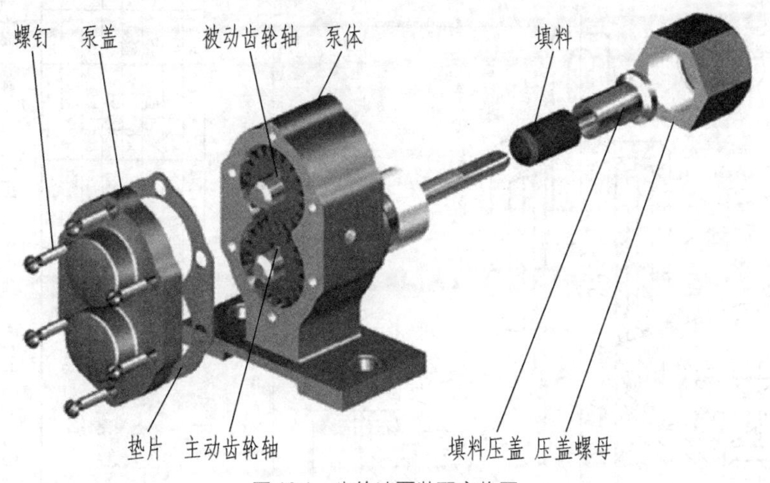

图10.1　齿轮油泵装配实物图

齿轮油泵装配动画

装配图的作用和内容

10.1　装配图的作用和内容

一、装配图的作用

装配图是零件设计的依据，是装配、安装、调试、检测机器（或部件）的重要技术文件，是工程技术人员进行设计思想交流和对外技术交流的重要技术文件。

二、装配图的内容

如图10.2所示，齿轮油泵装配图应包含以下内容。

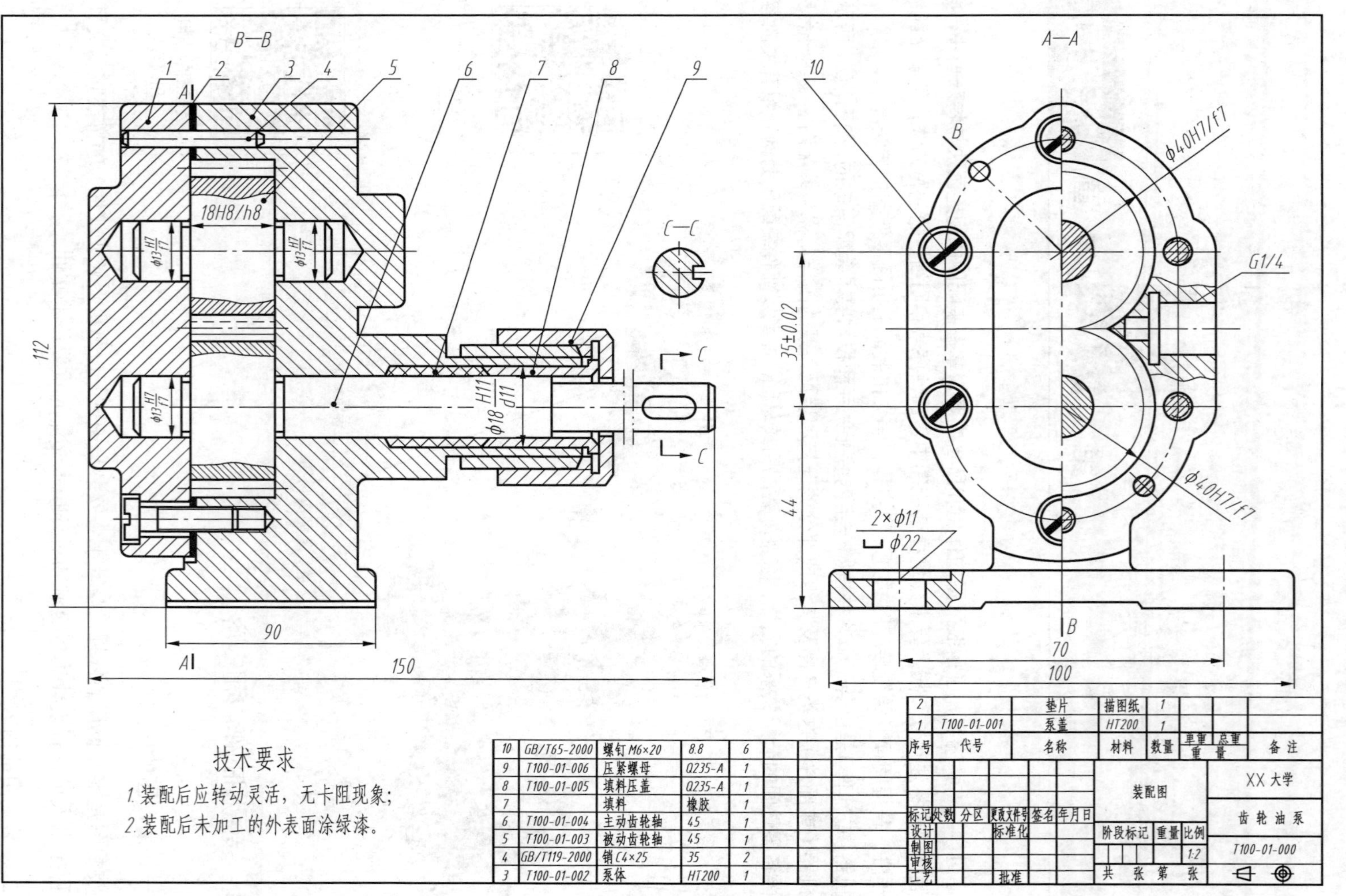

图 10.2　齿轮油泵装配图

（1）一组视图：装配图中用一组恰当的视图表达机器（或部件）的工作原理，以及各零件间的装配、连接关系和主要零件的结构形状。图 10.2 所示的齿轮油泵装配图，采用了一个全剖的主视图表达齿轮油泵的工作原理和各零件之间的装配关系，一个半剖左视图表达齿轮油泵主要零件（泵体）的结构形状，并用两个局部剖视图表达泵体的进（出）油孔和安装孔，一个 C—C 移出断面图表达运动齿轮轴输出端的断面形状。

（2）必要的尺寸：装配图中一般只标注机器（或部件）的性能（规格）尺寸、配合尺寸、安装尺寸、总体尺寸以及其他重要尺寸。图 10.2 中的油孔 G1/4 为性能（规格）尺寸；18H8/h8、ϕ13H7/f7、ϕ18H11/d11、ϕ40H7/f7 等为配合尺寸；70、2 × ϕ11、中心高 44 为安装尺寸；100、150、112 为总体尺寸，中心距 35±0.02 为其他重要尺寸。

（3）技术要求：用文字或符号来说明机器（或部件）在装配、安装、调试、检测、使用和维修等方面的要求。

（4）零部件序号、明细栏和标题栏：装配图要对每种零件标注序号，并在明细栏中依次列出每种零件的序号、代号、名称、材料、数量等内容。标题栏内填写机器（或部件）的名称、图号、比例、相关人员的签名和日期等，如图 10.2 所示。

10.2 装配图的表达方法

在装配图中，机械图样（如视图、剖视图、断面图等）同样适用。除此之外，装配图还有一些规定画法与简化画法及特殊画法。

装配图的表达方法

一、装配图的规定画法与简化画法

（1）两接触零件表面或配合表面画一条粗实线（见图 10.3 中①）。非配合、非接触表面画两条粗实线，即使间隙很小也要采用夸大画法画成两条粗实线（见图 10.3 中②）。

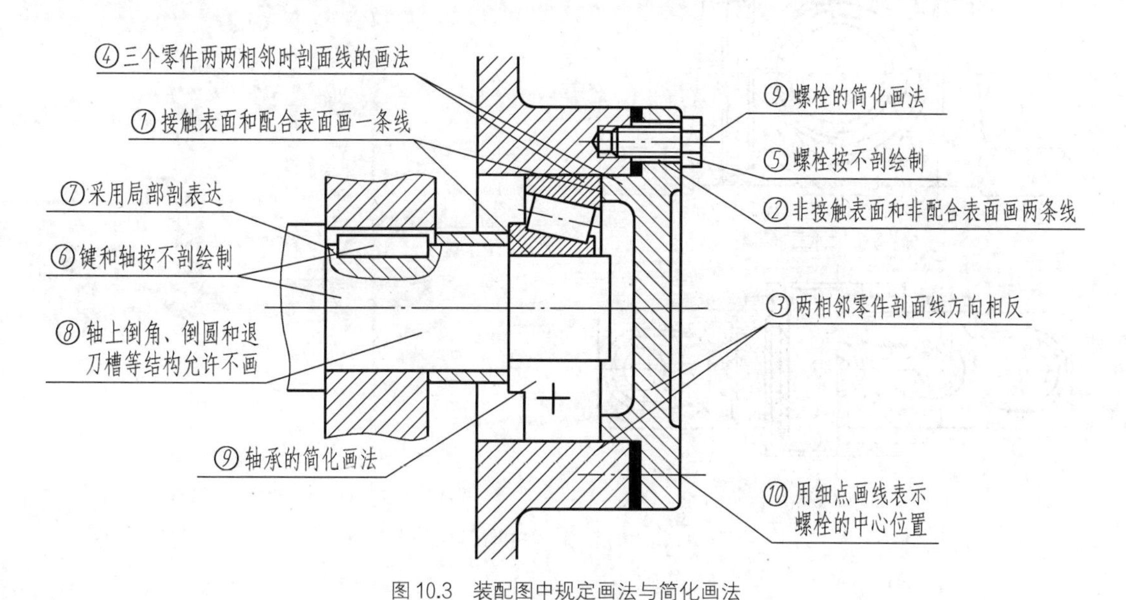

图 10.3 装配图中规定画法与简化画法

（2）两相邻零件的剖面线的倾斜方向相反（见图 10.3 中③），三个（或三个以上）零件相邻时，其中两个相邻零件剖面线的倾斜方向相反，第三个零件的剖面线方向可与其中一个零件相同，但剖面线间隔应不同（见图 10.3 中④）；同一个零件在不同视图中的剖面线倾斜方向与间隔须一致，如图 10.2 所示。

（3）对螺栓（钉）、双头螺柱、螺母、垫圈等标准件及实心杆件（如轴、手柄、连杆、键、销、球等）作剖切，剖切平面通过轴线时，这些零件均按不剖绘制（见图 10.3 中⑤、⑥）。要表达这些零件上的内部结构（如轴上的键槽）时，可将该部分画成局部剖视图（见图 10.3 中⑦）。

（4）简化画法：画装配图时，圆角、倒角、退刀槽等结构允许不画（见图 10.3 中⑧）。螺栓、螺母和轴承允许采用简化画法（见图 10.3 中⑨）。表达相同的螺纹紧固件组，在不致引起误解时，允许只画一处，其余可用细点画线表示其中心的位置（见图 10.3 中⑩）。

二、装配图的特殊画法

1. 沿零件结合面剖切画法

为了表达出机器（或部件）的内部结构，可采用沿几个零件间的结合面进行剖切的方法，结合面不画剖面线，其他零件按剖视图的要求画出。如图 10.2 所示齿轮油泵装配图中的 *A—A* 剖视图，就是沿泵盖和泵体结合面剖切后绘制的。

2. 拆卸画法

画装配图时，在装配图的某个视图上，当某些可拆零件遮挡了必须表达的结构或装配关系时，可假想拆去一个或几个零件，只画出剩下部分的视图，并在视图上方加注“拆去××等”字样。如图 10.4（a）所示，滑动轴承的俯视图是拆去油杯、轴承盖等零件后绘制的。

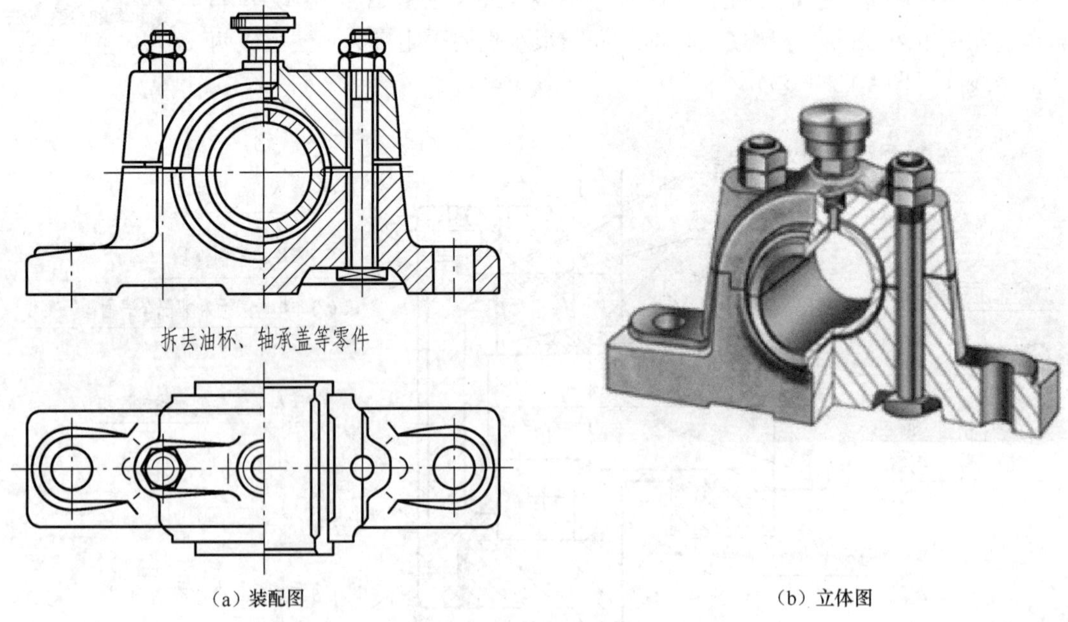

（a）装配图　　（b）立体图

图 10.4　滑动轴承的拆卸画法

3. 假想画法

为了表达机器（或部件）和相邻零件的位置关系，以及机器（或部件）中运动零件的极限位置，可用双点画线把相邻零件或运动零件的极限位置画出，如图 10.5 所示。

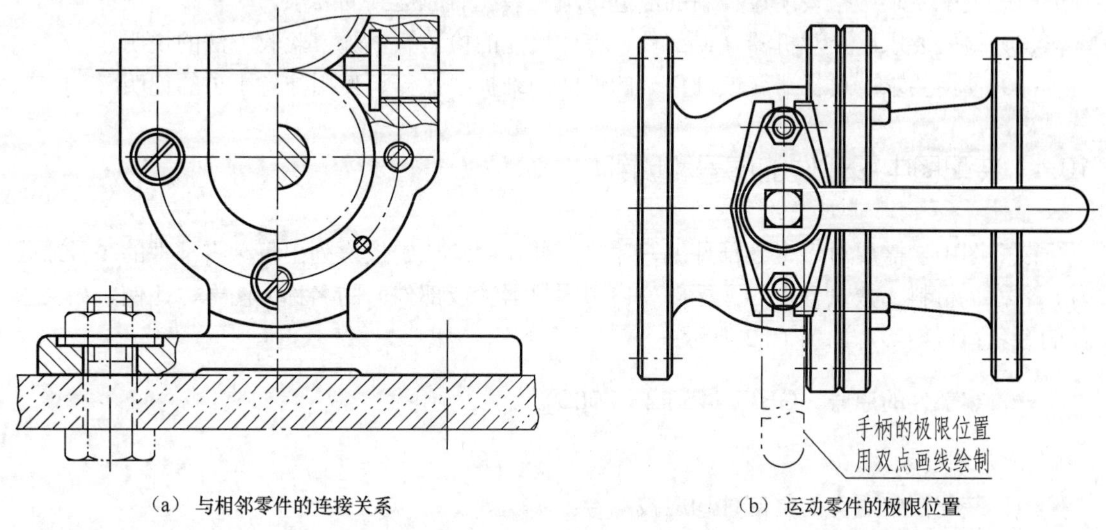

（a） 与相邻零件的连接关系　　（b） 运动零件的极限位置

图 10.5 假想画法

10.3 装配图中的尺寸标注和技术要求

一、装配图中的尺寸标注

装配图是用来表示机器（或部件）的工作原理和零部件装配关系的技术图样，尺寸标注与零件图不同，一般只须注出下列几类尺寸。

（1）性能（规格）尺寸：表示机器（或部件）性能（规格）的尺寸，是设计时确定的尺寸。如图 10.2 中齿轮油泵进出油孔的尺寸 G1/4，它和进出油量有关，因此是性能（规格）尺寸。

（2）配合尺寸：保证相关零件间配合性质的尺寸。如图 10.2 中的 ϕ13H7/f7、ϕ18H11/d11 等。

（3）安装尺寸：表示机器（或部件）安装到基座或其他零部件上所需要的尺寸，如图 10.2 中的 2 × ϕ11 安装孔和两孔的间距 70 等。

（4）总体尺寸：表示机器（或部件）总长、总宽、总高的尺寸，如图 10.2 中的 150 和 100 等，它反映机器（或部件）的大小、包装、运输和安装时所占的空间。

（5）其他重要尺寸：表示机器（或部件）一些重要结构或位置的尺寸，如图 10.2 中的中心高 44 和两齿轮的中心距 35±0.02 等（不是所有装配图均要标注的尺寸）。

二、装配图中的技术要求

装配图中的技术要求，主要是指对机器（或部件）的性能、装配、安装、调试、检测、使用和维修等方面的要求，一般用文字注写在图纸下方的空白处。

由于机器（或部件）的性能、用途各不相同，因此它们的技术要求也不相同，拟定机器（或部件）技术要求时应进行具体分析，一般从以下三个方面考虑，并会根据具体情况来确定技术要求。

（1）装配要求：指装配过程中的注意事项，装配后应达到的要求。

（2）检验要求：指对机器（或部件）整体性能的检验、试验、验收方法的说明。

（3）使用要求：对机器（或部件）的性能、维护、保养、使用注意事项的说明。

10.4 装配图中零部件的序号和明细栏

装配图中，需要对每个零部件编写序号，并在明细栏中依次列出每种零部件的序号或代号、名称、材料、数量等内容。标题栏内填写机器（或部件）的名称、图号、比例、相关人员的签名和日期等，如图10.2所示。

一、零部件的序号（GB/T 4458.2—2003）

1. 基本要求

（1）装配图中所有的零部件均应被编号。

（2）装配图中一个部件可以只编一个序号，同一装配图中相同的零部件用一个序号，一般只标注一次，多次出现的相同零部件，必要时也可重复标注。

（3）装配图中零部件的序号应与明细栏（表）中的序号一致。

2. 序号的编排方法

（1）装配图中编写零部件序号的表示方法有：①在水平的基准线（细实线）上或圆（细实线）内注写序号，序号字号比该装配图中所注尺寸数字的字号大一号（见图10.6（a）），或大两号（见图10.6（b））；②在指引线的非零件端附近注写序号，序号字号比该装配图中所注尺寸的字号大一号或两号（见图10.6（c））。

（2）同一装配图中编排序号的形式应一致。指引线应从所指部分的可见轮廓内引出，并在末端画一圆点（见图10.6（a）、图10.6（b）、图10.6（c））。

（3）若所指部分（很薄的零件或涂黑的剖面）内不便画圆点，则可在指引线的末端画出箭头，并指向该部分的轮廓，指引线不能相交，当指引线通过有剖面线的区域时，它不应与剖面线平行（见图10.6（d））。指引线可以画成折线，但只可曲折一次。

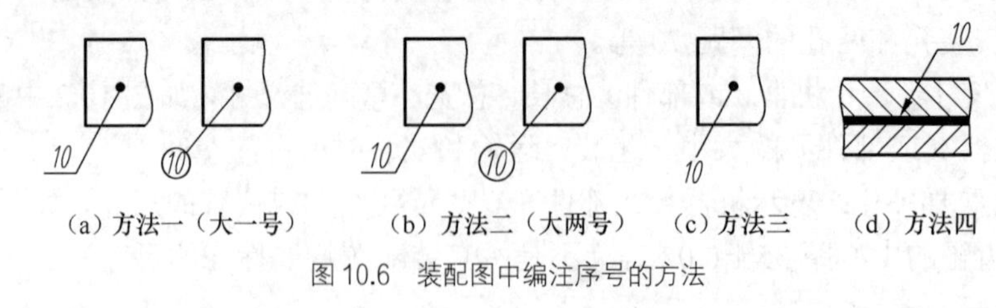

（a）方法一（大一号）（b）方法二（大两号）（c）方法三（d）方法四

图10.6 装配图中编注序号的方法

（4）一组紧固件以及装配关系清楚的零件组，可采用公共指引线（见图10.7）。

（5）在装配图中，序号应顺时针（或逆时针）地按水平（或竖直）方向整齐顺次排列，如图10.7所示。

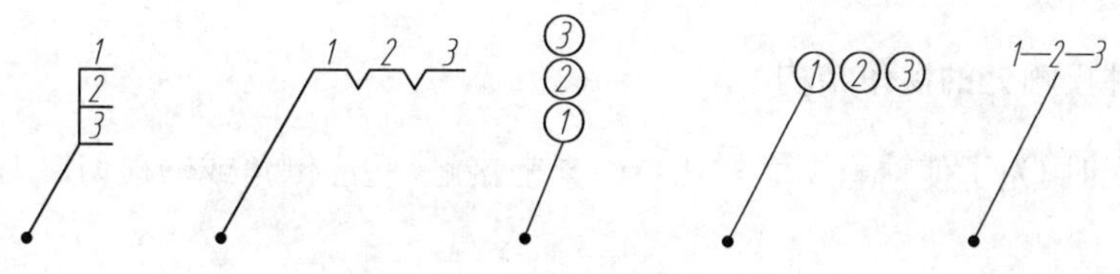

图10.7 公共指引线的编注形式

二、明细栏

明细栏是装配图中全部零件的详细目录，明细栏中零部件的序号与装配图中所编零部件的序号应一致。明细栏画在标题栏上方，明细栏中零部件序号的编写顺序是从下往上，以便增加零件。装配图中的明细栏按GB/T 10609.2—2009规定的格式绘制，如图10.8所示。

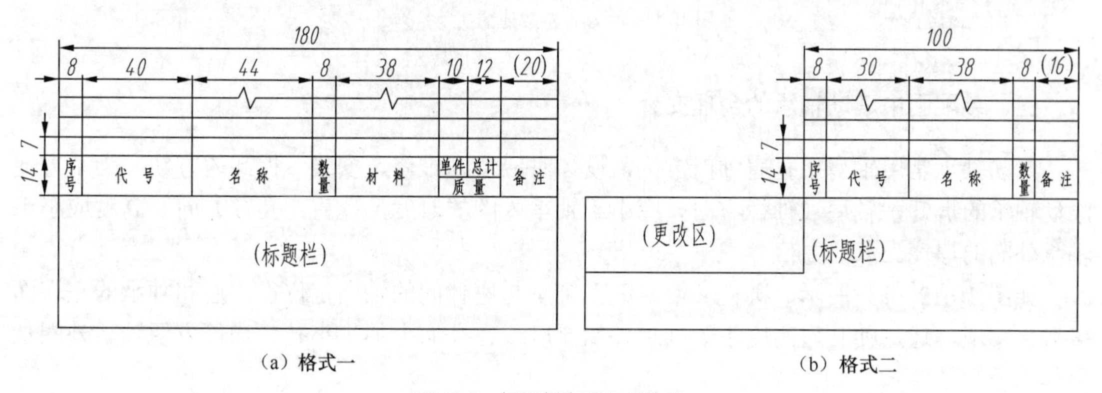

（a）格式一　　（b）格式二

图10.8 标题栏和明细栏格式

10.5 装配结构合理性

在绘制装配图时，应该考虑装配结构的合理性，以保证机器（或部件）的使用性能和装拆的方便。下面介绍一些常用的装配结构的画法及正、误辨析。

一、两个零件同一方向接触面的数量只能有一对

两个零件同一方向接触面一般只能有一对。由于加工误差的存在，两个零件同一方向不可能有两对接触面同时接触。如图10.9（a）所示，轴向端面上面接触，下面就有间隙，即使间隙很小，也应夸大画出。如图10.10（a）所示，径向圆柱面下面接触，上面就有间隙，即使间隙很小，也应夸大画出。

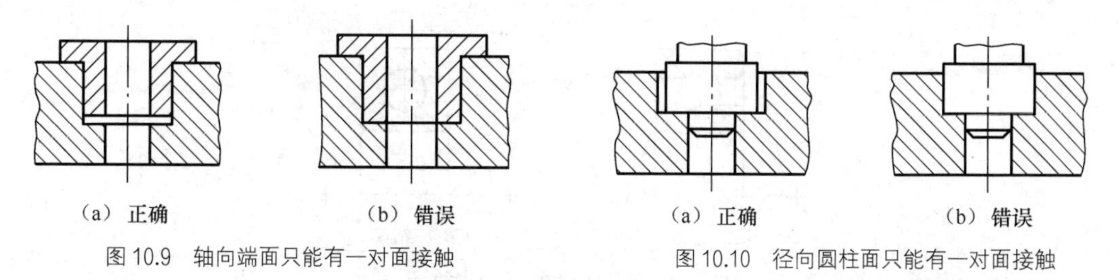

（a）正确　　（b）错误

图10.9 轴向端面只能有一对面接触

（a）正确　　（b）错误

图10.10 径向圆柱面只能有一对面接触

二、两零件接触处的拐角结构

轴与孔装配时，为了使轴肩端面与孔端面紧密接触，孔应倒角或轴根切退刀槽，如图 10.11（a）所示。

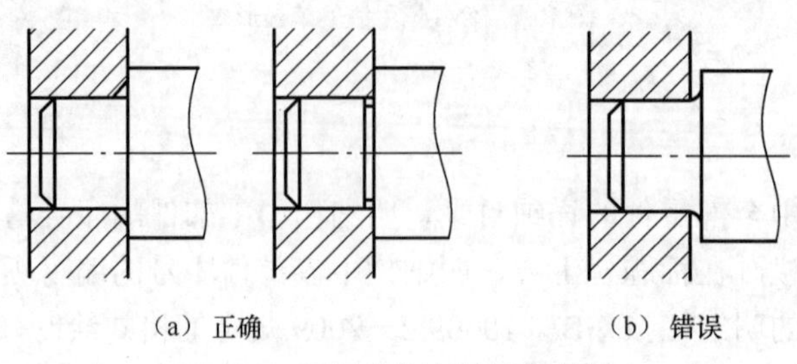

图 10.11　两零件接触处的拐角结构

三、装配图中滚动轴承的合理安装

滚动轴承常用轴肩或孔肩轴向定位，设计时应考虑维修、安装、拆卸的方便。为了方便滚动轴承的拆卸，轴肩（轴径方向）应小于轴承内圈的厚度，孔肩（孔径方向）高度应小于轴承外圈的厚度。

如图 10.12（a）所示，圆柱（锥）滚子轴承与座体间的轴向定位靠孔肩和轴承的左端面接触来实现，通过使孔肩高度小于轴承外圈厚度或在孔肩上加工小孔，均可方便轴承外圈从座体中拆卸。

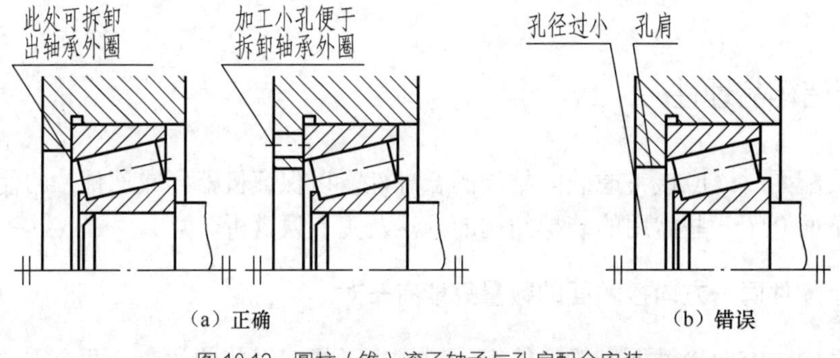

图 10.12　圆柱（锥）滚子轴承与孔肩配合安装

如图 10.13（a）所示，深沟球轴承左端面与轴肩接触，考虑到拆卸轴承的方便，轴肩高度应小于深沟球轴承内圈的厚度。

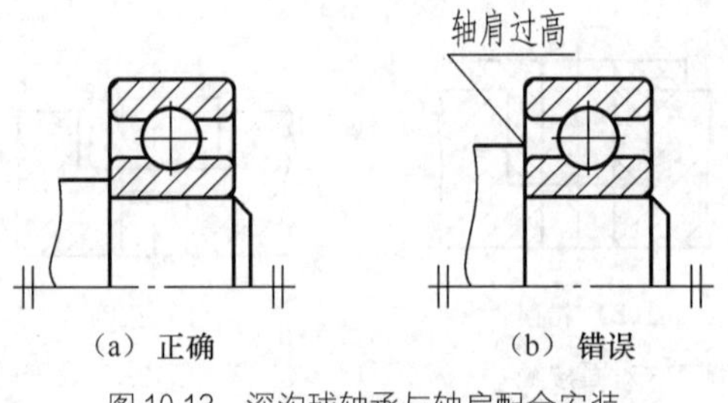

图 10.13　深沟球轴承与轴肩配合安装

四、螺栓、螺母等的合理装拆

在安排螺栓、螺母连接位置时，应考虑扳手拧紧螺母时的空间活动范围，若空间太小，扳手将无法使用，如图 10.14（a）所示。

安装螺钉时，应考虑螺钉装入时所需要的空间，若空间太小，则螺钉无法装入，如图 10.15（a）所示。

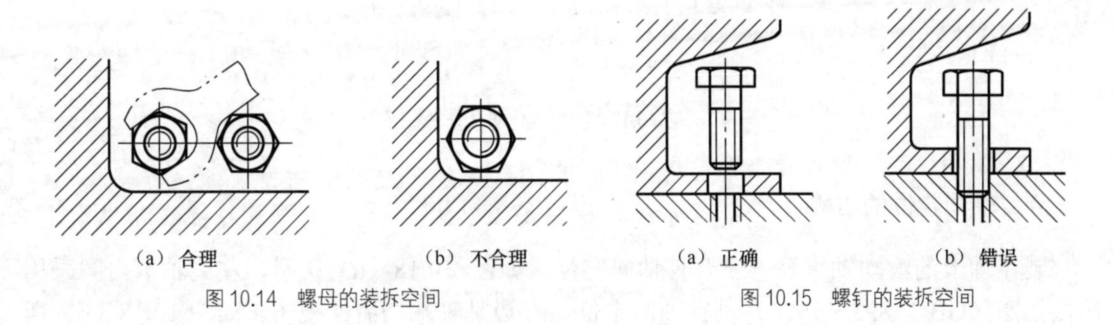

图 10.14 螺母的装拆空间　　图 10.15 螺钉的装拆空间

五、密封装置

1. 填料密封装置

用压紧螺母拧紧填料的密封装置如图 10.16（a）所示。通常用石棉绳或橡胶作填料，通过旋紧压紧螺母，由压盖将填料压紧，进而起到密封作用。也可如图 10.16（b）所示，通过拧紧螺母和双头螺柱，用压盖将填料压紧，进而起到密封作用。

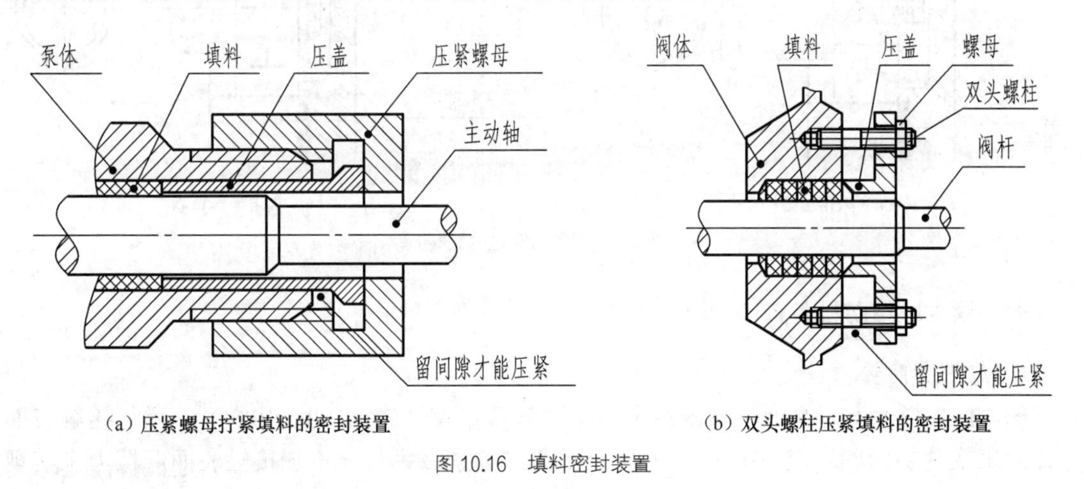

图 10.16 填料密封装置

2. 密封圈（标准件）密封装置

用唇形密封圈（GB/T 4459.6—1996）密封的特征画法（即规定画法）如图 10.17（a）所示，其主要用于旋转轴的密封，也可用于往复运动活塞杆的密封。

用“O”形密封圈密封的特征画法（即规定画法）如图 10.17（b）所示，其主要用于液压缸和活塞杆的密封。

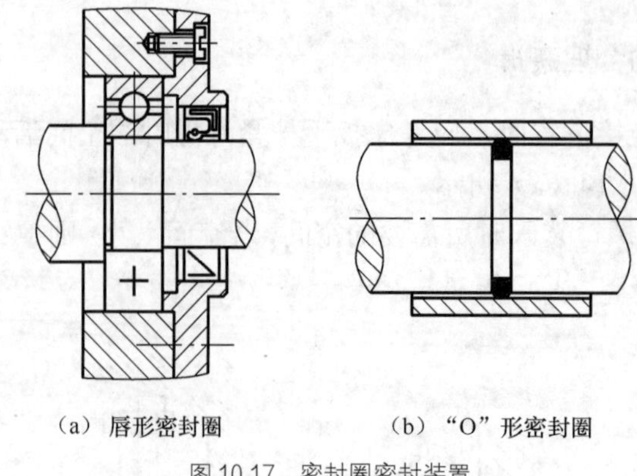
（a）唇形密封圈　（b）“O”形密封圈

图10.17　密封圈密封装置

六、轴向定位的结构

装在轴上的滚动轴承等一般要有轴向定位。如图 10.18（a）所示，左边轴承内圈采用轴端挡圈（GB/T 892—1986）进行轴向定位，右边是轴端挡圈的视图。如图 10.18（b）所示，左边轴承内圈采用弹性挡圈（GB/T 894.2—1986）进行轴向定位，右边是弹性挡圈的特征视图。

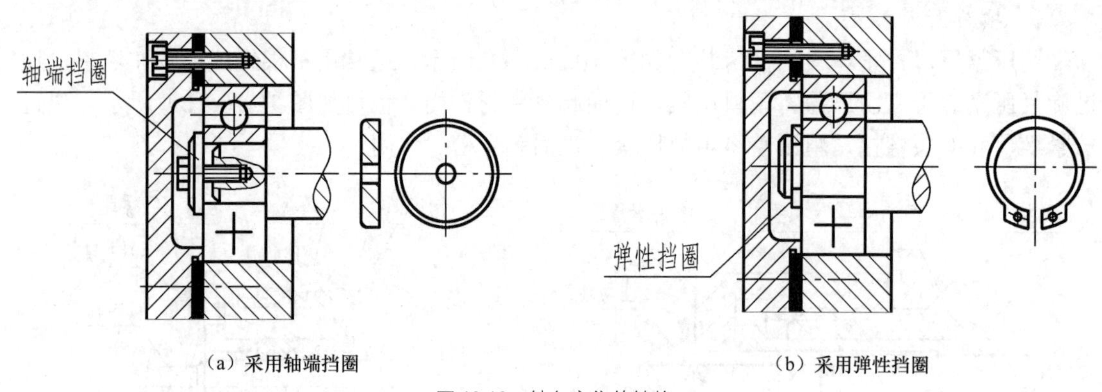

（a）采用轴端挡圈　（b）采用弹性挡圈

图10.18　轴向定位的结构

七、螺纹联结防松装置

1. 摩擦力防松

图 10.19（a）所示是通过拧紧螺母→压紧弹簧垫圈（GB/T 93—1987）→增加接触表面摩擦力来实现防松的。图 10.19（b）所示是通过拧紧双螺母→增加接触表面摩擦力来实现防松的。

2. 机械防松

（1）双耳止动垫圈（GB/T 855—1988）防松。

如图 10.20（a）所示，螺栓是通过双耳止动垫圈中伸出的两个叶片分别弯曲与连接件、螺栓相接触来防止螺栓松动的。图 10.20（b）所示是双耳止动垫圈的特征视图。

（2）圆螺母（GB/T 812—1988）和止动垫圈（GB/T 858—1988）防松。

如图 10.21（a）所示，轴承是通过止动垫圈中伸出的叶片分别弯曲与轴、圆螺母上方槽相接触来防止轴承内圈松动的。图 10.21（b）所示是圆螺母的视图。图 10.21（c）所示是止动垫圈的视图。

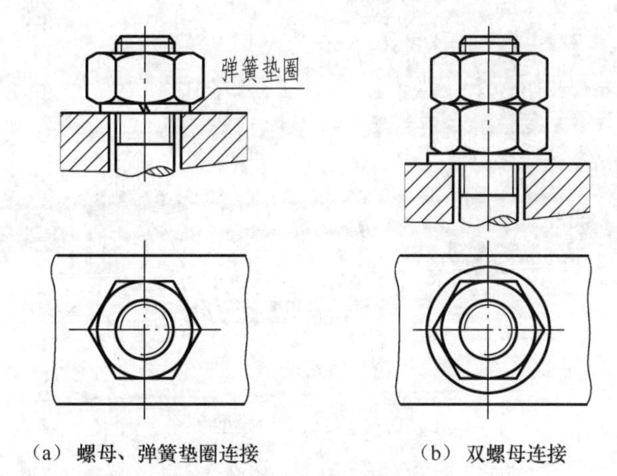

（a） 螺母、弹簧垫圈连接　　（b） 双螺母连接

图 10.19　摩擦力防松

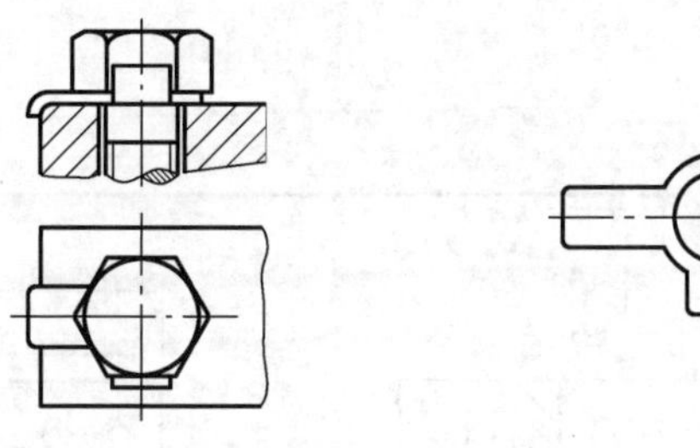

（a） 螺栓、双耳止动垫圈连接　　（b） 双耳止动垫圈的特征视图

图 10.20　双耳止动垫圈防松

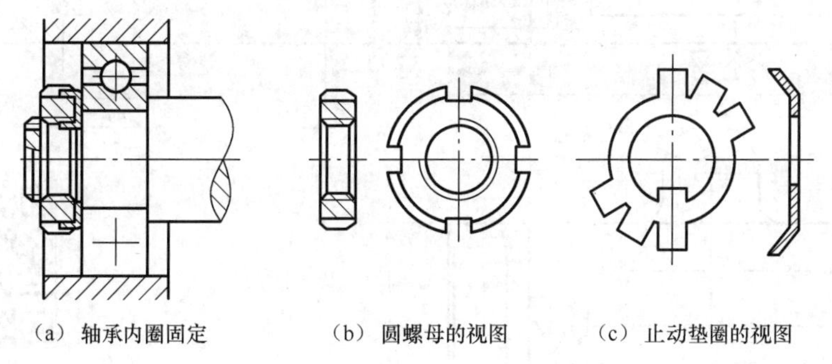

（a） 轴承内圈固定　　（b） 圆螺母的视图　　（c） 止动垫圈的视图

图 10.21　圆螺母和止动垫圈防松

10.6　拼画装配图的方法和步骤

拼画装配图的方法和步骤

依据机器（或部件）所有的零件图，可拼画出机器（或部件）的装配图。下面以图 10.22 所示的台式虎钳为例来说明拼画装配图的方法和步骤。图 10.23 所示是台式虎钳的零件图。

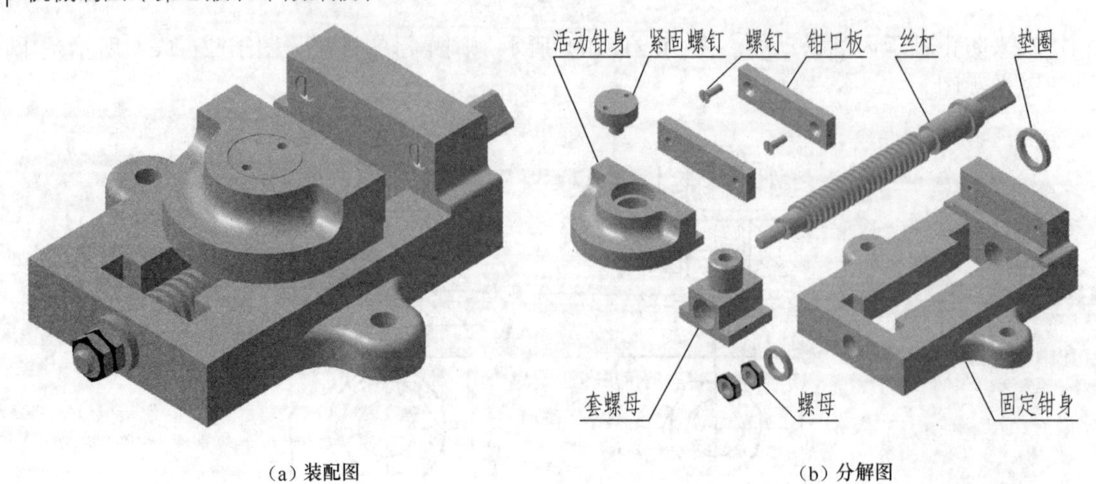

（a）装配图　　（b）分解图

图 10.22　台式虎钳模型图

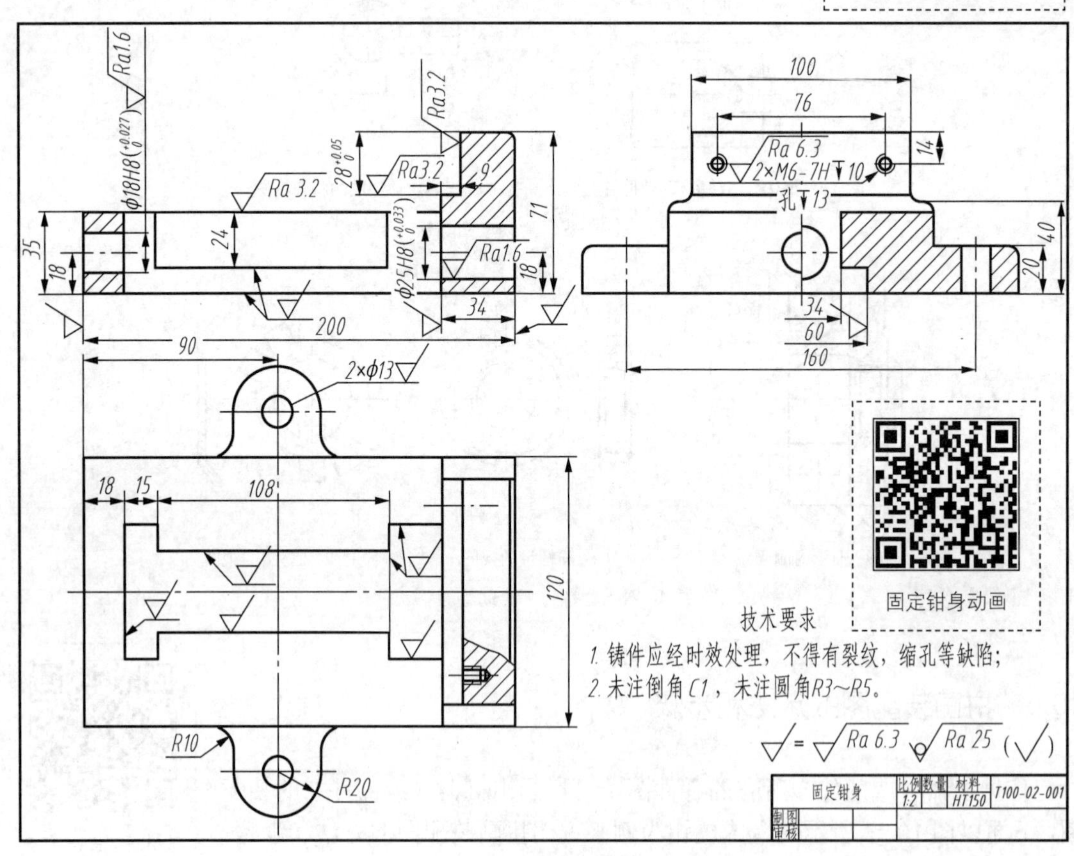

（a）固定钳身

图 10.23　台式虎钳零件图

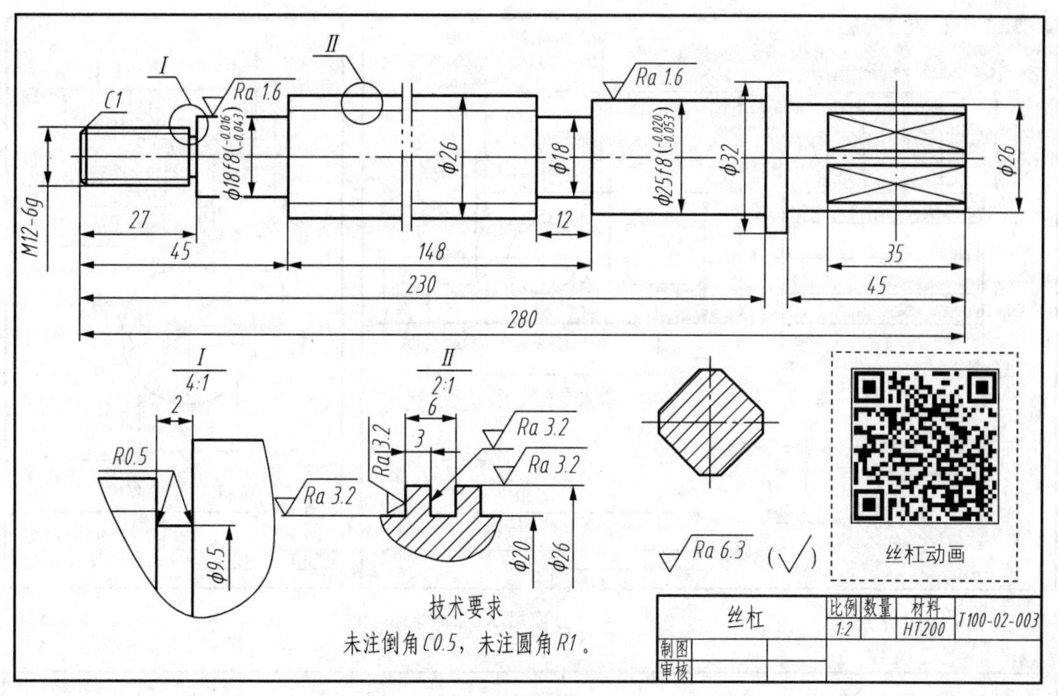

（b）丝杠

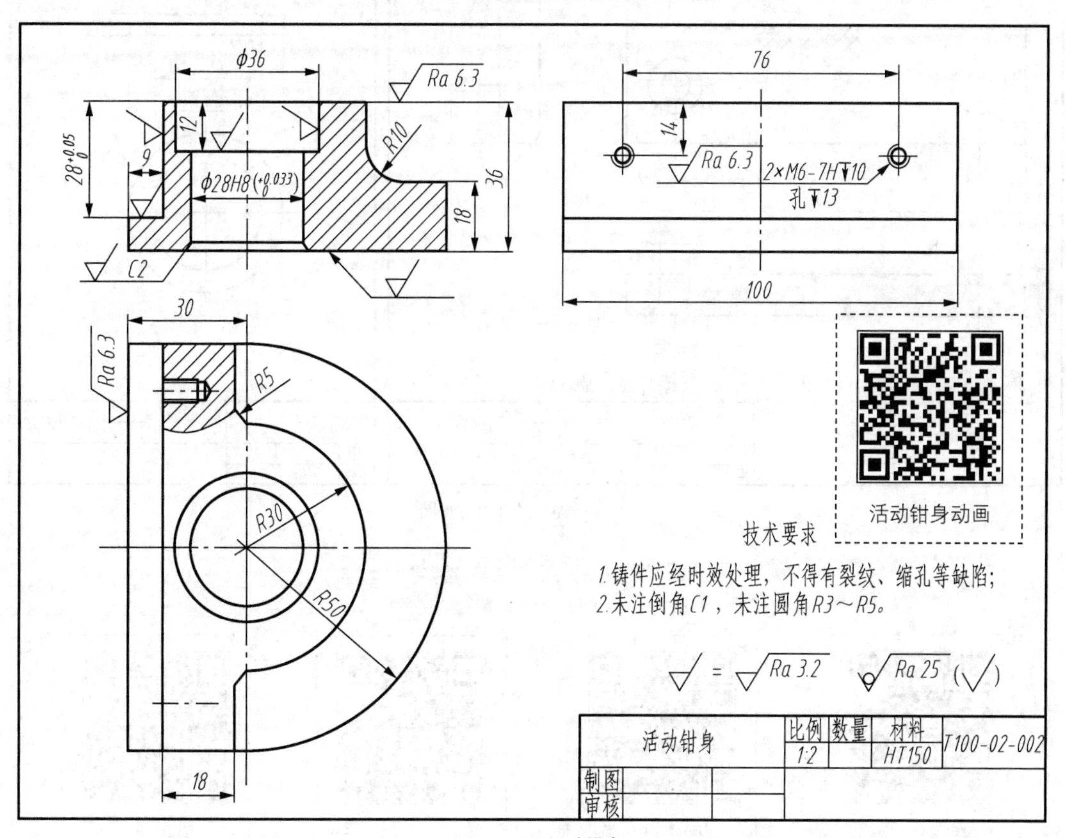

（c）活动钳身

图10.23 台式虎钳零件图（续）

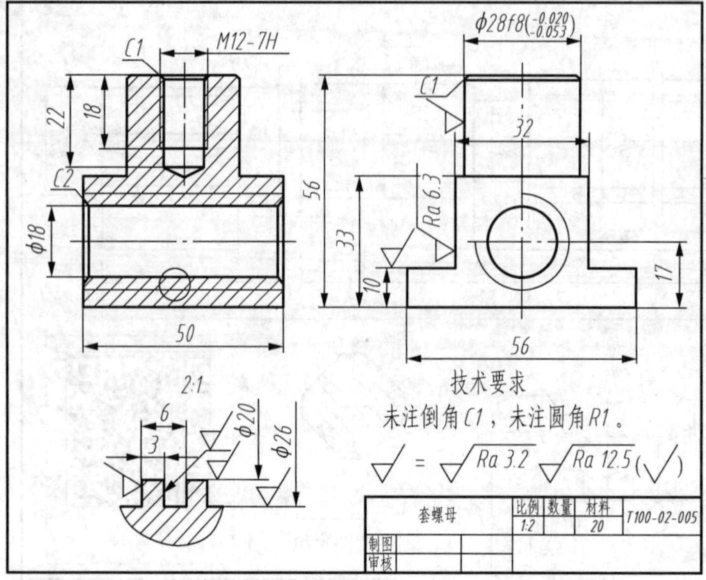

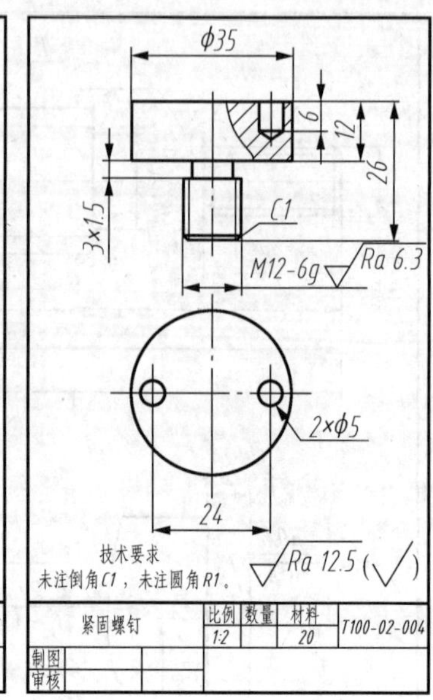

（d）套螺母与紧固螺钉

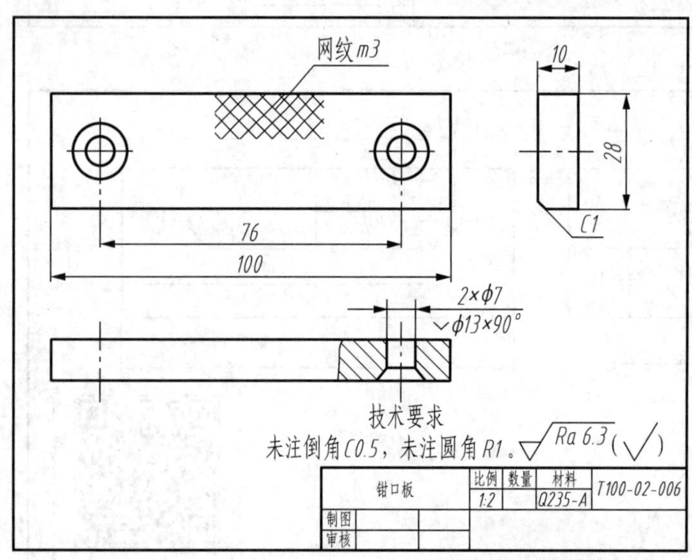

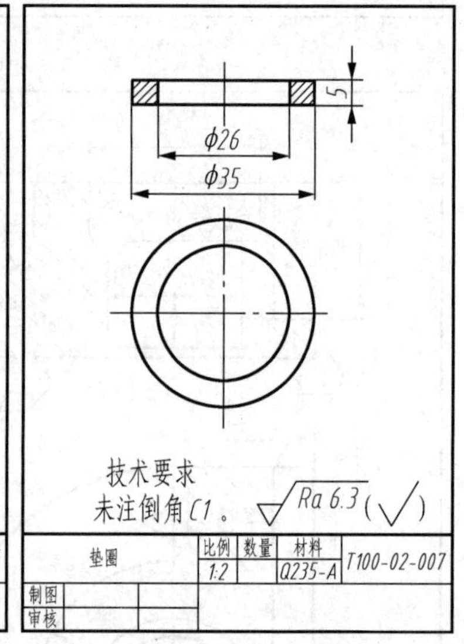

（e）钳口板与垫圈

图10.23 台式虎钳零件图（续）

套螺母动画

紧固螺钉动画

钳口板动画

垫圈动画

一、了解机器（或部件）的装配关系和工作原理

在拼画装配图之前，应对所表达的机器（或部件）的功用、工作原理、零件之间的装配关系及技术要求等进行分析，以便于合理选择装配图的表达方案。

通过图 10.22 所示台式虎钳模型图，可以了解其装配关系和工作原理。台式虎钳是在加工工件时用来夹持工件的部件。它主要是由固定钳身、活动钳身、钳口板、丝杠和套螺母等组成。丝杠固定在固定钳身上，转动丝杠可带动套螺母做直线移动。套螺母与活动钳身用紧固螺钉连接，因此，当丝杠转动时，活动钳身就会沿固定钳身移动，通过钳口闭合（张开）来夹紧（松开）工件。画台式虎钳装配图的步骤如图 10.24 所示，台式虎钳装配图如图 10.25 所示。

二、确定表达方案

1. 选择主视图

机器（或部件）一般按工作位置摆放，并使主视图能够较多地表达出机器（或部件）的工作原理、传动系统、零件间的主要装配关系和主要零件的结构形状特征。一般在机器（或部件）中，将组装在同一轴线上的一系列相关零件称为装配链。主视图一般表达机器（或部件）的主要装配关系（即主要装配链）。

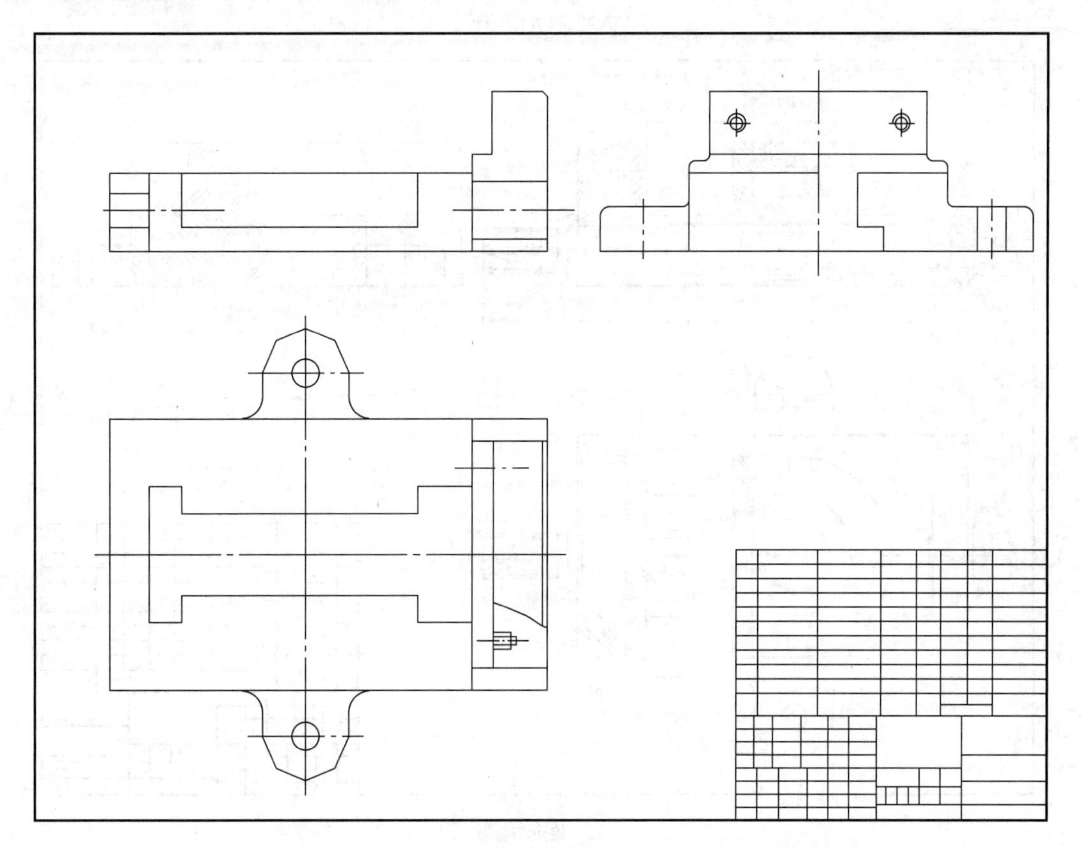

（a）画主要零件

图 10.24 画台式虎钳装配图的步骤

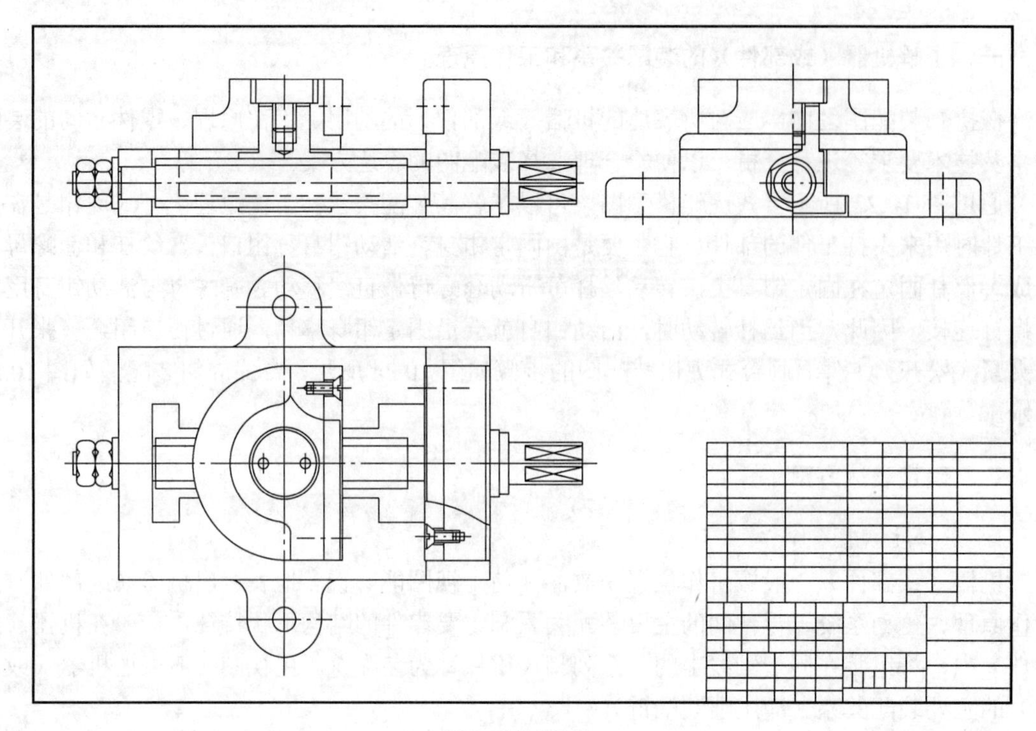

（b）画所有零件

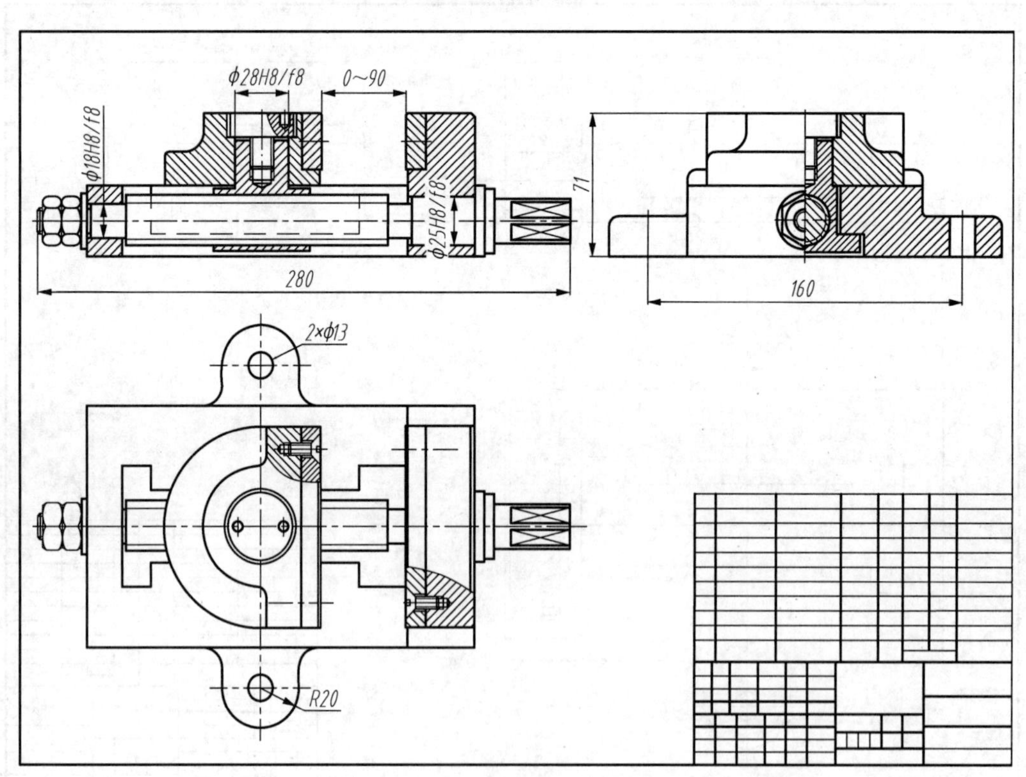

（c）检查与标注

图10.24　画台式虎钳装配图的步骤（续）

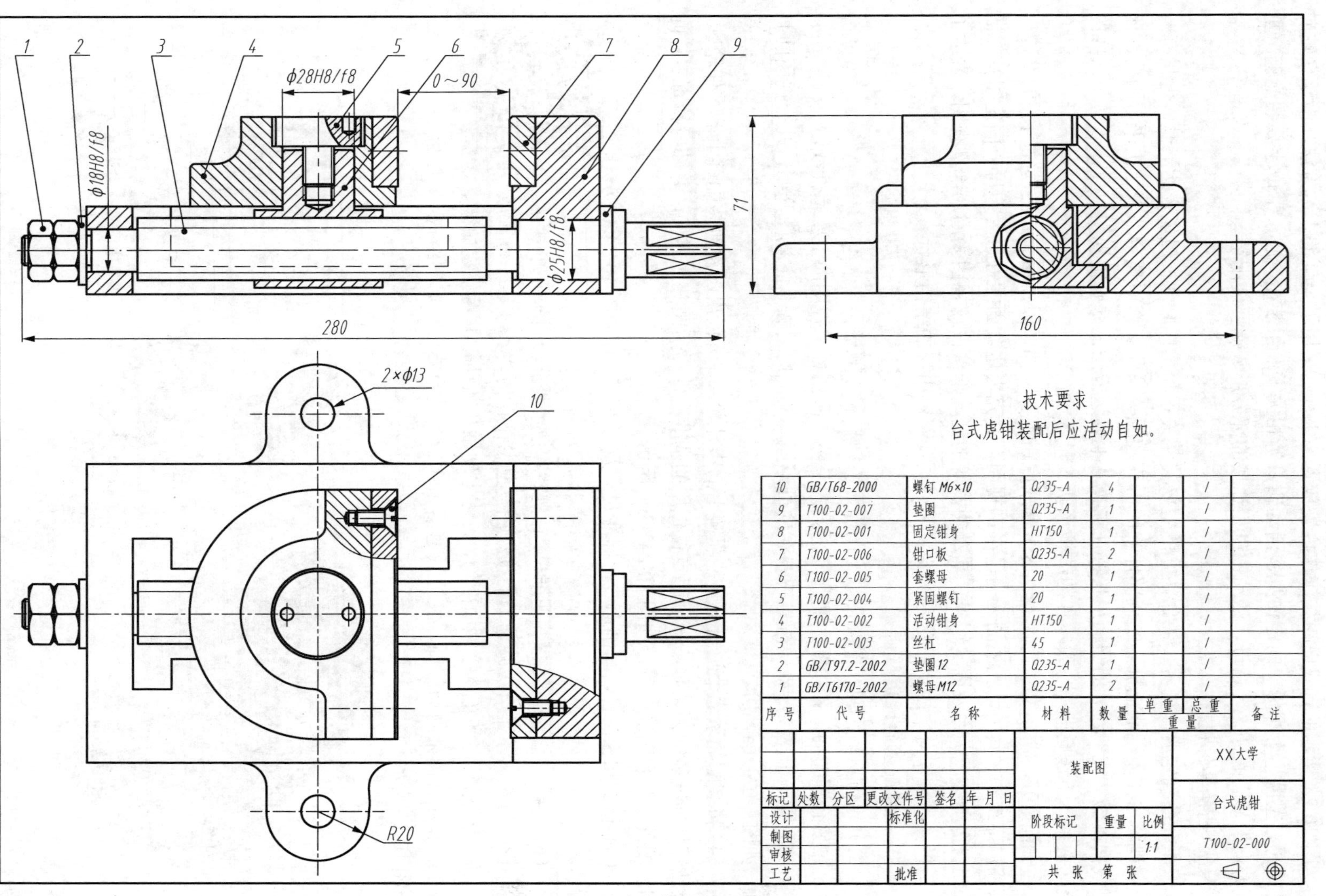

图10.25 台式虎钳装配图

图 10.25 所示的台式虎钳按工作位置放置，主视图采用了全剖的表达方法，沿丝杠轴向把螺母、垫圈、套螺母、固定钳身、活动钳身等相关零件组装在一起，形成主要装配链。垂直方向的紧固螺钉、套螺母、活动钳身相连接的部分形成次要装配链。

2. 选择其他视图

主视图确定后，机器（或部件）的主要装配关系和工作原理一般能表达清楚，但只有一个主视图往往还不能把机器（或部件）的所有装配关系和工作原理全部表达出来，因此，还要根据机器（或部件）的结构形状特征选择其他表达方法，并确定视图数量，表达出次要的装配关系、工作原理和主要零件的结构形状。

如图 10.25 所示左、俯视图表达了台式虎钳主要零件（固定钳身、活动钳身）的结构形状和局部结构。其中，左视图采用了半剖视图，补充表达紧固螺钉、套螺母、固定钳身、活动钳身等的装配关系及固定钳身、活动钳身等的结构形状；俯视图采用局部剖视图，表达了钳口板与活动钳身、固定钳身等次要装配关系及固定钳身的结构形状。

3. 画装配图的方法和步骤

（1）定方案、比例、图幅，画出图框、明细栏和标题栏。

（2）合理布局，各视图之间留出适当的空隙，画出各个视图的主要基准线。

（3）先画出主要零件（固定钳身）的外形图。画图时首先从主视图开始，几个视图同时画，如图 10.24（a）所示。

（4）按装配关系逐个画出主要装配链上的零件轮廓，再依次画次要装配链上的零件轮廓。表达零件间的装配关系时，先画起定位作用的基准零件，后画其他零件，并随时检查零件间的装配关系是否正确合理，如图 10.24（b）所示。

（5）检查加深图样，画剖面线，标注尺寸及公差配合，如图 10.24（c）所示。

减速器动画

（6）对零件进行编号，填写明细栏、标题栏和技术要求，如图 10.25 所示。

图 10.26 所示是一级减速器的模型图。画装配图时将其按工作位置放置，俯视图沿箱盖和箱体接触面剖切，表达主动轴和从动轴的两条装配链。主视图和左视图采用局部剖，表达减速器箱体、箱盖的外形和局部结构，如图 10.27 所示。

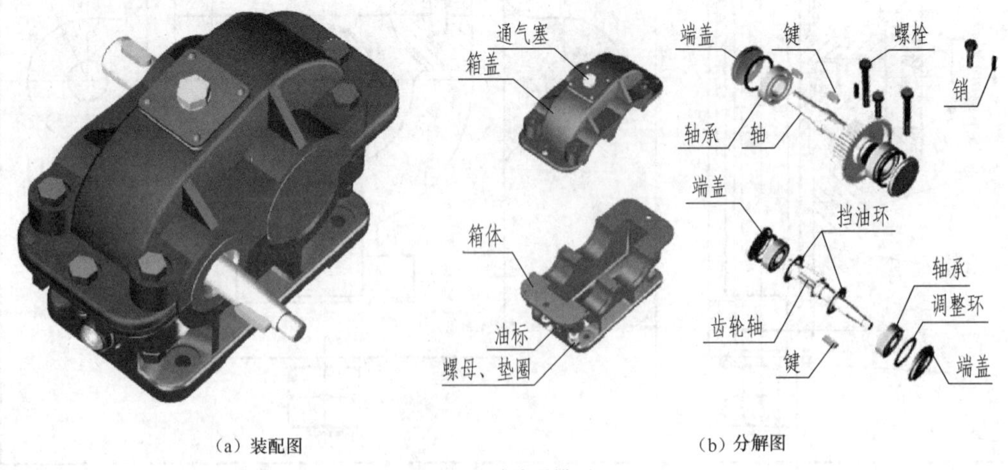

（a）装配图 （b）分解图

图 10.26 减速器模型图

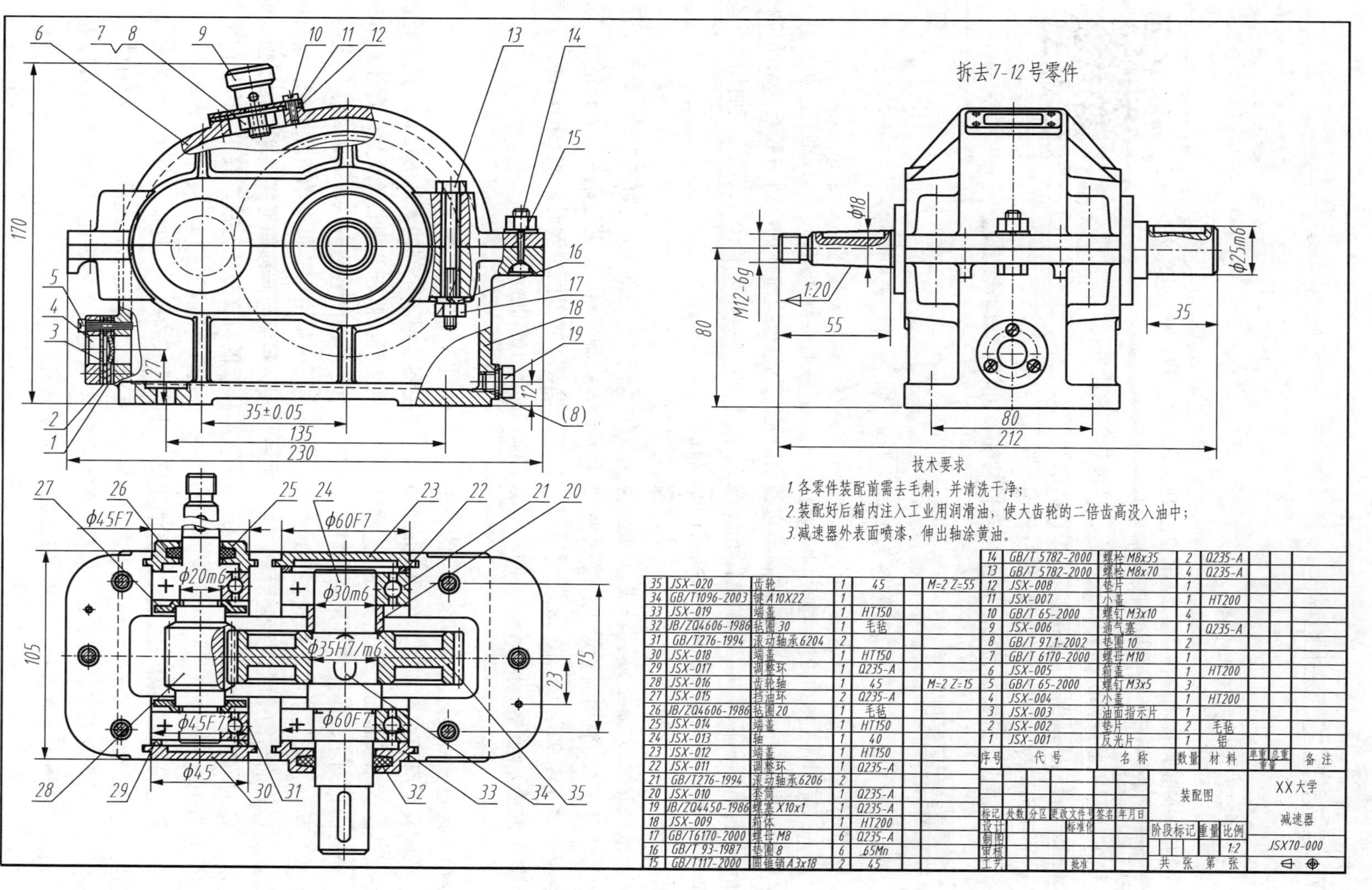

序号	代号	名称	数量	材料	单重	总重	备注
35	JSX-020	齿轮	1	45			M=2 Z=55
34	GB/T1096-2003	键 A10X22	1				
33	JSX-019	端盖	1	HT150			
32	JB/ZQ4606-1986	毡圈 30	1	毛毡			
31	GB/T276-1994	滚动轴承6204	2				
30	JSX-018	端盖	1	HT150			
29	JSX-017	调整环	1	Q235-A			
28	JSX-016	齿轮轴	1	45			M=2 Z=15
27	JSX-015	挡油环	2	Q235-A			
26	JB/ZQ4606-1986	毡圈 20	1	毛毡			
25	JSX-014	端盖	1	HT150			
24	JSX-013	轴	1	40			
23	JSX-012	端盖	1	HT150			
22	JSX-011	调整环	1	Q235-A			
21	GB/T276-1994	滚动轴承6206	2				
20	JSX-010	套筒	1	Q235-A			
19	JB/ZQ4450-1986	螺塞 X10x1	1	Q235-A			
18	JSX-009	箱体	1	HT200			
17	GB/T6170-2000	螺母 M8	6	Q235-A			
16	GB/T 93-1987	垫圈 8	6	65Mn			
15	GB/T117-2000	圆锥销 A3x18	2	45			
14	GB/T 5782-2000	螺栓 M8x35	2	Q235-A			
13	GB/T 5782-2000	螺栓 M8x70	4	Q235-A			
12	JSX-008	垫片	1				
11	JSX-007	小盖	1	HT200			
10	GB/T 65-2000	螺钉 M3x10	4				
9	JSX-006	通气塞	1	Q235-A			
8	GB/T 97.1-2002	垫圈 10	2				
7	GB/T 6170-2000	螺母 M10	1				
6	JSX-005	箱盖	1	HT200			
5	GB/T 65-2000	螺钉 M3x5	3				
4	JSX-004	小盖	1	HT200			
3	JSX-003	油面指示片	1				
2	JSX-002	垫片	2	毛毡			
1	JSX-001	反光片	1	铝			

图 10.27 减速器装配图

10.7 读装配图的方法和步骤

一、读装配图的方法和步骤

在工程实践和技术交流中，经常会遇到读装配图的问题，要熟练、快速地读懂装配图，应了解读装配图的基本要求：

读装配图的方法和步骤

（1）了解机器或部件的名称、用途、性能和工作原理；

（2）弄清机器或部件的结构和各零件间的装配关系和装拆顺序；

（3）读懂各零件的主要结构形状及作用；

（4）了解其他系统，如润滑系统、密封系统等的原理和构造。

二、读装配图举例

下面以图10.28所示球阀装配图为例，说明读装配图的方法和步骤。

1. 概括了解

首先，读图10.28中的标题栏和明细栏，了解部件的名称和用途、非标准件（标准件）的名称和数量。该部件的名称是球阀，它的功能是控制气体或流体的流通与截断。由明细栏可知该部件有两种标准件，分别是件6和件7，其余10种是非标准件。其次，在明细栏中对照零（部）件序号，在装配图中找到它们的位置。

2. 分析工作原理

当球阀的阀芯$S\phi45$通孔轴线与阀体、阀盖孔轴线在同一直线上时，如图10.28所示位置，球阀为全开状态，管道流量最大；当扳手12顺时针方向旋转时，阀芯逐渐关闭，管道的流量逐渐减小，旋转90°至图10.28所示俯视图双点画线表示的手柄位置时，阀芯的球面部分挡住阀体（阀盖）通孔，球阀全部关闭，管道截流，如图10.30所示。

3. 分析视图和尺寸

（1）通过分析装配图中各个视图的表达内容，确定各视图的表达重点。

球阀共采用了3个视图，如图10.28所示。主视图采用了全剖的表达方法，表达了球阀的主要装配关系（装配干线），即扳手、螺纹压环、密封环、阀杆、阀芯等垂直装配干线和阀体、密封圈、阀芯、阀盖等水平装配链。左视图采用了半剖的表达方法，既表达了阀盖的结构形状，又补充表达了阀杆和阀芯的装配关系，并在图中采用拆卸扳手的特殊画法。俯视图主要表达球阀的结构形状，并采用了局部剖视图来表达阀盖与阀体的连接关系。由于扳手的运动有一定的范围，因此扳手采用了表达两个极限位置的特殊表达方法，其中一个极限位置采用细双点画线表达。

（2）通过分析装配图中的尺寸，弄清机器（或部件）的规格、性能、外形、安装和零件间的配合性质。M36×2-6g、Sϕ45h11属于规格（性能）尺寸，决定球阀流量大小；ϕ55H11/d11、ϕ16H11/d11是配合尺寸，表示基孔制间隙配合；56×56是4个安装孔的定位尺寸；195是总高，决定球阀所占空间大小，为将来定制包装箱提供依据。

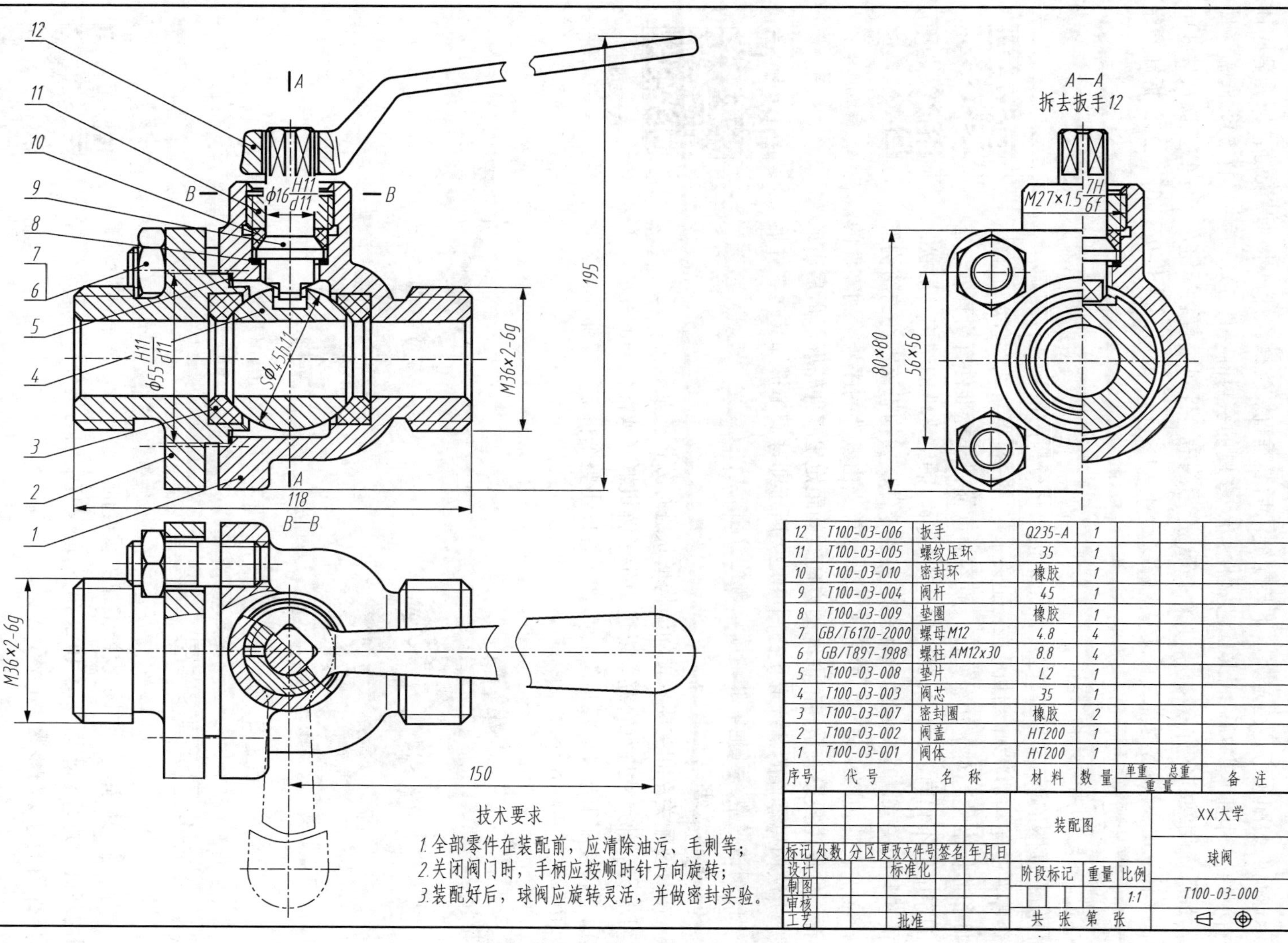

序号	代号	名称	材料	数量	单重	总重	备注
12	T100-03-006	扳手	Q235-A	1			
11	T100-03-005	螺纹压环	35	1			
10	T100-03-010	密封环	橡胶	1			
9	T100-03-004	阀杆	45	1			
8	T100-03-009	垫圈	橡胶	1			
7	GB/T6170-2000	螺母M12	4.8	4			
6	GB/T897-1988	螺柱 AM12x30	8.8	4			
5	T100-03-008	垫片	L2	1			
4	T100-03-003	阀芯	35	1			
3	T100-03-007	密封圈	橡胶	2			
2	T100-03-002	阀盖	HT200	1			
1	T100-03-001	阀体	HT200	1			

图 10.28 球阀装配图

4. 分析装配链和零件的装拆顺序

通过分析装配链上各个零件的定位和连接方式来了解机器（或部件）的装拆顺序。图 10.28 所示球阀的装配顺序是：先装水平装配链，后装垂直装配链。针对水平装配链，应先装阀体内右侧的密封圈（件 3），再装阀芯（件 4）、左侧的密封圈（件 3）、垫片（件 5）、阀盖（件 2），最后，用螺柱（件 6）、螺母（件 7）拧紧阀盖。针对垂直装配链，应先装垫圈（件 8）、阀杆（件 9），再装密封环（件 10）、螺纹压环（件 11），最后，装上扳手（件 12）。拆卸顺序是装配顺序的逆过程。

5. 确定零件的结构形状

随着读图的逐步深入，进入零件结构形状分析阶段。其目的是弄清每个零件的结构形状和零件间的装配关系。一台机器（或部件）上有标准件和非标准件。对于标准件，一般容易读懂；非标准件有简有繁，它们的作用也不相同，应从主要零件开始分析，确定零件的结构、形状、功能和装配关系。球阀中的阀体就是主要零件，要构思该零件的结构形状，应把它的视图从装配图中分离出来。首先由零件的序号找到零件的位置，然后由投影关系和剖面线的方向、间距定出零件轮廓，最后用形体分析法构思零件的结构形状。图 10.29 所示即球阀中拆卸其他零件后所得的阀体模型。其他零件请读者自行分析。

阀体动画

球阀动画

6. 归纳总结

在对装配关系和主要零件的结构形状进行分析的基础上，还要对技术要求、全部尺寸进行研究，以进一步了解机器（或部件）的性能、工作原理和装配工艺性。最后综合起来，想象出整个机器（或部件）的形状和结构，如图 10.30 所示。

图 10.29 阀体模型

图 10.30 球阀模型

10.8 由装配图拆画零件图

由装配图拆画零件图是设计工作中重要的一个环节，应在读懂装配图的基础上进行。下面以图 10.28 所示球阀装配图为例分析拆画球阀阀体零件图的方法与步骤。

由装配图拆画零件图

一、读懂装配图，确定拆画零件，从装配图中分离该零件

按上述读装配图的方法与步骤读懂球阀的装配图。由装配图零件

明细栏可知，阀体零件的序号为 1，在主视图中可找到件 1，再根据投影关系和阀体零件的三个视图剖面线方向和间距一致的特征，把阀体零件从三个视图中分离出来。此时与阀体无关的零件要假想拆除，如图 10.31 所示。图中缺线部分是因阀体零件被球阀的其他零件挡住了，最后要把这些缺线补齐。

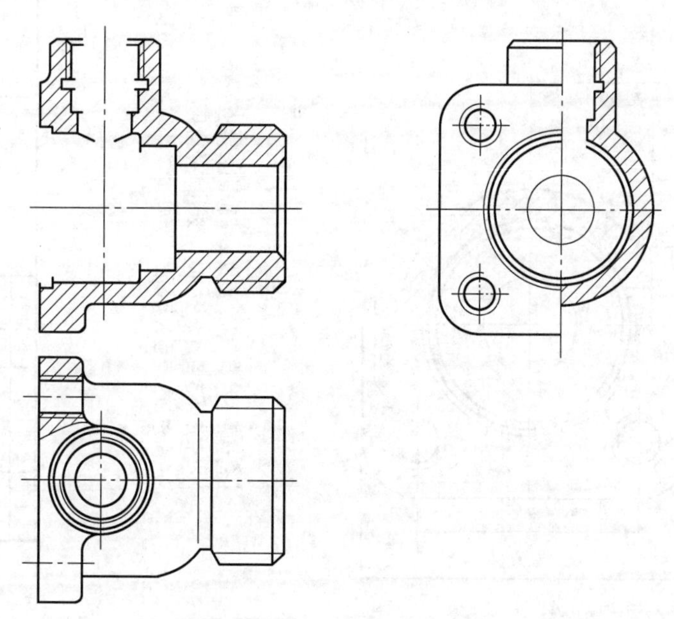

图 10.31 从装配图中分离出阀体视图（视图未做调整）

二、确定拆画零件的表达方案

由装配图拆画零件图时，零件的表达方案要根据零件的结构特点，按第 9 章“零件图”中各种不同零件的表达方案进行考虑，不强求与装配图一致。一般情况下，叉架类、箱体类零件表达方案可与装配图一致。轴套类、轮盘类零件，一般按加工位置选取主视图。图 10.31 所示的球阀阀体属于箱体类零件，其表达方案与装配图一致。

三、对零件结构形状的处理

确定零件的结构形状时可用形体分析法来分析。但在装配图中，对零件上的标准结构（如倒角、倒圆、退刀槽等），采用了简化画法未表达出来。在拆画零件图时，应考虑设计和工艺的要求，补画出这些标准结构。

四、标注尺寸和技术要求

装配图上已给的尺寸应直接标出，一般的尺寸直接从装配图中量取标注。对于螺纹、退刀槽和键槽等标准尺寸，应查表取标准值。零件图的尺寸标注应满足正确、完全、清晰、合理，标尺寸时先定尺寸基准，再标定形尺寸、定位尺寸和总体尺寸。

零件图中有配合要求的，应标注公差带代号或公差数值，如图 10.32 所示ϕ55H11。加工表面标表面结构（粗糙度）代号，不加工表面在图纸的右下角标注$\sqrt{Ra\,25}$(√)；文字说明性技术要求注写在图 10.32 所示零件图的右下方。

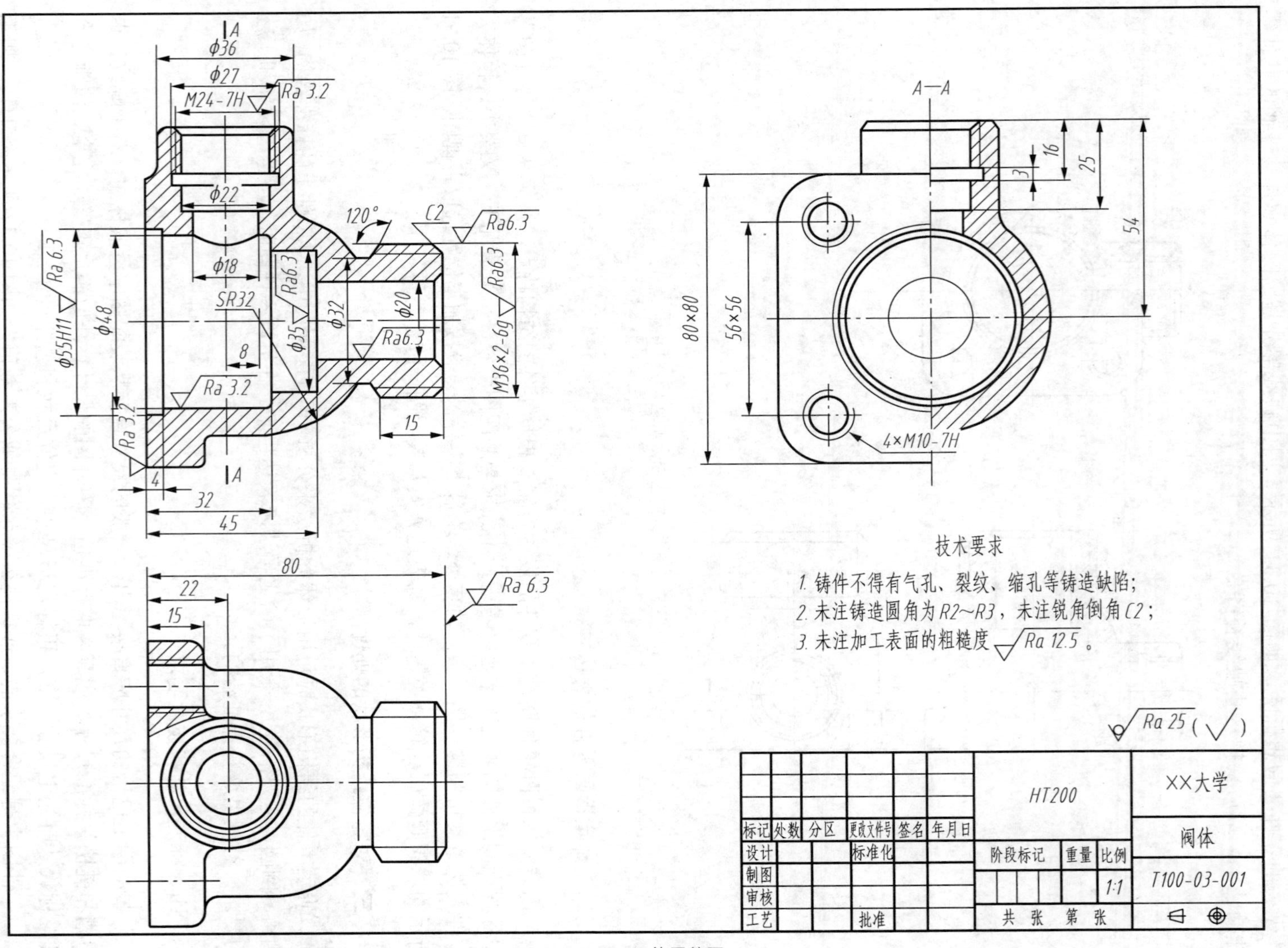
A
ϕ36
ϕ27
M24-7H
Ra 3.2
ϕ22
120°
C2
Ra6.3
Ra 6.3
ϕ18
SR32
ϕ55H11
ϕ48
ϕ35
ϕ32
ϕ20
M36×2-6g
8
Ra 3.2
15
4
32
45
A—A
3
16
25
54
80×80
56×56
4×M10-7H
技术要求
1. 铸件不得有气孔、裂纹、缩孔等铸造缺陷；
2. 未注铸造圆角为R2~R3，未注锐角倒角C2；
3. 未注加工表面的粗糙度 Ra 12.5 。
80
22
15
Ra 25（√）
HT200
XX大学
标记
处数
分区
更改文件号
签名
年月日
设计
标准化
阶段标记
重量
比例
阀体
制图
审核
1:1
T100-03-001
工艺
批准
共 张 第 张

图 10.32 阀体零件图

五、填写标题栏

拆画的零件图要填写标题栏，如零件名称（阀体）、图号（T100-03-001）、材料（HT200灰口铸铁）、比例（1∶1）等内容。阀体零件图如图10.32所示。

【**例10.1**】微动机构的模型如图10.33所示，读图10.34所示的微动机构装配图，拆画支座（件8）的零件图。

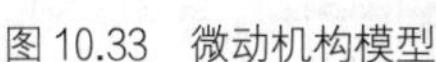

图10.33 微动机构模型

微动机构动画

一、读装配图

1. 概括了解

通过读图10.34所示的标题栏和明细栏可知，该部件的名称是微动机构，它的功能是实现导杆右端微量平动。该部件有4种标准件，分别是件2、4、7、10，其余8种为非标准件。在明细栏中对照零（部）件序号，在装配图中找到各自的位置。

2. 分析工作原理

微动机构是一个将手轮上的转动转变为导杆右端微量平动的装置，是氩弧焊机的微调装置。导杆（件12）的右端有一个M10螺孔，用来固定焊枪。当旋转手轮（件1）时带动螺杆（件6）做螺旋运动，导杆（件12）在导套（件9）内做轴向移动实现平动微调。

3. 分析视图和尺寸

如图10.34所示，沿支座轴线装配的一串零件形成了微动机构的主要装配链，包括手轮、垫圈、轴套、螺杆、导套、导杆等；沿径向分布的一串标准件，如紧定螺钉（件2、7、10）等，形成了次要装配链。

微动机构的主视图作全剖，它能同时表达清楚两条装配链。左视图采用*B—B*半剖视图，反映手轮和支座的结构形状。俯视图采用*A—A*全剖视图，反映支撑板和安装底板的结构形状。*C—C*移出断面图表达导向键的装配结构。微动机构中心高36是主要尺寸；190～210是规格（性能）尺寸，用来调节范围；ϕ8H8/h7（间隙配合）、ϕ30H8/k8（过渡配合）、ϕ20H8/f7（间隙配合）是配合尺寸；78 × 22是4个安装孔的定位尺寸；210、ϕ68、(36 + 34）分别是总长、总宽、总高。

4. 分析装配链和零件的装拆顺序

通过分析装配链上各个零件的定位和连接方式来了解机器（或部件）的装拆顺序。如图10.34所示，微动机构的装配顺序是：先把导杆（件12）装入导套（件9）内，旋入螺杆（件6）；把导套组件装入支座（件8）内，装轴套（件5），拧紧螺钉（件4、7）；装键（件11），拧紧螺钉（件10）；装垫圈（件3）、手轮（件1），拧紧螺钉（件2）。拆卸顺序是装配顺序的逆过程。

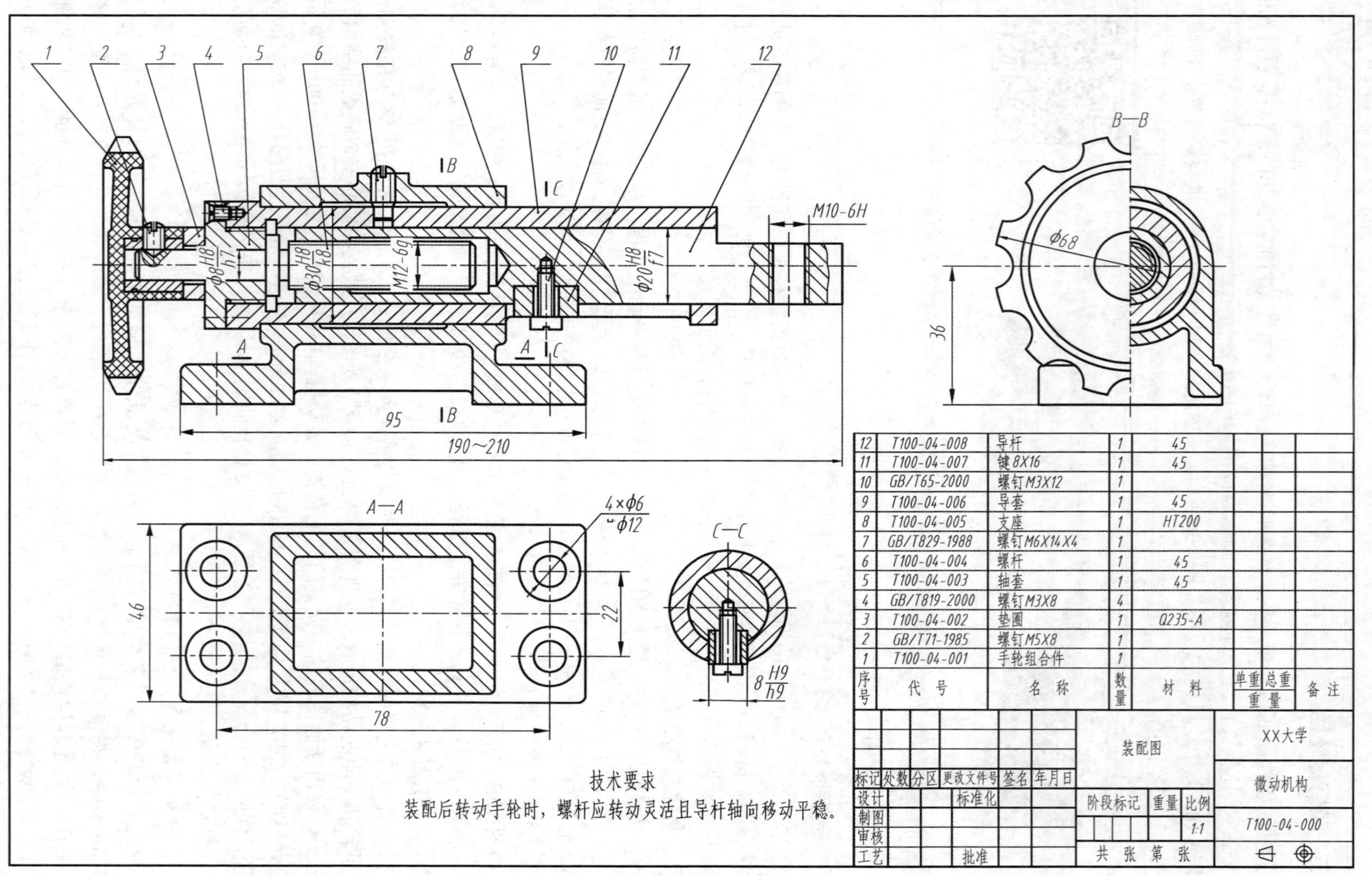

序号	代号	名称	数量	材料	单重	总重	备注
12	T100-04-008	导杆	1	45			
11	T100-04-007	键8X16	1	45			
10	GB/T65-2000	螺钉M3X12	1				
9	T100-04-006	导套	1	45			
8	T100-04-005	支座	1	HT200			
7	GB/T829-1988	螺钉M6X14X4	1				
6	T100-04-004	螺杆	1	45			
5	T100-04-003	轴套	1	45			
4	GB/T819-2000	螺钉M3X8	4				
3	T100-04-002	垫圈	1	Q235-A			
2	GB/T71-1985	螺钉M5X8	1				
1	T100-04-001	手轮组合件	1				

标记	处数	分区	更改文件号	签名	年月日				XX大学
设计			标准化			装配图			微动机构
制图						阶段标记	重量	比例	T100-04-000
审核								1:1	
工艺			批准			共 张		第 张	

技术要求

装配后转动手轮时，螺杆应转动灵活且导杆轴向移动平稳。

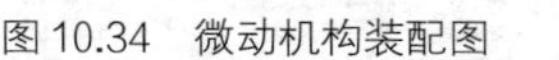
图 10.34 微动机构装配图

5. 确定零件的结构形状

微动机构中的支座是主要零件，要确定它的结构形状，必须把该零件的视图从装配图的各个视图中分离出来。首先由零件的序号 8 找到该零件的位置，再由投影关系和剖面线的方向、间距定出零件轮廓，最后用形体分析法确定零件的结构形状。支座模型图如图 10.35 所示。

图 10.35 支座模型

6. 归纳总结

在对装配关系和主要零件的结构形状进行分析的基础上，还要对技术要求、全部尺寸进行研究，进一步了解微动机构的性能、工作原理和装配工艺性，最后综合起来，想象出微动机构的形状和结构，如图 10.33 所示。

二、拆画支座（件 8）零件图

支座动画

1. 分离出支座（件 8）零件

由装配图明细栏可知支座零件序号为 8，在主视图上可找到件 8，再根据投影关系和支座零件的三个视图剖面线方向和间距一致的特征，把支座零件从三个视图中分离出来。此时与支座无关的零件要假想被拆除，图中存在缺线部分是因支座零件被其他零件挡住了，最后要把这些缺线补齐，如图 10.36 所示。

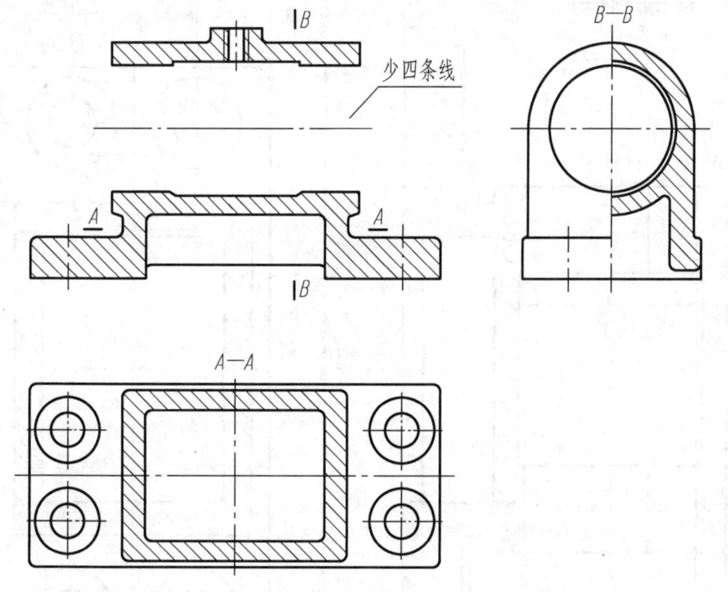

图 10.36 从装配图中分离支座视图（视图未做调整）

2. 确定要拆画零件的表达方案

支座类零件的表达方案与装配图基本一致。仅对支座半剖左视图的剖切面位置做了调整，即把 *B—B* 剖切面位置移到支座顶上的螺孔轴线处，如图 10.37 所示。在装配图中，对零件上的标准结构（如倒角、倒圆、退刀槽等）采用了简化画法未表达出来，在拆画零件图时，应补画出这些标准结构。

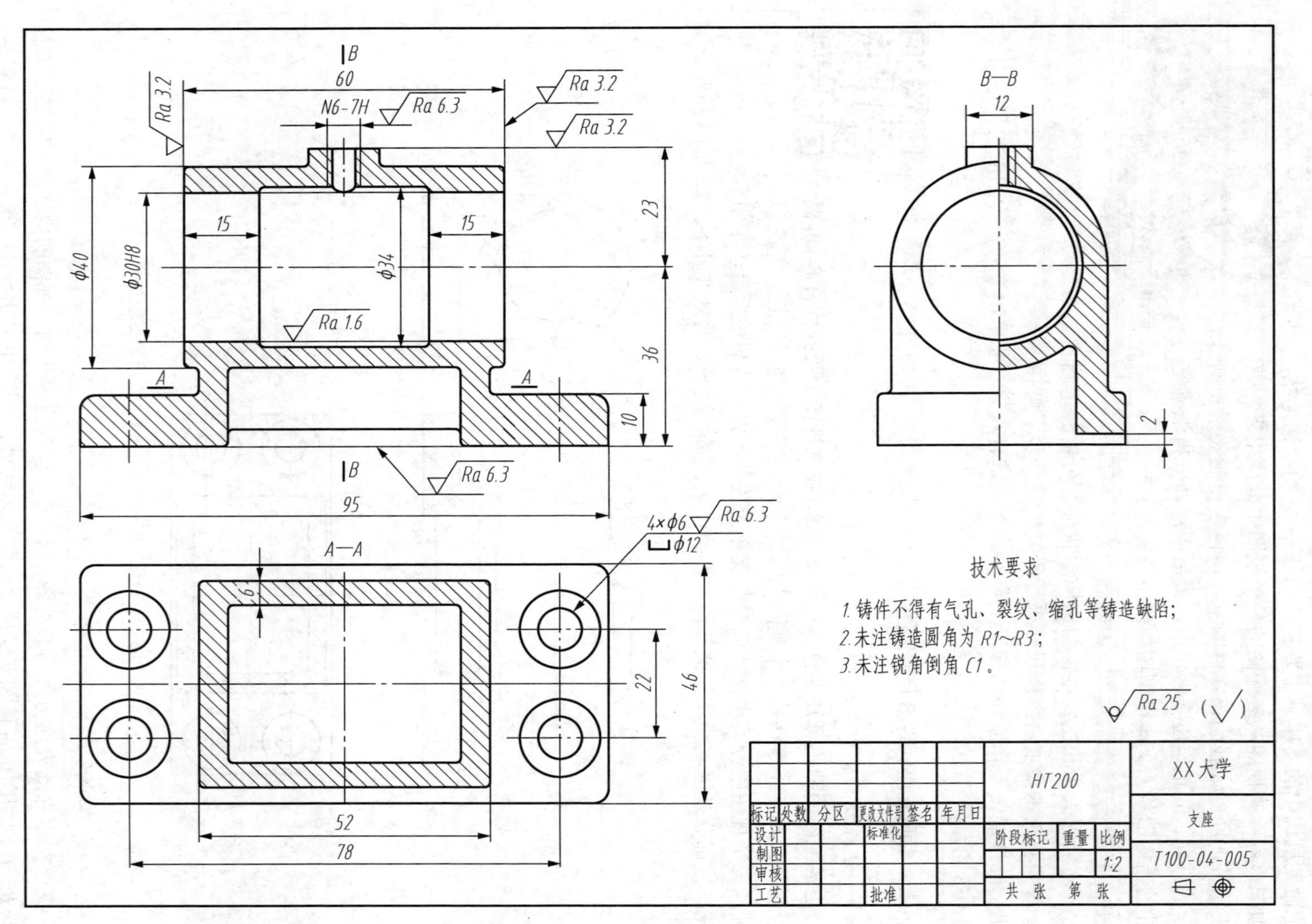
B
60
N6-7H
Ra 3.2
Ra 6.3
Ra 1.6
ϕ40
ϕ30H8
ϕ34
15
23
36
10
A
95
B—B
12
2
A—A
4×ϕ6
ϕ12
22
46
52
78
6
技术要求
1.铸件不得有气孔、裂纹、缩孔等铸造缺陷；
2.未注铸造圆角为R1~R3；
3.未注锐角倒角C1。
Ra 25
HT200
XX大学
支座
T100-04-005
1:2
标记
处数
分区
更改文件号
签名
年月日
设计
标准化
阶段标记
重量
比例
制图
审核
工艺
批准
共 张 第 张

图 10.37 支座零件图

3. 标注尺寸和技术要求

装配图上已给出的尺寸直接标出，如图 10.34 中给出了 ϕ30H8/k8 配合尺寸，则在标注支座零件图尺寸时应标注 ϕ30H8。一般的尺寸直接从装配图中量取标注；对于螺纹、退刀槽和键槽等标准尺寸，应查表取标准值。

技术要求分公差与配合、表面结构（粗糙度）和文字说明三项。加工表面标表面结构（粗糙度）代号，不加工表面在图纸的右下角标注 $\sqrt{Ra\ 25}$(√)；文字说明性技术要求注写在图 10.37 所示零件图的右下方。

4. 填写标题栏

拆画的支座零件图的标题栏填写情况如图 10.37 所示。

*第11章 其他工程图样

通过学习本章内容，了解焊缝的种类和焊缝符号，掌握各种焊缝在焊接图中的标注方法。了解棱柱、棱锥、圆柱、圆锥、圆球表面展开图的画法，掌握等径直角弯管、等径三通圆管、方圆变形接头等表面展开图的画法。

11.1 焊接图

焊接是通过加热或加压（或两者并用），用（或不用）填充材料，使焊接件达到原子结合的一种加工方法。表示焊接件的工程图样称为焊接图。国家标准规定了焊缝符号的尺寸、比例及简化表示法（GB/T 12212—2012），焊缝符号表示法（GB/T 324—2008），焊接及相关工艺方法代号（GB/T 5185—2005）等。由于焊接具有施工简单、连接可靠等优点，故在机械、化工、造船、建筑等工业中得到了广泛应用。

一、焊缝简化表示法

焊缝符号的尺寸、比例及简化表示法参见 GB/T 12212—2012。焊缝可用视图、剖视图和断面图表示，也可用轴测图示意地表示，如图 11.1 所示。

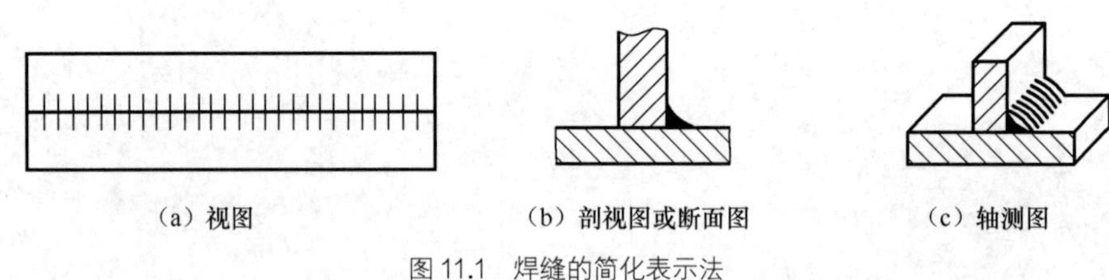

图 11.1　焊缝的简化表示法

采用视图表示时，焊缝常用一系列细实线段示意绘制。在剖视图或断面图上，焊缝的金属熔焊区通常应涂黑表示。

二、焊缝的基本符号（摘自 GB/T 324—2008）

焊缝图形符号的线宽、字体、字高等应与图样中其他符号（如表面结构符号、形状与位置公差符号等）的线宽、字体、字高一致。

1. 基本符号

基本符号表示焊缝的横截面形状，常见焊缝的名称、型式、符号见表11.1。

表11.1 常见焊缝的名称、型式、符号

焊缝名称	型式	符号	焊缝名称	型式	符号
I形焊缝			带钝边V形焊缝		
V形焊缝			带钝边单边V形焊缝		
单边V形焊缝		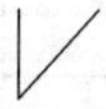	带钝边J形焊缝		
角焊缝		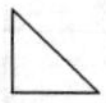	带钝边U形焊缝		
点焊缝	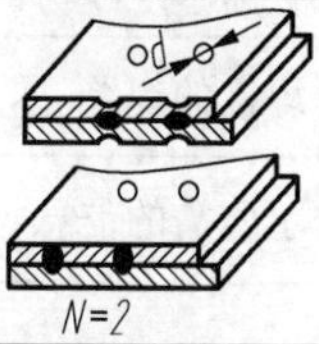 N=2	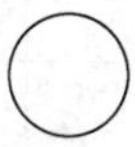	塞焊缝或槽焊缝		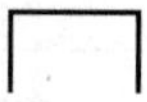

2. 基本符号的组合

标注双面焊的焊缝或接头时，基本符号可以组合使用，见表11.2。

表11.2 基本符号的组合

序号	名称	示意图	符号
1	双面V形焊缝（X焊缝）		
2	双面单V形焊缝（K焊缝）	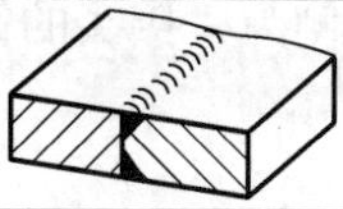	
3	带钝边的双面V形焊缝		
4	带钝边的双面单V形焊缝	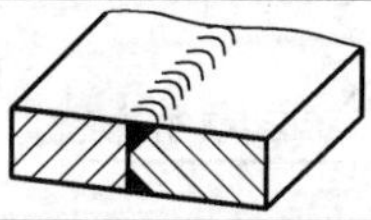	
5	双面U形焊缝		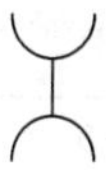

3. 补充符号

补充符号用来补充说明有关焊缝或接头的某些特征（如表面形状、衬垫、焊缝分布、施焊地点等），其说明见表11.3。

表 11.3　　补充符号

序号	名称	符号	说明
1	平面		焊缝表面通常经过加工后变得平整
2	凹面		焊缝表面凹陷
3	凸面		焊缝表面凸起
4	圆滑过渡		焊趾处过渡圆滑
5	永久衬垫	M	衬垫永久保留
6	临时衬垫	MR	衬垫在焊接完成后拆除
7	三面焊缝		三面带有焊缝
8	周围焊缝		沿着工件周边施焊的焊缝 标注位置为基准线与箭头的交点处
9	现场焊缝		在现场焊接的焊缝
10	尾部		可以表示所需的信息

4. 基本符号和指引线的位置规定

（1）在焊缝符号中，基本符号和指引线为基本要素，焊缝的准确位置通常由基本符号和指引线之间的相对位置决定，具体包括箭头线的位置、基准线的位置和基本符号的位置。指引线由箭头线和基准线（细实线、细虚线）组成，基准线一般应与图样的底边平行。指引线画法如图 11.2 所示。

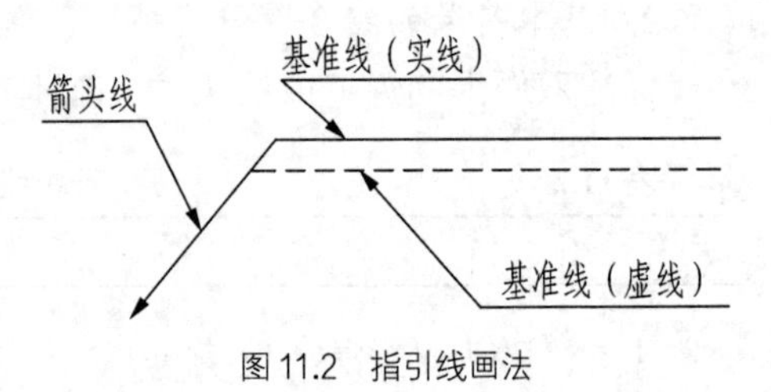

图 11.2　指引线画法

（2）箭头直接指向的接头侧为“接头的箭头侧”，与之相对的则为“接头的非箭头侧”，如图 11.3 所示。

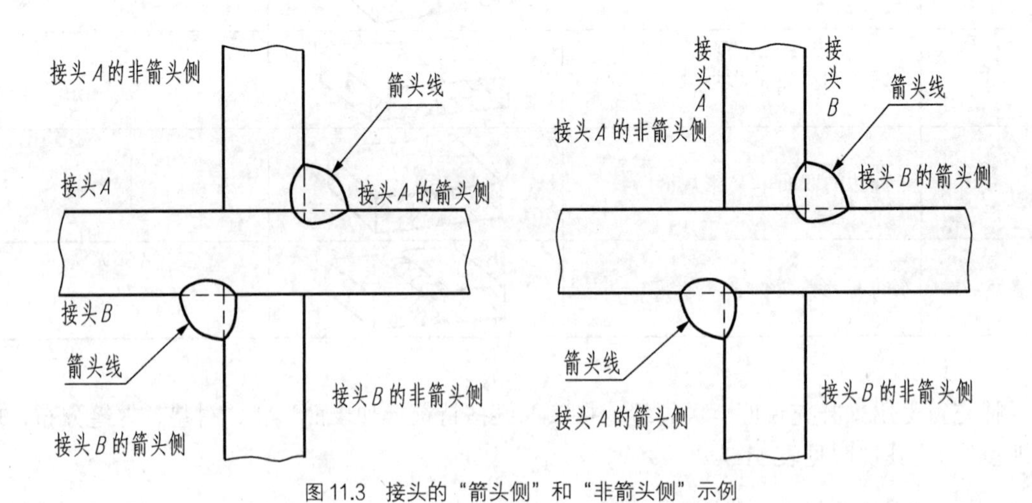

图 11.3　接头的“箭头侧”和“非箭头侧”示例

（3）基本符号与基准线的相对位置，如图 11.4 所示。基本符号在实线侧时，表示焊缝在箭头侧（见图 11.4（a））；基本符号在虚线侧时，表示焊缝在非箭头侧（见图 11.4（b））。对称焊缝允许省略虚线（见图 11.4（c））；在明确焊缝分布位置的情况下，有些双面焊缝也可省略虚线（见图 11.4（d））。

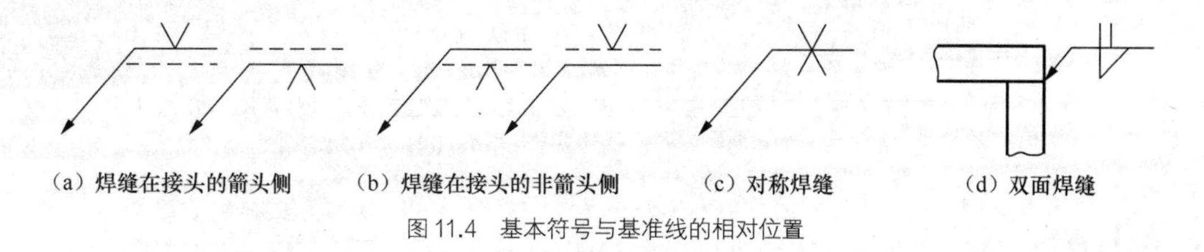

（a）焊缝在接头的箭头侧　（b）焊缝在接头的非箭头侧　（c）对称焊缝　（d）双面焊缝

图 11.4　基本符号与基准线的相对位置

三、焊缝尺寸及标注

1. 焊缝尺寸

必要时，可以在焊缝符号中标注尺寸，尺寸符号见表 11.4。

表 11.4　　尺寸符号

符号	名　称	示 意 图	符号	名　称	示 意 图
δ	工件厚度	δ	c	焊缝宽度	c
α	坡口角度	α	K	焊角尺寸	K
β	坡面角度	β	d	点焊、熔核：直径 塞焊：孔径	d
b	根部间隙	b	n	焊缝段数	n=2
p	钝边	p	l	焊缝长度	l
R	根部半径	R	e	焊缝间距	e
H	坡口深度	H	N	相同焊缝数量	N=3
S	焊缝有效厚度	S	h	余高	h

2. 焊缝尺寸的标注规则

焊缝横向尺寸标注在基本符号的左侧，纵向尺寸标注在基本符号的右侧；坡口角度、坡口面角度、根部间隙标注在基本符号的上侧或下侧；相同焊缝数量标注在尾部；当尺寸较多且不易分辨时，可在尺寸数据前标注相应的尺寸符号；当箭头线方向改变时，上述规则不变（见图 11.5）。

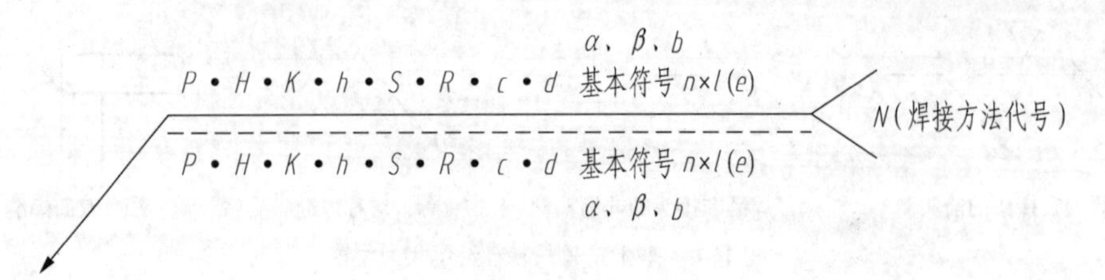

图 11.5 焊缝尺寸的标注方法

3. 常见焊缝标注

常见焊缝标注示例如表 11.5 所示。

表 11.5 常见焊缝标注示例

焊缝名称	画法示例	简化标注示例	说明
I 形焊缝			断续 I 形焊缝，在箭头侧，其中 L 是确定焊缝起始位置的定位尺寸
			焊缝符号标注中省略了焊缝段数和非箭头侧的基准线（虚线）
对称角焊缝			对称断续角焊缝，构件两端均有焊缝
			焊缝符号标注中省略了焊缝段数，焊缝符号中的尺寸只在基准线上标注一次

续表

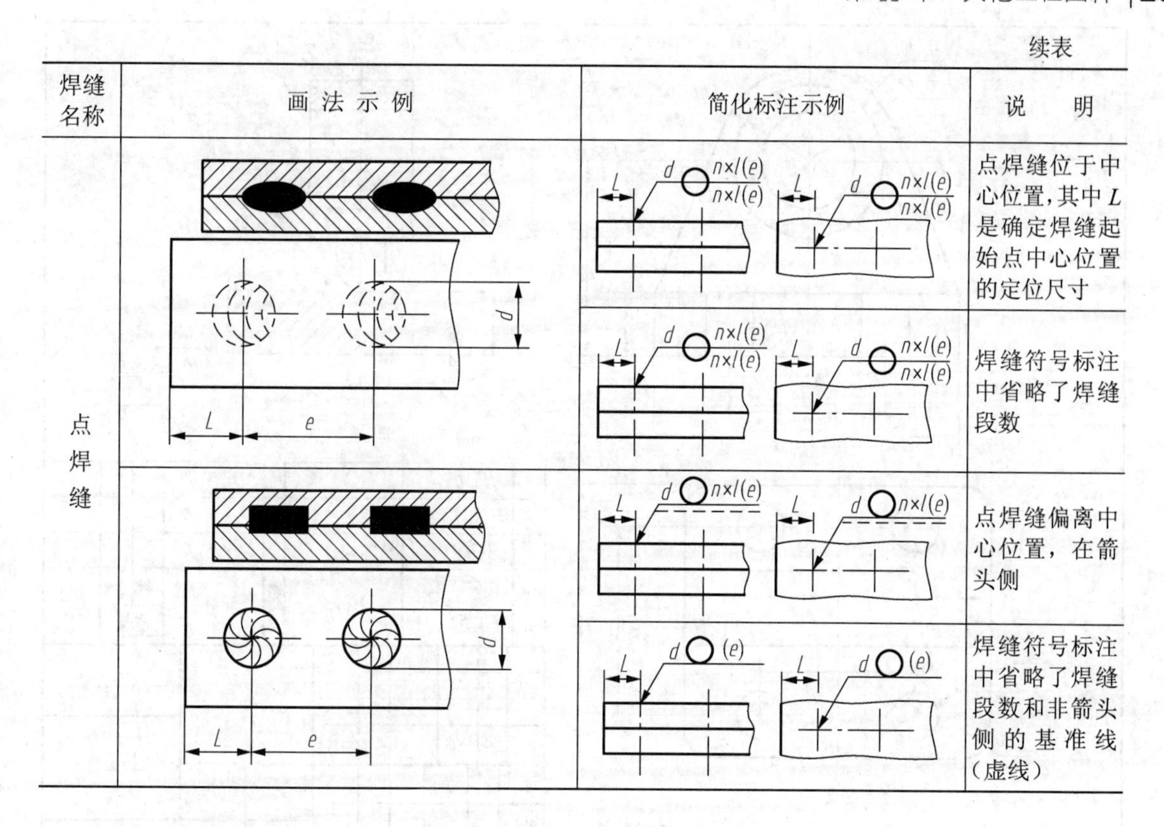

焊缝名称	画法示例	简化标注示例	说明
点焊缝			点焊缝位于中心位置，其中 L 是确定焊缝起始点中心位置的定位尺寸
			焊缝符号标注中省略了焊缝段数
			点焊缝偏离中心位置，在箭头侧
			焊缝符号标注中省略了焊缝段数和非箭头侧的基准线（虚线）

四、常见焊接及相关工艺方法代号（GB/ T 5158—2005）

焊接方法有很多，常见的有：电弧焊、电渣焊、点焊和钎焊等。焊接方法可用文字在技术要求中注明，也可用数字代号直接注写在尾部符号中。常见焊接及相关工艺方法代号如表 11.6 所示。

表 11.6　　常见焊接及相关工艺方法代号

代　号	焊接方法	代　号	焊接方法
1	电弧焊	311	氧乙炔焊
111	焊条电弧焊	4	压力焊
12	埋弧焊	41	超声波焊
15	等离子弧焊	72	电渣焊
21	点焊	91	硬钎焊
3	气焊	94	软钎焊

五、焊接件图例

图 11.6 所示为轴承座焊接图，图中除了一般零件图应具备的内容外，还有与焊接有关的说明、标注和每个构件的明细栏。

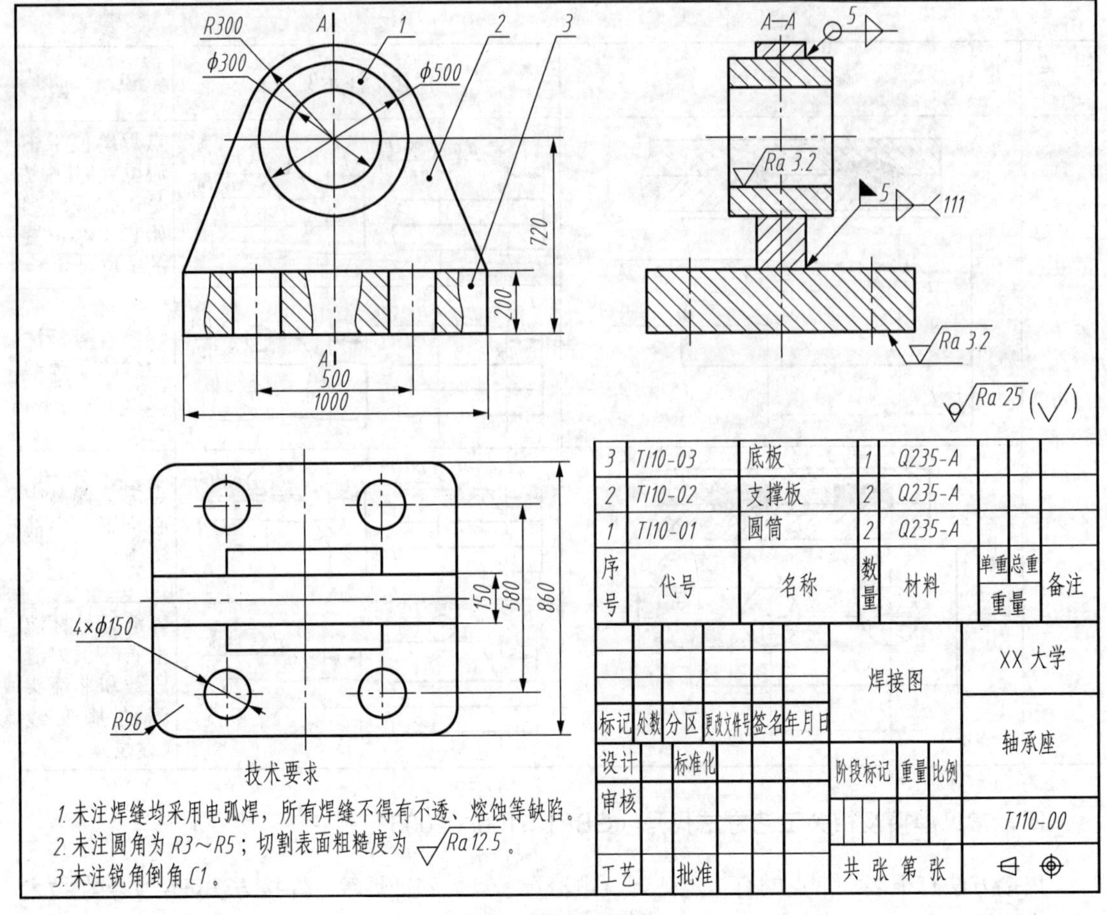

图 11.6 轴承座焊接图

11.2 展开图

把立体表面按其实际形状和大小依次连续平摊在一个平面上，称为立体表面的展开，俗称放样。立体表面展开后所得的平面图形称为展开图，如图 11.7（c）所示为圆柱表面展开图。

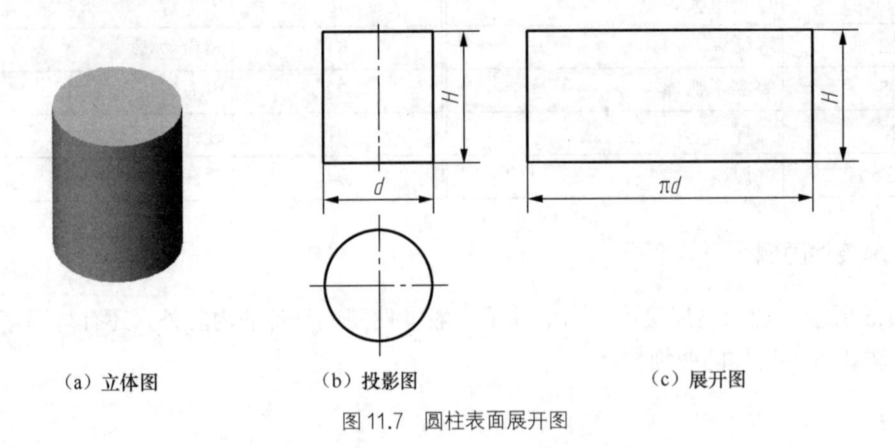

（a）立体图　（b）投影图　（c）展开图

图 11.7 圆柱表面展开图

展开图广泛应用在造船、车辆、冶金、电力、化工、建筑等行业。如图 11.8（a）所示，制造环保设备除尘器和吸尘罩，先要画出它们的展开图，再经切割下料，弯卷成型，最后用焊接、铆接或咬缝等连接方法制成。

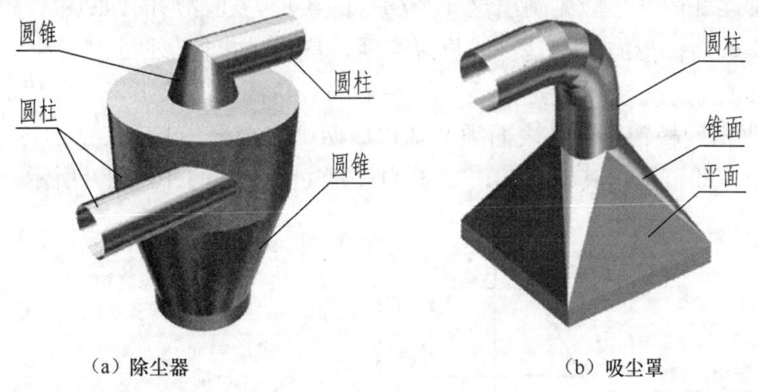

（a）除尘器 （b）吸尘罩

图 11.8 薄板制作的环保设备

立体的表面，分为可展面和不可展面。可以无皱折地摊平在一个平面上的表面称为可展面。有些立体表面，只能近似地“摊平”在一个平面上，它们被称为不可展面（如球面和环面等）。绘制展开图的方法有两种：图解法和计算法。图解法是依据投影原理作出投影图，再用作图方法求出展开图所需线段的实长和平面图形的实形后，绘出展开图。本节仅简单介绍采用图解法求可展面展开图的方法。

11.2.1 平面立体的表面展开

一、棱柱表面的展开

如图 11.9（a）所示，斜口直四棱柱管处于铅垂位置，前后棱面在主视图上反映实形。左右两侧棱面分别在左视图上反映实形。

作展开图时，首先将各底边按实长展开，画成一条水平线，分别标出点*Ⅳ*、*Ⅰ*、*Ⅱ*、*Ⅲ*、*Ⅳ*。再过底边上的各点作铅垂线，在其上量取各棱线的实长，得斜口各端点*Ⅷ*、*Ⅴ*、*Ⅵ*、*Ⅶ*、*Ⅷ*，依次连接各端点即可得斜口四棱柱管的展开图，如图 11.9（c）所示。

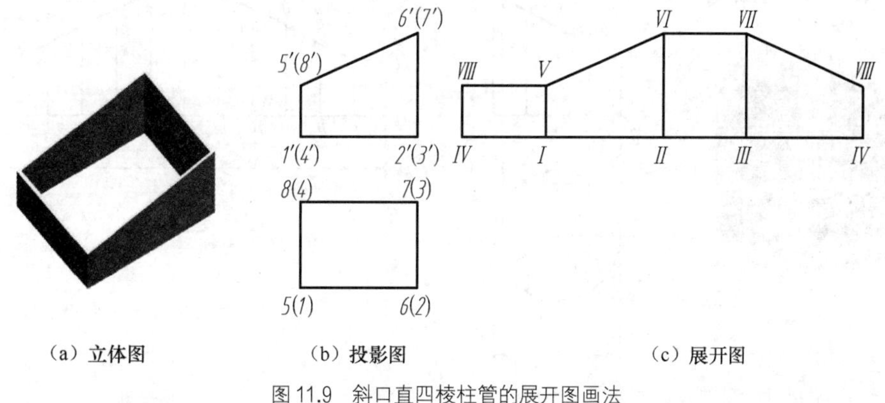

（a）立体图 （b）投影图 （c）展开图

图 11.9 斜口直四棱柱管的展开图画法

二、棱台表面的展开

如图 11.10（a）所示，平口四棱锥管由 4 个等腰梯形围成，4 个等腰梯形在投影图中均不反映实形。画展开图时，应先画出这 4 个梯形的实形。在梯形的四边中，其上底、下底的水平投影反映实长，梯形的两腰是一般位置直线，应先求出梯形两腰的实长。但仅知道梯形的四边实长，其实形位置仍不确定，还要把梯形的对角线长度求出来（即化成两个三角形来处理）。可见，平口四棱锥管的各表面须分别化成两个三角形，求出三角形各边的实长（用直角三角形法）后，即可画出其展开图，如图 11.10（c）和图 11.10（d）所示。

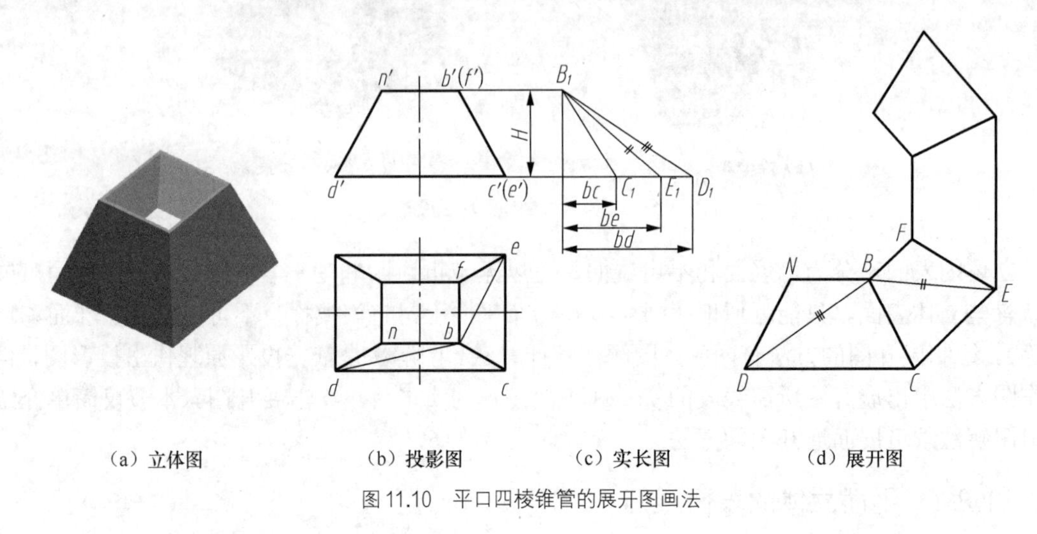

（a）立体图　（b）投影图　（c）实长图　（d）展开图

图 11.10　平口四棱锥管的展开图画法

11.2.2　可展曲面立体的表面展开

一、斜口圆管表面的展开

如图 11.11（a）所示，斜口圆管表面上的素线长短不相等。为了画出斜口圆管的展开图，要在斜口圆柱表面上量取若干条素线的实长（图示斜口圆管的素线是铅垂线，它们的正面投影反映实长）。

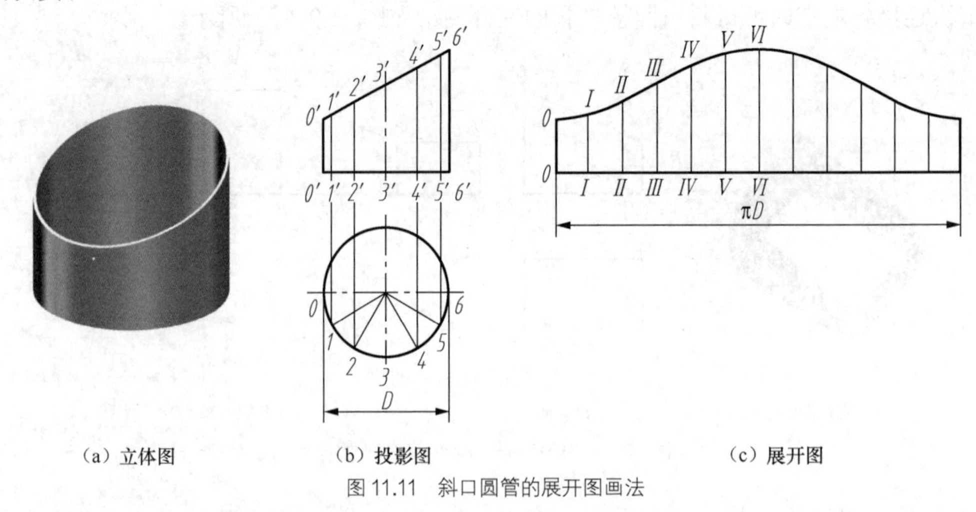

（a）立体图　（b）投影图　（c）展开图

图 11.11　斜口圆管的展开图画法

画展开图时，将圆管底面圆展开成等于底面圆周长的线段，找出线段上各等分点 *I*、*II*、*III* 等所在的位置；然后过这些点作垂线，在这些垂线上截取与投影图中相对应的素线实长，将各线的端点连成圆滑的曲线即可得斜口圆管的展开图，如图 11.11（c）所示。

二、等径直角弯管表面的展开

工程中有时要用环形弯管把两个直径相等、轴线垂直的管子连接起来。由于环形面是不可展曲面，因此在设计弯管时，一般都不采用环形弯管，而是会将几段圆柱管接在一起近似地代替环形弯管，如图 11.12（a）所示。

由图 11.12（b）可知，弯管两端管口平面相互垂直，并各为半节，中间是两个全节（共四节），实际上它由三个全节组成；四节都是斜口圆管。

为了简化作图和省料，可把四节斜口圆管拼成一个直圆柱管来展开，如图 11.12（c）所示。其作图方法与斜口圆管的展开方法相同。等径直角弯管的展开图如图 11.12（d）所示。

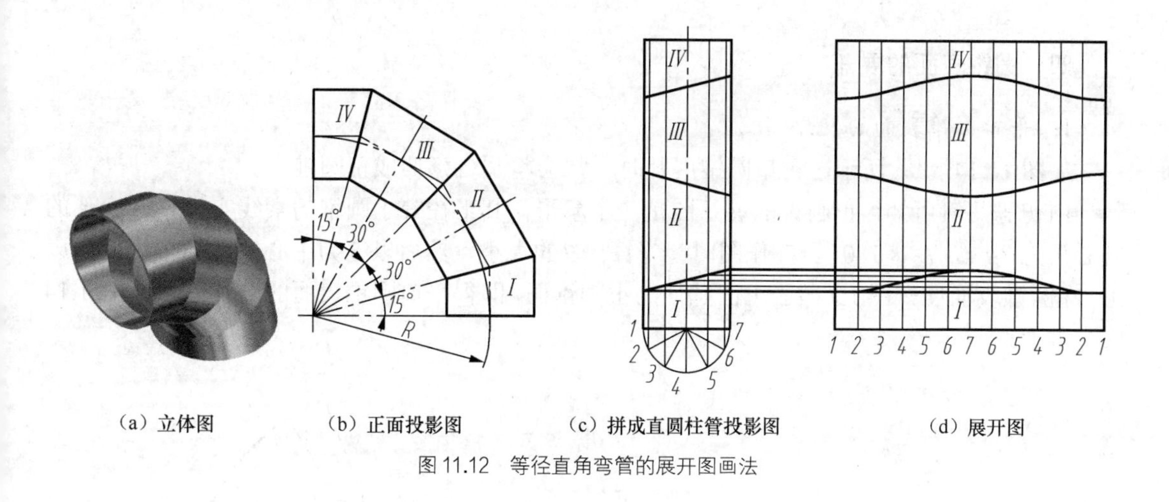

（a）立体图　（b）正面投影图　（c）拼成直圆柱管投影图　（d）展开图

图 11.12　等径直角弯管的展开图画法

三、等径三通圆管表面的展开

图 11.13（a）和图 11.13（b）所示为等径三通圆管的立体图和投影图。画等径三通圆管的展开图时，应以相贯线为界，分别画出水平和垂直圆管的展开图。

由于两圆管轴线都平行于正面，其表面上素线的正面投影均反映实长，故可按图 11.11 的展开方法画出它们的展开图，水平圆管的展开图，如图 11.13（b）所示。画垂直圆管的展开图时，先将其展开成一个矩形；然后求出相贯线上点的位置，依次将各点光滑地连接起来，得垂直圆管的展开图，如图 11.13（c）所示。

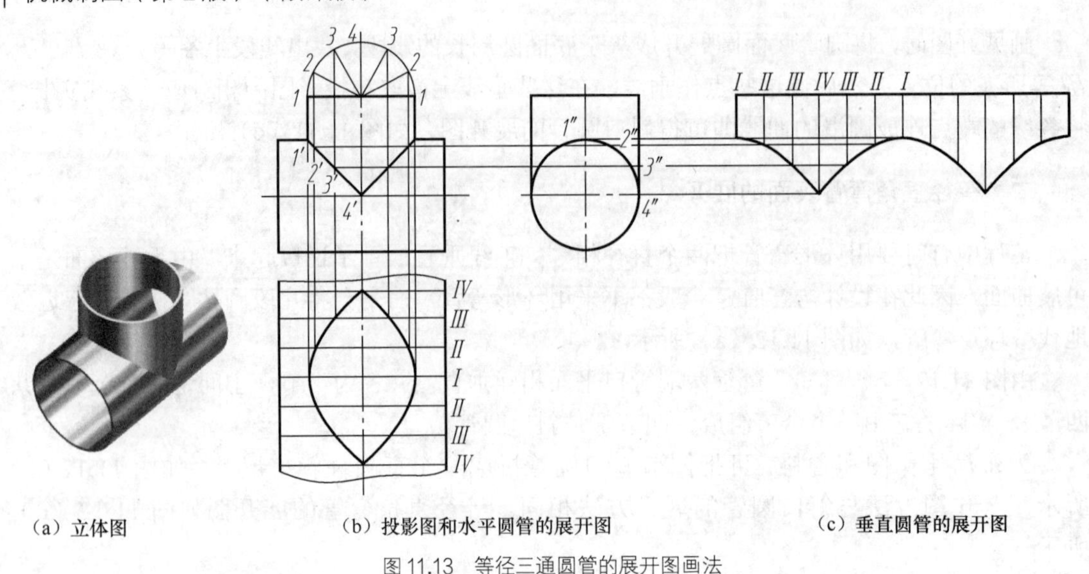

（a）立体图　（b）投影图和水平圆管的展开图　（c）垂直圆管的展开图

图 11.13　等径三通圆管的展开图画法

四、圆锥表面的展开

1. 平口圆锥表面的展开

如图 11.14（a）所示，平口圆锥展开时，常会将圆台延伸成正圆锥。

由初等几何可知，正圆锥的展开图是一个扇形，其半径等于圆锥的素线实长 L_2。扇形的圆心角为 $\theta=\pi D/L_2\times 180°$。在作图时，先算出 θ 的大小，然后以 S 为中心、L_2 为半径画出扇形。在圆锥表面展开图上，截去上面延伸的小圆锥面，即得平口圆锥表面的展开图，如图 11.14（c）所示。

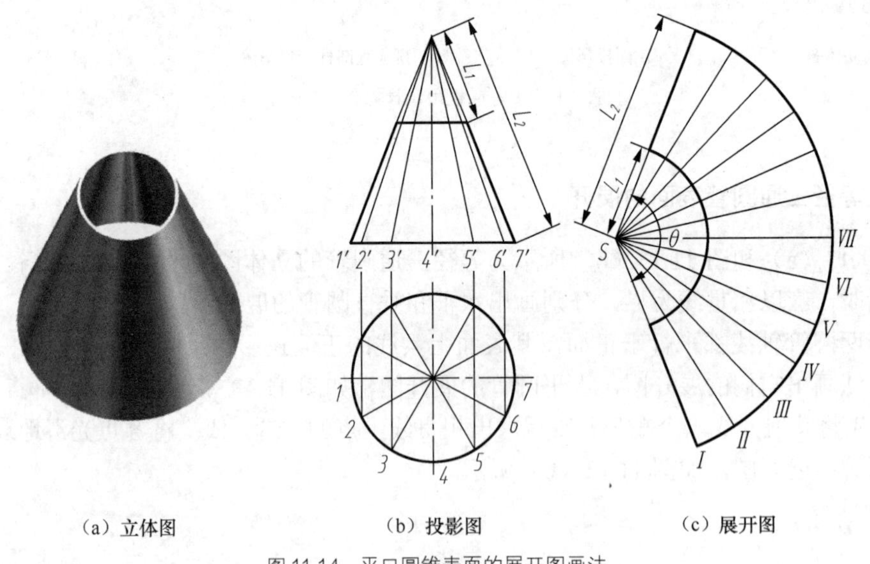

（a）立体图　（b）投影图　（c）展开图

图 11.14　平口圆锥表面的展开图画法

2. 斜口圆锥表面的展开

斜口圆锥的立体图和投影图如图 11.15（a）、图 11.15（b）所示。

求斜口圆锥表面的展开图时，首先要求出斜口上各点至锥顶的素线长度，作图步骤如下：

（1）将圆锥底面圆分成若干等分，求出其正面投影，并与锥顶 s'连接成若干条素线，标出各素线与截面的交点 $1'$，$2'$，…，$7'$。

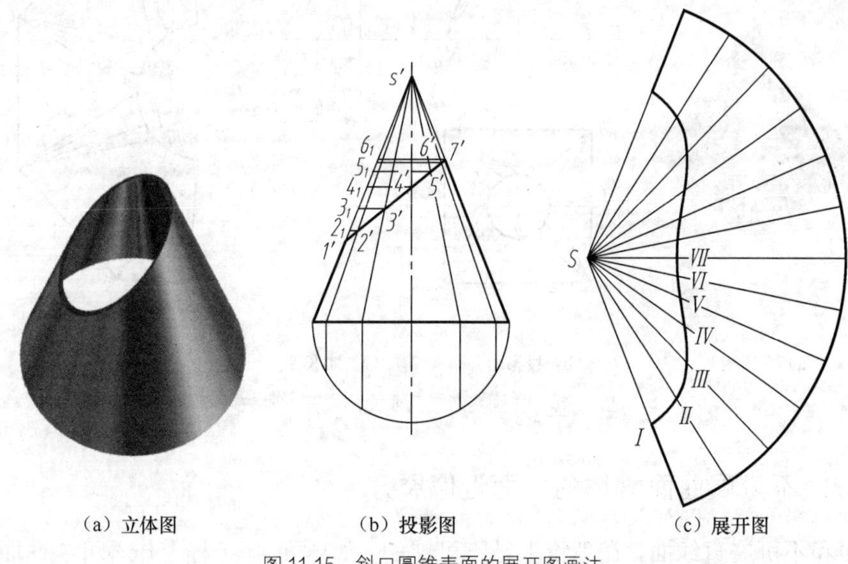

（a）立体图　（b）投影图　（c）展开图

图 11.15　斜口圆锥表面的展开图画法

（2）用旋转法求出被截去部分的线段实长，如 $s'2'$的实长等于 $s'2_1$。

（3）将圆锥面展开成扇形，在展开图上把扇形的圆心角也分成相同的 12 等分，作出素线。

（4）过点 S 分别将 $S\,I$，$S\,II$，…，$S\,VII$ 的实长（$s'1'$，$s'2_1$，…，$s'7'$）量到相应的素线上，得点 I，II，…，VII 等，光滑连接各点，得斜口圆锥管的展开图（上下对称），如图 11.15（c）所示。

3. 变形接头表面的展开

如图 11.16（a）所示，方圆变形接头的表面由 4 个等腰三角形平面和 4 个相等的斜椭圆锥面组成。它的下底面 $ABCD$ 为水平面，水平投影反映实形，作展开图时只要用若干个棱锥面近似代替椭圆锥面，再求出等腰三角形的实形，即可依次画出展开图。

方圆变形接头表面展开图的作图步骤如下。

（1）在方圆变形接头的水平投影上，将顶圆每 1/4 周长三等分，得点的水平投影 1、2、3、4，其正面投影为 $1'$、$2'$、$3'$、$4'$，把各等分点与矩形相应的顶点用直线相连，即得锥面上素线和四个等腰三角形的两面投影，如图 11.16（b）所示。

（2）用直角三角形法求出锥面上各素线的实长，$E\,I$、$A\,I$、$A\,II$、$A\,III$、$A\,IV$，如图 11.16（c）所示。

（3）作等腰三角形 $AB\,IV$的实形（$AB = ab$，分别以 A、B 为圆心、$A\,IV$为半径画弧）。作椭圆锥面的实形（分别以 A、IV为圆心，$A\,III$、43 为半径画弧，交于点III，则△$A\,III\,IV$为近似椭圆锥面的 1/3 实形）。同理，可依次作△$A\,II\,III$、△$A\,I\,II$。光滑连接点 I、II、III、IV 得出一个椭圆锥面的实形。分别以 A、I 为圆心，AE（$AE = ae$）、EI 为半径画弧，交于点 E，则△$A\,I\,E$ 为等腰△$A\,I\,D$ 一半的实形，$E\,I$为变形接头的结合边。重复上述步骤，依次作变形接头的其余部分，并画在同一平面内，即得变形接头的展开图，如图 11.16（d）所示。

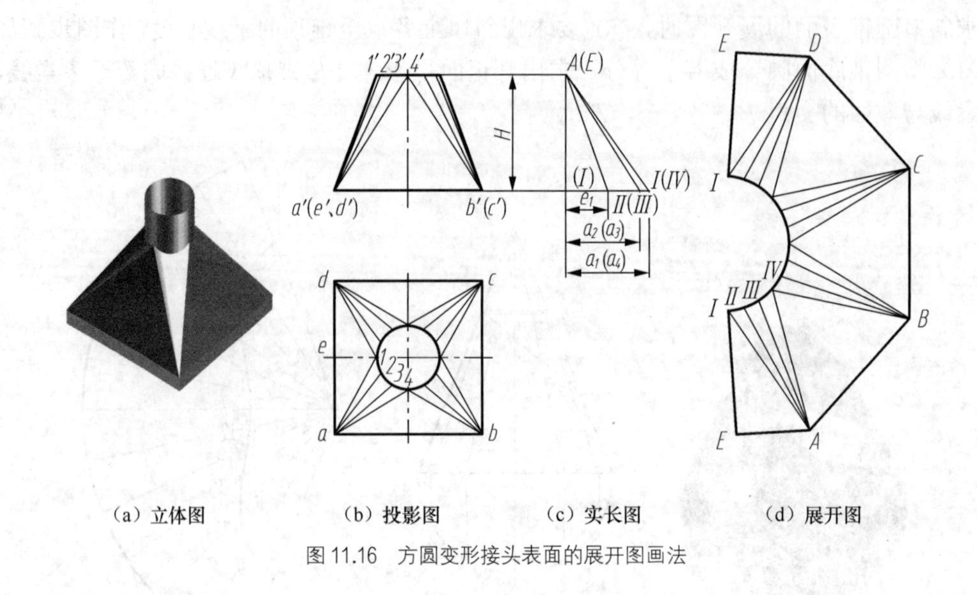

（a）立体图　（b）投影图　（c）实长图　（d）展开图

图 11.16　方圆变形接头表面的展开图画法

11.2.3　不可展曲面立体的表面近似展开

曲线面和不可展直线面，在理论上是不可展的（如球面）。工程上作不可展曲面的展开图时，常把它划分成若干个与它逼近的可展曲面小块来代替它，如小块柱面或锥面，如图 11.17（a）所示，把球面分解为小块柱面或锥面。也可用小块平面来代替，如图 11.17（b）所示，把球面分解为矩形和梯形。

球面的展开常用的方法有近似锥面法和近似变形法两种，本节仅介绍近似锥面法。

如图 11.17（c）所示，先在球面上作 6 条水平纬线，把球面分成 *I*、*II*等七个部分。将第 *I* 部分当作它的内接圆柱来展开，而将其余部分当作它们的内接圆锥来展开。其中各内接圆锥的顶点分别为点 S_1、S_2、S_3。最后把各部分的展开图拼接在一起，就可得到图 11.17（d）所示的展开图。实际上，由于受到材料面积的限制，在根据展开图下料时，常把第 *I* 部分再分为若干个矩形，把 *II*、*III* 等各部分再分为若干个梯形，经过弯曲以后，把它们焊接成一个球，球面的展开图如图 11.17（d）所示。

（a）分解为小块柱面或锥面

（b）分解为矩形和梯形

图 11.17　球面的展开图画法（采用近似锥面法）

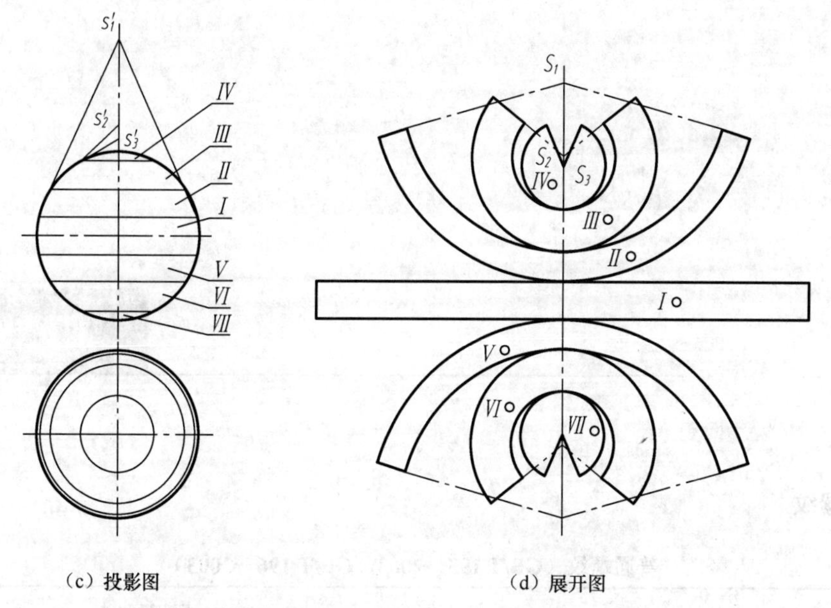

（c）投影图　　　　　　　（d）展开图

图 11.17　球面的展开图画法（采用近似锥面法）（续）

附　录

一、螺纹

附表 1　　　　普通螺纹（GB/T 193—2003，GB/T 196—2003）

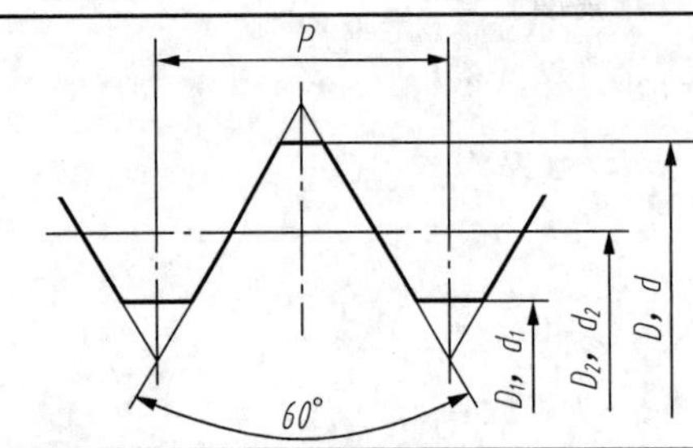

标记示例

公称直径 24 mm，螺距为 3 mm 的粗牙右旋普通螺纹，公差带代号 6 g：M24-6g

公称直径 24 mm，螺距为 1.5 mm 的细牙左旋普通螺纹，公差带代号 7H：M24 × 1.5-7H-LH

（单位：mm）

公称直径 D、d		螺距 P		粗牙小径 D_1、d_1	公称直径 D、d		螺距 P		粗牙小径 D_1、d_1
第一系列	第二系列	粗牙	细牙		第一系列	第二系列	粗牙	细牙	
3		0.5	0.35	2.459	20		2.5	2、1.5、1	17.294
	3.5	0.6		2.850		22	2.5		19.294
4		0.7	0.5	3.242	24		3		20.752
	4.5	0.75		3.688		27	3		23.752
5		0.8		4.134	30		3.5	（3）、2、1.5、1	26.211
6		1	0.75	4.917		33	3.5	（3）、2、1.5	29.211
	7	1		5.917	36		4	3、2、1.5	31.670
8		1.25	1、0.75	6.647		39	4		34.670
10		1.5	1.25、1、0.75	8.376	42		4.5	4、3、2、1.5	37.129
12		1.75	1.25、1	10.106		45	4.5		40.129
	14	2	1.5、1.25、1	11.835	48		5		42.587
16		2	1.5、1	13.835		52	5		46.587
	18	2.5	2、1.5、1	15.294	56		5.5		50.046

注：1．优先选用第一系列；括号内的尺寸尽可能不用；第三系列未列入。

2．中径（D_2、d_2）未列入。

3．M14 × 1.25 仅用于发动机的火花塞。

附表 2　　梯形螺纹基本尺寸（GB/T 5796.2～5796.3—2005）

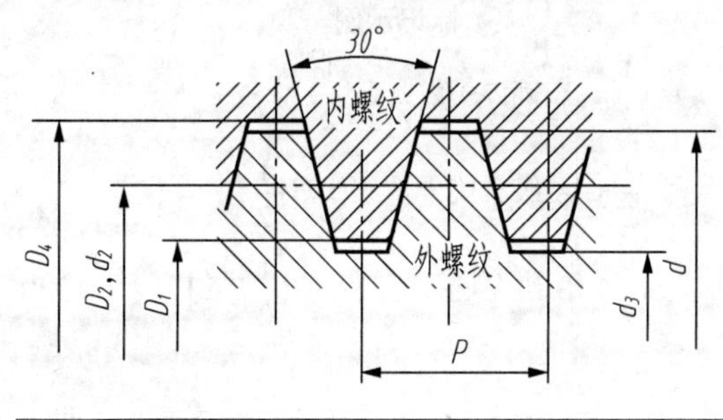

标记示例

公称直径为 36 mm，螺距为 6 mm，中径公差带代号为 7H 的单线右旋梯形内螺纹：Tr36 × 6-7H

公称直径为 36 mm，导程为 12 mm，螺距为 6 mm，中径公差带代号为 8e 的双线左旋梯形外螺纹：Tr36 × 12（P6）8e-LH

（单位：mm）

公称直径 d		螺距	中径	大径	小径		公称直径 d		螺距	中径	大径	小径	
第一系列	第二系列	P	$d_2 = D_2$	D_4	d_3	D_1	第一系列	第二系列	P	$d_2 = D_2$	D_4	d_3	D_1
8		1.5	7.25	8.3	6.2	6.5		30	6	27	31	23	24
	9	2	8	9.5	6.5	7	32		6	29	33	25	26
10		2	9	10.5	7.5	8		34	6	31	35	27	28
	11	2	10	11.5	8.5	9	36		6	33	37	29	30
12		3	10.5	12.5	8.5	9		38	7	34.5	39	30	31
	14	3	12.5	14.5	10.5	11	40		7	36.5	41	32	33
16		4	14	16.5	11.5	12		42	7	38.5	43	34	35
	18	4	16	18.5	13.5	14	44		7	40.5	45	36	37
20		4	18	20.5	15.5	16		46	8	42	47	37	38
	22	5	19.5	22.5	16.5	17	48		8	44	49	39	40
24		5	21.5	24.5	18.5	19		50	8	46	51	41	42
	26	5	23.5	26.5	20.5	21	52		8	48	53	43	44
28		5	25.5	28.5	22.5	23		55	9	50.5	56	45	46

注：1．优先选用第一系列的直径。

2．在每一个直径所对应的各个螺距中，本表仅摘录应优先选用的螺距和相应的基本尺寸。

附表 3　　55°非密封管螺纹（GB/T 7307—2001）

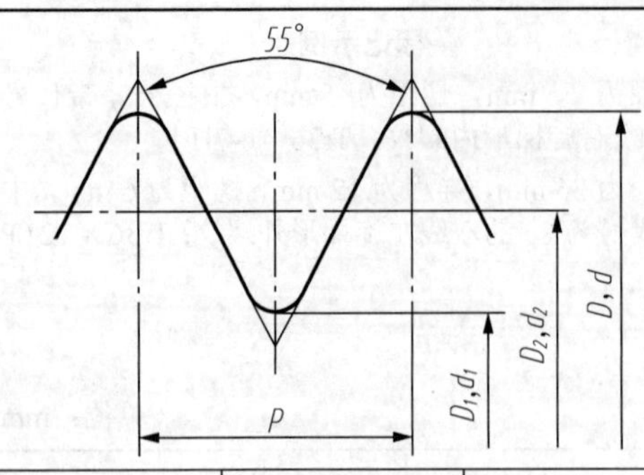

标记示例

尺寸代号$1\frac{1}{2}$，右旋内螺纹：G$1\frac{1}{2}$

尺寸代号$1\frac{1}{2}$，A 级右旋外螺纹：G$1\frac{1}{2}$ A

尺寸代号$1\frac{1}{2}$，B 级左旋外螺纹：G$1\frac{1}{2}$ B-LH

（单位：mm）

尺寸代号	每 25.4 mm 内的牙数 n	螺距 P	基本直径		
			大径 $d=D$	中径 $d_2=D_2$	小径 $d_1=D_1$
1/8	28	0.907	9.728	9.147	8.566
1/4	19	1.337	13.157	12.301	11.445
3/8			16.662	15.806	14.950
1/2	14	1.814	20.955	19.793	18.631
3/4			26.441	25.279	24.117
1	11	2.309	33.249	31.770	30.291
$1\frac{1}{8}$			37.897	36.418	34.939
$1\frac{1}{4}$			41.910	40.431	38.952
$1\frac{1}{2}$			47.803	46.324	44.845
$1\frac{3}{4}$			53.746	52.267	50.788
2			59.614	58.135	56.656
$2\frac{1}{4}$			65.710	64.231	62.752
$2\frac{1}{2}$			75.184	73.705	72.226
$2\frac{3}{4}$			81.534	80.055	78.576
3			87.884	86.405	84.926
$3\frac{1}{2}$			100.330	98.851	97.372
4			113.030	111.551	110.072
5			138.430	136.951	135.472
6			163.830	162.351	160.872

注：本标准适用于管接头、旋塞、阀门及其附件。

二、常用标准件

附表 4　　　六角头螺栓（GB/T 5782～5783—2016）

六角头螺栓—A 和 B 级（GB/T 5782—2000）　　六角头螺栓—全螺纹—A 和 B 级（GB/T 5783—2000）

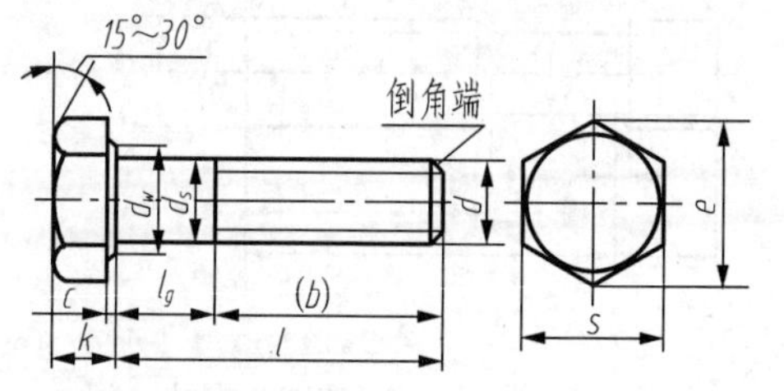

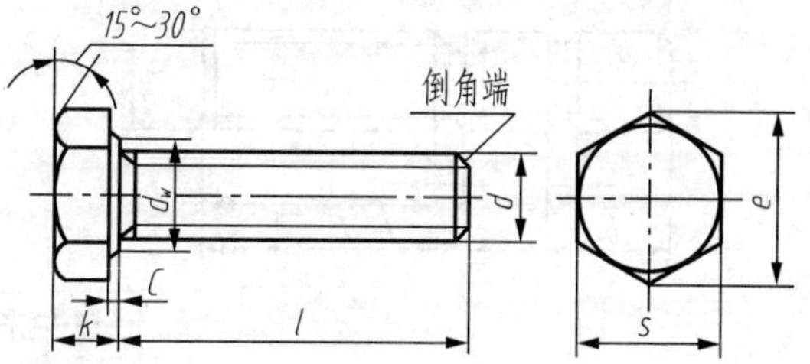

标记示例

螺纹规格 d = M12、公称长度 l = 50 mm、性能等级为 8.8 级、表面氧化、产品等级为 A 级的六角头螺栓：
螺栓　GB/T 5782　M12 × 50

螺纹规格 d = M12、公称长度 l = 50 mm、性能等级为 8.8 级、表面氧化、全螺纹、产品等级为 A 级的六角头螺栓：螺栓　GB/T 5783　M12 × 50

（单位：mm）

螺纹规格 d		M4	M5	M6	M8	M10	M12	M16	M20	M24	M30	M36	M42	M48
b 参考	l≤125	14	16	18	22	26	30	38	46	54	66	—	—	—
	125<l≤200	20	22	24	28	32	36	44	52	60	72	84	96	108
	l>200	33	35	37	41	45	49	57	65	73	85	97	109	121
c_{max}		0.4	0.5		0.6			0.8					1	
k		2.8	3.5	4	5.3	6.4	7.5	10	2.5	15	18.7	22.5	26	30
d_{smax}		4	5	6	8	10	12	16	20	24	30	36	42	48
s_{max}		7	8	10	13	16	18	24	30	36	46	55	65	75
e_{min}	A	7.66	8.79	11.05	14.38	17.77	20.03	26.75	33.53	39.98	—	—	—	—
	B	7.50	8.63	10.89	14.2	17.59	19.85	26.17	32.95	39.55	50.85	60.79	71.3	82.6
d_{wmin}	A	5.88	6.88	8.88	11.63	14.63	16.63	22.49	28.19	33.61	—	—	—	—
	B	5.74	6.74	8.74	11.47	14.47	16.47	22	27.7	33.25	42.75	51.11	59.95	69.45
l 范围	GB/T 5782	25～40	25～50	30～60	40～80	45～100	50～120	65～160	80～200	90～240	110～300	140～360	160～440	180～480
	GB/T 5783	8～40	10～50	12～60	16～80	20～100	25～120	30～150	40～150	50～150	60～200	70～200	80～200	90～200
l 系列	GB/T 5782	20～65（5 进位）、70～160（10 进位）、180～480（20 进位）												
	GB/T 5783	8、10、12、16、18、20～65（5 进位）、70～160（10 进位）、180、200												

注：1. 螺纹公差为 6 g；机械性能等级为 8.8。

2. 产品等级：A 级用于 d = 1.6～24 mm 和 l≤10 d 或 l≤150 mm（按较小值）；B 级用于 d>24 mm 或 l>150 mm（按较小值）。

3. 末端按 GB/T 2—2001 规定。

附表 5　　双头螺柱（GB/T 897～900—1988）

$b_m = 1\,d$（GB/T 897—1988）　　$b_m = 1.5\,d$（GB/T 899—1988）

$b_m = 1.25\,d$（GB/T 899—1988）　　$b_m = 2\,d$（GB/T 900—1988）

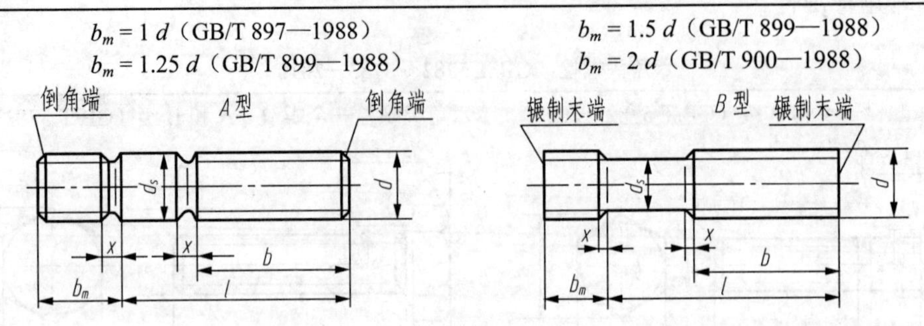

标记示例

两端均为粗牙普通螺纹，d=10 mm，l = 50 mm，性能等级为 4.8 级、B 型、b_m =1d 的双头螺柱：

螺柱　GB/T 897 M10 × 50

旋入一端为粗牙普通螺纹，旋螺母一端为螺距 P = 1 mm 的细牙普通螺纹，d = 10 mm，l = 50 mm，性能等级为 4.8 级、A 型、b_m = 1 d 的双头螺柱：螺柱　GB/T 897 AM10 × 1 × 50

（单位：mm）

螺纹规格 d		M4	M5	M6	M8	M10	M12	M16	M20	M 24	M30	M36	M42	M48
b_m	GB/T 897	—	5	6	8	10	12	16	20	24	30	36	42	48
	GB/T 898	—	6	8	10	12	15	20	25	30	38	45	52	60
	GB/T 899	6	8	10	12	15	18	24	30	36	45	54	65	72
	GB/T 900	8	10	12	16	20	24	32	40	48	60	72	84	96
d_s		A 型 d_s = 螺纹大径，B 型 d_s ≈ 螺纹中径												
x		$1.5P$												
$\frac{l}{b}$		$\frac{25\sim40}{14}$	$\frac{25\sim50}{16}$	$\frac{25\sim30}{14}$ $\frac{32\sim75}{18}$	$\frac{25\sim30}{16}$ $\frac{32\sim90}{22}$	$\frac{30\sim38}{16}$ $\frac{40\sim120}{26}$ $\frac{130}{32}$	$\frac{32\sim40}{20}$ $\frac{45\sim120}{30}$ $\frac{130\sim180}{36}$	$\frac{40\sim55}{30}$ $\frac{60\sim120}{38}$ $\frac{130\sim200}{44}$	$\frac{45\sim65}{35}$ $\frac{70\sim120}{46}$ $\frac{130\sim200}{52}$	$\frac{55\sim75}{45}$ $\frac{80\sim120}{54}$ $\frac{130\sim200}{60}$	$\frac{70\sim90}{50}$ $\frac{95\sim120}{60}$ $\frac{130\sim200}{72}$ $\frac{210\sim250}{85}$	$\frac{80\sim110}{60}$ $\frac{120}{78}$ $\frac{130\sim200}{84}$ $\frac{210\sim300}{97}$	$\frac{85\sim110}{70}$ $\frac{120}{90}$ $\frac{130\sim200}{96}$ $\frac{210\sim300}{109}$	$\frac{95\sim110}{80}$ $\frac{120}{102}$ $\frac{130\sim200}{108}$ $\frac{210\sim300}{121}$
l 系列		16、(18)、20、(22)、25、(28)、30、(32)、35、(38)、40、45、50、(55)、60、(65)、70、(75)、80、(85)、90、(95)、100、110、120、130、140、150、160、170、180、190、200、210、220、230、240、250、260、280、300												

注：1．b_m = 1d，一般用于钢对钢；b_m =（1.25～1.5）d，一般用于钢对铸铁；b_m = 2 d，一般用于钢对铝合金。

2．括号内规格尽可能不采用。

3．P 为螺距。

附表 6　　**螺钉（GB/T 65～68—2016）**

开槽圆柱头螺钉（GB/T 65—2000）

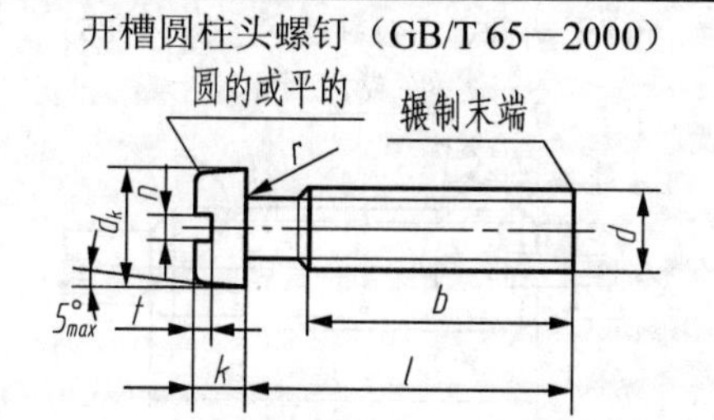

开槽盘头螺钉（GB/T 67—2000）

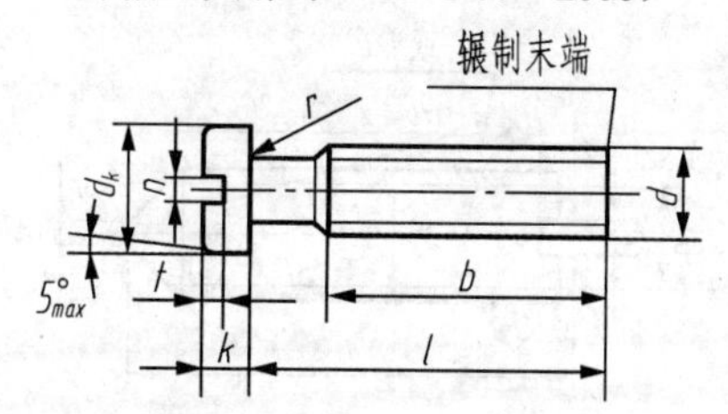

开槽沉头螺钉（GB/T 68—2000）

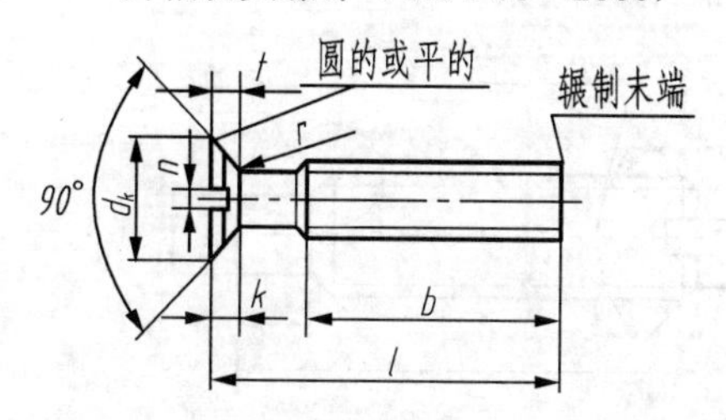

无螺纹部分杆径约等于螺纹中径或允许等于螺纹大径

标记示例

螺纹规格 d = M5、公称长度 l = 20 mm，性能等级为 4.8 级、不经表面处理的开槽沉头螺钉：

螺钉　GB/T 65 M5 × 20

（单位：mm）

螺纹规格 d	螺距 P	b_{min}	n（公称）	k_{max}			d_{kmax}			t_{min}			r	l 范围
				GB/T 65	GB/T 67	GB/T 68	GB/T 65	GB/T 67	GB/T 68	GB/T 65	GB/T 67	GB/T 68		
M3	0.5	25	0.8	2	1.8	1.65	5.5	5.6	5.5	0.85	0.7	0.6	0.1	4(5)～30
M4	0.7		1.2	2.6	2.4	2.7	7	8	8.4	1.1	1		0.2	5(6)～40
M5	0.8			3.3	3.0		8.5	9.5	9.3	1.3	1.2	1.1		6(8)～50
M6	1	38	1.6	3.9	3.6	3.3	10	12	11.3	1.6	1.4	1.2	0.25	8～60
M8	1.25		2	5	4.8	4.65	13	16	15.8	2	1.9	1.8	0.4	10～80
M10	1.5		2.5	6	6	5	16	20	18.3	2.4	2.4	2	0.4	12～80
l 系列			4、5、6、8、10、12、（14）、16、20、25、30、35、40、45、50、（55）、60、（65）、70、（75）、80											

注：1. l 范围中，括号内的规格为 GB/T 68—2000 的尺寸规格。

2. l 系列中，括号内的规格尽可能不采用。

附表 7　　紧定螺钉（GB/T 71～75—2018）

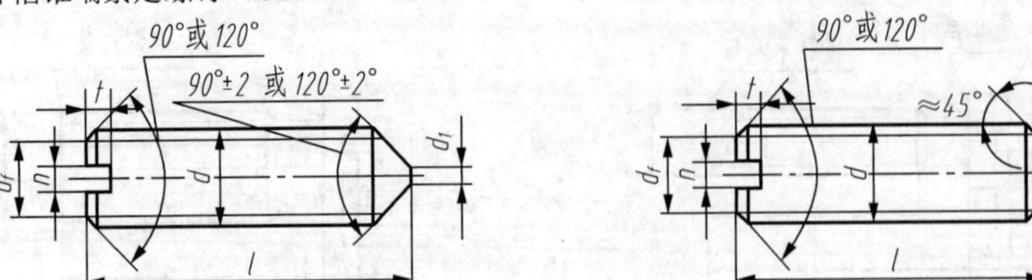

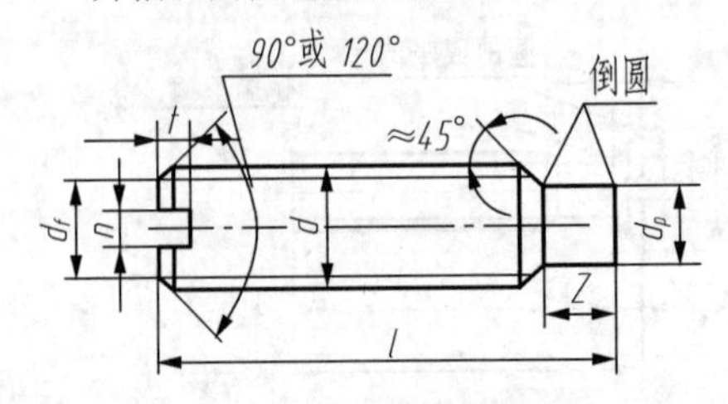

标记示例

螺纹规格 d = M5，公称长度 l = 12 mm，性能等级为 14H 级，表面氧化的开槽锥端紧定螺钉：

螺钉　GB/T 71 M5 × 12

（单位：mm）

螺纹规格 d	螺距 P	$d_f \approx$	d_{tmax}	d_{pmax}	n	t	z_{max}	l（公称）		
								GB/T 71	GB/T 73	GB/T 75
M3	0.5	螺纹小径	0.3	2	0.4	1.05	1.75	4～16	3～16	5～16
M4	0.7		0.4	2.5	0.6	1.42	2.25	6～20	4～20	6～20
M5	0.8		0.5	3.5	0.8	1.63	2.75	8～25	5～25	8～25
M6	1		1.5	4	1	2	3.25	8～30	6～30	10～30
M8	1.25		2	5.5	1.2	2.5	4.3	10～40	8～40	10～40
M10	1.5		2.5	7	1.6	3	5.3	12～50	10～50	12～50
M12	1.75		3	8.5	2	3.6	6.3	14～60	12～60	14～60
l 系列	2、2.5、3、4、5、6、8、10、12、（14）、16、20、25、30、40、45、50、（55）、60									

注：括号内的规格尽可能不采用。

附表 8　　**内六角圆柱头螺钉（GB/T 70.1—2008）**

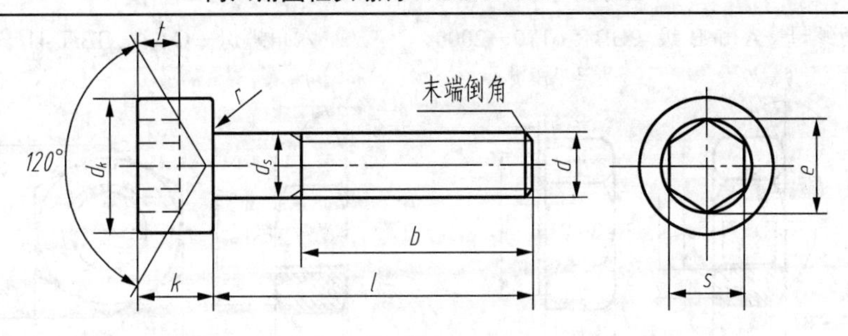

标记示例

螺纹规格 d = M5，公称长度 l = 20 mm，性能等级为 8.8 级，表面氧化的 A 级内六角圆柱头螺钉：

螺钉　GB/T 70.1　M5 × 20

（单位：mm）

螺纹规格 d	M3	M4	M5	M6	M8	M10	M12	（M14）	M16	M20	M24
螺距 P	0.5	0.7	0.8	1	1.25	1.5	1.75	2	2	2.5	3
B（参考）	18	20	22	24	28	32	36	40	44	52	60
$d_{k\max}$	5.5	7	8.5	10	13	16	18	21	24	30	36
$k_{\max}$	3	4	5	6	8	10	12	14	16	20	24
$t_{\min}$	1.3	2	2.5	3	4	5	6	7	8	10	12
S（公称）	2.5	3	4	5	6	8	10	12	14	17	19
$e_{\min}$	2.87	3.44	4.58	5.72	6.86	9.15	11.43	13.72	16.00	19.44	21.73
$d_{s\max}$	$=d$										
$r_{\min}$	0.1	0.2	0.2	0.25	0.4	0.4	0.6	0.6	0.6	0.8	0.8
l 范围	5～30	6～40	8～50	10～60	12～80	16～100	20～120	25～140	25～160	30～200	40～200
l 系列	5、6、8、10、12、16、20、25、30、35、40、45、50、55、60、65、70、80、90、100、110、120、130、140、150、160、180、200										

注：括号内的规格尽可能不采用。

附表 9　　　　　　六角螺母（GB/T 6170—2015、GB/T 41—2016）

I 型六角螺母—A 和 B 级（GB/T 6170—2000）　　　　六角螺母—C 级（GB/T 41—2000）

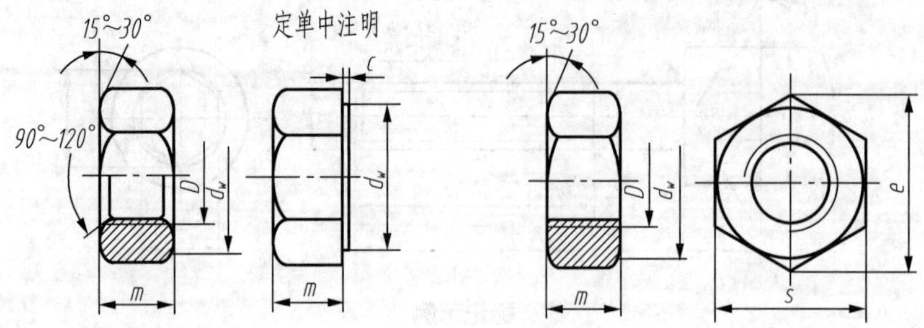

标记示例

螺纹规格 $D=12$、性能等级为 8 级、不经表面处理、产品等级为 A 级的 I 型六角螺母：

螺母　GB/T 6170　M12

螺纹规格 $D=12$、性能等级为 5 级、不经表面处理、产品等级为 C 级的六角螺母：

螺母　GB/T 41　M12

（单位：mm）

螺纹规格 D		M4	M5	M6	M8	M10	M12	M16	M20	M24	M30	M36	M42	M48
P		0.7	0.8	1	1.25	1.5	1.75	2	2.5	3	3.5	4	4.5	5
c_{max}		0.4	0.5		0.6			0.8					1	
s_{max}		7	8	10	13	16	18	24	30	36	46	55	65	75
e_{min}	GB/T 6170	7.66	8.79	11.05	14.38	17.77	20.03	26.75	32.95	39.55	50.85	60.79	71.3	82.6
	GB/T 41	—	8.63	10.89	14.2	17.59	19.85	26.17	32.95	39.55	50.85	60.79	71.3	82.6
m_{max}	GB/T 6170	3.2	4.7	5.2	6.8	8.4	10.8	14.8	18	21.5	25.6	31	34	38
	GB/T 41	—	5.6	6.4	7.9	9.5	12.2	15.9	19	22.3	26.4	31.9	34.9	38.9
d_{wmin}	GB/T 6170	5.9	6.9	8.9	11.6	14.6	16.6	22.5	27.7	33.3	42.8	51.1	60	69.5
	GB/T 41	—	6.7	8.7	11.5	14.5	16.5	22	27.7	33.3	42.8	51.1	60	69.5

注：1．P 为螺距。

2．A 级用于 $D\leqslant16$ 的螺母；B 级用于 $D>16$ 的螺母；C 级用于 M5～M64 的螺母。

3．螺纹公差：A、B 级为 6H，C 级为 7H；力学性能等级：A、B 级为 6、8、10 级，C 级为 4、5 级。

附表 10　　平垫圈（GB/ T 97.1～2—2002）

平垫圈—A 级（GB/T 97.1—2002）　　平垫圈—倒角型—A 级（GB/T 97.2—2002）

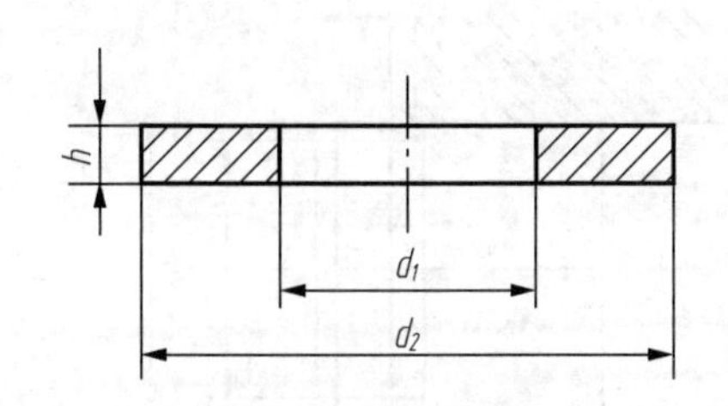

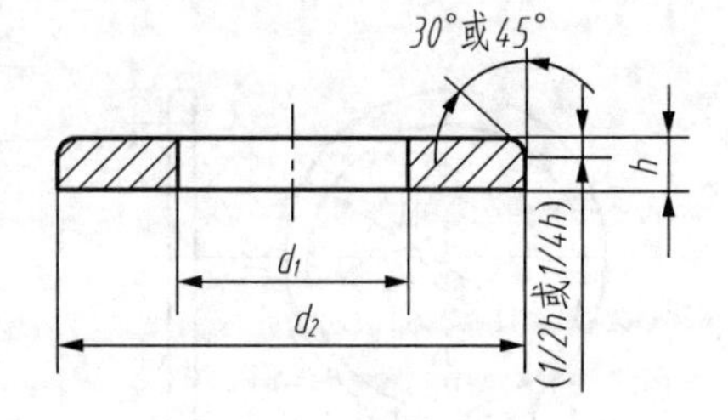

标记示例

标准系列、公称尺寸 d=8 mm、性能等级为 140 HV 级、不经表面处理的平垫圈：垫圈　GB/T 97.1　8

（单位：mm）

公称尺寸（螺纹规格 d）	3	4	5	6	8	10	12	14	16	20	24	30	36
内径 d_1	3.2	4.3	5.3	6.4	8.4	10.5	13	15	17	21	25	31	37
外径 d_2	7	9	10	12	16	20	24	28	30	37	44	56	66
厚度 h	0.5	0.8	1	1.6	1.6	2	2.5	2.5	3	3	4	4	5

注：GB/T 97.2 规格 d 为 5～36。

附表 11　　标准型弹簧垫圈（GB/T 93—1987）

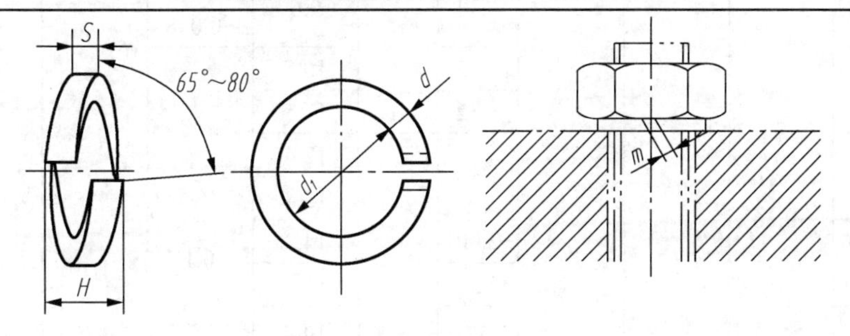

标记示例

规格 16 mm、材料为 65Mn、表面氧化的标准型弹簧垫圈：垫圈　GB/T 93　16

（单位：mm）

规格（螺纹大径）	3	4	5	6	8	10	12	16	20	24	30	36	42	48
$d_{1\min}$	3.1	4.1	5.1	6.1	8.1	10.2	12.2	16.2	20.2	24.5	30.5	36.6	42.6	49
$s=b$（公称）	0.8	1.1	1.3	1.6	2.1	2.6	3.1	4.1	5	6	7.5	9	10.5	12
$M\leqslant$	0.4	0.55	0.65	0.8	1.05	1.3	1.55	2.05	2.5	3	3.75	4.5	5.25	6
$H_{\max}$	2	2.75	3.25	4	5.25	6.5	7.75	10.25	12.5	15	18.75	22.5	26.25	30

注：1．标记示例中所述材料为最常用的主要材料，其他技术条件按 GB/T 94.1 规定执行。

2．m 应大于零。

附表 12　　　　轴用弹性挡圈（摘自 GB/ T894.1—1986）

A 型

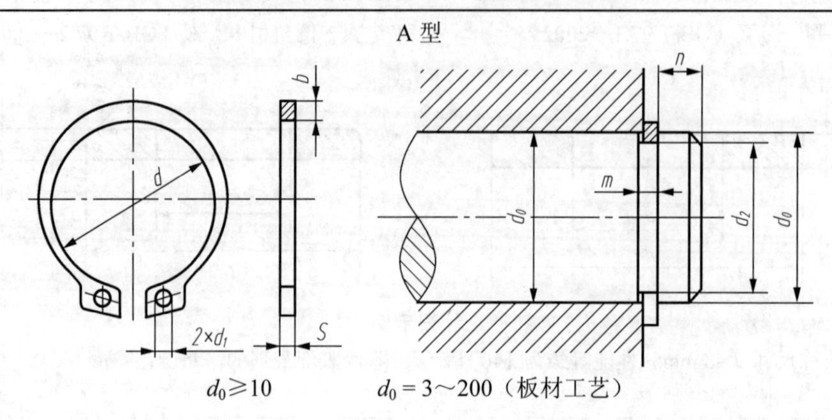

$d_0 \geqslant 10$　　　　$d_0 = 3 \sim 200$（板材工艺）

标记示例

轴径 $d_0 = 50$ mm、材料为 65Mn、热处理 44～51HRC、经表面氧化处理的 A 型轴用弹形挡圈：

挡圈　GB/T 894.1　50

（单位：mm）

轴径 d_0	挡圈						沟槽（推荐）				
	d		S		b ≈	d_1	d_2		m		n ≥
	基本尺寸	极限偏差	基本尺寸	极限偏差			基本尺寸	极限偏差	基本尺寸	极限偏差	
10	9.3	+0.10 −0.36	1	+0.05 −0.13	1.44	1.5	9.6	0 −0.058	1.1	+0.14 0	0.6
11	10.2				1.52		10.5	0 −0.11			0.8
12	11				1.72		11.5				
13	11.9				1.88	1.7	12.4				0.9
14	12.9						13.4				
15	13.8				2.00		14.3				1.1
16	14.7				2.32		15.2				1.2
17	15.7				2.48		16.2				
18	16.5						17				1.5
19	17.5					2	18	0 −0.13			
20	18.5	+0.13 −0.42			2.68		19				
21	19.5						20				
22	20.5						21				
24	22.2	+0.21 −0.42	1.2		3.32		22.9	0 −0.21	1.3		1.7
25	23.2						23.9				
26	24.2						24.9				
28	25.9				3.6		26.6				2.1
29	26.9				3.72		27.6				
30	27.9						28.6				
32	29.6				3.92	2.5	30.3	0 −0.25			2.6

附表 13 **螺栓紧固轴用档圈（GB/ T 892—1986）**

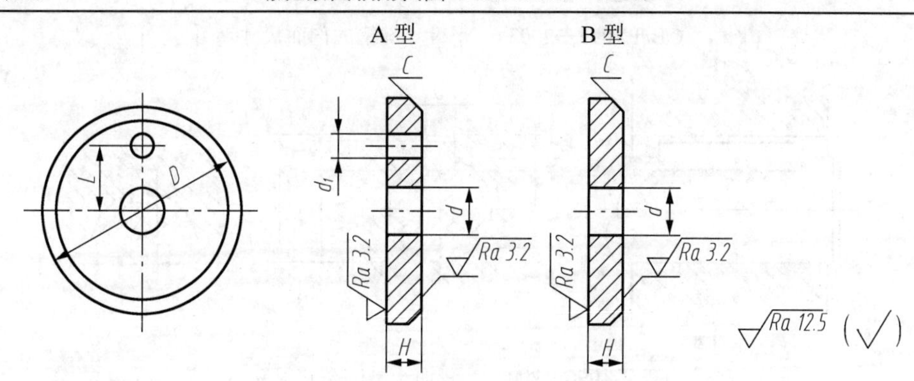

标记示例

公称直径 D = 45 mm、材料为 Q235-A 级、不经表面处理的 A 型螺栓紧固轴端档圈：

档圈 GB/T 892 45

按 B 型制造时，应加标记 B：档圈 GB/T 892 B45

（单位：mm）

<table>
<tr><th>轴径
≤</th><th>公称直径
D</th><th>H</th><th>L</th><th>d</th><th>d1</th><th>c</th><th>螺栓
GB/T 5783</th><th>圆柱销
GB/T 119.1</th><th>垫圈
GB/T 93</th></tr>
<tr><td>14</td><td>20</td><td rowspan="5">4</td><td rowspan="3">—</td><td rowspan="5">5.5</td><td rowspan="3">—</td><td rowspan="5">0.5</td><td rowspan="5">M5 × 16</td><td rowspan="3">—</td><td rowspan="5">5</td></tr>
<tr><td>16</td><td>22</td></tr>
<tr><td>18</td><td>25</td></tr>
<tr><td>20</td><td>28</td><td rowspan="2">7.5</td><td rowspan="2">2.1</td><td rowspan="2">A2 × 10</td></tr>
<tr><td>22</td><td>30</td></tr>
<tr><td>25</td><td>32</td><td rowspan="6">5</td><td rowspan="3">10</td><td rowspan="6">6.6</td><td rowspan="6">3.2</td><td rowspan="6">1</td><td rowspan="6">M6 × 20</td><td rowspan="6">A3 × 12</td><td rowspan="6">6</td></tr>
<tr><td>28</td><td>35</td></tr>
<tr><td>30</td><td>38</td></tr>
<tr><td>32</td><td>40</td><td rowspan="3">12</td></tr>
<tr><td>35</td><td>45</td></tr>
<tr><td>40</td><td>50</td></tr>
<tr><td>45</td><td>55</td><td rowspan="6">6</td><td rowspan="3">16</td><td rowspan="6">9</td><td rowspan="6">4.2</td><td rowspan="6">1.5</td><td rowspan="6">M8 × 20</td><td rowspan="6">A4 × 14</td><td rowspan="6">8</td></tr>
<tr><td>50</td><td>60</td></tr>
<tr><td>55</td><td>65</td></tr>
<tr><td>60</td><td>70</td><td rowspan="3">20</td></tr>
<tr><td>65</td><td>75</td></tr>
<tr><td>70</td><td>80</td></tr>
<tr><td>75</td><td>90</td><td rowspan="2">8</td><td rowspan="2">25</td><td rowspan="2">13</td><td rowspan="2">5.2</td><td rowspan="2">2</td><td rowspan="2">M12 × 25</td><td rowspan="2">A5 × 16</td><td rowspan="2">12</td></tr>
<tr><td>80</td><td>100</td></tr>
</table>

附表 14　　普通平键（GB/ T1095～1096—2003）

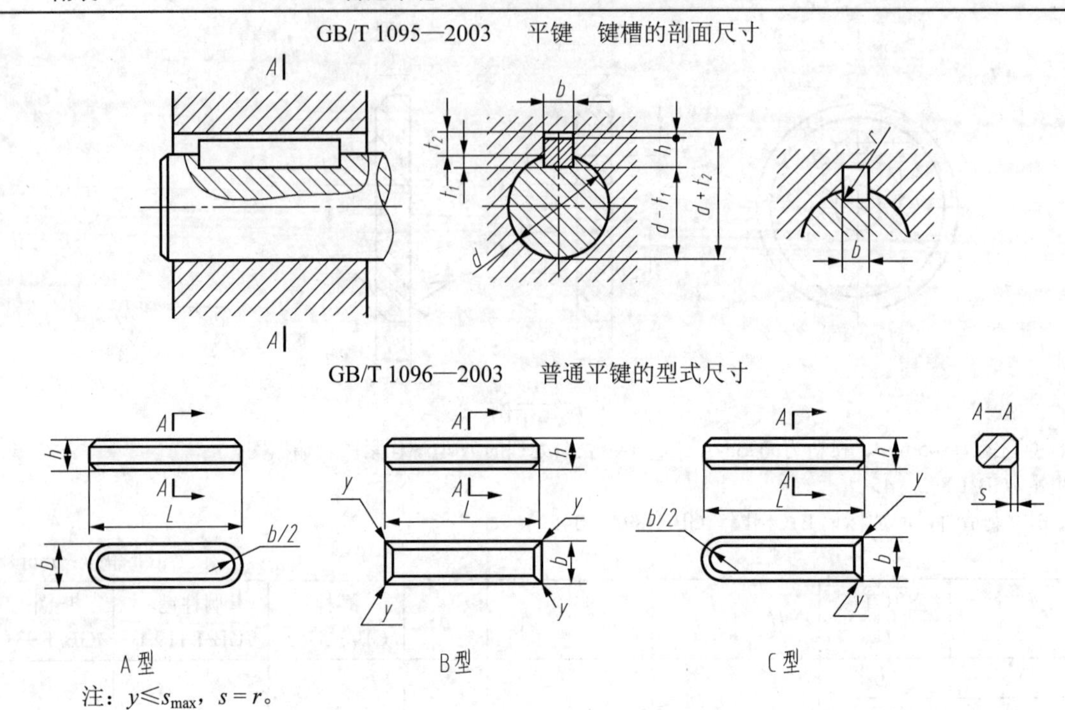

注：$y \leqslant s_{max}$，$s=r$。

标记示例

宽度 $b=16$ mm、高度 $h=10$ mm、长度 $L=100$ mm 的普通 A 型平键：GB/T 1096　键　16 × 10 × 100

（单位：mm）

公称直径 d	键公称尺寸 $b \times h$	键公称尺寸 L 范围	键槽 宽度 b 基本尺寸	极限偏差 松联结 轴 H9	极限偏差 松联结 毂 D10	极限偏差 正常联结 轴 N9	极限偏差 正常联结 毂 JS9	极限偏差 紧密联结 轴和毂 P9	深度 轴 t_1 公称尺寸	深度 轴 t_1 极限偏差	深度 毂 t_2 公称尺寸	深度 毂 t_2 极限偏差	半径 r 最小	半径 r 最大
自 6~8	2 × 2	6~20	2	+0.025 0	+0.060 +0.020	−0.004 −0.029	+0.012 5	−0.006 −0.031	2		1.0		0.08	0.16
>8~10	3 × 3	6~36	3						1.8		1.4			
>10~12	4 × 4	8~45	4						2.5	+0.1 0	1.8			
>12~17	5 × 5	10~56	5	+0.030 0	+0.078 +0.030	0 −0.030	±0.015	−0.012 −0.042	3.0		2.3			
>17~22	6 × 6	14~70	6						3.5		2.8		0.16	0.25
>22~30	8 × 7	18~90	8	+0.036 0	+0.098 +0.040	0 −0.036	±0.018	−0.015 −0.051	4.0	+0.2 0	3.3	+0.2 0		

续表

公称直径 d	键公称尺寸		键槽											
			宽度 b						深度				半径 r	
			基本尺寸	极限偏差					轴 t_1		毂 t_2			
				松联结		正常联结		紧密联结						
	$b \times h$	L 范围		轴 H9	毂 D10	轴 N9	毂 JS9	轴和毂 P9	公称尺寸	极限偏差	公称尺寸	极限偏差	最小	最大
>30～38	10 × 8	22～110	10	+0.036 0	+0.098 +0.036	0 −0.036	+0.018	−0.015 −0.051	5.0		3.3	+0.2 0	0.25	0.40
>38～44	12 × 8	28～140	12	+0.043 0	+0.120 +0.050	0 −0.043	+0.021 5	−0.018 −0.061	5.0		3.3			
>44～50	14 × 9	36～160	14						5.5		3.8			
>50～58	16 × 10	45～180	16						6.0		4.3			
>58～65	18 × 11	50～200	18						7.0		4.4			
L 系列	6、8、10、12、14、16、18、20、22、25、28、32、36、40、45、50、56、63、70、80、90、100、110、125、140、160、180、200													

注：（$d-t_1$）和（$d+t_2$）的极限偏差按相应的 t_1 和 t_2 的极限偏差选取，但（$d-t_1$）的极限偏差应取负值。

附表 15　　圆锥销（摘自 GB/T 117—2000）

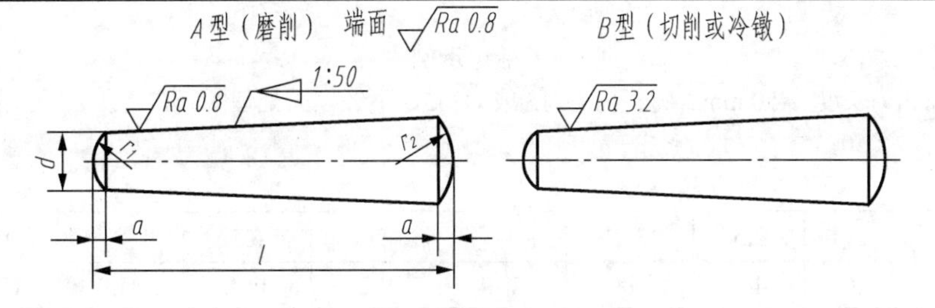

标记示例

公称直径 $d=6$ mm、公称长度 $l=30$ mm、材料为 35 钢、热处理硬度 28～38 HRC、表面氧化处理的 A 型圆锥销：销　GB/T 117　6 × 30

$r_1=d$，$r_2 \approx d+a/2+(0.02l)^2/8a$

（单位：mm）

d (h10)	2	2.5	3	4	5	6	8	10	12	16	20
$a\approx$	0.25	0.3	0.4	0.5	0.63	0.8	1	1.2	1.6	2	2.5
l（商品范围）	10～35		12～45	14～65	18～60	22～90	22～120	26～160	32～180	40～200	45～200
l 系列	10、12、14、16、18、20、22、24、26、28、30、32、35、40、45、50、55、60、65、70、75、80、85、90、95、100、120、140、160、180、200										

附表 16　　圆柱销　不淬硬钢和奥氏体不锈钢（摘自 GB/T 119.1—2000）

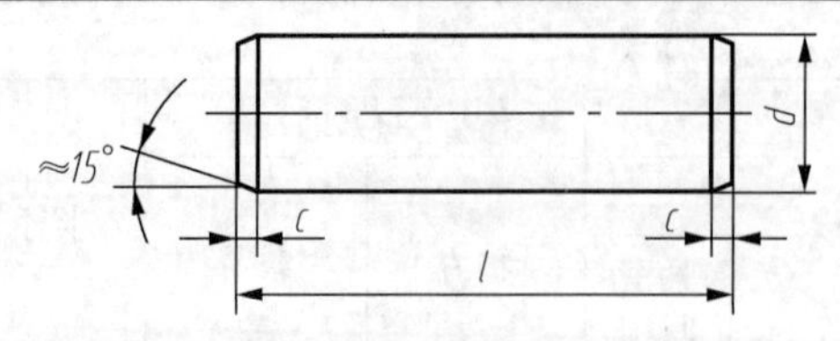

标记示例

公称直径 d = 6 mm、公差 m6、公称长度 l = 30 mm、材料为钢、不经淬火、不经表面处理的圆柱销：

销　GB/T 119.1　6m6 × 30

（单位：mm）

d（m6/h8）	2	2.5	3	4	5	6	8	10	12	16	20
c≈	0.35	0.4	0.5	0.63	0.8	1.2	1.6	2	2.5	3	3.5
l（商品范围）	6～20	6～24	8～30	8～40	10～50	12～60	14～80	18～95	22～140	26～180	35～200
l 系列	6、8、10、12、14、16、18、20、22、24、26、28、30、32、35、40、45、50、55、60、65、70、75、80、85、90、95、100、120、140、160、180、200										

附表 17　　开口销（摘自 GB/T 91—2000）

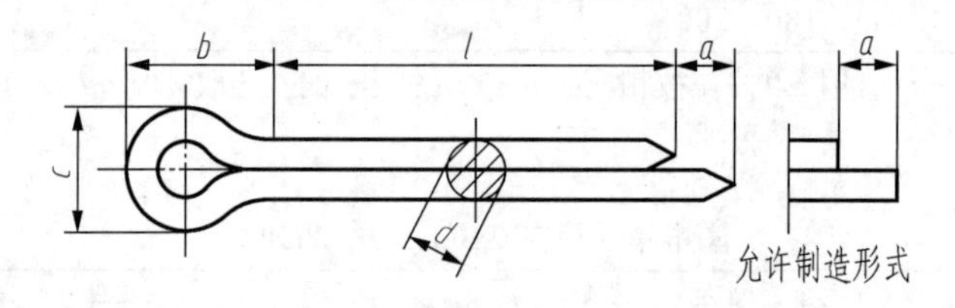

标记示例

公称规格为 5 mm、长度 l =50 mm、材料为 Q215 或 Q235、不经表面处理的开口销：

销　GB/T 91　5 × 50

（单位：mm）

公称规格 d		2	2.5	3.2	4	5	6.3	8	10	13
c	max	3.6	4.6	5.8	7.4	9.2	11.8	15.0	19.0	24.8
	min	3.2	4.0	5.1	6.5	8.0	10.3	13.1	16.6	21.7
b≈		4	5	6.4	8	10	12.6	16	20	26
a_{max}		2.5		3.2		4			6.3	
l 范围		10～40	12～50	14～63	18～80	22～100	32～125	40～160	45～200	71～250
l 系列		10、12、14、16、18、20、22、25、28、32、36、40、45、50、56、63、71、80、90、100、112、125、140、160、180、200、224、250								

附表 18　　深沟球轴承（GB/T 276—2013）

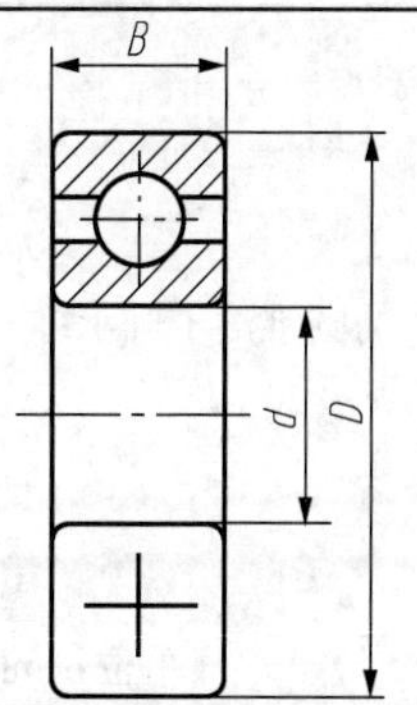

类型代号
6

标记示例

尺寸系列代号为（02），内径代号为 06 的深沟球轴承：

滚动轴承　6206　GB/T 276—1994

（单位：mm）

轴承代号		外形尺寸			轴承代号		外形尺寸		
		d	*D*	*B*			*d*	*D*	*B*
（1）0系列	6004	20	42	12	（0）3系列	6304	20	52	15
	6005	25	47	12		6305	25	62	17
	6006	30	55	13		6306	30	72	19
	6007	35	62	14		6307	35	80	21
	6008	40	68	15		6308	40	90	23
	6009	45	75	16		6309	45	100	25
	6010	50	80	16		6310	50	110	27
	6011	55	90	18		6311	55	120	29
	6012	60	95	18		6312	60	130	31
	6013	65	100	18		6313	65	140	33
	6014	70	110	20		6314	70	150	35
	6015	75	115	20		6315	75	160	37
	6016	80	125	22		6316	80	170	39
	6017	85	130	22		6317	85	180	41
	6018	90	140	24		6318	90	190	43
	6019	95	145	24		6319	95	200	45
	6020	100	150	24		6320	100	215	47
（0）2系列	6204	20	47	14	（0）4系列	6404	20	72	19
	6205	25	52	15		6405	25	80	21
	6206	30	62	16		6406	30	90	23
	6207	35	72	17		6407	35	100	25
	6208	40	80	18		6408	40	110	27
	6209	45	85	19		6409	45	120	29
	6210	50	90	20		6410	50	130	31
	6211	55	100	21		6411	55	140	33
	6212	60	110	22		6412	60	150	35
	6213	65	120	23		6413	65	160	37
	6214	70	125	24		6414	70	180	42
	6215	75	130	25		6415	75	190	45
	6216	80	140	26		6416	80	200	48
	6217	85	150	28		6417	85	210	52
	6218	90	160	30		6418	90	225	54
	6219	95	170	32		6419	95	240	55
	6220	100	180	34		6420	100	250	58

附表 19　　　　圆锥滚子轴承（GB/T 297—2015）

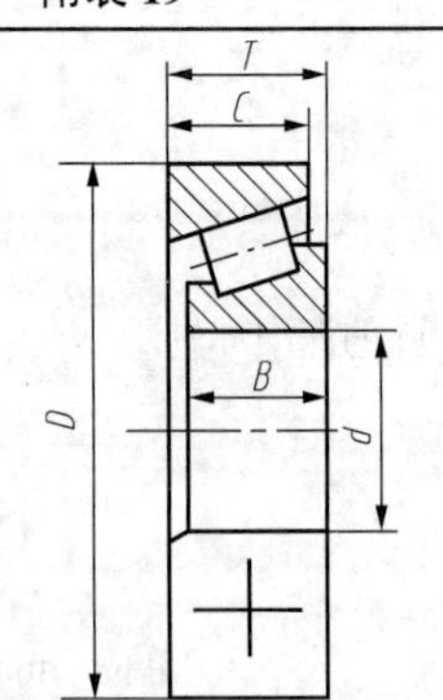

类型代号
3

标记示例

尺寸系列代号为 03、内径代号为 12 的圆锥滚子轴承：

滚动轴承　30312 GB/T 297—1994

（单位：mm）

轴承代号		外形尺寸					轴承代号		外形尺寸				
		d	*D*	*T*	*B*	*C*			*d*	*D*	*T*	*B*	*C*
02系列	30204	20	47	15.25	14	12	22系列	32204	20	47	19.25	18	15
	30205	25	52	16.25	15	13		32205	25	52	19.25	18	16
	30206	30	62	17.25	16	14		32206	30	62	21.25	20	17
	30207	35	72	18.25	17	15		32207	35	72	24.25	23	19
	30208	40	80	19.75	18	16		32208	40	80	24.75	23	19
	30209	45	85	20.75	19	16		32209	45	85	24.75	23	19
	30210	50	90	21.75	20	17		32210	50	90	24.75	23	19
	30211	55	100	22.75	21	18		32211	55	100	26.75	25	21
	30212	60	110	23.75	22	19		32212	60	110	29.75	28	24
	30213	65	120	24.75	23	20		32213	65	120	32.75	31	27
	30214	70	125	26.25	24	21		32214	70	125	33.25	31	27
	30215	75	130	27.25	25	22		32215	75	130	33.25	31	27
	30216	80	140	28.25	26	22		32216	80	140	35.25	33	28
	30217	85	150	30.50	28	24		32217	85	150	38.50	36	30
	30218	90	160	32.50	30	26		32218	90	160	42.50	40	34
	30219	95	170	34.50	32	27		32219	95	170	45.50	43	37
	30220	100	180	37	34	29		32220	100	180	49	46	39
03系列	30304	20	52	16.25	15	13	23系列	32304	20	52	22.25	21	18
	30305	25	62	18.25	17	15		32305	25	62	25.25	24	20
	30306	30	72	20.75	19	16		32306	30	72	28.75	27	23
	30307	35	80	22.75	21	18		32307	35	80	32.75	31	25
	30308	40	90	25.25	23	20		32308	40	90	35.25	33	27
	30309	45	100	27.25	25	22		32309	45	100	38.25	36	30
	30310	50	110	29.25	27	23		32310	50	110	42.25	40	33
	30311	55	120	31.50	29	25		32311	55	120	45.50	43	35
	30312	60	130	33.50	31	26		32312	60	130	48.50	46	37
	30313	65	140	36	33	28		32313	65	140	51	48	39
	30314	70	150	38	35	30		32314	70	150	54	51	42
	30315	75	160	40	37	31		32315	75	160	58	55	45
	30316	80	170	42.50	39	33		32316	80	170	61.50	58	48
	30317	85	180	44.50	41	34		32317	85	180	63.50	60	49
	30318	90	190	46.50	43	36		32318	90	190	67.50	64	53
	30319	95	200	49.50	45	38		32319	95	200	71.50	67	55
	30320	100	215	51.50	47	39		32320	100	215	77.50	73	60

附表 20　　**推力球轴承（摘自 GB/T 301—2015）**

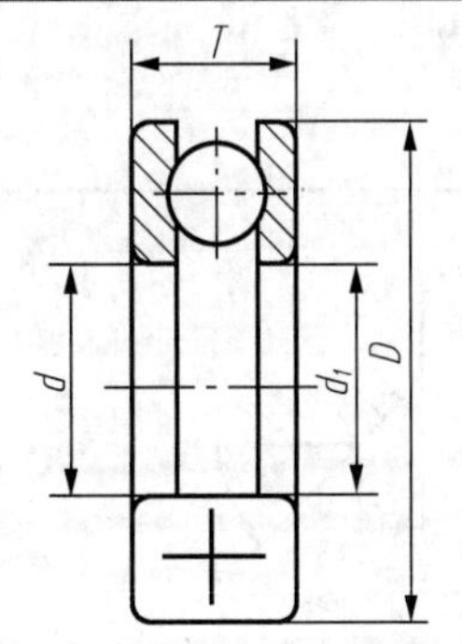

类型代号

5

标记示例

尺寸系列代号为 13，内径代号为 10 的推力球轴承：

滚动轴承　51310　GB/T 301—1995

（单位：mm）

轴承代号		外形尺寸				轴承代号		外形尺寸			
		d	D	r	d_{1smin}			d	D	r	d_{1smin}
11系列	51104	20	35	10	21	13系列	51304	20	47	18	22
	51105	25	42	11	26		51305	25	52	18	27
	51106	30	47	11	32		51306	30	60	21	32
	51107	35	52	12	37		51307	35	68	24	37
	51108	40	60	13	42		51308	40	78	26	42
	51109	45	65	14	47		51309	45	85	28	47
	51110	50	70	14	52		51310	50	95	31	52
	51111	55	78	16	57		51311	55	105	35	57
	51112	60	85	17	62		51312	60	110	35	62
	51113	65	90	18	67		51313	65	115	36	67
	51114	70	95	18	72		51314	70	125	40	72
	51115	75	100	19	77		51315	75	135	44	77
	51116	80	105	19	82		51316	80	140	44	82
	51117	85	110	19	87		51317	85	150	49	88
	51118	90	120	22	92		51318	90	155	50	93
	51120	100	135	25	102		51320	100	170	55	103
12系列	51204	20	40	14	22	14系列	51405	25	60	24	27
	51205	25	47	15	27		51406	30	70	28	32
	51206	30	52	16	32		51407	35	80	32	37
	51207	35	62	18	37		51408	40	90	36	42
	51208	40	68	19	42		51409	45	100	39	47
	51209	45	73	20	47		51410	50	110	43	52
	51210	50	78	22	52		51411	55	120	48	57
	51211	55	90	25	57		51412	60	130	51	62
	51212	60	95	26	62		51413	65	140	56	68
	51213	65	100	27	67		51414	70	150	60	73
	51214	70	105	27	72		51415	75	160	65	78
	51215	75	110	27	77		51416	80	170	68	83
	51216	80	115	28	82		51417	85	180	72	88
	51217	85	125	31	88		51418	90	190	77	93
	51218	90	135	35	93		51420	100	210	85	103
	51220	100	150	38	103		51422	110	230	95	113

三、常用零件工艺结构要素

附表 21　　零件倒角与倒圆（摘自 GB/T 6403.4—2008）

型式：　α一般为45°，也可采用30°或60°

装配型式：　$C_1>R$　　$R_1>R$　　$C<0.5R_1$　　$C_1>C$

（单位：mm）

直径 D、d	≤3	>3～6	>6～10	>10～18	>18～30	>30～50	>50～80	>80～120	>120～180	>180～250
R C	0.2	0.4	0.6	0.8	1.0	1.6	2.0	2.5	3.0	4.0

直径 D、d	>250～320	>320～400	>400～500	>500～630	>630～800	>800～1 000	>1 000～1 250	>1 250～1 600
R C	5.0	6.0	8.0	10	12	16	20	25

附表 22　　砂轮越程槽（摘自 GB/T 6403.5—1986）

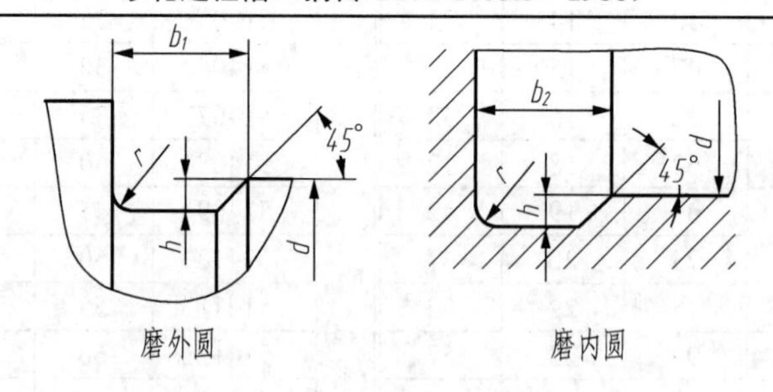

磨外圆　　磨内圆

（单位：mm）

d	～10			>10～50		>50～100		>100	
b_1	0.6	1.0	1.6	2.0	3.0	4.0	5.0	8.0	10
b_2	2.0	3.0		4.0		5.0		8.0	10
h	0.1	0.2		0.3	0.4		0.6	0.8	1.2
r	0.2	0.5		0.8	1.0		1.6	2.0	3.0

四、标准公差

附表 23　　标准公差数值（GB/T 1800.3—1998）

基本尺寸 mm		标准公差等级																	
		IT1	IT2	IT3	IT4	IT5	IT6	IT7	IT8	IT9	IT10	IT11	IT12	IT13	IT14	IT15	IT16	IT17	IT18
大于	至	μm											mm						
—	3	0.8	1.2	2	3	4	6	10	14	25	40	60	0.1	0.14	0.25	0.4	0.6	1	1.4
3	6	1	1.5	2.5	4	5	8	12	18	30	48	75	0.12	0.18	0.3	0.48	0.75	1.2	18
6	10	1	1.5	2.5	4	6	9	15	22	36	58	90	0.15	0.22	0.36	0.58	0.9	1.5	2.2
10	18	1.2	2	3	5	8	11	18	27	43	70	110	0.18	0.27	0.43	0.7	1.1	1.8	2.7
18	30	1.5	2.5	4	6	9	13	21	33	52	84	130	0.21	0.33	0.52	0.84	1.3	2.1	3.3
30	50	1.5	2.5	4	7	11	16	25	39	62	100	160	0.25	0.39	0.62	1	1.6	2.5	3.9
50	80	2	3	5	8	13	19	30	46	74	120	190	0.3	0.46	0.74	1.2	1.9	3	4.6
80	120	2.5	4	6	10	15	22	35	54	87	140	220	0.35	0.54	0.87	1.4	2.2	3.5	5.4
120	180	3.5	5	8	12	18	25	40	63	100	160	250	0.4	0.63	1	1.6	2.5	4	6.3
180	250	4.5	7	10	14	20	29	46	72	115	185	290	0.46	0.72	1.15	1.85	2.9	4.6	7.2
250	315	6	8	12	16	23	32	52	81	130	210	320	0.52	0.81	1.3	2.1	3.2	5.2	8.1
315	400	7	9	13	18	25	36	57	89	140	230	360	0.57	0.89	1.4	2.3	3.6	5.7	8.9
400	500	8	10	15	20	27	40	63	97	155	250	400	0.63	0.97	1.55	2.5	4	6.3	9.7

注：1．基本尺寸大于 500 mm 的 IT1～IT5 的标准公差数值为试行数值。

2．基本尺寸小于或等于 1 mm 时，无 IT4～IT18。

五、极限与配合

附表 24　　基轴制优先配合与常用配合

代号		a	b	c	d	e	f	g	h					
基本尺寸/mm		公差												
大于	至	11	11	* 11	* 9	8	* 7	* 6	5	* 6	* 7	8	* 9	10
–	3	−270 −330	−140 −200	−60 −120	−20 −45	−14 −28	−6 −16	−2 −8	0 −4	0 −6	0 −10	0 −14	0 −25	0 −40
3	6	−270 −345	−140 −215	−70 −145	−30 −60	−20 −38	−10 −22	−4 −12	0 −5	0 −8	0 −12	0 −18	0 −30	0 −48
6	10	−280 −370	−150 −240	−80 −170	−40 −76	−25 −47	−13 −28	−5 −14	0 −6	0 −9	0 −15	0 −22	0 −36	0 −58
10 14	14 18	−290 −400	−50 −260	−95 −205	−50 −93	−32 −59	−16 −34	−6 −17	0 −8	0 −11	0 −18	0 −27	0 −43	0 −70
18 24	24 30	−300 −430	−160 −290	−110 −240	−65 −117	−40 −73	−20 −41	−7 −20	0 −9	0 −13	0 −21	0 −33	0 −52	0 −84
30	40	−310 −470	−170 −330	−120 −280	−80 −142	−50 −89	−25 −50	−9 −25	0 −11	0 −16	0 −25	0 −39	0 −62	0 −100
40	50	−320 −480	−180 −340	−130 −290										
50	65	−340 −530	−190 −380	−140 −330	−100 −174	−60 −106	−30 −60	−10 −29	0 −13	0 −19	0 −30	0 −46	0 −74	0 −120
65	80	−360 −550	−200 −390	−150 −340										
80	100	−380 −600	−220 −440	−170 −390	−120 −207	−72 −126	−36 −71	−12 −34	0 −15	0 −22	0 −35	0 −54	0 −87	0 −140
100	120	−410 −630	−240 −460	−180 −400										
120	140	−460 −710	−260 −510	−200 −450	−145 −245	−85 −148	−43 −83	−14 −39	0 −18	0 −25	0 −40	0 −63	0 −100	0 −160
140	160	−520 −770	−280 −530	−210 −460										
160	180	−580 −830	−310 −560	−230 −480										
180	200	−660 −950	−340 −630	−240 −530	−170 −285	−100 −172	−50 −96	−15 −44	0 −20	0 −29	0 −46	0 −72	0 −115	0 −185
200	225	−740 −1 030	−380 −670	−260 −550										
225	250	−820 −1 110	−420 −710	−280 −570										
250	280	−920 −1 240	−480 −800	−300 −620	−190 −320	−110 −191	−56 −108	−17 −49	0 −23	0 −32	0 −52	0 −81	0 −130	0 −210
280	315	−1 050 −1 370	−540 −860	−330 −650										
315	355	−1 200 −1 560	−600 −960	−360 −720	−210 −350	−125 −214	−62 −119	−18 −54	0 −25	0 −36	0 −57	0 −89	0 −140	0 −230
355	400	−1 350 −1 710	−680 −1 040	−400 −760										
400	450	−1 500 −1 900	−760 −1 160	−440 −840	−230 −385	−135 −232	−68 −131	−20 −60	0 −27	0 −40	0 −63	0 −97	0 −155	0 −250
450	500	−1 650 −2 050	−840 −1 240	−480 −880										

注：带“*”者为优先选用。

附表 25　　轴的极限偏差表　　（单位：μm）

		js	k	m	n	p	r	s	t	u	v	x	y	z
等级														
*11	12	6	*6	6	*6	*6	6	*6	6	*6	6	6	6	6
0 −60	0 −100	±3	+6 0	+8 +2	+10 +4	+12 +6	+16 +10	+20 +14	—	+24 +18	—	+26 +20	—	+32 +26
0 −75	0 −120	±4	+9 +1	+12 +4	+16 +8	+20 +12	+23 +15	+27 +19	—	+31 +23	—	+36 +28	—	+42 +35
0 +90	0 −150	±4.5	+10 +1	+15 +6	+19 +10	+24 +15	+28 +19	+32 +23	—	+37 +28	—	+43 +34	—	+51 +42
0 −110	0 −180	±5.5	+12 +1	+18 +7	+23 +12	+29 +18	+34 +23	+39 +28	— —	+44 +33	— +50 +39	+51 +40 +56 +45	— —	+61 +50 +71 +60
0 −130	0 −210	±6.5	+15 +2	+21 +8	+28 +15	+35 +22	+41 +28	+48 +35	— +54 +41	+54 +41 +61 +48	+60 +47 +68 +55	+67 +54 +77 +64	+76 +63 +88 +75	+86 +73 +101 +88
0 −160	0 −250	±8	+18 +2	+25 +9	+33 +17	+42 +26	+50 +34	+59 +43	+64 +48 +70 +54	+76 +60 +86 +70	+84 +68 +97 +81	+96 +80 +113 +97	+110 +94 +130 +114	+128 +112 +152 +136
0 −190	0 −300	±9.5	+21 +2	+30 +11	+39 +20	+51 +32	+60 +41 +62 +43	+72 +53 +78 +59	+85 +66 +94 +75	+106 +87 +121 +102	+121 +102 +139 +120	+141 +122 +165 +146	+163 +144 +193 +174	+191 +172 +229 +210
0 −220	0 −350	±11	+25 +3	+35 +13	+45 +23	+59 +37	+73 +51 +76 +54	+93 +71 +101 +79	+113 +91 +126 +104	+146 +124 +166 +144	+168 +146 +194 +172	+200 +178 +232 +210	+236 +214 +276 +254	+280 +258 +332 +310
0 −250	0 −400	±12.5	+28 +3	+40 +15	+52 +27	+68 +43	+88 +63 +90 +65 +93 +68	+117 +92 +125 +100 +133 +108	+147 +122 +159 +134 +171 +146	+195 +170 +215 +190 +235 +210	+227 +202 +253 +228 +277 +252	+273 +248 +305 +280 +335 +310	+325 +300 +365 +340 +405 +380	+390 +365 +440 +415 +490 +465
0 −290	0 −460	±14.5	+33 +4	+46 +17	+60 +31	+79 +50	+106 +77 +109 +80 +113 +84	+151 +122 +159 +130 +169 +140	+195 +166 +209 +180 +225 +196	+265 +236 +287 +258 +313 +284	+313 +284 +339 +310 +369 +340	+379 +350 +414 +385 +454 +425	+454 +425 +499 +470 +549 +520	+549 +520 +604 +575 +669 +640
0 −320	0 −520	±16	+36 +4	+52 +20	+66 +34	+88 +56	+126 +94 +130 +98	+190 +158 +202 +170	+250 +218 +272 +240	+347 +315 +382 +350	+417 +385 +457 +425	+507 +475 +557 +525	+612 +580 +682 +650	+742 +710 +822 +790
0 −360	0 −570	±18	+40 +4	+57 +21	+73 +37	+98 +62	+144 +108 +150 +114	+226 +190 +244 +208	+304 +268 +330 +294	+426 +390 +471 +435	+511 +475 +566 +530	+626 +590 +696 +660	+766 +730 +856 +820	+936 +900 +1 036 +1 000
0 −400	0 −630	±20	+45 +5	+63 +23	+80 +40	+108 +68	+166 +126 +172 +132	+272 +232 +292 +252	+370 +330 +400 +360	+530 +490 +580 +540	+635 +595 +700 +660	+780 +740 +860 +820	+960 +920 +1 040 +1 000	+1 140 +1 100 +1 290 +1 250

附表 26　　基孔制优先配合与常用配合

代号		A	B	C	D	E	F	G	H					
基本尺寸/mm		公差												
大于	至	11	11	*11	*9	8	*8	*7	6	*7	*8	*9	10	*11
	3	+330 +270	+200 +140	+120 +60	+45 +20	+28 +14	+20 +6	+12 +2	+6 0	+10 0	+14 0	+25 0	+40 0	+60 0
3	6	+345 +270	+215 +140	+145 +70	+60 +30	+38 +20	+28 +10	+16 +4	+8 0	+12 0	+18 0	+30 0	+48 0	+75 0
6	10	+370 +280	+240 +150	+170 +80	+76 +40	+47 +25	+35 +13	+20 +5	+9 0	+15 0	+22 0	+36 0	+58 0	+90 0
10	14	+400 +290	+260 +150	+205 +95	+93 +50	+59 +32	+43 +16	+24 +6	+11 0	+18 0	+27 0	+43 0	+70 0	+110 0
14	18													
18	24	+430 +300	+290 +160	+240 +110	+117 +65	+73 +40	+53 +20	+28 +7	+13 0	+21 0	+33 0	+52 0	+84 0	+130 0
24	30													
30	40	+470 +310	+330 +170	+280 +120	+142 +80	+89 +50	+64 +25	+34 +9	+16 0	+25 0	+39 0	+62 0	+100 0	+160 0
40	50	+480 +320	+340 +180	+290 +130										
50	65	+530 +340	+380 +190	+330 +140	+174 +100	+106 +60	+76 +30	+40 +10	+19 0	+30 0	+46 0	+74 0	+120 0	+190 0
65	80	+550 +360	+390 +200	+340 +150										
80	100	+600 +380	+440 +220	+390 +170	+207 +120	+125 +72	+90 +36	+47 +12	+22 0	+35 0	+54 0	+87 0	+140 0	+220 0
100	120	+630 +410	+460 +240	+400 +180										
120	140	+710 +460	+510 +260	+450 +200	+245 +145	+148 +85	+106 +43	+54 +14	+25 0	+40 0	+63 0	+100 0	+160 0	+250 0
140	160	+770 +520	+530 +250	+460 +210										
160	180	+830 +580	+560 +310	+480 +230										
180	200	+950 +660	+630 +340	+530 +240	+285 +170	+172 +100	+122 +50	+61 +15	+29 0	+46 0	+72 0	+115 0	+185 0	+290 0
200	225	+1 030 +740	+670 +380	+550 +260										
225	250	+1 110 +820	+710 +420	+570 +280										
250	280	+1 240 +920	+800 +480	+620 +300	+320 +190	+191 +110	+137 +56	+69 +17	+32 0	+52 0	+81 0	+130 0	+210 0	+320 0
280	315	+1 370 +1 050	+860 +540	+650 +330										
315	355	+1 560 +1 200	+960 +600	+720 +360	+350 +210	+214 +125	+151 +62	+75 +18	+36 0	+57 0	+89 0	+140 0	+230 0	+360 0
355	400	+1 710 +1 350	+1 040 +680	+760 +400										
400	450	+1 900 +1 500	+1 160 +760	+840 +440	+385 +230	+232 +135	+165 +68	+83 +20	+40 0	+63 0	+97 0	+155 0	+250 0	+400 0
450	500	+2 050 +1 650	+1 240 +840	+880 +480										

注：带“*”者为优先选用。

附表 27　　孔的极限偏差表　　（单位：μm）

	JS		K			M	N		P		R	S	T	U
等级														
12	6	7	6	*7	8	7	6	*7	6	*7	7	*7	7	*7
+100 0	±3	±5	0 −6	0 −10	0 −14	−2 −12	−4 −10	−4 −14	−6 −12	−6 −16	−10 −20	−14 −24	—	−18 −28
+120 0	±4	±6	+2 −6	+3 −9	+5 −13	0 −12	−5 −13	−4 −16	−9 −17	−8 −20	−11 −23	−15 −27	—	−19 −31
+150 0	±4.5	±7	+2 −7	+5 −10	+6 −16	0 −15	−7 −16	−4 −19	−12 −21	−9 −24	−13 −28	−17 −32	—	−22 −37
+180 0	±5.5	±9	+2 −9	+6 −12	+8 −19	0 −18	−9 −20	−5 −23	−15 −26	−11 −29	−16 −34	−21 −39	—	−26 −44
+210 0	±6.5	±10	+2 −11	+6 −15	+10 −23	0 −21	−11 −24	−7 −28	−18 −31	−14 −35	−20 −41	−27 −48	—	−33 −54
													−33 −54	−40 −61
+250 0	±8	±12	+3 −13	+7 −18	+12 −27	0 −25	−12 −28	−8 −33	−21 −37	−17 −42	−25 −50	−34 −59	−39 −64	−51 −76
													−45 −70	−61 −86
+300 0	±9.5	±15	+4 −15	+9 −21	+14 −32	0 −30	−14 −33	−9 −39	−26 −45	−21 −51	−30 −60	−42 −72	−55 −85	−76 −106
											−32 −62	−48 −78	−65 −94	−91 −121
+350 0	±11	±17	+4 −18	+10 −25	+16 −38	0 −35	−16 −38	−10 −45	−30 −52	−24 −59	−38 −73	−58 −93	−78 −113	−111 −146
											−41 −76	−66 −101	−91 −126	−131 −166
+400 0	±12.5	±20	+4 −21	+12 −28	+20 −43	0 −40	−20 −45	−12 −52	−36 −61	−28 −68	−48 −88	−77 −117	−107 −147	−155 −195
											−50 −90	−85 −125	−119 −159	−175 −215
											−53 −93	−93 −133	−131 −171	−195 −235
+460 0	±14.5	±23	+5 −24	+13 −33	+22 −50	0 −46	−22 −51	−14 −60	−41 −70	−33 −79	−60 −106	−105 −151	−149 −195	−219 −265
											−63 −109	−113 −159	−163 −209	−241 −287
											−67 −113	−123 −169	−179 −225	−267 −313
+520 0	±16	±26	+5 −27	+16 −36	+25 −56	0 −52	−25 −57	−14 −66	−47 −79	−36 −88	−74 −126	−138 −190	−198 −250	−295 −347
											−78 −130	−150 −202	−220 −272	−330 −382
+570 0	±18	±28	+7 −29	+17 −40	+28 −61	0 −57	−26 −62	−16 −73	−51 −87	−41 −98	−87 −144	−169 −226	−247 −304	−369 −426
											−93 −150	−187 −244	−273 −330	−414 −471
+630 0	±20	±31	+8 −32	+18 −45	+29 −68	0 −63	−27 −67	−17 −80	−55 −95	−45 −108	−103 −166	−209 −272	−307 −370	−467 −530
											−109 −172	−229 −292	−337 −400	−517 −580

六、常用材料

附表 28 常用金属材料

标准	名称	牌号	应用举例	说明
GB/T 700—2006	碳素结构钢	Q215	金属结构构件，拉杆、套圈、铆钉、螺栓、短轴、心轴、凸轮（载荷不大）、吊钩、垫圈；渗碳零件及焊接件	Q 为钢材屈服点“屈”字汉语拼音首位字母，数字表示屈服强度（MPa），A、B、C、D 为质量等级，常用 A 级
		Q235	金属结构构件，心部强度要求不高的渗碳或氰化零件：吊钩、拉杆、车钩、套圈、气缸、齿轮、螺栓、螺母、连杆、轮轴、楔、盖及焊接件	
		Q275	转轴、心轴、销轴、链轮、刹车杆、螺栓、螺母、垫圈、连杆、吊钩、楔、齿轮、键以及其他强度要求较高的零件	
GB/T 699—2015	优质碳素结构钢	15	用于制造受力不大、韧性要求较高的零件，紧固件、冲模锻件及不要热处理的低负荷零件，如螺栓、螺钉、拉条、法兰盘及化工贮器、蒸气锅炉等	牌号的两位数字表示平均含碳量，45 钢即表示平均 $w_C = 0.45\%$ 且含锰量较高的钢，须加注化学元素符号“Mn”
		20	用于不会受到很大应力而要求具有很大韧性的各种机械零件，如杠杆、轴套、螺钉、拉杆、起重钩等	
		35	用于制造曲轴、转轴、轴销、杠杆、连杆、横梁、星轮、圆盘、套筒、钩环、垫圈、螺钉、螺母等	
		45	用于强度要求较高的零件，如汽轮机的叶轮、压缩机、泵的零件等	
		60	用于制造轧辊、轴、弹簧圈、弹簧、离合器、凸轮、钢绳等	
		15Mn	用于制造中心部分的机械性能要求较高，且须渗碳的零件	
		65Mn	适用于较大尺寸的各种扁、圆弹簧，以及其他经受摩擦的农机具零件	
GB/T 3077—2015	合金结构钢	30Mn2	起重机行车轴、变速箱齿轮、冷镦螺栓及具有较大截面的调质零件	钢中加入一定量的合金元素，提高了钢的力学性能和耐磨性，也提高了钢的淬透性，保证金属在较大截面上获得高的力学性能
		20Cr	用于心部强度要求较高、承受磨损、尺寸较大的渗碳零件，如齿轮、齿轮轴、蜗杆、凸轮、活塞销等，也用于速度较大、受中等冲击的调质零件	
		40Cr	用于制造重要的齿轮、轴、曲轴、连杆、螺栓、螺母等	
		35SiMn	用于制造中小型轴类、齿轮等零件及 430℃以下的重要紧固件等	
		20CrMnTi	用于承受高速、中等或重负荷以及冲击、磨损等重要零件，如渗碳齿轮、凸轮等	

续表

标准	名称	牌号	应用举例	说明
GB/T 11352—2009	铸钢	ZG230—450	用于制造机架、侧梁、机座、箱体、锤轮等	“ZG”表示铸钢。ZG后的两组数字是屈服强度和抗拉强度
		ZG310—570	用于制造重负荷零件，如联轴器、大齿轮、缸体、机架、轴等	
GB/T 9439—2010	灰铸铁	HT150	中等强度铸铁，用于一般铸件，如机床床身、工作台、轴承座、齿轮、箱体、阀体、泵体等	“HT”是灰铁两字汉语拼音的首位字母。数字表示最低抗拉强度（MPa）
		HT200 HT250	较高强度铸铁，用于较重要的铸件，如齿轮、齿轮箱体、机座、床身、阀体、汽缸、联轴器盘、凸轮、带轮等	
		HT300 HT350	高强度铸铁，制造床身、床身导轨、机座、主轴箱、曲轴、液压泵体、齿轮、凸轮、带轮等	
GB/T 1176—2013	黄铜	ZCuZn38	一般用于制造耐蚀零件，如阀座、手柄、螺钉、螺母、垫圈等	铸黄铜，$w_{Zn}=38\%$
	锡青铜	ZCuSn5Pb5 Zn5	耐磨性和耐蚀性能好，用于制造在中等的高速滑动速度下工作的零件，如轴瓦、衬套、缸套、齿轮、蜗轮等	铸锡青铜，$w_{Sn}=5\%$，$w_{Pb}=5\%$，$w_{Zn}=5\%$
		ZCuSn10P1		铸锡青铜，$w_{Sn}=10\%$，$w_{Pb}=1\%$
	铝青铜	ZCuA19M2	强度高、耐蚀性好，用于制造衬套、齿轮、蜗轮和气密性要求高的铸件	铸锡青铜，$w_{Pb}=9\%$，$w_{Mn}=2\%$
GB/T 1173—2013	铸造铝合金	ZL102 ZL202	耐磨性中上等，用于制造负荷不大的薄壁零件	“ZL”后的第一位数字表示合金系列，第二、三位数字表示顺序号
GB/T 3190—2020	硬铝	ZA12（LY12） ZA11（LY11）	焊接性能好，适用于制造中等强度的零件	含$w_{Cu}=3.8\%\sim4.9\%$，$w_{Mg}=1.2\%\sim1.8\%$，$w_{Mn}=0.3\%\sim0.9\%$，其余为铝

参 考 文 献

［1］仝基斌，晏群．机械制图[M]．北京：机械工业出版社，2008．
［2］仝基斌．工程图学基础[M]．北京：高等教育出版社，2014．
［3］殷佩生，吕秋灵．画法几何及水利工程制图[M]．5 版．北京：高等教育出版社，2006．
［4］大连理工大学工程画教研室．机械制图[M]．5 版．北京：高等教育出版社，2003．
［5］杨惠英，王玉坤．机械制图[M]．北京：清华大学出版社，2002．
［6］成大先．机械设计手册（单行本）联接与紧固[M]．北京：化学工业出版社，2004．
［7］成大先．机械设计手册（单行本）机械制图、极限与配合[M]．北京：化学工业出版社，2004．
［8］国家质量技术监督局．中华人民共和国国家标准机械制图[M]．北京：中国标准出版社，2012．
［9］仝基斌，卢旭珍，张巧珍．机械制图[M]．北京：人民邮电出版社，2015．